Practical Process Research and Development: A Guide for Organic Chemists

有机合成工艺研究与开发

（原著第二版）

(美) 尼尔 G. 安德森 著
Neal G. Anderson
陈芬儿 主译

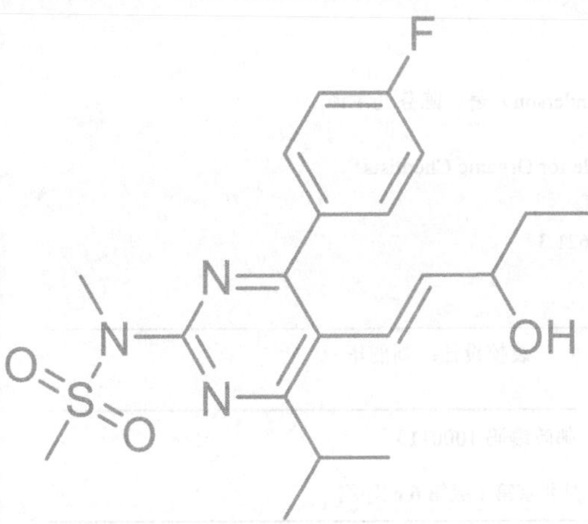

化学工业出版社
· 北京 ·

本书集合了作者 30 多年来在工艺研究与开发方面的经验，详细讲解了将目标化合物投放到市场必须经历的所有步骤，手把手的、一步一步地剖析有机工业开发中出现的可能问题，包括合成路线、试剂、溶剂的选择，催化反应的优化，手性合成以及绿色化学合成。重点强调小分子化学制备中产生稳定的、实用的、节约成本的工艺。它将整个工艺优化分解为路线、试剂、溶剂的选择，反应条件的开发，反应后处理，结晶，等等。适用于制药、精细化学品制造和农用化学品制造业中的有机工艺研发。

本书适合有机合成工作者，制药企业、精细化工行业、农业化学品企业等相关领域技术研发人员和管理人员。

Elsevier (Singapore) Pte Ltd.
3 Killiney Road, #08-01 Winsland House I, Singapore 239519
Tel: (65) 6349-0200; Fax: (65) 6733-1817

Practical Process Research and Development: A Guide for Organic Chemists, 2nd edition
Neal G. Anderson

ISBN 978-0-12-386537-3

This translation of Practical Process Research and Development: A Guide for Organic Chemists, 2nd edition by Neal G. Anderson was undertaken by Chemical Industry Press and is published by arrangement with Elsevier (Singapore) Pte Ltd.

Practical Process Research and Development: A Guide for Organic Chemists, 2nd edition by Neal G. Anderson 由化学工业出版社进行翻译，并根据化学工业出版社与爱思唯尔（新加坡）私人有限公司的协议约定出版。

有机合成工艺研究与开发（陈芬儿 主译）
ISBN 978-7-122-31792-6

图书在版编目（CIP）数据

有机合成工艺研究与开发 /（美）尼尔 G. 安德森（Neal G. Anderson）著；陈芬儿主译.
—北京：化学工业出版社，2018.6（2025.1 重印）

书名原文：Practical Process Research and Development: A Guide for Organic Chemists
ISBN 978-7-122-31792-6

Ⅰ. ①有… Ⅱ. ①尼… ②陈… Ⅲ. ①有机合成 Ⅳ. ①O621.3

中国版本图书馆 CIP 数据核字（2018）第 054425 号

责任编辑：李晓红　　装帧设计：刘丽华
责任校对：宋　夏

出版发行：化学工业出版社（北京市东城区青年湖南街 13 号　邮政编码 100011）
印　　装：北京盛通数码印刷有限公司
710mm×1000mm　1/16　印张 25½　字数 519 千字　2025 年 1 月北京第 1 版第 6 次印刷

购书咨询：010-64518888　　售后服务：010-64518899
网　　址：http://www.cip.com.cn
凡购买本书，如有缺损质量问题，本社销售中心负责调换。

定　　价：**148.00 元**　　

译序

《Practical Process Research and Development: A Guide for Organic Chemists》第一版（1999）的中译本《实用有机合成工艺研发手册》于 2011 年由科学出版社出版，并获得了国内有机合成化学，特别是精细有机化工和原料药制造工程等领域读者的好评。之后 Anderson 博士对第一版进行了大量的补充、调整和修订，并于 2012 年出版了第二版。

2014 年化学工业出版社的李晓红编辑希望本人对第二版进行翻译以飨读者时，我欣然接受此重任。本书早该与读者见面的，但因工作繁忙，断断续续经过了近三年的时间才终告完成。

本书适合从事有机化学、药物化学和农药化学等领域的研究人员参考，对从事上述领域工艺技术开发的企业工程师也有所借鉴。特别是对从事上述领域的高等学校的本科生、硕士研究生及博士研究生甚至博士后跨入工业界有所裨益，可谓是雪中送炭。

在本书的翻译过程中得到了我的博士后（吴妍、熊方均），博士生（颜琳洁、王海峰、万正勇、刘前、卢羿蓓、金凯军）和硕士生们（王佳琦、许灵均、王亚峰）等的帮助。我研究中心的教师彭海辉、梁观峰、程荡、黄则度和孟歌分别对第 1～3 章，第 4、5、12 章，第 6、7 章，第 8～11 章，第 13～17 章进行了认真细致的审读和修改。在此，我对他们的辛苦付出表示由衷的感谢。

由于译者水平所限，书中难免会有疏漏和不妥之处，敬请广大读者批评指正。

陈芬儿

复旦大学手性分子不对称催化与合成工程研究中心

上海市手性药物不对称催化制造工程研究中心

2018 年 5 月

序

20 世纪 70 年代我第一次对化学工艺过程、发展及工业化产生了兴趣，尽管有独立的出版物，特别是美国默克公司工艺研发部门的出版物，但并没有专业的书籍或刊物指导我。直到 20 世纪 90 年代，首先由 Lee、Robinson[1]和 Repic[2]等人编写了相关书籍和专业期刊。2000 年 Neal Anderson 编写了《有机合成工艺研究与开发》第一版，书中包含务实而系统的研究方法，并以实现大规模生产为宗旨，该书的出版立即吸引了我。

2000 年之后出现了许多涵盖工艺研发各个方面的书籍（前言中有详细的列表介绍），但这些书籍主要的焦点是合成化学，在优化、安全、后处理和产品分离、固体产品的物理形态等方面没有给予足够的重视，而这些是大规模生产和制造非常重要的因素。由于工艺研发综合了有机化学、物理化学和化学工程，因此有机化学行业需要了解化学工程原理以及它们如何影响工艺过程，反过来化学工程师也必须了解有机化学的基础知识。单独有机化学知识不足以开发制造工艺。

因此，我们高兴地看到《有机合成工艺研究与开发》（英文版）第二版的出版，其重点再次回到了实用性，给没有经验的化学工艺师提供了很多经验技巧，即使是像我这样的老前辈也可以从作者那里学到一些技巧。虽然作者将重点放在了制药行业的工艺发展进程，但其他行业如精细化学品、农用化学品、染料化学和香精香料的读者都可以从这本书的案例研究和内部讨论中受益。

该书对大学的学生和教师意味着什么？他们可以从一个有经验的化学家如 Neal Anderson 那里学到什么？首先他们会发现一个相当陌生的以有机化学为基础的章节标题；在前几章中首先强调安全性，这种写法并不常见，但显然作者是借此强调安全在工艺研发中的重要性。最近美国大学发生的几起事故也说明学术界更应该重视这个问题。总之，安全是大规模生产必须重视的第一要素。学生将会了解到危险化学品是可以放大生产的，但更重要的因素是如何放大。

其次，学生将学习和了解化学反应与反应机理在产品开发和大规模生产中的重要性。只有了解了化学反应及添加次序，包括反应容器内的单一化学步骤，才能控制它，而工业制造最重要的是维持控制以确保重复性和高品质的产品。

第三，学生将会学习如何分析，特别是过程分析和数据分析，这对工艺过程极为重要。分析杂质的成因有助于开发新的减少杂质的工艺过程，或者采用后处理或结晶策略除去它们，以确保生产合格的产品。另外，从实验室到工厂，相同原料和溶剂的成分也会有不同。而这些琐碎的问题显然需要实验来检验，因此，学生应该做到提前思考与计划。

第四，学生读了这本书后，很快就会意识到当反应停止时化学过程并没有结束，在大规模生产中并不能简单地使用蒸发反应溶剂、柱色谱分离来提纯产物。反应混合物经常需要进行淬灭和后处理，分离产物是工艺过程中最基本的也是必须进行精心设计的过程，然后再进行优化。Neal 告诉读者怎么做才能够达到最佳效果。

第五，学生将学习到反应时间是大规模生产中一个非常重要的因素，延长反应时间或后处理时间可以导致产物产量和质量的差异，有经验的工艺化学家认为反应时间是将工艺过程从实验室转移到工厂大规模制造过程中重要的一点。在实验过程中采用预估反应时间的方法可以防止发生意外。工艺化学家发现“如果他/她没有做好准备”，那么实验过程中“任何可能都会出错”。在每一个章节，Neal 都给读者提供了一些实用技巧，以避免出现问题，如同哲学上描述的“凡事预则立”。不过这样的问题也可能偶尔发生在工厂，因此 Neal 专门整理了一个章节，即故障排除，给读者介绍他在解决这方面问题的经验。随着 1997 年期刊“Organic Process Research and Development”的发展，现在有了更多的有关问题和解决方案在文献中发表，但在这些文章中往往只有一个单一的段落突出显示此类问题，在该书的这个章节或其他章节中这些会被重点强调或作为参考。

经验丰富的工艺研发从业人员也将享受阅读作者关于此主题的设计和案例分析，以及实用技巧。所有这些都将增加他们的知识并且因此得到激励。

虽然我和我的同事（包括 Neal Anderson）从事工艺化学课程教学，但我的梦想是希望有一天有更多的大学，而不是目前的一所或两所大学，从有机化学和化学工程的交接点出发来开发工艺化学的基本原理课程，通过一个过程友好的方式进行化学反应的基础研究。但是这个理想需要走很长的路。而与此同时，我们必须依靠有经验的过程化学家来撰写书籍和传递知识。2000 年，我认为，Neal 的书是工艺化学方面最好的书，阅读了该书的第二版，我仍然没有改变我最初的看法。

我个人认为活性药物成分（和农用化学品及其他活性分子）的结构变得越来越复杂，给现代工艺化学家带来了巨大挑战。合成第一千克药物分子的时间期限越来越短，而人力资源往往分散在很多项目，所以很多工艺化学家在一个项目中面临着更大的压力。保留现有发展路线，而不是设计大规模生产所面临的压力是巨大的，但风险（安全、质量和大规模合成的失败）也意味着开发新的合成方法的必要性，并是长期项目的最佳选择。然而目前“短期项目”很盛行。

对于后一阶段的项目，特别是如果采纳质量源于设计（quality by design，QBD）的方法来理解设计空间（反应变量对产率和产品质量的影响）时，会有更多的机会充分了解化学反应。在大学的化学课程中很少讲授统计学方法进行优化，在优化过程中统计学方法的使用相比于时间优化的单变量（一般在高校开展），对合成过程中每一步的设计空间的表征是很重要的。

不论工艺研发发展到何种方向，其目的均为更好、更快、低成本并使用更少的资源。阅读该书获得的实际知识和了解的行业技巧，都能够真正帮助所有读者达到设定的目标，并享受有机工艺研究与开发这个课题。

特里沃·莱尔德

（Trevor Laird）

科技创新事务所，英国

“Organic Process Research and Development”期刊编辑

参考文献

[1] Lee, S.; Robinson, G. Process Development: Fine Chemicals from Grams to Kilograms. Oxford: Oxford University Press, 1995.

[2] Repic, O. Principles of Process Research and Chemical Development in the Pharmaceutical Industry. New York: Wiley-Interscience, 1998.

前言

“在科学方面有一个趋势，即专业知识越来越细分。因为我们过于专注细节导致错过了整体。”

——Linda S. Birnbaum，国家卫生科学研究所所长

[Hogue, C. *Chem. Eng. News* **2009**, *87*(*5*), 26.]

“科学发现在于见人之所能见和想人之所不能想。”

——Albert Szent-Gyorgyi，匈牙利生物化学家，1937 年诺贝尔奖获得者

过去的十年里，在文章、综述及书籍中，以及电子书、博客和网络上有大量有关工艺化学的技术信息。借助这么多的可用信息，工艺化学家和工程师不断扩大和深化相关基础知识。因此我认为本版中所呈现的内容比上一版更高级。

这个版本的重点与上一版相同：为“小分子”制备提供全面、逐步的有机制备工艺研究与开发的方法。该方法体现在章节的次序安排中。本书讨论了怎样进行和为什么进行这样的操作，然后通过成功案例说明原理。书中很少有方程式，主要包括一些读者可能陌生的有价值的方程。通过了解工艺和操作中“怎么做”和“为什么”，读者有能力制订出切实可行的方法解决目前工艺过程中所面临的挑战。我选择用来说明实际的例子，以及工艺过程中许多其他有趣的例子，都在参考文献中引用了。相对于上一版，本版中大部分材料是全新的：几乎 85%的参考文献发表于 1999 年以后。

这个版本包括许多新的或扩展的主题。第 2 章，安全及注意事项是新设立的章节。在该章节中，我积极提倡安全注意事项来引导安全、可靠、高效工艺的发展，而不是强调安全的限制和负面效应。第 3 章，工艺路线的选择，随着绿色化学的发展路线得到了扩展，并且强调生物催化是一种更高效的设计路线。第 4 章，试剂的选择，强调了生物催化和相转移催化的应用。在第 5 章中扩展研究了溶剂的影响。第 8 章侧重在试点工厂中大规模生产和制造过程，以及在实验室中的实际考虑。因为早期的工艺研究工作发现第 8 章不太适用，因此我把它与其他章节分开来；然而，理解这一章的注意事项能够加快新化学实体（NCEs）和活性药物成分（APIs）的规模化和发展。第 10 章是新增章节，重点讨论金属有机反应的优化方法。第 11 章后处理是扩展最多的章节。第 12 章中详细地介绍了许多结晶的例子。第 13 章，产物

的最终形态，包括一部分基因毒性杂质和大部分多晶型。第 14 章主要讨论连续反应。第 15 章精炼过程是新增章节。第 16 章概述了工艺过程和实施。因为手性合成已经编进工艺化学，因此读者可以在这本书中找到手性操作和减少手性损失的方法。

近期的文献十分强调绿色化学。近几十年来，化学家和工程师们一直努力减少浪费，降低成本制造，并设计大规模生产及常规的原料药制造过程中的安全措施。把这些因素与其他因素结合作为"绿色化学"，能够推进工艺化学的发展。绿色化学的例子贯穿在整本书中。我期待有一天绿色化学能够成为工艺研究的重要部分，而不是我们努力把这些进展贴上绿色化学的标签。

在实验室、中试工厂和生产中，安全是最需要考虑的因素。在本版中，我试图利用文中的这些词语使人们注意安全和安全操作。在图中我经常提及淬灭剂，因为过量的淬灭剂是有害的；理想的情况是，每一种合成转化用的淬灭和后处理条件都应该在合成方案下面描述。而后处理和分离不应该在与它们不相关的讨论中进行描述。通过回顾这本书和引用的参考文献中的操作，读者可以开始考虑开发安全的实验条件。进行任何大规模反应前，首先应该进行合适的安全性研究（化学危险性评估、毒理学研究和潜在的环境影响）。读者必须承担他或她自己及附近环境的安全责任。

有许多人帮助我准备这本书。感谢德地氏（De Dietrich）的提姆·埃尔斯，迪迪埃·班诺特，戴夫·伯迪克，富·卡特，雷·康罗，迈克·克鲁斯克，戴夫·尼斯，高志农，马克·哈尔彭，彼得·哈林顿，加尔特·胡伊斯曼，约翰·奈特，特雷弗·莱尔德，威廉·梁，刘建伟，汉斯·马格，安·纽曼，比尔·纽金特，韦恩·斯劳森，戴维·史奴顿，麦克·斯坦，安迪·蒂斯代尔，艾伦·苔丝，伊丽莎白·维达斯，罗布·沃特迈尔，史蒂芬·韦斯曼和格雷格·费德罗兹非常有益的讨论和信息。感谢那些参与我短暂课程的人，感谢他们的反馈和经验分享。感谢 PerkinElmer Informatics（CambridgeSoft 公司前身）提供一份详细的化学结构图，在这本书中用来表示结构和反应。最后，我要感谢安德里安·谢勒和 Elsevier 出版社的路易莎·哈钦斯在这个项目上的信任及继续支持本版书籍。

这本书中的信息应该被看作是指导原则，而不是严格的规定。我总是对那些与原则相反的例子感兴趣。我也欢迎大家指出书中不可避免的错误。

尼尔 G. 安德森

符号说明

acac 乙酰丙酮，2,4-乙酰基丙酮阴离子

ALARP 最低合理可行原则；一种限制原料药中杂质的方法

API 原料药，活性药物成分

AUC 曲线下的面积

AZ 阿斯利康制药有限公司

BINAP 1,1′-联萘-2,2′-双二苯膦或(±)-2,2′-双-(二苯膦基)-1,1′-联萘

BINOL 联萘酚，2,2′-二羟基-1,1′-联萘

BMS 百时美施贵宝公司

Bn 苄基

Boc 叔丁氧羰基，或叔丁氧甲酰基

BSE 牛海绵状脑病，又名“疯牛病”

Bz 苯甲酰基

Cbz 苄氧甲酰或苄氧羰基，又名 Z

CDI *N,N′*-羰基二咪唑

cGMP 现行良好的生产规范

CIAT 结晶诱导的不对称转化

CIDR 结晶诱导的动力学拆分

cis 顺式

CMC 化学、制造和控制，NDA 的一部分

CMO 合同加工外包

COD 1,5-环辛二烯

CoG 货物成本（估计），产品成本

CPP 关键工艺参数

CQA 关键质量属性

CRO 委托合同研究

CSA 樟脑磺酸

CTAB 十六烷基三甲基溴化铵

Cy 环己基

DABCO 1,4-二氮杂双环[2.2.2]辛烷

DAST (二乙氨基)三氟化硫

dba 二亚苄基丙酮

DBDMH 1,4-二溴-5,5-二甲基乙内酰脲

DBN 1,5-二氮杂双环[4.3.0]十一碳-7-烯

DBU 1,8-二氮杂双环[5.4.0]十一碳-7-烯

DCC 二环己基碳二亚胺

DCM 二氯甲烷

DCU 二环己基脲

de 非对映体过量，即为所需非对映体 A 的百分含量与所不期望的非对映异构体 B 的百分含量的差值

DEA 美国禁药取缔机构

DEAD 偶氮二甲酸二乙酯

DEM 二乙氧基甲烷

DIAD 偶氮二甲酸二异丙酯

DIPHOS 1,2-双(二苯基膦基)乙烷

DCHA 二环己胺

DMAc 二甲基乙酰胺

DMAP 4-二甲氨基吡啶

DMCC 二甲氨基甲酰氯

DME 乙二醇二甲醚

DMF *N,N*-二甲基甲酰胺

DMI *N,N*-二甲基咪唑啉酮

DMSO 二甲基亚砜

DoE 实验设计

dppe 1,2-双(二苯基膦基)乙烷

dppbenz 1,2-双(二苯基膦基)苯

dppf 1,1′-双(二苯基膦)二茂铁

DQ 设计资格，工艺验证的一部分

dr 非对映异构体比例

DSC 差示扫描量热法

EDCI 1-(3-二甲氨基丙基)-3-乙基碳二亚胺，又名 EDC

ee 对映体过量，即所需的对映体 A 的百分含量与不需要的对映体 B 的百分含量

的差值

EGBE 1-丁氧基-2-乙醇

ELSD 蒸发光散射检测器

EMA 欧洲药品管理局，前身为EMEA

EPA 美国环境保护局，简称美国环保局

eq. 物质的量

er 对映异构体比例

ESI 电喷射离子化技术

FBRM 聚焦光束反射测量

FDA 美国食品药品监督管理局

FMEA 失效模式及其影响分析

fp 闪点，在火源的存在下，蒸汽开始燃烧的温度

FTE 全时当量，一名CRO研究人员在合同框架内为客户工作

FTIR 傅里叶变换红外光谱

GC 气相色谱法

GLP 良好的实验室规范

GMP 良好的生产规范

GRAS 一般认为是安全的

GSK 葛兰素史克

GTI 基因毒性杂质

HILIC 亲水相互作用液相色谱

HMDS 六甲基二硅氮烷，六甲基二硅胺

HMPA 六甲基磷酰三胺

HOBt 1-羟基苯并三唑

HOSu *N*-羟基丁二酰亚胺

HPLC 高压液相色谱，或高效液相色谱

HPLC-MS 高效液相色谱-质谱联用

HTS 高通量筛选

HTST 短时高温加工，一般适用于连续作业

ICH 人用药品注册要求国际协调会议

ICP-MS 电感耦合等离子体质谱

ID 内径

IND 新药研究中的应用

IP 知识产权

IPC 过程控制

IQ 安装资格，工艺验证红外的部分

IRMS 同位素比质谱法

Lasentec 通过聚焦光束反射测量法监测结晶化的装置

LD_{50} 50%测试动物的致死剂量

LEL 爆炸下限，最低可爆炸极限

LFL 燃烧下限，最低可燃度极限

LOD 检测极限；干燥损失

LOQ 检测极限

MCR 多组分反应

MEK 甲基乙基酮

2-Me-THF 2-甲基四氢呋喃

MIBK 甲基异丁基酮，5-甲基-2-戊酮

MOM 甲氧基甲基

MOP 甲氧基丙基

mp 熔点

Ms 甲磺酸根

MS 质谱法

MTBE 甲基叔丁基醚

Mtr 4-甲氧基-2,3,6-三甲基苯磺酰基

neat 无溶剂

NBS *N*-溴代琥珀酰亚胺

NCS *N*-氯代琥珀酰亚胺

NCE 新化学实体，潜在的原料药开发中的复合物

NDA 新药申请

NIR 近红外光谱

NLT 不少于

NMM *N*-甲基吗啉

NMO *N*-甲基氧化吗啉，*N*-甲基吗啉-*N*-氧化物

NMP *N*-甲基吡咯烷酮

NMR 核磁共振光谱

NMT 至多

NOR 正常操作的范围

OB 氧气平衡

OD 外径

OFAT 一次一个参数，又名OVAT

OQ 操作资格，工艺验证的一部分

OVAT 一次一个可变，又被称为OFAT

PAR 经证实的可接受的范围

PAT 工艺分析技术

PCR 聚合酶链反应

PDE 每日允许暴露量

PEG 聚乙二醇

PFD 工艺流程图

PGME 1-甲氧基-2-丙醇

PGI 潜在基因毒性杂质

pI 等电点

PMB 对甲氧基苄基

PPE 个人防护设备

PPQ 工艺性能评定

PQ 绩效考核；为工艺验证检验设备和软件

PSD 粒径分布

PTC 相转移催化，或相转移催化剂

PTS 来自α-维生素E的表面活性剂

QA 质量分析部门

QbD 设计质量

QC 质量控制

RCM 关环复分解反应

Re 雷诺数

RFQ 请求报价，咨询CRO或CMO关于某个项目提交投标

RH 相对湿度

RI 折射率

RME 反应质量效率

ROI 炽灼残渣

RT 室温

Sc CO_2 超临界二氧化碳

SFC 超临界流体色谱

SiO_2 硅胶

SMB 模拟移动床色谱

SOP 标准操作规程

SPC 统计过程控制

TBAB 四丁基溴化铵

TBDMS 叔丁基二甲基硅

TCCA 1,3,5-三氯异氰尿酸

TD_{50} 50%的测试动物产生肿瘤时的剂量

TEMPO 2,2,6,6-四甲基哌啶-氮氧化物，一种用于氧化的自由基催化剂

TES 三乙基硅烷

Tf 三氟甲磺酰基

TFA 三氟乙酸

TGA 热重分析

THF 四氢呋喃

THP 四氢吡喃-2-基

TLC 薄层色谱

TMS 三甲基硅烷

TMT 2,4,6-三巯基-1,3,5-三嗪，去除多价阳离子的试剂

tox batch 一批用于毒理学筛选的材料

TPPO 三苯氧磷

trans 反式

Ts 对甲苯磺酰基

TTC 毒理学关注的阈值

TWA 时间加权平均，一天8小时允许暴露量

UEL 爆炸上限，最高可爆炸极限

UFL 燃烧上限，最高可燃度极限

UHPLC 超高效液相色谱

USP 美国药典

UV 紫外

VOC 挥发性有机物

WFE 刮膜式蒸发器

XRPD X射线粉末衍射

Z 苄氧羰基，或苄氧甲酰基，又名Cbz

文中所用非法定计量单位与法定计量单位的换算关系：

1 in = 0.0254 m

1 lb = 0.45359237 kg

1 psi = 6894.76 Pa

1 bar = 10^5 Pa

1 Torr = 133.322 Pa

1 mmHg = 133.3223684 Pa

1 atm = 101325 Pa

1 gal(美制干货) = 4.40488377086 L

1 gal(美制湿货) = 3.785411784 L

目录

第 1 章 概述

世界并不会因为理想而进步，而是因为经济动力而进步。

——Fernado Canales Clariond，前墨西哥经济部秘书[1]

众所周知，工业上没有技术最优，只有经济最优。

——G. Guichon 等[2]

今天绿色化学仅仅是一个好的商业选择。

——Paul Anastas[3]

1.1 引言

医药行业的发展动力是生产药物以维持和提高人们的健康和生活质量，并给投资者以合理的回报。由于存在许多未知领域，特别在生物制药领域，使该行业充满风险，但是相应的回报也会更大。在表 1.1 中罗列了一些开发药物的统计，这些统计解释了这个行业的一些压力。

开发药物能够显著提高经济效益，从最近针对公司和法人征收的罚款也可以反映出来。例如，在 2010 年，阿斯利康由于过度推销使用思瑞康被罚款 520000000 美元[4]，葛兰素史克公司由于违反了现行良好的生产规范（cGMP）被罚款 150000000 美元[5]。2009 年辉瑞非法增加 β-受体阻滞药 Bextra 和其他三种药物被罚 2300000000 美元[6]，布里斯托尔-梅尔斯施贵宝公司（BMS）与奥贝泰克商议推迟波立维仿制药上市被罚款 2100000 美元[7]。2009 年，因兰伯西伪造检验数据，美国食品药品监督管理局（FDA）停止其审查申请，禁止兰伯西进口 30 种非专利药品[8]。2007 年一位中国前国家最高药物审批官员被判处受贿罪[9]。2004 年百时美施贵宝公司由于“渠道填充”被罚款 150000000 美元，一份报告显示，其人为增加药品销售[10]。过去几十年中医药行业的声誉受到了破坏，但包括作者在内的很多人怀着帮助人类的希望进入这个行业。

经济、政治、政府和个人因素的相互作用影响药物的开发和销售。例如，“911”恐怖袭击事件后，拜耳一片环丙沙星的成本由 1.77 美元降低至 0.75 美元[11]。截至 2009 年 8 月，医药游说集团共有 1544 名游说者，换句话说华盛顿特区有一名国会议员就有三名游说者[12]，相比 2001 年登记注册的 625 名游说者，增加非常明显[11]。

表 1.1　一些有关药物行业的相关统计

价　值	因　素
1300000000 美元	药物上市成本[①]
药物成本的 5%～20%	美国石油学会标准
货物成本的 30%用于药物成本	质量控制成本[②]
数百万美元	药物处方成本[③]
与市场将承担的一样高	对消费者所承担的药品价格（美国高于其他国家）[④]
75000 美元	一位健康经济学家 2005 年公布的人们生活中额外的支出[⑤]
200000～300000 美元	美国化学家或工程师给老板带来的年收入
大约 95%	临床前或临床中失败的部分药物
大约 30%	已获得批准的可以收回开发成本的药物[⑥]
8 年	平均开发时间（目标是 5 年）
20 年	专利药品的独家销售期（美国）
开发时间 20 年	收回投资成本的时间
1000000 美元	如果药品销售是 400 元/年，那么一个备案被推迟一天损失的销售额

① 无疑包含了那些开发失败的候选药物成本。Jarvis，L. M. *Chem. Eng. News* **2010**，*88*（*23*），13. 代价可能更高：Vertex 制药公司总计用了 20 年花费了 4000000000 美元开发 Incivek（特拉匹韦）。Jarvis, L. M. *Chem. Eng. News* **2011**, *89*(*22*), 8.

② Mullin R. *Chem. Eng. News* **2009**, *87*(*39*), 38.

③ 涉及喷雾干燥的配方可能更高。如果一个 API 的物理形式不可控、剂型不规范，可能会产生巨大的成本，从而中断临床试验或停止药品销售（第 13 章）。Thayer, A. M. *Chem. Eng. News* **2010**, 88(*22*), 13.

④ http://www.economist.com/node/4054095（2015 年 6 月 16 日）.

⑤ 2015 年 7 月 17 日华盛顿邮报：http://www.washingtonpost.com/wp-dyn/content/article/2005/07/16/AR2005071600941_pf.html.

⑥ *Mod.Drug Discov.* **2001**, *4*(*10*), 47.

由于保守派强烈反对，美国没有一家制药公司开发堕胎药 RU-486。以较低价格向第三世界销售抗艾滋病药物是慈善事业一个很好的例子，当然也可能涉及一些相关税收的减免。慈善事业也因此增加，例如，默克赠送双氢除虫菌素预防河盲症，克林顿健康倡议组织开发替诺福韦以治疗发展中国家的艾滋病[13]。制药行业需要政府的支持，以继续为第三世界开发药物，如治疗疟疾的药物等[14]。由于企业自身明智和利他的原因，抑或是避免处罚，人们想尽办法减少废物和对环境的影响。尽管强效抗生素的耐药细菌不断出现，由于非长期服用的药物需要比预期更长的时间才能收回开发成本，因此抗生素的发展已经放缓。随着监管部门不断加强监管，开发新的化学实体（NCE）越来越困难；例如，进入第三或第四期临床试验需要证明具有更优越的疗效才能获得美国食品药品监督管理局的批准[15]，潜在的基因毒性杂质也额外要求控制在μg/g 量级。一切都会受到人们追求个人进步的影响。

受市场驱动，制药行业的商业趋势已经改变，并且更强调聪明和有效率的工作，例如，使用高通量的筛选和系统的设计实验。制药行业面临着开发更有效过程的压力[16]。美国食品药品监督管理局发展了更先进的工艺分析技术（PAT），这可能会降低生产成本[17]。固体工艺开发工作的重要性已经获得认可[18]。

如图 1.1 所示，活性药物成分（原料药）的越趋复杂，导致药物开发成本的增加。药物开发是昂贵的：Vertex 制药公司第一个获得批准的药物花费了 20 年的时间，成本约为 4000000000 美元。替拉瑞韦药（特拉匹韦）治疗丙型肝炎，售价大约是 49200 美元，相对应的默克公司的 Victrelis（波普瑞韦），售价在 31000～44000 美元。每个公司都已经建立了援助计划，与保险公司一起帮助已投保的病人。

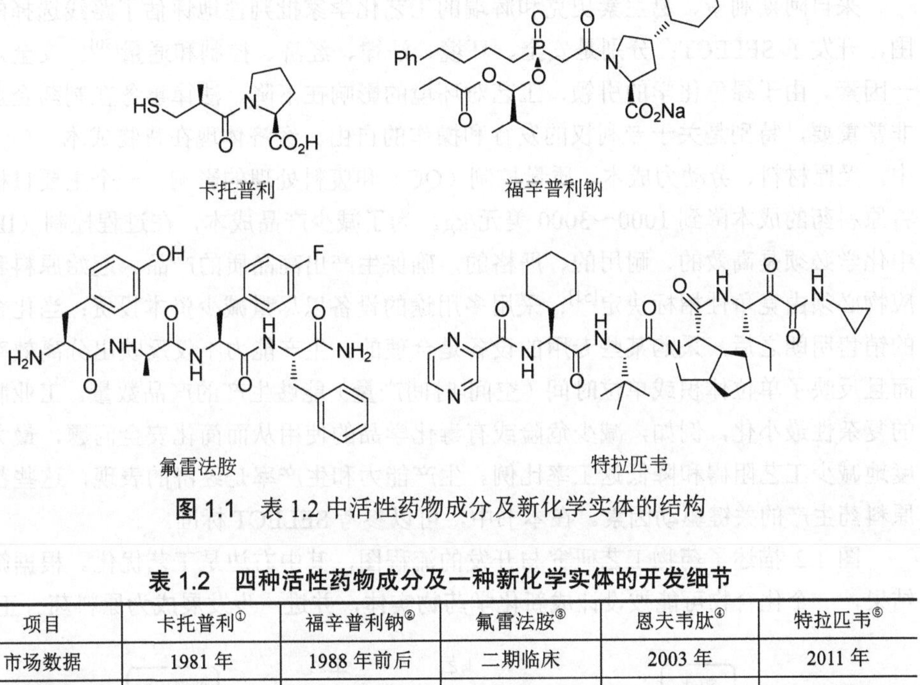

图 1.1 表 1.2 中活性药物成分及新化学实体的结构

表 1.2 四种活性药物成分及一种新化学实体的开发细节

项目	卡托普利①	福辛普利钠②	氟雷法胺③	恩夫韦肽④	特拉匹韦⑤
市场数据	1981 年	1988 年前后	二期临床	2003 年	2011 年
步骤	5	14	7	109	不详
分离	5	13	3	7	不详
制备色谱	0	0	0	2	不详
CoG	不详	不详	2500 美元/kg	36000 美元/kg	不详
治疗范围	高血压	高血压	疼痛	艾滋病	丙型肝炎
患者费用/年	不详	不详	不详	25000 美元	49200 美元

① Anderson, N. G.; Bennett, B. J.; Feldman, A. F.; et al. ER Squibb & Sons: US 5026873[P]. 1991.

② Grosso, J. A. E. R. Squibb & Sons US 5162543[P]. **1992**.

③ Franzén, H. M.; Bessidskaia, G.; Abedi, V.; et al. *Org.Process Res.Dev* **2002**, *6*, 788.

④ Bray, B. Enfuvirtide is a synthetic peptide made of 36 aminoacids. *Nat.Rev.Drug Discov.* **2003**, *2(7)*, 587.

⑤ Jarvis L. M. *Chem.Eng.News* **2011**, *89(22)*, 8.

工艺的基础理论来源于学术研究。理论化学家已经卓越地完成了许多全合成，如 Stork[20]和 Magnus[21]课题组合成了可待因。但全合成通常被认为仅有学术意义[22,23]，不适合工业大规模生产；学术上毫摩尔或克级规模可能不足以发现和解决大规模生产的加工问题。Hudlicky 教授阐述了在制药行业中合成应用于工艺研发的许多实际的考虑[24]。

1988 年，Trevor Laird 首次描述了应用到医药产品中的工艺研发和开发准则[25]；这篇文章涵盖了广泛的主题，包括实验设计（DoE）、自动化和多态性的重要性。Caron 最近详细地描述了工艺化学家的责任[26]。在过去的 11 年里，有很多有关工艺发展有见地的图书和详细的文章[27-49]。

来自阿斯利康、葛兰素史克和辉瑞的工艺化学家批判性地评估了路线选择的范围，开发了 SELECT：分别是安全、环境、法律、经济、控制和通量[50]。安全是第一因素。由于绿色化学的引领，工艺对环境的影响在下降。法律事务在制药企业中非常重要，特别是关于专利权的发行和操作的自由。经济体现在货物成本（CoG）中，受原材料、劳动力成本、质量控制（QC）和废料处理的影响。一个主要目标是将原料药的成本降到 1000～3000 美元/kg。为了减少产品成本，在过程控制（IPC）中化学必须是高效的、耐用的、严格的，确保生产出高品质的产品。起始原料和反应物必须由竞争性招标决定[51]；采用多用途的设备以尽量减少资本投资；当化合物的销售明朗之后，采购某些专用的设备是合理的。生产能力不仅反映出分离效率，而且反映了单位体积或单位时间（空间-时间产量）能够生产的产品数量。工业制造的复杂性最小化，例如，减少危险或有毒化学品的使用从而简化安全问题，最大限度地减少工艺阻碍和降低返工率比例。生产能力和生产率是经济的表现，这些都是原料药生产的关键驱动因素。在本书中，可以参考 SELECT 标准。

图 1.2 描述了药物工艺研究与开发的流程图，其中右边是工艺优化。根据筛选结果，一个化合物可能被设计成新化学药物实体，并进一步发展成为原料药。正如

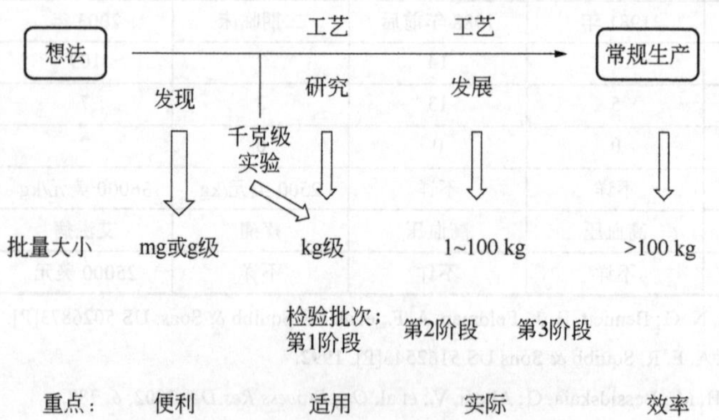

图 1.2 药物工艺研究与开发流程

任何一般准则，一个活性药物成分的发展可能不遵循这一流程。例如，大型实验室可以开展对千克级规模的研究，并确定了最佳的路线和优选的试剂；在其他情况下生产一个 5 mg 批量的活性药物成分可能面临几年的压力。从一个想法到一个原料药可能需要 5～13 年，甚至更长的时间。

有效的工艺开发始于药物发现，并随着药物的生产而发展[52]。工艺研究和工艺发展在药物发现中的作用是不同的。药物化学家设计有效的、多样性为导向的合成，从一个普通的中间体制备多种化合物。工艺化学家注重采用更方便的路线制备一个或一类化合物；通常路线和试剂的选择是优先考虑的因素。工艺化学家优化工艺过程制备新化学实体或活性药物成分，着眼于最大限度地减少杂质，精简后处理，尽可能避免采用柱色谱分离，得到所需产品的最终形态[53]。当然，这些通用描述可能会重叠。另外，工艺化学家几乎必然会改变药物化学家开发的路线；对一个新的项目，工艺化学家首先要考虑精简路线可能带来的好处。有些时候工艺化学家还要考虑采用不同的原料或利用生物催化改变原有的路线。如人所料，研究人员在制药研发[54]和药物发现[55]中经常采用相似的反应。工艺化学家通过考虑生产中“怎么做”和“为什么做”加速了新化学实体的发展。人们可以同时从事当前的工作并考虑下一步的需求，从而使新化学实体的合成变得顺畅。越早时间投入到工艺制造材料，准备大规模生产，越能够缩短整体开发时间。

当然花费精力从事药物生产的一大问题是绝大多数化合物没有市场；2003 年，Federsel 估计小于 0.03%的活性化合物被监管部门批准用药，70%的药物未能收回成本[56]。另外，通过工艺研发的化合物有 95%最终失败。优化过程过早会浪费资源，但如果快速需要大量原料，则必须有一定的优化，否则很难大规模生产。到第三阶段，工艺路线应该建立起来，优化过程也应该正在进行；否则第三阶段的实现可能存在风险。此外，新药申请的压力可能会导致推进工艺需要大量的优化。我只想说，并不是所有的工艺都需要在放大生产前优化，工艺可以为临床试验或制造提供材料。什么时候进行工艺优化往往以 GO/NO GO 决策点为核心（表 1.3）。

表 1.3　在工艺研究过程中使用 GO/NO GO 决策点①

GO/NO GO 研究	所需原料药的数量	合适路线
毒理学研究	低	解决办法：考虑使用发现路线和制备色谱
生物利用度（第一阶段）	低	按照实验室常规操作可以防止安全问题。经验不足才会导致大规模生产难题
效果（第三阶段）	高	大规模生产中安全问题必须彻底解决 达到合成所要求的效率成本 可靠的控制 创新性的操作

① Grabowski, E. J. J. Reflections on Process Research Ⅱ// Abdel-Magid A. F.; Caron S., Eds. Fundamentals of Early Clinical Drug Development. Hoboken, NJ: Wiley, **2006**, 第 1 章.

人们经常甚至过度使用“满足需求”来描述生产新化学实体的努力。所有工艺研发都应满足需求，但这句话更适用于毒理学和一期临床研究的早期过程。一旦能够保证人类安全，这时需要再开发，实现效率更高、成本更低，以满足实际需求[57]。工艺过程要么为Ⅱ期临床研究准备材料，要么为Ⅲ期临床准备。

我们要充分利用意外发现（正如巴斯德所说，“机会青睐有准备的人”）。例如，双苯甲酰化核糖酸内酯经差向异构化结晶后转化为吉西他滨（图 1.3）。同时苯甲酰保护基可使后续高效液相色谱操作更加容易[58]。另一个例子是图 1.3 中偶然发现的次甲基 α-酮差向异构体。与酸缩合后反式和顺式比例为 35∶64，但通过酸化后处理这个比例会有所提高。研究结果表明，反式异构体的最高选择性可以通过在碱性条件下静置 8 h 得到[59]。研究人员利用这些发现优化工艺过程。

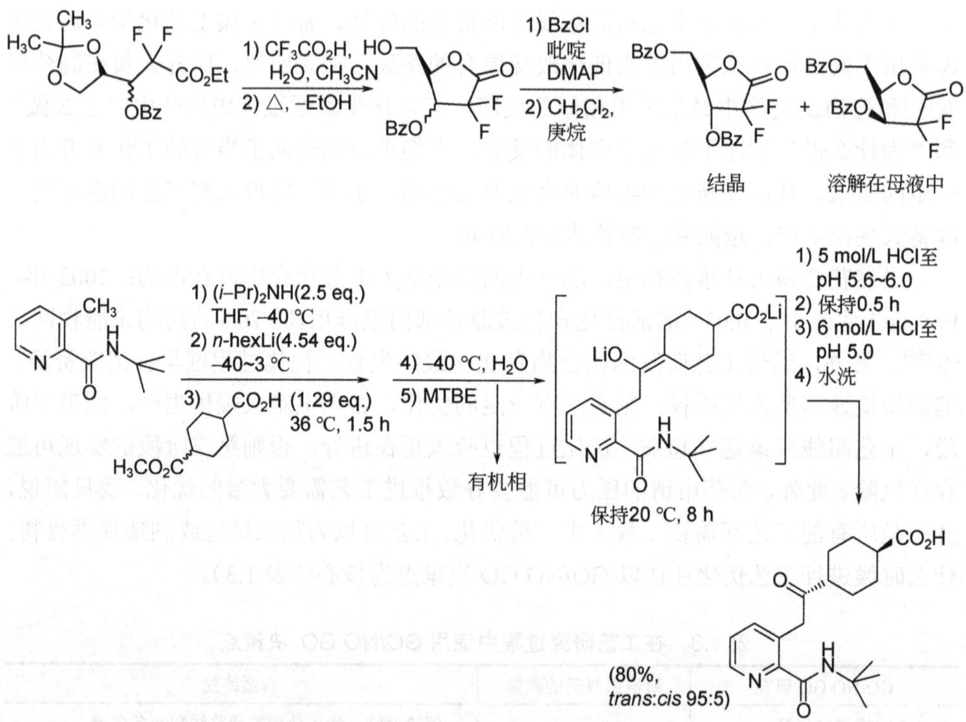

图 1.3 开发过程中偶然发现的两个例子

1.2 大规模生产中设备注意事项

工业生产所使用的设备通常有如下差异：包括不透明、固定，同时别的物质很难进入到容器里面。由于反应物比金属更惰性，因此大多数多功能反应釜（图 1.4）均由玻璃钢制成。挡板，反应器壁附近的垂直叶片，用于增加搅拌的混合物湍流。

一旦中试设备或生产工厂中的反应器被填充，就很少被打开；这是为了确保安全操作，并防止产生批次污染。所有的混合物必须通过底阀搅拌转换。搅拌器通常高于反应器底部表面，反应液高度低于搅拌器则不能搅拌。最小搅拌量（V_{min}）大约是反应器体积的 10%。最大搅拌量（V_{max}）可以是反应器额定容量的 100%～110%。在一个大的容器中，由于大容量和相对较低的反应器表面积，通过外护套的循环传热速度较慢。使用玻璃衬反应器的一个问题是由于热冲击它们可能会破裂；其他材质的反应器可能是低温或高温反应的首选。Childers 从化学工程的角度形象地描述了大规模合成的概况[60]。

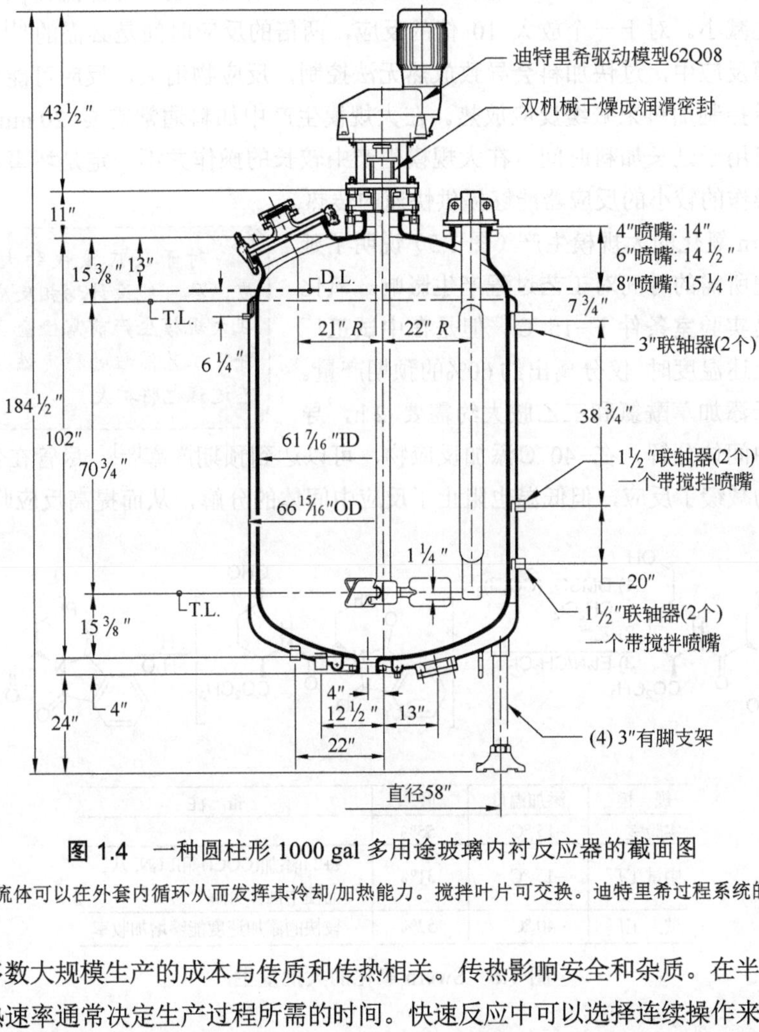

图 1.4 一种圆柱形 1000 gal 多用途玻璃内衬反应器的截面图

传热流体可以在外套内循环从而发挥其冷却/加热能力。搅拌叶片可交换。迪特里希过程系统的理论

大多数大规模生产的成本与传质和传热相关。传热影响安全和杂质。在半间歇操作中，传热速率通常决定生产过程所需的时间。快速反应中可以选择连续操作来提高大规模生产的传热率。传质也会影响操作时间，因此有些操作不能轻易加速。例如，萃取分

离时，或通过一个 1 in（1 in = 2.54 cm）的管道转移液体所需的时间。非均相反应需要有效的混合，如液体/液体、气体/液体、固体/液体和多相过程。均相反应也可能需要有效的混合；在快速反应中，控制添加反应物的速率和方式至关重要，同时可能需要控制微观混合和内混合以减少杂质的形成。

如果时间和钱不是问题，那么大规模生产中的大部分操作都没有问题。但若时间或钱有问题，则操作很难成功。开发容易大规模生产的工艺过程最好的方法是尽量减少操作步骤，并在实验室中预先操作。

在实验室和圆柱形多功能反应器中，通过外部冷却传热的缺陷随着规模生产的批量操作而引起人们的注意。对于圆柱体和球体反应装置，随着半径增加，其体积增大的速度快于表面积增大的速度，因此随着体积增大，通过外部流体循环冷却的能力随之减小。对于一个放大 10 倍的反应，两倍的反应时间是必需的[61]。因此，在大规模反应中，过快加料会导致放热无法控制，反应物消失，反应可能会失控。通过剂量控制加料来减缓反应放热。在大规模生产中加料通常需要 20 min 到数小时；泵可用于延长加料时间。在大规模生产中较长的操作并不一定是坏事。经常用于连续操作的较小的反应器能够提供快速的传热。

Swern 氧化的大规模生产（图 1.5）说明了延长热传递所需的时间对工艺过程产生影响。氧化的基准是实验室条件下−15 ℃。但是在中试工厂中采用上述温度时，仅分离出约 60%的预期产量。原因在于添加草酰氯和三乙胺大约需要 2 h，导致活性中间体分解。在−40 ℃添加反应物，可以达到预期产率[62]。尽管在低温下添加反应物减缓了反应，但低温也阻止了反应中间体的分解，从而提高反应收率。

对于反应较快的大规模反应，尽可能设计均相反应条件。在大规模生产前需检查实验室条件下工艺流程的稳定性，因为工艺过程也将扩大。

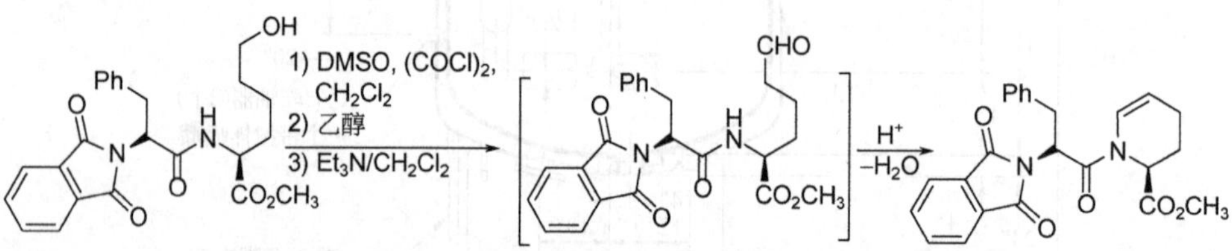

规　模	添加温度	收率	备　注
实验室	−15 ℃	55%	
中试工厂	−15 ℃	31%	每2 h添加$(COCl)_2$和Et_3N，从而使中间体分解
试点工厂	−40 ℃	52%	较快的添加速度能够增加收率

图 1.5　Swern 氧化的大批量生产

图 1.5 中的 Swern 氧化通过半连续操作成功放大后，实现了较好的过程控制并得到预期相近的收率[63]（图 1.6）。与实验室低温氧化相反，该反应在 40 ℃下进行。

通过极短的停留时间（0.1 s），该氧化实现了在较高反应温度下进行［这是一个高温短时（HTST）的连续操作的例子，如用于巴氏灭菌奶中[64]］。与采用两个 90° 弯管增加湍流实现有效混合相比，该反应操作更为简单[65]。采用连续操作的另外一个工业应用的例子是环丙胺（环丙沙星和一些农化产品的主要成分）的制备。霍夫曼重排是在搅拌式反应釜[66]或静态混合器[67]中连续生产而实现的（图 1.7）。精细化工行业中的化学工程师拥有大量的连续操作的经验。

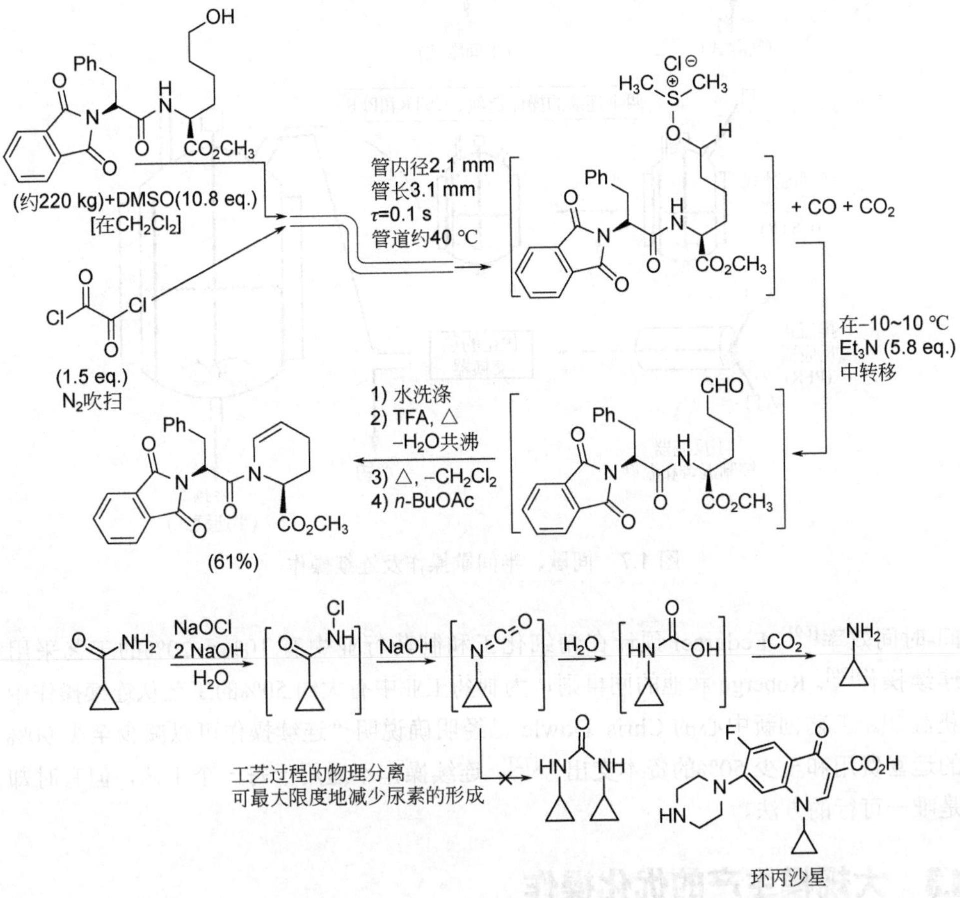

图 1.6　大规模生产的连续运行

图 1.7 显示了操作的两个选项，即间歇、半间歇（或半连续的）操作和连续操作[68]。

几十年来，连续操作一直被用于大规模工业生产，但才开始应用于原料药的生产工艺中。连续操作特别适用于快速反应，即那些发生在几秒钟或几分钟，而不是几小时的反应。这些操作最具吸引力的一个优点是安全性，控制反应在任意时间都保持小量反应流（第 14 章）。连续操作是工艺强化的一部分，目的是提高工艺的空

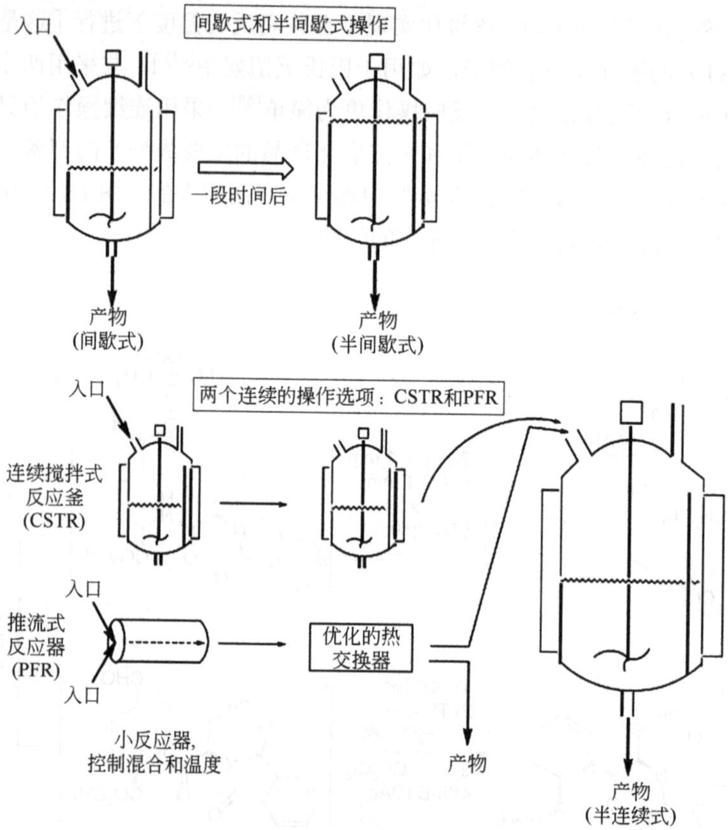

图 1.7 间歇、半间歇操作及连续操作

间-时间效率[69]。Federsel 预计在精细化工和制药行业中有 10%～20%的工艺采用连续操作[70]。Roberge 和他的同事则认为制药工业中有大约 50%的工艺从连续操作中获益[71]。工艺创新中心的 Chris Dowle 已经明确说明“连续操作可以减少至少 90%的运营费用和至少 50%的资本支出”[72]。连续操作不适用于每一个工艺，但有时却是唯一可行的方法。

1.3 大规模生产的优化操作

一个老练的工艺化学家给学术界化学家的第一个建议也许是不必干燥提炼物，例如使用硫酸钠或硫酸镁。提炼物中的水分可以通过共沸蒸馏除去，因而无须干燥。如表 1.4 所示，烘干干燥剂需要耗费大量的时间和成本。据保守估计，烘干干燥剂需要 16 h；并且还不包括操作中出现的其他问题或者需要额外的监督。尽管可以同时进行其他任务，但大量时间仍被浪费。考虑到工厂的成本可能高达 500～750 美元/h，大量的资金因此被浪费了。但最重要的是，如前所述，如果水-溶剂共沸物可以同时除去水并提炼提取物，此操作可能是多余的。一个不必要的步骤的成本是机会成本，因为你因此失去了完成其他任务或学习的机会。因此，大规模生产中很少使用如硫酸钠干燥提取物。

表 1.4　评估大规模生产中使用硫酸钠干燥步骤的工艺时间

操　作	评估操作时间/h	操　作	评估操作时间/h
设置和测试过滤器	2	整理固体以备处理	0.5
加入硫酸钠	0.5	安全清洁	0.5
搅拌悬浮液	2	清洁设备	4
滤掉固体	2	测试设备清洁度	2
冲洗液冲洗	0.5	存储设备	1
对固体进行清洗	0.5	总计	16
干燥固体	0.5		

表 1.5 对比了实验室和工业化的操作流程，以实现更方便、高效、低成本的操作。并且如有需要，大部分操作都可以大规模工业化。

表 1.5　对比实验室和工业化操作流程

工艺操作	实验室中		至少 50 L 体积的固定设备上		备　注
	一般操作	容易操作	一般操作	容易操作	
使用硫酸钠、硫酸镁干燥提取物	×	×		×	若能共沸蒸馏除水，干燥经常是多余的
浓缩干燥①	×	×②		③	受热容易分解
粉碎，浸滤④		×			工业生产中制备固体浆液
使用易燃溶剂如乙醚	×	×		×	安全操作需要更多的时间和精力
转移	×	×			通过虹吸管输送可能是一个选择
柱色谱	×	×		×	可能需要购买大规模的设备
快速转移	×	×		×	窄孔径限制传递速率；增加氮气的压力能够加快传递
保持较低的温度	×	×		×	大容量的冰水机可能会更好地保持温度
延长加热时间	×	×	×	×	具有较宽压力选择性的泵更有利于控制反应物的加入
保持 pH 值	×	×	×⑤	×	酶催化工艺
精确控制制热和制冷	×	×	×	×	具有较高的表面积和体积比的设备能够快速高效地去除热量
使用危险溶剂，如正丁基锂、碘甲烷和二异丙基氨基锂	×	×		×	安全操作需要更多的时间和精力
蒸馏除去溶剂		×	×	×	

续表

工艺操作	实验室中		至少 50 L 体积的固定设备上		备注
	一般操作	容易操作	一般操作	容易操作	
共沸干燥		×	×	×	
活性炭处理		×		×	清洁设备变成一个问题；活性炭通常限制应用在同轴过滤器中
抽吸过滤	×	×	×	×	在中试工厂中很常见
离心过滤		×	×	×	在制造过程中很常见
盘式干燥	×	×	×	×	在中试工厂中很常见
滚筒式干燥或搅拌干燥				×	在制造过程中很常见
喷雾干燥				×	制备原料药
冻干法		×⑥		×	制备原料药

① 大规模生产中很少考虑干燥无水，这是因为干燥需要很长的时间，而且过滤不完全可能会导致部分分解。

② 商业化的旋转蒸发仪容量最大可达 100 L。

③ 在小型工厂或生产中，蒸发溶剂可最高得到 50～250 kg 的固体。

④ 通过粉碎或研磨固体，然后浸泡从其他固体或油中洗出溶解物质。工业中很少使用研磨，考虑到安全因素，也为了防止污染，由于没有合适的长药匙，反应装置很少被打开。利用提取液，采用其他方法“研磨”至泥油和浆液。

⑤ 一种 pH 自动滴定仪（pH-STAT）可以通过自动添加酸性或中性溶液维持缓冲溶液。这种技术在大规模发酵和生物催化转化的酶的稳定中已经被用了几十年。

⑥ 冻干法可以用于实验室中油-固体的转换。大规模生产中此方法可应用于注射用的水溶性粉末。

图 1.8 中显示的是在工艺研发实验室中的玻璃反应釜装置图。首先选择热电偶温度计而不是普通温度计，原因在于温度计破碎后无需清洗；此外，温度可以通过热电偶电子记录。热电偶还提供了一个类似于固定装置中挡板的垂直元件，可以增加反应混合的湍流（备注：实验室中莫尔顿瓶的一个缺口也可以加大湍流）。由于如下几个原因通常采用机械搅拌器而不是磁力搅拌棒。第一，如果瓶内的固体物质导致搅拌停止，机械搅拌可以比磁性搅拌提供更快的转速继续搅拌。第二，磁力搅拌子可以研磨烧瓶底部固体颗粒，使反应物颗粒变小进而改变反应速率。第三，磁力搅拌子上泄漏出来的铁粉可能会催化反应[74]。此外，机械式搅拌器与多功能反应器中的搅拌器高度相似，使用一个新月形的聚四氟乙烯搅拌叶，其长度约为烧瓶直径的 1/2，并使搅拌叶高于瓶底。出于安全考虑，图 1.8 所示的

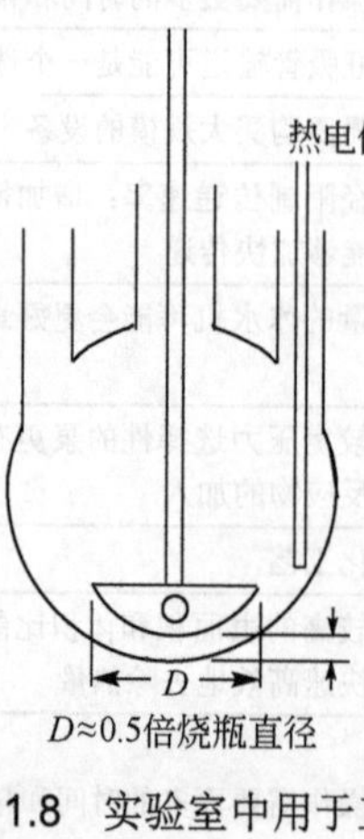

图 1.8 实验室中用于工艺开发的典型的圆底烧瓶

圆底烧瓶更适用于吹扫或充满的氮气保护下操作。

1.4 专利方面的考虑

化学发明的专利是基于新物质成分或新工艺。新的分子可以很容易地实现化合物组分的专利申请，并可以成为一个公司知识产权（IP）组合的一部分。如果竞争对手上市一个被化合物组分专利保护的化合物，专利侵权很容易确定，但工艺专利的侵犯则很难界定；工艺相关杂质的详细分析或原料药的同位素比率可能是必要的（第 3 章）。有些公司甚至觉得在专利中披露工艺细节相当于免费泄露花费许多人力和时间的研究成果[70]。

行业的研究人员一般会放弃他们从专利中获得收益的权利，并愿意公开任何有潜在应用的专利的最新进展。创意和成果应该得到见证并记录日期和时间，并通过合适的渠道及时注册，因为在许多涉及发明专利的案例中可以基于记录时间的差异来决定。专利创新支持雇主的知识产权地位，保证研究继续进行。

> 设计新的化合物和工艺的专利。把你的工作撰写、发表，并更新你的简历通用摘要。最安全的工作保障是你随时能找到下一份工作。

出版物和专利承认研究人员的创新和成果。发明家必须有创造性的发现，如设计一个新化合物（物质成分）或设计一个合成化合物的新方法（工艺）。第一个把一个化合物由理论变成实际的人，如果是一条全新的路线，他或她就有可能成为一个发明家[75]。高校及高校研究人员，包括研究生和博士后可能会从专利中获得显著收获[76]。

1.5 总结与展望

工艺化学家们的使命是制造符合要求的材料。相比于毒理学或第 I 阶段研究所需的第一批 2 kg 材料，药物化学家设计的可直接放大而无需更多的优化，原因在于时间比路线和金钱最重要。例如，如果微波加热具有显著优势，就可以采用该技术制备更多的材料。如图 1.9 所示，相比加热，在微波条件下环化反应需要更短的反应时间且具有更高的产率[77]。在这种情况下，反应与反应时间的相关性并不大，因为化学家们可以采用其他措施来加快反应而不是在通常的通风橱中发生反应。产率提高 19%可能不足以说服工艺化学家进行微波放大，除非纯化操作容易很多。但总有好奇的人去尝试并推广新的技术。Leadbeater 描述了利用微波技术放大的成功案例[78]。

优化需要时间和金钱，而知道多少时间可用是很重要的。表 1.6 中列举了一些例子。

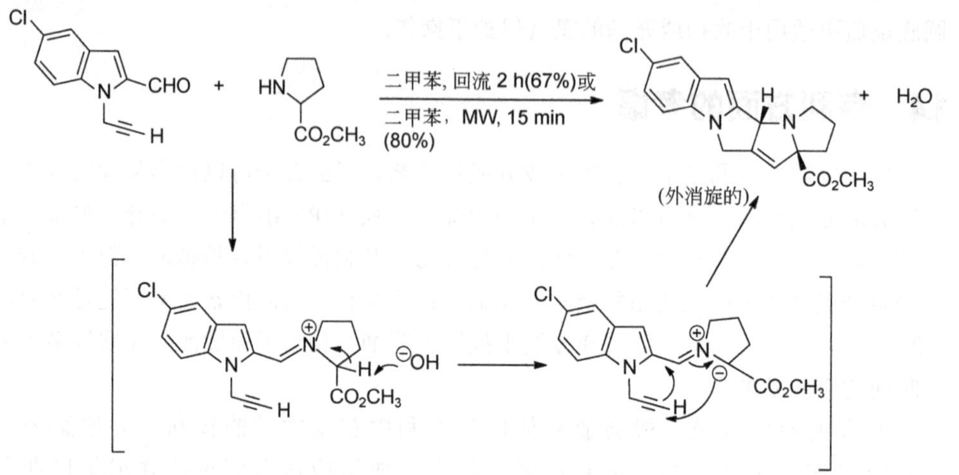

图 1.9　加热或微波条件下的环化反应

表 1.6　项目时间因素的对比

参考化合物	使用最快捷的路线，以最小地优化 色谱纯化确定
小试实验室批次	花费时间提高反应收率 满足最后的期限是至关重要的
毒理学批次	准备所需的最终形态，但不一定是最优的多晶型 高质量的材料是首选，HPLC 测定是 95%～97%，但并没有达到超级纯度。需要定量杂质的含量
中试工厂批次	设备昂贵，因此提高优化好工艺 低产率和质量影响反应 在中试前，最好先解决实验室中出现的问题
工业化	在产率/质量上±2%有很大的影响，因此微调是很容易的

> 为原料药设定合理的纯度：后续纯度提高，很容易获得 FDA 的批准。因此，在早期开发中尽可能小地改变商业批次中的杂质分布，保持最后的合成步骤不变，仅改变倒数第二步之前的步骤[79]。

在为毒理研究（毒理学批次）制备材料时有额外的考虑，它会影响后续批次的处理。毒理学批次的研究目的是测试和定量用于人类的新化学实体及原料药中可能存在的杂质，因此毒理学批次应该通过重结晶处理以达到较高的纯度，化合物纯度为 95%～97%，但不是超纯的。化学家的目的是制备尽量纯的化合物，与此不同，毒理学批次合成通过各种途径制备纯度略低的材料。例如，利用一次水洗代替多次水洗除去杂质，或关键中间体不再重结晶。毒理学批次中迅速冷却结晶也会残留一些杂质。一些公司已经结晶处理了存在杂质的毒理学批次，这些增加的杂质来自前一批的母液，由此产生的这一批次可以被认为是“混合”的，并具有一反常态的高杂质含量，但毒理学批次并不适合人类使用。

提交毒理学筛选的批次最好有相同的杂质，因为后续批次要给人类使用，通常含有与毒理学批次相同的杂质。cGMP 批次中的杂质含量不得高于毒理学批次；否则就不能被使用，或者必须进行毒理学研究来定量其中含有的杂质。只有在药物开发的第一年，可以改变药物的物理性质和杂质状况。

如前所述，制备新化学实体及原料药的工艺必须安全，以预期收率可靠地制备高质量的原料药。工艺过程必须尽可能简单，但实用，操作简单、易被理解。在一个开发周期结束时，工艺科学家将开发出一个简洁的路线。他（或她）会知道关键步骤，和任何必要操作，并知道哪些是灵活性的步骤，能够预期可能的工艺难点。工艺化学家对整个工艺过程有非常详尽的了解。

高效的工艺开发是通过团队合作完成的，在药物发现、工艺研究、工艺开发各个环节中的种种细节都至关重要。药剂化学家可以帮助选用廉价实用的试剂，并注重任何工业化放大的细节。工艺研发部门则定期给药剂化学家提供工艺路线和廉价的试剂，甚至推荐或制备更好的试剂。任何观察都可能是有价值的，例如，放热说明需要调查可能存在的危害，确定杂质可简化后续工艺开发工作。发现一个不同的多晶型物种可以引导原料药的结晶，也可能是知识产权（IP）的一个重要机遇。发现中间体结晶分离可以避免色谱分离，从而得到一条更具吸引力的路线。生成和记录分析数据，即使是薄层色谱系统（TLC 体系）的溶剂，也会有所帮助。但任何工艺都存在一定的局限。例如，安全或产品稳定性低的步骤可能需要持续的注意；因为这些步骤可能运行 22 L 的规模，可能需要有经验的 CRO/CMOS 开发。密切关注工艺细节，并互相分享这些发现能够加快工艺的发展。

从雇主出发，工艺化学家或工程师必须适应医药行业所面临的变化。例如，石油原料制备化学中间体的费用可能越来越高，这是因为易提取的石油量在下降，这也带动了其他技术的进一步发展。通过有机化合物高温裂解制备合成气可能会增加，但目前可只能提供简单的化合物[80]。植物组织培养可能成为复杂分子的一个重要来源[81]。现在我们经常使用过渡金属催化剂，但许多过渡金属（包括贵金属）和稀土元素的来源受到了限制，而其需求正在增长[82]。生物催化在制药和精细化工行业的吸引力越来越大。生物降解或超临界水可用于处理废水[83]。净化反应工业化中可能会更多地使用膜材料[84]。总的来说，具有多个领域知识储备的复合型人才会更得到青睐。

原料药和药物的开发和制造更像是一幅挂在墙上的绣帷：一个方向的拉力会使其余的部分产生涟漪。我们认为药物开发和制造是以科学原则为指导的，但质量（控制杂质）、安全（危险品和不受控制释放的化学品和能源）、个人情况（升职和“NIH 综合征”的压力，以及“不在这里发明”）和经济学等因素在不同方向和时间上均有影响。但最终，经济因素驱动工艺开发。

工艺开发化学家的态度可能与药物化学家有所不同。

1. 团队合作是关键。药物化学家、工程师、分析师、微生物学家、制造商、环境健康和安全人员、医药化学家、QA/QC人员、专利申请律师、外包（CROs，CMOs）、同行和监管人员之间的关系需要得到优化。不要小看别人的工作，尤其是当你不理解他们的工作时。

2. 认识到工艺开发的驱动力减少杂质的需求。

3. 了解操作失败的边缘。为了快速发展，远离这个边缘。而对于成本效益的工艺，操作可能要接近这个边缘。

4. 重现性好和准确的数据分析是成功的工艺开发所必备的。

5. 如果操作非常困难，需要重新考虑别的途径。也许其他额外信息可以简化操作。

6. 听从生态学家的建议：“我们在一起。”幽默有助于化解最困难的情况下的压力。

7. 在工艺介绍和放大情况中，平淡的状态可能是好现象，意味着没有问题有待解决。

参考文献

[1] The Los Angeles Times. July 10, **2008**. http://www.latimes.com/news/science/environment/la-fi-seafarm10-2008 jul10,0,1092501,full.story.

[2] Guichon, G.; Shirazi, S. G.; Katti, A. M.. Fundamentals of Preparative and Nonlinear Chromatography. San Diego: Academic Press, 1994, 596.

[3] Anastas, P. *Chem.Eng.News* **2011**, *89(26)*, 62.

[4] Anon. *The Washington Post*, April 28, 2010.

[5] Mullin, R. *Chem.Eng.News* **2010**, *88(44)*, 9.

[6] Johnson, C. *The Washington Post, 9/2/09.*

[7] Hess, G. *Chem.Eng.News* **2009**, *87(14)*, 22.

[8] Erickson, B. E. *Chem.Eng.News* **2009**, *87(9)*, 30.

[9] Tremblay, J.-F. *Chem.Eng.News*. **2007**, *85(29)*, 9.

[10] http://www.sec.gov/news/press/2004-105.htm.

[11] Bradsher, K. *The New York Times*, October 25, 2001.

[12] http://www.opensecrets.org.

[13] Halford, B. *Chem. Eng. News* **2010**, *88(39)*, 58.

[14] Jack, A. Financial Times. Sept.30/Oct.1, 2006.

[15] Class, S. *Chem.Eng.News* **2005**, *83(49)*, 30.

[16] Abboud, L.; Hensley, S. *Wall St. J.* (9/03/03); Mullin, R.; Jarvis, L. M. *Chem.Eng.News* **2008**, *86(42)*, 24.

[17] Schmidt, C. W. *Mod.Drug Disc.* **2003**, *6(6)*, 51.

[18] 50% of in-licensed compounds fail due to scalability issues: D'Antuono, J., in-pharmatechnologist.com, February **2008**.

[19] Jarvis, L. *Chem.Eng.News* **2011**, *89(22)*, 8.

[20] Stork, G.; Yamashita, A.; Adams, J.; et al. *J.Am.Chem.Soc.*, **2009**, *131*, 11402.

[21] Magnus, P.; Sane, N.; Fauber, B. P.; Lynch, V. *J.Am.Chem.Soc.*, **2009**, *131*, 16045.

[22] Nicolaou, K. C.; Vourloumis, D.; Winssinger, N.; Baran, P. S. *Angew.Chem.Int.Ed.* **2000**, *39*, 44.

[23] Gaich, T.; Baran, P. S. *J.Org.Chem.* **2010**, *75*, 4657.

[24] Hudlicky, T. *Chem.Rev.* **1996**, *96*, 3.

[25] Laird, T. *Comprehensive Medicinal Chemistry*, **1990**, 1, 32.

[26] Caron, S//Abdel-Magid, A. F.; Caron, S. Eds. Fundamentals of Early Clinical Drug Development. Hoboken NJ:

Wiley, 2006, 101.

[27] Harrington, P. J. Pharmaceutical Process Chemistry for Synthesis; Rethinking the Routes to Scale-Up. Wiley-VCH, 2011.

[28] Caron, S. Ed. Practical Synthetic Organic Chemistry: Reactions, Principles, and Techniques. Wiley, 2011.

[29] Reichardt, C.//Solvents and Solvent Effects in Organic Chemistry. 4th ed. Wiley-VCH, 2011.

[30] Tao, J.; Kazlaukas, R. J. Eds. Biocatalysis for Green Chemistry and Chemical Process Development. Wiley-VCH, 2011.

[31] Jiménez-González, C.; Constable, D. J. C. Green Chemistry and Engineering: A Practical Design Approach. Wiley, 2011.

[32] Matlack, A. S. Introduction to Green Chemistry. 2nd ed. Boca Raton: CRC Press, 2010.

[33] Blaser, H. U.; Federsel, H. J. Eds. Asymmetric Catalysis on Industrial Scale: Challenges, Approaches and Solutions. 2nd ed. Wiley-VCH, 2010.

[34] Li, J. J.; Johnson, D. S. Eds. Modern Drug Synthesis. Wiley-VCH, 2010.

[35] Yasuda, N. Ed. The Art of Process Chemistry. Wiley-VCH, 2010.

[36] Shiori, T.; Izawa, K.; Konoike, T. Eds. Pharmaceutical Process Chemistry. Wiley-VCH, 2010.

[37] Dunn, P.; Wells, A.; Williams, M. T. Eds. Green Chemistry in the Pharmaceutical Industry. Wiley-VCH, 2010.

[38] Leitner, W.; Jessop, P. G.; Li, C.-J.; Wasserscheid, P.; Stark, A. Eds. The Handbook of Green Chemistry -Green Solvents. Wiley-VCH, 2010.

[39] Tao, J.; Lin, G.-D. L.; Liese, A. Eds. Biocatalysis for the Pharmaceutical Industry. Wiley-VCH, 2008.

[40] Gadamasetti, K.; Braish, T. Eds. Process Chemistry in the Pharmaceutical Industry. 2nd ed. Boca Raton, Florida: CRC Press, 2008.

[41] Rao, C. S. The Chemistry of Process Development in Fine Chemical & Pharmaceutical Industry. 2nd ed. New York: Wiley, 2007.

[42] McConville, F. The Pilot Plant Real Book. 2nd ed. Worcester MA: FXM Engineering & Design, **2007**; http://www.pprbook.com, 2007.

[43] Abdel-Magid, A. F.; Caron, S. Eds. Fundamentals of Early Clinical Drug Development. Hoboken, NJ: Wiley, 2006.

[44] Ager, D. Ed. Handbook of Chiral Chemicals. 2nd ed. CRC Press, 2006.

[45] Li, J.-J.; Johnson, D. S.; Sliskovic, D. R.; Roth, B. D. Contemporary Drug Synthesis. New York: Wiley, 2004.

[46] Blaser, H. U.; Schmidt, E. Eds. Asymmetric Catalysis on Industrial Scale. Weinheim: Wiley-VCH, 2004.

[47] Cabri, W.; Di Fabio, R. From Bench to Market: The Evolution of Chemical Synthesis. New York: Oxford University Press, 2000.

[48] Am Ende, D. J. Ed. Chemical Engineering in the Pharmaceutical Industry: R&D to Manufacturing. Wiley, 2010.

[49] Turton, R.; Bailie, R. C.; Whiting, W. B.; Shaeiwitz, J. A. Analysis, Synthesis and Design of Chemical Processes. 3rd ed. Prentice Hall, 2009.

[50] Butters, M.; Catterick, D.; Craig, A.; et al. *Chem.Rev.* **2006**, *106*, 3002.

[51] Bray, B. *Nat. Rev. Drug Disc.* **2003**, *2*, 587, July.

[52] Mullin, R. *Chem. Eng.News* **2007**, *85(4)*, 11.

[53] Davies, I. W.; Welch, C. J. *Science* **2009**, *325*, 701.

[54] Carey, J. S.; Laffan, D.; Thomson, C.; Williams, M. T. *Org. Biomol. Chem.* **2006**, *4*, 2337.

[55] Roughley, S. D.; Jordan, A. M. *J. Med. Chem.* **2011**, *54*, 3451.

[56] Federsel, H. J. *Chirality* **2003**, *15*, S128.

[57] Lakoff would be proud of using "fit for purpose" to justify current activities as a nice example of "framing the argument": Lakoff, G.; Dean, H.; Hazen, D. Don't Think of an Elephant!: Know Your Values and Frame the Debate-The Essential Guide for Progressives; Chelsea Green, 2004.

[58] Chou, T. S, Heath, P. C, Patterson, L. E.; et al. *Synthesis* **1992,** 565.
[59] Jiang, X.; Lee, G. T.; Villhauer, E. B. et al. *Org. Process Res. Dev*, **2010,** *14*, 883.
[60] Childers, J. H., Jr//Abdel-Magid, A. F.; Caron, S., Eds. Fundamentals of Early Clinical Drug Development. Hoboken, NJ: Wiley, 2006, 163.
[61] Anderson, N. G. *Org. Process Res. Dev.* **2004,** *8*, 260.
[62] Horgan, S. W.; Burkhouse, D. W.; Cregge, R. J.; et al. *Org. Process Res. Dev.* **1999,** *3*, 241.
[63] Rouhi, A. M. *Chem. Eng. News* **2003,** *81*(28), 37.
[64] 见：http://www.abprocess.com/index.cfm?pid¼54&pageTitle¼HTST-%28High-Temperature-Short-Time- Pasturizers% 29; 1999.
[65] McConnell, J. R.; Hitt, J. E.; Daugs, E. D.; Rey, T. A. *Org. Process Res. Dev.* **2008,** *12*, 940.
[66] Diehl, H.; Blank, H. U.; Ritzer, E. US 5032687. 1991 (to Kernforschunganlage Julich Gesellschaft).
[67] Kleemiss, W.; Kalz, T. US 5728873. 1998 (to Huels Aktiengesellschaft).
[68] Roberts, G. W. Chemical Reactions and Chemical Reactors. Wiley, 2009.
[69] Reay, D.; Ramshaw, C.; Harvey, A. Process Intensification: Engineering for Efficiency, Sustainability and Flexibility. Butterworth Heinemann, 2008.
[70] Federsel, H.-J. *Acc. Chem. Res.* **2009,** *42*, 671.
[71] Roberge, D. M.; Ducry, L.; Bieler, N.; et al. *Chem. Eng. Technol.* **2005,** *28*, 318.
[72] Rouhi, A. M. *Chem. Eng. News* **2005,** *83(3)*, 41.
[73] Federspiel, M.; Fischer, R.; Hennig, M.; et al. *Org. Process Res. Dev.* **1999,** *3*, 266.
[74] Eisch, J. J.; Gitua, H. N. *Organometallics* **2007,** *26*, 778.
[75] Richard, C. R. *Chem. Eng.* **2007,** *114(8)*, 63.
[76] Halford, B. *Chem. Eng. News* **2009,** *87(21)*, 39.
[77] Bashiardes, G.; Safir, I.; Barbot, F. *Synlett* **2007,** *11*, 1707.
[78] Schmink, J. R.; Kormos, C. M.; Devine, W. G.; Leadbeater, N. E. *Org. Process Res. Dev.* **2010,** *14*, 205.
[79] Shutts, B. 'Freezing' the Commercial Process-Issues and Challenges. talk contributed at The Third International Conference on Process Development Chemistry, March 26, 1997.
[80] Levenspiel, O. *Ind Eng Chem Res,* **2005,** *44*, 5073.
[81] 例如，2004 年 Bristol-Myers Squibb 因利用植物细胞组织培养制备紫杉醇而荣获了美国总统绿色化学奖章：http://www.epa.gov/greenchemistry/pubs/docs/award_recipients_1996_2011.pdf
[82] Jenkins, S. *Chem. Eng.* **2010,** *117(10)*, 17.
[83] Ondrey, G. *Chem. Eng.* **2011,** *118(6)*, 11.
[84] Székely, G.; Bandarra, J.; Heggie, W. et al. *J. Membr. Sci.* **2011,** *381*, 21.

第2章 工艺过程的安全

"……添加过程只能少量放热……"

——匿名

2.1 引言

安全涉及如下特定的参数：反应的每单位质量会产生多少热量？反应的失控温度是多少？间歇式反应器的夹层中的冷却剂是否可以使温度维持在100 ℃以下，即低于反应要求的温度或者形成副产物的温度？

工艺过程安全的目标是控制生产过程产生的有害物质及能量。当然，所有的担心可以追溯于化合物的反应性质，但正是这种性质构建了我们所需的分子。有益的关于安全的参考资料包括实验室安全的更新版本，其中有国家研究协会[1]，McConville's 丛书中的一部分[2]，《Organic Syntheses》[3]多卷中的安全部分，及《Organic Process Research & Development》第六期中关于安全的特殊部分，等等[4]。安全术语可以在《Chemical & Engineering News》中查到，其中也讨论了植物的安全管理[5]。这一章主要集中讨论安全考虑是怎样促进工艺过程的发展的。

任何操作都存在危险，但工艺放大导致危险的可能性及事故的损失会增大[6]，危险一旦发生，对操作者、设备和社区都会造成损害，使项目提前终止，造成经济损失，并且有损公司荣誉。一个经典的例子就是1984年发生在Bhopal的甲基异氰酸酯的泄漏，使上千人失去生命[7]，同时Love Canal 的人与植物遭受长期的二噁英污染[8,9]。

一般我们考虑化合物反应性质的三类危害：健康危害，对人类（主要的）器官造成的损害；物理化学危害；环境危害。被认为是健康危险品的化合物将被贴上毒性、有害、腐蚀或辐射的标签；或者作为致癌因素、突变或致畸因素（繁殖毒性）（候选药物与原料药的安全因素是通过毒理学测试、临床试验决定的，最终由控制剂量及纯度所控制）。被认为有物理化学危害的化合物将被贴上易燃、易爆、氧化或腐蚀的标签；这些化合物的危害性质或毒性本质会导致运输及存储上的限制。环境危险品将会对环境呈现立即的或延迟的危害[10]。Butters及共同作者已经详细阐述了安全考虑的影响及如何发展工艺的安全的工艺过程[11]。

作为整天与化学品一起工作的科学者，我们经常忽视我们熟悉的化合物及化工过程的危险。很多时候我们试图预防危险，但不幸的是操作中的任何细节都会导致事故的发生。例如，生产重氮甲烷可能导致了实验室爆炸[12]（见第 11 章详细讨论）。氧化过程中使用或者生成氧气，由于静电释放会导致反应液上方的溶剂蒸气燃烧，在这种情况下，鼓吹氮气可以使反应液上方的氧气保持低于 6%～10%[13,14]。在 2 L 规模的三甲基硅基乙炔的氧化偶联反应（Glaser-Hay reaction）中，注射器针头与数字温度计之间的静电释放可能会导致爆炸[15]。实际上，任何氢气的释放都有可能引燃，因为氢气在 4%～75%的浓度下是可燃的[16]。废液在储存过程中可能会发生反应。我们需要提醒并告诫自己可能发生的安全问题。

许多关于化合物的毒性和化学危险性的参考文献是可以获得的：

物料安全数据单（MSDSs）包含了化学品的运输，可以从网上获取：http://www.sigmaaldrich.com/safety-center.html。

国际化学品安全系统：http://www.ilo.org/legacy/english/protection/ safework/cis/products/icsc/dtasht/index.htm。

致癌潜因工程数据库：http://potency.berkeley.edu/cpdb.html。

TOXNET，毒理学数据网络，HSDB，危险物质数据库：http:// toxnet.nlm.nih.gov。

ToxRefDB (US EPA): http://www.epa.gov/toxrefdb。

Bretherick 的活性危险化学品手册。

CHETAH，化合物爆炸性能的计算：Glaesemann, K. R.; Fried, L. E. https://e-reports-ext.llnl.gov/pdf/322927.pdf。

网络检索“化合物 X+毒性”或者“化合物 X + 危险”。

在危险发生之前首先进行安全分析，拥有如此多的资源我们没有理由继续无知或者不耐烦。

尊重化学品，但不是害怕它们——害怕一种化合物在紧急状态下可能会导致出错。

安全知识：有些化合物接触仅仅非常少的量便会致命，例如甲基汞，[*Chem. Eng. News* **1997**, *75(19)*, 7; http://pubs.acs.org/cen/safety/19970512.html]，三甲基硅烷重氮甲烷 [Barnhart, R. W. Dale, D. J. Ironside, M. D.; Vogt, P. F. *Org. Process Res. Dev.* **2009**, *13*, 1388]，氟代磺酸甲酯 [“超级甲基化试剂”：http://www.ncbi.nlm.nih.gov/pubmed/484483]。根据 SAFE 实验室章程，尽可能少地与有毒毒性化合物接触，比如使用防护手套并确保通风橱在正常工作。最好避免高毒性的化合物，根据 SAFE 设计工艺过程。

2.2 使用环境危险化合物的注意事项

环境危害的长期影响受到很大关注。Matlack 的书中包含了化学品对环境的危害的一些有价值的反思及特殊例子[17]。书中还讨论了二氧化碳及卤代烃对大气化学的影响[18]。由于季铵盐对水生态系统的毒性，因此合成化学中已经抛弃使用离子液体[19]。最近，更多的关注集中在医药品的累积效应对环境的影响[20]。为了我们自身及子孙后代的利益，我们都应该努力保护环境。

当前已实行了很多保护环境的法律。表 2.1 列举了一些相关的美国法律。更多信息可以从美国环境保护机构（EPA, http://www.epa.gov）获取。

表 2.1 挑选的保护环境和人民的法律

法 律	责 任
综合环境影响、赔偿及法律责任法则	联邦超级基金用于清理不可控的、抛弃的危险废品场所
应急规划及社区知情权法则	社区安全，如灭火器及其他；每个州必须做到知情权
职业安全与职业健康法则	工人及工厂安全
资源保护及回收法则	控制危险废弃物对子孙后代的影响

与法律的了解权一致，美国各州可以限制生产过程中危险化学品的使用量低于美国环境保护局（EPA）所管制的量。表 2.2 列出了新泽西州所限制的一些化合物。这些化合物的危险属性及所涉及的文书报告使得这些化合物很少被作为起始原料或反应试剂。

表 2.2 在新泽西特殊危险品物质列表①中摘录的一些条款

特殊危险品物质	新泽西限制量/lb②	EPA 限制量/lb②
丙烯醛	200	5000
二氯甲基醚	100	10000
呋喃	80	1000
甲基异氰酸酯	200	5000
氯化亚砜	250	—

① 允许鉴定的表格，新泽西环境保护部门，2006 年 7 月：http://www.state.nj.us/dep/pcer/docs/pifupdate.pdf。

② 限制量指的是在反应过程中任一时间的量或者反应一小时所产生的量。

注：1 lb = 0.45359237 kg。

2.3 化合物的毒物学危险

某些化合物的毒性是为人所知的，像氢氧化钠或盐酸对皮肤的腐蚀性，加热的醋酸产生的烟雾具有催泪性，吸入氨气对肺和喉咙具有刺激性，及氢氰酸、一氧化碳和硫化氢具有代谢毒性。但是所有的化合物的毒性都与其接触量的多少有关，也就是说接触多少量的化合物及是怎样接触的。毕竟就连水也会有毒性。不幸的是，严重的健康问题可能会在接触几个小时或者几天以后才会显现[21]。化学制品应该被严格对待。

安全意识： 需要注意的是，硫化氢在低于人们嗅到它的浓度时便会产生毒害影响[*Chem. Eng. News* **2006**, *83*(29), 5]。如果某些人不能通过气味或刺激性判断一个化合物的话，他们将处于危险中。最好是设想某些毒性化合物可能会释放到你所处的环境中，然后采取相应措施。与化学品接触时要提高警惕。

具有某些活性官能团的化合物可能会产生毒性影响。任何一种化合物在组织中可以通过活性官能团形成共价键，例如蛋白质中的赖氨酸的氨基很可能有毒性，任何可以交联活性官能团的物质毒性将更强（图 2.1）。

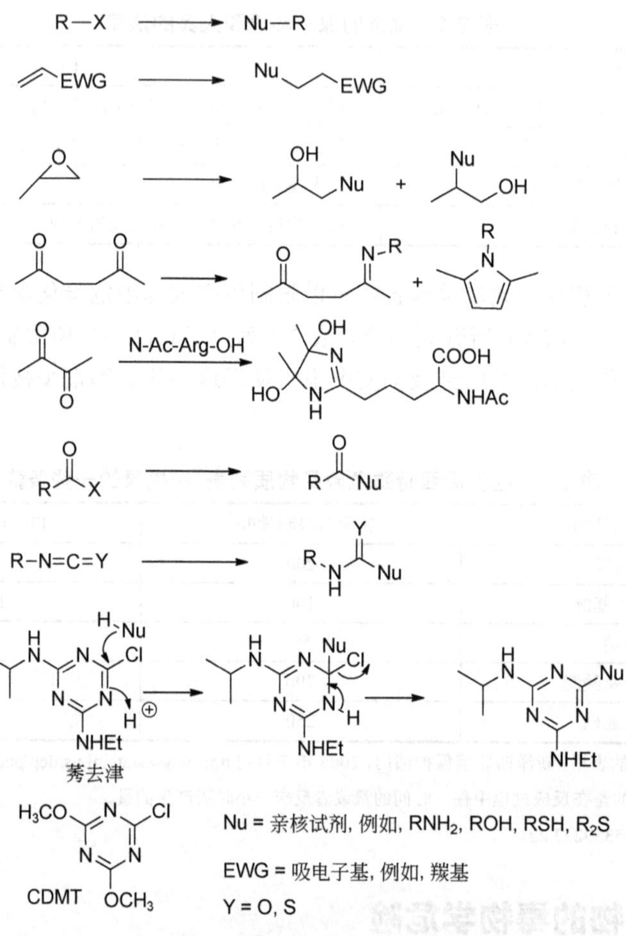

图 2.1 潜在的具有毒性的亲电试剂

由于与精氨酸残基的末端官能团缩合，丁二酮具有一定的毒性[22]。莠去津是一种受欢迎的除草剂，但在美国石油学会（API）中，它有可能作为一种芳化试剂被认为具有遗传毒性（PGI）（见第 13 章）。（最近莠去津对鱼类的遗传毒性被证实[23]，一些关于莠去津对先天畸形和其他异常现象的研究，使得美国环保局（EPA）正在重新考察对莠去津的批准应用[24]。）醛类同样也被标记为遗传毒性化合物，在第 13 章进行了讨论。

其他化学品看起来没有害，但是经过新陈代谢（主要是氧化和水解[25,26]）可能会转化为活性物质（图 2.2）。氧化代谢会将氯乙醇转化为毒性的氯乙醛[27]，将甲氧

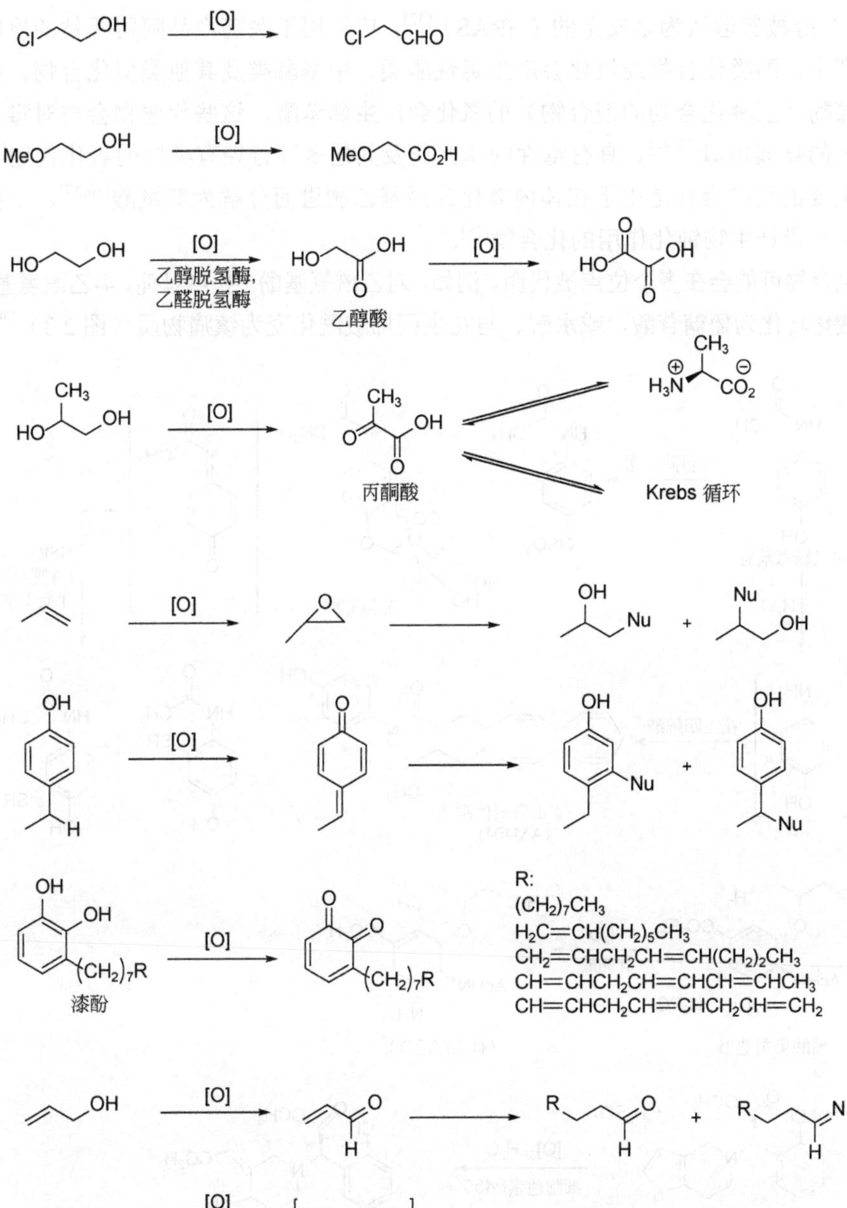

图 2.2　生物活性产生反应活性亲电体的例子

基乙醇转化为甲氧基乙酸[28]。乙二醇首先会影响中枢神经系统，然后是心血管系统，最后是肾脏，这可能是因为其经过连续的代谢变为羟基乙酸和草酸[29]。草酸会形成不可溶的草酸钙导致肾衰竭[30]。类似地，1,2-丙二醇代谢产生丙酮酸，丙酮酸可以进入三羧酸循环产生丙氨酸，这样使得 1,2-丙二醇的毒性小于 1,2-乙二醇[31]。因此，

1,2-丙二醇被普遍认为是安全的（GRAS）[32]，广泛用于医药产品阿司匹林的原料药的生产中。酚类化合物经氧化会产生毒性醌类、甲基醌类及其他类似化合物。在人体内漆酚（五种化合物的混合物）的氧化会产生邻苯醌，这些代谢物会与对毒葛过敏产生的疼痛相似[33,34]。具有毒性的苯并芘及其他多环芳烃有类似的氧化代谢[35]。乙腈主要的系统毒性是由于在体内氧化为羟基乙腈进而分解为氢氰酸[36,37]。一些研究者正在设计生物钝化作用的化合物[38]。

化合物可能会在多个位点被代谢。例如，对乙酰氨基酚（扑热息痛，4-乙酰氨基酚）经硫酸化转化为葡糖苷酸，或水解、与花生四烯酸酰化变为镇痛物质（图 2.3）[39,40]。

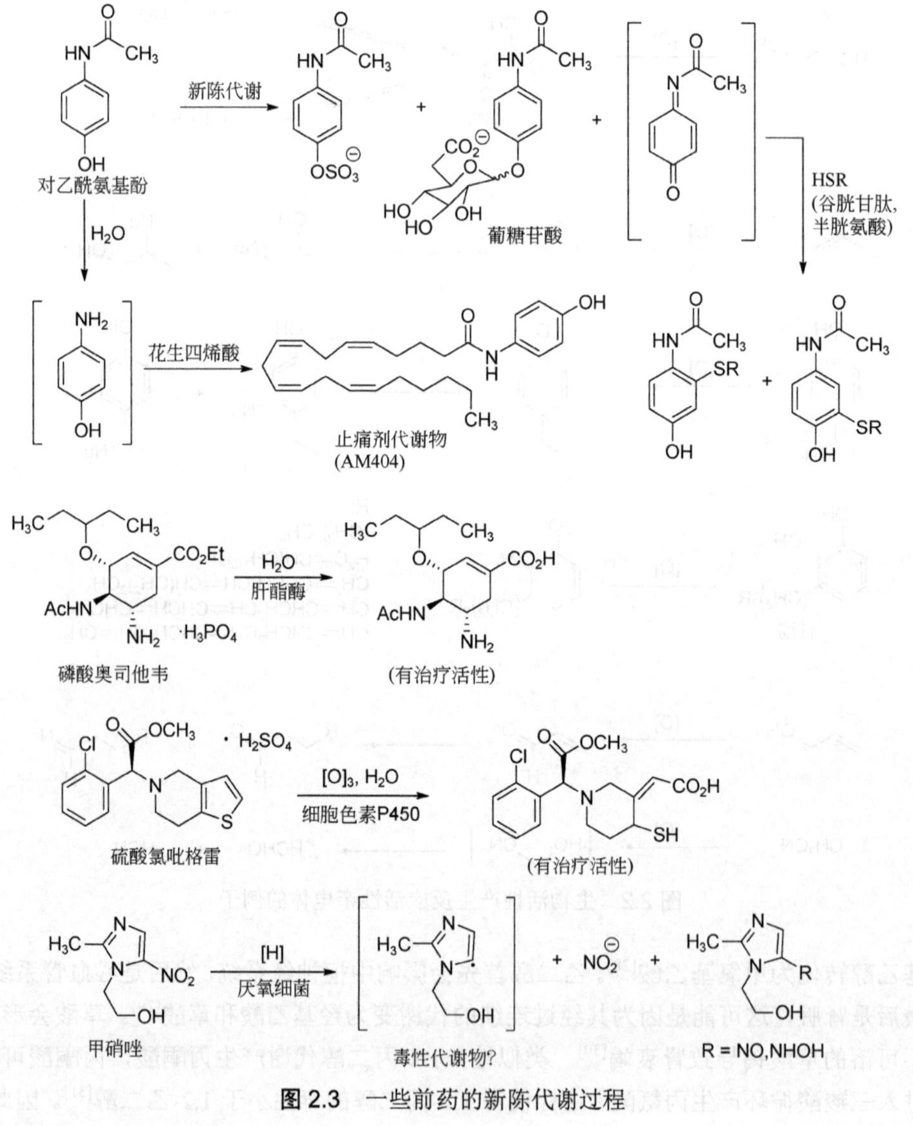

图 2.3 一些前药的新陈代谢过程

对乙酰氨基酚的氧化代谢会产生相应的亚胺醌，该物质具有肝脏毒性。过量的对乙酰氨基酚与 *N*-乙酰半胱氨酸作用，硫醇基团进攻醌环[41]。其他前药，比如奥司他韦[42,43]和硫酸氢氯吡格雷[44]在体内经过水解和氧化代谢（硫酸氢氯吡格雷）转化为活性物质。甲硝唑是一种抗菌药，通过被厌氧菌还原而变为活性物质[45]。

尽管软件可以预测化合物的毒性[46,47]，但是化合物的任何一种意料之外的代谢物都有可能具有毒性，这应该是必须严格对待的。化合物的混合也可能导致中毒，例如宠物食品中三聚氰胺和三聚氰酸的混合可能要对狗和猫的死亡负责[48]。

高挥发性化合物在大规模生产中很难使用。当将高挥发性化合物加入到反应器中时，我们很难防止它们挥发到大气或真空系统中。若反应中含有高挥发性化合物，反应后处理也会很困难。高反应活性的化合物应避免是高挥发性物质，两种特性应避免共存。因此，硫酸二甲酯（bp 188 ℃）比碘甲烷（bp 43 ℃）更为常用。氟代磺酸甲酯（超级甲基化试剂，bp 92～94 ℃）与三氟甲磺酸甲酯（bp 94～99 ℃）反应活性比碘甲烷或硫酸二甲酯高 4 个数量级[49]，但由于这两个化合物的剧毒性被停止使用[50]。

2.4 化学反应危险的控制

反应失控是有机化学家、医药和精细化工工程师最头疼的难题。图 2.4 列出了高温导致反应失控的例子。在这些事件中产生并快速释放的气体对设备和人员造成伤害。在一些例子中，与气体一起喷出来的还有许多毒性物质和没有反应的起始原料，像发生在印度博帕尔（Bhopal）的甲基异氰酸酯的水解[7]。2002 年辉瑞制药在后处理 2 mol/L 硼烷-四氢呋喃溶液时发生爆炸[51,52]，因而目前在售的硼烷-四氢呋喃溶液浓度均为 1 mol/L。（处理硼烷-四氢呋喃溶液的建议：桶装，5 ℃密封保存。反

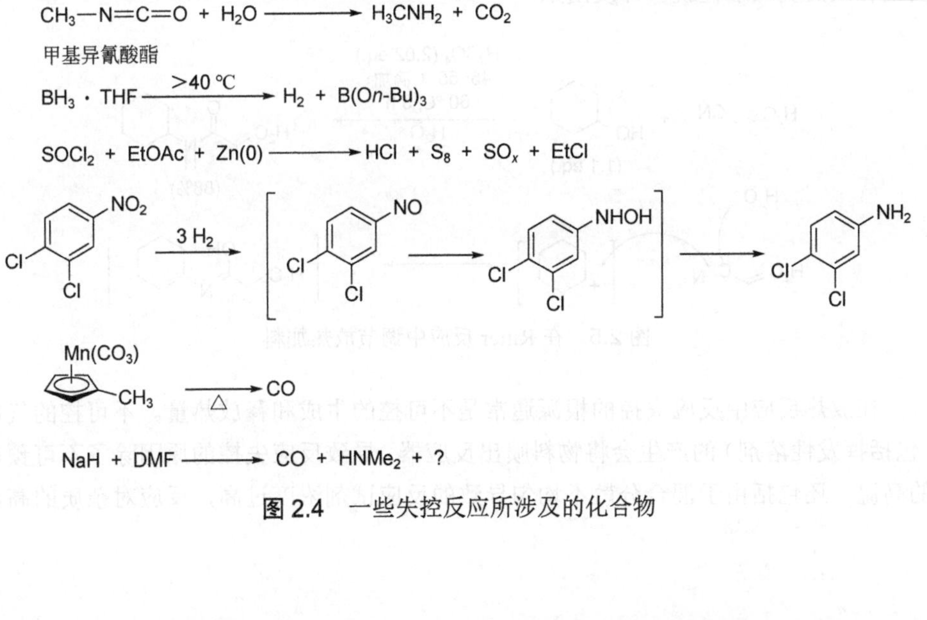

图 2.4 一些失控反应所涉及的化合物

应温度应该低于 40 ℃以减小 B(O*n*-Bu)$_3$ 的产生[53]。硼烷可以根据需要生成，见第 4 章讨论。）当运用桶装的亚硫酰氯的乙酸乙酯浓缩物时可能会发生放热反应，桶中的锌会参与到三组分放热反应中[54]。（见第 11 章关于氯化亚砜和三氯氧磷的相关安全讨论。）1976 年 3,4-二氯硝基苯的氢化摧毁了一批反应设备和一幢建筑，该事故的原因被确定为羟胺中间体的形成及反应温度高于正常反应温度[55]。在生产甲基环戊二烯三羰基锰的过程中，冷却不彻底的话会导致相当于 1400 lb（1 lb= 0.45359237 kg）TNT 的爆炸[56]。DMF 与 NaH[57]、DMF 与 $NaBH_4$[58]的反应也出现过反应失控的现象。我们都知道，DMF 在酸性或碱性条件下可以分解为一氧化碳和二甲胺[59]。

缺乏对反应动力学的理解和适当的反应控制经常会导致反应失控[60]。如图 2.5 中的例子，参照文献采用 Ritter 反应从丙烯腈、环己醇和硫酸出发制备酰胺。2 mol 规模室温反应 2 h 后发生剧烈反应，大部分的原料都被喷出。这件事故的原因被认为是没有控制好酸滴加到醇的速率，在温度没有得到控制的条件下，反应在高温下变得极为迅速，导致自催化的放热反应的发生。最安全和最高收率的反应是在 45～55 ℃的条件下同时向 0.25 mol/L 的硫酸中加入 1.77 mol/L 的硫酸和丙烯腈及环己醇的混合物。在这种方案下，即使在加料结束时反应物料的浓度被稀释，酸性催化剂也一直大量存在。在中等温度下加入物料不会延迟反应的启动，但如果停止加料，反应温度则会下降。当加料完毕，反应温度保持在 60 ℃反应 3 h 以确保反应彻底。反应结束将反应液倒入冰水中，过滤洗涤得到产品[61]。（该反应有三个方面值得特别注意：第一，溶剂的存在应使得温度控制更加容易，尽管最终反应动力学会变慢；第二，连续操作比同时或平行加料更加理想；第三，一个反应如果是第一次做，那么应该谨慎地先从小规模进行。）通过对放热事件的了解及对反应条件的改进，一个安全有效的反应过程就被开发出来。

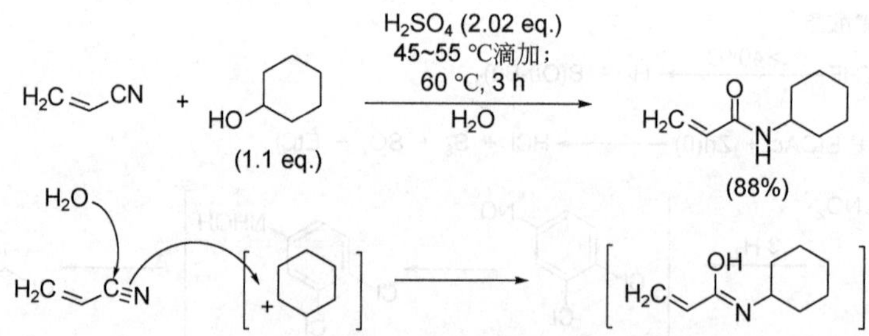

图 2.5 在 Ritter 反应中调节放热加料

在放热反应中反应失控的根源通常是不可控的生成和释放热量。不可控的气体（包括挥发性溶剂）的产生会将物料喷出反应器。导致反应失控的原因除了不可预期的高温，还包括由于混合分散不均匀导致的反应试剂浓度过高，反应对杂质的高灵敏度。例如，容器壁上的金属会延迟试剂（如格氏试剂）的形成，使不期望的反应变慢，退化反应条件。如果我们期望的反应与失控反应的条件相似，反应失控的可能性就会增大。当一个放热反应按比例放大进行成批操作时，通过外界的冷却控制反应温度是很困难的。例如，一个球体的溶剂与半径的立方成正比，而表面积与半径的平方成正比[62]。对化学和动力学的理解是安全操作的基本。

表 2.3 反应过程中安全设计的考虑要素

1．选择安全的起始原料和溶剂(筛选)
2．开发安全生产条件(实验室危险评估)
3．在按比例放大规模的每一个阶段验证每一步的安全
4．比例应严格控制
5．设想不安全的过程

所有的在中试车间或生产车间按比例放大的过程都应该首先进行实验室危险评估以确保操作条件的安全性。许多千克级的放大反应是在通风橱、安全屏障和其他保护设备存在下进行的，任何重要的按比例放大的过程应该以实验室危险评估为先导。

表 2.3 列出了反应过程中安全设计的步骤。认识到化合物的组合可以以许多没有被发表或报道的方式进行协同反应是很重要的。

为了降低火险及人员接触有毒原料的危险，安全操作中挥发性、毒性化合物受到高度关注。起火所需的三个要素包括：燃料、火源和氧化剂。化合物在空气中燃烧有一个浓度范围被定义为最低和最高可燃度极限（LFL 和 UFL），有时也被称为最低和最高可爆炸极限(LEL 和 UEL)。如果一种可燃物质在空气中的浓度低于 LFL，那么这种物质是稀少的，燃烧便不会发生；同样地，如果一种可燃物质在空气中的浓度高于 UFL，那么这种物质是富集的，燃烧也不会发生。闪点是指某一温度下一种液体在空气中的蒸气可以被火花点燃。国家火灾防护机构定义了四种主要的危险液体的分类：第一类，易燃液体，闪点低于 37.78 ℃；第二类，可燃液体，闪点 37.78～60 ℃；第三类，可燃液体，闪点大于 60 ℃，第四类，最危险的易燃液体，沸点低于 37.78 ℃并且闪点低于室温[63]。当没有火源存在时，化合物达到它们在空气中的自燃温度时可以燃烧，对于丙酮和乙醚，它们的自燃温度分别为接近 465 ℃和 160 ℃[64]。实际上自燃温度明显高于闪点，所以保持无火星及具有防爆的工作环境是很重要的。

氮气被实验室用来预防火灾，在赶走反应容器内的氧气的同时保持正压。在反应上方缓慢通入氮气可以稀释反应液上方溶剂的蒸气浓度使其低于 LFL。氧化剂像高锰酸钾[65]和过氧化氢[66]可以产生氧气，使用氧化剂或者有氧气产生时，会导致反应液上方的溶剂蒸气燃烧。在这种情况下，鼓吹氮气可以使反应液上方的氧气保持低于 6%～10%[13,14]。可以在容器的上方安装氧气传感器[67]。

允许接触极限量是根据毒理学数据计算出来的。临界极限值（TLV）是对某一个化合物接触每天 8 h，每周 40 h 的累计时间的平均浓度（TWA）。短期接触极限是指在最高允许接触量下持续 15 min。表 2.4 中列举了一些例子，更多的关于 TWAs 和闪点的数据被列在了表 5.2 和表 5.5。受欢迎和不受欢迎的溶剂的其他数据被列在表 5.3、表 5.4 和表 5.5 中。

表 2.4 挑选的挥发性化合物的危险性①

溶剂	沸点/℃	闪点/℃	TLV/μL/L	STEL/μL/L
丙酮	56	−20	500	750
甲醇	65	11	200	250
甲苯	111	4	20	
甲氧基乙醇	124	46	0.1	
氯乙烷	12	−43	100	
1,2-二氯乙烷	83	18	10	
环氧乙烷②	11	−20	1	

① TLV&STEL 数据：2009 TLVs 和 BEIs; ACGIH, 辛辛那提, OH, USA。

② 匿名. *Chem Eng News.* **2007**, *85(23)*, 27.

安全知识：丙酮和甲醇在实验室和大规模生产中被用来清洗设备，这些溶剂的闪点低于室温，因此应该预防火灾。

在中试车间或生产车间中，由于没有通风橱将有毒物质赶走，操作者和监督者没有得到足够的保护。个人保护设备（PPE）如自给式呼吸器和套装必须穿戴[68]，但是这样会导致操作迟缓，行动笨拙，反而会造成危险事故的发生而不是避免。例如，防护面具和防护口罩会限制人的周边视觉。由于这些限制和大规模使用危险化合物固有的危险，我们尝试最少量地使用挥发性、毒性和危险化合物。

现在有许多资源可以用于办公筛选，像 Bretherick 的危险化学品反应手册[69]，化学热力学动态能量释放评估软件（CHETAH)，一个用于预测化合物的热力学性质的软件[70]。Sax 的工业原料的危险性质[71]，网上检索“试剂+危险”，还有数据库[72]。Amery 已经综述了识别热力学曲线和气体逸出曲线的技术，包括不同的筛选热量计（DSC)、反应系统筛选工具（RSST™)、加速热量计（ARC)、RC1™（Mettler-Toledo）和定量热量计（QRC）[73]。美国国家标准技术研究所（NIST）的网上图书提供了化合物生成热的信息[74]，估算一个反应的热量变得具有可靠性[75]。在大规模生产之前，在实验室或者中试车间应该对反应存在的可能危险做出预案，比如热量释放、气体逸出及反应试剂盒产品的处理安全。当被检测出有放热和爆炸现象，应该明智地将反应温度控制在低于爆炸温度 100℃的温度[11]。

通过对反应方程式的配平可以很清楚地知道是否有气体副产物产生，进而所采用合适的反应条件来控制和尽可能减缓气体的生成。在热的管道中进行生成气体的高温反应，如果这个管道可以承受压力、适当密封并有单向阀，那么连续操作可能会安全进行。在这种条件下，采用高于使用溶剂沸点的温度是可行的（见图 14.4 的 Newman-Kwart 重排反应及相关讨论）。在批量操作中，气体的生成通常是通过在合适的温度下控制剂量加料以确保反应快速发生并且不会有活性中间体的累积。一个例子就是 Dakin-West 反应，该反应有副产物二氧化碳产生（图 2.6）。丙氨酸（固体）的分批加料用 6 h 完成以控制二氧化碳的释放，50 kg 的丙氨酸会产生 11000 L 的二氧化碳。（这篇优秀的易于理解的文章的作者花费了时间去搞清楚反应机理并最小化了试剂的费用。在 Dakin-West 反应中需要 1 mol/L 水和 3 mol/L 的乙酸酐，作者仅使用了 2 mol/L 的乙酸酐，另外 1 mol/L 的乙酸酐和水是由反应内部两分子的乙酸产生的，反应开始加入 0.5 mol/L 的乙酸以确保水的生成并用于水解和去羰基化。）浓缩的

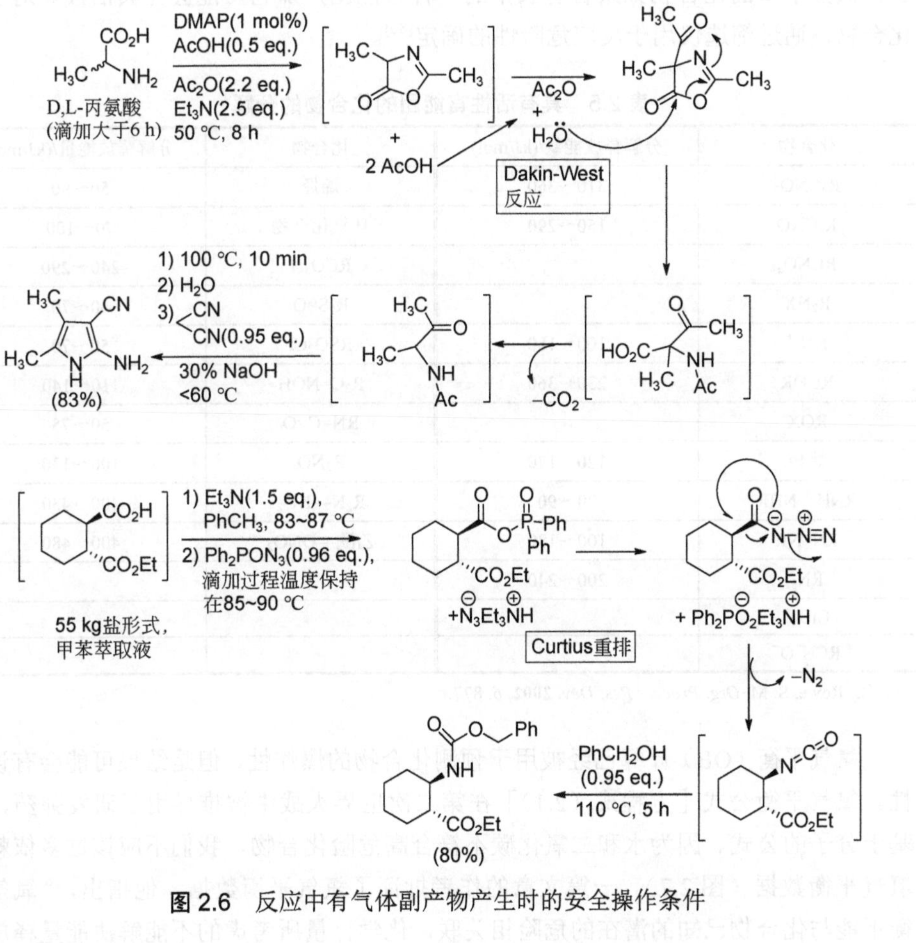

图 2.6　反应中有气体副产物产生时的安全操作条件

乙酰氨基丁酮与二氰基甲烷混合后加入到30%的氢氧化钠溶液中，产物吡咯从水溶液中结晶出来。作者提到二氰基甲烷在高温下自催化分解，在大规模操作中为了安全，建议二氰基甲烷以控制计量的方式加入到碱液中[76]。Curtius 重排会产生等物质的量的氮气，不控制释放会使容器爆裂或者将产品流推到缓冲水槽中。叠氮磷酸二苯酯或酰基叠氮中间体的水解会产生具有毒性的挥发性叠氮酸（HN_3，bp 37 ℃），所以自由碱的甲苯萃取物恒沸<0.1% KF。由于使用过量的三乙胺，产生的叠氮酸将与三乙胺结合为三乙胺叠氮盐，从而不需要使用冷凝装置冷却叠氮酸。在合适的温度控制剂量加入叠氮磷酸二苯酯 DPPA，将不会有酰基叠氮的产生，因此可控制氮气的释放[77]。

我们可以预期具有活性官能团的化合物所带来的问题，正如表 2.5 所示。表中数值是 Rowe 在一篇文章中讨论热力学数据的形成及评价时提供的[78]。Laird 建议在一个分子中如果含有表中多于两个第一列的官能团[79]，那么就应该考虑安全问题了。低分子量的化合物如果含有表中的一种官能团，那它可能会尤其活泼。对于新化合物，通过筛选仅用于反应危险性的确定[80]。

表 2.5 具有活性官能团的化合物的分解①

化合物	分解释放能量/(kJ/mol)	化合物	分解释放能量/(kJ/mol)
R_3CNO_2	310～360	烯烃	50～90
R_3CNO	150～290	环氧化合物	70～100
$RCNO_x$		RCO_3H	240～290
R_2NX		$R_2S{=}O$	40～70
RN_2^+	100～180	RSO_2Cl	50～70
ROOR	230～360	$R_2C{=}NOH$	110～140
ROX		$RN{=}C{=}O$	50～75
炔烃	120～170	R_2NO	100～130
RNH—NHR	70～90	$R_2N—NO_2$	400～430
RN=NR	100～180	乙酰—ONO_2	400～480
RN_3	200～240		
ClO_4^-			
RCN^+O^-			

① Rowe, S. M. *Org. Process Res. Dev.* **2002**, *6*, 877.

氧气平衡（OB）计算已经被用于预测化合物的爆炸性，但是结果可能会有误导性。氧气平衡公式［方程式（2.1）］在第二次世界大战中被推导用于研发弹药，是基于分子的公式。因为水和二氧化碳不符合高危险化合物，我们不应该过多依赖于氧气平衡数据（图 2.7）。一篇文章的作者批评了氧气平衡数据，他指出，“氧气平衡不能与化合物已知的潜在的危险相关联，化学计量所考虑的不能解决能量释放潜在的危险问题。热力学和动力学也需要被考虑来解决这些问题[81]”。

$$OB = -(1600/M)\times(2x+y/2-z) \tag{2.1}$$

式中，M 为分子量；x 为碳原子个数；y 为氢原子个数；z 为氧原子个数。

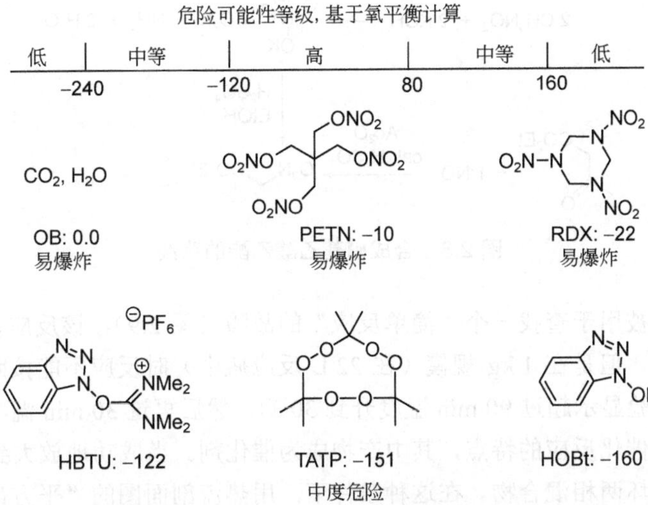

图 2.7　一些化合物氧气平衡数据的计算

为了分析、开发安全的生产条件，三种仪器被广泛应用。差示扫描量热法（DSC）可以被用于检测一个组分，测量该组分分解开始的温度和分解的热量（积分曲线下的面积）。对粗产品或反应液使用毫克级的物料用 DSC 也可以鉴定放热过程。反应系统筛选工具（RSST™）可以快速显示气体是否有释放并给出放热发生的温度。绝热的量热仪［加速热量计（ARC）或 RC1™］提供定量评估，即在给定的反应转化或反应过程中产生了多少热量。一旦放大设备散热的能力是确定的，ARC 研究的定量数据可以被用来计算一个组分的加料速度以确保设备现有的冷却能力可以使温度保持低于所规定的温度。通过加入过量溶剂来稀释反应液以维持反应温度低于规定温度会很容易，但是反应也会变得比预期的要慢。大规模生产中设备的散热能力会影响反应过程的开发及设备的选择。

安全知识： 反应应在低于试剂的分解温度下进行；文献数据可能会不完整，试剂的分解会发生在熔点以下，避免爆炸性组分的使用，在起始温度 100 ℃以下进行分批操作。要警惕气体的产生，高压反应釜也会爆炸。一个反应即使在实验室中放热很小，在大规模生产中也必须采用冷却装置。

Kawakubo 已经详细描述了活性化合物的评估及路线的选择。DSC 分析确认了 CHETAH 的关于硝基乙酸乙酯具有很高的分解能量的计算，而且硝基乙酸乙酯被发现对碰撞和摩擦敏感。两条合成硝基乙酸乙酯的路线被考虑（图 2.8），硝基甲烷和二钾盐中间体被认为是高危险化合物，而且二钾盐中间体容易着火。利用硝基甲烷为起始原料的路线被遗弃，而选用后一条路线，因为后者不存在爆炸危险[82]。

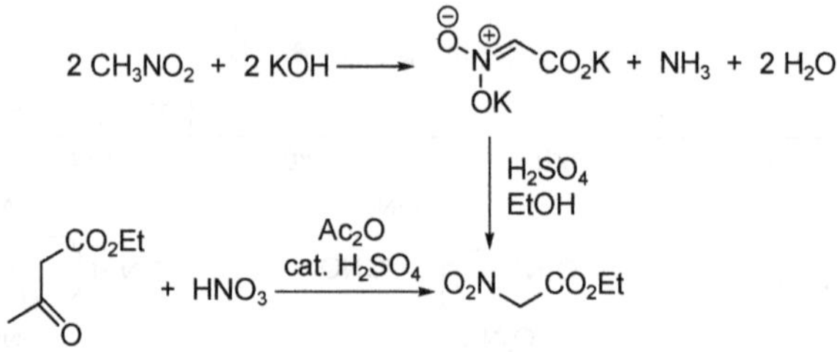

图 2.8 合成硝基乙酸乙酯的路线

热流研究被用于查找一个“简单反应”的故障（图 2.9），该反应在 100 g 规模时反应很顺利，但是在 1 kg 规模（在 22 L 反应瓶中）时反应不能按照预期的那样进行。热流实验显示超过 90 min 温度升到 30 ℃，然后再过 30 min 温度升到 50 ℃。这种情况是自催化反应的特点，其中产物成为催化剂。当成功地放大到 1.8 mol 时，加入乙醇以破坏两相混合物。在这种条件下，用热流剖面图的“平方齿”开发一条过程是可行的，也就是当停止加入一个关键试剂时，反应温度急剧下降的过程[83]。因此，安全操作中控制剂量加料是很重要的方面。

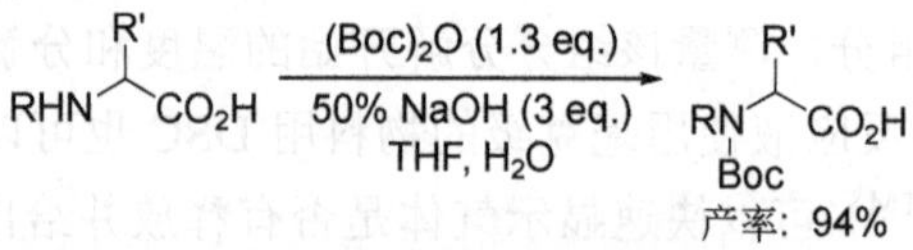

图 2.9 Boc-氨基酸的制备

图 2.9 所示的 Boc-氨基酸的制备是利用热量计算设计合适的反应过程控制的很好的例子，热量计算还可以用于设计制备格氏试剂的安全过程。例如，从原来的一批格氏试剂或者别的活化试剂中取出少量加入到金属镁和少量卤化物的悬浮液中引发反应，等到反应稳定之后再加入更多的卤化物。控制剂量加料也可以用来确保大规模生产中放热反应超出覆盖设备的冷却能力。在这种条件下，通过试剂的加入可以实现在合适的温度下平稳快速地反应。

当反应过程中包含放热反应时，就应该提前准备好安全-失败措施。应急措施应该被准备好用于可能的最糟糕的情况，例如，搅拌的突然中断，加料阀门不能关闭，不可预期的冷却剂的缺乏，过量加料，负压，高压，等等。反应过程需要运用失败模式及其影响分析（FMEA）重新设计。例如，图 2.10 所示的西地那非中间体的硝化反应，热量测定研究表明，硝基吡唑在 100 ℃分解。计算表明，如果起始原料大规模地加入到硝酸和硫酸的混合液中，反应物料的温度将升到127 ℃。为了解决这个放热问题，将起始原料和硝酸分别被溶解在硫酸中，在反应发生之前溶解过程将因此消耗45%的总热量。在中试车间中，只有1/3被溶解的硝酸加入到反应釜的上端，以避免加料阀门被卡住的情况。在加入下一批被溶解的硝酸之前，通过HPLC确认反应进行彻底[84]。如图2.10中所示，采用半间歇式操作，在大于22 L的规模下，氨基嘧啶的硝化由于剧烈放热而很难控制，但连续的硝化过程则可以很好地进行[85]。（利用微型反应器，DSM按照现行良好的生产规范开发出安全的硝化过程[86]。）

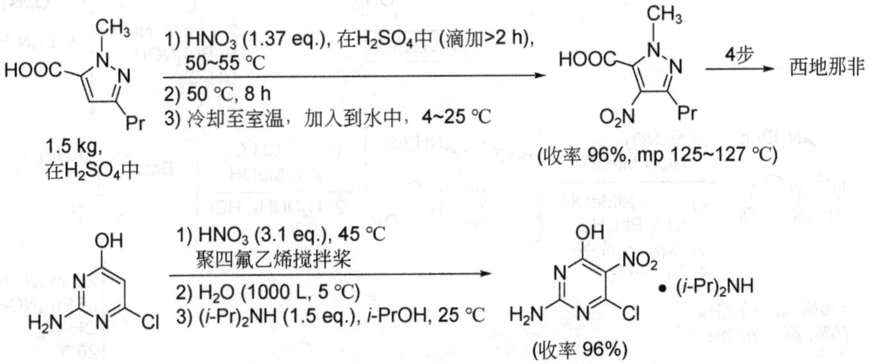

图2.10 安全硝化反应的条件

反应中形成或者涉及四唑化合物时会大量放热。BMS研究者发现，图2.11所示四唑乙酸酯的形成在药物研究所用的条件下是大量放热的，所以决定为安全的大规模生产寻求其他的路径。氨基腙可以通过亚硝化反应转化为期望的四唑化合物，这样可以避免处理叠氮化钠或相关试剂的相关问题，因此噁唑啉成为一个重要中间体。在由过程化学小组开发的第一代路线中，噁唑啉是由羟基乙胺在标准条件（MsCl和Et_3N在CH_2Cl_2中反应）下形成的甲磺酸酯制备的，接下来用相转移催化剂（PTC）环化。安全调查发现，在亚硝化反应中存在延迟放热的现象，存在一个潜在的安全问题。对反应组分进行分析，发现原因可能是由甲磺酸酯化的过程中残留的Et_3N引起的：当硝化所用的盐酸加入到氨基腙的溶液中，残留的三乙胺会首先与盐酸反应形成三乙胺的盐酸盐，这时没有明显的热量变化；当三乙胺被完全酸化以后，反应液逐渐变为酸性，产生大量的亚硝酸，pH在3.2左右，然后放热的硝化反应发生。BMS研究者发现残留的三乙胺催化氨基腙形成杂质，由于消旋化的原因，在大规模生产时该过程的产率会下降，并且在溶剂交换的过程中Boc基团会损失。在开发第二代路线中为解决这些问题，氯乙胺的盐酸盐与(*R*)-丝氨酸的衍生物偶联，然后在没有三乙胺的情况下环化形成噁唑啉。接下来，氨基腙的溶液与亚硝酸钠加入到甲醇的氯化氢溶液中（相反的加料顺序），可以较好地控制反应温度并且高效地形成四唑化合物。因此对两条路线分别进行热量测定研究，最终开发了一条高产率的过程[87]。

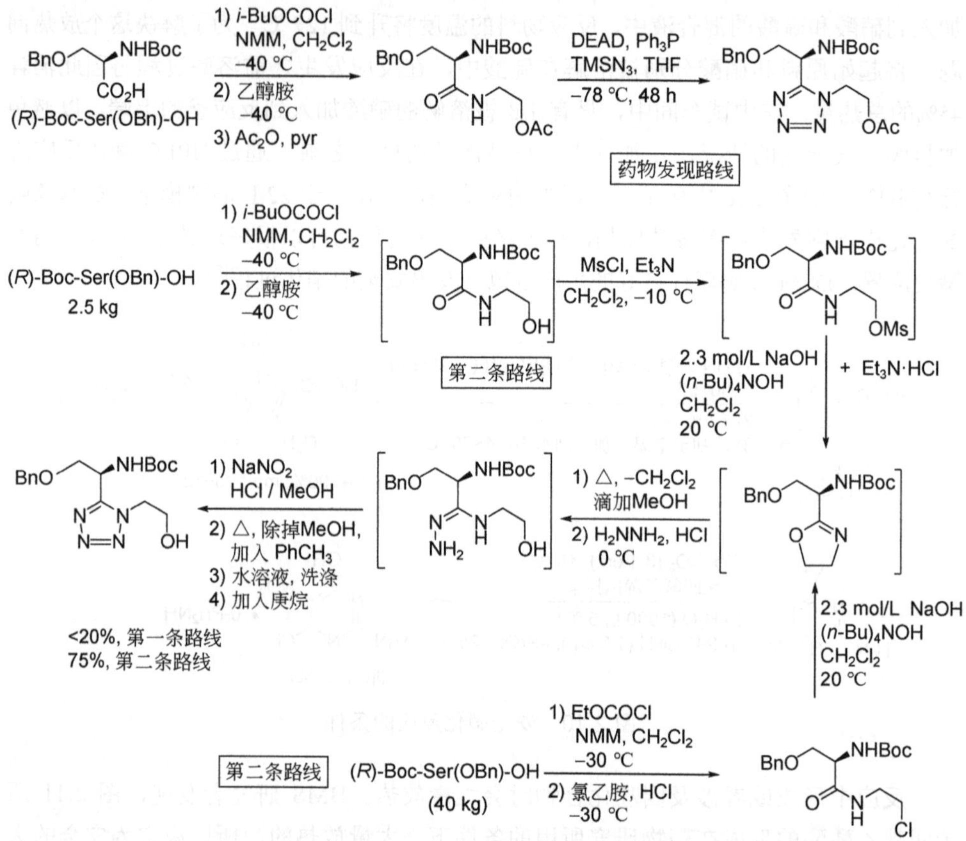

图 2.11 安全、高产率的四唑化合物的合成

其他的应用量热法研究开发过程的例子列在图 2.12 中，利用硼烷四氢呋喃溶液大规模还原羧酸时，会有过度还原发生。在多千克级的反应中，快速加料会导致高温和产生大量的二醇。利用量热法确定反应中产生的热量，使得加料时间的计算成为可能，从而对大规模生产所选的设备保持预期的温度范围。通过 45 min 加入硼烷的四氢呋喃溶液可以减缓热量的产生并且使过度还原最小化[88]。涉及二甲基磺酸钠的反应在 50～60 ℃时会发生反应失控（对这个反应二甲基磺酸钠被认为是唯一的有效碱）。选用 THF（bp 64 ℃）作为溶剂，原因在于溶剂挥发会消耗形成阴离子的热量。首先将 THF 加入到 NaH 的悬浮液中，然后安全地加入 DMSO，6∶1 的 THF-DMSO 会使 NaH 与 DMSO 快速反应。为了安全地淬灭，首先加入乙醇，然后加水，庚烷通过与乙醇共沸而除去（bp 72 ℃，52%庚烷）[89]。在 Mizoroki-Heck 反应中，加入 LiCl 是为了增加催化剂的稳定性，一种有机胺碱被用于增加反应活性使反应加快。热量测定显示，在这种条件下温度会升高 84 ℃，超出中试设备的冷却能力，因此三乙胺被分批加入，分别以 10%、20%和 70%的比例加入。发现副产物 HBr

会中和 Et_3N，从而导致反应变慢。因此加入 LiOAc 来中和产生的 HBr 并且可以稳定催化剂[90]。量热法在跟踪不对称氢化的反应速率时，证明氨基产物会抑制反应，可能是由于与催化剂形成配合物。在反应中加入过量的 Boc_2O，会消除产物的抑制作用[91]。热量测定研究已经被用于优化其他氢化反应[92]并且有助于理解反应动力学[93]。

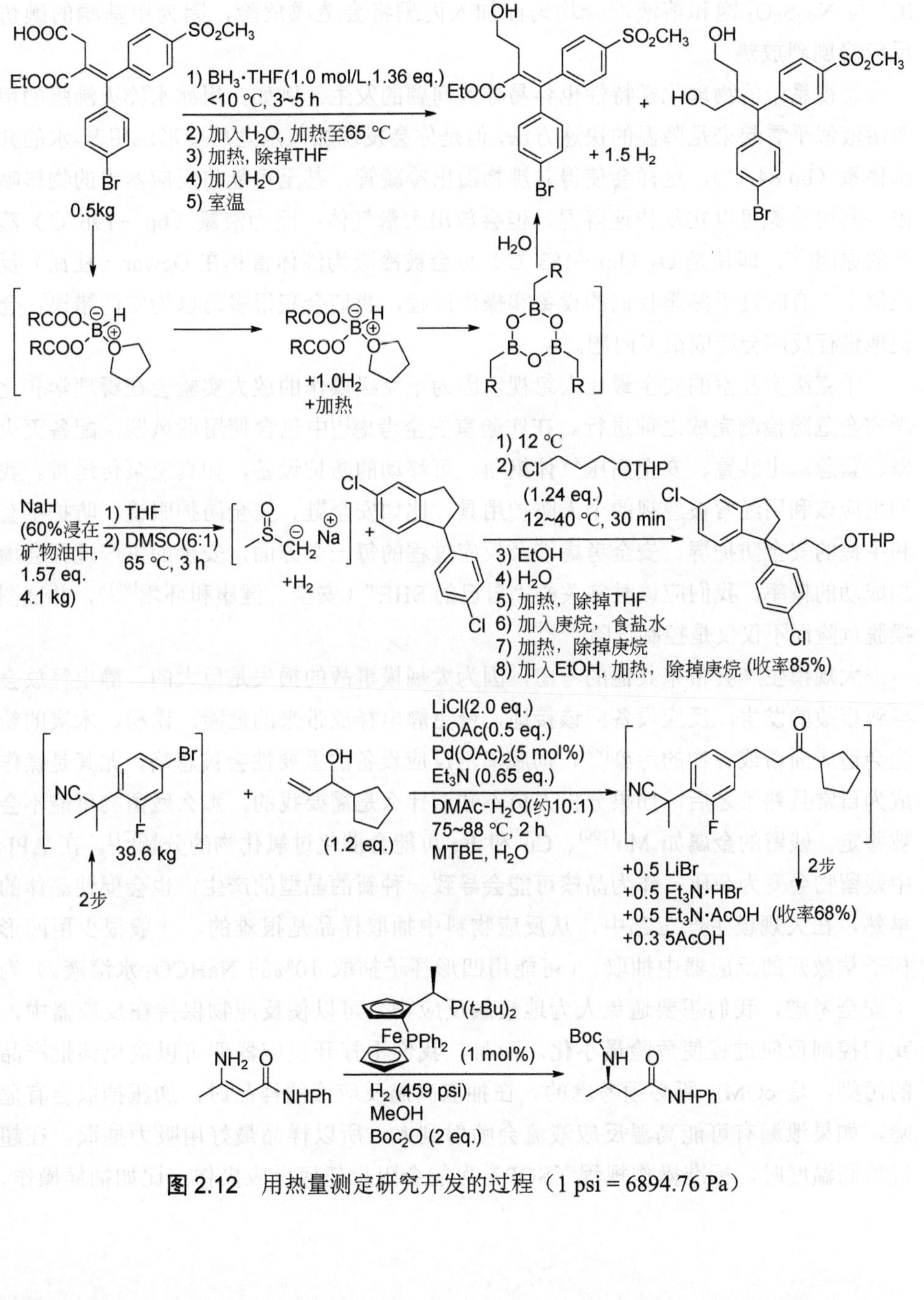

图 2.12 用热量测定研究开发的过程（1 psi = 6894.76 Pa）

2.5 安全的前景

不幸的是，安全应该得到更多重视。几乎每一个人都希望成为侥幸躲过事故或躲过一颗子弹的人。许多安全隐患是“常识”，例如淬灭试剂应该不能挥发，不要用漂白剂淬灭氨气。例如，用 $Na_2S_2O_3$ 淬灭 ICl 是明智的，但是如果为了使 ICl 与 $Na_2S_2O_3$ 饱和溶液混合均匀而加入丙酮将会造成危险，因为甲基酮的碘仿反应将剧烈放热。

忽视系统的物理化学特性也容易导致问题的发生。例如，用冰水淬灭沸腾的甲苯溶液似乎看起来是降温的快速方法，但是你会发现加入水之后会形成甲苯-水的共沸体系（bp 84 ℃），这样会使得共沸物溢出冷凝管，甚至可能将反应器中的物料喷出。利用液氮可以实现快速降温，但会放出大量气体；因为液氮（bp −196 ℃）蒸气的原因[95]，即使是 O_2（bp −183 ℃）也会被冷凝为液体富集在 Dewar（杜瓦）反应器中。有时过于熟悉我们的设备和操作过程，我们会犯很多习以为常的错误。仓促地进行反应会造成很多问题。

千克级实验室的安全最让人忽视，因为千克级操作的放大实验会在毒理学和化学安全危险检测完成之前进行。在实验室安全考虑[1]中包含使用通风橱，配备灭火器、紧急溢出装置、安全高压气体钢瓶、可移动的防护设备，如真空泵传送带。我们也应该利用经常被忽视的个人防护用具，比如安全鞋、安全防护眼镜、防护手套和手提的安全防护屏。安全考虑涉及反应过程的每一个方面，安全的生产过程会增加成功的概率。我们应该时常关心“自己的 SHE”（安全、健康和环境[96]），并试图摆脱危险而不仅仅是控制危险[97,98]。

大规模生产会带来其他的考虑，因为大规模事故的损失是巨大的。静电释放会导致事故的发生，反应设备应该接地，避免静电释放带来的危险。铁粉、木炭的粉尘会造成面粉或谷物的污染[99]，彻底清洁反应设备的重要性会被忽略，尤其是操作成为日常且熟悉之后。如果分析人员不知道什么是需要找的，那么残留物可能不会被鉴定。残留的金属如 Mn[100]、Cu 和 Fe 可能会催化过氧化物的分解[21]。在 APIs 中残留物会变为杂质，作为晶核可能会导致一种新的晶型的产生，也会促使晶体的早熟。在大规模生产工艺中，从反应物料中抽取样品是很难的，一般很少用凹形杯子从敞开的反应器中抽取。（可能用凹形杯子抽取 10%的 $NaHCO_3$ 水溶液。）为了安全考虑，我们想要避免人为地接触反应物，可以使反应物保持在反应器中，我们控制反应过程使危险最小化。而且，我们不打开反应器便可以避免该批产品的污染，是 cGMP 所必须考虑的。在抽取高温反应液的样品时，加压抽取会有危险，如果泄漏有可能高温反应液流会喷射到人，所以样品最好用吸力抽取。在超过最高温度时，标准操作规程（SOP）可能会阻止任何反应操作，比如抽样操作、淬灭、热分解和加热过滤。大规模生产事故可能性的增加，无可非议地增加了操作安全的关注度。

安全知识：不要把安全当作理所应当。应反复审视反应条件以确保操作安全。杂乱的反应条件经常会导致事故的发生。清理实验室、中试实验室和生产车间的出口通道。当危险事故发生时，评估留下来帮助的危险：如果有人将你拉出你将造成更大的问题。即使你是一个旁观者（a JAFO[101]），在中试车间或者生产车间，你可以发出不安全的警告，包含泄漏。保证安全是每一个化学家和工程师的责任。

参考文献

[1] Prudent Practices in the Laboratory. National Research Council of the National Academies, Washington, D.C.: National Academies Press, 2011.

[2] McConville, F. X. The Pilot Plant Real Book. 2nd ed. Worcester, MA: FXM Engineering and Design, 2007.

[3] http://www.orgsyn.org/hazard.html

[4] Pesti, J. *Org. Process Res. Dev.* **2010,** *14*, 483.

[5] Hassan, N. *Chem. Eng.* **2011,** *118(1)*, 50.

[6] Venugopal, B. *Chem. Eng.* **2002,** *109(6)*, 54.

[7] Heylin, M. *Chem. Eng. News* **1985,** *63(6)*, 14; Lepkowski, W. *Chem. Eng. News* **1985,** *63(6)*, 16; Worthy, W. *Chem. Eng. News* **1985,** *63(6)*, 27; Dagani, R. *Chem. Eng. News* **1985,** *63(6)*, 37; Webber, D. *Chem. Eng. News* **1985,** *63*(6), 47; Johnson, J. *Chem. Eng. News* **2011,** *89*(8), 31.

[8] http://www.ejnet.org/dioxin

[9] Hogue, C. *Chem. Eng. News* **2010,** *88*(46), 30.

[10] http://www.hse.gov.uk/chip/phrases.htm

[11] Butters, M.; Catterick, D.; Craig, A.; et al. *Chem. Rev.* **2006,** *106*, 3002.

[12] Conrow, R. E.; Dean, W. D. *Org. Process Res. Dev.* **2008,** *12*, 1285.

[13] Slade, J.; Parker, D.; Girgis, M.; et al. *Org. Process Res. Dev.* **2006,** *10*, 78.

[14] Caron, S.; Dugger, R. W.; Gut Ruggeri, S.; et al. *Chem. Rev.* **2006,** *106*, 2943.

[15] Perepichka, D. F.; Jeeva, S. *Chem. Eng. News* **2010,** *88(3)*, 2.

[16] Hachoose, R. C. *Chem. Eng.* **2006,** *113(4)*, 54.

[17] Matlack, A. S. Introduction to Green Chemistry. 2nd ed. Boca Raton: CRC Press, 2010.

[18] Hansen, J. Storms of my Grandchildren. New York: Bloomsbury, 2009.

[19] Wells, A. S.; Coombe, V. T. *Org. Process Res. Dev.* **2006,** *10*, 794.

[20] *Chem. Eng. News* **2010,** *88(29)*, 27.

[21] Barnhart, R. W.; Dale, D. J.; Ironside, M. D.; Vogt, P. F. *Org. Process Res. Dev.* **2009,** *13*, 1388.

[22] Drahl, C. *Chem. Eng. News* **2011,** *88(48)*, 33.

[23] Cavas, T. *Food Chem. Toxicol.* **2001,** (doi:10.1016/j.fct.2011.03.038).

[24] Erickson, B. E. *Chem. Eng. News* **2011,** *89(13)*, 32.

[25] Gropper, S. S.; Smith, J. L.; Groff, J. L. Advanced Nutrition and Human Metabolism. 5th ed. Wadsworth Cengage Learning, 2009.

[26] Connors, K. A.; Amidon, G. L.; Stella, V. J. Chemical Stability of Pharmaceuticals: A Handbook for Pharmacists.

New York: Wiley, 1986, 63.

[27] Chen, Y.-T.; Hsu, C.-I.; Hung, D. Z.; et al. *Food Chem. Toxicol.* **2011,** *49*, 1063.

[28] http://echa.europa.eu/doc/consultations/svhc/svhc_axvrep_austria_cmr_2-methoxyethanol.pdf.

[29] http://www.ncbi.nlm.nih.gov/pubmedhealth/PMH0001778/.

[30] http://www.calciuminfo.com/calciumquestions/kidneystones.aspx.

[31] http://en.wikipedia.org/wiki/Propylene_glycol#cite_note-26.

[32] http://ecfr.gpoaccess.gov/cgi/t/text/text-idx?c¼ecfr&sid¼786bafc6f6343634fbf79fcdca7061e1&rgn¼div5&view¼text&node¼21:3.0.1.1.14&idno¼21#21:3.0.1.1.14.2.1.159; http://edocket.access.gpo.gov/cfr_2009/aprqtr/21cfr184.1666.htm.

[33] The Merck Index, 13th ed. Whitehouse Station, NJ: Merck & Co., Inc., 2001, 1762.

[34] Wolf, L. K. *Chem. Eng. News* **2011,** *89(27)*, 27.

[35] Dai, Q.; Xu, D.; Lim, K.; Harvey, R. G. *J. Org. Chem.* **2007,** *72*, 4856.

[36] Patnaik, P. A Comprehensive Guide to the Hazardous Properties of Physical Substances. 3rd ed. Wiley, 2007, 307.

[37] http://toxnet.nlm.nih.gov/cgi-bin/sis/search

[38] Boethling, R. S.; Sommer, E.; DiFiore, D. *Chem. Rev.* **2007,** *107*, 2207.

[39] http://www.fda.gov/ohrms/dockets/ac/02/briefing/3882B1_13_McNeil-Acetaminophen.htm#_Toc18717570, 2002.

[40] Caballero, F. J.; Navarrete, C. M.; Hess, S.; et al. *Biochem. Pharmacol.* **2007,** *73*, 1013.

[41] http://www.liversupport.com/wordpress/2010/10/n-acetyl-cysteine-treats-acute-liver-failure/

[42] Johnson, D. S.; Lie, J. J. //Johnson, D. S., Lie, J. J., Eds. The Art of Drug Syithesis. New York: Wiley, 2007, Chapter 7, 95.

[43] Shibasaki, M.; Kanai, M. *Eur. J. Org. Chem.* **2008,** 1839.

[44] Pereillo, J.-M.; Maftouh, M.; Andrieu, A.; et al. *Drug Metab. Dispos* **2002,** *30*, 1288.

[45] Lamp, K. C.; Freeman, C. D.; Klutman, N. E.; Lacy, M. K. *Clin. Pharmacokinet* **1999,** *36*, 353; Müller, M. *Biochem. Pharmacol.* **1986,** *35*, 37; Edwards, D. I. *Biochem. Pharmacol.* **1986,** *35*, 53.

[46] DEREK (Deductive Estimation of Risk from Existing Knowledge) Long, A.; Combes, R. D. *Toxicol. in Vitro*; **1995,** *9*, 563; http://www.sciencedirect.com/science/article/pii/088723339500040F.

[47] ToxTree: Raillard, S. P.; Bercu, J.; Baertschi, S. W.; Riley, C. M. *Org. Process Res. Dev.* **2010,** *14*, 1015.

[48] Anonymous *Chem. Eng. News* **2007,** *85(47)*, 43.

[49] Encyclopedia of Reagents for Organic Synthesis. (有机合成试剂大全)

[50] http://www.ncbi.nlm.nih.gov/pubmed/484483

[51] am Ende, D. J.; Vogt, P. F. *Org. Process Res. Dev.* **2003,** *7*(6), 1029.

[52] BH_3·THF 可用于将酰亚胺还原为胺: Couturier, M.; Andresen, B. M.; Jorgensen, J. B.; et al. *Org. Process Res. Dev.* **2002,** *6*, 42.

[53] Burkhardt, E. R.; Corella, J. A., II. U S. 6,048,985, 2000, to Callery; Atkins, W. J., Jr.; Burkhardt, E. R.; Matos, K. *Org. Process Res. Dev.* **2006,** *10*, 1292.

[54] Spagnuolo, C.; Wang, S. S. Y. *Chem. Eng. News* **1992,** *70(22)*, 2. Wang, S. S. Y.; Kiang, S.; Merkl, W. *Process Safety Prog.* **1994,** *13(3)*, 153.

[55] Tong, W. R.; Seagreave, R. L.; Wiederhorn, R. Loss Prevention. Vol. 11. New York: AIChE, 1977, 71.

[56] Johnson, J. *Chem. Eng. News* **2009,** *87(38)*, 8.

[57] Buckley, J.; Webb, R. L.; Laird, T.; Ward, R. J. *Chem. Eng. News* **1982,** *60(28)*, 5.

[58] Liu, Y.; Schwartz, J. *J. Org. Chem.* **1993,** *58*, 5005.

[59] Perrin, D. D.; Armarego, W. L. F.; Perrin, D. F. Purification of Laboratory Chemicals, 2nd ed.; Oxford, UK: Pergamon; 1980, 224.
[60] Etchells, J. C. *Org. Process Res. Dev.* **1997,** *1*, 435.
[61] Chang, S.-J. *Org. Process Res. Dev.* **1999,** *3*, 232.
[62] Anderson, N. G. *Org. Process Res. Dev.* **2004,** *8*, 260.
[63] Schmidt, M. *Chem Eng.* **2002,** *109(12)*, 58.
[64] http://www.engineeringtoolbox.com/fuels-ignition-temperatures-d_171.htmls
[65] Fray, M. J.; Gillmore, A. T.; Glossop, M. S.; et al. *Org. Process Res. Dev.* **2010,** *14*, 263.
[66] Astbury, G. W. *Org. Process Res. Dev.* **2002,** *6*, 893.
[67] 例如，见：http://www.oceanopticssensors.com/application/organicsolvent.htm
[68] Lovasic, S. *Chem. Eng.* **2011,** *118(5)*, 51.
[69] Urben, P. Bretherick's Handbook of Reactive Chemical Hazards. London: Butterworth-Heinemann, 2000.
[70] American Society for Testing and Materials: http://www.astm.org/BOOKSTORE/PUBS/DS51F.htm
[71] Sax's Dangerous Properties of Industrial Materials. 3 volumes, 11th ed. Wiley, 2004.
[72] http://www.ilo.org/legacy/english/protection/safework/cis/products/icsc/dtasht/index.htm
[73] Amery, G. *Aldrichimica Acta* **2001,** *34(2)*, 61.
[74] http://webbook.nist.gov/chemistry/.
[75] Weisenburger, G. A.; Barnhart, R. W.; Clark, J. D.; et al. *Org. Process Res. Dev.* **2007,** *11*, 1112.
[76] Fischer, R. W.; Misun, M. *Org. Process Res. Dev.* **2001,** *5*, 581.
[77] Yue, T.-Y.; McLeod, D. D.; Albertson, K. B.; et al. *Org. Process Res. Dev.* **2006,** *10*, 262.
[78] Rowe, S. M. *Org. Process Res. Dev.* **2002,** *6*, 877.
[79] Laird, T. Contributed talk at AMRI Symposium, May 8, 2003.
[80] Dale, D. J. *Org. Process Res. Dev.* **2002,** *6*, 933.
[81] Shanley, E. S.; Melham, G. A. *Process Safety Prog.* **1995,** *4(1)*, 29.
[82] Kawakubo, H. //Shiori, T., Izawa, K., Konoike, T., Eds. Pharmaceutical Process Chemistry; Wiley-VCH, 2011; 363-380.
[83] Littler, B. Contributed talk at AMRI Chemical Development Symposium, 27-28 September 2007.
[84] Dale, D. J.; Dunn, P. J.; Golightly, C.; et al. *Org. Process Res. Dev.* **2000,** *4*, 17.
[85] De Jong, R. L.; Davidson, J. G.; Dozeman, G. J.; et al. *Org. Process Res. Dev.* **2001,** *5*, 216.
[86] Short, P. L. *Chem. Eng. News* **2008,** *86(42)*, 37.
[87] Davulcu, A. H.; McLeod, D. D.; Li, J.; et al. *J. Org. Chem.* **2009,** *74*, 4068.
[88] Lobben, P. C.; Leung, S. S.-W.; Tummala, S. *Org. Process Res. Dev.* **2004,** *8*, 1072.
[89] Dahl, A. C.; Mealy, M. J.; Nielsen, M. A.; et al. *Org. Process Res. Dev.* **2008,** *12*, 429.
[90] Camp, D.; Matthews, C. F.; Neville, S. T.; et al. *Org. Process Res. Dev.* **2006,** *10*, 814.
[91] Hansen, K. B.; Rosner, T.; Kubryk, M.; et al. *Org. Lett.* **2005,** *7*, 4935.
[92] Littler, B. J.; Looker, A. R.; Blythe, T. A. *Org. Process Res. Dev.* **2010,** *14*, 1512.
[93] Zotova, N.; Mathew, S. P.; Iwamura, H.; Blackmond, D. G. //Gadamasetti, K., Braish, T., Eds.; Process Chemistry in the Pharmaceutical Industry. 2nd ed. Boca Raton, Florida: CRC Press, 2008, 455-464.
[94] Fuson, R. C.; Bull, B. A. *Chem. Rev.* **1934,** *15*, 275.
[95] Miller, L. *The Vortex*, November 9, 2001.
[96] White, W.; Coombe, V.; Moseley, J. //Shiori, T., Izawa, K., Konoike, T., Eds. Pharmaceutical Process Chemistry. Wiley-VCH, 2011, 469-488.
[97] Johnson, J. *Chem. Eng. News* **2003,** *81(5)*, 23.

[98] Edwards, V. H. *Chem. Eng.* **2011,** *118(4)*, 44.

[99] Hanson, D. J. *Chem. Eng. News* **2011,** *89(23)*, 34.

[100] Vaino, A. R. *J. Org. Chem.* **2000,** *65*, 4210.

[101] Just Another…Friendly…Observer. A JAFO can be recognized by his relaxed stances, such as arms folded across his chest, hands in pockets of his pants, or leaning against a post. Thanks to Dale Trammell, who was a foreman in the Squibb pilot plant, for sharing this term from the Viet Nam war.

第 3 章　合成路线的选择

“最后，那种做了再说的态度所付出的代价会超出我们的预期；从中得到的教训是过度使用保护基会破坏一个看似可行的计划……也许从我们的 polycarvernoside 全合成中所学到的最重要的东西是复杂的合成成功的关键是灵活的思维。”

—— Prof. James D. White[1]

“在我们的工艺研发过程中健康、安全和环境评估是重要的评价指标……这需要处理，并且不能掉以轻心，如果它对环境是危险的且难以克服，那么这个合成方法会被替换掉。”

—— Nick Magnus, Eli Lilly (2007)[2]

“我认为绿色化学最终将消失，它正是化学一直在做的，绿色化学应该是化学合成的第二自然属性，默认值。”

—— Paul Anastas, US Environmental Protection Agency (2011)[3]

3.1　引言

任何规模化学品的成功制造都依靠于高化学选择性的反应条件的筛选。第一步是路线的选择；路线的改变对试剂、溶剂、反应条件、后处理、结晶及其他诸多操作都会产生影响。如果起始原料廉价，那么可以容忍低的收率，尤其是在早期研发 NCE 的时候。虽然保护基会增加两步操作以及产品成本（CoG），但在化学选择性不足时保护基可以用来保护反应性的位点。探索官能团的反应性可以获得巨大的回报。例如 Baran 研究组在合成一些具有大量官能团的吲哚天然产物时不仅避免了保护基的使用，还探索了这些官能团的串联反应[4]。酶可以提供高效的化学选择性，生物催化已经被用于化学工艺的“绿色化”[5]。一些显著的有机小分子催化[6]同样被探索了，如图 3.1 中所示的双酚的对映选择性乙酰化[7]，以及一个形成四元环吲哚的串联反应，通过 8 步反应即可获得番木鳖碱[8]（士的宁）。Merck 公司西他列汀游离碱的原始合成路线就包含了一个未保护的烯胺的不对称氢化[9]，随后被替换为酮前体生物催化氨基转移为手性胺[10]。Merck 催化氢化和氨基转移两项技术都获得

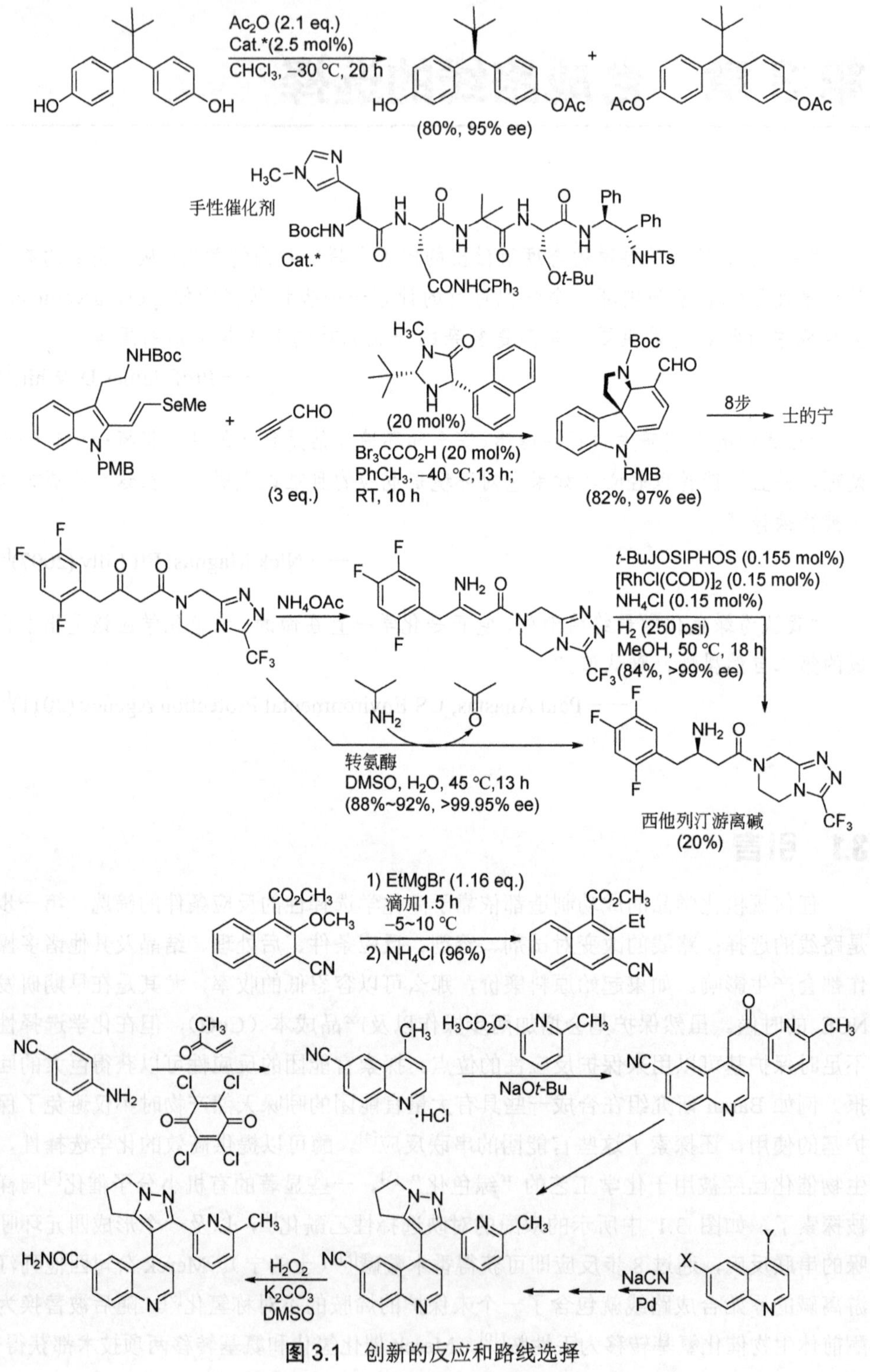

图 3.1 创新的反应和路线选择

了美国总统绿色化学奖[11]。AstraZeneca通过使用EtMgBr一步将甲氧基转化为乙基；而此前包括脱甲氧基、三氟甲磺酰化、钯介导BEt_3偶联三步反应。即通过格氏反应减少两步步骤[12]。如果无法达到化学选择性的反应条件，可以通过改变其原料来简化工艺开发以及降低CoG。如图3.1中所示的TGF-β抑制剂的合成如果使用4-氨基苯腈作为起始原料[13]，可以避免操作条件苛刻且使用昂贵芳基溴代物的钯催化氰化反应（见第10章）。这些学术性的实验室开发的新颖的选择性反应，可以影响一些研究人员使其改变某些化合物的合成路线。研究人员应设法绕开那些反应条件不明确以及昂贵的起始原料。因此路线探索和试剂的选择是相互影响的。路线的选择为开创性研究及知识产权（IP）提供了契机。

那些商业产品的工艺路线通常信息很少，泄露工艺优化条件细节相当于帮竞争对手干活。美国专利要求申报时提供最佳的实例[14]，通过这些例子可以猜测所需的路线和操作。Harrington 在最近综述了一些最畅销药物的文章和专利，并推测了最可能的路线[15]。Kleemann 及其合作者总结了大量药物的制备方法的文献[16]。公司在运输产品时需要提供化合物信息，可以通过这些信息推测生产路线并制订替代的路线[17]。也有少数例外，工艺没有被披露。

总结在一篇路线选择指南的综述中，来源于三个英国制药公司的作者们概括出最需要关注的几点：安全、环保、法律、经济、控制和产出[18]。将安全列在第一位绝非偶然，我们在第2章探讨了安全的问题。法律一般是指专利化合物（物质组成）、工艺专利，以及回避这些专利（操作自由）。控制问题在第7章和第16章讨论。产出是本书的基本主题，即生产力。

如我们第1章所提到的，经济因素的考虑覆盖了整个医药和CMO行业。CoG估算在本章第3.5节讨论。本章的进一步讨论从路线选择环境方面的考虑开始，绿色化学将作为进一步讨论的整体框架。

3.2 绿色化学的思考

数十年来，工艺化学家和工程师们一直遵循绿色化学的一些准则。例如，提高收率，降低废物处理的成本，提高反应液以及后处理溶液浓度以减少需要回收溶剂的用量，使用非危险性的原料来提高生产力，控制产品质量以及消除工艺瓶颈。绿色化学就包括这些思考，打上“绿色化学”的标签可以使我们更加注重这些因素。

环境保护管理被认为是惩罚性的。第2章表2.1是一些广泛的环境保护所需考虑的因素。如第2章所述，破坏环境会对企业形象和银行账户产生负面影响。但是，绿色化学也可以产生利润。例如，1994年Bristol-Myers在Syracuse的工厂排放了500 t甲基异丁酮（MIBK），主要来自从发酵液中提取6-氨基青霉烷酸，同时Bristol-Myers被认为是纽约州最大的污染源。在1995～1996年，Bristol-Myers采取了切向流离心以及停止离心萃取的工艺，并使用乙酸丁酯替代MIBK，使生产力提高10%，并且降低了运行成本。预期的年利润可达 4900000 美元，成本回收期 2.7 年。1996 年 Bristol-Myers 的这项工作获得了纽约州政府颁发的防止污染奖[19]。2001 年 Blackburn（Baxter International）说[20]：“环保和经济动机是真实互动的……我们在整个公司推广该理念。”2005 年 McCue（Pfizer）说[21]：“……可以估计每年伴随着原料药生产产生的潜在废物在 5 亿～20 亿千克规模。即使按每千克 1 美元的最低处理费用计算，避免废物产生所带来的成本节约是非常显著的，同时绿色化学在经济利益上也是十分吸引人的……绿色化学是一项创新工作并且已经在经济、环境和社会等方面表现出积极的影响。”

美国联邦贸易委员会希望定义“绿色”市场，包括“环境友好”“可生物降解”以及“不含某化学物质”。碳足迹和碳补偿索赔被追捧；美国联邦贸易委员会希望确保碳指标只能销售一次[22]。我们可以总结出“绿色”思考对市场的经济意义。要理解“绿色”标签对于产品和合成的意义，必须首先知道比较的标准。

对绿色化学的关注越来越显著，现在已经有法拉第水晶奖和美国总统绿色化学奖两项绿色化学奖励。此外还有 Matlack 编著的绿色化学纲要[23]和其他一些制药工业的文章[24-28]。图 3.2 是一些绿色化学的成功例子。Pfizer 的工作人员在舍曲林方面的工

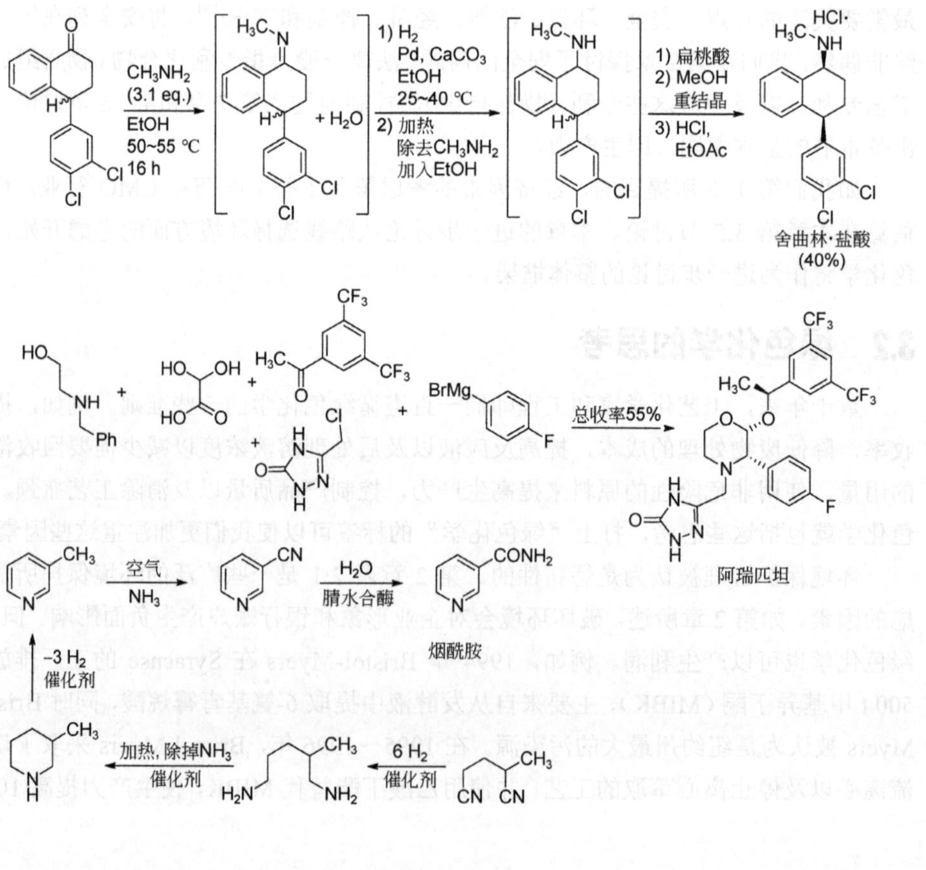

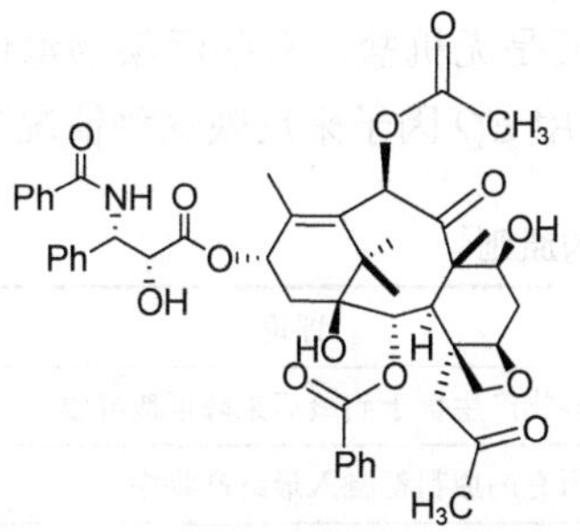

紫杉醇(紫杉酚Ⅰ)可以从植物组织培养中分离提取

图 3.2　绿色化学的成功案例

作在 2002 年获得了一项奖励。该舍曲林工艺革除了四种溶剂的使用以及避免了副产物二氧化钛的形成，收率提高 20%～40%，溶剂用量由 60000 gal/t 降低至 6000 gal/t，每年废弃物处理节省开支 100000 美元。这些节省都是通过对中间体亚胺从反应溶剂中结晶的现象的探索中得到的[29]。[通过模拟移动床色谱（SMB）对酮进行拆分也可用于舍曲林的生产[30]。] Merck 公司的阿瑞匹坦工艺 2005 年也获得了一项奖励，而他们花费 9 年共开发了 4 条路线。

现行工艺路线与原工艺比较仅使用 20%的起始原料和水，只有一个氧化还原过程（氢解），生产每吨阿瑞匹坦减少了 82000 gal 废水。阿瑞匹坦总收率 55%，而该工艺的关键是一个结晶诱导的不对称转化（CIAT）[11,31]。Lonza 使用固定化酶技术每年生产 5000 t 的维生素烟酰胺[32]。该绿色工艺所有的步骤都使用了催化，并且除了生物催化步骤外所有步骤都是气相反应。值得注意的是，Lonza 采用了廉价的起始原料，丙烯腈还原二聚制备尼龙-6 前体己二腈的一个副产物[33,34]。在传统有机化学条件下氰基水解为酰胺与水解为氨和羧酸的反应是竞争反应，因此采用固定化的腈基水合酶来提高生产力[32]。Tao 等人使用重组的氰基水合酶在 30 ℃将 3-氰基吡啶转化为烟酰胺[35]。通过植物细胞发酵生产紫杉醇[36-39]，避免了使用超过 5 年耗费约 35 t 化学品、10 种溶剂、6 步干燥将欧洲红豆杉树叶和树枝提取的中间体转化为紫杉醇的工艺[11,36]。使用生物转化来生产紫杉醇这种多官能团化合物是十分具有吸引力的，尤其是紫杉醇这种需要经多步反应制备的产品[40-43]。评价一个用于生产的“绿色”生物催化工艺需要考虑很多因素[44]。开发一个生物-有机系统还需要大量的投资。

绿色化学的各种原则见表 3.1～表 3.3；其中一些原则的好处是众所周知的，某些条目还包括一些评论。

若干评价“绿色程度”的方法已经被开发。Trost 提出了原子经济性的概念[45]，整合了上述绿色化学的准则。Sheldon 提出了代表环境可接受性的 E 因子概念，即废弃物与产物的质量比（表 3.4）。因为生产每单位产品所需步骤较长，所以医药工业中 E 因子较高，但如果将 E 因子乘以吨位会发现医药工业污染物的量相比其他行业还会好一些。表 3.4 中所示的工业污染物主要是无机盐。有些污染物毒性较大，而危险的污染物处理的成本也会较高。Sheldon 用 *EQ* 因子来反映这种情况[46]。

表 3.1 绿色化学的原则①

序号	原则	评论
1	预防	预防废弃物产生优于到最后来降低废弃物
2	原子经济性	工艺中所有的原料都融入最终产物中
3	尽量减少危险的合成步骤	尽量不使用或产生有害物质
4	设计安全的化学	有效的化学品且毒性最小
5	安全的溶剂及助剂	绿色溶剂见第 5 章
6	高能效	工艺尽量在室温常压进行。能耗成本会影响大宗化学产品的 CoGs②
7	使用可再生资源	可再生资源是可持续的，不会耗尽
8	减少衍生化	不使用保护基，它们会增加反应步骤并且产生更多废弃物
9	催化	（可循环的）催化可以减少废弃物的产生
10	可降解的设计	可迅速分解成无害的物质③
11	实时分析，防止污染	避免副产物的形成
12	固有安全化学，防止事故	降低事故的可能性，“设计的温和性”

① http://www.chemistry.org/portal/a/c/s/1/acsdisplay.html?DOC=greenchemistryinstitute%5Cgc_principles.html.

② 能量消耗为 Cl_2 消耗的 50%～75%：Reisch, M. *Chem. Eng. News* **2010**, *88* (*14*), 10.

③ Botthling R. S.; Sommer, E.; DiFiore, D. *Chem. Rev.* **2007**, *107*, 2207.

表 3.2 绿色化学的另外 12 条原则①

序号	原 则	评 论
1	副产物鉴定以及定量	平衡方程：水是理想的副产物
2	报告转化率、选择性和生产力	确定优化的机会
3	建立工艺的完整物料平衡	差的物料平衡说明工艺还没有很好地被理解，并且无法有效地进行控制
4	测量空气和排水中溶剂和催化剂的损失	降低对环境的影响
5	研究基础热化学	安全考虑
6	预估传质传热限制	工艺放大的安全及减少杂质。优选连续工艺（第 14 章）
7	请教化学或工艺工程师	寻求经验
8	考虑化学上的选择对整体工艺的影响	路线选择
9	开发以及实施可持续的措施	可持续的措施可以保证长期的运行

续表

序号	原 则	评 论
10	量化并减少共用设施的使用	水和电都将涨价
11	确定哪里是安全的以及哪里的废弃物无法减少	安全第一
12	监控、报告以及减少实验室废弃物排放	可持续性

① Winterton, N. *Green Chemistry*. December 2001, G73.

表 3.3 绿色工程的 12 条原则①②

序号	原 则	评 论
1	尽量使用固有安全性设计	操作安全就可以把精力放在别的地方
2	防止废弃物产生优于处理以及清理废弃物	节约能源和材料
3	设计能源和材料消耗最少的分离和纯化工艺	叠缩工艺可以降低操作时间、人员成本、溶剂试剂、废弃物处理，同时提高总收率
4	最大化工艺的物质、能量、空间和时间的效率	第 8 章，优选连续工艺（第 14 章）
5	产品、工艺和系统在使用能量和原料时应该是“输出拉动”而不是“输入推动”	
6	利用内部的熵和复杂性来回收、再利用和处置废弃物	
7	产品是耐用的而不是不朽的	不朽的产品无法降解
8	产能设计满足需求并且尽量不要过量	但是如果关键原材料没有来源可能导致即时生产不能满足需求
9	多组分产品应该尽量减少原料的多样性以便于拆解及价值回收	溶剂的使用也是这个道理
10	产品、工艺和系统在设计时应该集成和互联现有的能源和材料流	
11	产品、工艺和系统在设计时应该考虑商业“生命期结束”	
12	材料和能源的输入应该是可再生的而不是耗尽的	

① Anastas, P. T.; Zimmerman, J. B. Design through the Twelve Principles of Green Engineering, *Environ. Sci. Technol.*, **2003**, *37* (5), 95.

② http://portal.acs.org/portal/acs/corg/content?_nfpb=true&_pageLabel=PP_ARTICLEMAIN&node_id=1415&content_id=WPCP_007505&use_sec=true&sec_url_var=region1.

表 3.4 不同化学工业产生的废弃物比较①

工业部门	产品吨位	*E* 因子	吨位×*E* 因子
汽油	10^6～10^8	<1	<10^6～10^8
精细化学品	10^4～10^6	1～5	10^4～5×10^6
大宗化学品	100～10^6	5～50	5×10^2～5×10^6
医药	10～1000	25～100	250～10^5

① Sheldon, R. A. *Green Chem*. **2007**, *9*, 1273.

Andraos 通过反应质量效率（*RME*）来分析反应的绿色化学情况。其收率、原子经济性、化学计量数和物料回收之间的关系见式（3.1）和式（3.2）[47,48]。*RME* 公式可以量化各种因素所带来的好处。

$$RME = \varepsilon \times (AE) \times [1/(SF)] \times MRP \quad (3.1)$$

$$AE = 1/(1+E_{mw}) \quad (3.2)$$

式中，ε 为收率（<1）；*AE* 为原子经济性（<1）；*SF* 为化学计量因子（*SF*>1，除非使用等化学计量时=1）；*MRP* 为原料回收系数（<1）；E_{mw} 为环境影响因子（基于分子量）。

原子经济性（*AE*）与环境影响因子（E_{mw}）成反比。Andraos 定义 *AE* 大于 0.618 的反应为“黄金原子经济性”反应。

通过对 400 多个反应进行计算将其中符合这一标准的反应分成了 9 类。由图 3.3 可知，缩合、重排以及多组分反应（MCRs）是最有可能非常“绿色”的。而氧化还原反应是最不绿色的，应该尽量避免。除了缩合反应外，试剂分子量越低，*AE* 值越高，因此使用氧气氧化优于使用 Dess-Martin 试剂这类大分子氧化剂，同理，氢气还原优于三叔丁基氢化铝[47]。

> 绿色化学与可持续的操作是密切联系的。地球的资源是有限的，它容忍将垃圾倒入填埋场及释放到空气和海洋中的能力也是有限的。商人抱怨绿色的思维会增加成本并减少就业。但是如果我们不保护地球，我们既不会有经济，也没法生存。

绿色化学的一些方面以及路线选择的问题将在本章的后续部分详细讨论。

3.2.1 分析废物流（绿色化学第一原则）

根据绿色化学第一原则，预防废弃物产生远远优于到最后来降低废弃物。不仅仅可以减少废弃物的产生，同时还可以减少生产中废弃物处理的成本，较短的路线所需要的起始原料、溶剂、试剂和人工都更少。

其结果是低的生产成本以及较小的环境影响。最绿色的路线通常是步骤最短的路线[49,50]。通过 *RME* 可以计算最绿色的路线。

有必要考虑所有的可选方案以确定优选路线是最绿色的。例如，图 3.4 中的 Mitsunobu 反应[51]会产生副产物三苯氧磷（TPPO）和 1,2-二异丙氧甲酰肼，其分子量

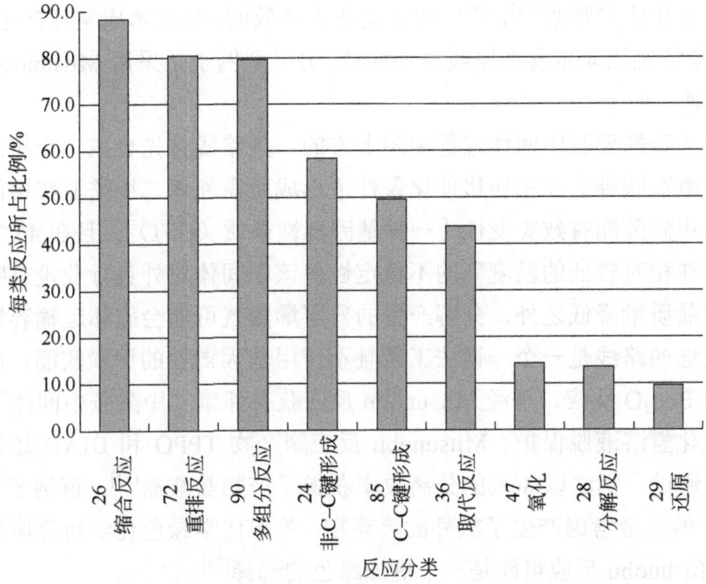

图 3.3 “黄金原子经济性”反应的分类

Andraos, J. *Org. Process Res. Dev.* **2005**, *9*, 404. Copyright 2005 American Chemical Society.

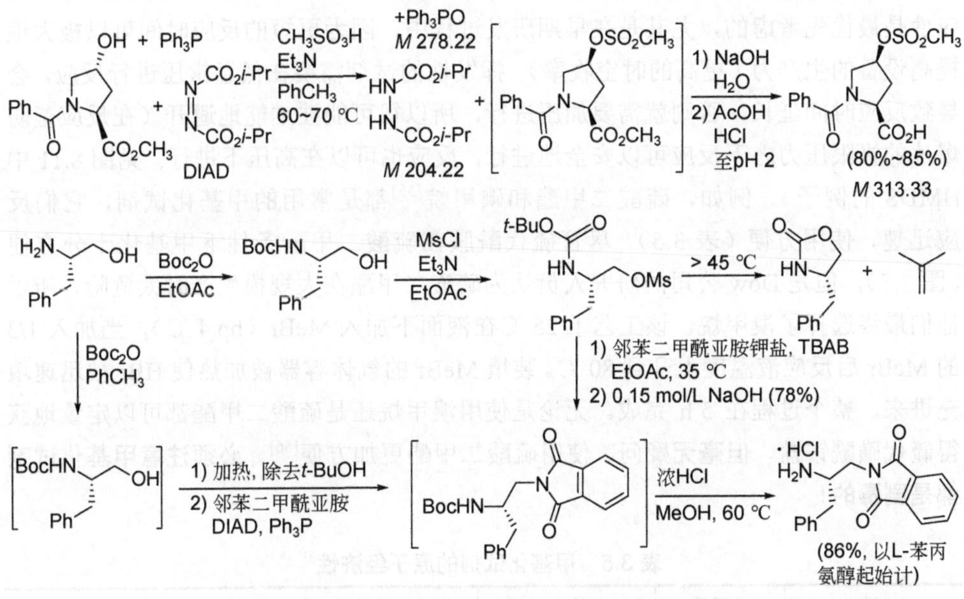

图 3.4 使用“不绿色”的 Mitsunobu 反应的益处

的总和比甲磺酸盐产物（福辛普利钠中间体）还要多 50%。但是该反应获得的甲磺酸盐产物收率高，且反式异构体<0.1%。过滤去除 TPPO 和肼（见第 11 章去除 TPPO 的额外技巧）可使该工艺高效地进行而无须使用色谱分离。同时采用 Mitsunobu 工

艺可以节省 3 步生产步骤[52]，整体而言是非常有效的。如果考虑整体产生的废弃物，Mitsunobu 途径就比 4 步备选路线更加绿色。另一个例子是采用 Mitsunobu 反应可以避免产生杂质。

在合成邻苯酰亚胺中间体过程中图上方的一条路线首先合成一个甲磺酸酯，再与邻苯二甲酰亚胺钾盐在相转移催化条件下形成所需邻苯二甲酰亚胺中间体。但是该路线中的甲磺酸酯有致突变性［一种基因毒性杂质（GTI）］，且在 45 ℃以上不稳定（该物质在相对较低的温度下的不稳定性使该中间体对外包行业没有吸引力，除了会导致产品质量降低之外，分解产生的异丁烯蒸气可能会破坏运输容器）而被弃用。而后优选的路线是一个一锅法工艺且不使用基因毒性的甲磺酸酯：L-苯丙氨醇在甲苯中与 Boc_2O 反应，再经 Mitsunobu 反应获得邻苯二甲酰胺中间体[51]，再用甲醇的饱和氯化氢溶液脱保护。Mitsunobu 反应副产物 TPPO 和 DIAD 还原产物溶解在母液中，通过一锅法以 86%的分离收率获得了产物盐酸盐[53]。该例子中，为了避免形成 GTI 的安全考虑产生了额外的废弃物。美国化学绿色化学研究所制药圆桌会议强调了 Mitsunobu 反应可能是一个更加绿色的选择[54]。

3.2.2 原子经济性（绿色化学第二原则）

在医药化工生产中原子经济性并不是首要考虑的因素。通常在试剂的选择上反应性是最优先考虑的，尤其是在早期研发过程中，因为更短的反应时间可以极大地提高设备的生产力（更高的时空收率）。挥发性的试剂需要在低温常压进行反应，会导致反应时间延长，否则就需要加压进行，所以很可能被本能地避开（在反应釜防爆片的极限压力之下反应可以安全地进行，反应也可以在高压下进行。见图 8.11 中 HMDS 的例子）。例如，硫酸二甲酯和碘甲烷[55]都是常用的甲基化试剂，它们反应迅速，使用方便（表 3.5）。尽管硫代酰胺在硫酸二甲酯条件下甲基化十分方便（图 3.5），但是 Dow 公司的研究人员认为硫酸二甲酯在大规模生产时太危险，所以他们最终选择了溴甲烷。该工艺于 25 ℃在液面下加入 MeBr（bp 4 ℃），当加入 1/3 的 MeBr 后反应液温度上升到 80 ℃。装填 MeBr 的气体容器被加热使 HBr 被迅速填充进来，整个过程在 5 h 完成。无论是使用溴甲烷还是硫酸二甲酯都可以定量地获得硫代磺酰铵盐，但毫无疑问，使用硫酸二甲酯更加方便[56]。**必须注意甲基化试剂都是剧毒的！**

表 3.5 甲基化试剂的原子经济性①

试剂	分子量	沸点	原子经济性/%	评论/用途
$CH_3OSO_2OCH_3$	126.13	188 ℃	12	高反应性，低挥发性
CH_3I	141.946	41 ℃	11	高反应性，生产中使用不安全
CH_3OTs	186.23	144 ℃/5 mmHg (mp 27 ℃)	8	低熔点的固体最好是以液体方式加料

续表

试剂	分子量	沸点	原子经济性/%	评论/用途
$CH_3OSO_2CF_3$	164.10	94～99℃	9	高毒②
CH_3OSO_2F	114.1	92～94℃	13	高毒②
CH_3Br	94.94	4 ℃	16	挥发性
CH_3Cl	50.49	−24 ℃	30	高度挥发性
$CH_3OC(O)OCH_3$ (碳酸二甲酯)	90.08	90 ℃	17	未来将更多地使用③④
HCHO, H_2	32.04	约 20 ℃	47	胺甲基化
CH_3OH/cat. H^+	32.04	65 ℃	47	酯化
CH_2N_2	44.04	−23 ℃	34	某些杂质存在下会爆炸⑤
TMS-CHN_2	114.22		13	毒性，通常以己烷溶液销售⑥

① 高毒性。硫酸二甲酯、碘甲烷和甲醛有致癌性，溴甲烷和氯甲烷有生殖毒性：http://www.calepa.ca.gov/Search/default.aspx?q=chemicalsþknownþtoþcauseþcancer&cx=016697183436188592925%3Aufud9xiklcq&cof=FORID%3A11#1278。

② 高毒性。活性比碘甲烷和硫酸二甲酯高四个数量级（Encyclopedia of Reagents for Organic Synthesis）这些试剂因为其极高的毒性已经在很多场合停用（http://www.ncbi.nlm.nih.gov/pubmed/484483）。

③ Rekha, V. V.; Ramani, M. V.; Ratnamala, A.; et al. *Org. Process Res. Dev.* **2009**, *13*, 769.

④ Parrott, A. J.; Bourne, R. A.; Gooden, P. N.; et al. *Org. Process Res. Dev.* **2010**, *14*, 1420.

⑤ 外包给具有特殊条件的承包商，他们可以使用可以连续运行工艺。Proctor, L. D., Warr, A. J. *Org. Process Res. Dev.* **2002**, *6*, 884.

⑥ 接触三甲基硅基重氮甲烷至少已造成一人死亡。Barnhart, R. W.; Dale, D. J.; Ironside, M. D.; Vogt, P. F. *Org. Process Res. Dev.* **2009**, *13*, 1388.

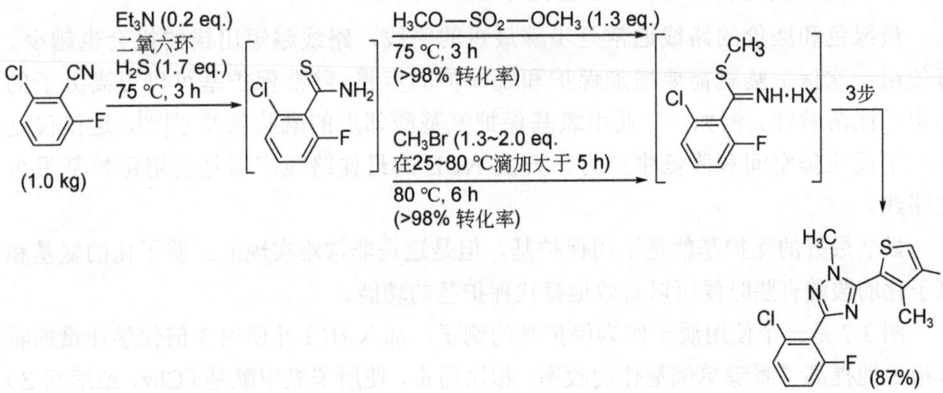

图 3.5　使用硫酸二甲酯或 MeBr 对硫代酰胺的甲基化反应条件

3.2.3　更低危险性的合成步骤（绿色化学第三原则）

安全是绿色化学持续的主题，也是路线探索的重要参数[57]。应该尽量避免潜在基因毒性杂质（PGI）和基因毒性杂质（GTI）以防止接触危害，这些反应性的中间体可以套用到下一步。为了减少从原料药中清除 PGI 造成的影响，应该将高反应性的试剂从最后的步骤中移除。Lily 公司研究人员建议终产物原料药前四步以上才能使用这些高活性的试剂[58]。（见图 11.10 讨论部分及第 13 章第 4 节。）应该避免使用自燃性和爆炸性的试剂。例如，使用重氮甲烷的反应应该考虑外包。Pfizer 工作人员分析了一个原料药候选物路线中使用 Heck、Sonogashira 和 Suzuki 偶联反应的差异，结果见图 3.6。他们最终选择了 Heck 反应路线进行放大，因为该路线避免了具有热危险性的乙炔，并且金属废弃物和总废弃物都更少[59]。

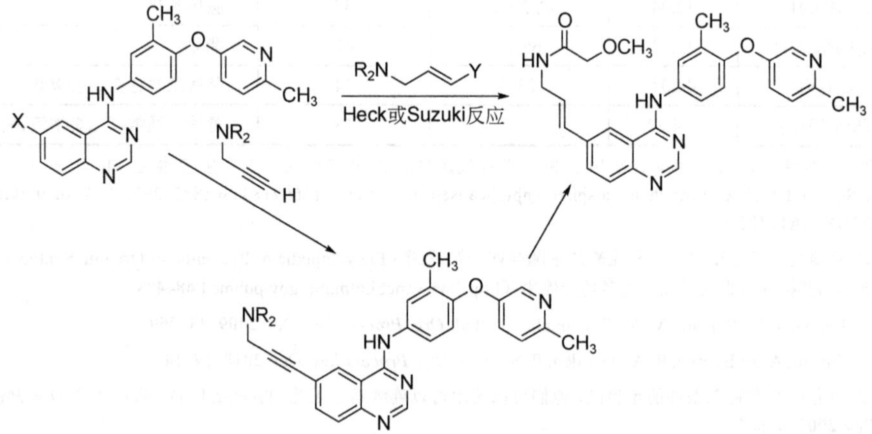

图 3.6 Heck、Sonogashira 或 Suzuki 偶联反应

3.2.4 减少使用保护基（绿色化学第八原则）

最绿色和廉价的路线通常是步骤最短的路线，路线越短出错的机会也越少。每使用一次保护基就需要增加保护和脱保护的步骤。除非保护基可以提高分子的稳定性或溶解性。例如，二亚甲氧基保护氨基酸邻近的酰胺氮原子[60]，这仅仅是占用了反应釜空间和降低生产力。开发 NCE 的最佳路线应该是使用保护基最少的路线。

显然最好的保护基就是不用保护基，但是这是非常难实现的。质子化的氨基和离子化的羧酸有些时候可以有效地替代保护基的功能。

图 3.7 是一个使用质子作为保护基的例子，加入 HCl 并使用 3 倍化学计量的哌嗪极大地提高了哌嗪单烷基化的收率。相比而言，使用苄氧甲酰基（Cbz，或缩写 Z）保护哌嗪，再进行单烷基化和脱保护以哌嗪计算收率仅为 2.1%。J&J 的研究人员发现，将悬浮液在 60～70 ℃进行离心时效果最好，他们同时还发现在高温（70 ℃）用甲苯萃取产品效果比室温好[61]。哌嗪进行单乙酰化时可以使用三烷基硅基进行保护。在图 3.7 的例子中，不稳定的 TMS 基足以保护 2,6-二甲基哌嗪，但是空间位阻更小的哌嗪衍生物则需要使用更大的保护基[62]。

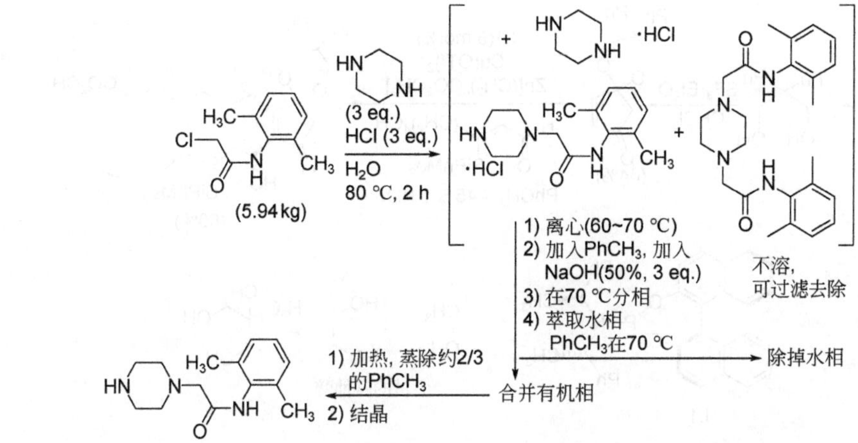

哌嗪	HCl	单:双烷基化
1.0 eq.	2.0 eq.	38:62
2.0 eq.	2.0 eq.	72:28
3.0 eq.	2.0 eq.	72:28
3.0 eq.	2.0 eq.	93:7

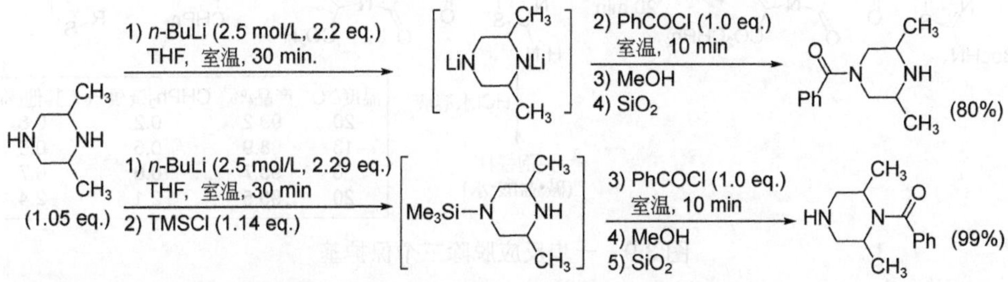

图 3.7　使用质子或三甲基硅基作为保护基

分子被保护后的稳定性可能比保护基上的花费更重要。Feringa 课题组发现使用更大更稳定的保护基收率更高（图 3.8）。在所有的被测醇中，使用二苯基丙二醇的缩酮反应收率最高（64%），因为该缩酮产物稳定性最高。（工艺放大后他们发现收率可以通过 1 mol/L NaOH 处理将原料烯二酮以烯醇式去除而使缩酮产物收率进一步提高，避免了色谱分离。）稳定的缩酮也提高了后续连续加成反应制备 PGE_1 中间体反应步骤的收率[63]。

如果必须使用保护基，那么应该尽可能采用一步反应同时脱除多个保护基。

头孢替林前体在苯甲醚存在下使用 $AlCl_3$ 脱除 Boc、叔丁醚和二苯甲基保护基时，在较低的温度下可以获得较高的选择性（图 3.9）。但是，在 0.2%以上二苯甲基四氮唑杂质存在下，其晶体惯态为原料药所需的片状晶型。结晶惯态通常指矿物的外观、大小和形状。结晶惯态的改变并不意味着晶型的改变。在本例子中晶体形成片状的聚集体使原料药的工艺大为简化。

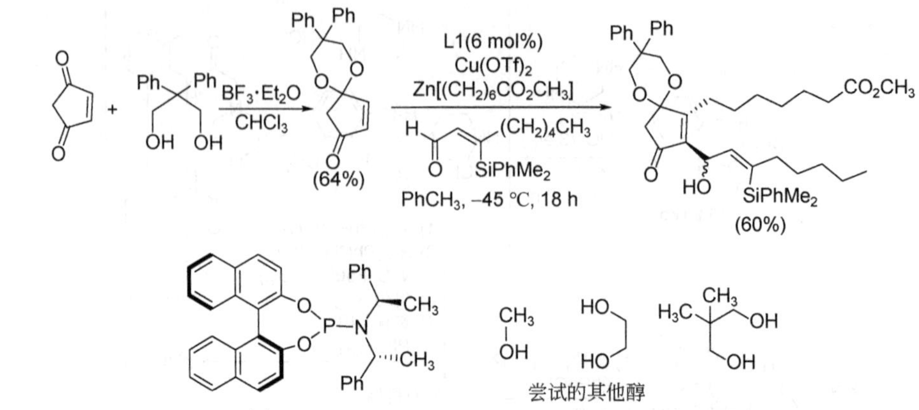

L1

图 3.8 PGE_1 中间体取代基的选择

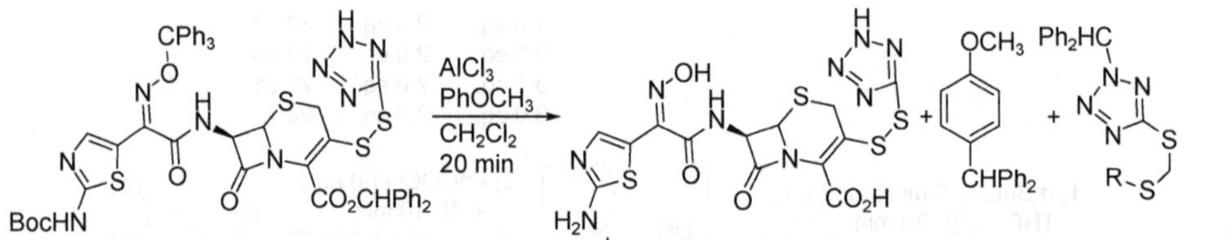

温度/℃	产品/%	$CHPh_2$杂质/%	其他/%
−20	99.2	0.2	0.8
−13	98.9	0.5	0.6
0	98.7	0.6	0.7
20	95.5	2.1	2.4

图 3.9 一步反应脱除三个保护基

随着该副产物的增加，产品粒径也随之增加。为了确保纯化后的原料药可以保持所需的结晶惯态，Shionogi 公司研究人员考察添加聚合物改性剂（纤维素衍生物、聚乙烯基吡咯烷酮和聚乙烯醇）进行结晶。最终利用常用的赋形剂 0.2%的 M 型羟丙基纤维素，可以可靠地获得所需片状晶体[64]。

> 氨基的常用保护剂一般是叔丁氧甲酰基（Boc）和苄氧甲酰基（Cbz，Z）。三氟乙酰基也曾被用于氨基酸的保护[65]。氯乙酰胺可以通过醇解脱保护，速度比乙酰胺快 5 倍[66]。使用氨水水解酯基时，氯乙酰基快于甲氧基乙酰基快于乙酰基[67]。三氟乙酰基、氯乙酰基和甲氧基乙酰基可以作为 Boc 和 Cbz 之外的氨基备选的保护基。

3.2.5 催化（绿色化学第九原则）

在一条成本效益高的路线中，如果使用昂贵的催化剂催化反应，则需要回收循环催化剂。非均相催化剂通常可以吸附在不溶性的材料上，例如活性炭、硅胶、氧化铝或聚苯乙烯。非均相试剂通常反应非常慢，例如 Halpern 提到的将季铵盐结合到离子交换树脂上[68]。为了经济有效地制备金属配体或有机小分子催化剂，通常将它们结合到不溶性材料上，或者可以通过萃取方便地与产物进行分离（见第 10 章讨论）。

3.2.6 直接分离（绿色工程第三原则）

直接分离可以减少材料、能源、时间和劳力的消耗（见第 3.5 节）。直接分离将给生产设施和千克级实验室操作带来便利。枸橼酸西地那非的生产路线（图 3.10）被认为是最绿色的合成路线之一[69,70]。在制备磺酰氯中间体时将熔融的 2-乙氧基苯甲酸加入到氯磺酸和二氯亚砜混合液中，过量的 $ClSO_3H$ 起溶剂的作用，$SOCl_2$ 保证了磺酰氯的形成[70]。

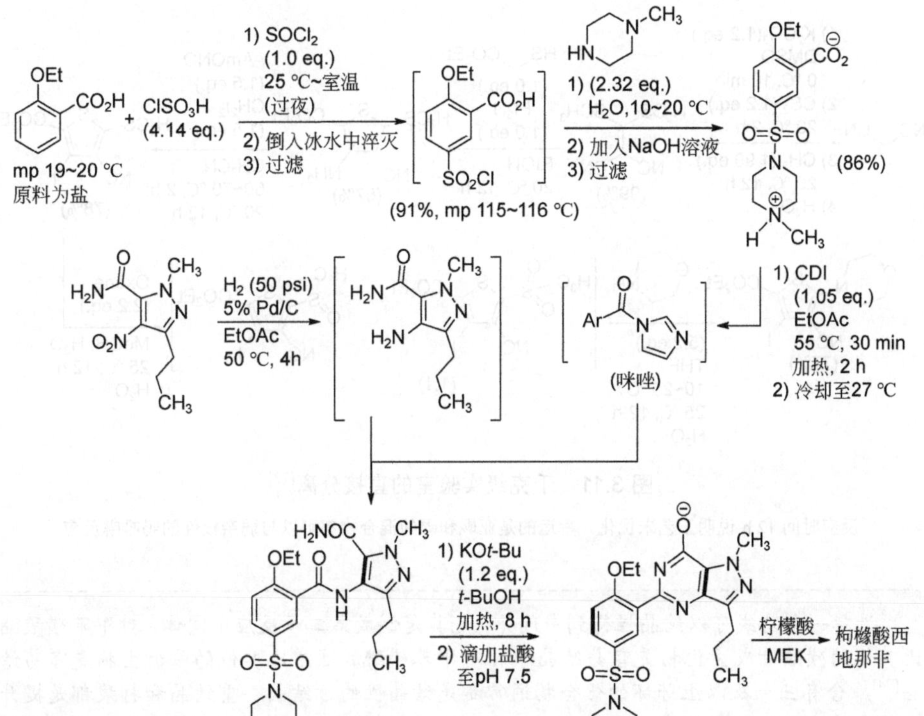

图 3.10　枸橼酸西地那非的生产

反应用水淬灭后通过过滤即可获得所需中间体。因为后续与 *N*-甲基哌嗪的缩合反应在水中进行，所以所得的磺酰氯中间体不需干燥。进一步将缩合得到的磺酰胺用 NaOH 调节至等电点（pI），产物直接高收率结晶析出。磺酰胺中间体在乙酸乙酯中用 *N*,*N'*-羰基二咪唑（CDI）处理获得酰基咪唑后再与硝基前体氢化所得的氨基吡唑缩合，这几步步骤均使用乙酸乙酯作为溶剂，因为产物可以从乙酸乙酯中结晶析出而原料均溶于乙酸乙酯。接下来在叔丁醇中用叔丁醇钾关环，再用稀盐酸调节至等电点使西地那非高收率地结晶析出。本段提到的 5 步转化都是高浓度下进行的，产物分离不使用萃取而是直接从反应液中结晶析出。在枸橼酸西地那非生产过程中只使用了四种溶剂：甲苯（制备硝基吡唑的酰胺前体）、乙酸乙酯、甲基乙基酮和一个替代叔丁醇的溶剂，但难以从水相的母液中回收。在优化了回收和循环过程后每生产 1 kg 产品仅形成 4 L 废溶剂[71]。该高生产力路线的关键在于通过调节等电点直接分离获得中间体和游离碱。

直接分离在千克级实验室也是非常有效的，图 3.11 所示的反应产物都是通过过滤分离的，有的是直接冷却析晶，有的是通过向反应液中加水析出产物后过滤。

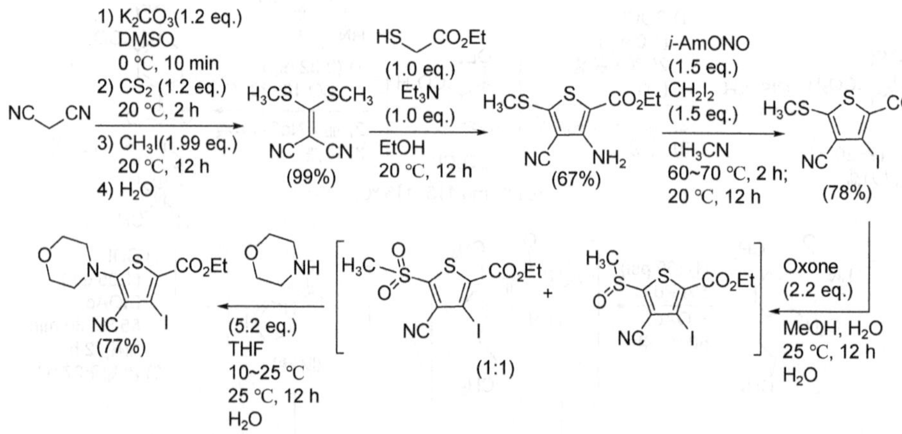

图 3.11 千克级实验室的直接分离[72]

反应时间 12 h 说明工艺未优化。幸运的是亚砜和砜的混合物都可以与弱亲核性的吗啡啉反应

> 选择一条路线可以结晶性得到中间体，尤其是倒数第二步反应中间体。对甲苯磺酸酯比其他的磺酸酯或卤化物更容易结晶[73]，对甲苯磺酰胺通常比其他的胺衍生物更容易结晶[74]。含有三个及以上芳环的化合物通常都是结晶性的。结晶、重结晶和打浆都是提升中间体质量的可靠技术。控制 API 质量的一个最有效的方法是首先控制倒数第二步中间体的质量。路线的最终步骤采用简单反应可以简化 API 生产过程，如酯水解和成盐。为了节省药物开发的工作量，选择优化的倒数第二步中间体并“冻结”NCE 的制备和分离方法。尽量选择一个可以用多种方法制备的倒数第二步中间体，尝试用各种途径合成倒数第二步中间体，而不要更改倒数第二步中间体到 API 的过程。

3.2.7 汇聚式合成，低产率步骤的位置和拆分

当一条合成路线由几条子路线汇聚组成，那么制备该产品所需要的中间体数目将明显减少。图 3.12 展示了由 R. W. Johnson 公司的员工合成的全保护的八肽，其合成路线有 4 个理论组成部分[75]。（八肽的组装是从末端的羰基开始的，这是一种非传统的方法。从线性路线可以看出，每一个中间体的分子量从比甲醇的分子量小

的每一个元素的加成开始增加。）图 3.13 显示，当每一步的收率下降时，需要被合成的中间体的量明显增加。子路线的汇聚越接近合成路线的最后，需要合成的中间体的总量越少。例如，如果每一步的收率在 75%～80%，利用线性合成路线，将必须合成比在最后一步利用汇聚式路线多 50%（质量分数）的中间体。过早的汇聚路线所要合成的中间体的总量与线性合成路线基本一致，这与子路线的汇聚越接近合成路线的最后，需要合成的中间体的总量越少的趋势一致。

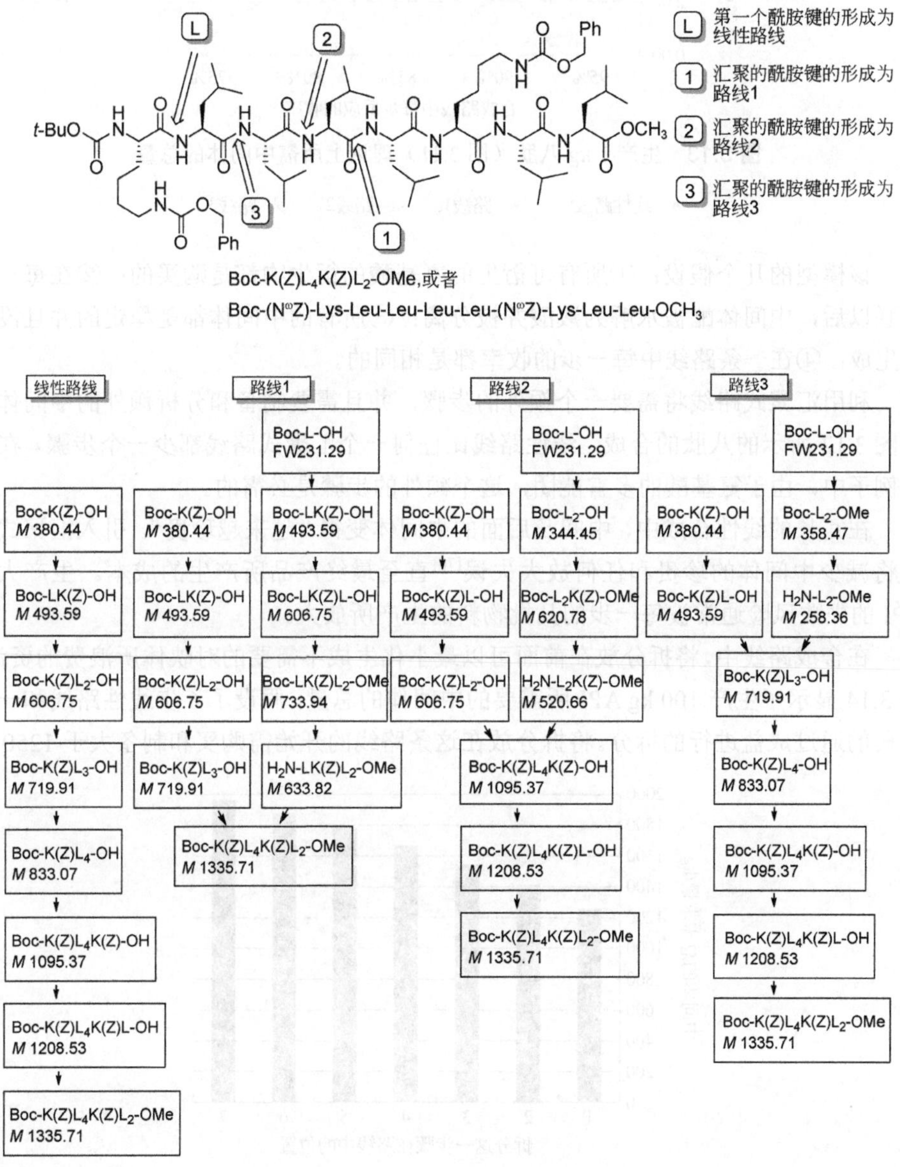

图 3.12　合成八肽的模型路线

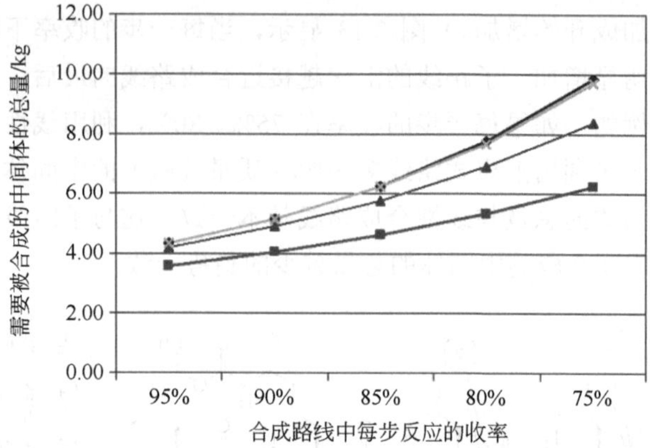

图 3.13 生产 1 kg 八肽（图 3.11）理论上所需中间体的总量

该模型的几个假设：①所有可衍生的氨基酸的衍生物都是购买的；②在每一步偶联以后，中间体酯被水解为羧酸并被分离；③所有的中间体都是稳定的并且没有盐生成；④在一条路线中每一步的收率都是相同的。

利用汇聚式路线将需要一个额外的步骤，并且需要制备和分析额外的中间体。如图 3.12 所示的八肽的合成，线性路线比任何一个汇聚式路线都少一个步骤。在这个例子中，由于氨基酸的多官能团，这个额外的步骤是必需的。

在冗长的线性合成中，中间及后面的中间体变得“越来越珍贵”。引入汇聚式合成将减少中间体的珍贵和任何放大失误[76]直至最终产品所产生的成本。生产大量 API 的失败风险通常被每一步的几批物料的生产所放大。

在合成路线中，将拆分放在前面可以最小化生成不需要的对映体所浪费的资源。图 3.14 显示了生产 100 kg API 所需要的中间体的总量，假设了 6 步线性路线和一个经典的通过成盐进行的拆分。将拆分放在这条路线的开始需购买和制备大于 1250 kg

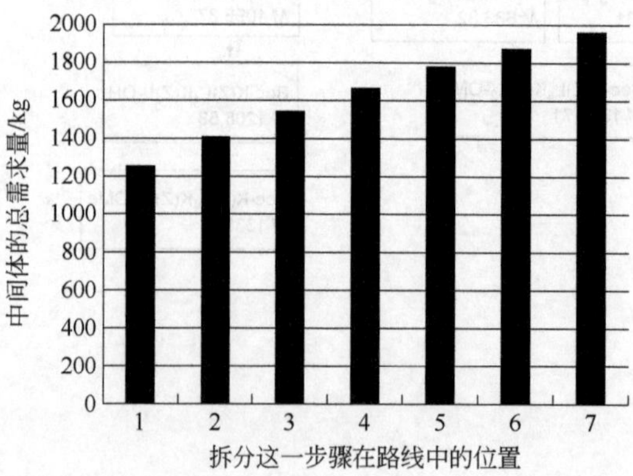

图 3.14 将拆分放在线性路线的开始的好处

的中间体，然而将拆分放在这条路线的最后将需要购买和制备超过 1960 kg 的中间体。这些超过 50%中间体的增加的需求，还将伴随溶剂、试剂和废弃物处理的需求。在这个模型中如果产率低于 90%，那么原料的使用量要增加。从这个模型中得到的另一个结论是将低产率的步骤放在路线的前面会减少原料的用量。相似地，将高产率的步骤放在路线的最后可以简化提纯，因为废弃物的量减少了。优化低产率步骤是减少原料需求的最快方式[77]。

该模型的几个假设：拆分的收率为 50%，其他步骤的收率为 90%，为了使计算简单所有的化合物都有相同的分子量。

为了有效利用原料，要求不对称催化代替拆分步骤。如果这种替代是不可行的，可以开发理想的条件，通过将不需要的对映异构体外消旋化再转化为需要的对映异构体。结晶诱导的动力学拆分（CIDR）和结晶诱导的不对称转化（CIAT）可以原位进行外消旋化，理论上可以得到 100%的收率（第 12 章）。图 3.15 展示了在生产阿瑞匹坦的过程中，通过 CIAT 过程有效地构建 3 个手性中心的第二个立体构型[31]。

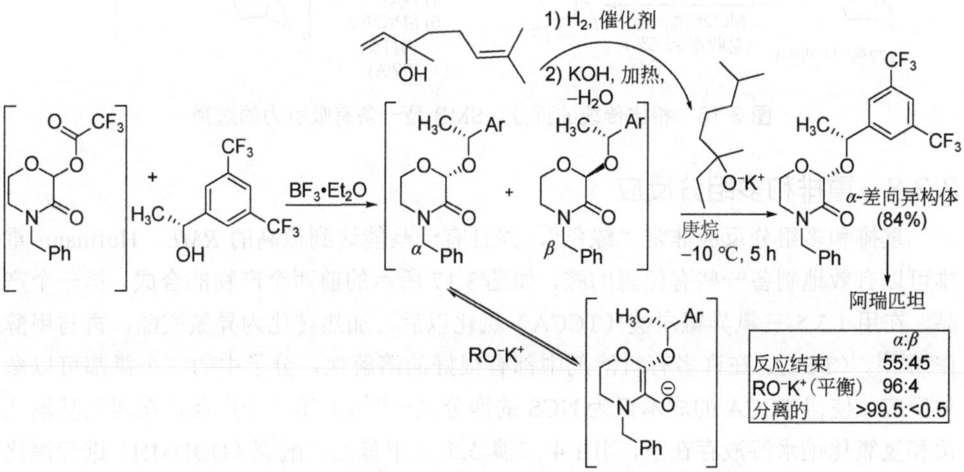

图 3.15　通过 CIAT 过程生产阿瑞匹坦的中间体

SMB 是一个几十年来用于纯化物料的经济的技术。例如，SMB 已经被用于制备邻苯二甲酸酯[78]的前体邻二甲苯，还用于从糖浆中提取蔗糖[79]。带有固定相的 SMB 相比经典的拆分已经成为一个经济的拆分方法，已经用于生产舍曲林[30]、左乙拉西坦和依他普仑等[80]。在一个详细的例子中，Amgen 的研究人员发现一个比标准化学拆分方法成本更低手性 SMB 合成手性硫脲的方法（图 3.16）。在深入优化之后，通过 Ritter 反应、手性拆分、硫脲形成，最终以 15%的总收率得到手性硫脲，而用手性 SMB 方法的收率为 36.5%。而且，传统拆分中的两步需要很长的处理时间。为了提高产率，利用 SMB 纯化方法需要生成一连串的外消旋的硫脲，要求基本没有杂质。MeOH 被选为洗脱剂，因为它可以被回收和循环，虽然其他溶剂能够更有效的分离。总的来说，SMB 方法对大规模生产硫脲更加有吸引力[81]。

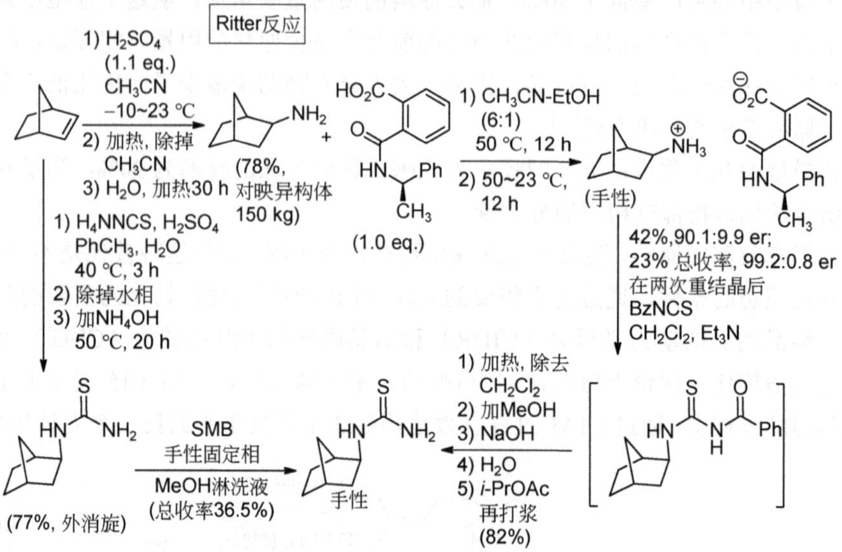

图 3.16　相比传统的拆分，SMB 是一条有吸引力的选择

3.2.8　重排和多组分反应

重排和多组分反应非常“绿色”，并且有一些能达到最高的 *RME*。Hofmann 重排可以有效地制备一些有位阻的胺，如图 3.17 所示的前两个产物的合成。第一个产品，在用 1,3,5-三氯异氰尿酸（TCCA）氯化以后，加热转化为异氰酸酯，再与甲醇作用[82]。（TCCA 在许多有机溶剂中都有很好的溶解性，分子中的三个氯都可以参与反应，使得 TCCA 的成本仅为 NCS 的四分之一[83]。）第二个产品，在四乙基溴化铵和氢氧化钠水溶液存在下，用 1,4-二溴-5,5-二甲基乙内酰脲（DBDMH）进行溴化可以形成异氰酸酯，然后再进行水解和去羰基化反应[84]。通过 Overman 重排发现末端碳的手性可以转移到氨基吡咯环上。（K_2CO_3 用来防止酸催化的三氯乙酰胺酯的断裂[85]。）与重排类似，在下一个例子中，通过形成吖丙啶中间体发生 C—N 键的断裂。（作者指出，用 NaN_3 作为亲电试剂仅仅得到从 α 位点进攻的产物[86]。）这些重排可以有效地制备一些复杂的分子，应该指出的是，重排能否成功要同时看电子效应和空间效应。特拉匹韦是由 Ugi 类型的羧酸、手性亚胺和异氰三组分缩合制备的，异氰化合物由 Passerini 三组分反应制备。与原始的 24 步生产过程相比，这种方法仅需要 11 步，部分原因是几乎没有用到保护基[87]。虽然该条路线有两个化合物的用量超过了当量，但这个例子展示了用多组分反应生产原料药的希望。在合成中，当重排和多组分反应有优势时，两者应该联合。

文献的实验步骤中会提示生产过程和药物候选物之间的内在联系。例如，在稀浓度下进行操作，比如 1 g/100 mL 溶剂，可能暗示在高浓度下形成杂质。或者，因为这个项目被放弃，所以没有更多的优化，在这种低浓度的条件下操作是为了方便。

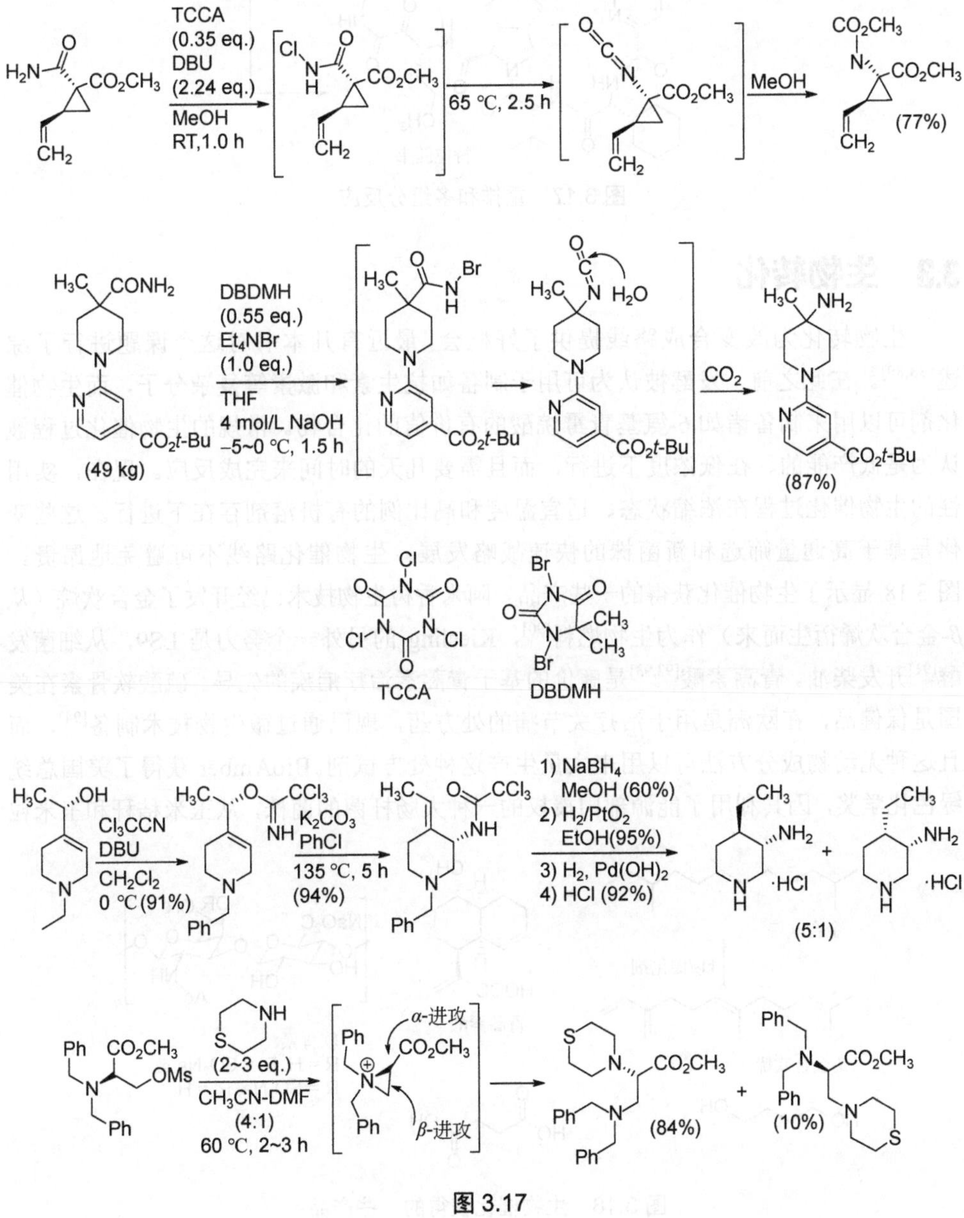

图 3.17

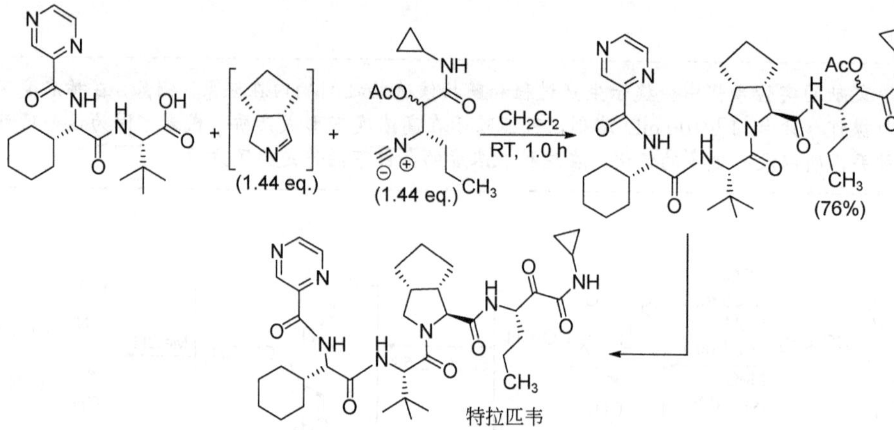

图 3.17　重排和多组分反应

3.3　生物转化

生物转化为改变合成路线提供了好机会，最近有几本书对这个课题进行了综述[88,89]。在此之前，发酵被认为可用于制备如抗生素和激素等复杂分子，而生物催化剂可以用来制备诸如6-氨基青霉烷酸的有价值的化合物。常规的生物催化过程被认为是低产能的、在低浓度下进行，而且需要几天的时间来完成反应。现在，实用性的生物催化过程在浓缩状态、适宜温度和高比例的有机溶剂存在下进行。这些变化是基于高通量筛选和新菌株的快速战略发展。生物催化路线不可避免地昂贵。图 3.18 显示了生物催化获得的一些产品。阿米香树生物技术已经开发了金合欢烷（从β-金合欢烯衍生而来）作为生物燃料[90]，Kiesling 的另外一个努力是 LS9，从细菌发酵[91]开发柴油。青蒿素酸[92,93]是廉价的基于青蒿素治疗疟疾的先导。硫酸软骨素在美国是保健品，在欧洲是用于治疗关节痛的处方药，现已通过微生物技术制备[94]，而且这种无动物成分方法可以用来大量生产这种处方试剂。BioAmber 获得了美国总统绿色化学奖，因其利用了能源部门授权的一种大肠杆菌的菌株，从玉米秸秆和玉米粒

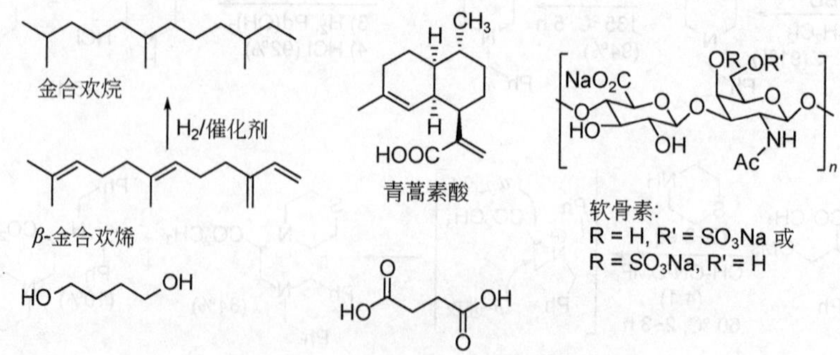

图 3.18　生物催化获得的一些产品

中制备琥珀酸。这次冒险得到了好评，第一次以比石油更廉价的方法获得了大宗日用化学品[11,95]。Genomatica 也获得了美国总统化学奖，因其低成本制备 1,4-丁二醇。重组的大肠杆菌菌株可以在各种可再生的碳水化合物原料上生长[11,95]。后两种高容量化合物的节约型生产显示了利用生物技术低成本制备材料的可能性。

用于合成目的的生物技术已经超越了与酶相关的生化转化技术。例如，转氨酶通常被认为可以加速 α-氨基酸和 α-酮酸的相互转化，目前已经被应用于一种伯胺的氧化脱氨基作用（一个 vanlev 前体）[96,97]。孟鲁司特前体的减少是一种悬浮液到悬浮液的转化，在 100 g/L 的浓度下进行[98]。图 3.19 上显示的阿托伐他汀前体的生物催化方法是由 Diversa[99]、Codexis[100]和 Dowpharma[101]建立的。对阿托伐他汀中间体进行进

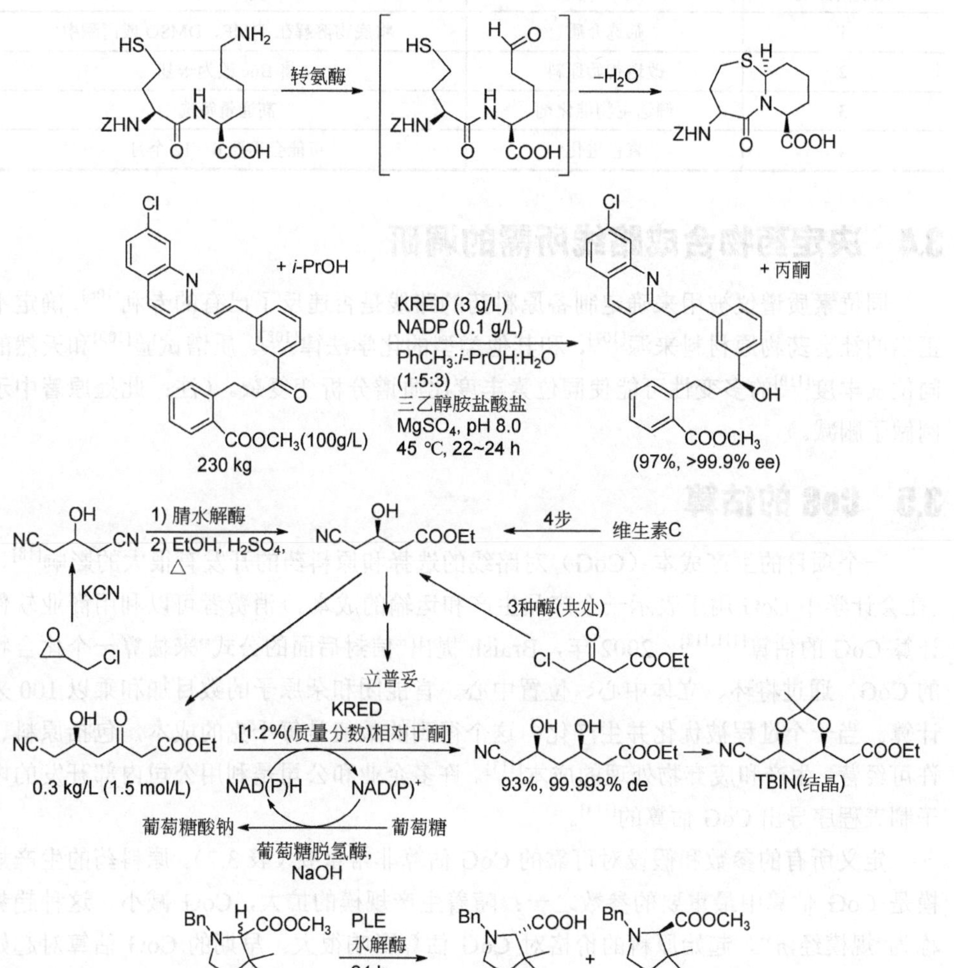

图 3.19　最近开发的一些被大规模生产的生物催化过程

一步研究，Codexis的研究人员利用羰基还原酶将二元醇前体制备成TBIN，而且产率高，没有非对映异构体产生[102]。用苄基代替*N*-Boc基团时[103]，利用酯酶对一种不同寻常的*α*-氨基酸进行拆分是可行的。（DSM已经开发了一种重组猪肝酯酶（PLE），即一种提取于非动物成分的、无BSE的酶[104]。）表3.6列举了Tao对使用催化剂的快速发展的建议[105]。可以看出，可以采取多种方法开发有效的生物催化过程。此外，定向进化所需的时间在减少。生物催化路线为廉价生产大量物质特别是第二代路线提供了相当大的可能性[32]。

表3.6 Tao的快速开发生物催化过程的指南

最快的影响	改 变	例 子
1	筛选介质	将底物溶解在DMF、DMSO或丙酮中
2	改造初始原料	将Boc改为苄基
3	筛选生物催化剂	高通量筛选
4	直接进化	可能会需要6～12个月

3.4 决定药物合成路线所需的调研

同位素质谱仪被用来确定制备原料药的路线是否违反了已有的专利[106]，确定不正当的社会药物原材料来源[107]，和其他类型的化学法律[108]。质谱试验[109]和天然的同位素丰度[110]的多变性可能使同位素丰度比质谱分析变复杂。（注：此处原著中示例做了删减。）

3.5 CoG的估算

一个项目的生产成本（CoG）对路线的选择和原料药的开发有很大的影响[18]。（在会计学中CoG用于表示一个产品生产和运输的成本。）消费者可以利用商业软件计算CoG的估算[111,112]。2002年，Braish提出“信封后面的公式”来估算一个化合物的CoG，通过将环、立体中心、位置中心、官能团和杂原子的数目加和乘以100来计算。当一个过程被优化并生产化，这个得到的数值是每千克的成本，包括原料、许可经营、生产和废弃物处理的成本[113]。许多企业和公司是利用公司内部开发的电子制表程序导出CoG估算的[114]。

定义所有的参数和假设对可靠的CoG估算非常重要（表3.7）。原料药的生产规模是CoG估算中最重要的参数之一：随着生产规模的扩大，CoG减小，这种趋势称为“规模经济”。起始原料的价格对CoG估算影响很大。早期的CoG估算对起始原料的价格是以批发价假设的，在20世纪90年代，一个化合物被合理的认为可以以最高目录价格的20%～30%获取，但是在20世纪20年代，批发价仅为最高目录价格的3%～10%[44]。大的公司雇佣外包专家寻找商品报价目录以批发价购买化合物

[115]，从而为 CoG 估算获取稳定的数据。从不同的供应商获取现成的起始原料和反应试剂，通过竞标开发 CoG 低的路线[116]。为 36-氨基酸药物 Fuzeon[117]获取氨基酸原料所做的这些努力，减少了其他购买商购买氨基酸的价格[118]。（显著地降低成本的方法就是寻找制备的产品与所需要的化合物相似的 CMOs，然后进行竞标[119]。就像明智地将过程中的问题外包给专家，购买起始原料会节省时间和钱。外包的趋势，尤其是外包到亚洲最近已经被综述[120,121]。）早期的 CoG 估算不会包含溶剂和废弃物处理的成本。如果某个公司从来没有支付过人工费和日常管理费，那在公司内部的生产中不会被考虑，但是 CMO 会将人工费、资产(设备的购买及折旧)和操作费用(如保养维修)作为报价的组成部分。反应的收率和反应试剂的当量数都会影响 CoG 估算。为了精确地比较 CoG 估算，参数和假设的定义是必需的。

依据不同的商业模式，CMO 对最初千克级 APIs 要价较低，因为 CMO 希望将来药品获得批准之后能够继续合作生产；或者 CMO 会分别要价，按照药品的运送、杂质的鉴定、杂质标样的制备。另外如果还有遗漏的话，CRO 或 CMO 可能会额外征收费用。在批准合同之前，提前了解合同的细节是至关重要的。

表 3.7 CoG 估算所考虑的参数

参数	例子	
必需的	收率，分子量，中间体和试剂的用量 规模（所要生产的产品的量） 声明估算购买的中间体和试剂的成本的基础	
较小的因素（经常被忽略）	溶剂成本和处理成本 溶剂的回收和利用 cGMP、QC、QA 和分析的 R&D 成本 文档成本 清洗和验证周期	
员工（如果内部能力允许可以忽略）	研究	全职的数量（FTE）是可变的
	中试车间	330～420 美元/h（高度可变，亚洲较少）
	生产车间	500～750 美元/h（高度可变，亚洲较少）

产物的分离对 CoG 的贡献很大，大规模生产的后处理萃取需要大概超过 40%的时间，如图 3.20 所示。起初产品次磷酸在除掉溶剂乙腈和副产物六甲基二硅醚后直接从浓缩物中分离出来，冷却浓缩物的液-液分散相使得次磷酸结晶。尽管在早期实验室操作中在显微镜下可以看到油珠，产品结晶纯度有 97%～98%且操作简单，这个过程已经在中试实验室（8 次）和生产车间（5 次）被成功证实。但是在接下来的生产环节遇到了问题：次磷酸转化为下一步的福辛普利钠中间体的时候很慢，因此次磷酸在甲基异丁基酮中重结晶进行进一步纯化。重结晶的过程包含甲基异丁基酮的萃取、浓缩，然后冷却结晶得到次磷酸[122]。对于 30 kg 一批料，增加的萃取和结晶的操

作将延长生产过程的时间 40%[123]。根据这两个处理过程的时间和一般来说 10 倍量放大将使处理时间翻倍，这两个过程的 CoG 被计算出来（表 3.8）。

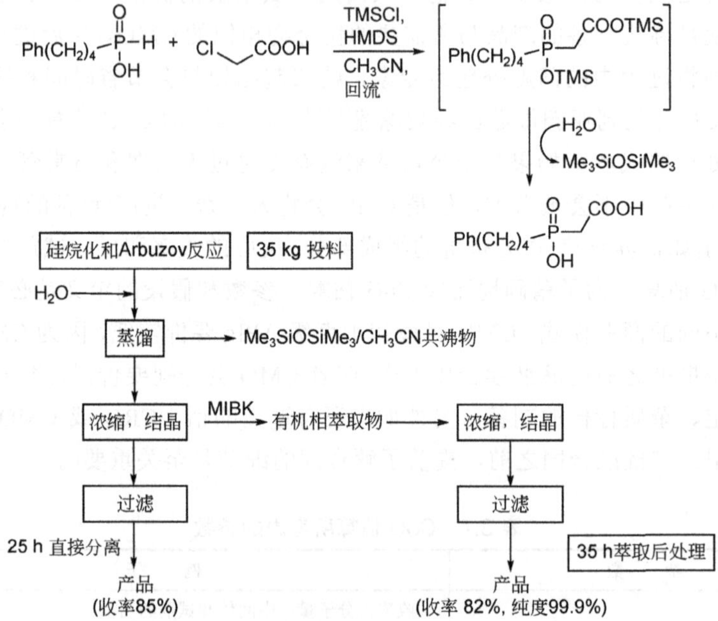

图 3.20　在萃取后直接分离结晶产品

表 3.8　放大比例的直接分离与萃取-重结晶过程的 CoG 估算值

单元成本			35 kg 生产批次		350 kg 生产批次	
			直接	萃取	直接	萃取
输入 $C_{10}H_{15}O_2P$	$500	/kg	$17500	$17500	$175000	$175000
其他原料	$62	/kg$C_{10}H_{15}O_2P$	$2162	$2162	$21618	$21618
MIBK	$5	/kg	0	$1835	0	$18351
小时/批			25	35	50	70
人工费	$500	/h	$12500	$17500	$25000	$35000
废弃物的体积		/(L/批)	267	690	2667	6901
废弃物的处理	$500	/55 gal drum	$641	$1657	$6406	$16574
水			$0	$0	$0	$0
公共事业设备①			$0	$0	$0	$0
分期偿还			$0	$0	$0	$0
QC 费用②	$6560	/批	$6560	$6560	$6560	$6560
总的成本		/批	$39363	$45380	$234585	$254753
产品输出量		kg/批	38.5	37.1	385	371
产品纯度（相对于标准）			98.0%	99.9%	98.0%	99.9%
产品输出量，校正		kg/批	37.7	37.1	377	371

续表

单元成本			35 kg 生产批次		350 kg 生产批次	
			直接	萃取	直接	萃取
所有的原料		kg/产品	\$522	\$580	\$522	\$580
人工费		kg/产品	\$332	\$472	\$66	\$94
废弃物的处理		kg/产品	\$17	\$45	\$17	45
QC 费用		kg/产品	\$174	\$177	\$17	\$18
CoG		kg/产品	\$1044	\$1274	\$622	\$737

① 公共事业设备成本是按照小于整个 CoG 的 1%来计算的，所以被忽略。

② API 的 CoGs QC 费用占 30%：Mullin *R. Chem Eng News*, **2009**, *87(39)*, 38。对于这个计算，QC 费用估计为 35 kg 规模直接分离的物料、人工成本、废弃物处理的 20%。

从表 3.8 列出的 CoG 估算的数据来看，有几个结论可以从中得出。首先，用萃取-结晶的操作代替原来直接分离的过程，CoG 增加了大约 20%。萃取-结晶操作过程中废弃物处理成本的增加相比总的 CoG 很小。直接分离产品的过程更经济，因为减少了人工成本并且没有废弃物处理成本[123]。即使产品是在公司内部生产，人工成本没有被考虑作为 CoG 的一部分，由于要延长反应操作，那么这个设备将失去生产其他东西的机会（机会成本）。第二，由于人工成本减少，大批量的生产会更便宜（规模经济）；在这个例子中规模扩大 10 倍，相比小批量的生产 CoG 将下降 60%。然而，大规模批次的失败成本会很大，因此应当进行中间体的多批生产以减少生产失败造成的可能的危害。

简单地改变试剂和后处理可能不会减少 CoG。例如，酯可以由烷基酯化反应（CH_3I，碱，DMF）或者由费歇尔酯化反应（H_2SO_4，MeOH）制备。如图 3.21 所假设的例子，在烷基酯化反应中，产物可以加水结晶得到，或者费歇尔酯化反应中加

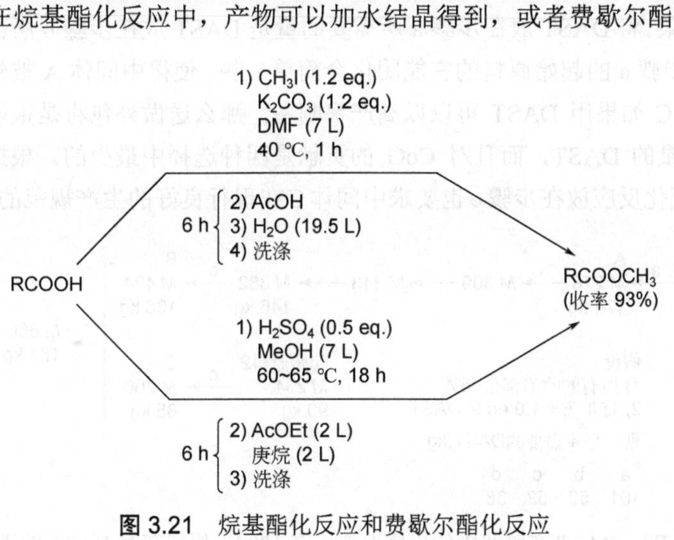

图 3.21　烷基酯化反应和费歇尔酯化反应

乙酸乙酯和庚烷结晶得到产品，所以分离产品所需要的时间是相同的。碘甲烷的成本远远高于硫酸，但是相比起始原料的成本，反应物料的成本很小（表 3.9）。最大的区别是典型的费歇尔酯化反应的反应时间较长，从而增加了人工成本和 CoG，增加的人工成本缩短了两种类型的酯化反应的 CoG。（如果加入氯化亚砜和原甲酸三甲酯除去费歇尔酯化反应平衡中的水，那么产率和反应时间将得到改善。）其他因素也将影响 CoG，例如反应过程的可靠性和安全。考虑到安全因素，大部分工厂更愿意处理 H_2SO_4/MeOH 而不是 CH_3I（或硫酸二甲酯）/DMF。

表 3.9 烷基化酯化反应和费歇尔酯化反应的 CoG 的比较

项目	烷基化酯化反应	费歇尔酯化反应
RCOOH(100 kg)	80000 美元	80000 美元
原料	7106 美元	2476 美元
反应人工费	500 美元（1 h）	9000 美元（18 h）
分离人工费(6 h)	3000 美元	3000 美元
废弃物处理	12056 美元	4629 美元
总额（投料 100 kg）	102662 美元	99105 美元

注：羧酸的成本定义为 800 美元/kg，其他试剂的成本按照 2009～2010 年 Aldrich 产品目录最高价的 20% 计算。

除了试剂自身的成本考虑，其他因素对路线的选择也至关重要。如图 3.22 所假设的例子，将试剂(二乙氨基)三氟化硫（DAST）放在最后一步需要最少量的 DAST，这正是所期望的。但是，在现行良好的生产规范条件下可以进行氟化反应的 CMO 的数量相当有限。将 DAST 放在步骤 a 所需要的量是 DAST 放在步骤 b 所需要量的将近两倍，但是步骤 a 的起始原料的官能团化会简单一些，使得中间体 A 被外包会有竞争力。中间体 C 如果用 DAST 可以以高产率制备，那么送做外包将是很好的选择，不仅需要很少量的 DAST，而且对 CoG 的贡献是四种选择中最少的。根据监管当局相关备案，将氟化反应放在步骤 c 也要求中间体 C 在现行良好的生产规范的条件下生产。

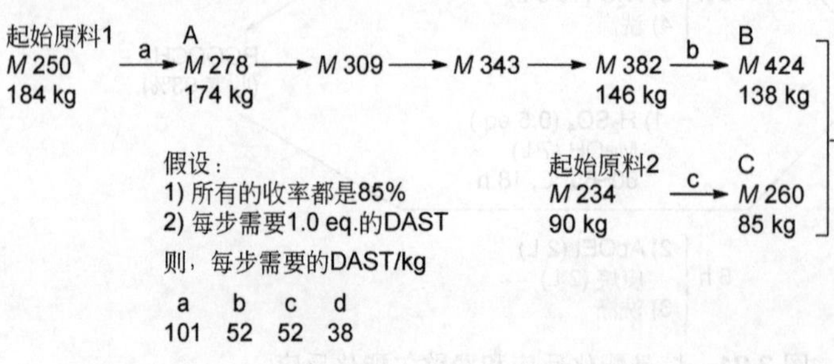

图 3.22 DAST 在路线中的位置改变生产 100 kg 原料药时 DAST 的需要量

每一步的分子量增加近 10%，最后一步损失 166 Da 相当于甲酯的水解和 Boc 的脱除，对双分子来说醇羟基被氟代没有明显改变分子量。

3.6 总结与展望

有优势的路线在一定时间范围内（根据要求而定）可靠地提供合适的质量产品。因此为早期 GO/NO GO 研究准备原料，最佳的路线应该是人们已经获取最多经验和最大成功的路线，如果反应操作简单，相对低的产率是可以接受的[124]。表 3.10 列出了在早期路线选择时的注意事项的总结。由于日常大规模生产的目标不一样，我们在整个开发过程中将日常生产所需要的特点牢记在脑中，那么当成功的候选物的开发被确定，我们就可以加快适合大规模生产过程的开发。

表 3.10 早期路线选择时的注意事项

注意事项	例子/评论
使用已经建立的转化方法，尤其是已经大规模生产的	内部知识 Organic Process Research & Development Organic Syntheses Practical Synthetic Organic Chemistry Reactions, Principles, and Techniques. Caron, S., Ed. Wiley, 2011 用商业生物酶进行生物催化
将高产率的步骤放在最后	减少纯化产品的负担 酯水解 脱除 Boc 保护基
将低产率的步骤放在路线前面	减少购买原料的量
控制含有杂质的步骤与最后一步相隔 3～4 步①	在接下来的步骤，纯化可以减少杂质② 基因毒性杂质，Pd QbD 会便于分析
外包中间体需要特殊设备	高能量化学 腐蚀条件，如氟化作用 低温条件（−70 ℃）或极高温度（>140 ℃）
设计汇聚式路线以减少原料成本	一般短的路线具有低的 CoG
选择你能在中试车间进行的最后步骤	可以更好地控制时间
在早期的供应中考虑色谱分离③④	制备色谱，尤其是 SMB 是日常大规模生产最好的方式⑤
晶型中间体，最好在倒数第二步，方便产物的纯化	套管操作可以避免分离时难免的损失
避免限制的或不稳定的试剂、溶剂或起始原料	HOBt，Et_2O（运输限制） 哌啶，胡椒醛（DEA 列表 1 中规定的化学品） 源自动物身上的原料（BSE） 氰基醇，乙醛，氯乙酸

续表

注意事项	例子/评论
将活性中间体套用到下一步，不要分离	安全：最小化毒性负担和危险 基因毒性杂质 爆炸化合物
准备初步的 COGs（“推测”）进行路线比较	假设当量的产率及 1 eq.的反应试剂 忽略溶剂和常见后处理试剂的成本
将吸引人的、昂贵的中间体外包给供应商	寻找与所需要的中间体类似的产品的供应商
“绿色化学”注意事项	减少环境污染 减少废弃物及处理废弃物的成本 开发简单有效的后处理过程

① Pierson, D. A.; Olsen, B. A.; Robbins, D. K.; et al. *Org Process Res Dev.* **2009**, *13*, 285.

② Anderson, N. G; Coradetti, M. L.; Cronin, J. A.; et al. *Org. Process Res. Dev.* **1997**, *1*, 315.

③ Welch, C. J.; Fleitz, F.; Antia, F.; et al. *Org. Process Res. Dev.* **2004**, *8*, 186.

④ Welch, C. J.; Henderson, D. W.; Tschaen, D. W.; Miller, R. A. *Org. Process Res. Dev.* **2009**, *13*, 621.

⑤ Caille, S.; Boni, J.; Cox, G. B.; et al. *Org. Process Res. Dev.* **2010**, *14*, 133.

对于小生物技术或医药公司来说，路线开发不是它们主要考虑的内容，因为他们没有钱或时间去考虑超乎概念验证的内容。小生物技术或医药公司的员工会愿意使用危险试剂，而这些试剂会促使其他公司重新设计路线。为了公司设备及公司荣誉，CRO 更加愿意更改路线以确保他们的生产操作符合 SAFE。而客户是不会支付 CRO 去实施安全研究以确保符合 SAFE 的大规模生产。CRO 和 CMO 发现很难使他们的客户了解 SAFE 和有效的大规模操作。

一般来说最优的路线应该被开发用于制备三期临床实验所需的药品，并且为二期临床试验做准备。由于再次注册的费用巨大，可能要 500000～1000000 美元，所以在注册之前最佳路线应被确认。“将最后一步冻结”是为建立一条正态分布曲线而准备原料的一个很好的方式，这样在今后的优化中便不需要再次提交原料的毒理学筛选。在这种方案中，倒数第二的中间体和将倒数第二的中间体转化为原料药候选物的化学过程就表明了制备 NCE 和原料药所有产品的方法，只有倒数第二个中间体的制备被改变。如果倒数第二个中间体的杂质可以被适当控制，那么原料药生产的质量将会与最初提交毒理学筛选的物料的质量相似或比它要好。尽管如此，赞助商应该预料再次将物料提交毒理学筛选可能是必要的，因为反应过程开发成功后杂质发生了改变。Grabowski 讨论了路线优化的时间[125]。

将生物活性成分的合成保留到最后几步，可以使开发过程变得简单，因为含有生物活性成分的要求减少了。将某个步骤转化为 GMP 级别将会使生产成本增加三倍，所以鉴别 FDA 起始原料非常重要[126]。

总的来说，在药物的开发过程中早一点投资建立最佳最终路线会节省资源。NCE的稳定性是一个重要问题。筛选确定最佳晶型（第13章）可以被延迟到二期临床实验。

在确定最佳路线时，许多方法都用于尝试将理论用于实践。在过程研究的早期，珍贵稀少的原料可以用于实验中，使用模型反应也是吸引人的。不幸的是，细微的改变可能会造成很大的影响。例如，DeShong 小组发现在 Mitsunobu 反应中将氢原子变为甲基时，产物的立体化学发生了改变（图3.23）[127]。R. B. Woodward 理论对此解释为最好的模型化合物可能会生成非期望的对映异构体。路线最初的探索最好是用期望的起始原料进行。

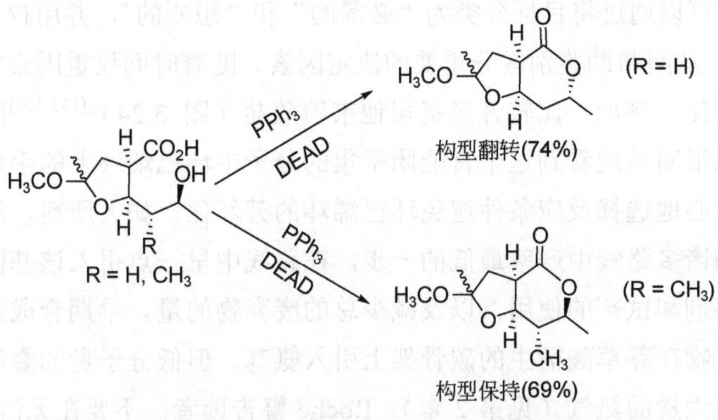

图3.23 Mitsunobu 反应中的“甲基效应”

绿色化学的兴起是有益的，有责任感的化学家和工程师在开发 APIs 时努力解决绿色化学问题。得益于温和的反应条件并且无需官能团的保护，生物酶将继续被设计和使用。连续操作过程提供了许多绿色优势，包括更高的安全系数、改进的热传递和质量传递。套管式操作减少了溶剂的用量及人工费，后处理也提供了大量的绿色改造的机会。直接分离减少浪费（主要是溶剂和无机盐）并缩短了处理时间，但是用于开发选择性除去杂质的实验时间还是必需的。未来 SMB 将被充分利用。ACS 绿色化学药物研究机构指出了绿色倡导者倾向的领域[54]。有效的路线设计将提供最绿色的和最经济的路线，并且绿色概念将被纳入到更多工厂设计中去[3]。

反应过程化学家和工程师必须快速采纳新的技术[57]。这样一来，生物催化和膜技术正在被更多的医药企业和 CMO 企业所考虑，尽管它们对于非医药企业和 CMO 企业来说已经不是新的技术。Ley 小组综述了很少被知道的用于合成与后处理的技术[128]。在工业上很少考虑有机电化学反应，但是当必须用到“非绿色”氧化反应时，有机电化学将会变得实用[129,130]。

一般来说，更好的路线将有最少的中间体、最少的步骤和最少的单元操作，并且每一步完成的更多，Hudlicky 称之为“简短的设计”[77]。更少的操作单元意味着更少的传输及物理损失和污染的风险降低。如果一条步骤多的路线，它的起始原料的成本远远低于人工成本，那么它也会被选择。相比试图从相似的文献反应中得到最优的路线，审查操作过程的细节更为有效，可以鉴别效率低的操作及那些有安全隐患的操作。通常简单的操作会被留在最后一步或倒数第二步进行，比如乙酰保护基的脱除。在反复阅读文献或具体实验操作过程中，许多限制条件会变得清晰。

选择一条路线必须权衡许多因素。Kepner-Tregoe 的决策分析对路线选择会有帮助，这些评价可以通过将目标分类为“必需的”和“想要的”，并用权重乘积加和法评价路线[131]，从而帮助鉴别区分重要的决定因素。随着时间权重因素发生变化，路线也要发生变化。例如，比较许多奥司他韦磷酸盐（图 3.24）[132-136]的创新的合成路线[137]。可以很明显地看到这个官能团密集的分子中环己烯环上的手性及反式的取代基。必须小心地选择反应条件避免环己烯环的芳环化。如人所料，组合成醚是合成该类分子的诸多路线中产率最低的一步，在路线中早一点引入该基团可以减少下面步骤中的溶剂和试剂的使用，以及减少总的废弃物的量。早期合成该分子的方法中使用叠氮化物在莽草酸衍生的碳骨架上引入氨基，但低分子量的叠氮化合物容易爆炸性地释放大量的氮气（见第 2 章）。Roche 警告读者，不要在无溶剂 40 ℃以上或溶液中 70 ℃以上操作叠氮的两种同分异构体。引入叠氮官能团会涉及叠氮化钠和酸如 NH_4Cl 的混合，要格外小心的是保护员工远离该过程中产生的挥发性、毒性的叠氮酸（bp 37 ℃）。（注意：相转移催化剂在碱性条件下可以温和地被叠氮取代，在第 4 章中有讨论。Sharpless 小组也表明叠氮可以在中性条件的水里形成四唑化合物[138]。在之后奥司他韦的生产中利用叠氮在中性条件下反应[134]。）为了避免产生烷基叠氮的危险，通过 NH_3（或氨的衍生物）、*t*-BuNH_2、烯丙胺[139]、L-丝氨酸或吡啶[140]引入氨基。环己烯是通过 de novo 设计的生物酶催化 Diels-Alder 反应制备的[141]，这个通过发酵制备原料和产物的方法特别吸引人。莽草酸是从中国八角茴香中衍生的，由于其有限的利用度和质量的可变性，许多合成磷酸奥司他韦的路线在某些步骤被重新设计。最短的路线（8 步，30%的总收率）没有使用莽草酸，但是使用了一种可能已经被专利保护了的相对不常见的保护基并经过两次氧化[142]。几乎所有的路线都经历了环氧化中间体和叠氮中间体，这两种中间体被认为是 PGIs 或反应活性中间体，涉及这些中间体的反应尽可能地错开，以最小化爆炸的风险并提高总收率为目标。因此对放热过程有经验的 CMO 仍然使用叠氮化合物生产奥司他韦中间体。(−)-莽草酸是一个合成芳香氨基酸的生物合成前体，实际上已经可以从八角茴香中提取或发酵进行吨级生产[134]。Andraos 利用绿色尺度计算综合考察奥司他韦磷酸盐合成的 12 种方法，他指出，定义“现成的原料”和公开使用的所有原料和生产所需的能源在实验细节中都很重要。他还总结说“优化是一个多元问题”，“只有开发几条路线出来，真正的最优条件才会被发现。”选择最优路线涉及众多考虑因素，并随着时间和压力而改变，但最终的目的是将药物推向市场。

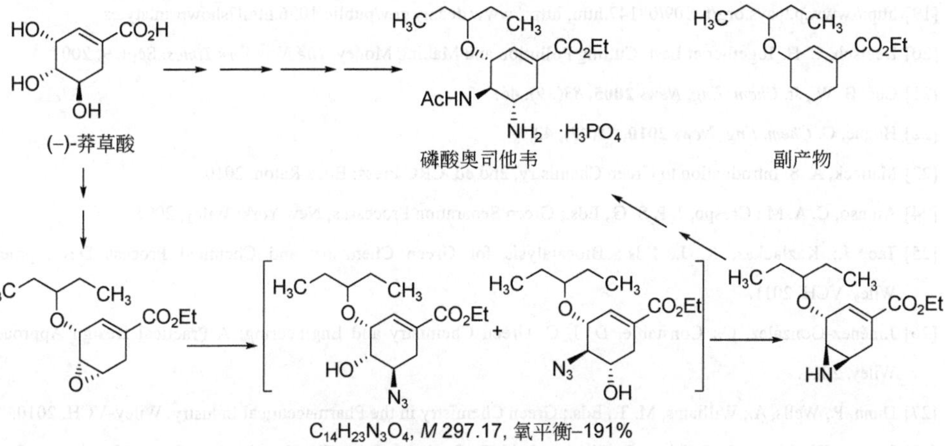

图 3.24　奥司他韦磷酸盐的制备

参 考 文 献

[1] Blakemore, P. R.; White, J. D. Synthesis of Polycavernoside A. //Harmata, M., Ed. Strategies and Tactics in Organic Synthesis. Vol.6. Elsevier, 2005, Chapter 6, 207-208.

[2] *Chem. Eng. News* **2007,** *85(32)*, 19.

[3] Sanderson, K. *Nature* **2011,** *469*, 18.

[4] Baran, P. S.; Maimone, T. J.; Richter, J. M. *Nature* **2007,** *446*, 404.

[5] Ritter, S. K. *Chem. Eng. News* **2010,** *88(43)*, 45.

[6] Miller, S. J. *Acc. Chem. Res.* **2004,** *37*, 601.

[7] Lewis, C. A.; Gustafson, J. L.; Chiu, A.; et al. *J. Am. Chem. Soc.* **2008,** *130*, 16358.

[8] Jones, S. B.; Simmons, B.; Mastracchio, A.; MacMillan, D. W. C. *Nature* **2011,** *475*, 183.

[9] Hansen, K. B.; Hsiao, Y.; Xu, F.; et al. *J. Am. Chem. Soc.* **2009,** *131*, 8798.

[10] Savile, C. K.; Janey, J. M.; Mundorff, E. C.; et al. *Science* **2010,** *329*, 305.

[11] http://www.epa.gov/gcc/pubs/docs/award_recipients_1996_2011.pdf

[12] Parker, J. S.; Smith, N. A.; Welham, M. J.; Moss, W. O. *Org. Process Res. Dev.* **2004,** *8*, 45.

[13] Mundla, S. U.S. Patent 2010/0120854, to Lilly.

[14] Frederick C. Williams. Personal communication.

[15] Harrington, P. J. Pharmaceutical Process Chemistry for Synthesis; Rethinking the Routes to Scale-Up. Wiley-VCH, 2011.

[16] Kleemann, A.; Engel, J.; Kutscher, B.; Reichert, D. Pharmaceutical Substances: Syntheses, Patents, Applications. 5th ed. Thieme, 2008, http://www.thieme-connect.com

[17] http://www.row2technologies.com

[18] Butters, M.; Catterick, D.; Craig, A.; et al. *Chem. Rev.* **2006,** *106*, 3002.

[19] http://www.p2pays.org/ref/09/08147.htm; http://www.dec.ny.gov/public/1096.html?showprintstyles

[20] Deutsch, C. H. Together at Last: Cutting Pollution and Making Money. *The New York Times*. Sept. 9, 2001.

[21] Cue, B. W., Jr. *Chem. Eng. News* **2005,** *83*(*39*), 46.

[22] Hogue, C. *Chem. Eng. News* **2010,** *88*(*43*), 42.

[23] Matlack, A. S. Introduction to Green Chemistry. 2nd ed. CRC Press: Boca Raton, 2010.

[24] Afonso, C. A. M.; Crespo, J. P. S. G., Eds.; Green Separation Processes; New York: Wiley, 2005.

[25] Tao, J.; Kazlaukas, R. J., Eds.; Biocatalysis for Green Chemistry and Chemical Process Development. Wiley-VCH, 2011.

[26] Jiménez-González, C.; Constable, D. J. C. Green Chemistry and Engineering: A Practical Design Approach. Wiley, 2011.

[27] Dunn, P., Wells, A.; Williams, M. T., Eds.; Green Chemistry in the Pharmaceutical Industry. Wiley-VCH, 2010.

[28] Leitner, W., Jessop, P. G., Li, C. J., Wasserscheid, P.; Stark, A., Eds.; The Handbook of Green Chemistry – Green Solvents. Wiley-VCH, 2010.

[29] Colberg, J. C.; Pfisterer, D. M.; Taber, G. P. U S 6232500. 2001 (to Pfizer); Rouhi, A. M. *Chem. Eng. News* **2002,** *80*(16), 30. Taber, G. P.; Pfisterer, D. M.; Colberg, J. C. *Org. Process Res. Dev.* **2004,** *8*, 385.

[30] Hawkins, J. M.; Watson, T. J. N. *Angew. Chem. Int. Ed. Eng.* **2004,** *43*, 3224.

[31] Nelson, T. D. //Harmata, M., Ed.; Strategies and Tactics in Organic Synthesis. Vol. 6, Amsterdam: Elsevier, 2005, 321.

[32] Leresche, J. E.; Meyer, H.-P. *Org. Process Res. Dev.* **2006,** *10*, 572.

[33] Chuck, R., *Green Sustainable Chemistry in the Production of Nicotinates*, presented at the First International IUPAC Conference on Green-Sustainable Chemistry, 21.09.2006. http://www.lonza.com/group/en/company/news/publications_of_lonza.-ParSys-0002-ParSysdownload list-0038-DownloadFile.pdf/Chuck1.pdf.

[34] Meyer, H.-P.; Ghisalba, O.; Leresche, J. E. //Anastas, P. T., Ed. Green Catalysis. Vol. 3. Weinheim: Wiley-VCH, 2009, 171-212.

[35] Li, B.; Su, J.; Tao, J. *Org. Process Res. Dev.* **2011,** *15*, 291.

[36] Venkat, K. http://www.iupac.org/symposia/proceedings/phuket97/venkat.html

[37] Tabata, H. In Advances in Biochemical Engineering/Biotechnology. Vol. 87, 2004, 1.

[38] Mountford, P. G. // Dunn, P., Wells, A.; Williams, M. T., Eds. Green Chemistry in the Pharmaceutical Industry. Wiley-VCH, 2010, 145.

[39] Williams, M. *Chem. Eng. News* **2010,** *88*(*45*), 8.

[40] Holton, R. A.; Kim, H. B.; Somoza, C.; et al. *J. Am. Chem. Soc.* **1994,** *116*, 1599.

[41] Nicolaou, K. C.; Ueno, H.; Liu, J.-J.; et al. *J. Am. Chem. Soc.* **1995,** *117*, 653; and references therein.

[42] Danishefsky, S. J.; Masters, J. J.; Young, W. B.; et al. *J. Am. Chem. Soc.* **1996,** *118*, 2843.

[43] Wender, P. A.; Badham, N. F.; Conway, S. P.; et al. *J. Am. Chem. Soc.* **1997,** *119*, 2757.

[44] Tufvesson, P.; Lima-Ramos, J.; Nordblad, M.; Woodley, J. M. *Org. Process Res. Dev.* **2011,** *15*, 266.

[45] Trost, B. M. *Angew. Chem. Int. Ed. Eng.* **1995,** *34*, 259.

[46] Sheldon, R. A. *Green Chem.* **2007,** *9*, 1273.

[47] Andraos, J. *Org. Process Res. Dev.* **2005,** *9*, 149; Andraos, J. *Org. Process Res. Dev.* **2005,** *9*, 404; Andraos, J. *Org. Process Res. Dev.* **2006,** *10*, 212.

[48] Andraos, J.; Izhakova, J. *Chimica Oggi/Chemistry Today* **2007,** *24*(*6*), 31.

[49] Anderson, N. G. *Org. Process Res. Dev.* **2008,** *12*, 1019.

[50]Blaser, H.-U.; Eissen, M.; Fauquex, P. F.; Hungerbühler, K.; Schmidt, E.; Sedelmeier, G.; Studer, M. //*A*Blaser, H. U.; Schmidt, E., Eds. Asymmetric Catalysis on Industrial Scale. Weinheim: Wiley-VCH, 2004, 91.

[51] Kumara Swamy, K. C.; Bhuvan Kumar, N. N.; Balaraman, E.; Pavan Kumar, K. V. P. *Chem. Rev.* **2009,** *109*, 2551.

[52] Anderson, N. G.; Lust, D. A.; Colapret, K. A.; et al. *J. Org. Chem.* **1996,** *61*, 7955.

[53] Bellingham, R.; Buswell, A. M.; Choudary, B. M.; et al. *Org. Process Res. Dev.* **2010,** *14*, 1254.

[54] Constable, D. J. C.; Dunn, P. J.; Hayler, J. D.; et al. *Green Chem.* **2007,** *9*, 411.

[55] Thaper, R. K.; Kumar, Y.; Kumar, S. M. D.; et al. *Org. Process Res. Dev.* **1999,** *3*, 476.

[56] Hull, J. W., Jr.; Romer, D. R.; Adaway, T. J.; Podhorez, D. E. *Org. Process Res. Dev.* **2009,** *13*, 1125.

[57] Davies, I. W.; Welch, C. J. *Science* **2009,** *325*, 701.

[58] Pierson, D. A.; Olsen, B. A.; Robbins, D. K.; et al. *Org. Process Res. Dev.* **2009,** *13*, 285.

[59] Ripin, D. H. B.; Bourassa, D. E.; Brandt, T.; et al. *Org. Process Res. Dev.* **2005,** *9*, 440.

[60] Wu, X.; Park, P. K.; Danishefsky, S. J. *J. Am. Chem. Soc.* **2011,** *133*, 7700.

[61] Guillaume, M.; Cuypers, J.; Vervest, I.; et al. *Org. Process Res. Dev.* **2003,** *7*, 939.

[62] Wang, T.; Zhang, Z.; Meanwell, N. A. *J. Org. Chem.* **2000,** *65*, 4740.

[63] Arnold, L. A.; Naasz, R.; Minaard, A. J.; Feringa, B. L. *J. Org. Chem.* **2002,** *67*, 7244.

[64] Masui, Y.; Kitaura, Y.; Kobayashi, T.; et al. *Org. Process Res. Dev.* **2003,** *7*, 334.

[65] Jass, P. A.; Rosso, V. W.; Racha, S.; et al. *Tetrahedron* **2003,** *59*, 9019.

[66] Oh, L. M.; Wang, H.; Shilcrat, S. C.; et al. *Org. Process Res. Dev.* **2007,** *11*, 1032.

[67] Greene, T. W.; Wuts, P. G. M. *Protective Groups in Organic Synthesis*, 3rd ed.; New York: Wiley, 1999; 161.

[68] 这些季铵盐被用于相转移反应: Halpern, M. "PTC Tip of theMonth" for June 2011. http://phasetransfer.com

[69] Dunn, P. J.; Galvin, S.; Hettenbach, K. *Green Chem.* **2004,** *6*, 43.

[70] Dale, D. J.; Dunn, P. J.; Golightly, C.; et al. *Org. Process Res. Dev.* **2000,** *4*, 17.

[71] Dunn, P. J. In *Process Chemistry in the Pharmaceutical Industry*; Gadamasetti, K., Braish, T., Eds, 2nd ed.; CRC Press: Boca Raton, Florida, 2008; p 267.

[72] Huang, Q.; Richardson, P. F.; Sach, N. W.; et al. *Org. Process Res. Dev.* **2011,** *15*, 556.

[73] Anderson, N. G.; Ary, T. D.; Berg, J. L.; et al. *Org. Process Res. Dev.* **1997,** *1*, 300.

[74] Sledeski, A. W.; Kubiak, G. G.; O'Brien, M. K.; et al. *J. Org. Chem.* **2000,** *65*, 8114.

[75] Abdel-Magid, A. F.; Cohen, J. H.; Maryanoff, C. A.; et al. *Tetrahedron Lett.* **1998,** *39*, 3391.

[76] Turner, S. The Design of Organic Synthesis. New York: Elsevier, 1976, 71.

[77] Hudlicky, T. *Chem. Rev.* **1996,** *96*, 3.

[78] Morse, P. M. *Chem. Eng. News* **2011,** *89*(22), 28.

[79] Crabb, C. *Chem. Eng.* **2000,** *107*(5), 26.

[80] Ruland, Y.; Colin, H.; David, L. *Biopharm. J.* **2011,** *3*, 4. http://submit.biopharmj.ru/ojs/index.php/ biopharmj/article/view/85/pdf_125.

[81] Caille, S.; Boni, J.; Cox, G. B.; et al. *Org. Process Res. Dev.* **2010,** *14*, 133.

[82] Crane, Z. D.; Nichols, P. J.; Samakia, T.; Stengel, P. J. *J. Org. Chem.* **2011,** *76*, 277.

[83] Tilstam, U.; Weinmann, H. *Org. Process Res. Dev.* **2002,** *6*, 384.

[84] McDermott, T. S.; Bhagavatula, L.; Borchardt, T. B.; et al. *Org. Process Res. Dev.* **2009,** *13*, 1145.

[85] Reilly, M.; Anthony, D. R.; Gallagher, C. *Tetrahedron Lett.* **2003,** *44*, 2927.

[86] Couturier, C.; Blanchet, J.; Schlama, T.; Zhu, J. *Org. Lett.* **2006,** *8*, 2183.

[87] Znabet, A.; Polak, M. M.; Janssen, E.; et al. *Chem. Commun.* **2010,** *46*, 7918.

[88] Whittall, J.; Sutton, P. Practical Methods for Biocatalysis and Biotransformations. Wiley, 2010.

[89] Polaina, J.; MacCabe, A. P., Eds.; Industrial Enzymes: Structure, Function and Applications. Springer, 2010.

[90] Ritter, S. K. *Chem. Eng. News* **2011,** *89(7)*, 11.

[91] Arnaud, C. *Chem. Eng. News* **2010,** *88(5)*, 11.

[92] http://en.sanofi.com/press/press_releases/2008/ppc_14642.asp

[93] Jarvis, L. *Chem. Eng. News* **2008,** *86*(10), 15.

[94] Bedini, E.; De Castro, C.; De Rosa, M.; et al. *Angew. Chem. Int. Ed.* **2011,** *50*, 6160; Ritter, S; K. *Chem. Eng. News* **2011,** *89(23)*, 38.

[95] Ritter, S. K., http://pubs.acs.org/cen/news/89/i26/8926notw1c.html.

[96] Patel, R. N.; Banerjee, A.; Nanduri, V. B.; et al. US 6515170. 2003. (to Bristol-Myers Squibb).

[97] Hanson, R. L. Stereoselective Enzymatic Synthesis of Intermediates Used for Antihypertensive, Antiinfective, and Anticancer Compounds. //Gadamasetti, K.; Braish, T., Eds. Process Chemistry in the Pharmaceutical Industry. Vol. 2, Challenges in an Ever Changing Climate. Boca Raton: CRC Press, 2008, 279-294.

[98] Liang, J.; Lalonde, J.; Borup, B.; et al. *Org. Process Res. Dev.* **2010,** *14*, 193.

[99] DeSantis,G.;Zhu,Z.;Greenberg,W.A.; et al. *J. Am. Chem. Soc.* **2002,** *124*, 9024.

[100] 2006 Presidential Green Chemistry Award to Codexis for directed evolution of three enzymes to make hydroxy nitrile. http://www.epa.gov/gcc/pubs/docs/award_recipients_1996_2011.pdf.

[101] Bergeron, S.; Chaplin, D. A.; Edwards, J. H.; et al. *Org. Process Res. Dev.* **2006,** *10*, 661.

[102] Huisman, G. W. Society of Chemical Industry Symposium. Cambridge, UK, December 6, 2007.

[103] Hu, S.; Martinez, C. A.; Kline, B.; et al. *Org. Process Res. Dev.* **2006,** *10*, 650.

[104] http://www.dsm.com/en_US/downloads/dpp/RSS_PLE.pdf

[105] Tao, J.; Zhao, L.; Ran, N. *Org. Process Res. Dev.* **2007,** *11*, 259.

[106] Jasper, J. P.; Weaner, L. E.; Hayes, J. M. *Pharma. Technol.* **2007,** *31*, 68.

[107] Buchanan, H. S. A.; Daéid, N. N.; Meier-Augenstein, W.; et al. *Anal. Chem.* **2008,** *80*, 3350.

[108] Everts, S. *Chem. Eng. News* **2011,** *89*(*26*), 32.

[109] Arnaud, C. *Chem. Eng. News* **2010,** *88*(*38*), 24.

[110] Jacoby, M. *Chem. Eng. News* **2010,** *88*(*51*), 35.

[111] Schultis, K. in Thayer, A. M. *Chem. Eng. News* **2011,** *89*(*5*), 13. http://www.rondaxe.com/software

[112] http://www.aspentech.com

[113] Henry, C. M. *Chem. Eng. News* **2002,** *80*(*22*), 53.

[114] A sample spreadsheet was shown in *Practical Process Research & Development*; 1st ed.; p 49.

[115] One resource is the Directory of Worldwide Chemicals Producers. http://www.chemicalinfo.com/dwcp

[116] Prices may increase as specifications tighten. (Thanks to Mike Standen for mentioning this.)

[117] Bray, B. *Nat. Rev. Drug Disc.* **2003,** *2*, 587; July.

[118] Thayer, A. M. *Chem. Eng. News* **2011,** *89*(*22*), 21.

[119] Wang, P.; Ouellette, M. 个人通讯.

[120] Lu, J.; Shinkai, I. // Gadamasetti, K. G.; Braish, T. Eds. Process Chemistry in the Pharmaceutical Industry. 2nd ed. Boca Raton, Florida: CRC Press, 2008, 465.

[121] Robins, D.; Hannon, S. //Gadamasetti, K. G.; Braish, T., Eds. Process Chemistry in the Pharmaceutical Industry; 2nd ed.; Boca Raton, Florida: CRC Press, 2008; 471.

[122] Anderson, N. G.; Ciaramella, B. M.; Feldman, A. F.; et al. *Org. Process Res. Dev.* **1997,** *1*, 211.

[123] Anderson, N. G. *Org. Process Res. Dev.* **2004,** *8*, 260.

[124] Becker, C. L.; Engstrom, K. M.; Kerdesku, F. A.; et al. *Org. Process Res. Dev.* **2008,** *12*, 1114.

[125] Grabowski, E. J. J. //Abdel-Magid, A. F.; Caron, S., Eds.; Fundamentals of Early Clinical Drug Development; Hoboken, NJ: Wiley, 2006; 1.

[126] ICH Q7A Good Manufacturing Practices for Active Pharmaceutical Ingredients, 2001. http://www.fda.gov/downloads/Drugs/GuidanceComplianceRegulatoryInformation/Guidances/ucm073497.pdf.

[127] Anh, C.; DeShong, P. *J. Org. Chem.* **2002,** *67*, 1754.

[128] O'Brien, M.; Denton, R.; Ley, S. V. *Synthesis* **2011,** *1157*.

[129] Fry, A. J. Synthetic Organic Electrochemistry. 2nd ed. Wiley, 1989.

[130] Shono, T. Electroorganic Synthesis. San Diego: Academic, 1991.

[131] Parker, J. S.; Moseley, J. D. Org. *Process Res.* Dev. **2008,** *12*, 1041; Moseley, J. D.; Brown, D.; Firkin, C. R.; et al. Org. Process Res. Dev. **2008,** *12*, 1044; Parker, J. S.; Bower, J. F.; Murray, P. M; et al. P. *Org. Process Res. Dev.* **2008,** *12*, 1060.

[132] Johnson, D. S.; Lie, J. J. // Johnson, D. S.; Lie, J. J. Eds. The Art of Drug Synthesis. NewYork: Wiley, 2007, Chapter 7, 95.

[133] Shibasaki, M.; Kanai, M. *Eur. J. Org. Chem.* **2008,** 1839.

[134] Karpf, M. //Shiori, T., Izawa, K.; Konoike, T., Eds. Pharmaceutical Process Chemistry. Wiley-VCH, 2010, 1.

[135] Karpf, M.; Trussardi, R. *Angew. Chem. Int. Ed. Eng.* **2009,** *121*, 5760.

[136] Weng, J.; Li, Y.-B.; Wang, R.-B.; et al. *J. Org. Chem.* **2010,** *75*, 3125.

[137] Andraos, J. *Org. Process Res. Dev.* **2009,** *13*, 161.

[138] Demko, Z. P.; Sharpless, K. B. *J. Org. Chem.* **2001,** *66*, 7945.

[139] Harrington, P. J.; Brown, J. D.; Foderaro, T.; Hughes, R. C. *Org. Process Res. Dev.* **2004,** *8*, 86.

[140] Kipassa, N. T.; Okamura, H.; Kina, K.; et al. *Org. Lett.* **2008,** *10*, 815.

[141] Siegel, J. B.; Zanghellini, A.; Lovick, H. M.; et al. *Science* **2010,** *329(5989)*, 309.

[142] Trost, B. M.; Zhang, T. *Angew. Chem. Int. Ed. Eng.* **2008,** *47*, 1.

第 4 章 试剂的选择

"具有讽刺意味的是，1991 年当我进入有机催化领域时，偶然接触到了膦催化反应……在反应中无金属存在时，仅在膦配体的催化下，反应依然可转化为缺电子的共轭 1,3-二烯烃……我认为由于金属和活性有机小分子催化剂的多样性，越来越多的具有新机理的新反应将被偶然发现或通过理论设计发现。"

——陆熙炎[1]

液烟是由熏烧木屑的烟通过冷凝管，迅速冷却成蒸气进而使其液化而形成的。我们好奇这一制造过程，我们设想是否也可以自己制备。为此，我们建立了一个小规模的模拟商业的制备方法，包括一个烧烤壶、一个风管风扇、一个虹吸管、冰冷却的玻璃盘管冷凝器。我们比较自制的和采购的液烟，发现自制液烟十分干净，且具有强烈的烟雾味道。但是我们花了整整一天的时间和五十美元材料费制造了三汤匙的液烟。结果购买的液烟还是更好的。

——J. Kenji Alt[2]

4.1 引言

具有更高化学选择性的新试剂以偶然或经理论设计不断地被开发。理想的试剂的标准具有高选择性和安全性，对人类健康和环境污染影响小且价格低廉。有时，传统试剂比当前精心设计的新型试剂更实用，能提供更经济便捷的途径。在某些情况下，购买一个关键的试剂比自己合成更为节省时间和经费。理想的试剂随着所需的反应转化率、起始原料和产物的不同而改变（表 4.1）。

表 4.1 试剂的某些理想特点

序号	特 点	例子/评论
1	专用作目标合成反应	高产率反应分离较简便
2	安全性：无化学反应危险	适合大规模生产
3	无运输限制	甲基锂乙醚溶液；无水 1-羟基苯并三唑
4	无采购限制	需要时间获得购买和运输如制作毒品的胡椒醛许可证
5	无毒	聚苯醚（PPE）耗时，烦琐，不便

续表

序号	特　点	例子/评论
6	无动物或人血液来源的原料	不是直接来源于动物，如 DSM 销售的重组猪肝酯酶
7	如果剧毒，无挥发性	硫酸二甲酯优于碘甲烷
8	可从多家供应商获得	单供应商供应量可能不足或者价钱昂贵
9	价廉，批次间质量重现性好	价廉、优质的试剂可降低销售成本
10	稳定，良好的保存期限	生产安排具有更好的灵活性
11	如果不易保存，现制现用	生产操作具有更好的灵活性
12	对水和氧无须特别处理	生产操作具有更好的灵活性
13	方便加入反应釜	生产操作具有更好的灵活性
14	易于纯产物后处理和分离，或对产物的后处理无影响	提高生产率
15	无毒副产物生成	可降低废弃物处理成本
16	催化的、易回收和再用	可降低销售成本
17	无须特殊设备或装置	生产选址具有灵活性，可避免使用特殊设备如加氢装置

Caron 研究小组总结了许多应用可行的方法[3]，而本章与其不同，主要讨论试剂的性能、选择性以及后处理的难易程度、某些难以处理的特例以及其他特点。

> 平衡化学反应方程式可以很好地了解反应所形成的杂质和如何操作此反应。如用二异丁基氢化铝还原腈而获得的胺可能会与下步所用试剂发生反应。尤其要谨慎操作在反应过程中生成苯或使用过量叠氮化钠的反应。平衡化学反应方程式是十分必要的。

催化剂带来的好处要胜于其不利因素，如 Lilly 研究小组在研究糖化学的工作中，使用 2 mol%$(n\text{-}Bu)_2SnO$ 催化剂，单磺酰化反应速度快（图 4.1）。但在无锡试剂存在下，反应 19 h 后此单磺酰化产物的产率为 82%，主要杂质为双磺酰化产物[4,5]（图 4.1）。虽然锡是有毒金属，但反应速度快、产率高，尤其是当用锡试剂的反应不是整个合成路线的最后一步时，该反应更具吸引力[6]。

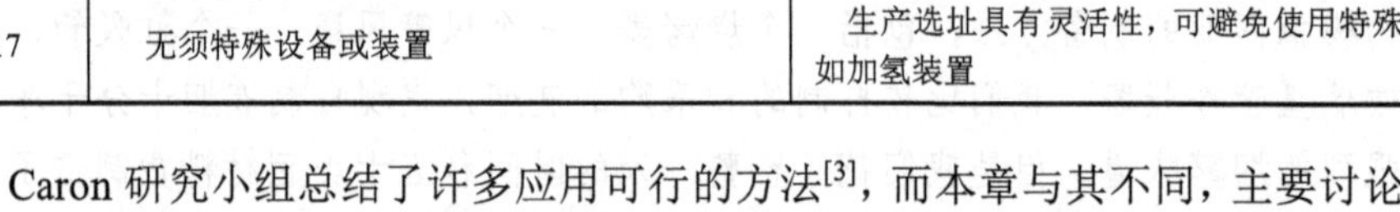

图 4.1　$(n\text{-}Bu)_2SnO$ 催化甲苯磺酰化反应

不言而喻，筛选最佳溶剂、试剂和离去基团是十分重要的。Kurth 研究小组发现，酯的双烷基化产物取决于 1,4-二氯-2-丁烯的顺反构型，或所使用的顺式-1,4-二甲磺酰丁烯酯[7]（图 4.2）。Boehringer-Ingelheim 公司研究人员发现，环丙烷化反应在非极性溶剂中使用锂碱是有利的，这可能是通过阴离子中间体聚集，并确认了吖庚因（azepine）是来自顺式环丙烷中间体形成的副产物[8]。Merck 研究小组研究发现在富电子芳香环上氟的本位取代反应（*ipso*-displacement），即使此反应不使用极性非质子溶剂，使用双(三甲基硅烷基)氨基钾作为碱也可获得最佳效果[9]。平行筛选试剂和溶剂是非常有用的，特别是工艺开发前期。

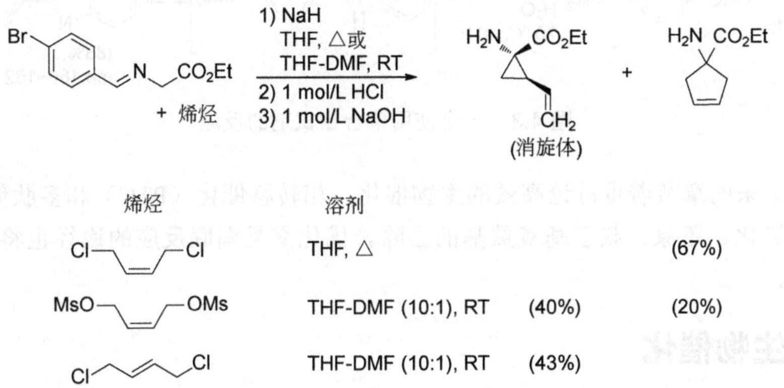

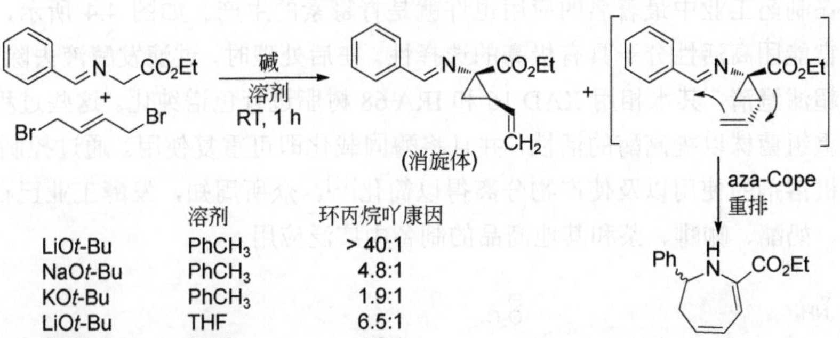

	溶剂	环丙烷吖庚因
LiO*t*-Bu	$PhCH_3$	> 40:1
NaO*t*-Bu	$PhCH_3$	4.8:1
KO*t*-Bu	$PhCH_3$	1.9:1
LiO*t*-Bu	THF	6.5:1
NaO*t*-Bu	THF	1.9:1
KO*t*-Bu	THF	1.2:1
LiHMDS	己烷/$PhCH_3$	> 40:1
NaHMDS	$PhCH_3$	14:1
KHMDS	$PhCH_3$	3.2:1

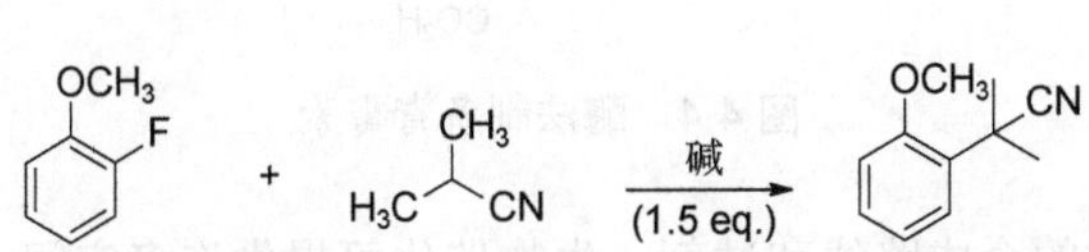

碱	溶剂	溶剂/℃	时间/h	收率
Cs_2CO_3	THF	75	24	未反应
LDA	THF	RT	<1	分解
t-BuOK	THF	70	24	分解
LiHMDS	THF	60	23	3%
NaHMDS	THF	60	23	49%
KHMDS	THF	60	23	95%
KHMDS	$PhCH_3$	60	18	95%
KHMDS	DMSO	75	24	未反应
KHMDS	NMP	75	24	1%

图 4.2　寻找合适的离去基团、试剂和溶剂的重要性

聚合物试剂易处理、易回收。在酸存在下，由邻氨基硫醇和醛制备苯并噻唑时，水是最佳溶剂（图 4.3）。磺酸树脂（Dowex 50W）酸催化通过过滤后又可重复使用[10]。多相催化的例子将会在第 10 章第 10.5 节中讨论。

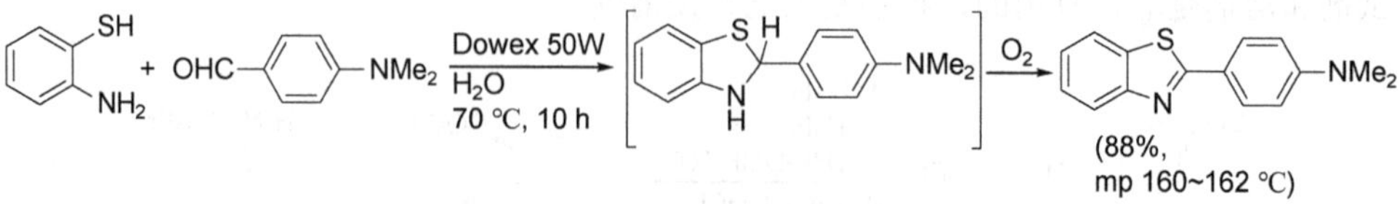

图 4.3 一个使用聚合物试剂的反应

接下来的章节着重讨论高效的生物催化，相转移催化（PTC）和多肽偶联。简要介绍氧化、还原、叔丁基氧羰基的去除。优化交叉偶联反应的途径也将在第 10 章讨论。

4.2 生物催化

酶在制药工业中最著名的应用也许就是青霉素的生产。如图 4.4 所示，酶促反应对多官能团高活性分子具有极高的选择性。在后处理时，过滤发酵液去除菌丝体，再通过超滤澄清，其水相用 XAD 16 和 IRA 68 树脂进行色谱纯化。这些过程的关键是使用重组菌株以提高酶的活性，并且将酶固载化即可重复使用。通过控制 pH，可避免有机溶剂的使用以及使产物分离得以简化[11]。众所周知，发酵工业已在啤酒、葡萄酒、奶酪、咖啡、茶和其他商品的制备中广泛应用。

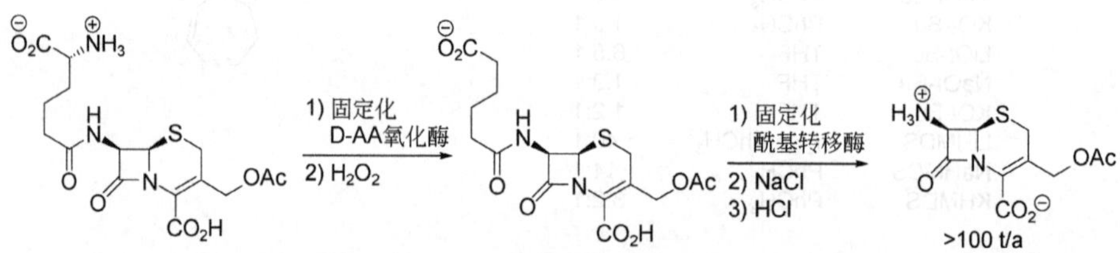

图 4.4 酶法制备青霉素

为了找到有效的合成路线和试剂，生物催化可提供许多空间，尤其是对手性化学来说。在 2002 年，大约 60% 的生物转化[12]使用脂肪酶和酯酶水解进行拆分[13]。酮还原酶（KREDs）逐步用于酮还原成相应醇的反应，有时是首选的方法。烯烃还原酶还原极性双键类似于烯酮的氢负离子 β-加成。氧化反应包括烯烃的环氧化，芳香烃氧化成酚，芳烃氧化成相应的 1,2-环己二酮，还有 Baeyer-Villiger 氧化酮生成内酯。醇氧化酶促进伯醇氧化成相应的醛和烯丙基醇氧化成相应的烯酮。漆酶（laccases）可去除胺或亚胺上的对甲氧苯基（PMP）。生物催化卤化反应，甚至氟代反应也有报道。腈通过水合酶可水解成酰胺[14]或通过腈水解酶水解成相应的酸，这些反应通常用来拆分。常用来水解拆分的环氧化合物可由卤代醇合成。肽酶可用于形成酰胺或水解酰胺。转氨酶可促进伯氨与酮（或醛）相互转化[15]，如西他列汀(sitagliptin)。其他与醛的反应包括羟醛缩合反应、氰化物对醛的加成。生物催化糖基化反应可以避免对糖类化合物使用保护基。由酶催化的反应多为平衡反应，因此采取除反应副产物的方式来移动反应平衡是非常重要的。Hudlicky 和 Reed 综述了生物催化合成复杂分子的工作[16]。一些转化的例子如图 4.5[12,17,18]所示。Faber[19]对生物转化也进行了综述。

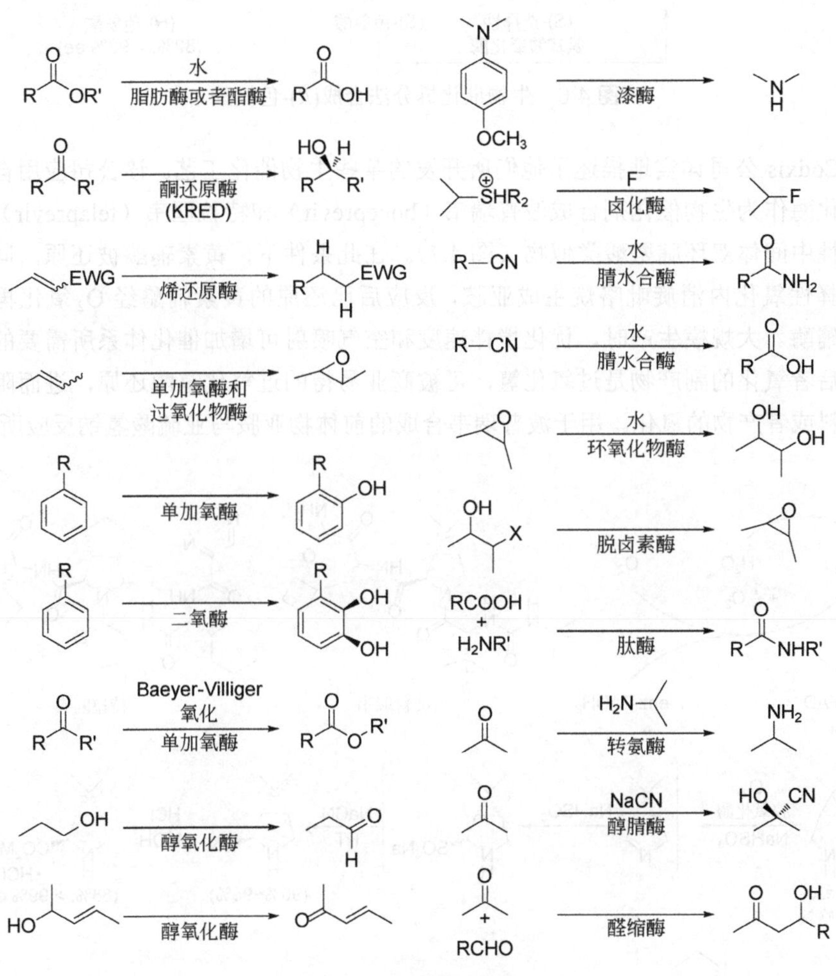

图 4.5 生物催化转化

酶催化剂已经发展到可以在一些条件较为苛刻的反应中使用。例如，Codexis 公司利用碳酸酐酶在 90 ℃通过甲基二乙醇胺可以捕获到 CO_2。这种酶可以消除发电厂排出的 CO_2 气体[20]。Ager 研究小组报道了非特异性还原剂（$BH_3 \cdot NH_3$，40 eq.；

$BH_3 \cdot t\text{-}BuNH_2$，20 eq.；或者 1 mol $HCOONH_4$和 10% Pd/C）和特异性氧化剂（具有 *S*-选择性的氨基酸氧化酶）可使外消旋氨基酸转换成(*R*)-构型的对映体（图 4.6）。试剂大大过量时可以阻止亚胺的水解。不过值得一提的是，所用的生物催化剂可以耐受与酶无关的浓度变化[21]。

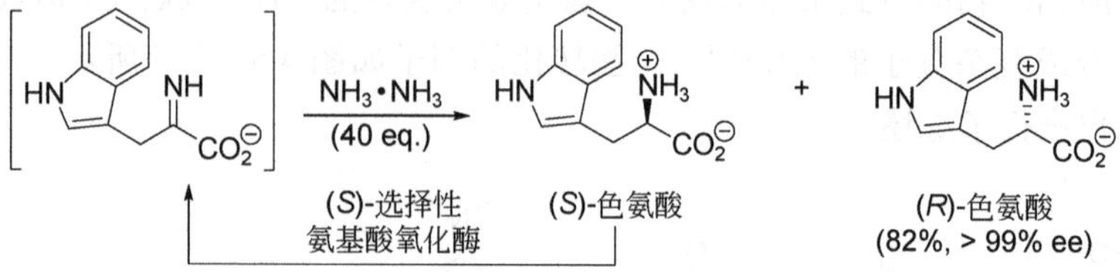

图 4.6 生物催化拆分法合成(*R*)-色氨酸

Codxis 公司详实地描述了他们所开发的某些生物催化工艺。该公司应用自产的胺氧化酶作为生物催化剂合成波普瑞韦（boceprevir）和特拉匹韦（telaprevir）的共同手性中间体双环脯氨酸类似物（图 4.7）。在此条件下，黄素辅酶被还原，同时对映选择性氧化内消旋吡咯烷生成亚胺，反应后已还原的黄素辅酶经 O_2 氧化再生为黄素辅酶。大规模生产时，优化搅拌速度和空气喷射可增加催化体系所需要的氧气量。后者氧化的副产物是过氧化氢，可被商业易得的过氧化氢酶还原，进而阻止起始原料或者产物的氧化。用于波普瑞韦合成的前体物亚胺与亚硫酸氢钠反应所获得

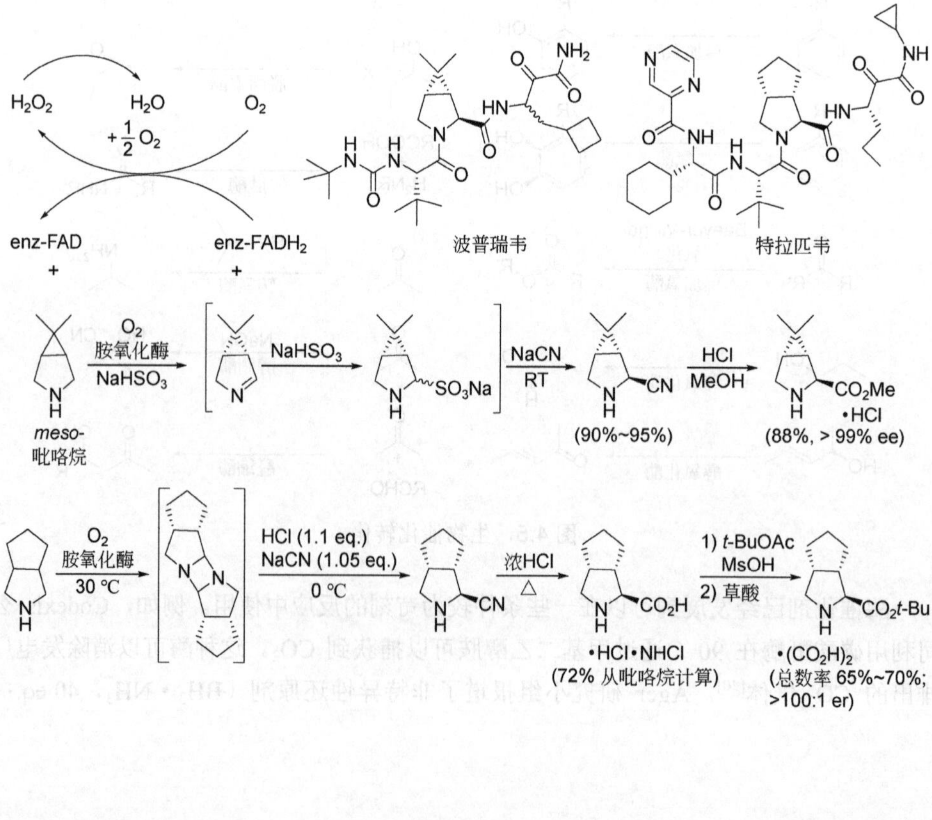

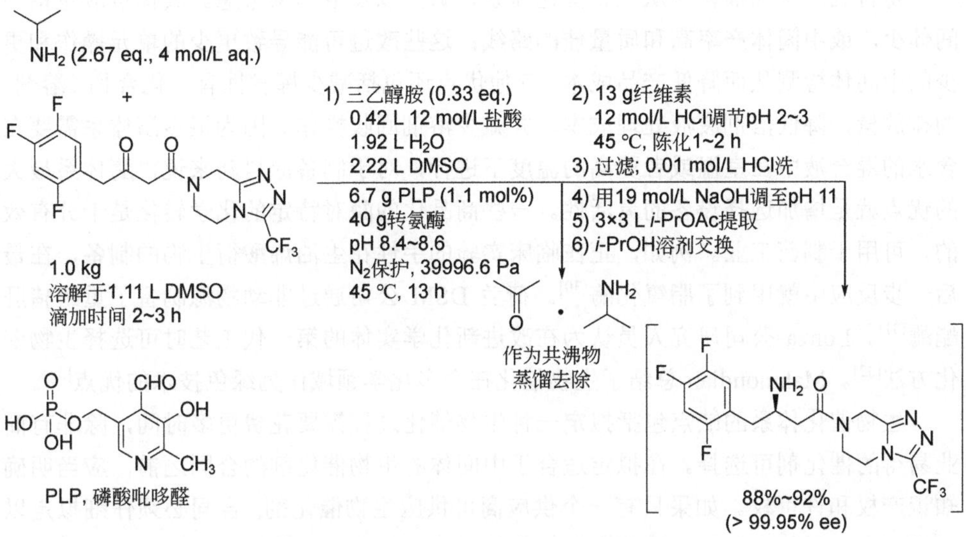

图 4.7 Codxis 公司开发的生物催化反应

的重亚硫酸盐很容易转变为手性氨基腈。波普瑞韦前体甲酯可通过 Pinner 反应以极高收率制得。用于合成特拉匹韦前驱体的亚胺可形成二聚体，能用水蒸气蒸馏的方法进行纯化。在盐酸的作用下与氰化钠反应生成氨基氰，再以较高的收率转化成叔丁酯草酸盐。通过生物催化工艺获得的手性脯氨酸类似物的收率是之前报道的 2.5 倍[22]。Codexis 和 Merck 公司详细报道了生物催化 β-酮酰胺的转氨化反应制备西他列汀游离碱，因此获得美国总统绿色化学奖[23]。该反应过程是非常高效的，酮的总浓度为 0.5 mol/L，所需要的酶与酮质量比为 4∶100。此反应在二甲基亚砜与水 1∶1 的中等温度下进行；Codxis 公司所开发的酶可用于大规模生产。氮气保护下减压蒸馏去除异丙胺和丙酮的共沸物。反应结束，将反应液酸化至 pH 2~3，滤除变性的酶，得到具有高光学纯度的西他列汀游离碱，然后直接转换成磷酸盐[24]。该生物催化制备西他列汀路线减少了一步反应步骤和重结晶过程，提高了收率和产量，降低了三废，无须使用已报道的手性氢化方法的专用设备（见图 15.8 的讨论部分）。从这些报道可以看出 Codxis 公司进行了很好的研究工作。

最近，Codxis 公司的研究报道证实了选择和开发适合于工业生产的酶是可行的。例如，底物浓度为 0.5 mol/L 或者更高些，反应温度可高于室温，有机溶剂可超过 50%，酶的使用量（质量分数）可小于 1%[25-27]。以前研究人员需要优化反应条件来充分利用现有酶，但是现在，生物催化可以满足不同工艺所有需要的反应条件。含有不同酶的突变有机体可由易错的聚合酶链反应（PCR）而获得[21]。细菌基因组测序约需要 1000 美元[28]，研究人员可以修改基因组培育可能会增加活性的酶。现在该公司可分析和统计设计具有最佳性能的有机体[29]。

是否利用生物催化应从生物催化体系优缺点以及成本来考虑。其优点应包括中间体少，或中间体产率高和质量佳的路线；这些改进可能导致更少的单元操作和更少的中间体检测从而降低产品成本。其他优点还包括减少挥发性有机化合物（溶剂）的排放量，降低溶剂废液处理成本，并减少溶剂回收操作。因为很多酶体系需要在含水的混合液中在室温或者更高的温度下进行，对于制备原料药来说，酶体系最大的优点就是增加选择设备的灵活性。一些商品化的酶对特定的化学转化是十分有效的，可用于制药工业。例如，正在临床实验的手性花生油烯酸衍生物的制备，在最后一步反应中就用到了脂氧化酶[30]。荷兰 DSM 公司通过非动物源制备了重组猪肝酯酶[31]。Lonza 公司研究人员认为在改进新化学实体的第一代工艺时可选择生物催化方法[32]。Mahmoudian 总结了生物催化在众多化学领域作为绿色技术的优点[33]。

生物催化体系的缺点包括拟定一种生物催化过程需要花费更多时间，除非有商业易得的催化剂可选择。在拟定适合于中间体的生物催化剂的合同之前，应当明确知识产权和许可权。如果只有一个供应商可供应生物催化剂, 合同必须仔细拟定以确保一个合适的交货价。抑制生物转化的条件和化合物必须加以确定和控制，就像其他类似的催化过程一样。如果生物催化剂需要通过运输至原料药生产现场，那么就应考虑生物催化剂的稳定性。

最近，Tufvesson 研究小组详细地综述了生物催化剂制备的成本评估（但并不包括生物催化剂的开发成本)。随着发酵产率的提高，生物催化剂的成本随之降低; 不是所有酶都有很好的效价。酶经纯化或固载化都可能增加其转化数（turnover number，TON）[34]。酶的纯化程度对转化率有很大的影响，从整个细胞获得的粗品酶到纯化酶以及再到固化酶的过程，处理成本会增加。随着生产量的增加, 生物催化剂成本会随之降低，正如所期望的规模经济效应[35]。“绿色”的生物催化过程必须包括在生物催化剂制备和使用过程中的所有单元操作和废弃物处理。最后，是否使用生物催化剂必须取决于最终产品的价值。设备选择的灵活性和产品质量的稳定性对原料药生产是十分重要的。甚至在原料药候选物开发早期，生物催化过程就有明显的优势。

4.3 强碱

在学术界，正丁基锂和氢化钠常用于弱酸去质子化。但大规模生产上很少选择使用这些试剂，因为它们易自燃，且产生易燃副产物丁烷和氢气。从安全角度来说，某些替代试剂优于正丁基锂和氢化钠。例如，正己基锂和正辛基锂不易燃，可室温储存。与丁烷相比，这些试剂的副产物易回收，反应更绿色[36]。六甲基二硅基胺的碱金属盐是中等强度的有机碱，与质子化合物不会产生易燃副产物。相转移催化反应可用价廉的氢氧化钠，并且可提高安全性，在生产上是一个强碱反应的替代物（见 4.4 节）。

表 4.2　去质子化试剂

试　剂	常用浓度	评　论
正丁基锂	甲苯中 10%～30%	易燃，0 ℃保存
正己基锂	己烷中 25%～40%	不易燃，室温或以下保存
正辛基锂	己烷中 15%～40%	不易燃，室温或以下保存
二异丙基氨基锂	四氢呋喃和庚烷中 1.8 mol/L	含有“镁稳定剂”
六甲基二硅基氨基锂	四氢呋喃或己烷中 1.0 mol/L	固体可用
六甲基二硅基氨基钠	四氢呋喃中 1.0 mol/L 甲苯中 0.6 mol/L	固体可用
六甲基二硅基氨基钾	四氢呋喃中 0.9 mol/L 甲苯中 0.7 mol/L	固体可用
氢氧化钠	30%～50%水溶液	用于相转移催化剂

注：数据来自 FMC 公司，新产品的安全和数据表，3/94 和 6/94 数据；卡勒瑞化学公司和 Aldrich 化工有限公司。

叔丁醇钾是中等强度的碱，其在有机溶剂中相对较低的溶解度阻碍了它在大规模生产时的广泛使用。叔戊醇盐有较好的溶解度（表 4.3），在大规模生产时，应考虑取代叔丁醇钾，而且叔戊醇钠和叔戊醇钾都易得。

表 4.3　常用醇碱在有机溶剂中的溶解度（25 ℃）

溶　剂	叔丁醇钠（质量分数）/%	叔丁醇钾（质量分数）/%	叔戊醇钠（质量分数）/%	叔戊醇钾（质量分数）/%
甲苯	6	2.3	46	36
环己烷	14	NA	> 50	27.6
己烷	11	0.3	>50	30.0
叔丁醇	—	17.8	—	—
吡啶	—	19.0	—	—
二甘醇二甲醚	22	42.0	47	47.0
四氢呋喃	38	> 25	> 30	> 50

注：数据来自卡勒瑞黄瓜技术报告 8/97，网址 http://inorganics.basf.comj.

三乙胺是一种常用的缚酸剂，因此广泛用于大规模生产，但是在某些情况下，还有许多其他胺类表现出不同的优势。表 4.4 列出了大规模生产时有用的廉价碱，分成伯胺、仲胺和叔胺类。应该指出的是，在水中仲胺类碱性比类似叔胺碱性更强，这可能是由于质子化后仲胺与水形成氢键而使稳定性增加[37]。在不能产生氢键的溶剂中，其碱性与取代胺的诱导效应一致。在氯苯中的碱性强弱顺序是：$BuNH_2$ < Bu_2NH < Bu_3N[38]。

表 4.4 在大规模反应中常用的一些胺的特征[①]

化合物	沸点	pK_a[②]	备 注
氨气	−33 ℃	9.25	
甲胺	−6 ℃	10.63	
乙胺	17 ℃	10.70	
3-二甲基氨基丙胺	133 ℃	10.6～11	用于除去过量的酰氯[③]
二乙胺	56 ℃	11.02	
二异丙胺	84 ℃	11.05	
哌啶	106 ℃	11.02	
吗啉	129 ℃	8.33	
二甲基异丙胺	66 ℃	10.36	
1-甲基吡咯烷	81 ℃	10.32	
三乙胺	89 ℃	10.75	盐酸盐难溶于乙腈[④]
1-甲基哌啶	106～107 ℃	10.08	
二异丙基乙基胺	127 ℃	10.4	盐酸盐溶于乙腈[⑤]
4-甲基吗啉	115 ℃/750 mmHg	7.13	用于肽键偶合
咪唑	熔点 89～91 ℃	7.0	用于肽键偶合[⑥] 硅烷化[⑦]
吡啶	115 ℃	5.25	
2-甲基吡啶	128 ℃	5.97	
2,6-二甲基吡啶	143 ℃	6.65	用于硫酸酯化[⑧]
4-二甲氨基吡啶（DMAP）	熔点 112～114 ℃	9.7	酰化催化剂[⑨⑩]
1,4-二氮杂双环[2.2.2]辛烷（DABCO）	158 ℃	8.6	
1,8-二氮杂双环[5.4.0]十一碳-7-烯（DBU）	80 ℃/0.6 mmHg	13.2	
1,5-二氮杂双环[4.3.0]十一碳-7-烯（DBN）	95 ℃/7.5 mmHg	约 13.2	

① The Merck Index. 12th ed. Budavari, S., Ed. White House Station, NJ: Merck & Co., Inc., 1996; Perrin, D. D. Dempsey, B.; Serjeant, E. P. pK_a Prediction for Organic Acids and Bases. New York: Chapman and Hall, 1981; Serjeant, E. P, Dempsey, B. Ionization Constants of Organic Acids in Aqueous Solution. New York: Pergamon, 1979; CRC Handbook of Chemistry and Physics. 76th ed. New York: CRC Press, 1995-1996; Lange's Handbook of Chemistry. Dean, J. A., 14th ed. McGraw-Hill: New York, 1992.

② 此处 pK_a 数据给出的是质子化胺（共轭酸）的数据

③ Evans, D. D.; Evans, D. E.; Lewis, G. S.; et al. *J. Chem. Soc.* **1963**, 3578.

④ Anderson, N. G.; Ary, T. D.; Berg, J. A.; et al. *Org. Process Res. Dev.* **1997**, *1*, 300.

⑤ Anderson, G. W.; Zimmermann, J. G.; Callahan, F. M. *J. Am. Chem. Soc.* **1966**, *88*, 1338.

⑥ Stoner, E. J. Stengel, P. J. Cooper, A. J. *Org. Process Res. Dev.* **1999**, *3*, 145.

⑦ Yasuda, N.; Huffman, M. A.; Ho, G.-J.; et al. *J. Org. Chem.* **1998**, *63*, 5438.

⑧ Floyd, D. M.; Fritz, A. W.; Pluscec, J.; et al. *J Org Chem*, **1982**, *47*, 5160.

⑨ Hofle, G.; Steglich, W.; Vorbruggen, H. *Angew. Chem. Int. Ed. Eng.* **1978**, *17*, 569.

⑩ Paquette, L. A. Ed. Encyclopedia of Reagents for Organic Synthesis. New York: John Wiley & Sons, 1995.

不要开发一种可能被认为太危险而大规模生产之前需要测试的试剂。

复合物碱不需要深冷。例如，一种 2-溴吡啶镁“Ate”复合物在−10～0 ℃与 DMF 反应以高产率获得醛（图 4.8）。2,6-二溴吡啶和正丁基锂在此温度范围内反应发生分解，正丁基氯化镁或者双正丁基镁的活性较小[39]。类似地，3-溴吡啶“Ate”复合物也可高产率转化成相应的醛[40]。

强碱并不是必要的。如图 3.11 所示，在药物发现中碘噻吩制备的第一步所用的 K_2CO_3/ DMSO 可替代 NaH/THF。在此反应中唯一用的其他碱就是三乙胺和过量的弱碱吗啉。每个反应的产物可先冷却或者加水之后从反应混合液中直接分离。这些反应步骤对于方便的转化和直接分离是极好的例子[41]。

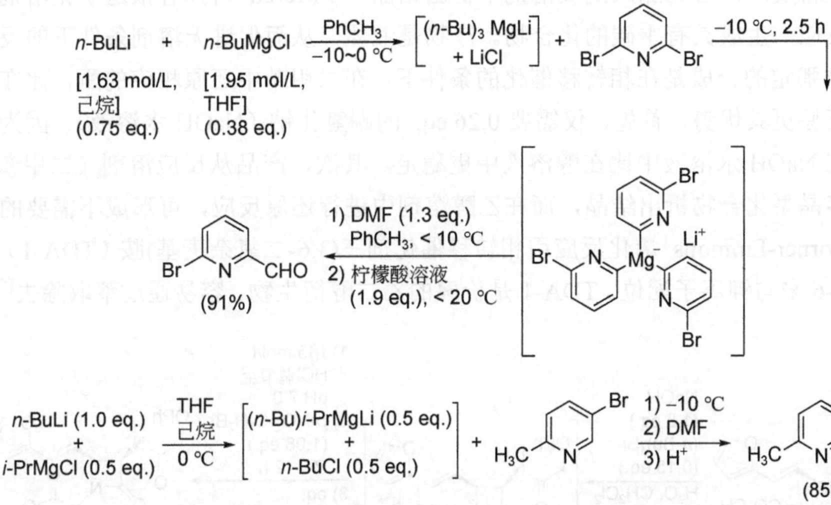

图 4.8 “Ate”复合物作为强碱无须深冷条件的反应

4.4 相转移催化

在相转移催化条件下，用氢氧化钠或其他无机碱代替胺或其他碱如烷基锂、烷氧基化合物以及格氏试剂通常是可行的。使用可回收的有机溶剂如甲苯，可避免反应在高沸点极性非质子溶剂如 DMSO 中进行。原则上，在相转移催化反应条件下只要不发生化学反应，都可用作该类反应的溶剂。相转移催化剂包括季铵盐、冠醚和乙二醇衍生物。Weber 和 Gokel 也报道了聚乙二醇相转移催化剂[42]，Halpern 在相转移催化反应研究方面是个权威专家[43,44]。使用相转移催化的反应和试剂已经很广泛了，在文献中季铵盐和聚乙二醇通常不被认定为相转移催化试剂。而四丁基溴化铵（TBAB）是使用最多的一种相转移催化试剂[45]。相转移催化的应用在文献里没有很好的引注。本书中列举了很多相转移催化反应的例子。

提高相转移催化选择性有 4 个因素。主要的也是常常忽略掉的因素是控制溶剂化阴离子的水含量。就像 Landini 课题组所指出的那样，降低氢氧化物的水合数从 11（15% NaOH）到 3（固体），可使 NaOH 的碱性提高 50000 倍[46]。其次，基于季铵中心的接近程度来选择季铵阳离子，可使离子对变得紧密或者松散。再次，溶剂的极性也会带来选择性的差异。最后，控制反应中催化剂的浓度可以影响反应速度[47]。

图 4.9 所示的相转移催化反应展示了相转移催化剂的效能。水解酯化反应过程是首批应用相转移催化的反应，如 Lilly 公司 β-内酰胺工艺[48]。利用 Aliquat 175 作相转移催化剂制备依贝沙坦的前体。这些条件避免使用水溶性的极性溶剂，DMSO、DMAc 或强碱，如 NaH 或者烷氧基盐。该过程简单，且高收率地获得了结晶产品[49]。制备 Ru-Pybox 催化剂时使用四丁基氢氧化铵使关环反应变得更容易。所得钌配合物可通过将反应混合物加入到反溶剂中析出结晶[50]。Merch 研究者报道了无溶剂的烷基化反应，生成具有季碳的化合物。产物是液体，从而促进无溶剂条件下的反应[51]。特非那定的合成是在相转移催化的条件下，在二甲苯中还原相应的酮，比在醇溶剂中还原更具优势。首先，仅需要 0.26 eq. 的硼氢化钠（NaOH 水溶液），因为硼氢化钠在 NaOH 水溶液中比在醇溶液中更稳定。其次，产品从反应溶剂（二甲苯）中作为多晶型化合物析出结晶，而在乙醇溶剂中进行还原反应，可形成不需要的晶型[52]。Horner-Emmons 烯化反应用相转移催化剂三(3,6-二氧杂庚基)胺（TDA-1）代替 18-冠-6 来与钾离子配位。TDA-1 是价廉的乙二醇衍生物，容易通过萃取除去[53]。

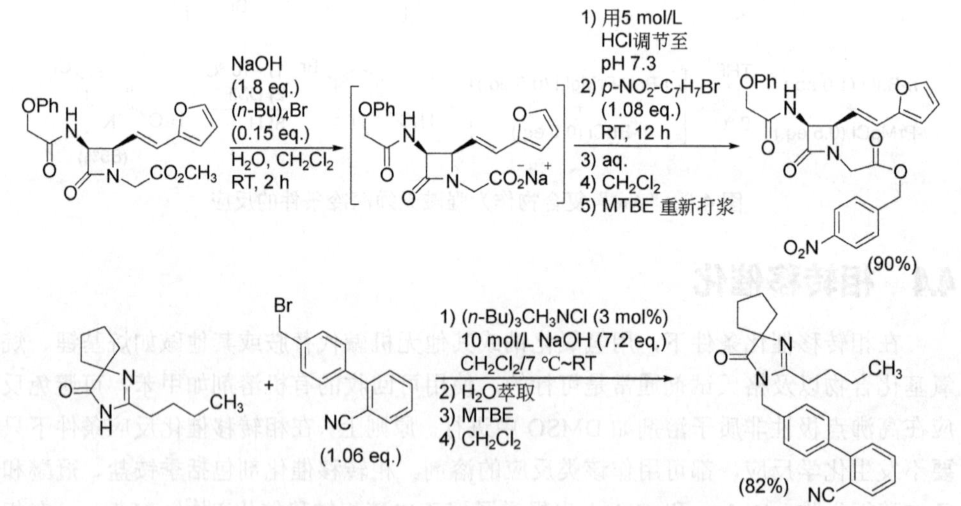

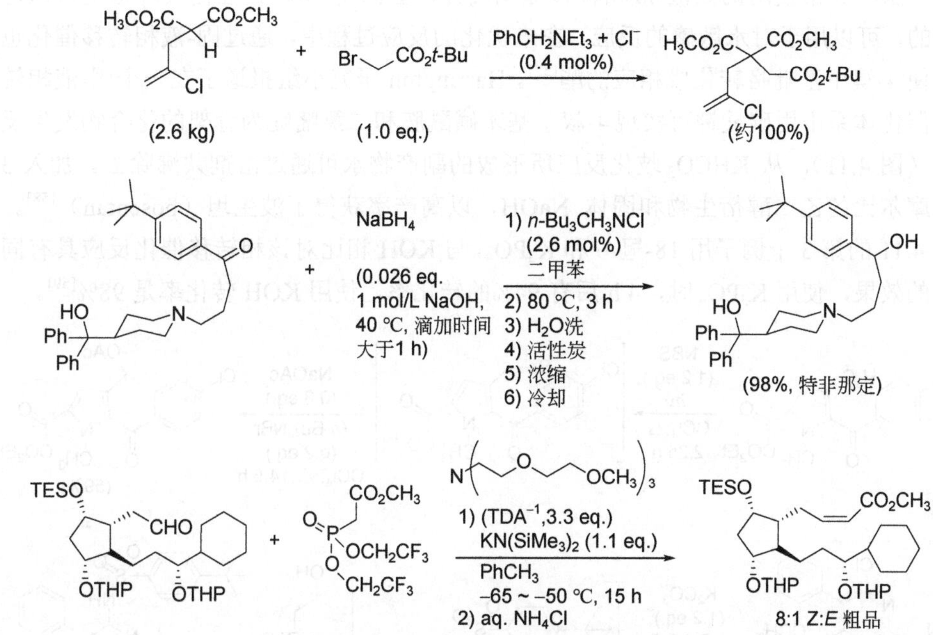

图 4.9 相转移催化反应的例子

即使相转移反应在强碱水相中进行，也可以避免含有水敏性基团发生的水解。图 4.10 是吲哚类化合物与苯磺酰氯在 50% NaOH 溶液中进行的相转移催化反应。该磺酰化反应在 NaH 的四氢呋喃溶液的条件下进行时，严格控制无水条件来抑制苯磺酰氯的水解是非常重要的。也许值得注意的是，作者在文献中并未提及苯磺酰氯在相转移催化条件下的水解率的[54]。图 4.10 中利用 10 mol/L NaOH 相转移催化的重氮基转移反应，得到了丙二酸二叔丁酯重氮化合物。如果使用饱和的碳酸钠与乙酰乙酸乙酯和乙酰乙酸叔丁酯，产率会高于上述例子。而甲基酯太易水解以致不能作为底物[55]。通过快速搅拌可以水解水敏性化合物[56]。

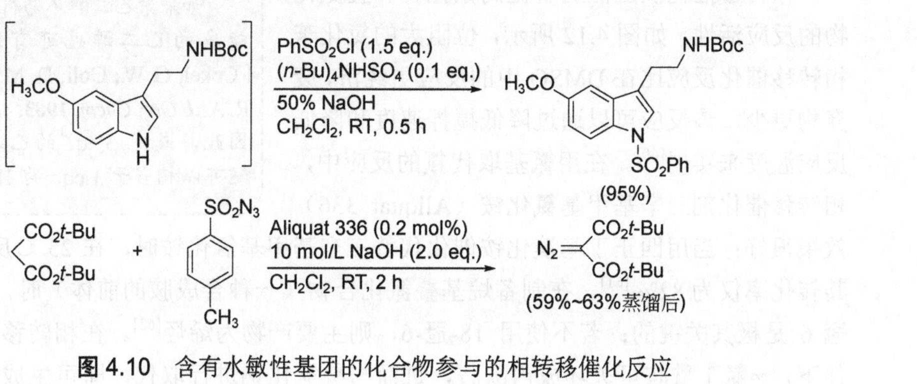

图 4.10 含有水敏性基团的化合物参与的相转移催化反应

虽然通常使用的是液-液相转移催化反应，但固-液相转移催化反应也是可以进行的，可以用于对水敏感的反应。在未优化的反应过程中，通过固-液相转移催化也可使4-溴甲基吡咯转化成相应的酯[57]。Harrington 研究小组报道了在一个固-液相转移催化体系中用碳酸钾可实现4-叔丁基苯磺酰胺和二氯嘧啶为骨架的化合物发生反应（图 4.11）。从 $KHCO_3$ 歧化反应所形成的副产物水可通过溶剂共沸除去。加入3倍摩尔比的乙二醇衍生物和固体 NaOH，以高产率获得了波生坦（bosentan）[58]。图 4.11 的第3个例子用 18-冠-6 和 K_3PO_4，与 KOH 相比对该相转移催化反应具有同样的效果，使用 K_3PO_4 时，4 h 后有 94%的转化率，使用 KOH 转化率是 98%[59]。

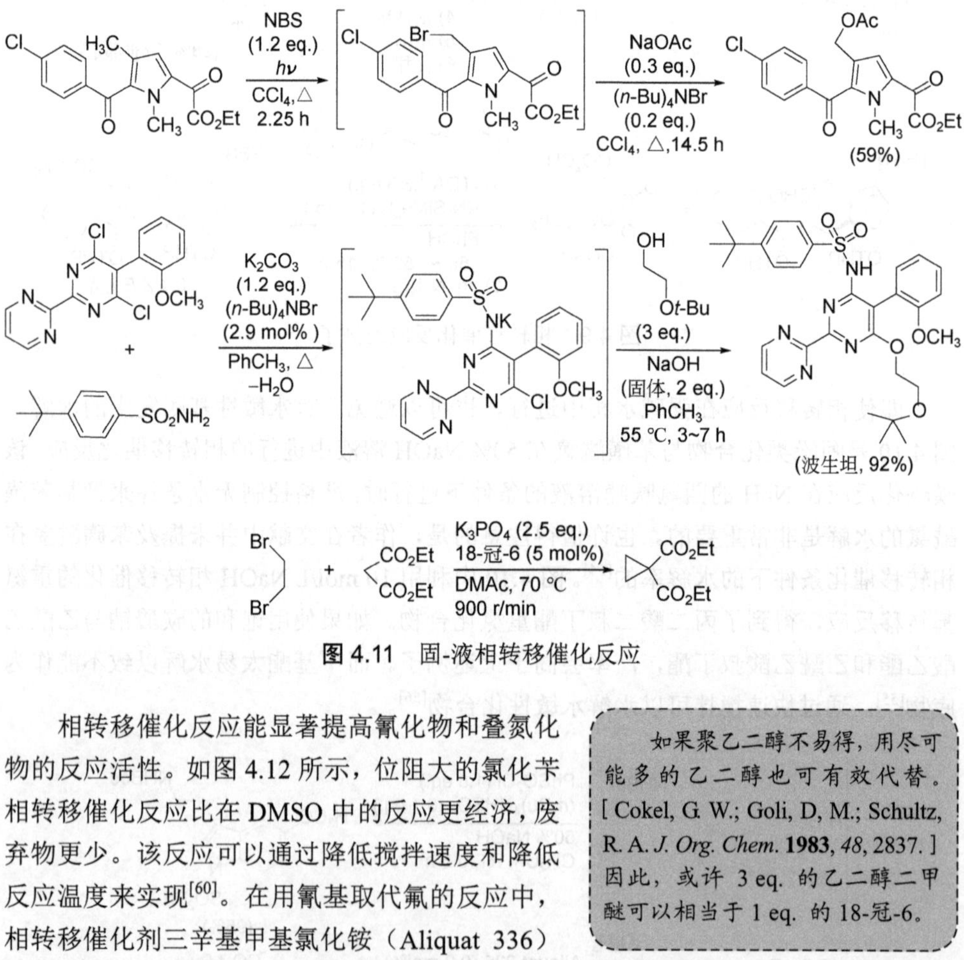

图 4.11 固-液相转移催化反应

相转移催化反应能显著提高氰化物和叠氮化物的反应活性。如图 4.12 所示，位阻大的氯化苄相转移催化反应比在 DMSO 中的反应更经济，废弃物更少。该反应可以通过降低搅拌速度和降低反应温度来实现[60]。在用氰基取代氟的反应中，相转移催化剂三辛基甲基氯化铵（Aliquat 336）效果很好；当用四正丁基溴化铵催化代替三辛基甲基氯化铵时，在 25 ℃反应 23 h，其转化率仅为 82%[61]。在制备烷基叠氮化合物（一种合成胺的前体）时，使用 18-冠-6 是极其关键的；若不使用 18-冠-6，则主要产物为烯烃[62]。在相转移催化的条件下，γ-氯丁酰胺可关环成内酰胺，进而与叠氮化钠进行取代，即可生成外消旋α-

> 如果聚乙二醇不易得，用尽可能多的乙二醇也可有效代替。[Cokel, G. W.; Goli, D, M.; Schultz, R. A. *J. Org. Chem.* **1983**, *48*, 2837.] 因此，或许 3 eq. 的乙二醇二甲醚可以相当于 1 eq. 的 18-冠-6。

叠氮酰胺。在相转移催化的条件下，氯代副产物与α-溴化物进行交换反应，并且α-氯代副产物原位转化成所需的叠氮化合物。α-氯代副产物在 DMSO 的条件下不与叠氮化合物反应[63]。

选择相转移催化剂需要考虑如下三个因素：选择最佳催化剂和转化条件；催化剂的稳定性和副产物；残余催化剂在产物中可允许的最低范围。催化剂的选择对反应效果有重要作用，如图 4.12 所示的 3-氯-2-氟 5-(三氟甲基)吡啶的氰化反应。虽然相转移催化时使用四丁基溴化铵反应很好，但是其他的相转移催化剂显得效果更好。

> Aliquat 336 为三辛基甲基氯化铵，这里的“辛”指类似于 8 个碳原子的直链烷烃。其长链辛：癸比为 2：1，平均分子量为 432。

> 相转移催化反应可行性的考察。使用 10%的四丁基溴化铵（TBAB）或者四丁基硫酸氢铵，3 eq. 10 mol/L 的氢氧化钠或者氢氧化钾和甲苯。如果这些条件对转化有成功的可能额外的优化或许是需要的。

图 4.13 描述了选择季铵类相转移催化剂的 Halpern 规则[64]。有机相亲和力和可及度影响相转移催化剂的反应速率。季铵盐碳原子数越多，有机相亲和力越强。位阻较小的氮原子具有较大的可及度。Ripin 详细阐明了有关碱性和 pK_a 值的内容[65]。

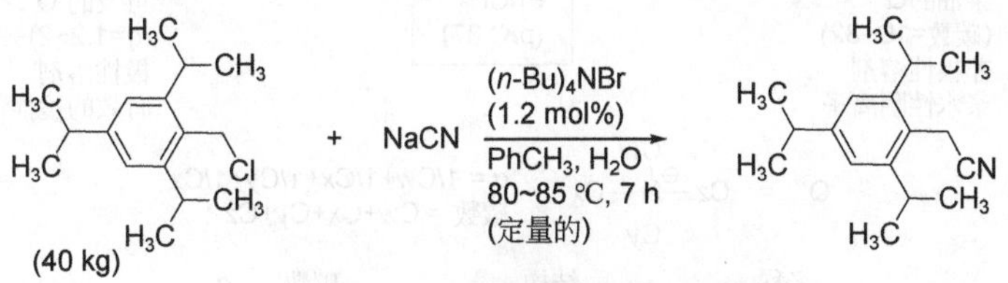

	相转移催化剂	DMSO
NaCN量	1.05 eq.	1.7 eq.
收率	100%	81%
分离	浓缩	结晶
有机溶剂	1.0 L/kg	1.45 L/kg
废液	1.5 L/kg	8.6 L/kg

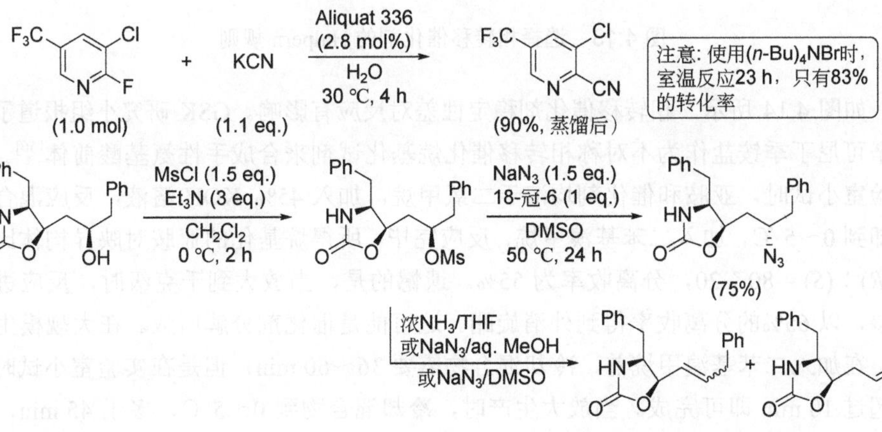

图 4.12

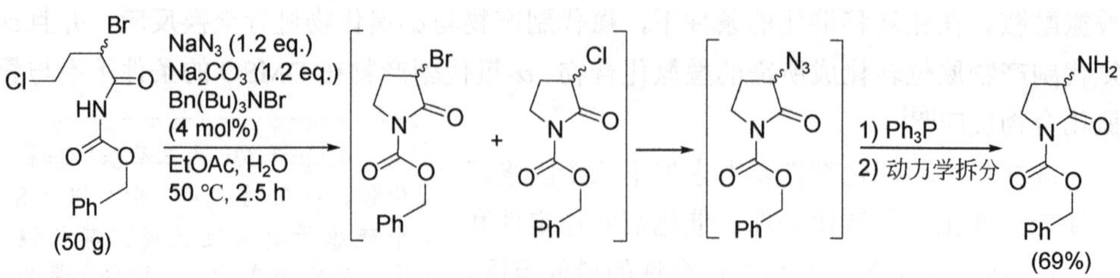

图 4.12 相转移催化下氰化和叠氮化反应

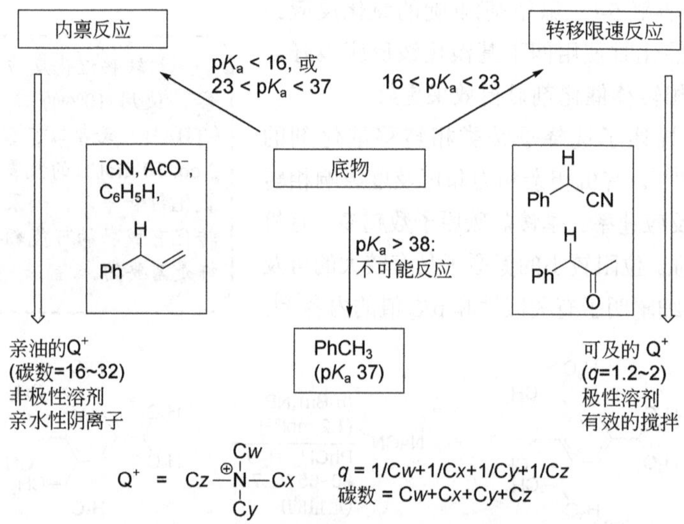

名称	结构	碳数	q
	Me_4NOH	4	4.00
Aliquat-175	$Me(n\text{-}Bu)_3NCl$	13	1.75
TBAB	$(n\text{-}Bu)_4NBr$	16	1.00
TBAHS	$(n\text{-}Bu)_4NHSO_4$	16	1.00
Aliquat-336	$Me(n\text{-}Oct)_3NCl$	25	1.38
	$(n\text{-}Oct)_4NBr$	32	0.50

图 4.13 选择相转移催化剂的 Halpern 规则

如图 4.14 所示，相转移催化剂稳定性差对反应有影响。GSK 研究小组报道了使用辛可尼丁季铵盐作为不对称相转移催化烷基化试剂来合成手性氨基酸前体[66]。在实验室小试时，亚胺和催化剂均溶于二氯甲烷，加入 45% KOH 溶液，反应混合液冷却到 0～5 ℃，加入二苯基溴甲烷，反应完毕，所得烷基化的亚胺对映异构体比例为(*R*)∶(*S*) = 80∶20，分离收率为 55%。遗憾的是，当放大到千克级时，反应进行较慢，以 65%的分离收率得到外消旋酯。这可能是催化剂分解所致。在大规模生产时，在加入二苯基溴甲烷前，冷却混合物需要 36～60 min，但是在实验室小试时，不超过 10 min 即可完成。当放大生产时，冷却混合物到 0～5 ℃，多于 45 min，然后再加入二苯基溴甲烷，只可得到外消旋亚胺。当催化剂单独和 KOH 溶液在室温反应得到霍夫曼消除产物叔胺时，HPLC-MS 检测出其他 3 个降解产物。GSK 研究小组指出，从二叔胺降解产物与二苯甲基溴催化烷基化反应得到季铵盐，但是没有选择性。最后在 0～5 ℃加入 KOH 溶液，产物具有高的对映选择性。在这些条件下，反应结束后催化剂分解成烯醇醚，这就意味着催化剂的回收和循环使用将是非常困难的[67]。季铵盐的降解产物使得规模化，回收和重复使用季铵盐变得复杂起来，也使降解物的分析和去除变得更加困难。对于位阻大的季铵离子，主要的降解反应是霍夫曼消除路径，而对于苄基季铵盐以及位阻小的铵盐主要是去烷基化反应[68]（图 4.14）。在工业生产医药中间体时，四丁基硫酸氢铵可有效地回收和循环使用。

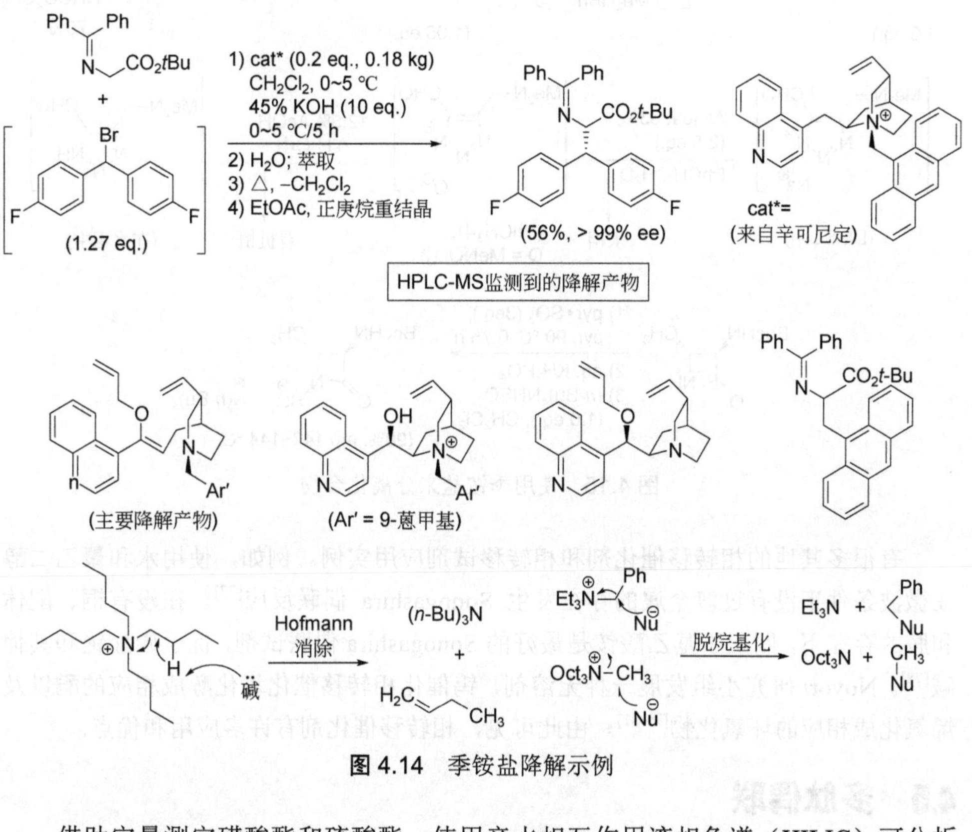

图 4.14　季铵盐降解示例

借助定量测定磺酸酯和硫酸酯，使用亲水相互作用液相色谱（HILIC）可分析残留的季铵盐[69]，因此该方法可以用来分析相转移催化剂。离子色谱和毛细管电泳也是可用的。

在医药工业中，选择相转移催化剂应该考虑能否从产物中容易除去。例如，三正丁基甲基氯化铵（Aliquat® 175）可方便地用水提取。从有机层分离出四正丁基溴化铵或者四正丁基硫酸氢铵需要进行若干处理步骤[70]。而脂溶性的三辛基甲基氯化铵可以留在有机层中，产物可通过重结晶[71]或者用水萃取得到[43,72,73]。

使用化学计量或者过量的季铵盐也能够分离产物（图 4.15）。为了使缬氨酸与氧杂吖丙啶胺化，首先将缬氨酸转化为苄基三甲基溴化铵盐；缬氨酸本身是没有反应活性的[74]。Merck 的研究人员首先用甲苯将三唑醛以三辛基甲基氯化铵形式从二甲基亚砜-水中提取出来，再将经含水乙酸处理后最终从 2-丁醇中分离出来[75]。Squibb 的研究人员以较高的收率分离出结晶的 *N*-硫酸化的 *β*-内酰胺季铵盐[76]。

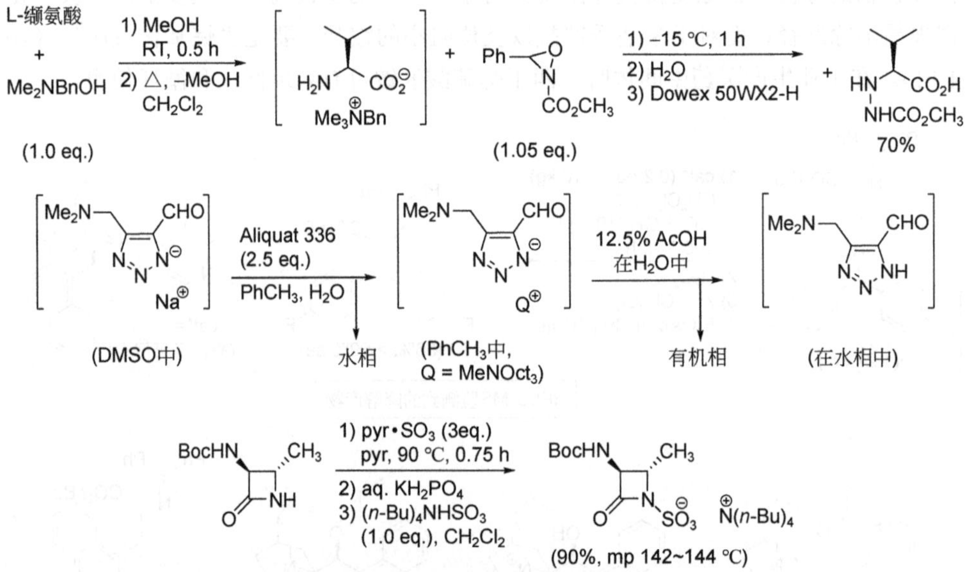

图 4.15 使用季铵盐来分离化合物

有很多其他的相转移催化剂和相转移试剂应用实例。例如，使用水和聚乙二醇在微波条件下没有过渡金属的存在发生 Sonogashira 偶联反应[77]。在没有铜、配体和胺的存在下，四正丁基乙酸铵是最好的 Sonogashira 偶联试剂，优于碳酸铯和其他碱[78]。Noyori 研究小组发展一种无溶剂，钨催化相转移催化氧化醇成相应的酮以及烯氧化成相应的环氧化物[79-81]。由此可见，相转移催化剂有许多应用和优点。

4.5 多肽偶联

多肽偶联试剂通常是一类昂贵的脱水剂[82]。表 4.5 列出了一些商业易得的多肽偶联试剂每摩尔相对于氯化亚砜的成本及其对应的参考文献。（选择氯化亚砜作为最廉价的试剂用来制备酰氯。酰氯很少用于氨基酸酰胺偶联，酰氟好于酰氯[83]。）多肽试剂 *O*-苯并三氮唑-四甲基脲六氟磷酸盐（HBTU）和 2-(7-偶氮苯并三氮唑)-*N,N,N',N'*-四甲基脲六氟磷酸酯（HATU）是高效的，可以跟难以发生偶联反应的树脂或位阻大的羧酸形成酰胺键[84]。HBTU 和 BOP-Cl 的副产物是水溶性的。胺和羧酸可以和碳化二亚胺或者丙基磷酸酐（T3P）混合，无须先激活碳酸偶合。水溶性碳化二亚胺的尿素副产物容易通过萃取除去，这是由于胺的碱性作用。二环己基脲可由*N,N*-二甲基甲酰胺(DMF)结晶并过滤除去。来自于2-氯-4,6-二甲氧基-1,3,5-三嗪（CDMT）偶合物的酚副产物可通过碱萃取除去。所有这些试剂均要采取安全防范措施，因为它们都有严重的刺激性。

表4.5 多肽偶合试剂的相对成本

试 剂	相对成本/(美元/mol)	参考文献
O-苯并三氮唑-四甲基脲六氟磷酸盐（HBTU）	1048	①
双(2-氧代-3-噁唑烷基)次磷酰氯	273	
2-氯-4,6-二甲氧基-1,3,5-三嗪（CDMT）	250	②③
(氯亚甲基)二甲基氯化铵（维尔斯梅尔试剂）	82	④
N-(二甲氨基丙基)-*N'*-乙基碳二亚胺（作为液体游离碱或固体盐酸盐：EDAC，EDC，WSC）	70	⑤
羰基二咪唑（CDI）	53	（参考正文部分）
丙基磷酸酐（三聚物，T3P）	44	⑥
二乙基磷酰氯	19	⑦⑧
二环己基碳二亚胺（DCC）	10	
氯甲酸异丁酯	5	⑨
新戊酰氯	2	⑩
氯化亚砜	1	⑪

① Sleebs, M. M.; Scanlon, D.; Karas, J.; et al. *J. Org. Chem.* **2011**, *76*, 6686.

② Garrett, C. E.; Jiang, X.; Prasad, K.; Repic, O. *Tetrahedron Lett.* **2002**, *43*, 4161.

③ 三氯三嗪用于偶联：Rayle, H. L.; Fellmeth, L. *Org. Process Res. Dev.* **1999**, *3*, 172.

④ Jass, P. A.; Rosso, V. W.; Racha, S.; et al. *Tetrahedron* **2003**, *59*, 9019.

⑤ Hansen, K. B.; Balsells, J.; Dreher, S.; et al. *Org. Process Res. Dev.* **2005**, *9*, 634.

⑥ Patterson, D. E.; Powers, J. D.; LeBlanc, M.; et al. *Org. Process Res. Dev.* **2009**, *13*, 900.

⑦ 二乙基磷酰氯是胆碱酯酶的抑制剂，毒性很大：http://toxnet.nlm.nih.gov/cgi-bin/sis/ search/a?dbsþhsdb:@termþ@DOCNOþ6408

⑧ 磷酸二乙酯是个很好的离去基团，这在格氏反应中已表现出来：Snyder, S. A.; Treitler, D. S. Organic Syntheses. **2011**, *88*, 54.

⑨ Mickel, S. J.; Sedelmeier, G. H.; Niederer, D.; et al. *Org. Process Res. Dev.* **2004**, *8*, 92.

⑩ Grosso, J. A. US 5162543. 1992 (to E. R. Squibb & Sons).

⑪ Butini, S.; Gabellieri, E.; Huleatt, P. B.; et al. *J. Org. Chem.* **2008**, *73*, 8458.

在研发新化学实体过程中，多肽偶联试剂的选择具有多样性。水溶性碳化二亚胺被用来做初始研究是比较方便的，但在生产工艺开发时应考虑使用原子经济性好的试剂。在大规模时氯甲酸酯、新戊酰氯或苯甲酰氯常用来制备混合酸酐。最近，*N,N'*-羰基二咪唑（CDI）常被用于大规模生产，甚至用于位阻大的羧酸酰胺的制备（图4.16）[85-92]。CDI的优点是副产物无毒并且是水溶性的，反应可通过 CO_2 逸出进行检测，咪唑具有很好的热力学稳定性，并且 CDI 是一种价廉的工业化工产品。通常来说，咪唑没有酰氯活性高。咪唑氯化物可催化 CDI 偶联[91]，少量的 CO_2 是有效的[89]（见图 17.1）。

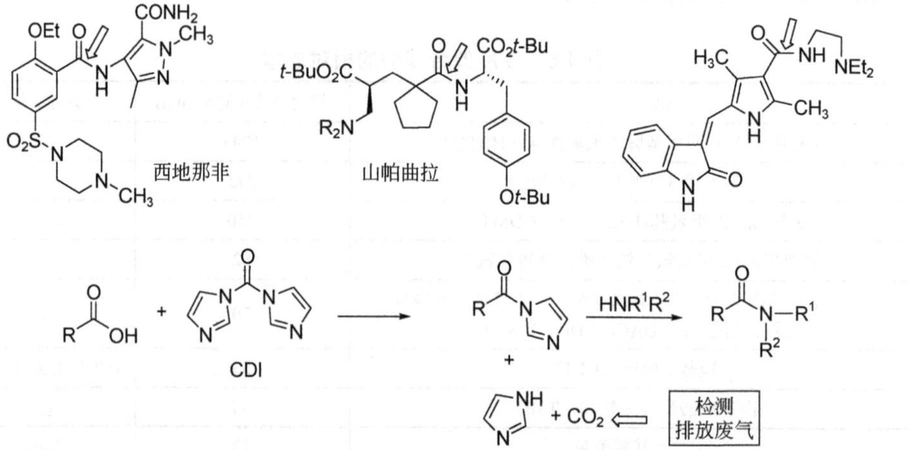

图 4.16 通过羰基二咪唑（CDI）偶联大规模制备的某些化合物

在多肽偶联反应中，羧酸羰基α位的外消旋是一个值得注意的问题，通常是通过噁唑酮形成（见图 7.1 的讨论部分）。1-羟基苯并三唑（HOBt）通常用来作为多肽偶联反应催化剂，活化酯的形成可以降低外消旋化以及 *O*-酰基到 *N*-酰基转移。遗憾的是，HOBt 化学性质非常活泼，尤其是在干燥条件下，而且 HOBt 严禁运输。HOBt 与一些偶联试剂反应时应小心处置，例如 HUTU、HATU 和 PYBOP（图 4.17）。辉瑞及其他公司的研究人员已经考察了 HOBt 替代品[85,86,93]。对于位阻大的咪唑与亲核性较差的苯胺偶联反应而言，催化剂的活性是顺序是 HOAt > HOBt·H_2O > 5-硝基-2-羟基吡啶 > 2-羟基吡啶。就安全性而言，其顺序是 2-羟基吡啶 > 5-硝基-2-羟基吡

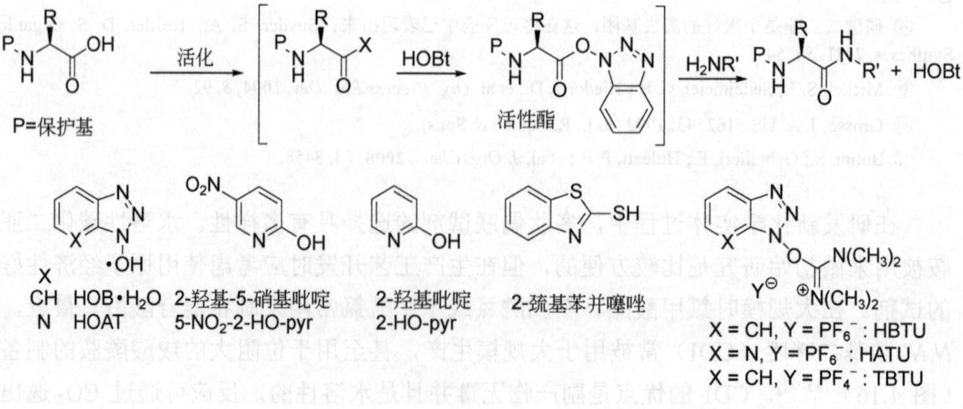

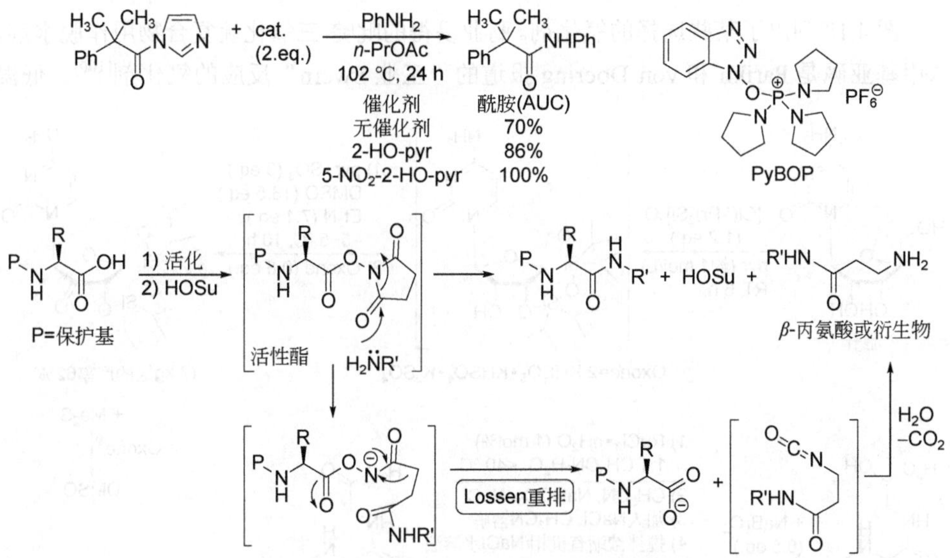

图 4.17 替代 1-羟基苯并三唑（HOBt）

啶 > HOBt • H_2O > HOAt。而 5-硝基-2-羟基吡啶是最好的催化剂。在通过固相肽合成制备肽时，价廉的 2-巯基苯并噻唑是一个有效的替代 HOBt 的试剂[94]，并且适合相液合成（虽然有橡胶轮胎的味道）。对于肽偶联反应，可以形成或者分离出其他活性酯，如五氟苯基酯或者 *N*-羟基丁二酰亚胺（HOSu）酯。后者经洛森重排形成 *β*-丙氨酸衍生物。在偶联反应时低反应温度和弱碱性条件可以减少此类型副产物生成[95,96]。4-二甲氨基吡啶（DMAP）是一种高活性的酰化试剂[97]，可通过酰基吡啶中间体形成的烯酮来促进消旋化。吡啶也可作为酰化催化剂。如果替代 HOBt 试剂需要催化剂，也许 2-羟基吡啶将是有效和经济的。

4.6 氧化

氧化反应在工业规模中通常是麻烦的。由于氧化剂的反应活性高，所以在操作上是极其危险的，在工业规模上事故风险是很大的。严禁运输的试剂包括 90%过氧化氢、间氯过氧苯甲酸、戴斯-马丁试剂。某些试剂的毒性需要使用个人防护设备，这是必要但烦琐的，并且可能会延缓操作。如果产生有毒的副产物和大量的废物，废物处理成本也会很高[98]。费力的工作随之而来，增加了处理时间和质量差的产品回收风险。优选的途径是设计采用价廉易得、危险性较小且无毒的大宗氧化剂的催化氧化反应。某些有用的大宗氧化剂为空气（钢瓶中的氧气有更大的危险性），过氧化氢（浓度不高于 30%），亚氯酸钠，次氯酸钠（漂白剂），尿素-过氧化氢，碳酸钠-过氧化氢，过硼酸钠，*N*-甲基吗啉-*N*-氧化物（NMO）和过硫酸氢钾制剂。用于工业大规模的氧化反应已有综述[99]。

图 4.18 列出了某些选择的氧化剂。商业易得的吡啶-三氧化硫复合物用作脱水剂，二甲基亚砜是 Parikh 和 von Doering 报道的"工业 Swern"反应的氧化剂[100]。低温

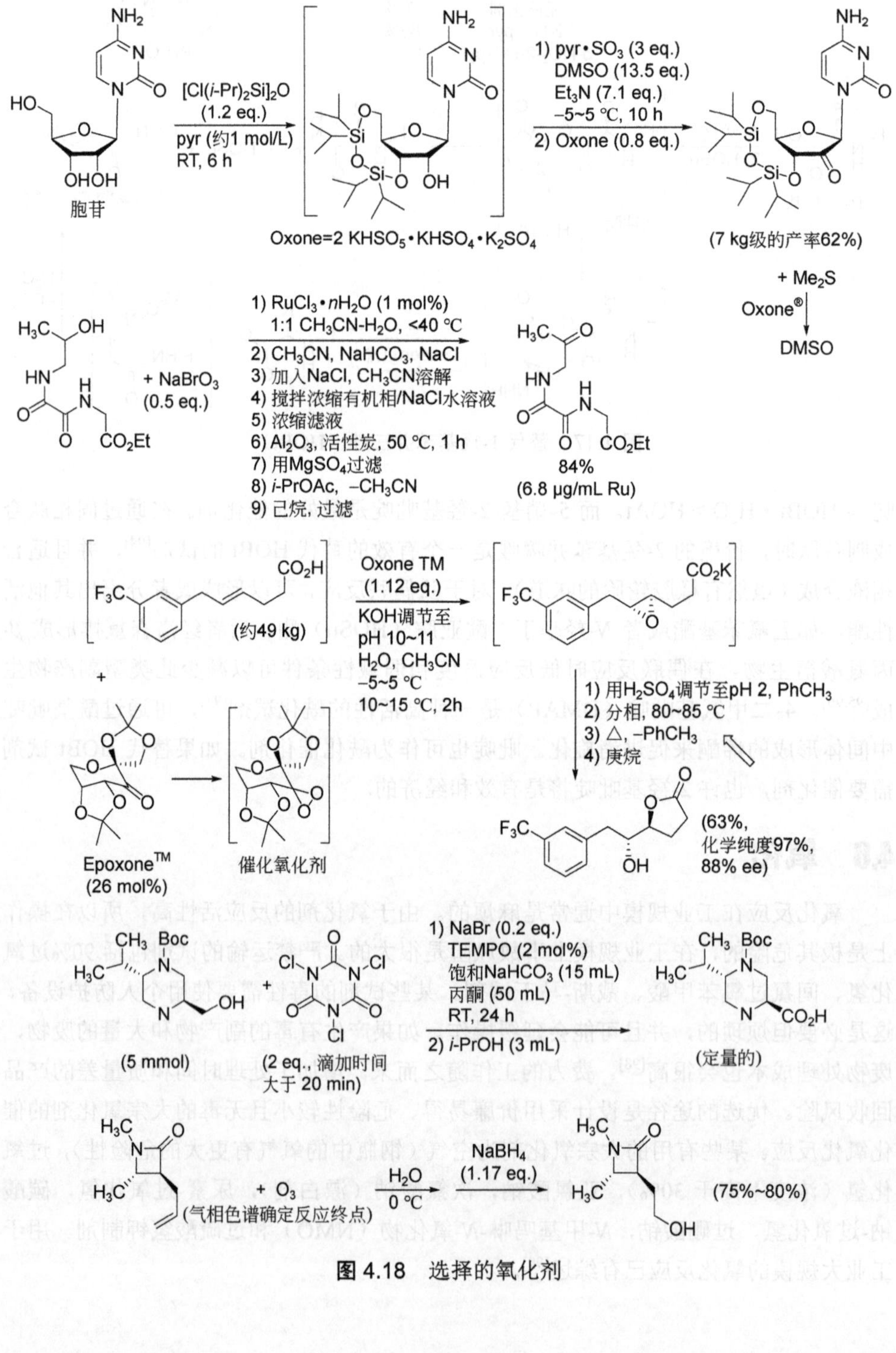

图 4.18 选择的氧化剂

条件和活性更高的试剂如草酰氯或三氟乙酸酐是不需要的。在氧化胞苷衍生物中仲醇的氧化反应中加入过硫酸氢钾制剂，可将恶臭二甲硫醚副产物转化为二甲基亚砜[101-104]。在 Merck 钌催化氧化反应中，该反应可在乙腈-水中进行，因为乙腈在水中具有高的溶解度，该过程需要相当麻烦的后处理。但该反应的显著特点是残留钌量极低，这可能是用活性炭处理的原因[105]。DSM 公司研究人员在工业上利用 Shi 试剂进行烯烃的手性环氧化反应[106,107]，需使用大量预催化剂，因为它在反应过程中被分解。为简便处理在 80～85 ℃进行分相[108]，用 1,3,5-三氯异氰尿酸（TCCA）进行 TEMPO-催化氧化羧酸的伯醇无须金属催化剂。该反应没有明显的消旋物生成，中间体醛氧化成羧酸时水是必需的[109]。优化反应条件可减少 TCCA 的用量，因为其氧化能力是 *N*-氯代琥珀酰亚胺（NCS）的 3 倍[110]。TEMPO 氧化能否在各种溶剂中进行取决于起始原料。对于非均相混合物，有效的搅拌[111]和控制 pH 是必要的[112]。1 kg 以上规模的水溶性 β-内酰胺的臭氧化可在水中于 0 ℃进行[113]。水是安全的溶剂，可替代二氯甲烷-甲醇[114]。臭氧化反应通常在−25 ℃或者更低的温度进行，这是因为臭氧在多数有机溶剂中有较差的溶解度并且还要考虑中间体臭氧化物的活性。连续的臭氧化或许是安全且实用的选择[115]。

4.7 还原

如在第 5 章节中所提到的，必须谨慎使用硼烷-四氢呋喃配合剂[116,117]。四氢呋喃溶液中硼烷-四氢呋喃分解产生氢气和硼酸三丁酯，并且在高于 50 ℃产生二硼烷，其活性低于硼烷。从安全角度说，硼烷-四氢呋喃常在四氢呋喃中进行，BASF 研究人员建议该试剂应在 0～5 ℃中保存，并且反应温度最好低于 35 ℃[118]。浓度为 1 mol/L 硼烷-四氢呋喃的四氢呋喃溶液是商业易得的。硼烷可由硼氢化钠和三氟化硼・乙醚反应制得。反应中所获得的稳定的硼烷胺配合物能够分离并重结晶（图 4.19）。在后反应中，首先甲醇水解破坏未反应的硼烷，然后更高温度使硼烷胺配合物得以分解。反应在无水条件下进行，甲醇淬灭并且去除甲醇、三甲氧基硼烷共沸物（熔点 55 ℃；甲醇：三甲氧基硼为 34：66）[117]。其他研究表明，某些缩酮裂解是在上述条件下形成的，2-氢双(二甲氧乙氧基)铝酸钠（红铝，双二氢铝钠）的效果较好。使用红铝没有醚类生成，但却出现了其他的副产物。在乙醚结构确定前，实验筛选了反应温度、反应时间、红铝的使用量，并且进行 6 次试验（2^{3-1}+2 中心反应），还原条件能迅速被优化（图 4.19）[119]。

图 4.20 列出了一些其他例子。在水溶液中，使用少量价廉的催化剂还原食品级聚合物孤立双键。此还原不使用氢气，并且副产物是非常绿色的。表面活性剂可以在界面处形成悬浮液促进原料的还原[120]。二亚胺还原最小取代烯烃是有选择性的，如果混合肼和过氧化氢的安全隐患可以解决，反应是可以很好地进行的。Amgen 研究人员发现，还原磺酰亚胺时，通过改变还原剂和溶剂也可获得较高的非对映选择

性[121]。抗坏血酸还原重氮盐是一种替代氯化亚锡还原重氮盐的绿色方法。该方法无重金属废弃物，除了用甲醇洗涤外全过程均使用水[122]。

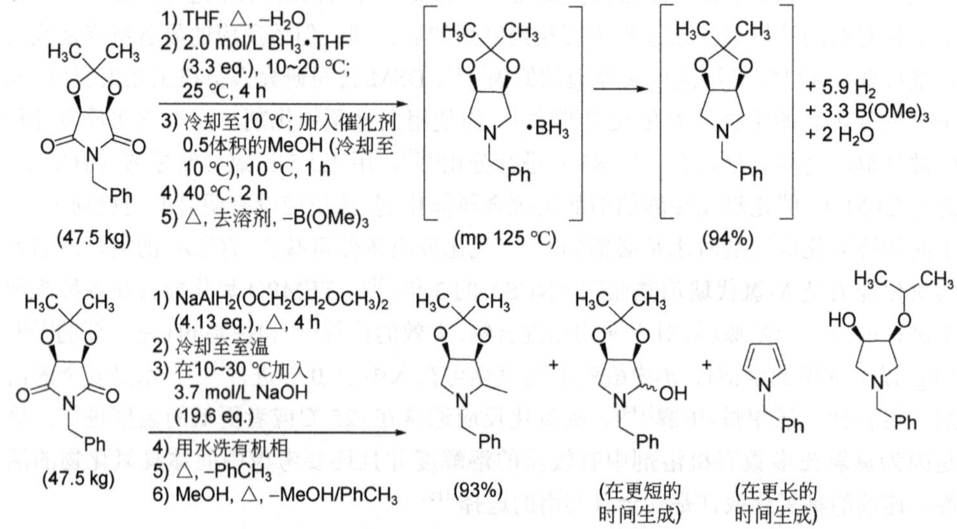

图 4.19　使用原位产生的硼烷或者红铝还原亚胺

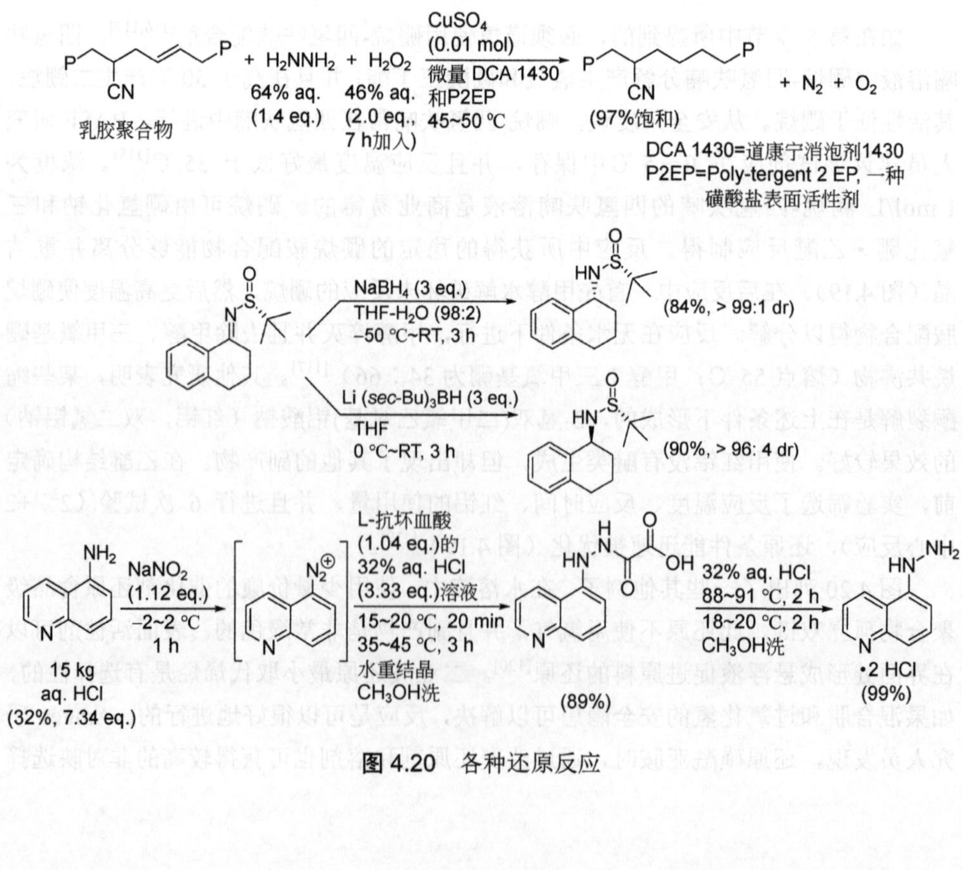

图 4.20　各种还原反应

4.8　叔丁基氧羰基（Boc）的去除

有很多方法去除 Boc 基团。药物化学家常用三氟乙酸去除 Boc 基团，因为其易挥发并可旋蒸去除。有很多可以替代高腐蚀性的三氟乙酸的试剂，包括磷酸/甲苯[123]、硫酸/甲苯[124]、对甲苯磺酸/甲基异丁基酮[8]、中等温度的 2 mol/L 盐酸。从酸催化脱保护得到的异丁烯可被醇捕捉[125]。在强酸性条件下，副产物通过异丁基碳正离子的反应形成（图 4.21）。加入含醇的混合溶剂可捕捉相应的醚这一中间体。BMS 研究人员发现，为了减少产物的酯化，在反应化合物中加入水是关键的[126]。使用 85%磷酸去除氮杂环丁烷的 Boc 保护基团是高选择性的；有时，加入二氯甲烷可以增加反应液的流动性[127]。（用盐酸或者三氟乙酸脱 *N*-Boc 保护会导致二聚物的生成，二聚体是通过进攻另一分子氮杂环丁烷质子化的氮生成的[128]。辉瑞公司使用 85%磷酸的方法中没有提到这样的副反应。）诺华公司研究人员发现，使用 85%磷酸在去除 Boc 保护基和烯烃水合中非常有效。使用更稀的磷酸这两个阶段的过程是缓慢的，并且当使用比磷酸更强的酸时，内酯醇氧旁边的碳发生差向异构化[123]。

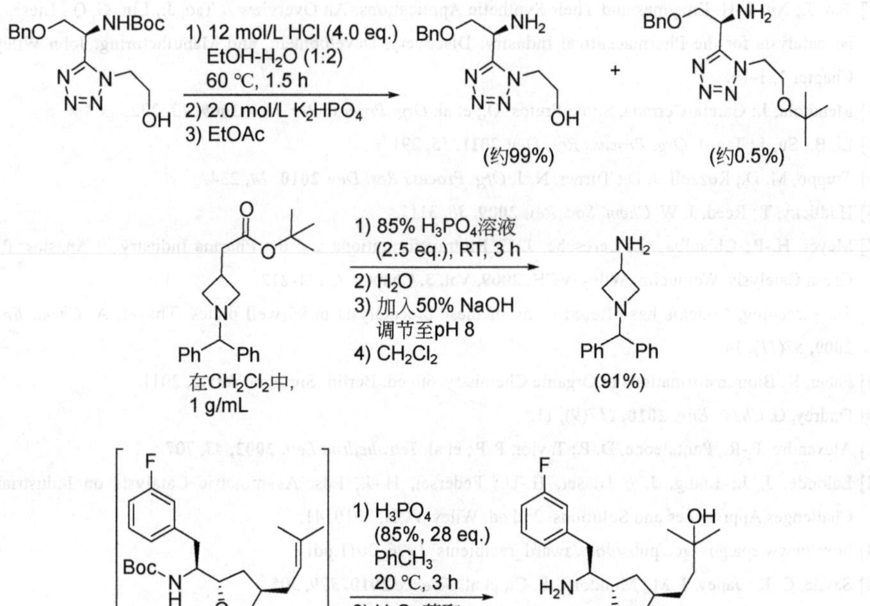

图 4.21　去除 Boc 基团

参 考 文 献

[1] Lu, X. *Synlett* **2011,** *7*. preface page.

[2] Alt, J. K. *Cooks Illustrated* **2007,** *88*(Sept. - Oct.), 30. Reprinted with permission from Cook's Illustrated magazine. For a trial issue, call 800-526-8442. Selected articles and recipes, as well as subscription information, are available online at www.cooksillustrated.com. This magazine could be considered a food journal for process chemists, and the editors have compiled recipes into *The Best Recipe*; Boston Common Press: Brookline MA, 1999.

[3] Caron, S., Ed. Practical Synthetic Organic Chemistry: Reactions, Principles, and Techniques. Wiley, 2011.

[4] Martinelli, M. J.; Vaidyanathan, R.; Pawlak, J. M.; et al. *J. Am. Chem. Soc.* **2002,** *124*, 3578.

[5] 催化量的 Me_2SnCl_2/K_2CO_3/THF 用于二醇的单苯甲酰化，见： Maki, T.; Iwasaki, E.; Mausumura, Y. *Tetrahedron Lett.* **1998,** *39*, 5601; Iwasaki, F.; Maki, T.; Onomura, O.; et al. *J. Org. Chem.* **2000,** *65*, 996.

[6] 去除有机锡的方法见第 11 章。也许 Bu_2SnO 应该与亲脂二醇缩合来移除.

[7] Park, K.-H.; Kurth, T. M.; Olmstead, M. M.; Kurth, M. J. *Tetrahedron Lett.* **2001,** *42*, 992. SAFETY: NaH and DMF can afford a runaway reaction. 见图 2.4 的讨论部分.

[8] Beaulieu, P. L.; Gillard, J.; Bailey, M. D.; et al. *J. Org. Chem.* **2005,** *70*, 5869.

[9] Caron, S.; Vazquez, E.; Wojcik, J. M. *J. Am. Chem. Soc.* **2000,** *122*, 712.

[10] Mukhopadhyay, C.; Datta, A. *J. Heterocyclic Chem.* **2009,** *46*, 91.

[11] Bernasconi, B.; Lee, J.; Roletto, J.; Sogli, L.; Walker, D. *Org. Process Res. Dev.* **2002,** *6*, 152.

[12] Tao, J.; Xu, J.-H. Enzymes and Their Synthetic Applications: An Overview // Tao, J., Lin, G.-Q., Liese, A., Eds. Biocatalysis for the Pharmaceutical Industry: Discovery, Development, and Manufacturing. John Wiley, 2009, Chapter 1, 1-19.

[13] Mendiola, J.; García-Cerrada, S.; de Frutos, O.; et al. *Org. Process Res. Dev.* **2009,** *13*, 292.

[14] Li, B.; Su, J.; Tao, J. *Org. Process Res. Dev.* **2011,** *15*, 291.

[15] Truppo, M. D.; Rozzell, J. D.; Turner, N. J. *Org. Process Res. Dev.* **2010,** *14*, 234.

[16] Hudlicky, T.; Reed, J. W. *Chem. Soc. Rev.* **2009,** *38*, 3117.

[17] Meyer, H.-P.; Ghisalba, O.; Leresche, J. E. Biotransformations and the Pharma Industry. // Anastas, P. T., Ed. Green Catalysis. Weinheim: Wiley-VCH, 2009, Vol. 3, Chapter 7, 171-212.

[18] For screening, Codexis has offered many of these biocatalysts in 96 well plates: Thayer, A. *Chem. Eng. News* **2009,** *87(11)*, 14.

[19] Faber, K. Biotransformations in Organic Chemistry. 6th ed. Berlin: Springer Verlag, 2011.

[20] Ondrey, G. *Chem. Eng.* **2010,** *117(9)*, 11.

[21] Alexandre, F.-R.; Pantaleone, D. P.; Taylor, P. P.; et al. *Tetrahedron Lett.* **2002,** *43*, 707.

[22] Lalonde, J. J.; Liang, J. // Blaser, H.-U.; Federsel, H.-J., Eds. Asymmetric Catalysis on Industrial Scale: Challenges Approaches and Solutions. 2nd ed. Wiley-VCH, 2010, 41.

[23] http://www.epa.gov/gcc/pubs/docs/award_recipients_1996_2011.pdf

[24] Savile, C. K.; Janey, J. M.; Mundorff, E. C.; et al. *Science* **2010,** *329*, 305.

[25] Liang, J.; Mundorff, E.; Volari, R.; et al. *Org. Process Res. Dev.* **2010,** *14*, 188.

[26] Liang, J.; Lalonde, J.; Borup, B.; et al. *Org. Process Res. Dev.* **2010,** *14*, 193.

[27] Gooding, O. W.; Voladri, R.; Bautista, A.; et al. *Org. Process Res. Dev.* **2010,** *14*, 119.

[28] Kolata, G. The New York Times, August 29, 2011, http://www.nytimes.com/2011/08/30/science/30microbe.html?_r¼1&hp; August 29, 2011.

[29] Mundorff, E.; Davis, S. C.; Huisman, G. W.; Krebber, A.; Grate, J. H. U.S. 2009/0118130 A1 (to Codexis).

[30] Conrow, R. E.; Harrison, P.; Jackson, M.; et al. *Org.Process Res. Dev.* **2011,** *15*, 301.

[31] May, O. http://www.dsm.com/en_US/downloads/dpp/RSS_PLE.pdf

[32] Leresche, J. E.; Meyer, H.-P. *Org. Process Res. Dev.* **2006,** *10*, 572.

[33] Mahmoudian, M. *Org. Process Res. Dev.* **2011,** *15*, 173.

[34] For an example, see Swartz, J. D.; Miller, S. A.; Wright, D. *Org. Process Res. Dev.* **2009,** *13*, 584.

[35] Tufvesson, P.; Lima-Ramos, J.; Nordblad, M.; Woodley, J. M. *Org. Process Res. Dev.* **2011,** *15*, 266.

[36] Baenziger, M.; Mak, C.-P.; Muehle, H.; et al. *Org. Process Res. Dev.* **1997,** *1*, 395.

[37] Perrin, D. D.; Dempsey, B.; Serjeant, E. P. pK_a Prediction for Organic Acids and Bases. New :York Chapman and Hall, 1981, 23.

[38] Sykes, P. A Guidebook to Mechanism in Organic Chemistry. 6th ed.; Harlow, Essex, England: Longman, 1986, 67.

[39] Mase, T.; Houpis, I. N.; Akao, A.; et al. *J. Org. Chem.* **2001,** *66*, 6775.

[40] Kii, S.; Akao, A.; Iida, T.; Mase, T.; Yasuda, N. *Tetrahedron Lett.* **2006,** *47*, 1877.

[41] Huang, Q.; Richardson, P. F.; Sach, N. W.; et al. *Org. Process Res. Dev.* **2011,** *15*, 556.

[42] Weber, W. P.; Gokel, G. W. Phase Transfer Catalysis in Organic Synthesis. Berlin: Springer-Verlag, 1977.

[43] Starks, C.; Liotta, C.; Halpern, M. Phase-Transfer Catalysis: Fundamentals, Applications and Industrial Perspectives. New York: Chapman and Hall, 1994.

[44] http://www.phasetransfer.com

[45] 当 TBAB 添加到 Heck 反应中，它可能称作 Jeffrey 催化剂：Jeffrey, T. *Tetrahedron* **1996,** *52*, 10113.

[46] Albanese, D.; Landini, D.; Maia, A.; Penso, M. *Ind. Eng. Chem. Res.* **2001,** *40*, 2396.

[47] Halpern, M.; Crick, D. *Ind. Phase Transfer Catal.* **2002,** *16*, 1; http://www.ptcorganics.com

[48] Doecke, C. W.; Staszak, M. A.; Luke, W. D. *Synthesis*, **1991,** 985.

[49] Anderson, N. G.; Deshpande, R. P.; Moniot, J. L. US 6162922. 2000 (to Bristol–Myers Squibb).

[50] Totleben, M. J.; Prasad, J. S.; Simpson, J. H.; et al. *J. Org. Chem.* **2001,** *66*, 1057.

[51] Beaulieu, P.; Gillard, J.; Bailey, M.; et al. *J. Org. Chem.* **1999,** *64*, 6622.

[52] Magni, A. Eur. Patent EP 0346765. 1989 (to Gruppo LePetit).

[53] Hellberg, M. R.; Conrow, R. E.; Sharif, N. A.; et al. *Bioorg. Med. Chem.* **2002,** *10*, 2031.

[54] Russell, M. G. N.; Baker, R. J.; Barden, L.; et al. *J. Med. Chem.* **2001,** *44*, 3881.

[55] Ledon, H. J. *Organic Syntheses, Coll.* **1988,** *6*, 414; *Organic Syntheses*, **1979,** *59*, 66.

[56] Halpern, M. *Phase Transfer Catal. Commun.* **2000,** *13*, 1.

[57] Anderson, N. G.; Carson, J. R. *J. Med. Chem.* **1980,** *23*, 98.

[58] Harrington, P. J.; Khatri, H. N.; DeHoff, B. S.; et al. *Org. Process Res. Dev.* **2002,** *6*, 120.

[59] Qafisheh, N.; Mukhopadhyay, S.; Joshi, A. V.; et al. *Ind. Eng. Chem. Res.* **2007,** *46*, 3016.

[60] Dozeman, G. J.; Fiore, P. J.; Puls, T. P.; Walker, J. C. *Org. Process Res. Dev.* **1997,** *1*, 137.

[61] Dann, N.; Riordan, P. D.; Amin, M. R.; Mellor, M. US 6921828. 2005 (to Bayer Crop Science S. A.).

[62] Benedetti, F.; Berti, F.; Norbedon, S. *J. Org. Chem.* **2002,** *67*, 8635.

[63] Barrett, R.; Caine, D. M.; Cardwell, K. S.; et al. *Tetrahedron: Asymmetry* **2003,** *14*, 3267.

[64] Halpern, M. E. // Halpern, M., Ed. Phase-Transfer Catalysis. ACS Symposium Series. Washington, DC: American Chemical Society, 1997, 97-107.

[65] Ripin, D. H. B. //Caron, S., Ed. Practical Synthetic Organic Chemistry: Reactions, Principles, and Techniques. Wiley, 2011, 771.

[66] Maruoka, K., Ed. *Asymmetric Phase Transfer Catalysis*. Wiley: New York, 2008.

[67] Patterson, D. E.; Xie, S.; Jones, L. A.; et al. *Org. Process Res. Dev.* **2007,** *11*, 624.

[68] Landini, D.; Maia, A.; Rampoldi, A. *J. Org. Chem.* **1986,** *51*, 3187.

[69] An, J.; Sun, S.; Bai, L.; et al. *J. Pharm. Biomed. Anal.* **2008,** *48*, 1006.

[70] TBAB 用于 Pd 催化偶联反应的例子，见：Lipton, M. F.; Mauragis, M. A.; Maloney, M. T.; et al. *Org. Process Res. Dev.* **2003,** *7*, 385.

[71] 1.4 倍 Aliquat 336 的 PTC 反应，见：Akao, A.; Hiraga, S.; Iida, T.; et al. *Tetrahedron* **2001,** *57*, 8917.

[72] Halpern, M. // Halpern, M., Ed. Phase Transfer Catalysis: Mechanisms and Synthesis. Washington, DC: American Chemical Society, 1997, Chapter 8, 97.

[73] Halpern, M.; Grinstein, R. *Phase-Transfer Catal. Commun.* **1998,** *4(2)*, 17.

[74] Vidal, J.; Damestoy, S.; Guy, L.; et al. *Chem. Eur. J.* **1997,** *3*, 1691; According to Ref. 37 cited therein (Hay, R. W.; Porter, L. J. *J. Chem. Soc.* **1967,** 1261)，氨基的 pK_a 由 7.6（Val-OMe）增大到 pK_a 9.7（缬氨酸酯）.

[75] Journet, M.; Cai, D.; Hughes, D. L.; et al. *Org. Process Res. Dev.* **2005,** *9*, 490.

[76] Floyd, D. M.; Fritz, A. W.; Pluscec, J.; et al. *J. Org. Chem.* **1983,** *47*, 5160.

[77] Leadbeater, N. E.; Marco, M. *J. Org. Chem.* **2003,** *68*, 5660.

[78] Urganonkar, S.; Verkade, J. G. *J. Org. Chem.* **2004,** *69*, 5752.

[79] Sato, K.; Aoki, M.; Ogawa, M.; et al. *J. Org. Chem.* **1996,** *61*, 8310.

[80] Sato, K.; Aoki, M.; Takagi, J.; Noyori, R. *J. Am. Chem. Soc.* **1997,** *119*, 12386; See also Hronec, M. //Sasson, Y.; Neumann, R., Eds. Handbook of Phase Transfer Catalysis. Chapman and Hall: London, 1997; pp 317-335.

[81] Sato, K.; Aoki, M.; Noyori, R. *Science* **1998,** *281*, 1646.

[82] 关于多肽的深入讨论，见：Lloyd-Williams, P.; Albericio, F.; Giralt, E. Chemical Approaches to the Synthesis of Peptides and Proteins. Boca Raton, Florida: CRC Press, 1997.

[83] Carpino, L. A.; Sadat-Aalaee, D.; Chao, H. G.; DeSelms, R. H. *J. Am. Chem. Soc.* **1990,** *112*, 9651.

[84] Wipf, P.; Uto, Y. *J. Org. Chem.* **2000,** *65*, 1037.

[85] Dunn, P. J.; Hoffmann, W.; Kang, Y.; Mitchell, J. C.; Snowden, M. J. *Org. Process Res. Dev.* **2005,** *9*, 956.

[86] Bright, R.; Dale, D. J.; Dunn, P. J.; et al. *Org. Process Res. Dev.* **2004,** *8*, 1054.

[87] Dunn, P. J.; Hughes, M. L.; Searle, P. M.; Wood, A. S. *Org. Process Res. Dev.* **2003,** *7*, 244.

[88] Dale, D. J.; Dunn, P. J.; Golightly, C.; et al. *Org. Process Res. Dev.* **2000,** *4*, 17.

[89] Viadyanathan, R.; Kalthod, V. G.; Ngo, D. P.; et al. *J. Org. Chem.* **2004,** *69*, 2565.

[90] Chaudhary, A.; Girgis, M. J.; Prashad, M.; et al. *Org. Process Res. Dev.* **2003,** *7*, 888.

[91] Woodman, E. K.; Chaffey, J. G. K.; Hopes, P. A.; et al. *Org. Process Res. Dev.* **2009,** *13*, 106.

[92] Weisenberger, G. A.; Anderson, D. K.; Clark, J. D.; et al. *Org. Process Res. Dev.* **2009,** *13*, 60.

[93] Lorenz, J. Z.; Busacca, C. A.; Feng, X.; et al. *J. Org. Chem.* **2010,** *75*, 1155.

[94] Evans, D. J. *Specialities Chemicals Magazine*, September 2005, 50.

[95] Zalipsky, S. *Chem. Commun.* **1998,** 69.

[96] Hlebowicz, E.; Andersen, A. J.; Andersson, L.; Moss, B. A. *J. Peptide Res.* **2005,** *65*, 90.

[97] 使用 DMAP 及其副反应的综述见：Höfle, G.; Steglich, W.; Vorbrüggen, H. *Angew. Chem. Int. Ed. Engl.* **1978,** *17*, 569.

[98] 二十年前，甾体中间体的合成有时候需要经过几次氧化和还原反应，经常需要使用过量的氯基试剂。早期较好的例子，见：Pines, S. H. *Org. Process Res. Dev.* **2004,** *8*, 708.

[99] Caron, S.; Dugger, R. W.; Ruggeri, S. G.; et al. *Chem. Rev.* **2006,** *106*, 2943.

[100] Parikh, J. R.; von Doering, W. *J. Am. Chem. Soc.* **1967,** *89*, 5505.

[101] McCarthy, J. R.; Matthews, D. P.; Sabol, J. S.; et al. US 5760210 (to Merrell Pharmaceuticals). 1998.

[102] Ng, J.; Przybyla, C.; Liu, C.; et al. *Tetrahedron* **1995,** *51*, 6397.

[103] TFAA/DMSO 在−15 ℃下氧化，见：Appell, R. B.; Duguid, R. J. *Org. Process Res. Dev.* **2000,** *4*, 172.

[104] 添加吡啶减少酸催化的副反应：Chen, L.; Lee, S.; Renner, M.; Tian, Q.; Nayyar, N. *Org. Process Res. Dev.* **2006,** *10*, 163.

[105] Fleitz, F. J.; Lyle, T. J.; Zheng, N.; et al. *Synth. Commun.* **2000,** *30*, 3171.

[106] Shu, L.; Shi, Y. *J. Org. Chem.* **2000,** *65*, 8807.

[107] Hashimoto, N.; Kanda, A. *Org. Process Res. Dev.* **2002,** *6*, 405.

[108] Ager, D. J.; Anderson, K.; Oblinger, E.; et al. *Org. Process Res. Dev.* **2007,** *11*, 44.

[109] 110. De Luca, L.; Giacomelli, G.; Masala, S.; Porcheddu, A. *J. Org. Chem.* **2003,** *68*, 4999.

[110] TCCA 大约只有 NCS 的每个氯成本的 1/4：Tilstam, U.; Weinmann, H. *Org. Process Res. Dev.* **2002,** *6*, 384.

[111] Janssen, M. H. A.; Chesa Castellana, J. F.; Jackman, H.; et al. *Green Chem.* **2011,** *13*, 905.

[112] 仲醇氧化成酮，pH 8.5~10.5 是最优的酸度范围：Alorati, A. D.; Bio, M. M.; Brands, K. M. J.; et al. *Org. Process Res. Dev.* **2007,** *11*, 637.

[113] 臭氧氧化反应在药物合成中的大规模应用，见：Van Ornum, S. G.; Champeau, R. M.; Pariza, R. *Chem. Rev.* **2006,** *106*, 2990.

[114] Fleck, T. J.; McWhorter, W. W.; DeKam, R. N.; Pearlman, B. A. *J. Org. Chem.* **2003,** *68*, 9612.

[115] Allian, A. D.; Richter, S. M.; Kallemeyn, J. M.; et al. *Org. Process Res. Dev.* **2011,** *15*, 91.

[116] am Ende, D. J.; Vogt, P. F. *Org. Process Res. Dev.* **2003,** *7(6)*, 1029.

[117] Couturier, M.; Andresen, B. M.; Jorgensen, J. B.; et al. *Org. Process Res. Dev.* **2002,** *6*, 42.

[118] Atkins, W. J., Jr.; Burkhardt, E. R.; Matos, K. *Org. Process Res. Dev.* **2006,** *10*, 1292.

[119] Alimardanov, A. R.; Barrila, M. T.; Busch, F. R.; et al. *Org. Process Res. Dev.* **2004,** *8*, 834.

[120] Parker, D. K.; Roberts, R. F.; Schiessl, H. W. *Rubber Chem. Technol.* **1992,** *65*, 245; Parker, D. K., //Salamone, J. C., Ed. Polymeric Materials Encyclopedia. Boca Raton: CRC Press, Vol. 3, p 2048.

[121] Colyer, J. T.; Andersen, N. G.; Tedrow, J. S.; et al. *J. Org. Chem.* **2006,** *71*, 6859.

[122] Norris, T.; Bezze, C.; Franz, S. Z.; Stivanello, M. *Org. Process Res. Dev.* **2009,** *13*, 354.

[123] Li, B.; Andresen, B.; Brown, M. F.; et al. *Org. Process Res. Dev.* **2005,** *9*, 466.

[124] Prashad, M.; Har, D.; Hu, B.; et al. *Org. Process Res. Dev.* **2004,** *8*, 331.

[125] Dias, E. L.; Hettenbach, K. M.; am Ende, D. J. *Org. Process Res. Dev.* **2005,** *9*, 39.

[126] Davulcu, A. H.; McLeod, D. D.; Li, J.; et al. *J. Org. Chem.* **2009,** *74*, 4068.

[127] 58% H_3PO_4 也被用于叔丁酯和叔丁醚的脱保护：Li, B.; Berliner, M.; Buzon, R.; et al. *J. Org. Chem.* **2006,** *71*, 9045.

[128] Lynch, J. K.; Holladay, M. W.; Ryther, K. B.; et al. *Tetrahedron: Asymmetry* **1998,** *9*, 2791.

第 5 章　溶剂的选择

在葛兰素史克公司（GSK）对一种原料药的日常生产过程中，溶剂平均要占到全程所有物质质量的 85%～90%。

——D. J. C. Constable, C. Jimenez-González, R. K. Henderson[1]

5.1 引言

溶剂对生产成本和环境有着巨大的影响。绿色化学的许多原则都在溶剂的使用上有所反映，比如：避免溶剂的过量使用，减少废液的产生；使浪费最小化；降低溶剂回收和循环使用时的能耗；安全使用溶剂以预防事故；从可再生的资源中设计安全的溶剂，将溶剂逸出到环境中的污染最小化。基于安全健康、对空气和水的环境影响以及废弃物对环境的影响[2]，美国化学学会（ACS）绿色化学研究所的药学圆桌会议将溶剂进行了分类，就溶剂相关的绿色化学方面讨论了三大章的内容[3]。

溶剂可被分成几类，偶尔会有些重叠。这几类溶剂在溶解物质的能力、加速或阻碍反应的能力上展现出令人惊讶的差异。Reichardt 详细讨论了溶剂的特性及其应用[4,5]。溶剂的类别包括：

① 质子性溶剂，或氢键供体类溶剂（路易斯酸），例如，水、乙醇、乙酸和氨；

② 氢键受体类溶剂（路易斯碱），例如，水、三乙胺、乙酸乙酯、丙酮和 DMF；

③ 极性非质子性溶剂，或称为“非羟基溶剂”，例如，DMSO、DMF 和二甲基乙酰胺（DMAc）；

④ 氯代烷烃类溶剂，例如，二氯甲烷、氯仿和四氯化碳；

⑤ 氟碳类溶剂，例如，六氟异丙醇；

⑥ 烃类溶剂，例如，己烷、异辛烷和甲苯；

⑦ 离子液体；

⑧ 超临界气体，例如，超临界二氧化碳。

溶质被溶剂所包围的过程叫作溶剂化。水的溶剂化则被称作水合。溶剂化值指的是包围一个离子的溶剂分子数。一般来说，溶剂化程度随着电荷数的增加和离子半径的减小而增大[6]。一个物种的反应活性随着溶剂化程度的减小而提高，因为溶剂化的分子屏蔽了反应物，分散了其电荷。某分子的其中一个部位可能更易于被某种溶剂所溶剂化。比如，偶极性的非质子溶剂，例如 DMSO，溶剂化阳离子，从而使另一部分的阴离子更容易反应[7]。冠醚，常用作相转移催化剂（PTC），也类似地与阳离子形成配合物而使阴离子部位更具有活性[8]（图 5.1）。在溶剂混合物中两种溶剂可溶剂化分子的不同部位，使得组成混合溶剂后溶解性能比各自任何一种单一溶剂好[9]。有个明显的例子，NaOH 的溶剂化程度的降低是如何影响其反应活性的：固体 NaOH（三分子水合物）的碱性比 15% NaOH（11 分子水合物）碱性增加 50000 倍[10]。（PTC 据说能产生“裸露的阴离子”，但是少量的水则是必需的，特别是对于固-液相转移催化反应[11]。在研发相转移催化过程中，水分的含量是一个关键的参数，正如第 4 章中所讨论的那样。）溶剂化是选择溶剂要考虑的众多重要因素之一。

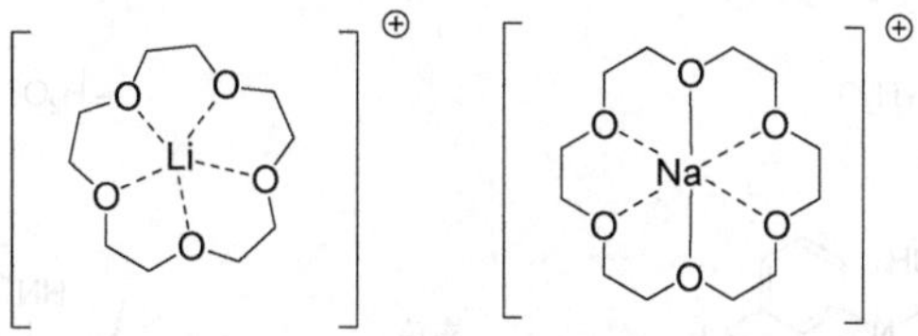

图 5.1　15-冠-5 配合物和 18-冠-6 配合物

谨慎选择反应溶剂首要的一点是给设备和操作人员提供安全、无害的大规模生产的条件，以使对操作者、分析人员和病人的毒害降低至最小。溶剂的理化性质，例如，极性、沸点、水混溶性，影响反应的速率、两相之间的分离、结晶的效果及通过共沸或干燥固体除去挥发性组分。其他理化性质，例如，混合物的黏度影响传质和传热、副产物的形成和物理运输。溶剂的环境影响正在变得越来越重要。所有这些因素，包括回收和套用溶剂的难易程度，能极大地影响产品成本（CoG）。Reichardt 已有大量有关溶剂的报道[4,5]。一家由研究者组织的机构描述了基于理化性质数据选择溶剂的多种定量的模型方法，并展示了葛兰素史克公司（GSK）对 47 种溶剂的排名[12]。Caron 以表格形式大量列出了溶剂的性质数据并对其大规模应用性进行了排序[13]。在 Slater 等人的著作中已经详细阐明了对溶剂的“绿色性”的排列，包括挥发性有机物（VOCs）对环境的影响，以及溶剂从产生到使用、到回收、再到焚毁的整个生命周期[14]。

溶剂对操作和产品的成本有很大的影响。葛兰素史克的研究者认为在原料药的生产中，溶剂占了 85%～90%的物料，大约 50%的所使用过的溶剂能回收和套用[1]。溶剂的回收和套用会耗费原料药的生产路线中的大量操作。高沸点的溶剂诸如 DMF 和 DMSO 回收起来是不切实际的。化学家和工程师往往会在生产过程中寻求其他替代品。

最好的溶剂应该是能使产物从反应中直接结晶析出来的。诺华（Novartis）的工作人员开发出了一个起始物在乙二醇：乙醇：水（2：1：1）中加热回流使芳基从环上迁移到末端氮原子上的工艺。Dimroth 重排的产物冷却以后析晶而得到分离，收率相当高[15,16]（图 5.2）。选择此类含水的混合溶剂，使得反应在短时间的范围内就可以发生。（考虑到乙二醇的毒性，丙二醇可能是个好的替代品。）再举一个例子，是由于正确选择溶剂而得到加速的实际过程，甲苯磺酸盐能直接从 Boc-胺的脱保护过程中析出[17]。

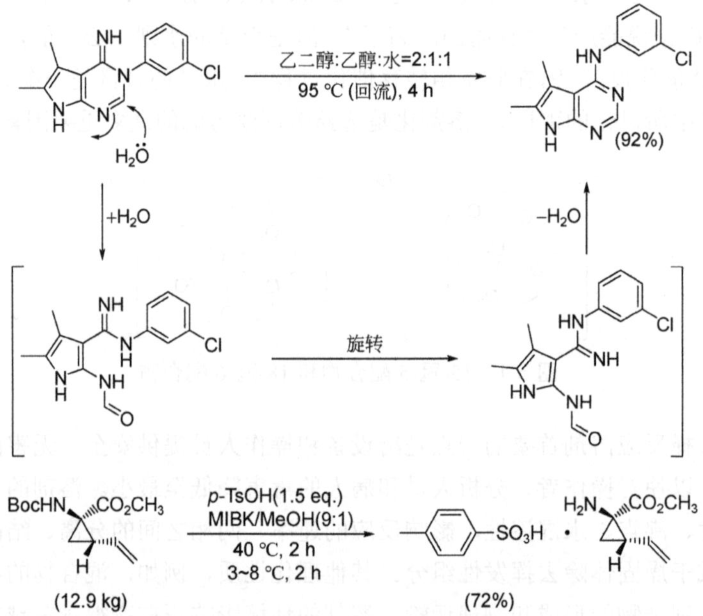

图 5.2 产物直接从反应混合物中结晶析出

> 实验室里一个 4 h 的反应在工厂里面放大可能需要两个 8 h 的换班。其余 12 h 花费在往反应釜中传送、填充物料、加热和冷却、取样和分析、后处理和分离以及其他一些不可避免的延迟。而实验室里面一个 2~4 h 的反应在一天内就可以轻松做完一批。

为快速工艺放大选择溶剂的最关键原则是均相反应通常比非均相反应快得多，也容易放大。如果必须是非均相的条件，必须选择溶剂和反应条件使反应混合物是液态而易混匀的。(对于传统的氢化反应，由于是液-固-气分散体系，有效的搅拌是相当重要的。)许多情况下，产物的分离能驱动反应持续进行。最好是能结晶而不是形成沉淀或油状物，这种情况下会卷入原料（见第 12 章）。图 5.3 中的实例反映出非均相反应在放大时遇到的难题。起初放大时，黏稠的 Na_2CO_3 停留在涡流反应器中，不太利于反应。在相转移催化剂的作用条件下，形成均相而易于放大，增加了氰基的反应活性。进一步说，这些条件一般都是碱性的，这样避免了 HCN 的生成[18]。GSK 工作人员讨论了类似的使用难溶性 CS_2CO_3 进行大规模反应的困难[19]。

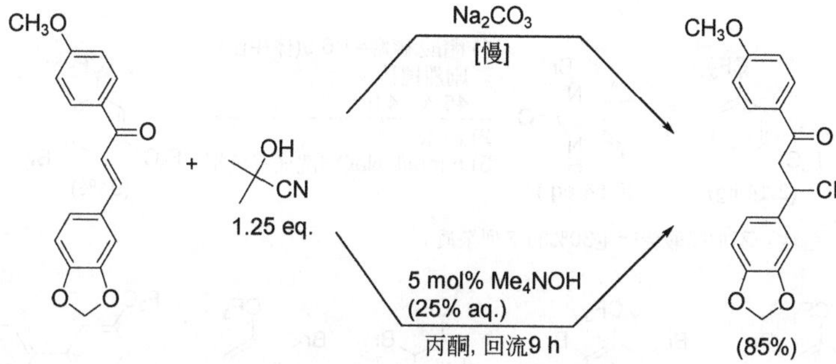

图 5.3　使用可溶性碱成功规模放大化

对于有些反应过程，非均相的条件是有利的。在表 5.1 中对反应条件有个总结。非均相的条件可以加速反应或者减少产物在反应条件下的降解。相转移催化剂通常用在两种不混溶的溶剂中，反应发生在有机相或者界面。有时固-液相转移催化反应也有用到碱类，诸如 K_2CO_3 悬浮在反应体系中[20]。Schotten-Baumann 反应一般使用两种不混溶的溶剂中，试剂和产物溶解在有机溶剂中避免与碱接触，从而减少降解（实例见图 5.5）。

表 5.1　反应条件总结

优化的反应条件			例　子	评　论
原料	试剂	最终条件		
可溶	可溶	溶液或悬浊液	大部分 直接分离	通常反应快，要加入不良溶剂结晶
可溶（通常在有机相中）	不溶（固体或者溶于水相）	悬浊液 液体 悬浊液	液-液相转移催化剂 固-液相转移催化剂 Schotten-Baumann 反应 酯水解	反应可能发生产界面，从反应相中分离原料，产物可以提高稳定性，产物可能分到其他相中
不溶	溶解	溶液	酯在碱溶液/甲醇中的水解反应	催化剂不是必需的
不溶	不溶	悬浊液	在水面上的反应 CIAT/CIDR	反应可能全程都是悬浮的，小心反应，确保不产生细屑，以防堵塞过滤器

在某些已开发的非均相的反应中原料会随着反应的进行而溶解。某些反应全程都是悬浊液，例如第 12 章的 CIAT 和 CIDR 转化，再比如由 Sharpless 以及其他研究团队开发的水相中的反应（第 5.5 节）。选择对组分有一定溶解性的溶剂可提高反应效率，比如往水相中的反应添加乙醇或者 DMSO[21]。

来自 Merck 的一个例子，1,3-二(三氟甲基)苯在硫酸中用 DBDMH 溴代产生 5 种副产物，一共占物料的 30%（图 5.4）；当往反应混合物中加入少量醋酸，物料的搅拌变得更容易，芳烃溴代会有较高的收率[22]。Merck 的其他工作表明，4-氯哌啶的盐

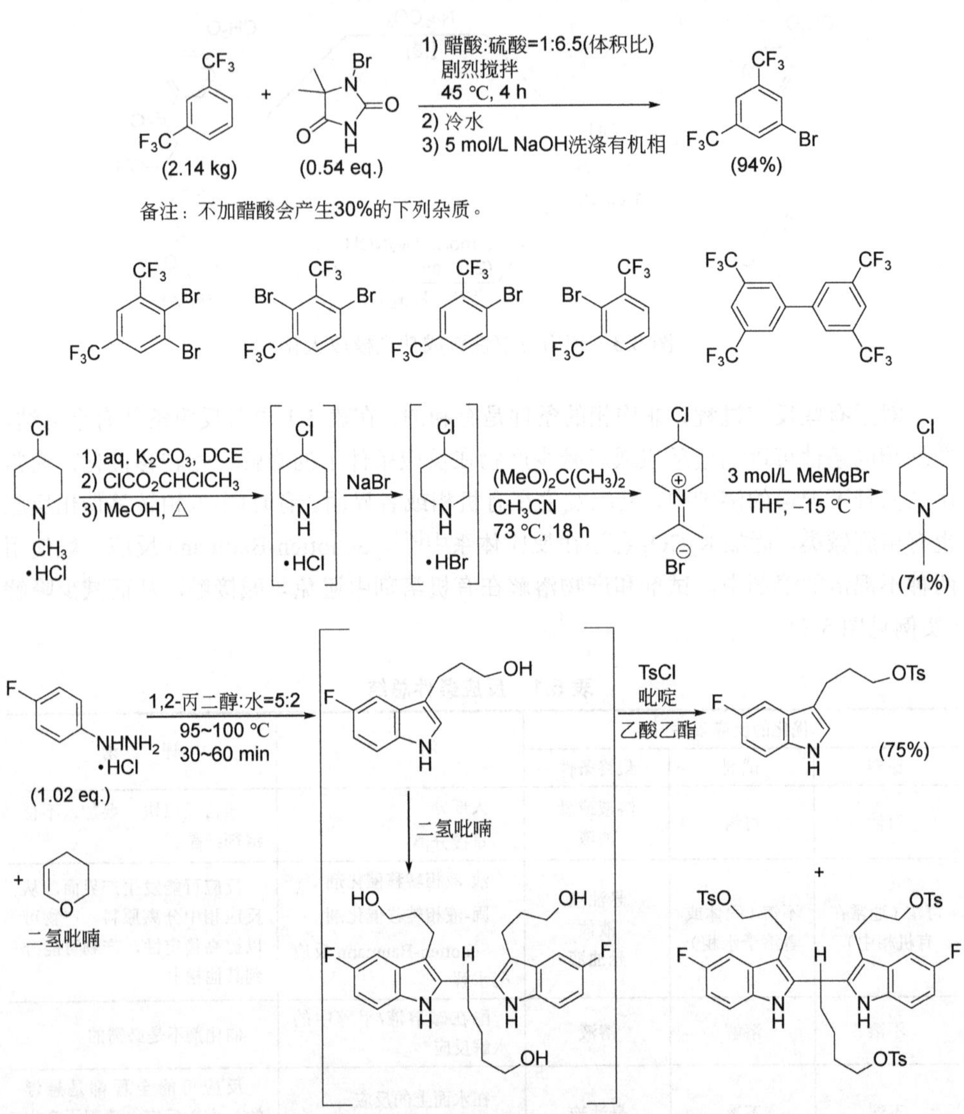

图 5.4 一些非均相反应条件

酸盐太难溶解以至于不能很好地转化为亚胺盐，尝试了其他很多种盐也是如此。三氟甲磺酸盐溶于 2,2-二甲氧基丙烷能够快速地转化为亚胺盐。氢溴酸盐仅仅部分溶解于 2,2-二甲氧基丙烷但是能很容易地形成亚胺盐。因为氢溴酸盐在反应条件下会沉淀，我们可以通过过滤洗涤来纯化，所以选择它而不是更昂贵的三氟甲磺酸盐。（最终 Merck 的研究者们发现，加入 NaCl 可以有效转化 2,2-二甲氧基丙烷，而不用分离 4-氯哌啶的氢溴酸盐[23]。）非均相的条件也可能增加副反应，如图 5.4 中所示的费歇尔吲哚合成；在该条件下原料难溶，目标产物在溶液中缓慢形成，然后容易与大过量的试剂进一步反应，生成副产物三醇。不幸的是，即使是小剂量的三醇，在后续与对甲苯磺酰氯的反应中，会大大降低目标产物对甲苯磺酸酯的收率。丙二醇-水（5∶2）的混合物在 90～95 ℃时能够溶解原料，为了减少副产物三醇的形成，在 30 min 内慢慢滴加二氢吡喃[24]。因此，非均相的反应条件下易于转化成目标产物，但是需要额外小心。

酰胺的大规模制备通常用到 Schotten-Baumann 反应，具体说来，将胺与酰氯或酸酐缩合，再用碱溶液中和生成的酸。（如果不加碱，等摩尔量的胺和酰氯反应的理论收率只有 50%。）如果不加有机溶剂，产物酰胺会析出来并且夹杂原料[25]，所以一般都用有机溶剂。用与水不混溶的有机溶剂可以减少易水解的试剂和产物的降解。BMS 的工作人员开发出非均相的条件以控制 Schotten-Baumann 反应中酰氯转变成酰胺[26]（图 5.5）。这些反应中，氨基被三氟乙酰基保护，碱性条件下可以水解脱除[27]。在乙酸正丁酯中，虽然完全不溶，Vilsmeier 试剂却能将羧基转化为酰氯[28]。尽管发现 Vilsmeier 试剂能溶于二氯甲烷，但这些反应条件放热比较厉害；而当温度超过−10 ℃，吖内酯的形成会导致消旋，所以在二氯甲烷中制备酰氯，需要更加仔细的操作（见第 7 章）。DMF 也不适合制备酰氯，同样很容易消旋。［DMF 和氯化试剂能形成二甲氨基甲酰氯（DMCC），在 μg/mg 水平就有动物致癌性。关于 DMCC 的形成和破坏的讨论见第 13 章。］在 pH 8 以上进行 Schotten-Baumann 偶联反应，酰氯容易水解，并可见吖内酯的形成及消旋；而 pH < 7 时，由于胺被质子化了，偶联反应进行得很慢。反应最好的条件是用缓冲剂调 pH 到 8，加酰氯的同时滴加 1 mol/L NaOH 以维持 pH 在 7～8 之间。通过这个偶联反应制备 vanlev 中间体，已

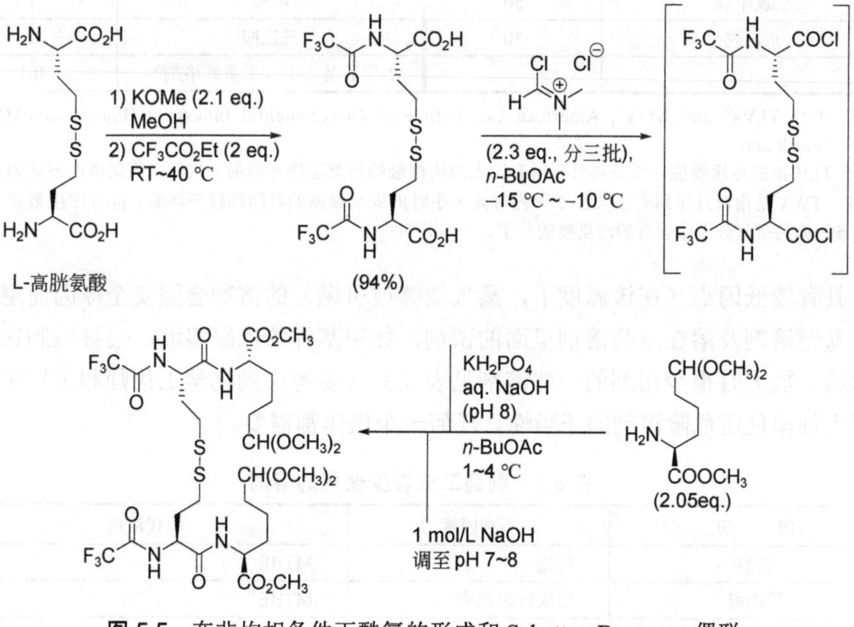

图 5.5 在非均相条件下酰氯的形成和 Schotten-Baumann 偶联

经实验成功，可以一次投料 100 kg 以上的二(三氟乙酰基)高胱氨酸。

一般学术研究使用的溶剂在工业生产时也许并不受欢迎。几乎所有的溶剂都能在中试生产车间使用，然而考虑到安全的需要，使用危险试剂会大幅降低操作效率，例如，称量时防止可燃气体和腐蚀性液体的泄漏，穿戴笨重的个人防护装备（PPE）。部分溶剂的爆炸极限见表 5.2，这些限度由美国政府及工业卫生协会（ACGIH）基于毒理数据计算得出[29]。

表 5.2　TLV 对选择溶剂的限制

溶　剂	TWA/(μL/L)	溶　剂	TWA/(μL/L)
丙酮	500	甲基叔丁基醚	50
丙酮	500	四氢呋喃	50
乙酸乙酯	400	氨	25
正庚烷	400	乙腈	20
异辛烷	300	正丁醇	20
异丙醇	200	二氧六环	20
甲醇	200	甲基异丁基酮	20
乙酸甲酯	200	甲苯	20
乙酸叔丁酯	150	乙酸	10
叔丁醇	100	氯苯	10
环己烷	100	1,2-二氯乙烷	10
乙酸异丙酯	100	*N,N*-二甲基乙酰胺	10
二甲苯	100	*N,N*-二甲基甲酰胺	10
二氯甲烷	50	吡啶	1
正乙烷	50	三乙胺	1
		2-甲氧基乙醇（甲基纤溶剂）	0.1

① 2009 TLVs® and BEIs®, American Conference of Governmental Industrial Hygienists (ACGIH). http:www.acgih.org.

② TLV 指的是阈限值，或是对几乎所有工人的所接触的日常工作环境的大气污染物的浓度被认为是安全的浓度。TWA 是指对几乎所有工人在 5 天内每天 8 小时的安全暴露的时间加权平均值。ppm 浓度被定义为在 10^6 个被污染的空气分子中含有的污染物的分子。

具有较低闪点（在该温度下，蒸气能够被引燃）的溶剂会因安全原因而避免使用。易燃溶剂及溶在这些溶剂里面的试剂，如甲基锂的乙醚溶液，会被限制在地面上运输。放大时很少用到的一些溶剂见表 5.3。（要考虑到化学工程师和工厂主需要证明大规模使用危险溶剂的正当性。任何一个操作都需要。）

表 5.3　制药工业较少使用的溶剂

溶　剂	不利因素	替代溶剂
乙醚	可燃	MTBE
异丙醚	形成过氧化物	MTBE①
HMPA	毒性	NMP，DMI②，DMF，DMAc

续表

溶剂	不利因素	替代溶剂
戊烷	可燃	庚烷，异辛烷
己烷	静电[③] 神经学毒性[④]	庚烷，异辛烷
氯仿	致突变 环境、降解毒性 光气[⑤]	二氯甲烷，2-甲基四氢呋喃，甲苯，乙腈，正丁醇或 DMF
四氯化碳，1,2-二氯乙烷	致突变、环境	二氯甲烷
苯	毒性	甲苯
乙二醇、二甘醇[⑥]	毒性	1,2-丙二醇
$HOCH_2CH_2OR$ （R=Me,Et：纤维素溶剂）	动物致畸性	1,2-丙二醇
乙二醇二甲醚；二氧六环	潜在的有动物致畸性致癌物[⑦]	THF，2-甲基四氢呋喃[⑧]，DEM[⑨]
乙腈	动物致畸性；可能产生乙酰胺，一种基因毒素[⑩]	异丙醇，丙酮-水

① Laird, T. *Org. Process Res. Dev.* **2004**, *8*, 815.

② DMI 比 NMP 更昂贵，偶尔使用.

③ 具有偶数个碳的直链烃更倾向于静电放电，见：有关静电放电的文献.

④ 己烷的神经系统毒性，也许是通过形成 2,5-己二酮造成的.

⑤ 研究发现，氯仿储存在戊烯中没有在乙醇中稳定：Turk, E. *Chem. Eng. News* **1998**, *76* (*9*), 6.

⑥ 在制剂中错用二甘醇替代丙二醇在中国至少造成 5 例以上的死亡病例：Tremblay, J.-F. *Chem. Eng. News* **2006**, *84* (*21*), 11.

⑦ Report on Carcinogens, 11th ed.: http://www.pall.com/pdf/11th_ROC_1_4_Dioxane.pdf.

⑧ Aycock, D. F. *Org. Process Res. Dev.* **2007**, 11, 156.

⑨Boaz, N. W.; Venepalli, B. *Org. Process Res. Dev.* **2001**, *5*, 127.

⑩ The possible presence of acetamide in process streams using acetonitrile necessitates controlling and analyzing for acetamide at trace levels. Other solvents may be preferred for preparing APIs and penultimates.

溶剂的使用已经成为辉瑞的一个主要努力方向，包括溶剂的选择、最小化溶剂的用量和回收套用溶剂。辉瑞的研究人员将溶剂分成了三类，见表 5.4。

表 5.4　开发工艺优先使用的溶剂[①②]

优先使用的溶剂	可用的溶剂	不合需求的溶剂
水	环己烷	戊烷
丙酮	庚烷	己烷
乙醇	甲苯	二异丙基醚
异丙醇	甲基环己酮	乙醚
乙酸乙酯	MTBE	二氯乙烷
乙酸异丙酯	异辛烷	二氯甲烷
甲醇	乙腈	氯仿
甲乙酮（MEK）	2-甲基四氢呋喃	DMF

续表

优先使用的溶剂	可用的溶剂	不合需求的溶剂
正丁醇	四氢呋喃（THF）	NMP
叔丁醇	二甲苯	吡啶
	DMSO	DMAc
	乙酸	二氧六环
	乙二醇	DME
		苯
		四氯化碳

① Alfonsi, K.; Colberg, J.; Dunn, P. J.; et al. *Green Chem.* **2008**, *10*, 31.

② http://www.pfizer.com/responsibility/protecting_environment/green_chemistry_solvent_guide.jsp.

二氯甲烷这种溶剂被某些人抵制，然而其他一些人能接受。由于它的沸点低至42 ℃，储存并防止其逸出到环境是相当困难的，这就导致了人们，尤其是在欧洲，不但关注它的回收套用，更关注它对环境的影响。这些关注会导致一些委托合同研究（CRO）和合同加工外包（CMO）中拒绝任何使用二氯甲烷的工艺。GSK 在后处理萃取的时候已经用甲基异丁基酮（MIBK）或者乙酸乙酯替代二氯甲烷[30]。不幸的是，某些反应没有合适的替代物替换掉二氯甲烷。例如，在卤化的路易斯酸的存在下，还原奥司他韦（oseltamivir）前体，二氯甲烷是唯一适合还原反应的溶剂，在 MTBE、甲苯、乙酸乙酯和四氢呋喃中都没有反应（图 5.4）[31]。图 5.6 中是另外一个例子，氨曲南（aztreonam）倒数第二步中酸性中间体的脱保护是在二氯甲烷中进行的；在乙酸乙酯中反应太慢而不切实际[32]，反应会被其他可以当路易斯碱的溶剂阻碍。在这种特定情况下，可以选择二氯甲烷，但需要采取严格的措施储存溶剂。其他唯一的选择就是另外开发一条路线。

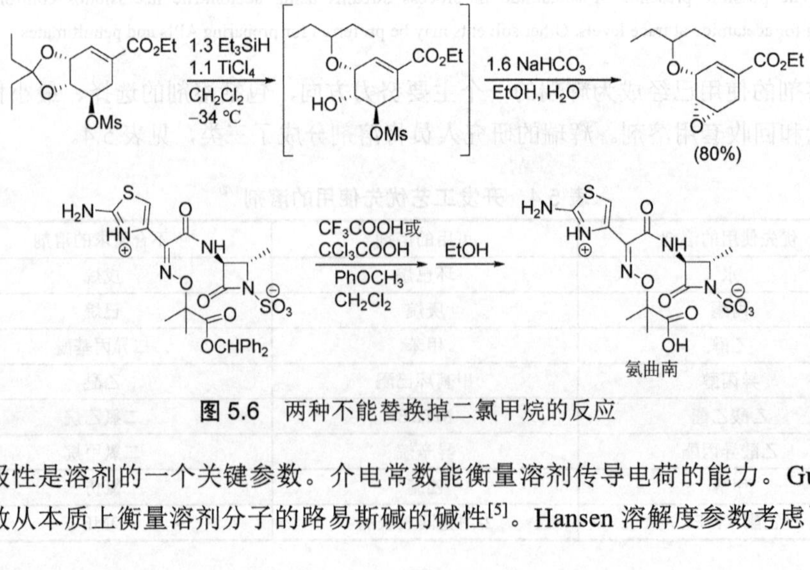

图 5.6　两种不能替换掉二氯甲烷的反应

极性是溶剂的一个关键参数。介电常数能衡量溶剂传导电荷的能力。Gutmann 供体数从本质上衡量溶剂分子的路易斯碱的碱性[5]。Hansen 溶解度参数考虑了范德华力、偶极作用和氢键，Hildebrand 参数则发展了它[33]。Reichardt 的 E_T^N 参数[34]是基于负电性的甜菜碱染料[2,6-二苯基-4-(2,4,6-三苯基-1-吡啶)-苯氧基]（见图 5.7），溶解时产生π-π*吸收位置漂移的溶剂化显色。

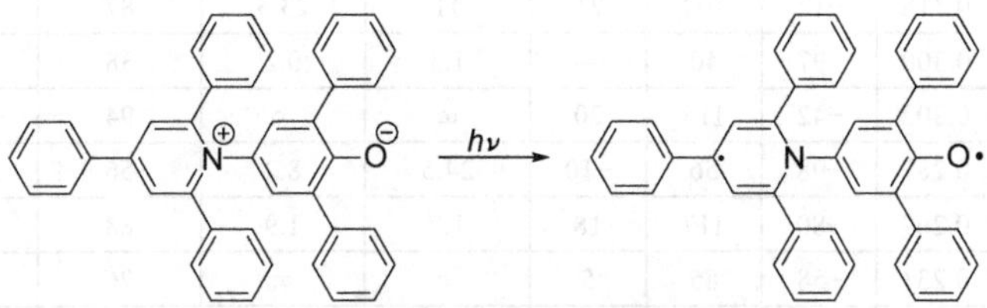

图 5.7 用来测定溶剂极性的甜菜碱染料

强极性溶剂能稳定极性染料基态的能量，导致更大的π-π*跃迁，如当染料溶在四甲基硅烷中时。Reichardt 发现，在溶剂中的染料颜色能指示溶解它的单一溶剂或混合溶剂的极性。例如，甲醇是红色，乙醇是紫色，丙酮是绿色，异戊醇是蓝色，而苯甲醚是青黄色[35]。E_T^N 参数在有机化学中和溶剂的相关性很好，有利于估计替代溶剂（见 5.6 节）。

通常用于工艺放大的溶剂见表 5.5。该表是基于 Reichardt 的 E_T^N 参数，按照从上到下极性减小的顺序排列的[34]。两栏描述了任一和水共沸的溶剂的性质；正如第 6 章讨论的，水在很多过程中是个决定性的组分。表 5.5 中最后一栏标明 ICH 第 3 类溶剂（表 5.7），推荐选择其他溶剂制备原料药。关于溶剂及其性质，McConville 编译了大量的清单[36]。

表 5.5 放大用到的溶剂的性质

溶剂	极性 E_T^N	熔点 /℃	沸点 /℃	闪点 /℃	水溶性(质量分数)/%	溶解的水分(质量分数)/%	共沸物沸点/℃	共沸除水后水的质量分数/%	ICH 溶剂类别
水	1.000	0	100	—	—	—	—	—	
甲醇	0.762	−98	65	11	∞	∞	—	—	
1,2-丙二醇	0.722	−60	188	99	∞	∞	—	—	
乙醇	0.654	−114	78	13	∞	∞	78	4.0	3
乙酸	0.648	17	118	39	∞	∞	77	97	3
异丙醇	0.546	−90	82	12	∞	∞	80	12.6	3
2-丁醇	0.506	−115	98	26	19.8	65.1	87	73	3
乙腈	0.460	−48	81	6	∞	∞	76	14.2	
二甲基亚砜	0.444	18	189	95	∞	∞	—	—	3
N,N-二甲基甲酰胺	0.404	−61	152	58	∞	∞	—	—	
叔丁醇	0.389	25	83	11	∞	∞	80	11.8	3
N-甲基吡咯烷酮	0.355	−24	204	96	∞	∞	—	—	
丙酮	0.355	−94	56	−20	∞	∞	—	—	3
丁酮	0.327	−87	80	−3	26	12	73	11	3

续表

溶剂	极性 E_T^N	熔点 /℃	沸点 /℃	闪点 /℃	水溶性(质量分数)/%	溶解的水分(质量分数)/%	共沸物沸点/℃	共沸除水后水的质量分数/%	ICH 溶剂类别
叔戊醇	0.318	−12	102	21	11	23.5	87	27.5	
二氯甲烷	0.309	−97	40	—	1.3	0.2	38	1.5	
吡啶	0.302	−42	115	20	∞	∞	94	43	
乙酸甲酯	0.287	−98	56	−10	24.5	8.2	56	5	3
甲基异丁基酮	0.269	−80	117	18	1.7	1.9	88	24.3	3
N,N-二甲基乙酰胺	0.231	−58	85	5	∞	∞	76	10.5	
乙酸乙酯	0.228	−84	77	−4	8.1	3.3	70	8.5	3
乙酸异丙酯	0.210①	−73	89	2	2.9	1.8	77	10.6	3
四氢呋喃	0.207	−108	66	−14	∞	∞	64	5.3	
2-甲基四氢呋喃	0.179	−136	77	−11	15.1	5.3	71	10.6	
氯苯	0.188	−45	132	28	0.05	0.05	90	28.4	
乙酸异丁酯	—	−99	117	18	0.6	1.02	87	16.5	3
1,4-二氧六环	0.164	12	101	12	∞	∞	88	17.6	
甲基叔丁基醚	0.148	−109	55	−28	4.8	1.4	53	4	3
乙二醇缩甲醛	0.099	−67	88	−6	4.2	1.3	75	10	
甲苯	0.099	−93	111	4	0.06	0.05	84	13.5	
二甲苯②	0.074		137～144	约 27	约 0.02	约 0.04	约 93	约 45	
三乙胺	0.043	−115	89	−7	5.5	4.6	75	10	
庚烷③	0.012	−91	98℃	−4	0.0004	0.01	79	12.9	3
异辛烷④	NA	107	98.9	12			79	11.1	
环己烷	0.006	6	81	20	0.006	0.01	69	9	

① 没有数据。此处所列数据来自乙酸正丙酯。

② 包括乙基苯和二甲苯的异构体。表中所示 E_T^N 值是对二甲苯的。熔点、闪点和共沸点随组成不同有轻微的变化。

③ 所示数据来自正庚烷。庚烷是蒸馏馏分，包括各种异构体。

④ 2,4,4-三甲基戊烷。

注：1. Horsley, L. H. Azeotropic Data, Advances in Cheistry Series, 116, Washington: D. C. ACS, 1973.

2. Gmehling, J.; Menke, J.; Fischer, K.; Krafczyk, J. Azeotropic Data, Partsland Ⅱ. Weinheim: VCH, 1990.

3. Reichardt, C. Solvents and Solvent Effects in Organic Chemistry. 2nd. ed. Weinheim: VCH, 1990.

4. Lide, D. R. Ed. CRC Hand book of Chemistry and Physics, 78th ed. Boca Raton, FL: CRC Press, 1997-1998.

5. Flick, E. W. Ed. Industrial Solvents Handbook. 4th ed. Park Ridge, NJ: Noyes Data Corporaton, 1990.

6. McConville, F. X. The Pilot PLANT Real Book. 2nd ed. Worcester, MA: FXM Enginering & Design, 2007.

7. Dean, J. A. Lange's Handbook of Chemistry. 15th Ed. New York: McGraw-Hill, 1999, 5, 61.

8. http:/www.fda.gov/downloads/RegulatoryInformation/Guidances/ucm128282.pdf

选择溶剂的时候，溶剂的沸点很重要。高沸点溶剂，例如二甲苯（沸点 140 ℃），因为将溶剂残留去除到可接受的水平存在潜在的困难，所以很少选择它来分离原料药。高沸点、水溶性溶剂（见第 5.6 节）更容易通过萃取去除。关于溶剂的选择和合理的后处理方法的讨论见第 8 章。

表 5.5 中的一些溶剂值需另加注释，如表 5.6 所示。在产物富集萃取时，乙酸乙酯被认为是一种比乙酸异丙酯更具反应活性的溶剂。在水中，乙酸乙酯水解的速度比乙酸异丙酯快 4.5 倍[37]。实验室存在的乙酸乙酯含有过氧化物，可以氧化亚砜、胺类和酮类，后者可以得到 Baeyer-Villiger 氧化产物；氧化剂最有可能是过氧乙酸，由乙酸乙酯水解得到的乙醇和空气生成[38]。

表 5.6　工艺放大时所用溶剂的性能比较

溶　剂	评　论
1,2-丙二醇	一般来说是安全的，用于原料药生产，但是在 ICH 溶剂清单中没有提到。可能是乙二醇类溶剂的良好的替代物
DMSO	已知能和酸碱反应①②③
DMF	已知能和酸碱反应，歧化生成 CO 和 Me_2NH，能与 NaH 及 $NaBH_4$ 反应
N-甲基吡咯烷酮（NMP）	ICH 第 2 类溶剂，比 HMPA 毒性低
甲基异丁基酮（MIBK）	萃取后处理的良好溶剂，共沸蒸馏除去 24.3%的水，使用较少
乙酸异丙酯和乙酸乙酯	在碱性水溶液中，乙酸乙酯水解的速度是乙酸异丙酯的 4.5 倍。副产物乙酸和乙醇可能造成困难。乙酸异丙酯更适合后处理萃取
乙酸异丙酯	共沸蒸馏除去 10.6%的水
2-甲基-四氢呋喃和四氢呋喃	2-甲基-四氢呋喃可从水中分离；如果水相有较高的离子强度，则四氢呋喃萃取液也可以从水中分离。2-甲基四氢呋喃和四氢呋喃有相似的趋势生成过氧化物，一般用 BHT 抑制。2-甲基四氢呋喃来源于甘蔗渣，是四氢呋喃成本的两倍，当石化产品匮乏时，它的价格可能会下跌
DEM	可较好地代替醚类溶剂。pH 4 时稳定④
接近室温时是固体：乙酸、DMSO、叔丁醇、二氧六环	如果冷却温度太低，这些溶剂会堵塞冷凝管

① DMSO 与酰氯的反应速率和 EtOH 与酰氯的反应速率大致相当。DMSO 也能与酸酐和溴甲烷反应：http://www.gaylordchemical.com/bulletins/bulletin106b/Bulletin106B.pdf.

② 50～60 ℃加热甲基亚磺酸钠的 DMSO 溶液会致反应失控：Dahl, A. C.; Mealy, M. J.; Nielsen, M. A.; et al. *Org. Process Res. Dev.* **2008**, *12*, 429.

③ Bollyn, M. *Org. Process Res. Dev.* **2006**, *10*, 1299.

④ Boaz, N. W.; Venepalli, B. *Org. Process Res. Dev.* **2001**, *5*, 127.

乙酸异丙酯比乙酸乙酯更稳定，可与 NaOH 水溶液共同作用将盐酸盐游离出来。当用乙酸乙酯和 2 mol/L NaOH 处理时，使用 $NaHCO_3$ 水溶液就不会发生上述情况[39]。制备硫酸盐时，要将乙酸乙酯改成乙酸异丙酯，因为后者在酸性条件下更难水解[40]。用乙酸乙酯萃取伯胺，就形成了一种乙酰胺，产物能萃取到二氯甲烷中[41]。（后面一种情况，反应产物是一种甲氧基乙酰胺，在 Suzuki 偶联的碱性条件下，甲氧基乙酰胺会发生部分水解。通过重结晶除去乙酰胺杂质很困难。图 5.14 讨论了二氯甲烷和胺类的反应。）氨[42]、正丁胺[43]和乙酸乙酯发生乙酰化的速度快于乙酸异丙酯，而萃取时水的存在能加速胺类的乙酰化。一般来说，用乙酸异丙酯萃取比用乙酸乙酯得到的杂质少。NMP（*N*-甲基吡咯烷酮）表现突出，被认为是环境友好的，但是近来因为生殖毒性被重新划入二类溶剂[44]。2-甲基四氢呋喃因为在有机金属反应中很有用，所以在实验室和放大时都很受欢迎。（3 mol/L 的甲基锂可溶于 2-甲基四氢呋喃展现了该溶剂的应用[45]。）购买到的 2-甲基四氢呋喃一种是含有高达 400 μg/mL 的 3,5-二叔丁基-4-羟基甲苯（BHT，“丁基化的羟基”，一种美国公认安全的添加剂）作为稳定剂添加，另外一种则不含添加剂；2-甲基-四氢呋喃暴露在空气中生成过氧化合物的速度比四氢呋喃稍快。2-甲基-四氢呋喃和 HCl 反应比四氢呋喃慢[46]。二乙氧基甲烷（DEM）也用于市售的 3 mol/L 甲基锂溶液[45]。甲基乙基酮（MEK）是另外一种值得一提的溶剂，它们会形成活性过氧化物，引发聚合和其他反应[47]。在氧气存在下，MEK 可用于氧化 Co(Ⅱ)到 Co(Ⅲ)[48]，是一种很有用的氧化剂。尽管 MEK 有合适的沸点，能与水形成共沸，也要考虑到它生成过氧化物的能力。甲基异丁基酮（MIBK）对底层大气中臭氧的形成来说是一种高容量的溶剂[49]，被认为生成大气臭氧的潜在能力比乙酸异丙酯强[50]。由于这些原因，要避免使用 MIBK。

安全知识：三聚过氧化丙酮很敏感，它能量大、易爆，由丙酮、双氧水和酸反应制得。过氧化丁酮在类似条件下生成。丁酮能在氧气参与下将 Co(Ⅱ)氧化成 Co(Ⅲ)。在过渡金属 Cu、Fe、Mn、Co 的催化作用下，*β*-二酸化合物和叔丁基过氧化氢反应可生成混合过氧化物[51]。甚至于容器中的少量金属杂质都可以催化酮类和过氧化物的反应。如果酮类和过氧化物的反应不能避免，该反应条件应去专门的危害分析实验室进行评测，以确定安全操作条件。

溶剂还可能会因为原料药中残留溶剂的限制而决定使用或者避免使用[52]。这些限制的设定是基于毒理数据，这些毒理数据用来评估每种化合物的每日允许暴露量（PDE）。如表 5.7 所示，按 10 g 计算，推荐了四类溶剂[53]。该项可应用于那些剂量还没有确定的药物。部分推荐的原料药残留溶剂限量见表 5.7，这些实例是基于选项 1 的估计。人用药品注册技术要求国际协调会议（ICH）建议评估溶剂残留量的第 2 个选项，即统计原料药和药物辅料的溶剂残留的总量。总和肯定要比溶剂的 PDE 限制少。

按照这种方式原料药中溶剂的水平也许会比表 5.7 中单独的高[53]。当除去药物活性成分中的溶剂残留很困难且预期日使用剂量小于 10 g 时，就可以适用选项 2。

早期开发新药时，会忽略溶剂的成本，因为前期阶段所消耗的溶剂量不大，且人力成本更高。当药物临近大规模生产时，溶剂的价格显得尤为重要，尤其是溶剂占生产成本的比例很高时。一些溶剂的成本价格如表 5.8 所示，影响价格的因素有溶剂的等级和含水量。由于石化产品变得更加昂贵，购买、回收、套用溶剂所产生的成本就非常重要了。

表 5.7 基于每日 10 g 理论剂量，原料药中溶剂残留的 ICH 限量①②

10 g 剂量			
溶剂	限量/(μg/mL)	溶剂	限量/(μg/mL)
ICH 第 1 类溶剂：致癌物、潜在致癌物、环境毒性			
苯	2	1,2-二氯乙烷	4
四氯化碳	4	1,1,1-三氯乙烷	1500
ICH 第 2 类溶剂：无遗传毒性的动物致癌物、不可逆毒性试剂，例如神经毒性或致畸性			
乙腈	410	二氧六环	380
氯苯	360	乙二醇	620
氯仿	60	己烷	290
环己烷	3880	甲醇	3000
二氯甲烷	600	NMP	530
DMA	1090	四氢呋喃	720
DME	100	甲苯	890
DMF	880	二甲苯	2170
ICH 第 3 类溶剂：GMP 要求小于 5000μg/mL			
乙酸	5000	乙酸乙酯	5000
丙酮	5000	庚烷	5000
正丁醇	5000	乙酸异丙酯	5000
叔丁醇	5000	异丙醇	5000
DMSO	5000	甲基异丁基酮	5000
乙醇	5000	甲基叔丁基醚	5000
ICH 第 4 类溶剂：需检测毒性和限量			
2-甲基四氢呋喃③		甲基环戊基醚③	

① 所列第 2 类和第 3 类溶剂已被选作可用于制药工业的溶剂。残留溶剂的限量完整列表见：http://www.fda.gov/RegulatoryInformation/Guidances/ucm128223.htm.

② 限量是基于个体 PDE 和 API 10 g/d 的理论剂量。如果日剂量少于 10 g/d，相应的限量可计算出。

③ 毒性数据可用于这些溶剂（包括 ICH 第 3 类溶剂）的推荐限量。数据不能说明诱变性和基因毒性。

Antonucci, V.; Coleman, J.; Ferry, J. B.; et al. *Org. Process Res. Dev.* **2011**, *15*, 939.

5.2 使用共沸物时选择的溶剂

共沸物是恒定沸点的混合物，有着固定的摩尔组成。共沸物由两种、三种或者更多组分组成，可以是均相或非均相的（不止一相）[54]。Abbott 的研究者们详细描述了利用异丙醇和水共沸，除去乙酸异丙酯中的水分[55]。有机化学家最早在利用 Dean-Stark 分水器将水从回流混合物中分离出来的过程中，认识到了甲苯-水的非均相共沸物。对于多数化学家来说，重要的共沸物是沸点降低的共沸物，即混合物的沸点比任意组分的沸点都要低。（我们熟悉的共沸物中，浓盐酸是一个例外，形成沸点升高的共沸物。）更多的数据可以从 Gmeling's Dortmund 数据库中查到[56]。所有非均相的共沸物的沸点都降低[57]。不同的液体如果沸点接近就可以形成共沸物。例如，甲苯能与水、乙醇、乙二胺和乙酸形成共沸物，但是甲苯和己酸不能形成共沸物。许多有机溶剂能与水形成共沸物（见表 5.5），可利用这一性质除水。对于科学家们来说，共沸物的主要价值在于能有效去除反应混合物中易挥发的组分。共沸除去易挥发组分可以促进反应进行，见表 5.8。共沸除水时生成亚胺中间体，导致多米诺效应，诱导生成奥司他韦前体[58]。共沸除水会导致醇类以三苯甲基醚的形式保护起来[59]。共沸物有益于分离后处理。例如，肼解丝氨酸甲酯时，过量的乙二胺可通过与甲苯共沸蒸馏除去[60]（图 5.8），这种情况下，通过萃取的方法将极性的肼类化合物从水溶性的极性产物中分离出来是很困难的。六甲基二硅氧烷——酸催化脱三甲基硅烷保护基的副产物——能和醚类、醇类及三甲基硅醇形成共沸物[61]。如后处理表 12.2 中三甲基硅基保护的产物时，六甲基二硅氧烷可以和乙腈共沸除去[62]。即使共沸物不能完全除去杂质组分，也能降低沸点。在图 5.8 中生产农药中间体的实例中可以证实，共沸物如果能够回收套用，也是较为经济的溶剂[63]。

表 5.8 溶剂放大成本分类①

序号	溶　剂	相对于甲醇的费用/(美元/L)	序号	溶　剂	相对于甲醇的费用/(美元/L)
1	甲醇（ACS 级）	1.00	19	四氢呋喃（ACS 级）	4.37
2	丙酮（NF 级）	1.57	20	乙腈（ACS 级）	5.03
3	丙酮（ACS 级）	1.68	21	*N,N*-二甲基亚砜(ACS 级)	7.24
4	己烷（64%） 正己烷（ACS 级）	1.87	22	无水甲苯	7.64
5	盐酸（ACS 级）	1.99	23	*N*-甲基吡咯烷酮（99%）	7.89
6	甲苯（ACS 级）	2.05	24	无水 *N,N*-二甲基甲酰胺	7.91
7	异丙醇（ACS 级）	2.33	25	无水丙酮	8.01
8	乙酸乙酯	2.44	26	无水二氯甲烷	8.33
9	环己烷（ACS 级）	2.50	27	乙醇（200 USP 级）	10.18
10	氢氧化钠溶液（50%）	2.84	28	乙醇（200 ACS 级）	10.42
11	己烷（95%） 正己烷（ACS 级）	2.86	29	二氧六环	10.46
12	二氯甲烷（ACS 级）	3.08	30	无水 *N,N*-二甲基亚砜	11.32
13	乙酸异丙酯	3.24	31	无水乙腈	11.48
14	甲基叔丁基醚(ACS 级)	3.30	32	无水四氢呋喃	12.33
15	*N,N*-二甲基甲酰胺 （ACS 级）	3.33	33	2-甲基四氢呋喃	13.68
16	冰醋酸	3.59	34	无水 2-甲基四氢呋喃	15.84
17	变性乙醇	3.72	35	无水 *N*-甲基吡咯烷酮	23.21
18	庚烷	3.75			

① 费用是基于 200 L 卷筒量计算的。数据来源于 a US CRO/CMO，July 2011。

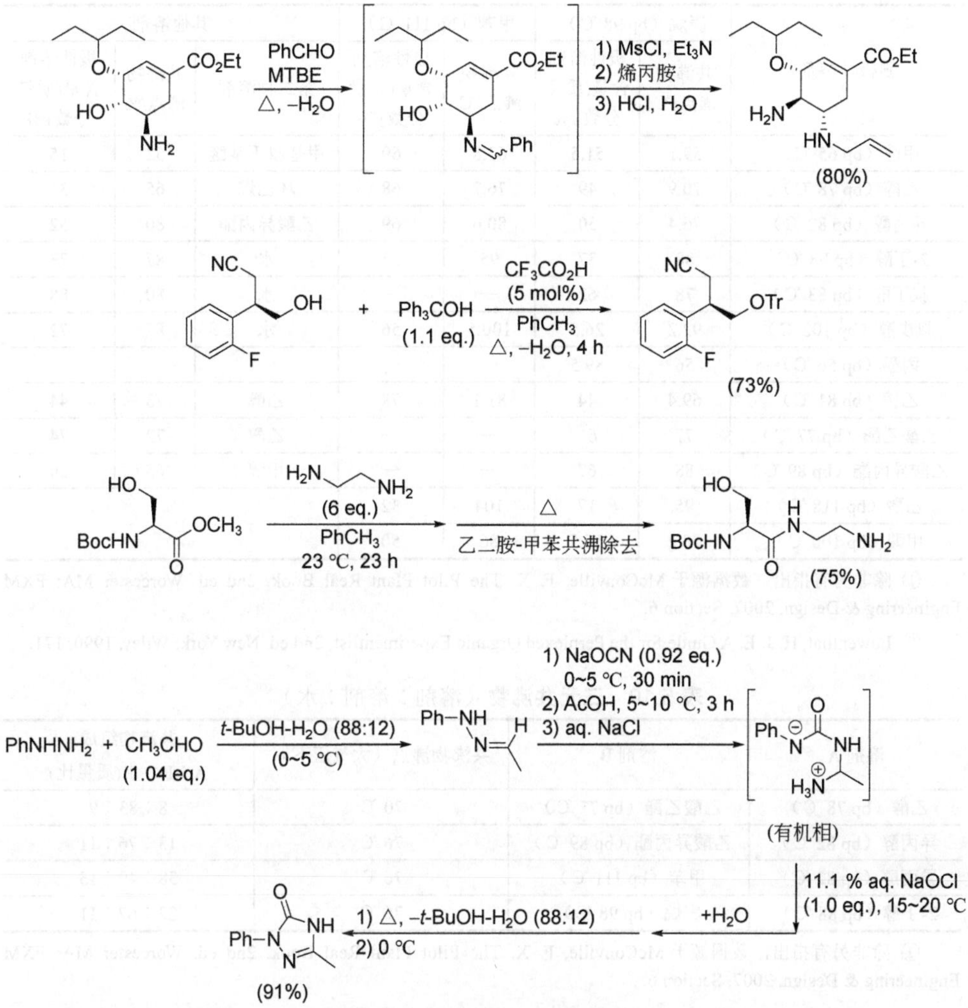

图 5.8 共沸物的促进反应实例

一些有用的二组分共沸物见表 5.9。当一对共沸物的组成接近 1∶1（例如异丙醇-乙酸异丙酯）时，从其中一种溶剂中分离出另一种溶剂更容易。表 5.10 列出了一些三组分共沸物（溶剂-溶剂-水）[36]。文献中的共沸物数据有一些不明确。

通常减压蒸馏时会进一步减少馏出物中较少组分的比例，如表 5.11 所示的乙酸乙酯-水共沸物减压蒸馏过程，这也被称为“破坏型共沸物”。在异丙醇-水共沸物中，没有发现该现象。McConville 生动地展示了一些共沸物组分减压下的效果[64]。

表 5.9 一些二元共沸物①

强极性溶剂	庚烷（bp 98 ℃）		甲苯（bp 111 ℃）		其他溶剂		
	共沸物沸点/℃	极性溶剂含量(质量分数)/%	共沸物沸点/℃	极性溶剂含量(质量分数)/%	第二种溶剂	共沸物沸点/%	极性溶剂含量(质量分数)/%
甲醇（bp 65 ℃）	59.1	51.5	63.8	69	甲基叔丁基醚	52	15
乙醇（bp 78 ℃）	70.9	49	76.7	68	环己烷	65	31
异丙醇（bp 82 ℃）	76.4	50	80.6	69	乙酸异丙酯	80	52
2-丁醇（bp 98 ℃）	88	37	95	55	水	87	73
叔丁醇（bp 83 ℃）	78	62	—	—	水	80	88
叔戊醇（bp 102 ℃）	92.2	26.5	100.5	56	水	87	72
丙酮（bp 56 ℃）	56	89.5	—	—			
乙腈（bp 81 ℃）	69.4	44	81.1	78	乙醇	73	44
乙酸乙酯（bp 77 ℃）	77	6②	—	—	乙醇	72	74
乙酸异丙酯（bp 89 ℃）	88	67	—	—	甲醇	65	20
乙酸（bp 118 ℃）	95	17	104	32			
甲酸（bp 100 ℃）	78.2	56.5	86	50			

① 除非另有指出，数据源于 McConville, F. X. The Pilot Plant Real Book. 2nd ed. Worcester MA: FXM Engineering & Design, 2007, Section 6.

② Lowenthat, H. J. E. A Guide for the Perplexed Organic Experimentlist. 2nd ed. New York: Wiley, 1990, 171.

表 5.10 三元共沸物（溶剂∶溶剂∶水）①

溶剂 A	溶剂 B	共沸物沸点（大气压下）	共沸物组成 A∶B∶水(质量比)
乙醇（bp 78 ℃）	乙酸乙酯（bp 77 ℃）	70 ℃	8∶83∶9
异丙醇（bp 82 ℃）	乙酸异丙酯（bp 89 ℃）	76 ℃	13∶76∶11
异丙醇（bp 82 ℃）	甲苯（bp 111 ℃）	76 ℃	38∶49∶13
2-丁醇（bp 88 ℃）	庚烷（bp 98 ℃）	76 ℃	22∶67∶11

① 除非另有指出，数据源于 McConville, F. X. The Pilot Plant Real Book. 2nd ed. Worcester MA: FXM Engineering & Design, 2007, Section 6.

表 5.11 乙酸乙酯-水和异丙醇-水共沸物减压蒸馏效果

乙酸乙酯和水共沸物			异丙醇和水共沸物		
压力/mmHg	沸点/℃	共沸物含水量/%	压力/mmHg	沸点/℃	共沸物含水量/%
760	70.4	8.5	760	—	12
250	42.6	6.3	319	—	12
25	1.9	3.6	153	—	12
			67	—	12

注：1. Horsley, L. H. Azeotropic Data-Ⅲ. Advances in Chemistry Series, 116. Washington D. C.: ACS, 1973.

2. Gmehling, J.; Menke, J.; Fischer, K.; Krafczyk; J. Azeotropic Data, Parts Ⅰ and Ⅱ. Weinheim: VCH, 1994.

3. Reichardt, C. Solvents and Solvent Effects in Organic Chemistry. 2nd ed. Weinheim: VCH, 1990.

4. Lide, D. R. Ed. CRC Handbook of Chemistry and Physics. 78th ed. Boca Raton, FL: CRC Press, 97-98.

5. Flick, E. W. Ed. Industrial Solverots Handbook. 4th ed. Park Ridge, NJ: Noyes Data Corporation, 1990.

5.3　选择溶剂以增加反应速率，减少杂质生成

一些有关溶剂使用的经验规则可以预测反应速率。Hughes 和 Ingold 发展出了一个关于溶剂极性如何影响反应速率的定量模型[65]。一般说来，增加溶剂极性的效果取决于原料或中间体中是否有高浓度电荷（电荷/体积）。(有时描述为电荷局部定域较大，而电荷局部定域较小有时称为电荷分散。）极性溶剂优先溶解离子或电荷浓度高的中间体。如果中间体中电荷浓度比原料高，极性溶剂能够稳定中间体和促进其生成，因而加快反应速率。例如，极性溶剂加速三乙胺与碘乙烷生成季铵盐。如果中间体的电荷比原料的电荷分散，极性溶剂会稳定原料，降低反应速率；相应的例子有盐结构的破坏和 Finkelstein 反应。(后一个反应也可以通过产物从溶剂中析出来而加速，例如 NaI 转化成 NaCl 而沉淀出来。）自由基诱导的反应受溶剂极性的影响很小[66]。实例见图 5.9。定量的电荷局部定域/离域模型没有考虑溶剂的其他影响，例如氢键、螯合作用、温度以及反应的浓度[67]。例如，叠氮化合物和碘甲烷的反应，在甲酰胺中比在甲醇中反应速率提高了 4 个数量级。即使这些溶剂极性相似，但甲醇中的叠氮负离子被氢键溶剂化，降低了反应活性[68]。改变溶剂也可改变反应机理[69]。

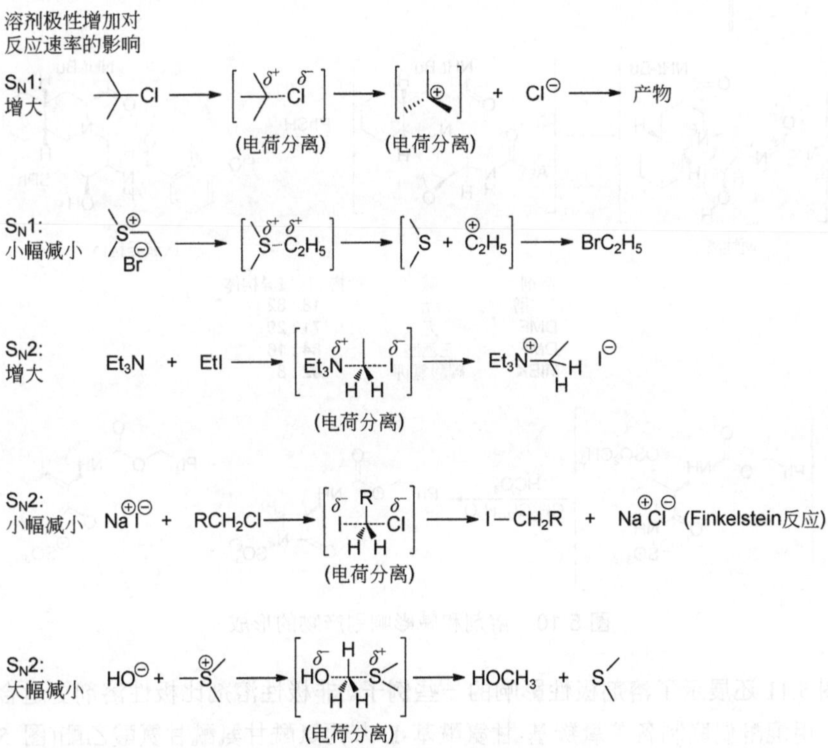

图 5.9　溶剂的极性以及极性对反应的影响

为了更清楚地说明，图 5.10 举了两个原料药和原料药中间体的例子。噁唑啉用苯硫酚处理后，得奈芬纳韦（nelfinavir）的游离碱和一种局域异构体[70]。改用极性较小的溶剂并加入一种碱，目标区域异构体的量显著增加。（尽管三乙胺也是非极性的，但是由于它本身被稀释，所以作为溶剂来讲产生的影响很小。）生成区域异构体可能会经历一个环氧化合物的历程，环氧化合物的形成需要经过一个两性离子中间体。极性溶剂被认为能够稳定这一两性离子中间体，促进区域异构体的形成。图 5.10 又举了一个例子，该磺胺盐在二氯甲烷中经碳酸氢盐水溶液处理后环化得一种 β-内酰胺，它是氨曲南（aztreonam）的中间体[71]。形成 β-内酰胺和烯烃的 S_N2 和 E2 反应在水的存在下会竞争，因为两者的分子内和分子间的负电荷都相对于原料分散了。而在大极性溶剂中，E2 反应比 S_N2 反应减速更明显，因此副产物烯烃的量相对于 β-内酰胺减少了[72]。影响最大的因素是 pH，pH 增加时，E2 消除反应形成的副产物也增加[73]。

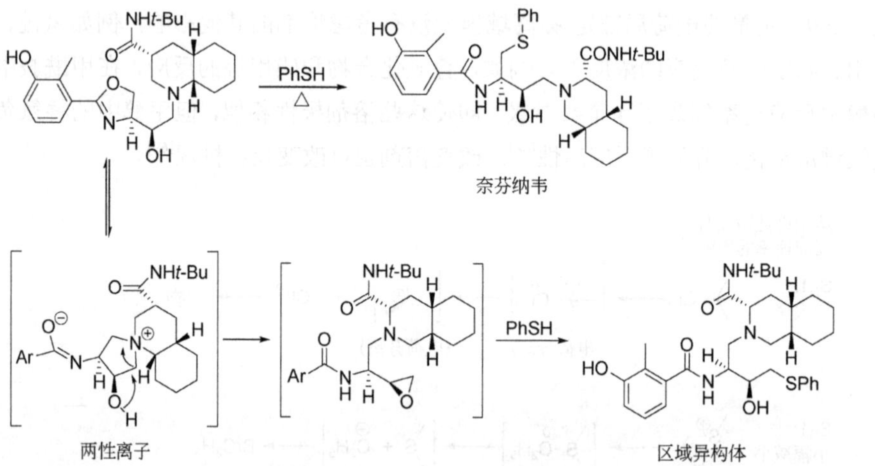

溶剂	碱	产物 : 区域异构体
乙二醇	无	18 : 82
DMF	无	71 : 29
DMF	三乙胺	84 : 16
MIBK	碳酸氢钾	92 : 8

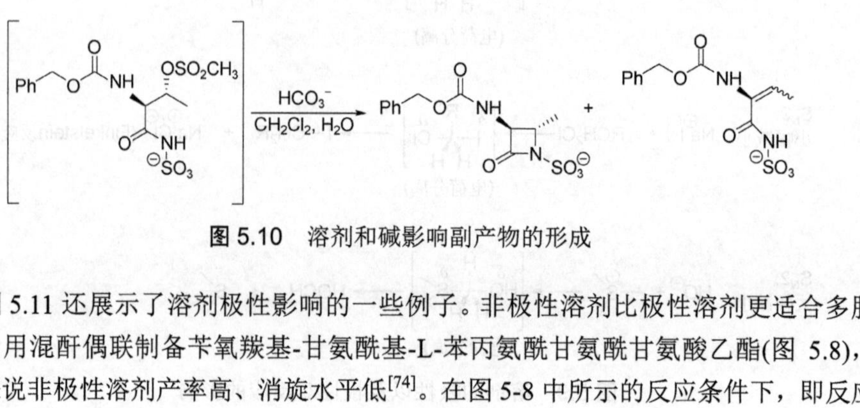

图 5.10　溶剂和碱影响副产物的形成

图 5.11 还展示了溶剂极性影响的一些例子。非极性溶剂比极性溶剂更适合多肽偶联。用混酐偶联制备苄氧羰基-甘氨酰基-L-苯丙氨酰甘氨酰甘氨酸乙酯(图 5.8)，一般来说非极性溶剂产率高、消旋水平低[74]。在图 5-8 中所示的反应条件下，即反应

温度为−15 ℃时，与等摩尔量的 *N*-甲基吗啡啉完全反应仅需不到 30 s。当 AstraZeneca 的员工用氯甲酸异丁酯和 *N*-甲基吗啡啉在−25～−10 ℃下偶联生产混酐时，他们发现丙酮和 DMF 是最合适的溶剂，混酐在这些溶剂中稳定性好，不易消旋。氟雷法胺中间体是一种伯胺，经两步偶联反应，分离后的收率为 93%，纯度为 99%。尽管没有分析该中间体的非对映异构体，但作者说几乎没有发生消旋[75]。

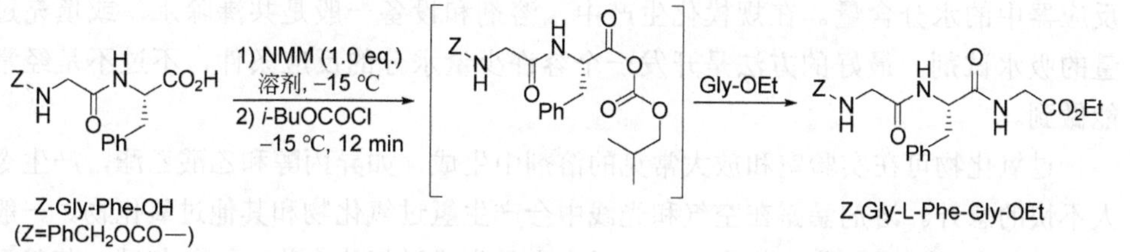

导致高产率、低消旋率的溶剂的序列：{EtOAc, THF} > {乙二醇二甲醚, 二噁烷, CH_3CN} > DMAc > {CH_2Cl_2, NMP, DMF} > HMPT

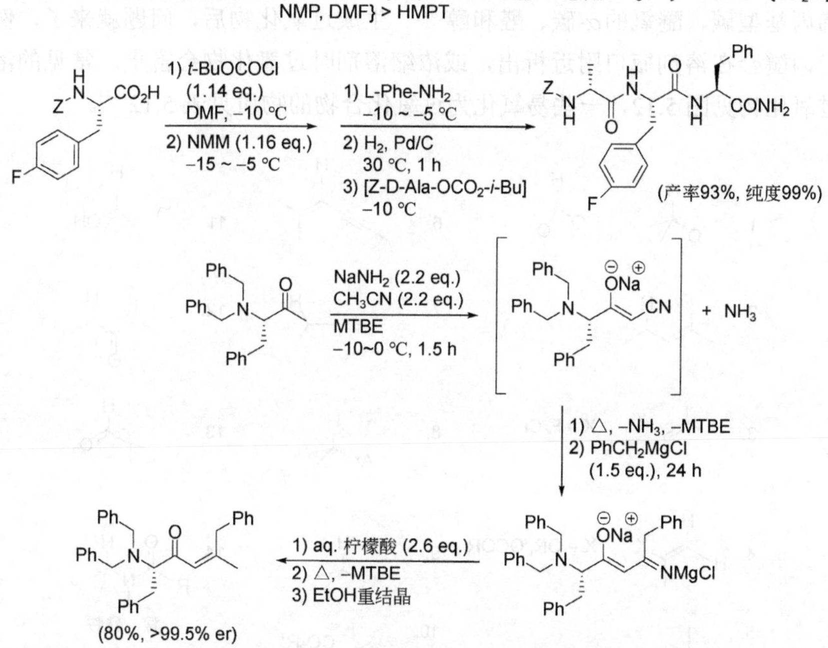

图 5.11 涉及氨基酸的反应溶剂

其他氨基酸，例如组氨酸和半胱氨酸，偶联时或在多肽中容易消旋，由于这个原因，这两个氨基酸以及其他氨基酸的保护已经研究得很深入了[76]。在使用混合羧酸酐的多肽偶联中，这些因素比溶剂对产率和非对映异构体的影响更大，比如使用温度、使用比 *N*-甲基吗啡啉更强的碱以及碱的过量程度[77]。已发现极性较小的溶剂会减少氨基酸衍生物反应时的消旋。−50 ℃反应时，为了避免消旋，需要使用四氢呋喃；极性小一些的溶剂，如甲基叔丁基醚（MTBE），即使在高一些的温度下，消旋率可能也较小[78]。

5.4 溶剂中的杂质和反应溶剂

溶剂中的杂质水分会造成无法预料的困难（见第 6 章）。已经发展出了很多在实验室中溶剂除水的处理方法[79,80]。近期的文章认为分子筛是最普遍有效的[81]。“无水”溶剂较昂贵，在使用无水溶剂之前就应该充分考虑运输这些溶剂的相关设备和反应器中的水分含量。在规模化生产中，溶剂和设备一般是共沸除水，或填充过量的吸水试剂。最好的方法是开发一个容许少量水分的反应条件，不过不是经常能做到。

过氧化物可在实验室和放大常见的溶剂中生成，如异丙醇和乙酸乙酯，产生令人不快的意外。溶剂暴露在空气和光线中会产生氢过氧化物和其他过氧化物。一般来说，含有氢原子的化合物在自由基反应中易生成过氧化合物，例如叔碳、苄基型碳、烯丙基型碳、醚氧的α-碳、醛和醇[82]。生成过氧化物后，问题就来了，例如过氧化异丙醚会在溶剂瓶口附近析出，或浓缩溶剂时过氧化物会富集。常见的溶剂形成的过氧化物见图 5.12，一些易氧化为过氧化合物的物质见表 5.12[83]。

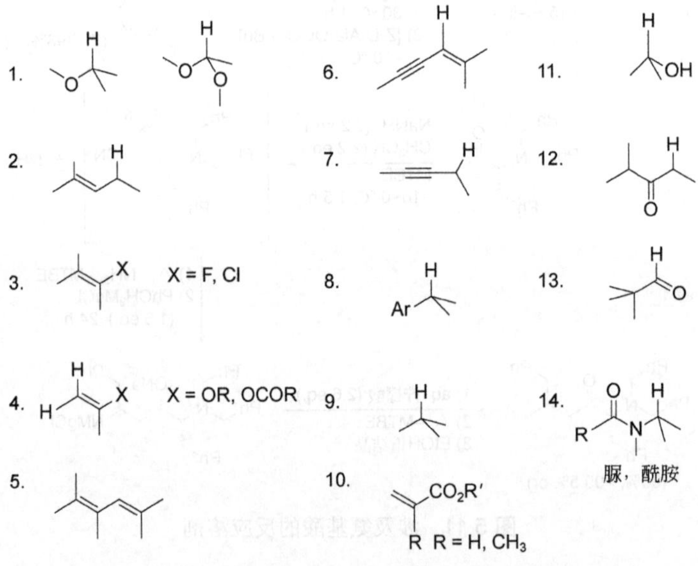

图 5.12 常见的最容易生成过氧化合物的官能团结构

（Kelly, R. J. *Chem. Health Saf.* **1996**, September/October, 28.）

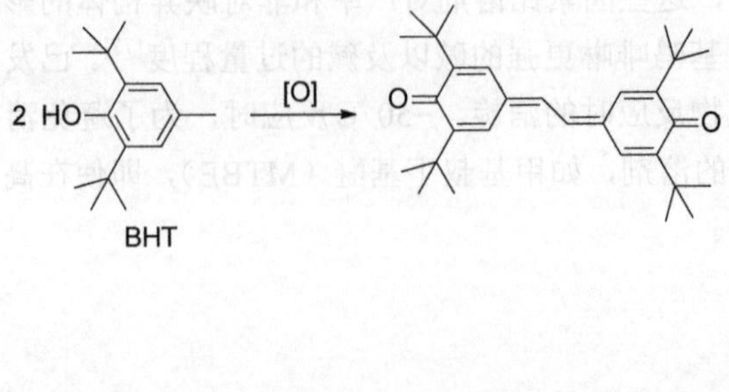

表 5.12　能形成过氧化物的试剂分类①

1．不需要浓缩的能形成爆炸水平的过氧化物的化合物		
二异丙基醚	丁二烯	二乙烯基乙炔
2．在浓缩时能形成爆炸水平的过氧化物的化合物		
乙醛	环己烯	异丙醇
苯甲醇	十氢萘	2-甲基四氢呋喃
2-丁醇	丁二炔	甲基异丁基酮
异丙基苯	双环戊二烯	1-苯乙醇
环己醇	二噁烷	四氢呋喃
环己烯醇	乙二醇二甲醚(DME)	
3．过氧化物能自身聚合的化合物		
丙烯酸	异丁烯酸甲酯	乙烯基乙炔
丙烯腈	苯乙烯	乙烯基吡啶
丁二烯	乙酸乙烯酯	

① Kelly, R. J. *Chem. Health. Saf.* **1996**, September/October, 28.

要经常检查溶剂中的过氧化合物有一个简便的检测方法，用水润湿过氧化检测试纸，然后滴一滴溶剂。碘量法滴定是一种定量的方法[85]。BHT（大约 250 μg/mL）通常添加到市售的四氢呋喃和 2-甲基四氢呋喃中作为安全措施。放大时，浓缩四氢呋喃和 2-甲基四氢呋喃会添加 BHT 作为安全措施。蒸出溶剂时，可能会使作为稳定剂的 BHT 富集，干扰 HPLC 和其他分析。BHT 经氧化可生成黄色的二聚物[86,87]。

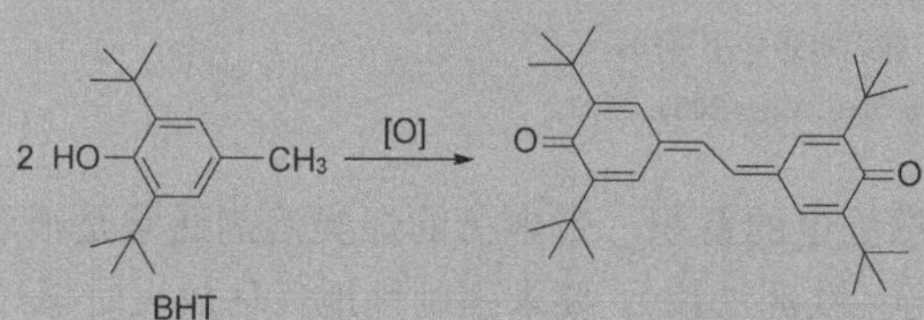

关于过氧化物，除了注重安全问题外，过氧化物还能影响反应进程。例如，如无抑制剂，在和硼酸偶联的 Suzuki-Miyaura 反应中，暴露在空气中的四氢呋喃溶液（四氢呋喃：水 = 10：1）会生成 8 mmol 以上的四氢呋喃-氢过氧化物，该复合物会诱导生成一种苯酚类的副产物（图 5.13）[84]。溶剂中常见的杂质见表 5.13。

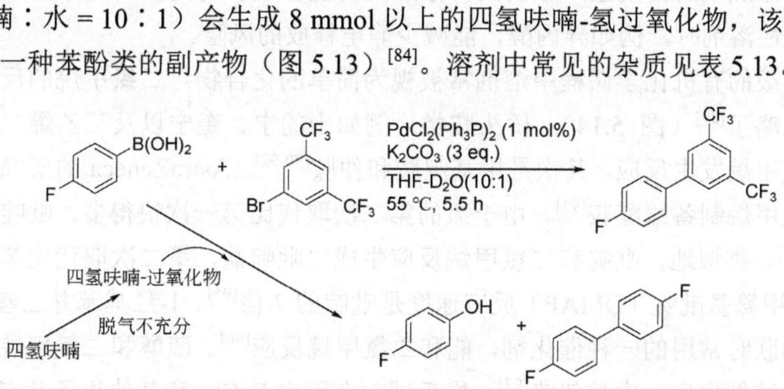

图 5.13　由于氧的存在，Suzuki-Miyaura 偶联反应中生成氧化的副产物

表 5.13 常用溶剂中的杂质

溶　剂	杂质(质量分数)/%	评　论
全部	水，过氧化物	①
变性乙醇②③	甲醇，4.7%～4.8%	SDA-3A，"IMS"（工业甲基化酒精）
	"吡啶碱"，0.6%	SDA 6B
	甲苯，5.1%～5.2%	SDA 12A-3
	丙酮，7.2%～7.4%	SDA 23A
	乙酸乙酯，1.1%	SDA 29-3
	甲醇，8.9%～9.1%	SDA 30A
乙腈	乙酰胺	遗传毒性（食物中的添加剂）
N,*N*-二甲基甲酰胺	二甲胺，一氧化碳	酸或碱催化的歧化反应
二氯甲烷	戊烯，环己烷	抑制剂
甲基异丁基酮	异亚丙基丙酮（4-甲基-3-戊烯-2-酮）	二丙酮醇还原不彻底
乙酸乙酯	过氧乙酸	④
乙酸酯	乙酸	
四氢呋喃，2-甲基四氢呋喃	2,6-二叔丁基-4-甲基苯酚	抑制剂（约 250 μg/mL）
异辛烷	异辛烯	不完全氢化

① 很多溶剂中都发现有过氧化物：Kelly, R. *J. Chem. Health. Saf.* **1996**, September/October, 28.

② 乙醇手册. *U. S. I. Chemicals*. 1981 by National Distillers and Chemical Corporation.

③ 变性乙醇在 190 ℃和无水条件下可用。

④ Hobson, L. A. *Chem. Eng. News* **2000**, *78*, 2.

放大时还要注意静电的蓄积，带电荷的烃类溶剂通常是很麻烦的。按照 2003 防爆认证 137 号指导（欧洲法律），要求强制性地评估放大时爆炸的风险。非金属添加剂，例如 Statsafe，已经被开发出来用于减少溶剂的导电性，减少静电释放的风险[88]。一般来说，烃类静电释放的风险比较大，例如庚烷。使用多聚物和胺类的混合物作为添加剂的溶剂生产原料药，添加剂可能会被认为是原料药中的杂质。当加入少量极性溶剂时，例如异丙醇，能减少静电释放的风险。

在初级的有机化学课程中溶剂常被视为简单的化合物。二氯甲烷的反应活性通常都被忽略了[89]（图 5.14）。桥头胺类，例如士的宁、奎宁以及三乙烯二胺，尤其易与二氯甲烷发生反应，其次是甲基叔胺和仲胺[90-92]。AstraZeneca 的研究者从脯氨酸和二氯甲烷制备缩醛胺[93]。由于氯的第二次取代比第一次快得多，吡啶很快形成缩醛胺[94]。类似地，吡啶和二氯甲烷反应生成二吡啶盐，第二次取代比第一次快得多。4-二甲氨基吡啶（DMAP）反应速度是吡啶的 7 倍[95]。1-羟基苯并三唑（HOBt）是多肽偶联时常用的一种催化剂，能和二氯甲烷反应[96]。硫醇和二氯甲烷反应的活性在相转移催化反应中被忽略[97]。格氏试剂在无水 $FeCl_3$ 和其他离子盐存在下，能与二氯甲烷发生反应[98]。镍-甜菜碱复合物和二氯甲烷发生二次反应生成手性 4-氨基

> 不要长时间存储胺类的二氯甲烷萃取液。亲核性的胺，尤其是奎宁，易与二氯甲烷反应。

谷氨酸[99]。1978 年，Wyeth 的研发人员报道了测定二氯甲烷中的氯化氰用来分离代谢物[100]。二氯甲烷甚至显示出能与奥氮平、氯氮平和氧氟沙星反应，它们都有一个 N-甲基哌嗪基团[101]。也许二氯甲烷是许多化合物中都包含对称亚甲基二胺的源头。应该充分考虑二氯甲烷与亲核试剂的反应活性。低沸点的二氯甲烷易挥发，不易储存，在使用过程中难以达到挥发性有机化合物排放标准。这些原因使得二氯甲烷在生产时没有吸引力。

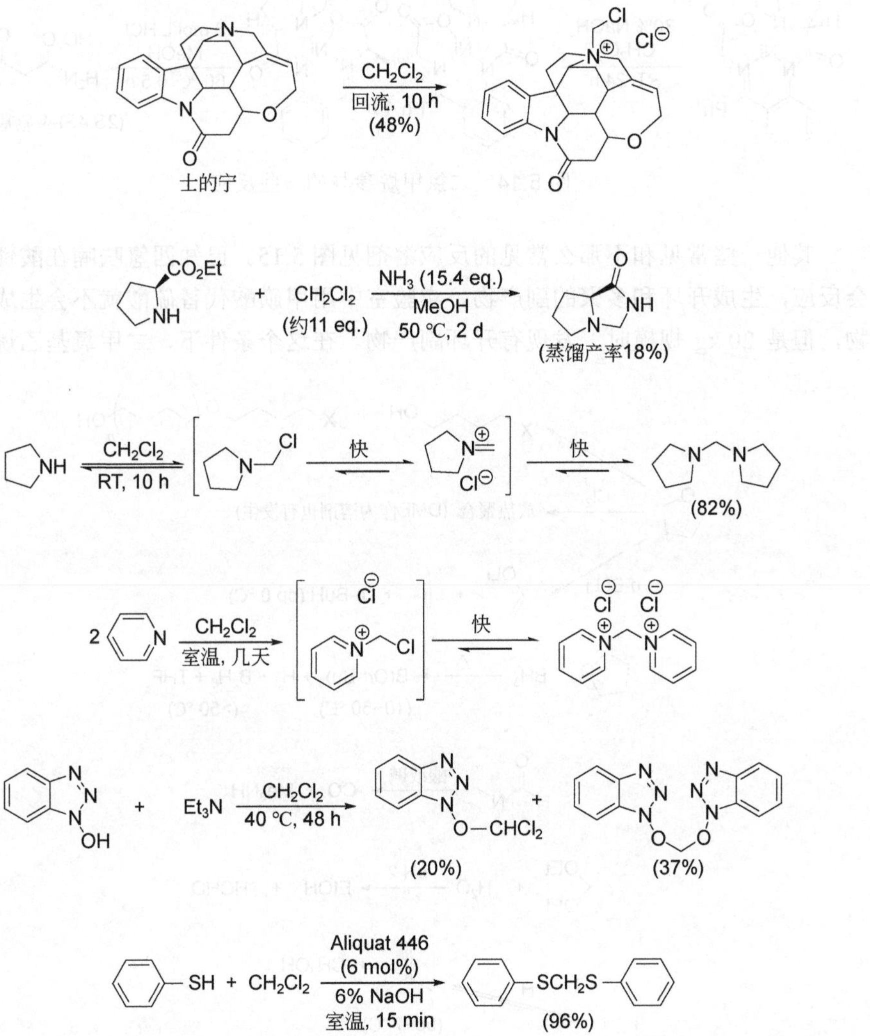

图 5.14

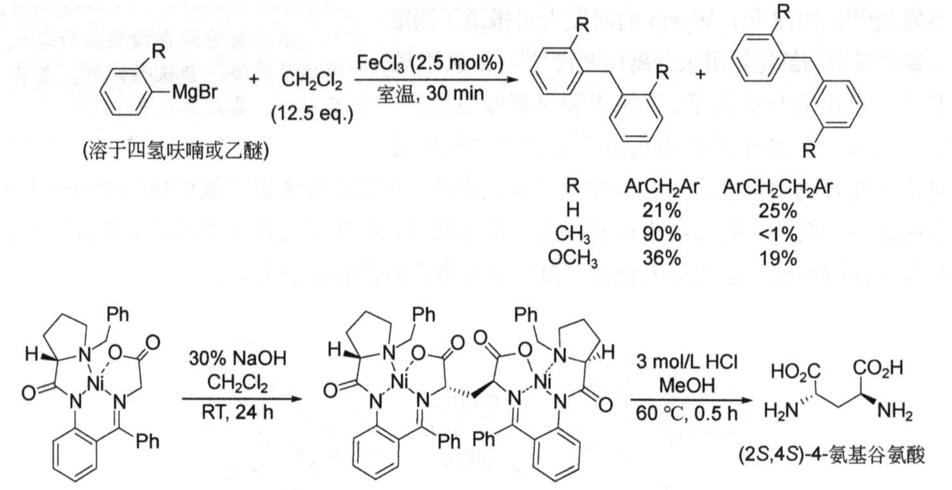

图 5.14　二氯甲烷参与的一些反应

其他一些常见和不那么常见的反应溶剂见图 5.15。已知四氢呋喃在酸性条件下会反应，生成开环和多聚的副产物。实验室中用甲磺酸代替硫酸就不会生成该副产物，但是 20 kg 规模时，发现有开环副产物。在这个条件下，二甲氧基乙烷优于四

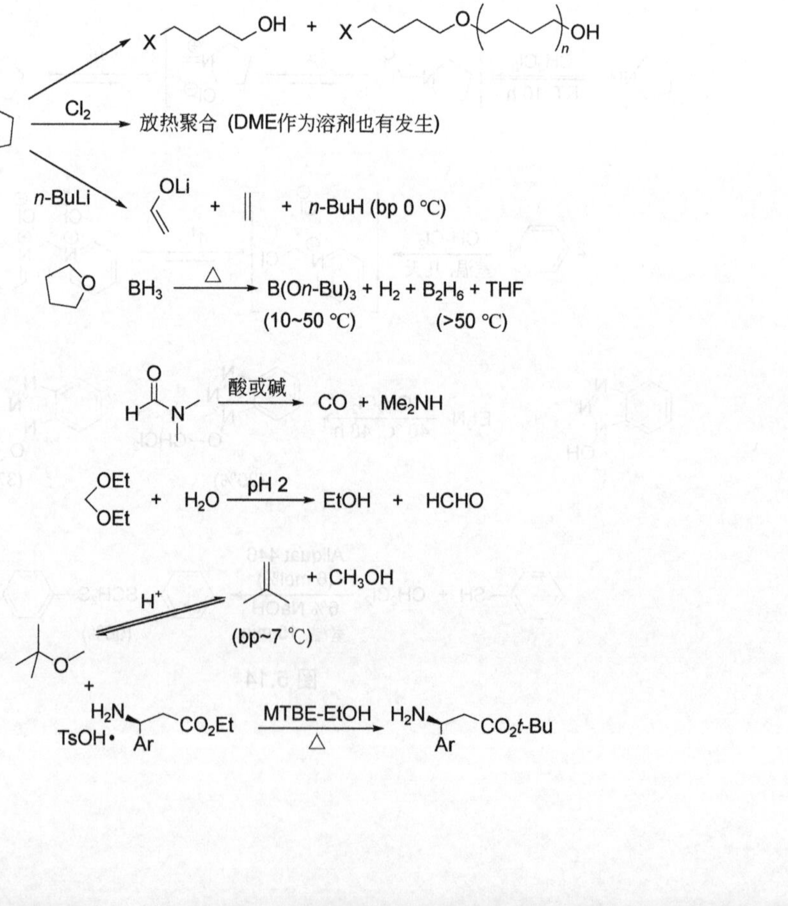

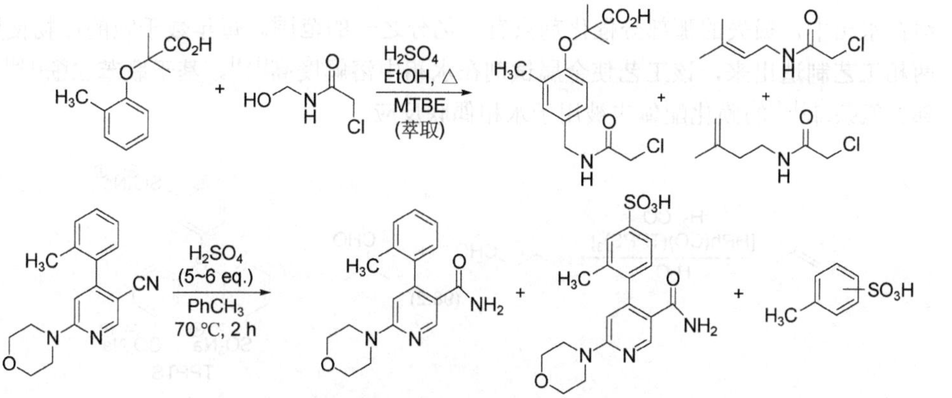

图 5.15 除二氯甲烷外的一些其他反应溶剂

氢呋喃[102]。已知四氢呋喃（THF）能与酰氯和酰溴反应[103]。四氢呋喃和 2-甲基四氢呋喃在酸性水溶液条件下水解速率很慢，可作萃取相[46]。四氢呋喃和二甲氧基乙烷在 Cl_2 存在下会聚合放热[104]。在反应中使用 2mol/L 硼烷-四氢呋喃复合物曾发生过工业事故[105,106]。10～50 ℃下，溶于四氢呋喃的硼烷-四氢呋喃复合物产生 H_2 和硼酸三丁酯，50 ℃以上降解生成乙硼烷。为了安全地掌控溶解在四氢呋喃中的硼烷-四氢呋喃，巴斯夫（BASF）的研究者推荐试剂在 0～5 ℃下储存，在低于 35 ℃下反应[107]。DMF 可被酸或碱催化，歧化生成一氧化碳和二甲胺，虽然已知有一些报道称 DMF 能与 NaH[108]和 $NaBH_4$[109]反应，并且放热。*N*-甲基吡咯烷酮和 NaH 在热力学上是不稳定的[110]。已知二乙氧基甲烷（DEM）在 pH 2 时会水解；推荐的反应条件中 pH 不应低于 4[111]。甲基叔丁基醚（MTBE）可在酸催化下加入叔丁醇和异丁烯生成，它看起来在酸性条件下足够稳定，可以用于后处理萃取，但是 40 ℃下能和浓盐酸反应，更高温度下能和硫酸反应[112]。MTBE 与亚硫酰氯[112]和 Br_2[113]反应放热。回流 MTBE-乙醇制备某乙酯的甲苯磺酸盐时，辉瑞的研究人员发现叔丁酯从 MTBE 和乙酯的反应中沉淀出来[114]。若之前的萃取液中残留 MTBE，酯类的氨甲酰化就很慢；副产物证实是异戊烯胺，由 MTBE 分解产物产生[115]。硫酸介导的腈水合时，产物常常磺化。加入甲苯利于搅拌，则伯酰胺产率高；该反应条件下部分甲苯会磺化，表现为一种代替牺牲的溶剂[116]。在仲胺的存在下，使用甲基异丁基酮（MIBK）保护伯胺（图 6.9）[117]。

> 在无水的酸性条件下使用四氢呋喃时，要考虑形成开环的副产物。生产铵盐最好用其他溶剂。

5.5 水作为溶剂

一些综述文献已经总结了水中进行反应的诸多优点[3,118-122]。由 Ruhrchemie/Rhône Poulenc 开发的工艺，在水中氢甲酰化（加氧合成过程）简便易行（图 5.16）：产物从水相中分离，只需将反应器再充满气体原料。溶于磺酸盐配体的铑催化剂被束缚在水相中，损失的那部分催化剂只有十亿分之一的范围。每年数千吨的产物使用两相工艺制造出来，该工艺使金属试剂在水相中溶解度高[123]。基于联苯二酚[124]和邻二氮杂菲[125]的磺化配体也被用于水相偶联反应。

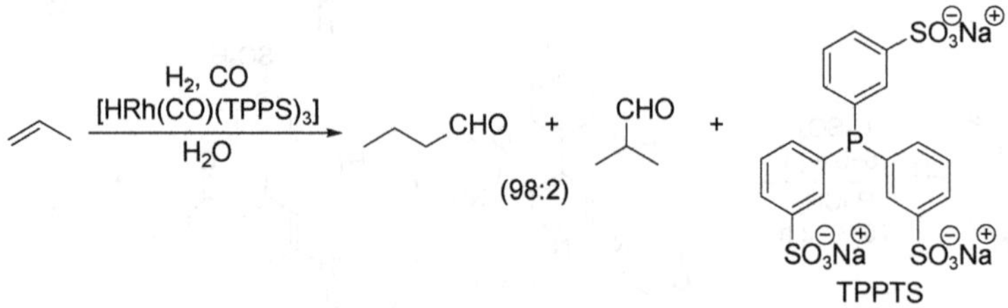

图 5.16　氢甲酰化反应制备叔丁醛

水作为首选溶剂的反应近些年很受欢迎，部分原因是水被视为绿色溶剂。其他一些水加速的反应见图 5.17。近来，Sharpless 的小组报道了原料在水中不溶，在“水面”上的反应[126,127]。在水面上的 Diels-Alder 反应及芳香 Claisen 重排相对于无溶剂反应稍有加速，比使用其他溶剂时快[128]。加速的原因可能是因为氢键，增加了极性、疏水作用和其他性质[129,130]。非均相条件下，反应自始至终是悬浊液，放大时需要额外小心。预期困难是产物、原料和杂质混在一起。如果放大转化需要加大搅

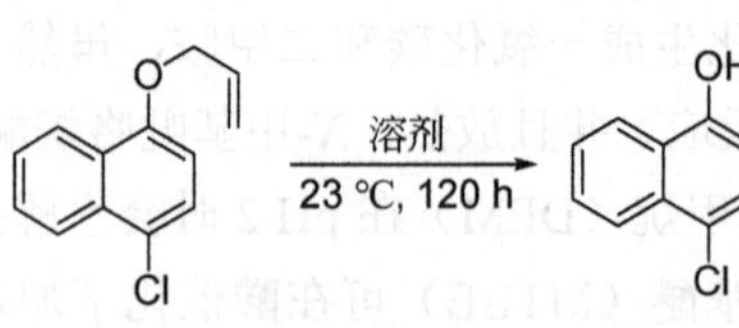

溶剂	产率/%
$PhCH_3$	16
DMF	21
CH_3CN	27
MeOH	56
无溶剂	73
H_2O	100

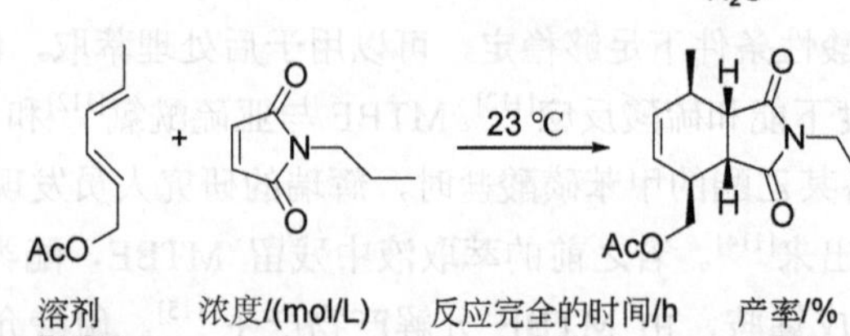

溶剂	浓度/(mol/L)	反应完全的时间/h	产率/%
$PhCH_3$	1	144	79
CH_3CN	1	>144	34
MeOH	1	48	82
无溶剂	3.69	10	82
H_2O	3.69	8	81

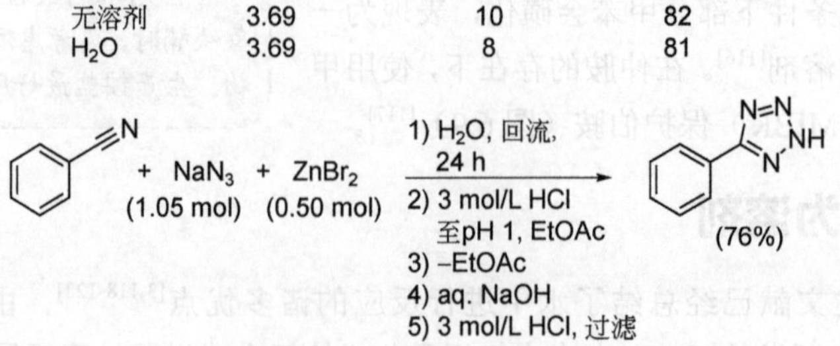

图 5.17　一些水加速的反应

拌，那么得到的是小颗粒，使得过滤和分离更加困难。Sharpless 的小组主要在水作溶剂的条件下，进行“点击”反应[131]，水中非酸性条件下生成四氮唑[132]。水加速 Baylis-Hillman 反应[133]，加倍 4,6-二烯酮的消除[134]。加入少量乙醇或者 DMSO 可加速水中的反应，这可能由于它们起到了与表面活性剂相似的作用[21]。

往水中加入各种表面活性剂，可形成微乳液或胶束以促进反应。Kobayashi 的小组探索了羟醛反应的表面活性剂，例如图 5.18 中所示，在该条件下，三甲基硅基可作为保护基防止水解[135]。水中的 Suzuki 偶联用到聚乙二醇[136]；聚乙二醇可作为表面活性剂或相转移催化剂溶解金属活性组分。Lipshutz 的小组研究了使用表面活性剂作为相转移催化剂的反应[137,138]。市售的相转移催化剂是质量分数为 2.5%的水溶液，另外一种维生素-聚乙二醇表面活性剂 TPGS-1000 用于增加药物活性成分的生物利用度[139]。Lipshutz 的小组阐明了表面活性剂应用于温和的烯烃复分解反应[140,141]、Sonogashira 反应[142]、Heck 反应[143]、Suzuki 反应[144]、Negishi 反应[145]以及胺化反应[146]。图 5.18 中所示的复分解反应是使用表面活性剂作为相转移催化剂的一个例子。

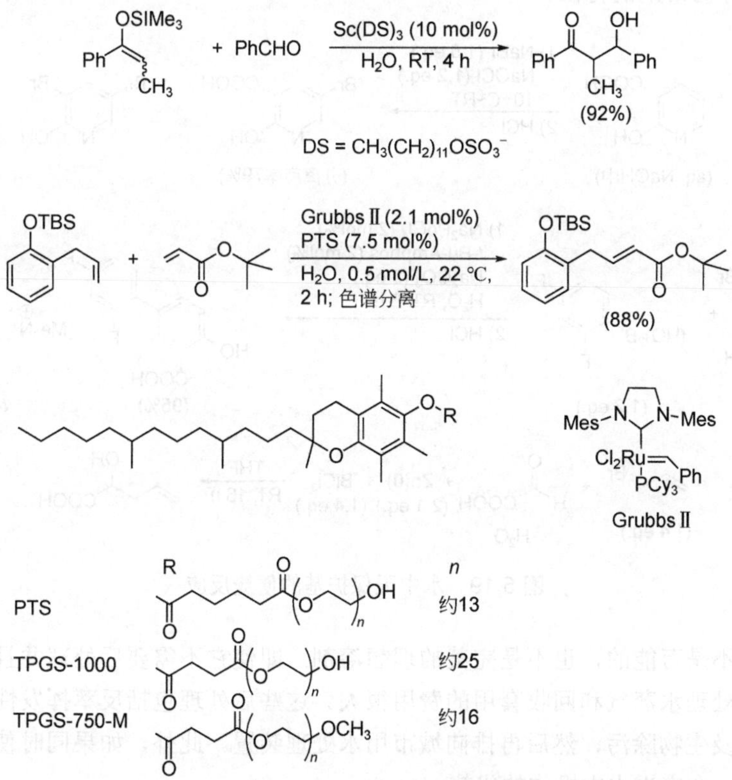

图 5.18　水溶液中加入表面活性剂形成胶束促进的反应

该物质一般认为是安全的（GRAS），甚至用在饮料成分中[137]，无毒，无须处理原料药中残留的相转移催化剂。水中用相转移催化剂催化反应后，产物可萃取到有机相，含相转移催化剂的水相可在下次反应时套用[141,143]。最近 Lipshutz 小组描述了各种用于交叉偶联反应的第二代两性化合物[147]。2011 年，由于表面活性剂方面的工作，Lipshutz 获得了美国总统绿色化学奖[139]。总的来说，Lipshutz 小组的方法和胶束法可理想地生产原料药，尤其是如果产物可被萃取分离，则胶束可重复使用。

水最佳的应用之一是催化极性物质的反应而无须保护基。酶通常能耐受分子中的各种官能团，许多酶能发挥最好活性的前提是介质中至少部分含有水。水中非酶促转化的例子见图 5.19。2-羟基烟酸可溶于水，而放大时使用 Br_2 操作不方便。可选择 NaBr 和漂白剂（NaOCl）的溶液做溴代；一分钟内加完该溶剂，会看到显著量的二溴杂质的形成，原因可能是微混合。当试剂混合物在 14 min 内加完，22 L 反应规模下，单溴代酸的收率较好[148]。在水中温和的（碱性）条件下，可发生羟基酸的 Suzuki 偶联[149]。水中使用乙二醛可方便地构建碳碳键[150]。这些例子显示了原料的特性和水作为溶剂的特性。

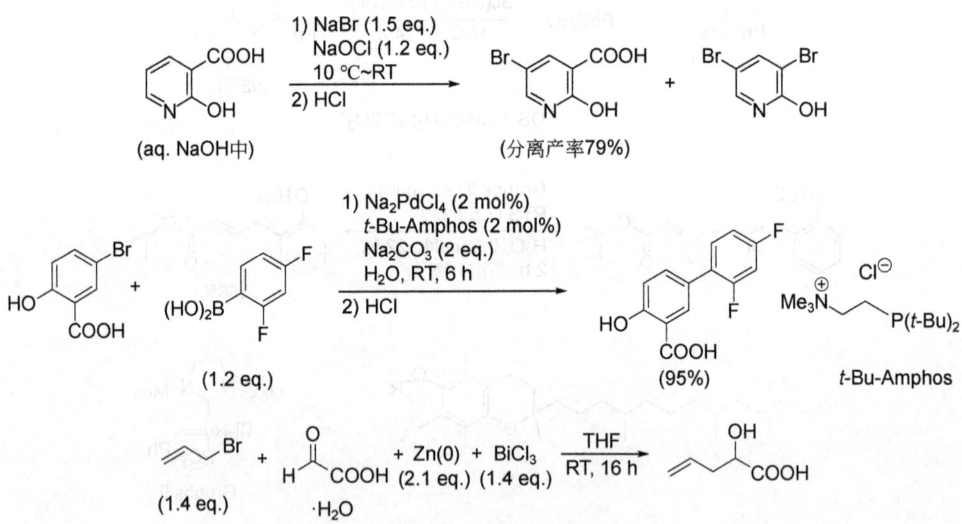

图 5.19 水中无保护基的便捷反应

水既不是万能的，也不是完美的理想溶剂，即使它不需要后处理并且廉价[151]。负责任地处理水蒸气和回收套用的费用很大。这些后处理包括反萃挥发性溶剂、活性炭吸附及生物除污，然后再排向城市用水处理装置。此外，如果同时使用有机溶剂后处理，会丧失水中操作的优势。

5.6 溶剂的替代

近来，许多化合物作为廉价的“绿色”溶剂被使用，例如2-甲基-四氢呋喃（来源于甘蔗渣）[46]、二乙氧基甲烷（DEM，来自乙醇和甲醛）[111]（图 5.20）。2-甲基-四氢呋喃已用于有机金属试剂的反应、萃取[46]及相转移催化反应[152]。市售的3 mol/L甲基锂溶液是用2-甲基-四氢呋喃或二乙氧基甲烷中任意一种作溶剂[153]。1,3-丙二醇由生物法制备，以多聚物的形式使用[154]。1,2-丙二醇可由甘油气相脱水后加氢还原制备[155]，用于代替2-甲氧基乙醇[156]。食品级的1,2-丙二醇已经用于原料药到药物成品。甘油也可用于氮杂-Michael 反应[157]，作为转移氢化的溶剂和试剂[158]，也可作为还原羰基的溶剂[159]。（“丙三醇”通常作为市售的甘油水溶液的名字，纯度为70%～80%[160]）。当亲脂性的产物单独形成一相时，甘油和丙二醇则显示出其优点。甘油可来源于植物或生物柴油。所以当生物柴油的产量增加时，甘油和1,2-丙二醇的价格反而可能会下降。

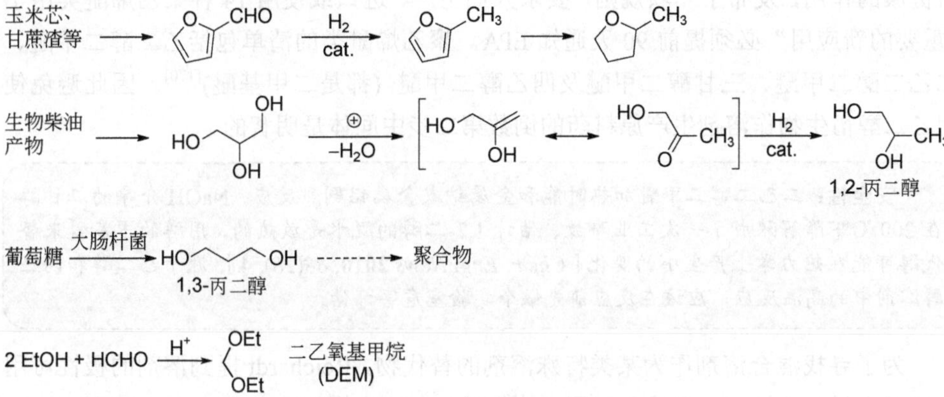

图 5.20 一些“绿色”溶剂的制备

当反应需要高沸点溶剂时，从产物中分离溶剂就变成了一个问题。DW-therm 是沸点240 ℃的三乙氧基硅烷的混合物，用于热环化，该溶剂可蒸馏回收；尝试过的其他的高沸点溶剂（DMSO、1,3,5-三异丙基苯、矿物油及四甲基亚乙基砜）不能让人满意[161]。高沸点、水溶性溶剂便于萃取到水中除去。丙二醇被认为是合理的溶剂，ICH甚至对它没有设置限制。图 5.21 中的其他溶剂是乙二醇的衍生物。聚乙二醇低毒，可作为轻度泻药[162]，而环氧乙烷的小分子衍生物，例如1,4-二氧六环，已知是有毒的。乙二醇和它的代谢物羟基乙酸和草酸对中枢神经系统、心脏及肾脏有毒性[163]。

二甘醇和丙二醇有相似的物理性质，然而用便宜的二甘醇代替丙二醇，在中国至少造成5人死亡[164]；巴拿马有40人死于中国制造的、用便宜的二甘醇代替丙二醇的止咳糖浆[165]。甲氧基乙醇（或称乙二醇单甲基醚）的使用和生产被加拿大禁

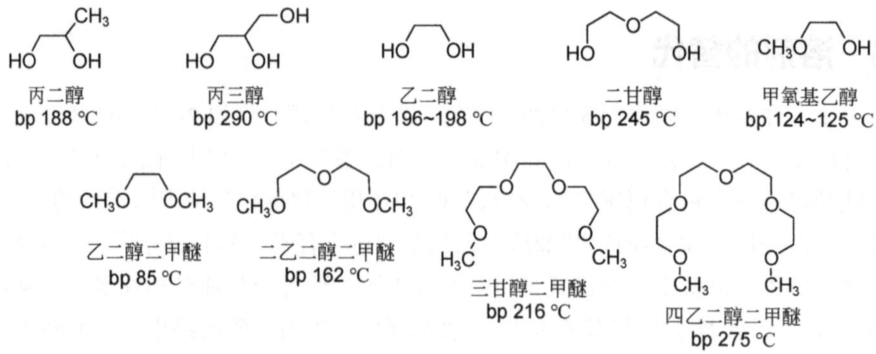

图 5.21 部分高沸点的水溶性溶剂

止[156]，在欧洲它被限制使用[166]。[甲氧基乙酸是甲氧基乙醇毒性最大的代谢物。最广泛用来代替甲氧基乙醇的溶剂是 1-甲氧基-2-丙醇（PGME）及 1-丁氧基-2-乙醇（EGBE）[167]。甲氧基乙醇和乙氧基乙醇具有生殖毒性[168]。]EPA 关注乙二醇醚类[169]对健康的作用，发布了一项规则，要求人们生产、进口或使用 14 种聚乙烯醚类用于"重要的新应用"必须提前 90 天通知 EPA。聚乙烯醚类的清单包括乙二醇二甲醚、二乙二醇二甲醚、三甘醇二甲醚及四乙醇二甲醚 (都是二甲基醚)[170]。因此避免使用乙二醇衍生物作溶剂生产原料药的倒数第二步中间体是明智的。

> **安全性**：二乙二醇二甲醚加热时能和金属钠或金属铝剧烈反应。NaOH 介导的二甘醇在 200 ℃下降解酿成了一次工业事故。估计 1,2-二醇的脱水是放热的，用醇的甲基醚来替代醇可能在热力学上产生小的变化[*Chem. Eng. News* **2010**, *88(28)*, 4]。源于乙二醇和丙三醇溶剂中的高温反应，应该在反应前先做个实验室危害评估。

为了寻找混合溶剂作为某类特殊溶剂的替代物，Reichardt 提到溶剂的极性可用甜菜碱染料溶液的颜色衡量，如图 5.7[171]所示。评估使用 Reichardt 的 E_T^N 值可能也会得到合适的溶剂组合。图 5.22 中的酰胺首先从无水乙醇中结晶析出，按照质量算 60 L/kg。紧接着，deCODE 公司的研究者通过从丙酮：水 = 1：1 中重结晶出胺大约 32 L/kg，提高了产品品质[172]。带四个结晶水的两性的氨曲南首先从甲醇：水 = 7：1 中重结晶出来。后来，开发出混合溶剂乙醇：水 = 5：3[173]，因为乙醇（第 3 类溶剂）毒性比甲醇（第 2 类溶剂）小，并且原料药在亲核性弱的乙醇中稳定性好[174]。最开始生产氟伐他汀的工艺是萃取到乙酸乙酯中，然后加入庚烷析出；优化后的工艺仅使用一种溶剂，乙酸异丙酯既用来萃取，又用来重结晶，回收简单[175]。使用方程式（5.1）中所示的 Reichardt 的 E_T^N 值，可以计算混合溶剂极性的近似值。在 deCODE 公司酰胺重结晶工艺中，乙醇的 E_T^N 值等于 4.6：5.4 的水-丙酮混合物的 E_T^N 计算值，这很接近 deCODE 公司使用的水-丙酮 1：1 混合物（表 5.14）。计算 7：1 MeOH-H_2O 的 E_T^N 和 5：3 EtOH-H_2O 的 E_T^N 一样。只有当乙酸乙酯中含少量庚烷时，

混合物的 E_T^N 才等于乙酸异丙酯。为了预测混合溶剂的极性，给出一个目标 E_T^N，有必要引入一个含两个未知物（即溶剂的两个参数）的第二个等式。第二个等式来源于定义两个溶剂之和必须等于已知数，例如 10。计算的公式见方程式（5.2）和方程式（5.3）。Reichardt 注意到了混合溶剂的非线性效应导致的不完全相似[34]，但是混合溶剂在数学上的相对相似是很有用的[176]。

$$E_T^N = \{[V_A \times E_T^N(A)] + [V_B \times E_T^N(B)]\} / (V_A + V_B) \tag{5.1}$$

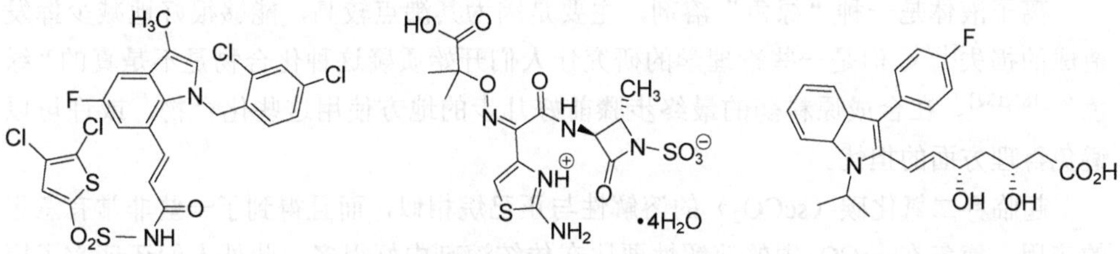

由绝对EtOH或丙酮-H_2O(1:1)结晶　　由MeOH-H_2O(7:1) 或 EtOH-H_2O(5:3)结晶　　由EtOAc-庚烷或 *i*-PrOAc结晶

图 5.22　部分用替代溶剂重结晶出来的化合物

表 5.14　混合溶剂的极性预测

溶剂或混合溶剂	E_T^N	替代混合溶剂	E_T^N 预测值
水	1.000	—	—
甲醇	0.762	乙醇-水（6.9：3.1）	0.762
乙醇	0.654	丙酮-水（4.6：5.4）	0.654
丙酮	0.355		
二氯甲烷	0.309		
水-饱和二氯甲烷（0.2：99.8）	0.310	水-饱和甲基异丁基酮（1.9：98.1） 水-饱和乙酸乙酯（3.3：96.7） 水-饱和 2-甲基四氢呋喃（5.3：94.7）	0.283 0.253 0.223
甲基异丁基酮	0.269		
乙酸乙酯	0.228		
乙酸异丙酯	0.210	庚烷-乙酸乙酯（0.8：9.2）	0.210
庚烷	0.012		
甲醇-水（7：1）	0.792	乙醇-水（5：3）	0.783

$$V_A = 10[E_T^N(\text{目标值}) - E_T^N(A)] / [E_T^N(B) - E_T^N(A)] \tag{5.2}$$

$$V_B = 10 - V_A \tag{5.3}$$

当 V_X 为溶剂 X 的体积以及 $E_T^N(X)$ 为溶剂 X 的 E_T^N 值，并且：

$$E_T^N(B) > E_T^N(目标值) > E_T^N(A)$$

碳氟化合物在水中和常规有机溶剂中溶解性都不好，这一性质使其在分离和合成中得到应用[177]。氟化的反向硅胶色谱[178]可以用来纯化氟化原料药。由于全氟化的烃类价格高于传统溶剂，氟化溶剂在合成领域尚未大规模应用。三氟甲苯（$PhCF_3$，沸点 120 ℃，熔点 12 ℃，密度 1.19 g/mL）可以用来替代二氯甲烷，它会与强还原剂发生反应[179]，所以也很少应用于大规模反应。

离子液体是一种“绿色”溶剂，主要是因为其沸点较高，能够很好地减少挥发造成的损失[180]。但是一些毒理学的研究让人们开始质疑这种化合物是不是真的“绿色”[181,182]。在合成原料药的最终步骤前好几步的地方使用这些化合物，或许可以避免毒理方面的担忧。

超临界二氧化碳（$scCO_2$）的溶解性与正己烷相似，而且得到了一些非常有意思的应用。氢气在 $scCO_2$ 中的溶解性要比在传统溶剂中好很多。此外人们还证实了用于多相催化剂催化的连续非对称氢化反应的可能性[183]。原料药中痕量的钌可以用 $scCO_2$ 除去，残留的钌会被吸附在反应釜的壁上[184]。$scCO_2$ 色谱无论是用在分析分离还是制备分离中，都是非常快速和有效的[185]。将晶体暴露在二氧化碳中，会导致晶型转变[186]。$scCO_2$ 既然可以用于商业价值较低的咖啡豆脱咖啡因的过程，那么它在其他方面的应用应该会更加广泛。将 $scCO_2$ 用于多功能商业化运营始于 2002 年[187]。人们也总结了超临界二氧化碳和其他超临界液体的应用[188,189]。限制 $scCO_2$ 应用的主要原因是用于控制压缩和释放二氧化碳的设备的耗费。

5.7 无溶剂反应

在无溶剂反应中，稍过量的液体反应物作为溶剂，而产物往往是非晶态的[190-192]。由于反应过程不加溶剂，反应的总量很大，这种反应在淬灭的时候，容易产生高温。Harrington 开发了一条通过受阻胺的无溶剂乙酰化合成奥司他韦的替代路线，在放大到 157 g 规模时，淬灭多余的乙酸酐需要 3 h[193]（图 5.23）。邻乙氧基苯甲酸的氯磺化反应可以得到西地那非中间体，这一反应可以用于商业化生产。为了方便转移，起始原料熔融后使用[194]。Carter 的课题组发现，通过使用有机小分子催化剂，醛醇缩合反应在无溶剂的条件下可以得到具有高度对映选择性的产物。对于后一个反应，有两个值得一提的特点：一是反应中加入等物质的量的水可以提高产率和选择性；二是只需通过过滤就可以得到纯化的主产物（产率 55%）[195]。Rao 证实，用硫酸作催化剂，羧酸可以非常高效地被碳酸二甲酯酯化，这种方法避免了其他方法必须使用化学计量的二氮杂二环和需要较高反应温度的缺点[196]。通过无溶剂反应来优化设计反应是非常有效的，特别是试图提升反应速率，而其他方法效果都不好时。

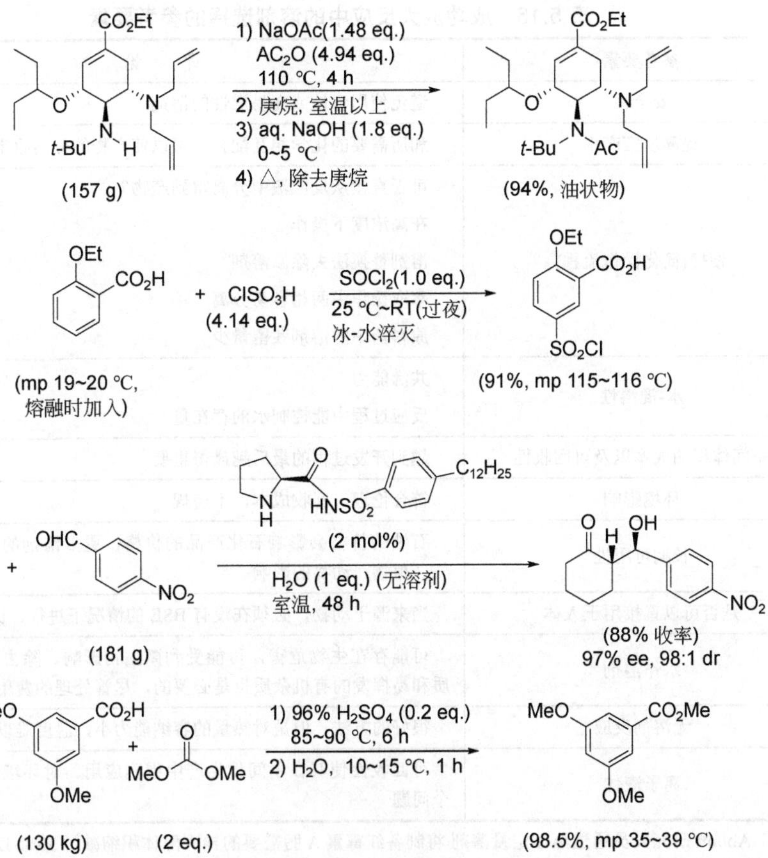

图 5.23　部分无溶剂反应

5.8　总结与展望

溶剂的选择需要综合考虑各种因素，而首要的一点是保证安全。表 5.15 总结了溶剂选择需要考虑的因素。在下页方框内的“小知识”一栏详细地对四氢呋喃做了分析，这些类型的分析评价方法是适合所有溶剂的。在实验条件下，各组分的理化性质可能比理论上需要考虑的因素对反应的影响更大，比如，某个组分的溶解性可能比溶剂的极性对反应的影响驱动力更大。一个实例便是 Finkelstein 反应，这个反应之所以能够不断进行直至反应完全，就是因为副产物 NaCl 在丙酮中的溶解性非常小，相比反应试剂 NaI 的高度溶解性差别太大。再举一个例子，当一个溶剂可以与一个比较难除去的杂质共沸时，便可使用此溶剂以除去这种难除的杂质。一般情况下，需要经过很多条件筛选实验才能决定哪个溶剂才是某种生产过程中最理想的溶剂。

表 5.15　成功放大反应中的溶剂选择的参考要素

参考要素	评　论
安全性	避免使用毒性或高易燃性的溶剂
提高反应产率	和所需要的化学相互配合，可以使产物的分离收率高
便捷(简化操作流程)	可否直接从反应液中分离得到产物？ 在高浓度下操作 溶剂替换法去除原溶剂① 萃取操作中两相容易分离 原料药中的溶剂残留量少
水-混溶性	共沸能力 反应过程中能控制水的存在量
空间体积的成本以及可回收性	越到开发过程的最后越显得重要
环境影响	符合伦理，回收成本，不违规
长期可用性	石油的价格会影响石化产品的价格，更多溶剂的价格则受合成气、植物、动物的影响
是否可以直接用于人体	当来源于动物，必须在没有 BSE 的情况下进行，比如甘油
水作溶剂	可能存在生物危害，可能受到微生物影响。除去可溶性固体杂质和易挥发的有机杂质也是必要的，尽管处理的费用可能会很高
无溶剂反应	很好的方法，但是对热量的容纳能力小，温度难以控制
离子液体	可回收性使其在中间体生产中得到应用。对环境的毒性大是一个问题

① Abbott 研究人员通过蒸馏定量溶剂 将制备红霉素 A 肟需要的异丙醇体积缩减了 30%: Li, Y.-E.; Yang, Y.; Kalthod, V.; Tyler, S. M. *Org. Process Res. Dev.* **2009**, *13*, 73.

四氢呋喃常常不是合成原料药的首选溶剂，原因有很多。四氢呋喃经常用于有机金属试剂参与的反应，比如格氏反应。作为一种醚，四氢呋喃非常容易形成过氧化物，因而存在安全隐患。商业上运输四氢呋喃的时候会在里面加入 BHT，在使用过程中，冷凝浓缩所得的四氢呋喃中也会加入 BHT。四氢呋喃与水形成的共沸体系可以除去的水分含量仅为 5.3%，大规模生产时对仪器的干燥可能需要大量的四氢呋喃。四氢呋喃的沸点在 65 ℃，相对较低，限制了其在高温反应的应用，除非是能在加压条件下进行反应(存在安全隐患)。在萃取操作中，四氢呋喃往往是用水稀释后得到混合物，再使用与水互不混溶的有机溶剂进行萃取，这样就增加了操作过程中使用的溶剂的最大量（V_{max}）；有时候会在萃取体系中加入盐类以提高分相的效果，这样也会导致无机废液量的增多。四氢呋喃在水中的高溶解性使得从水相回收物质的过程变得复杂化。作为一种 ICH 指标 2 级的溶剂（上限为 720 μL/L），四氢呋喃一般不被用于合成原料药。在无水条件下，四氢呋喃会开环，限制了它在制备盐类方面的应用。甲基叔丁基醚（MTBE）往往可以作为四氢呋喃的替代物，而其价格为四氢呋喃的一半。（甲基叔丁基醚的价格可能会随着其作为汽油添加剂的需求量的降低而升高。）

参考文献

[1] Constable, D. J. C.; Jimenez-González, C.; Henderson, R. K. *Org. Process Res. Dev.* **2007**, *11*, 133.

[2] http://portal.acs.org/portal/PublicWebSite/greenchemistry/industriainnovation/roundtable/CNBP. 027158 超过60种溶剂参加了排序。溶剂目录包括酸、醇、芳香烃、碱、偶极非质子性溶剂、酯和酮。序列中的一部分溶剂，如乙醚，更多地用于学术研究而不是工业生产中。

[3] Leitner, W., Jessop, P. G., Li, C.-J., Wasserscheid, P., Stark, A.; Anastas, P. T., Eds. Handbook of Green Chemistry – Green Solvents. Vol. 5, Wiley, 2010.

[4] Reichardt, C. *Org. Process Res. Dev.* **2007**, *11*, 105.

[5] Reichardt, C. Solvents and Solvent Effects in Organic Chemistry. 3rd ed. Wiley-VCH, 2003.

[6] Ref. 5; p 27.

[7] Ref. 5; p 69.

[8] Weber, W. P.; Gokel, G. W. Phase Transfer Catalysis in Organic Synthesis. New York: Springer Verlag, 1977, 11.

[9] Ref. 5, pp 37-38.

[10] Albanese, D.; Landini, D.; Maia, A.; Penso, M. *Ind. Eng. Chem. Res.* **2001**, *40*, 2396.

[11] Weber, W. P.; Gokel, G. W. Phase Transfer Catalysis in Organic Synthesis. New York: Springer Verlag, 1977, 14-15.

[12] Gani, R.; Jiménez-González, C.; ten Kate, A.; et al. *Chem. Eng.* **2006**, *113(3)*, 30.

[13] Caron, S. // Caron, S., Ed. Practical Synthetic Organic Chemistry. Wiley, 2011, 805.

[14] Slater, C. S.; Savelski, M. J.; Carole, W. A.; Constable, D. J. C. // Dunn, P., Wells, A., Williams, M. T., Eds. Green Chemistry in the Pharmaceutical Industry. Wiley-VCH, 2010, 49.

[15] Fischer, R. W.; Misun, M. *Org. Process Res. Dev.* **2001**, *5*, 581.

[16] 另一个水介质中的 Dimroth 重排，见：Jensen, M. R.; Hoerrner, R. S.; Li, W.; et al. *J. Org. Chem.* **2005**, *70*, 6034.

[17] Beaulieu, P. L.; Gillard, J.; Bailey, M. D.; et al. *J. Org. Chem.* **2005**, *70*, 5869.

[18] Ellis, J. E.; Davis, E. M.; Dozeman, G. J.; et al. *Org. Process Res. Dev.* **2001**, *5*, 226.

[19] Rassias, G.; Hermitage, S. A.; Sanganee, M. J.; et al. *Org. Process Res. Dev.* **2009**, *13*, 774.

[20] Harrington, P. J.; Khatri, H. N.; DeHoff, B. S.; et al. *Org. Process Res. Dev.* **2002**, *6*, 120.

[21] Breslow, R.; Groves, K.; Mayer, M. U. *Org. Lett.* **1999**, *1*, 117.

[22] Leazer, J. L., Jr.; Cvetovich, R.; Tsay, F.-R.; et al. *J. Org. Chem.* **2003**, *68*, 3695.

[23] Amato, J. S.; Chung, J. Y. L.; Cvetovich, R. J.; et al. *J. Org. Chem.* **2005**, *70*, 1930.

[24] Anderson, N. G.; Ary, T. D.; Berg, J. L.; et al. *Org. Process Res. Dev.* **1997**, *1*, 300.

[25]Furniss, B. S.; Hannaford, A. J.; Smith, P. W. G.; Tatchell, A. R. Vogel's Textbook of Practical Organic Chemistry. 4th ed. Essex: Addison Wesley Longman Ltd., 1989, 917.

[26] Jass, P. A.; Rosso, V. W.; Racha, S.; et al. *Tetrahedron* **2003**, *59*, 9019.

[27] Greene, T. W.; Wuts, P. G. M. Protective Groups in Organic Synthesis. 3rd ed. New York: Wiley, 1999, 557.

[28] 氮上被 Cbz 或 Fmoc 保护的氨基酸，可转化为酰氯，与胺偶联不发生消旋化(CH_2Cl_2, 25 °C)。酰氯用来制造酰胺的方法证明是非常有用的。Butini, S.; Gabellieri, E.; Huleatt, P. B.; et al. *J. Org. Chem.* **2008**, *73*, 8458.

[29] http://www.acgih.org/home.htm

[30] http://www.genengnews.com/articles/chitem.aspx?aid¼42392

[31] Federspiel, M.; Fischer, R.; Hennig, M.; et al. *Org. Process Res. Dev.* **1999**, *3*, 266.

[32] Anderson, N. G.; Anderson, C. F. US 4826973. 1989 (to E. R. Squibb & Sons).

[33] Jenkins, S. *Chem. Eng.* **2011**, *118(1)*, 22.

[34] Reichardt, C. *Pure Appl. Chem.* **2004,** *76*, 1903.

[35] Ref. 5; p 364.

[36] McConville, F. The Pilot Plant Real Book. 2nd ed. Worcester MA: FXM Engineering & Design, 2007; http://www.pprbook.com

[37] Pines, S. Personal communication.

[38] Hobson, L. A. *Chem. Eng. News* **2000,** *78(51)*, 2.

[39] Deshpande, M. H.; Cain, M. H.; Patel, S. R.; et al. *Org. Process Res. Dev.* **1998,** *2*, 351.

[40] Bradley, P. A.; de Koning, P. D.; Johnson, P. S.; et al. *Org. Process Res. Dev.* **2009,** *13*, 848.

[41] Ripin, D. H. B.; Bourassa, D. E.; Brandt, T.; et al. *Org. Process Res. Dev.* **2005,** *9*, 440; See discussion on isolating compound 1 from Suzuki coupling.

[42] French, H. E.; Wrightsman, G. G. *J. Am. Chem. Soc.* **1938,** *60*, 50.

[43] Baltzly, R.; Berger, I. M.; Rothstein, A. A. *J. Am. Chem. Soc.* **1950,** *72*, 4149.

[44] Reisch, M. *Chem. Eng. News* **2008,** *86(29)*, 32.

[45] Chemetall: http://www.pschem.com/pdfs/MeTHFAGreenAlttoTHF.pdf

[46] Aycock, D. F. *Org. Process Res. Dev.* **2007,** *11*, 156.

[47] Canadian Centre for Occupational Health and Safety. http://www.ccohs.ca/oshanswers/chemicals/ organic/ organic_peroxide.html

[48] Heiba, E. I.; Dessau, R. M.; Koehl, W. J., Jr. *J. Am. Chem. Soc.* **1969,** *91*, 6830.

[49] http://www.gpo.gov/fdsys/pkg/FR-1999-02-23/pdf/99-4320.pdf

[50] Murlis, J. // Hester, R. E.; Harrison, R. M., Eds.Volatile Organic Compounds in the Atmosphere. Royal Society of Chemistry, 1995, 130-131.

[51] Terent'ev, A. O.; Borisov, D. A.; Yaremenko, I. A.; et al. *J. Org. Chem.* **2010,** *75*, 5065.

[52] http://www.fda.gov/RegulatoryInformation/Guidances/ucm128223.htm

[53] http://www.ema.europa.eu/docs/en_GB/document_library/Scientific_guideline/2009/09/WC500002674. pdf

[54] Luyben, W. A. Distillation Design and Control Using Aspen Simulation. AIChE, New York: Wiley Interscience, 2007, 12.

[55] Li, Y.-E.; Yang, Y.; Kalthod, V.; Tyler, S. M. *Org. Process Res. Dev.* **2009,** *13*, 73.

[56] http://www.ddbst.com/en/products/Products.php

[57] Lide, D. R., Ed. CRC Handbook of Chemistry and Physics. 88th ed. Boca Raton, CRC Press, 2007-2008, 6-171–6-172.

[58] Karpf, M.; Trussardi, R. *J. Org. Chem.* **2001,** *66*, 2044.

[59] Prashad, M.; Har, D.; Chen, L.; et al. *J. Org. Chem.* **2002,** *67*, 6612.

[60] Amedio, J. C.; Bernard, P. J.; Fountain, M.; Van Wagenen, G., Jr. *Synth. Commun.* **1997,** *29*, 2377.

[61] Kantor, S. W. *J. Am. Chem. Soc.* **1953,** *75(11)*, 2712; Flaningam, O. L.; Williams, D. E. US 5478493. 1995 (to Dow); Morgan, D. L.; Williams, D. E. US 5834416. 1998 (to Dow).

[62] Anderson, N. G.; Ciaramella, B. M.; Feldman, A. F.; et al. *Org. Process Res. Dev.* **1997,** *1*, 211.

[63] Bailey, A. R.; Halfon, M.; Sortore, E. W. US 5440045. 1995 (to FMC).

[64] McConville, F. The Pilot Plant Real Book. 2nd ed. Worcester MA: FXM Engineering & Design, 2007, 6-26.

[65] Ref. 5; pp 137-145.

[66] Ref. 5; pp 179-185.

[67] Ref. 5; pp 186-188.

[68] Sykes, P. A Guidebook to Mechanism in Organic Chemistry. 6th ed. Essex, UK, Addison Wesley Longman, 81.

[69] Ref. 5; p 143.

[70] Inaba, T.; Birchler, A.; Yamada, Y.; et al. *J. Org. Chem.* **1998,** *63*, 7582.

[71] Floyd, D. M.; Fritz, A. W.; Cimarusti, C. M. US 4386034. 1983 (to E. R. Squibb).
[72] Ref. 5; pp 144-145.
[73] Anderson, N. G. Unpublished.
[74] Anderson, G. W.; Zimmerman, J. E.; Callahan, F. M. *J. Am. Chem. Soc.* **1967,** *89*, 5012.
[75] Franze´n, H. M.; Bessidskaia, G.; Abedi, V.; et al. *Org. Process Res. Dev.* **2002,** *6*, 788.
[76] Lloyd-Williams, P.; Albericio, F.; Giralt, E. Chemical Approaches to the Synthesis of Peptides and Proteins. Boca Raton: CRC Press, 1997, 118-119.
[77] Davulcu, A. H.; McLeod, D. D.; Li, J.; et al. *J. Org. Chem.* **2009,** *74*, 4068.
[78] Haight, A. R.; Stuk, T. L.; Menzia, J. A.; Robbins, T. A. *Tetrahedron Lett.* **1997,** *38*, 4191.
[79] Ref. 5; pp 414-415.
[80] Armarego, W. L. F.; Chai, C. Purification of Laboratory Chemicals. 6th ed. Butterworth-Heinemann, 2009.
[81] Williams, D. B. G.; Lawton, M. *J. Org. Chem.* **2010,** *75*, 8351.
[82] Smith, M. B.; March, J. March's Advanced Organic Chemistry. 6th ed. Wiley, 2007, 943-949, 967-971.
[83] Kelly, R. J. *Chem. Health Saf.* **1996,** September/October, 28.
[84] Butters, M.; Harvey, J. N.; Jover, J.; et al. *Angew. Chem. Int. Ed.* **2010,** *49*, 5156; see especially footnote 25 therein.
[85] US Peroxide: http://www.h2o2.com/technical-library/analytical-methods/default.aspx?pid¼70&name¼ Iodometric-Titration
[86] Cooke, J. W. B.; Bright, R.; Coleman, M. J.; Jenkins, K. P. *Org. Process Res. Dev.* **2001,** *5*, 383.
[87] Williams, J. M. // Yasuda, N., Ed. The Art of Process Chemistry. Wiley-VCH, 2010, 94.
[88] http://www.innospecinc.com/assets/_files/documents/may_08/cm_1210589634_Statsafe.pdf
[89] Mills, J. E.; Maryanoff, C. A.; Cosgrove, R. A.; et al. *Org. Prep. Proc. Int.* **1984,** *16*, 97.
[90] Nevstad, G. O.; Songstad, J. *Acta Chem. Scan. B* **1984,** *38*, 469.
[91] Hansen, S. M.; Nordholm, L. *J. Chromatography A* **1981,** *204*, 97.
[92] Faul, M. M.; Kobierski, M. E.; Kopach, M. E. *J. Org. Chem.* **2003,** *68*, 5739.
[93] Federsel, H.-J.; Konberg, E.; Lilljequist, L.; Swahn, B.-M. *J. Org. Chem.* **1990,** *55*, 2254.
[94] Mills, J. E.; Maryanoff, C. A.; McComsey, D. F.; et al. *J. Org. Chem.* **1987,** *52*, 1857.
[95] Rudine, A. B.; Walter, M. G.; Wamser, C. C. *J. Org. Chem.* **2010,** *75*, 4292.
[96] Ji, J.; Zhang, D.; Ye, Y.; Xing, Q. *Tetrahedron Lett.* **1998,** *39*, 6515.
[97] Herriot, A.; Picker, D. *Synthesis* **1975,** 447.
[98] Qian, X.; Kozak, C. M. *Synlett* **2011,** *6*, 852.
[99] Taylor, S. M.; Yamada, T.; Ueki, H.; Soloshonok, V. A. *Tetrahedron Lett.* **2004,** *45*, 9159.
[100] Franklin, R. A.; Heatherington, K.; Morrison, B. J.; et al. *Analyst* **1978,** *103*, 660.
[101] Mohammadi, A.; Amini, M.; Hamedani, M. P.; et al. *Asian J. Chem.* **2008,** *20*, 5573.
[102] Haight, A. R.; Stuk, T. L.; Allen, M. S.; et al. *Org. Process Res. Dev.* **1999,** *3*, 94.
[103] Goldsmith, D. J.; Kennedy, E.; Campbell, R. G. *J. Org. Chem.* **1975,** *40(24)*, 357.
[104] See Ref. 7a in Conrow, R. E.; Dean, W. D.; Zinke, P. W.; et al. *Org. Process Res. Dev.* **1999,** *3*, 114.
[105] Am Ende, D. J.; Vogt, P. F. *Org. Process Res. Dev.* **2003,** *7*, 1029.
[106] Couturier, M.; Andresen, B. M.; Jorgensen, J. B.; et al. *Org. Process Res. Dev.* **2002,** *6*, 42.
[107] Atkins, W. J., Jr.; Burkhardt, E. R.; Matos, K. *Org. Process Res. Dev.* **2006,** *10*, 1292.
[108] Buckley, W.; Webb, R. L.; Laird, T.; Ward, R. J. *Chem. Eng. News* **1982,** *60(28)*, 5.
[109] Liu, Y.; Schwartz, J. *J. Org. Chem.* **1993,** *58*, 5005.
[110] Hutton, J.; Jones, A. J.; Lee, S. A.; et al. *Org. Process Res. Dev.* **1997,** *1*, 61.
[111] Boaz, N. W.; Venepalli, B. *Org. Process Res. Dev.* **2001,** *5*, 127.

[112] Grimm, J. S.; Maryanoff, C. A.; Patel, M.; et al. *Org. Process Res. Dev.* **2002,** *6*, 938; see experimental findings and footnote 12 therein.
[113] http://www.crhf.org.uk/incident09.html
[114] Clark, J. D.; Weisenburger, G. A.; Anderson, D. K.; et al. *Org. Process Res. Dev.* **2004,** *8*, 51.
[115] Oh, L. M.; Wang, H.; Shilcrat, S. C.; et al. *Org. Process Res. Dev.* **2007,** *11*, 1032.
[116] Harrington, P. J.; Johnston, D.; Moorlag, H. G.; et al. *Org. Process Res. Dev.* **2006,** *10*, 1157.
[117] Laduron, F.; Tamborowski, V.; Moens, L.; et al. *Org. Process Res. Dev.* **2005,** *9*, 102.
[118] Li, C.-J.; Chan, T.-H. Comprehensive Organic Reactions in Aqueous Media. 2nd ed. Hoboken, NJ: Wiley-VCH, 2007.
[119] Sheldon, R. A.; Arends, I.; Hanefeld, U. Green Chemistry and Catalysis. Weinheim, Germany: Wiley-VCH, 2007.
[120] Lindström, U. M., Ed. Organic Reactions in Water: Principles, Strategies, and Applications. Oxford, U.K.: Blackwell Publishing, 2007.
[121] Hailes, H. C. *Org. Process Res. Dev.* **2007,** *11*, 114.
[122] Moulay, S. *Khimiya/Chemistry* **2009,** *18*, 1, http://khimiya.org/pdfs/KHIMIYA_18_3_ONLINE.pdf
[123] Wiebus, E.; Cornils, B. //Lindström, U. M., Ed. Organic Reactions in Water: Principles, Strategies, and Applications. Oxford, U.K.: Blackwell Publishing, 2007, 362-405.
[124] Wu¨llner, G.; Ja¨nsch, H.; Kannenberg, S.; et al. *Chem. Commun.* **1998,** 1509.
[125] ten Brink, G.-J.; Arends, I. W. C. E.; Papadogianakis, G.; Sheldon, R. A. *Chem. Commun.* **1998,** 2359.
[126] Narayan, S.; Muldoon, J.; Finn, M. G.; et al. *Angew. Chem. Int. Ed. Eng.* **2005,** *44*, 3275.
[127] Chanda, A.; Fokin, V. V. *Chem. Rev.* **2009,** *109*, 725.
[128] Narayan, S.; Fokin, V. V.; Sharpless, K. B. // Lindström, U. M., Ed. Organic Reactions in Water: Principles, Strategies, and Applications. Oxford, U.K.: Blackwell Publishing, 2007, 350-365.
[129] Breslow, R. *Acc. Chem. Res.* **1991,** *24(6)*, 159.
[130] Skouta, R.; Wei, S.; Breslow, R. *J. Am. Chem. Soc.* **2009,** *131*, 15604.
[131] Rostovtsev, V. V.; Green, L. G.; Fokin, V. V.; Sharpless, K. B. *Angew. Chem. Int. Ed.* **2002,** *41*, 2596.
[132] Demko, Z. P.; Sharpless, K. B. *J. Org. Chem.* **2001,** *66*, 7945.
[133] Yu, C.; Liu, B.; Hu, L. *J. Org. Chem.* **2001,** *66*, 5413.
[134] Ohta, T.; Zhang, H.; Torihara, Y.; Furukawa, I. *Org. Process Res. Dev.* **1997,** *1*, 420.
[135] Ogawa, C.; Kobayashi, S. // Gadamasetti; Braish, Eds. Process Chemistry in the Pharmaceutical Industry. 2nd ed. Boca Raton, Florida: CRC Press, 2008, 249-265.
[136] Liu, L.; Zhang, Y.; Wang, Y. *J. Org. Chem.* **2005,** *70*, 6122.
[137] Lipshutz, B. H.; Ghorai, S. *Aldrichimica Acta* **2008,** *41*, 59.
[138] Abela, A. R.; Huang, S.; Moser, R.; Lipshutz, B. H. *Chimica Oggi* **2010,** *26*(5), 50.
[139] Ritter, S. K. *Chem. Eng. News* **2011,** *89*(*26*), 11. http://pubs.acs.org/cen/news/89/i26/8926notw1b.html
[140] Lipshutz, B. H.; Aguinaldo, G. T.; Ghorai, S.; Voigtritter, K. *Org. Lett.* **2008,** *10*, 1325.
[141] Lipshutz, B. H.; Ghorai, S. *Org. Lett.* **2009,** *11*, 705.
[142] Lipshutz, B. H.; Chung, D. W.; Rich, B. *Org. Lett.* **2008,** *10*, 3793.
[143] Lipshutz, B. H.; Taft, B. R. *Org. Lett.* **2008,** *10*, 1329.
[144] Lipshutz, B. H.; Petersen, T. B.; Abela, A. R. *Org. Lett.* **2008,** *10*, 1333.
[145] Krasovskiy, A.; Duplais, C.; Lipshutz, B. H. *J. Am. Chem. Soc.* **2009,** *131*, 15592.
[146] Lipshutz, B. H.; Chung, D. W.; Rich, B. *Adv. Synth. Catal.* **2009,** *351*, 1717.
[147] Lipshutz, B. H.; Ghorai, S.; Abela, A. R.; et al. *J. Org. Chem.* **2011,** *76*, 4379.
[148] Haché, B.; Duceppe, J.-S.; Beaulieu, P. L. *Synthesis* **2002,** 528.

[149] DeVasher, R. B.; Moore, L. R.; Shaughnessy, K. H. *J. Org. Chem.* **2004,** *69*, 7919.

[150] Wada, M.; Honna, M.; Kuramoto, Y.; Miyoshi, N. *Bull. Chem. Soc. Jpn.* **1997,** *70*, 2265; For conversion of this reaction product to a water-soluble tin reagent, see Clive, D. L. J.; Wang, J. *J. Org. Chem.* **2002,** *67*, 1192.

[151] Blackmond, D. G.; Armstrong, A.; Coombe, V.; Wells, A. *Angew. Chem. Int. Ed.* **2007,** *46*, 3798.

[152] Ripin, D. H. B.; Vetelino, M. *Synlett* **2003,** *15*, 2353.

[153] Chemetall: http://www.pschem.com/pdfs/MeTHFAGreenAlttoTHF.pdf

[154] Tullo, A. *Chem. Eng. News* **2007,** *85(25)*, 36.

[155] D'Aquino, R.; Ondrey, G. *Chem. Eng.* **2007,** *114(9)*, 31.

[156] *Chem. Eng. News* **2006,** *84(50)*, 26.

[157] Gu, Y.; Barrault, J.; Jérôme, F. *Adv. Synth. Catal.* **2008,** *350*, 2007.

[158] Tavor, D.; Popov, S.; Dlugy, C.; Wolfson, A. *Org. Commun.* **2010,** *3*, 70.

[159] Wolfson, A.; Dlugy, C. *Org. Commun.* **2009,** *2*, 34.

[160] Pagliaro, M.; Rossi, M. The Future of Glycerol. 2nd ed. London: Royal Society of Chemistry, 2010, 1.

[161] Shieh, W.-C.; Chen, G.-P.; Xue, S.; et al. *Org. Process Res. Dev.* **2007,** *11*, 711.

[162] http://en.wikipedia.org/wiki/Polyethylene_glycol

[163] http://en.wikipedia.org/wiki/Ethylene_glycol

[164] Tremblay, J.-F. *Chem. Eng. News* **2006,** *84(21)*, 11.

[165] Tremblay, J.-F. *Chem. Eng. News* **2007,** *85(23)*, 8.

[166] Hogue, C. *Chem. Eng. News* **2010,** *88(51)*, 31.

[167] http://echa.europa.eu/doc/consultations/svhc/svhc_axvrep_austria_cmr_2-methoxyethanol.pdf

[168] http://echa.europa.eu/doc/consultations/svhc/svhc_axvrep_austria_cmr_2-ethoxyethanol.pdf

[169] Hogue, C. *Chem. Eng. News* **2011,** *89(29)*, 24.

[170] http://www.epa.gov/oppt/existingchemicals/pubs/glymes.html

[171] Ref. 5; p 364.

[172] Zegar, S.; Tokar, C.; Enache, L. A.; et al. *Org. Process Res. Dev.* **2007,** *11*, 747.

[173] Anderson, N. G. Unpublished.

[174] Florey, K. Aztreonam. // Florey, K., Ed. Analytical Profiles of Drug Substances. Vol. 17. San Diego: Academic Press, 1988, 1-38.

[175] Fuenfschilling, P. C.; Hoehn, P.; Mutz, J.-P. *Org. Process Res. Dev.* **2007,** *11*, 13.

[176] Reichardt, C. *Personal communication*, June 2009.

[177] Studer, A.; Hadida, S.; Ferritto, R.; et al. *Science* **1997**, *275*, 873; Zhang, W.; Curran, D. P. *Tetrahedron* **2006,** *62*, 1183.

[178] Curran, D. P.; Luo, Z. *J. Am. Chem. Soc.* **1999**, *121*, 9069.

[179] Ogawa, A.; Curran, D. P. J. *Org. Chem.* **1997,** *62*, 450.

[180] Martins, M. A. P.; Frizzo, C. P.; Moreira, D. N.; et al. *Chem. Rev.* **2008,** *108*, 2015.

[181] Ranke, J.; Stolte, S.; Störmann, R.; et al. *Chem. Rev.* **2007,** *107*, 2183.

[182] Wells, A. S.; Coombe, V. T. *Org. Proc. Res. Dev.* **2006,** *10*, 794.

[183] Stephenson, P.; Kondor, B.; Licence, P.; et al. *Adv. Synth. Catal.* **2006,** *348*, 1605.

[184] Gallou, F.; Saim, S.; Koenig, K. J.; et al. *Org. Process Res. Dev.* **2006,** *10*, 937.

[185] Welch, C. J.; Henderson, D. W.; Tschaen, D. M.; Miller, R. A. *Org. Process Res. Dev.* **2009,** *13*, 621.

[186] Tian, J.; Dalgamo, S. J.; Atwood, J. L. *J. Am. Chem. Soc.* **2011,** *133*, 1399.

[187] Licence, P.; Ke, J.; Sokolova, M.; et al. *Green Chem.* **2003,** *5*, 99.

[188] Akien, G.; Poliakoff, M. *Green Chem.* **2009,** *11*, 1083.

[189] Jessop, P. G.; Ikariya, T.; Noyori, R. *Chem. Rev.* **1999,** *99*, 475.

[190] Metzger, J. O. *Angew. Chem. Int. Ed.* **1998**, *37*, 2975.

[191] Tanaka, K.; Toda, F. *Chem. Rev.* **2000**, *100*, 1025.

[192] Martins, M. A. P.; Frizzo, C. P.; Moreira, D. N.; et al. *Chem. Rev.* **2009**, *109*, 4140.

[193] Harrington, P. J.; Brown, J. D.; Foderaro, T.; Hughes, R. C. *Org. Process Res. Dev.* **2004**, *8*, 86.

[194] Dale, D. J.; Dunn, P. J.; Golightly, C.; et al. *Org. Process Res. Dev.* **2000**, *4*, 17; Dunn, P. J.; Galvin, S.; Hettenbach, K. *Green Chem.* **2004**, *6*, 43.

[195] Yang, H.; Carter, R. G. *Org. Lett.* **2008**, *10*, 4649.

[196] Rekha, V. V.; Ramani, M. V.; Ratanamala, A.; et al. *Org. Process Res. Dev.* **2009**, *13*, 769.

第6章 水分的影响

尤其当涉及对水分敏感的有机金属试剂或者路易斯酸时，合成化学家会竭尽全力避免反应混合物中哪怕是痕量水的存在，我们只能够猜测在有多少被水分加速的反应过程水没有被发现，又有多少偶然性水分的存在极大地影响了反应进程，而其作用却未被发现。

——赛斯 · 瑞伯和彼得 · 维福[1]

6.1 引言

经常在出现问题的时候我们才意识到水分的重要性。在开发一个工艺的时候化学工作者会遇到以各种形式存在的水，可能是试剂、溶剂或者是助溶剂（第5章）的一部分，或者是化学反应中新的中间产物。调查结果表明，水也可能是反应中的有利或者不利的杂质。水能够有效地修改金属有机试剂，一篇优秀的综述[1]中详细地描述了水分在有机转化中的作用。在非水溶剂反应条件下进行的酶催化反应可能需要加入适当量的水[2-5]。吸湿性固体使反应进程复杂化（第8章）。对于结晶出期望的水合物或者非水合的多晶型物或溶剂，水也是必需的（第12和13章）。清洗固定设备内的水分的重要性经常被忽视（第16章），本章将探讨在哪些其他方面需要考虑用水分来控制反应进程。

> **提示** 围绕水分的关键问题有：
> 1. 水对反应是有利的还是有害的？
> 2. 如果水分是有利的，可靠的工艺需要多少水分？
> 3. 如果水分是有害的，反应可以容忍多少水分？
> 4. 操作过程中分析水分的佳过程在哪里？
> 5. 取样测量水分含量最好的方法是什么？特别是在包含与水不混溶溶剂的容器中。

反应中水分的存在会导致一些意料之外的产物（图6.1）。六甲基苯与氟试剂（Selectfluor）在甲醇中反应会得到苄基甲基醚，但在含有水的乙腈中得到的主要产物是重排的不饱和酮。在水中六甲基苯与氟试剂不发生反应[6]。室温下，在复杂的环肽中用三聚氰氯对伯酰胺进行脱水得到腈类化合物的反应可以迅速完成，但在此条件下产物会很快分解。在含有水分的伯酰胺中加入 2 mol 的三聚氰氯，在−30 ℃下反应 30 h，反应完全且产物较少分解，向脱水反应中加水是违反常识的。用 2 mol 的三聚氰氯和 2.5 mol 的水，反应能够达到最优化。在此反应条件下，产物的稳定性可能表明三聚氰氯参与反应形成低活性的产物[7]。诺华公司研究人员发现在碱性条件下三苯甲基醚的生成不完全，其完成度随反应批次中残余水分含量的不同而不同。他们开发了一套通过水来催化的工艺，提出水可以破坏起始时羟基乙腈和五元亚胺醚形成的平衡。在无水条件下 2-苯基-1-丙醇成功进行甲基化表明氰基会发生三苯甲基化作用。（其他研究显示，在 5 mol%的三氟乙酸中三苯甲基化可以在 4 h 内完成[8]。）这些以及其他的反应表明，在反应中对水分的监测很有用。

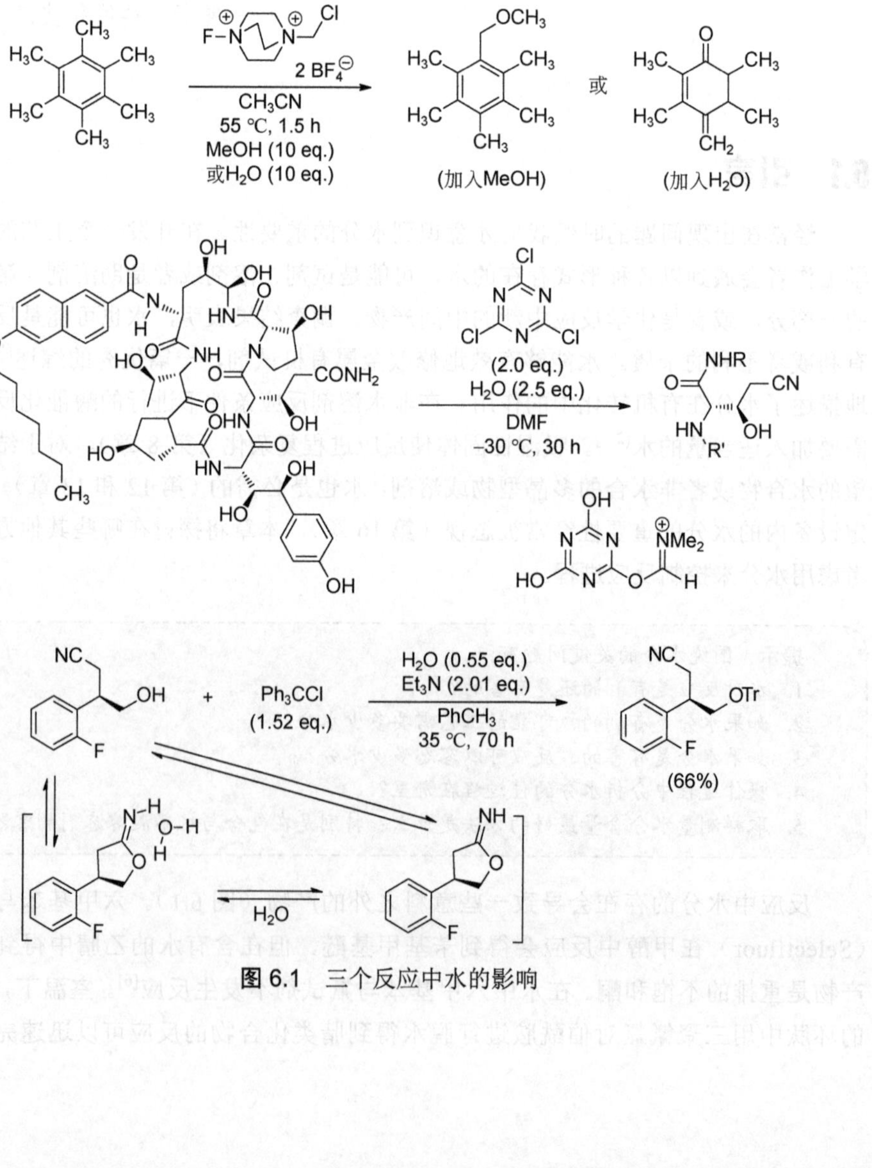

图 6.1 三个反应中水的影响

水分可以水解很多试剂和起始原料（见图 6.2），有时候非常迅速并且剧烈放热。有些反应则较慢，取决于化学家控制的反应条件。例如，Schotten-Baumann 反应合成酰胺化合物时，通常控制温度在 0～10 ℃，pH 在 8～10（图 6.3）[9]。在更强的酸性条件下质子化的氨不发生反应，而是发生酰氯的水解反应，水解产物进一步和氢氧化物发生反应。在更强的碱性和更高的温度条件下，通过延长反应时间来降低副产物的产生可能比较难。化学工作者凭借经验发展反应条件，将宝贵试剂的原位水解降到最低，同样他们也时常凭借经验来控制反应工艺过程。

$$2\,Na(0) + 2\,H_2O \longrightarrow H_2 + 2\,NaOH$$

$$LiAlH_4 + 4\,H_2O \longrightarrow 4\,H_2 + Al(OH)_3 + LiOH$$

$$RLi + H_2O \longrightarrow RH + LiOH$$

$$RMgX + H_2O \longrightarrow RH + XMgOH$$

$$RCOCl + H_2O \longrightarrow RCO_2H + HCl$$

$$(RCO)_2O + H_2O \longrightarrow 2\,RCO_2H$$

$$AlCl_3 + 3\,H_2O \longrightarrow Al(OH)_3 + 3\,HCl$$

图 6.2 一些被水淬灭的反应

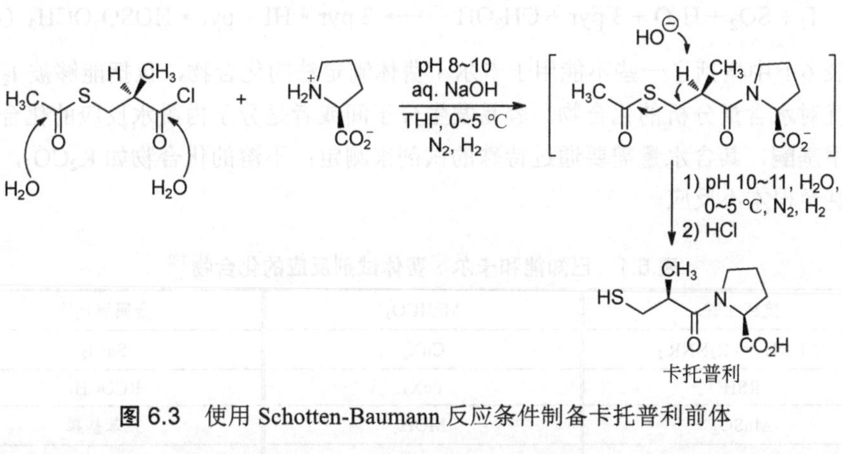

卡托普利

图 6.3 使用 Schotten-Baumann 反应条件制备卡托普利前体

为了保持反应中 pH 值不变，在实验室中经常会用到缓冲溶液。例如：在一个 Schotten-Baumann 反应中，可能使用磷酸盐溶液、$NaHCO_3$ 和 Na_2CO_3 混合溶液或者单独用过量的 $NaHCO_3$ 溶液作缓冲溶液。遗憾的是，缓冲溶液一般都会产生大量的无机杂质。放大操作中经常会用到 pH 自动滴定器（一个由 pH 计滴定器组成的装置，可以自动递送溶液以保持 pH 变化范围恒定，又称为 pH 自动恒定器）来控制 pH 值。在这样的情况下 pH 值不需要通过缓冲溶液来控制，在充分混合和稀释时可以有效使用比 Na_2CO_3 碱性更强的试剂。例如，在图 6.3 的 Schotten-Baumann 反应中，使用 NaOH 水溶液来控制反应的 pH 值。这种 pH 自动恒定器在规模化生产中使用，也有供实验室研究用的型号。

6.2 水分的检测和定量

化学工作者利用有效的分析方法来测定样品中水的含量。比重分析或者烘干失重法测试慢而且经常不是专门针对水分的测定方法。校准的核磁共振氢谱常用来测定固体物质中的水分含量[10]，红外以及近红外也会被用到。卡尔·费休滴定法（KF滴定法，或者简称为KF法）是测定水分含量的经典分析方法，操作简便。卡尔·费休滴定法基于水跟碘和二氧化硫的反应［方程式（6.1）］。在该技术发展的初期，其操作是把溶有碘的苯或者甲醇溶液滴到含水的溶液中直到碘的颜色不褪去，这就为判断含水量提供了一个清楚的、重现性好的滴定终点[11]。当然在现在的实验室以及规模化生产中，尽量避免使用苯作溶剂，一般使用低毒的溶剂或者混合溶剂。通常首选的是库仑滴定法，该法准确、快速，可以检测到的水含量下限值为 10 mg。电解池的阳极生产 I_2，通过测量电氧化 HI 所需的电流来测定水的含量[12]。处于早期的研究还主要是小规模的，起始原料常不足，库仑滴定法对这类研究尤其有用。水的典型浓度单位为质量浓度（mg/L）和质量分数（%）。

$$I_2 + SO_2 + H_2O + 3\,pyr + CH_3OH \longrightarrow 2\,pyr \cdot HI + pyr \cdot HOSO_2OCH_3 \quad (6.1)$$

表 6.1 中概括了一些不能用于卡尔·费休滴定法的化合物，包括能够被 I_2 氧化而干扰对水含量分析的化合物。容易发生分子间或者是分子内脱水反应的化合物，例如甲基酮，其含水量需要通过特殊的试剂来测定；不溶的化合物如 K_2CO_3，反应很慢甚至根本不反应。

表 6.1 已知能和卡尔·费休试剂反应的化合物①②

抗坏血酸	$MnHCO_3$	金属氧化物
H_2NNH_2 和 $R_2NNR'_2$	CuX_2	$SnCl_2$
RSH	FeX_3	$RCOCH_3$
$MnSO_3$	MOH	三苯基膦
$Na_2S_2O_3$	$B(OH)_3$	偶氮二异丁腈
$MnCO_3$	$Na_2B_4O_7$	

① Mitchell, J., Jr.; Smith, D. M. Aquametry. New York: Interscience, 1948, 22.

② R＝烷基，H；M＝金属；X＝阴离子。

吸附于表面或者溶质中的水可能不像蒸馏水那样容易检测得到，因此系统中的水的活度（逸度）有所降低[13]。例如，酶-离子液体混合物中水的活度与卡尔·费休滴定法所测含量呈强烈非线性关系，并且会随离子液体含量变化而改变[14]。水的活度而非水含量，决定了晶体的水合作用[15]。通过计算用于结晶某种水合物的溶剂中的水活度[16]，研究人员能计算出不同溶剂结晶得到所需水合物时，不同溶剂的比例[17-19]。通过水、共同溶剂以及固体物的三相图能够帮助我们理解结晶过程[20]。我们用水的活度来检测食物的质量、稳定性以及安全性[13,21]。固体、液体以及空气中的水活度都可以被测定。带手持式探头的小巧便携式测试仪器可以用来测定水的活度。水活度量可以用相对湿度的百分比（RH）或者 a_W（其值小于等于 1）表示，定义 $a_W=1$ 表示相对湿度（RH）等于 100%[22]。据推测，水活度的测量可能被频繁用于制药工业中控制原料药的结晶和干燥过程。特别是那些能够结晶成多种水合物的物质。

6.3 常规有机工艺去除水分

在反应中，水分可以通过起始原料、反应试剂、溶剂、副产物或空气引入，也可以存在于湿润的设备里。常规的实验室操作，比如抽滤可能会向反应设备或者反应过程中引入水[23]（表 6.2）。水分几乎是无处不在的，水的存在和影响要始终考虑周全，特别是对活性反应组分的影响，比如有机金属试剂（安全性）。

> 安全提示：Pd/C 和其他催化剂通常要求 50%湿固体。干的催化剂操作要非常谨慎小心。催化剂饼在水-混合溶剂中氢化后过量摄入空气易引起火灾。

表 6.2 在反应中引入水的方式以及除水的方法

水分的来源	避免或者除去水分的方法	评 论
空气中的水分	施加干燥氮气或者氩气的正压来排出空气	氩气密度较氮气大，在实验室常用；氩气比氮气贵，规模化生产时很少用
溶剂	干燥溶剂；共沸；过量的试剂消耗	干燥的溶剂更昂贵； 需要额外的步骤，但是可靠；如果试剂不贵，且副产物容易除去，还是很方便的
试剂	共沸；其他试剂；为可接受的材料设定规范	需要额外的步骤，但是可靠；如果试剂不贵，且副产物容易除去，还是很方便的
副产物生成	共沸；分子筛吸附	能够帮助促进反应进行； 工艺物流在共沸温度不稳定或者在不适于共沸的溶剂中有水分生成，可能会用到分子筛吸附方法[24]； 必须要对分子筛进行处理以便于循环利用
水相萃取	盐洗；共沸	盐洗可能会使 NaCl 进入有机相中；盐洗可能不是必要的；半饱和盐水可能比较有效，而且产生更少杂质
设备	彻底清洁；先用与水互溶的溶剂漂洗，再用与水不互溶的溶剂冲洗；共沸干燥；在加入起始原料和试剂前监测水分含量，可能的话，加入之后也要监测	可靠的工艺所要求的；输运管线或冷凝管线中位置较低，"盲管段"可能会有溶剂聚集和水分累积。设备中存在水分并非是我们所期望的，然而除去水分又需要一些思考和时间

6.3.1 通过空气引入水分

根据相对湿度，在 10 ℃下我们呼吸的气体中水的含量能达到 17 g/m³。在反应物、关键中间体以及产物中凝结的水都受相对湿度、设备和生产车间的温度和空气流，以及各部件的吸湿性等的影响。

进行水分敏感的反应时，向反应设备中充入干燥气体产生正压，是阻止空气中的水分进入的最早方式。氩气较氮气密度大（氩气密度为 1.784 kg/m³，空气密度为 1.254 kg/m³，氮气密度为 1.247 kg/m³）[25]，有时在实验室被用作另外的预防措施来阻止水分和氧气的进入。在规模化生产中，氮气经常被会用到，是因为氮气比氩气更便宜。Aldrich[26]和其他化学公司[27,28]出版了详细描述了在实验室中如何处理空气敏感试剂的手册。我们必须高度注意自燃化合物，以免发生危险。

> **提示：**涉及抽吸或者局部真空操作都可以将气体或者液体（安全方面尤其要注意氧气和水）引入到设备和工艺物流中。一些例子包括用注射器从完全密封瓶中吸出易自燃液体时，用抽吸的方法转移试剂到中试反应器或破坏干燥器的真空系统，提前考虑可以避免不必要的麻烦。

6.3.2 通过溶剂引入水分

溶剂一般都具有吸水性，实验室对于指定的溶剂其除水方法一般都是明确的[29]。使用 Na_2SO_4 或者 $MgSO_4$ 来除去溶剂中的水通常是无效的。对于一些介电常数小于 15 的溶剂，在实验室很容易用 Al_2O_3（一级活性）或者 SiO_2（一级活性）过滤[29-31]除去水分和其他杂质，将其储存在分子筛中也是行之有效的方法[29]。对于大多数常规实验室中操作而言，现今所购买的溶剂通常都足够干燥（且纯度很高），尽管购买无水溶剂很方便，但其成本和选择性是限制因素。此外，使用未干燥的设备会使无水溶剂失效。最实际的方法就是设计可以容忍水分的工艺。

> **提示：**需要在工艺流程的关键位置频繁监测溶剂中的含水量。一瓶或一桶开封过一段时间的溶剂可能比刚开封不久的溶剂明显含有更多的水分。

在固定的过程设备中进行反应时，干燥设备和溶剂最实用的方式是在反应操作前共沸去除水分或者用无水溶剂冲洗（第 5 章）。丙酮在干燥过程中难免会引入杂质，因为会发生分子间羟醛缩合脱水，生成有紫外吸收的杂质（图 6.4）[32]。生成的亚异丙基丙酮（甲基异丁基酮的前体）易于和与“软性”的亲核试剂如甲基硫醇（参考软硬酸碱理论[33]）发生 Michael 加成反应；其他杂质也可能通过逆-Michael 或 Michael 反应产生（注：环酮是 TEMPO 和 *N*-Ac-TEMPO 的前体）。

6.3.3 通过试剂引入水分

水是一些稳定结晶化合物中固有的成分，包括盐类和非盐类化合物，盐类化合物通常以水合物形式存在，因为水分中含有结合和稳定离子组分的倾向[34]。试图从

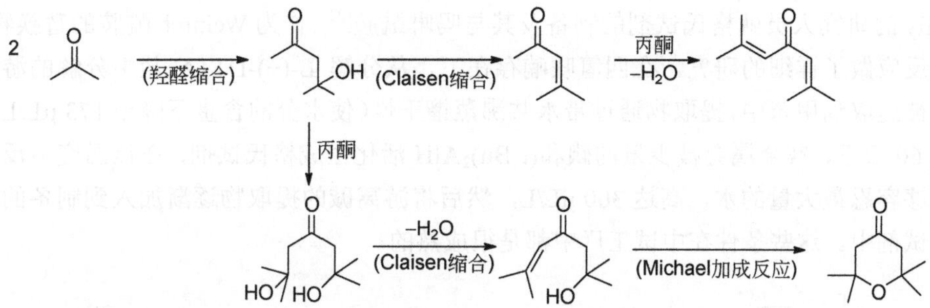

图 6.4　丙酮脱水反应的可能产物

水合物中除去水分然后阻止水分再吸收是困难且耗时的，而且这种做法会使试剂分解。[无水$(n\text{-Bu})_4NF$ 的不稳定性已有文献报道[35]，同时水的存在可以促进无水$(n\text{-Bu})_4NF$ 发生不同的反应[36]。DeShong 等报道了无水$(n\text{-Bu})_4NPh_3SiF_2$ 是无水氟化物的一种来源[37]。相关文献研究了无水$(n\text{-Bu})_4NF$ 的低温制备[38]。并不是所有的应用中都需要无水$(n\text{-Bu})_4NF$[39]。] 如表 6.3 所示，去除水分更简单的方法是用无水化合物代替相应的水合物。通常结晶出无水化合物是可行的，但需要改变反电荷的离子。水分的存在与否能够极大地改变试剂的溶解性。

表 6.3　一些常见的水合试剂和可能的替代物

水合试剂	可能的无水替代物	水合试剂	可能的无水替代物
$LiOH \cdot H_2O$		$NaH_2PO_4 \cdot H_2O$	NaH_2PO_4
$NaOAc \cdot 3H_2O$	KOAc	$Na_2HPO_4 \cdot 7H_2O$	Na_2HPO_4
$K_2CO_3 \cdot 1.5H_2O$	K_2CO_3	$K_2HPO_4 \cdot 3H_2O$	K_2HPO_4
NaOH 颗粒（吸湿的）	K_3PO_4 或 50% NaOH 在 PTC 条件下	$Na_3PO_4 \cdot 12H_2O$	K_3PO_4
KOH，85%（含 10%～15% H_2O）	K_3PO_4 或 50% NaOH 在 PTC 条件下	$NaMnO_4 \cdot H_2O$	$KMnO_4$
$CaCl_2 \cdot 2H_2O$	$CaCl_2$ 或 $Ca(acac)_2$	$CeCl_2 \cdot 7H_2O$	$CeCl_3$
$Fe(C_2O_4) \cdot 2H_2O$	$Fe(acac)_2$	柠檬酸 · H_2O	柠檬酸
$Zn(OAc)_2 \cdot 2H_2O$	$Zn(OAc)_2$	$p\text{-}TsOH \cdot H_2O$	
$SnCl_2 \cdot 2H_2O$	$SnCl_2$	$(n\text{-Bu})_4NF \cdot 3H_2O$	$(n\text{-Bu})_4NPh_3SiF_2$

6.3.4　通过工艺流程引入水分

格氏反应对水非常敏感，图 6.5 表示了两种控制其水分的方法。芳基格氏试剂与甲醛发生均聚反应，用聚甲醛树脂作聚合剂[40]。这种聚合物是绝对无水的，与福尔马林（含水率 50%）和多聚甲醛（含水率 5%～9%）相反，这种聚合物实际上是无水的。（相关文献记载了通过裂解多聚甲醛生成 HCHO 气体过程中的一些难题[41]。）

Lilly的研究人员就格氏试剂的制备及其与吗啉酰胺[23]（作为Weinreb酰胺的替换物）的反应做了详细的研究。在四氢呋喃存在下，从分解 L-(−)-DTTA 盐中分解的游离碱被提取到甲苯中，提取物通过带水共沸蒸馏干燥（使水分的含量下降至173 μL/L）。在60 ℃下，镁金属会被少量的碘和$(i\text{-Bu})_2AlH$活化生成格氏试剂，在该温度下反应能够容忍最大量的水，高达300 μL/L，然后将游离碱的提取物逐渐加入到制备的格氏试剂中。这些条件在中试工厂中都是很成熟的。

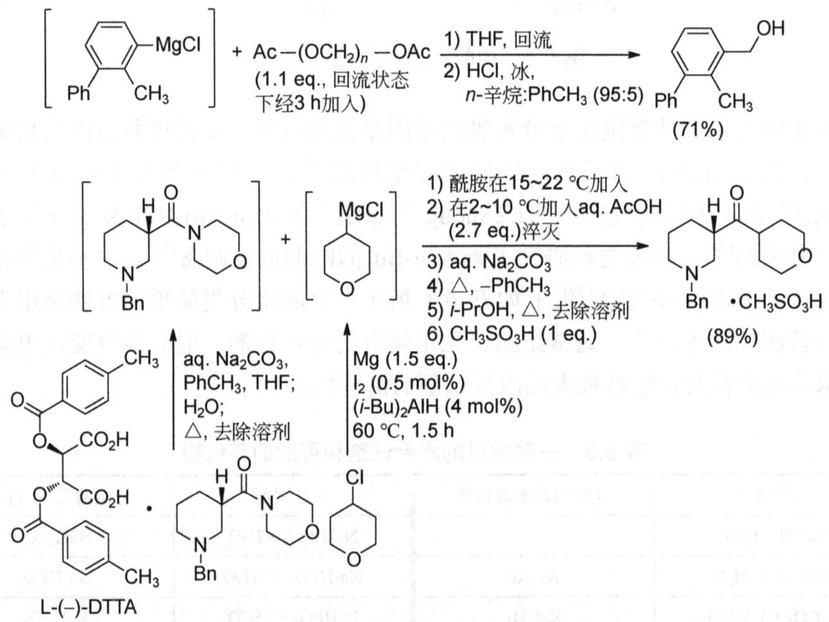

图 6.5 格氏试剂的形成与后续的反应

如图6.5所示，当水分不仅与试剂反应，也与起始原料发生反应时，对于一个可靠的工艺设计很重要。阿托伐他汀前体与对氟苯甲醛发生Stetter缩合反应时[42]，残留的水分会导致形成等量的脱氟杂质（图6.6）[43]。该杂质由α,β-不饱和羰基化合物和苯甲醛通过 Stetter 反应得到，苯甲醛由一分子水与另一分子α,β-不饱和羰基化合物。起始反应物可能是由酮酰胺和苯甲醛脱水缩合得到（显然双氟化合物杂质对工艺处理不构成问题。如果三个反应同时进行，生成的单氟化合物杂质会非常低。）。由于脱氟杂质和期望得到的产品差异很小，所以通过结晶的方式来清除杂质会比较困难[44]，因此在反应中我们要严格控制水分的含量。

图6.7所示为HBr促进的甲氧基乙酰胺水解反应，有时候反应不彻底，生成大量的甲氧基杂质。当HBr浓度低于46%时，生成杂质会有显著增加。该步的起始原料是用水淬灭上步反应，然后分离得到，因此控制分离得到的起始原料的水分含量是可靠工艺过程的关键[45]。

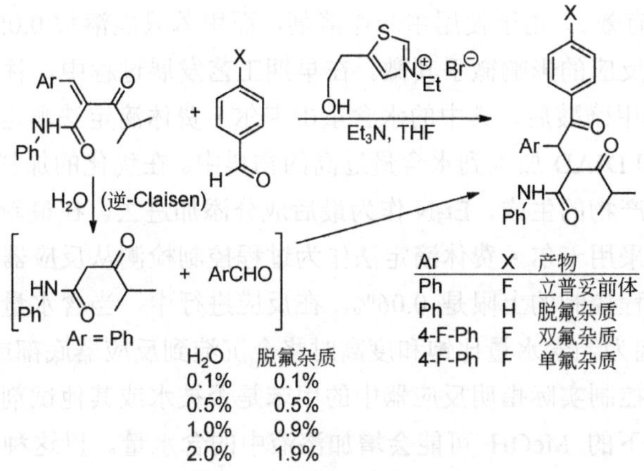

图 6.6　初始反应物的容水量

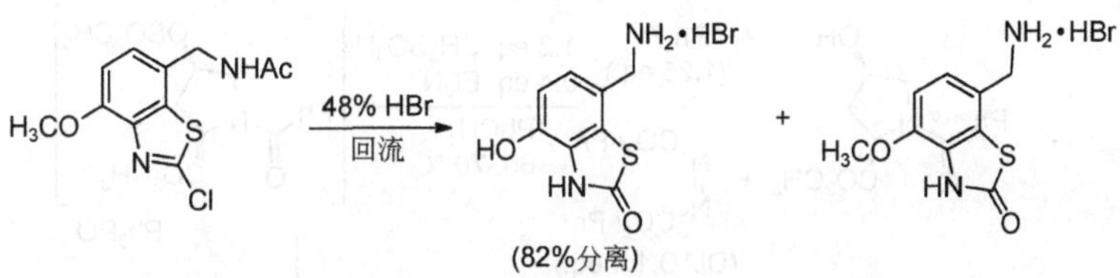

图 6.7　控制起始反应物中的水量，使杂质最小化

6.4　在何处监测和控制水分含量

如果一个工艺必须控制含水量，则关键阶段对水进行监测。可能的关键阶段包括水含量不足会导致安全问题、延长工艺处理时间、消耗宝贵原料或者是需要补充起始原料或试剂需要小心谨慎地分析哪些原料是吸湿性的。如果要求进行外部分析，只有在保证安全的情况下，才能对工艺物流进行取样（见第 8 章）。过程控制的详细分析可能可以说明一些问题。

> 提示：为了最大限度地减少潜在问题在只吸收少量水分的溶剂中进行反应。例如，在甲苯而非乙酰乙酯进行脱水反应或者在反应后用 2-甲基四氢呋喃代替四氢呋喃进行萃取后处理。

在光延（Mitsunobu）反应制备磺酸盐的过程中（图 6.8）[46]，过量的水会消耗三苯基膦和偶氮二甲酸二异丙酯（DIAD），使得反应进行不完全。必须控制残余水量来避免三苯基膦和 DIAD 的延长操作和减少来自副产物三苯基氧膦和 1,2-二异丙羰基肼的额外杂质。水的进入最早来源于酯，规定其含水量必须控制在 0.1%之内。同时规定了 Et_3N 和甲磺酸中的含水量。反应中使用稍微过量的 Ph_3P（1.25 eq.）和 DIAD（1.4 eq.），那样工艺就很少会因中间补充这些试剂而受到干扰。（在大规模生产这个中间体时，比如 275 kg 酯的规模，共沸除水中的过程中仅加热和冷却反应器就需要大量的时间，加入稍微过量的这种相对廉价试剂更为有效。）由于使用甲苯作溶剂，而甲苯只能溶解 0.05%的水，这使得水分通过溶剂对反应的影响微乎其微。在早期工艺发展过程中，往反应器内先后加入甲苯、Et_3N 和甲磺酸后，其中的水含量由卡尔·费休滴定法测定。这种加料顺序避免了将 Ph_3P 和 DIAD 加入到水含量过高的物料中。在优化的加料顺序中，为了最大限度地抑制副产物的生成，Et_3N 作为最后成分添加进去。在最新的工艺中，在其他组分添加前，采用卡尔·费休滴定法作为过程控制检测从反应器中取出的甲苯试样的含水量，过程控制的上限是 0.06%。在反应进行中，当含水量大于 0.05%时可能监测不出来，因为当含水量比饱和度高时将会沉淀到反应器底部或者粘到设备上。所以后一个过程控制实际指明反应器中的甲苯是否被水或其他试剂污染，比如，先前清洗过程遗留下的 MeOH 可能会增加溶液中的含水量。以这种方式控制工艺过程，要求反应器在加入反应溶剂之前保持干燥。

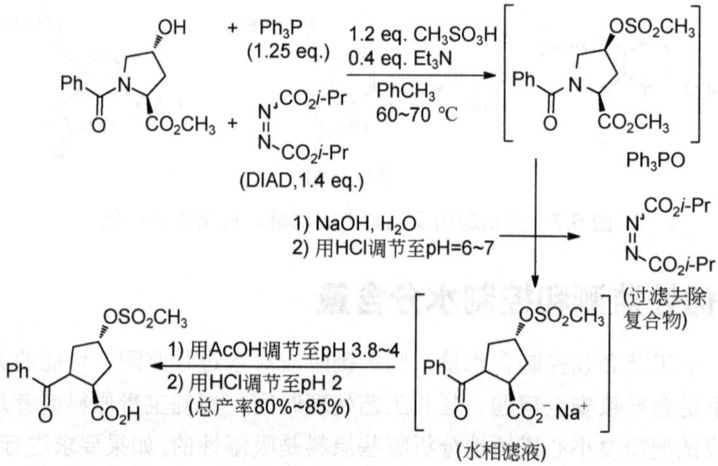

图 6.8 使用三苯基膦和 DIAD 进行的光延反应

6.5 移除和消耗水

如果反应可以用过量的廉价试剂来消耗水分或者形成的水分可以通过共沸除去，那么无水溶剂和试剂可能就不需要了。例如，向一个硝化反应中添加 SO_3（发烟硫酸）可以减少位置异构体的生成；当向反应中加入 6%的水时分离收率可达 76%，位置异构体比例是 90∶5∶5（见图 6.9）[47]。被 NaOH 污染的商品化 NaOEt（由于偶然性水的存在）在苯酚的烷基化反应中部分水解为酯，所以预处理时用 EtOAc 将 NaOEt 中的 NaOH 转化为无害的 NaOAc[48]。通过共沸除去副产物水[50]可以加速 HBr 和 DMSO 参与的溴化反应[49]。（就像在 Swern 反应中，氧化反应的副产物是散发香气的二甲基硫醚。表 8.2 中列出了除去二甲基硫醚的办法。）在一个生成亚胺的方法中，用 MIBK（甲基异丁基酮）共沸蒸馏除去生成的水，通过伯胺原位保护来有效地进行仲胺的烷基化[51]。在另一个反应中，亚胺形成过程中生成的水可用原甲酸三甲酯和 HCl 除去[52]。在一个千克级的反应中，苯胺生成亚胺过程中产生的水，用共沸除水是相当缓慢的，但向其中加入一点过量的亚磷酸三乙酯时，会显著加速除水效率。副产物磷酸二乙酯会抑制随后的钯催化吲哚化反应，可以通过用亚胺溶液（溶剂为环己烷-三乙胺，9∶1）和水的混合物冲洗除去[53]。水是 Knoeveagel 反应的副产物，然而糟糕的是图 6.9 所示的丙二腈加合物是容易水解和热不稳定的。采用无机试剂的除水方法也是无效的。HMDS（六甲基二硅氮烷）和 AcOH（乙酸）混合（剧烈放热）生成乙酸铵和 TMSOAc，后者可以消耗掉生成的水，NH_4OAc 提供 Knoeveagel 反应需要的催化剂[54]。

提示：DMSO（二甲基亚砜）会与强酸、酰氯[55]和强碱[56]反应。为安全起见，这种反应性务必引起注意。

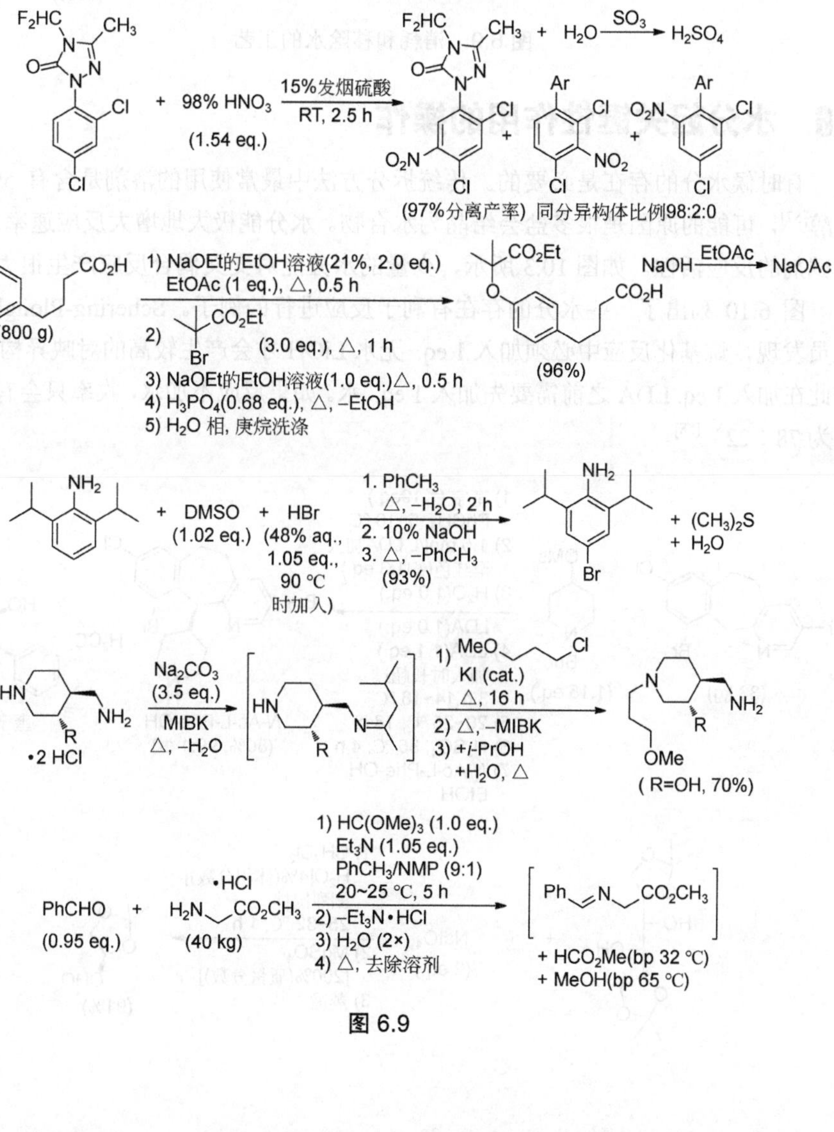

图 6.9

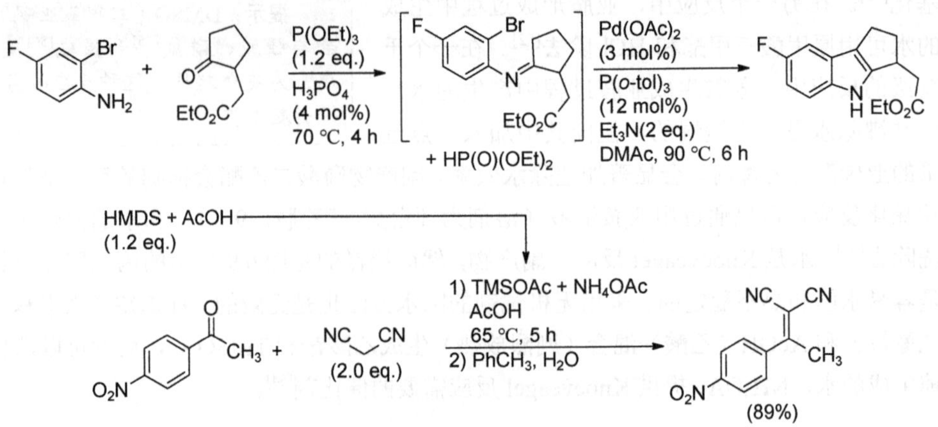

图 6.9 消耗和移除水的工艺

6.6 水分起关键性作用的操作

有时候水分的存在是必要的。传统拆分方法中最常使用的溶剂是含有 5%水分的乙醇[57]，可能的原因是很多盐会结晶为水合物。水分能极大地增大反应速率，也能缓和试剂的反应活性。如图 10.3 所示，少量的水分能对交叉偶合反应产生很大的影响。

图 6.10 列出了一些水分的存在有利于反应进行的例子。Schering-Plough 的研究人员发现，烷基化反应中必须加入 1 eq. 无水 LiOH 才会产生较高的对映异构体比例，因此在加入 1 eq. LDA 之前需要先加入 1 eq. 水。如果反应不加水，收率只会有 50%（er 值为 78∶22）[58]。

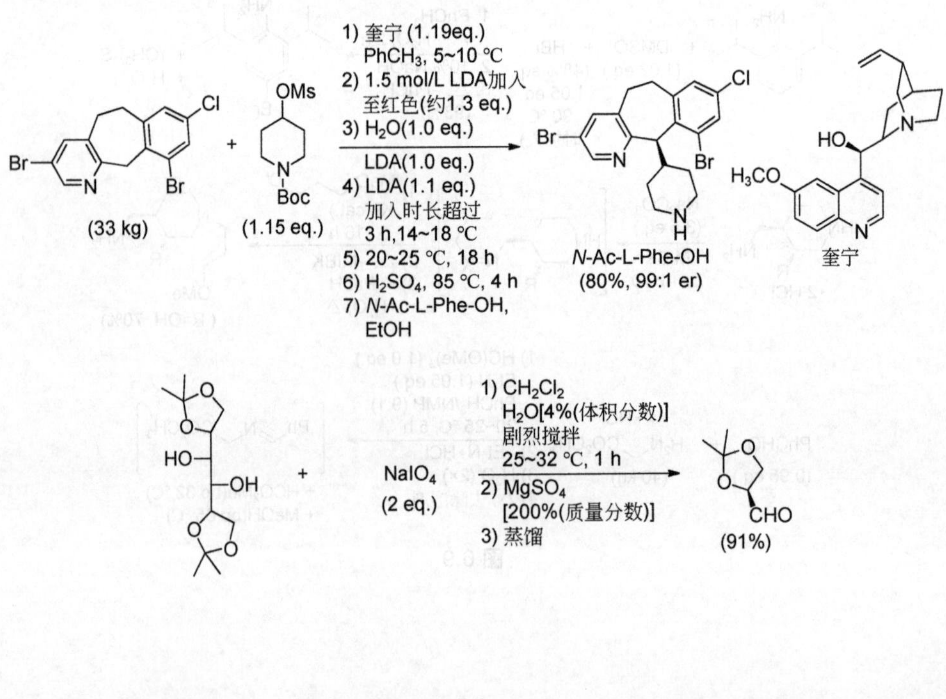

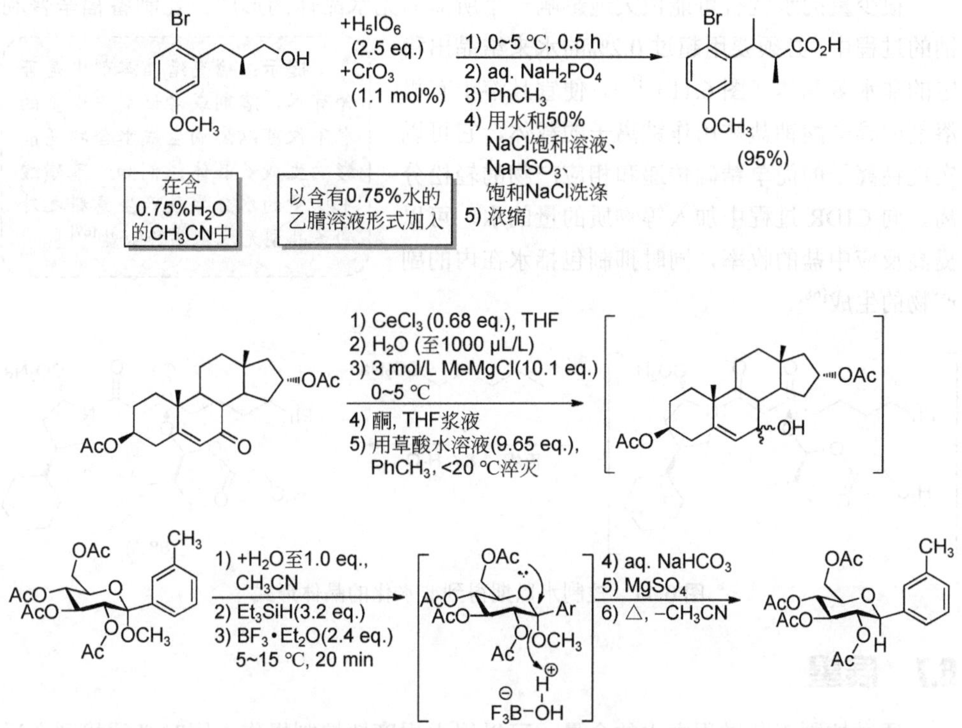

图 6.10　一些反应中控制水量的必要和有益性

如文献[59,60]所展示的，高碘酸盐氧化反应必须要有水分，水分能够使 Merck 的催化 CrO_3 氧化反应变得温和[61]。对于图 6.10 中 $CeCl_3$ 催化的格氏反应，少量的水分对获得可以增强格氏试剂反应活性的 $CeCl_3$ 的晶型是至关重要的[62]。同样，在硝基苯乙烯的迈克尔加成实验中，$Mg(OTf)_2 \cdot 4H_2O$ 是一种很有效的催化剂，然而无水 $Mg(OTf)_2$ 却是没用的；向后者反应中加水反应速度会赶上前者。奇怪的是，Michael 加成在分子筛存在的情况下能达到最好的效果[63]。BMS 的研究人员发现，$BF_3 \cdot Et_2O$ 催化 1-*C*-芳基甲基糖苷和 Et_3SiH 的还原反应效果很差，除非加入等物质的量的水；他们提出，水与 $BF_3 \cdot Et_2O$ 反应会生成很强的质子酸，进而促进还原反应的进行[64]。痕量水分能大幅度提高涉及水敏感化合物的相转移催化反应的产率[65]，同时必须控制含水量以确保相转移催化反应成功进行[66]。

提示：水能加速无机试剂参与的非均相反应，少量的水可能就可以活化无机试剂，也许是通过清洁晶体的表面，也许是通过增加无机试剂在反应混合物中的溶解度。但是太多的水会形成浆状混合物的分布，使传质过程变得复杂。必须通过实验测定最优的水含量。

很少量的水就有可能极大地影响一个所需的无水晶体的形成。在制备福辛普利钠的过程中，必须要用超过0.2%的水来结晶出稳定的非水多晶体（图6.11）[67]。便宜且溶于有机溶剂的异辛酸钠盐被用作钠离子的载体，它可以实现钠离子的简单精确传递和相应产物的轻松分离。向CIDR过程中加入等物质的量的水，可以提高反应中盐的收率，同时抑制包括水在内的副产物的生成[68]。

> **提示**：检查结晶溶剂中是否含有水，溶剂或者试剂中少量的水不仅可以影响生成水合物还能影响生成多晶体。例如：苯磺酸中少量的水分导致产生意料之外的多晶型无水苯磺酸酯盐[69]。

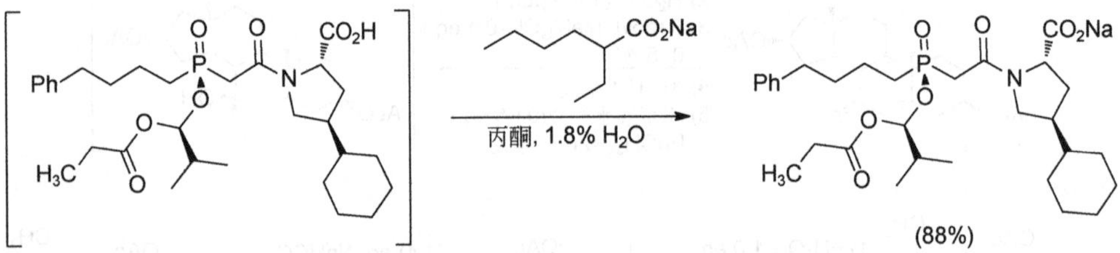

图6.11 控制水以期得到非水化的晶体形式

6.7 展望

通过控制工艺过程中水的含量，可以很大程度地控制操作，同时必须找到合适范围的含水量。例如，Blackmond小组发现，在介导脯氨酸的羟醛缩合反应中，如果水过量，反应会变得缓慢，达到预期的平衡条件（如图6.12所示，水在催化循环中两次扮演了某种角色）。另一方面，向反应中添加水抑制了噁唑烷酮和1-氧代吡咯里西啶的产生，它们是由一分子脯氨酸与两分子的醛形成的[70]。（Carter小组研究发现，在一个无溶剂的脯氨酸衍生物羟醛缩合反应中，最佳条件是加入等物质的量的

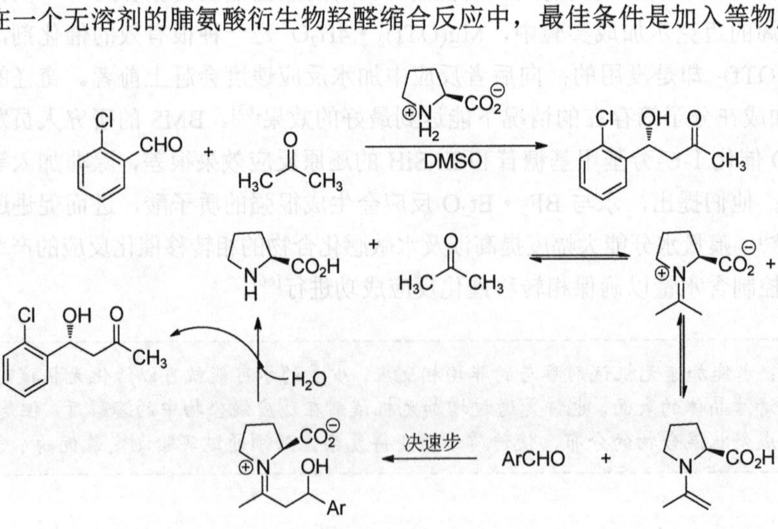

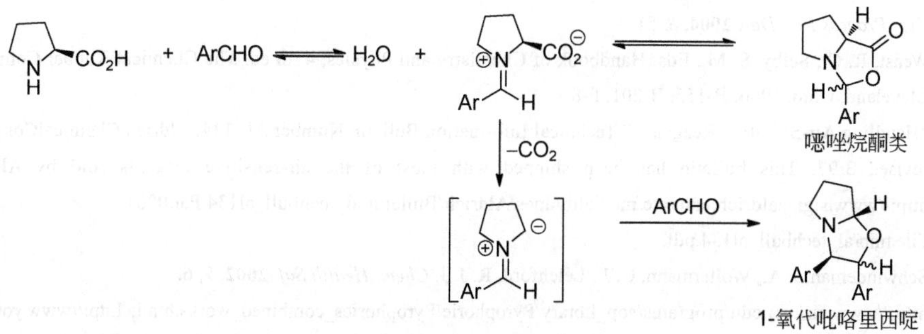

图 6.12　脯氨酸催化羟醛反应中水的作用

水[71]。)Blackmond 小组声称他们发现了水可能在催化循环中扮演着复杂且又对立的角色[70]。理解和控制相关过程中水的含量能帮助我们更加明了一些看似反复无常的作用。

参 考 文 献

[1] Ribe, S.; Wipf, P. *Chem. Commun.*, **2001**, 299.

[2] Schmitke, J. L.; Wescott, C. R.; Klibanov, A. M. *J. Am. Chem. Soc.* **1996**, *118*, 3360.

[3] Carrea, G.; Riva, S. *Angew. Chem. Int. Ed.* **2000**, *39*, 2226.

[4] Wells, A. *Org. Process Res. Dev.* **2006**, *10*, 678.

[5] Barnwell, N.; Cheema, L.; Cherryman, J.; et al. *Org. Process Res. Dev.* **2006**, *10*, 644.

[6] Kralj, P.; Zupan, M.; Stavber, S. *J. Org. Chem.* **2006**, *71*, 3880.

[7] Journet, M.; Cai, D.; DiMichele, L. M.; et al. *J. Org. Chem.* **1999**, *64*, 2411.

[8] Prashad, M.; Har, D.; Chen, L.; et al. *J. Org. Chem.* **2002**, *67*, 6612.

[9] Estaban, J. M. T.; Vidal, C. M.; Marine, J. R.; Diaz, J. M. Spanish Patent ES 556990. 1987 (assigned toSueros, Antibioticos y Laboratorio de Vacunoterapia, Sociedad Ltds.); see *Chem. Abstr.* **1988**, *109*, 23391m.

[10] 感谢 Trevor Laird 提到这个观点.

[11] Mitchell, J., Jr.; Smith, D. M. *Aquametry*, 2nd ed.; John Wiley & Sons: New York, 1980; pp 68-105.

[12] Mettler Toledo offers a line of coulometric titrators: http://us.mt.com.

[13] Blandamer, M. J.; Engberts, J. B. F. N.; Gleeson, P. T.; Reis, J. C. R. *Chem. Soc. Rev.* **2005**, *34*, 440.

[14] Kaftzik, N.; Wasserscheid, P.; Kragl, U. *Org. Process Res. Dev.* **2002**, *6*, 553.

[15] Black, S. N.; Phillips, A.; Scott, C. I. *Org. Process Res. Dev.* **2009**, *13*, 78.

[16] 例如，AspenTech BatchSep: http://www.aspentech.com

[17] Variankaval, N.; Lee, C.; Xu, J.;et al. *Org. Process Res. Dev.* **2007**, *11*, 229.

[18] Magano, J.; Acciacca, A.; Akin, A.; et al. *Org. Process Res. Dev.* **2009**, *13*, 555.

[19] 另一种计算溶剂取代的方法见第 5 章 5.6 节..

[20] Li, Y.; Chow, P. S.; Tan, R. B. H.; Black, S. N. *Org. Process Res. Dev.* **2008**, *12*, 264.

[21] http://www.martin.chaplin.btinternet.co.uk/activity.html

[22] http://www.novasina.com

[23] Kopach, M. E.; Singh, U. K.; Kobierski, M. E.; et al. *Org. Process Res. Dev.* **2009**, *13*, 209. Mg(0) 的回收和循环使用受到限制，可能是因为大气中的水分吸附到金属上所致.

[24] 例如，在 NMP 溶剂中亚胺的行程伴随着 H_2O 的生成。Clark, J. D.; Weisenburger, G. A.; Anderson, D. K.; et al.

Org. Process Res. Dev. **2004,** *8*, 51

[25] Weast, R. C.; Selby, S. M., Eds. Handbook of Chemistry and Physics, 47th ed. The Chemical Rubber Company: Cleveland, Ohio, 1966, B-155, B-201, F-8.

[26] "Handling Air-Sensitive Reagents," Technical Information Bulletin Number AL-134, Aldrich ChemicalCompany, revised 3/97. This bulletin has been shipped with most of the air-sensitive reagents sold by Aldrich. http://www.sigmaaldrich.com/etc/medialib/docs/Aldrich/Bulletin/al_techbull_al134.Par.0001. File.tmp/al_techbull_al134.pdf.

[27] Schwindeman, J. A.; Woltermann, C. J.; Letchford, R. J. *J. Chem. Health Saf.* **2002,** *9*, 6.

[28] http://www.ehs.uci.edu/programs/sop_library/Pyrophoric/Pyrophorics_combined_works.html; http://www.youtube.com/watch?v=RaMXwNBAbxc; http://chem-courses.ucsd.edu/CoursePages/Uglabs/143A_Weizman/EHS/Episode1720p.html; http://chem-courses.ucsd.edu/CoursePages/Uglabs/143A_Weizman/EHS/Episode2%20720p.html; http://chem-courses.ucsd.edu/CoursePages/Uglabs/143A_Weizman/EHS/Episode3720p.html; http://www.yale.edu/ehs/onlinetraining/OrganoLithium/OrganoLithium.htm

[29] Williams, D. B. G.; Lawton, M. *J. Org. Chem.* **2010,** *75*, 8351.

[30] Reichardt, C. Solvents and Solvent Effects in Organic Chemistry. 2nd ed. Weinheim: VCH, 1990, 416.

[31] 将一种溶剂通过 SiO_2 或 Al_2O_3 柱子，可能会把稳定剂如 BHT 移除。感谢 Trevor Laird 提供信息.

[32] Burfield, D. R.; Smithers, R. H. *J. Org. Chem.* **1978,** *43*, 3966, http://curlyarrow.blogspot.com/2010/04/anhydrous-solvents-part-3-acetone-and.html.

[33] Pearson, R. G. Chemical Hardness – ApplicationsFrom Molecules to Solids. Weinheim: Wiley-VCH,1997.

[34] Stahly, G. P. *Cryst. Growth Des*. **2007,** *7*, 1007; see Ref. 74 therein.

[35] Sharma, R. K.; Fry, J. L. *J. Org. Chem.* **1983,** *48*, 2112.

[36] Zdrojewski, T.; Jonczyk, A. *J. Org. Chem.* **1998,** *63*, 452.

[37] Pilcher, A. S.; Ammon, H. L.; DeShong, P. *J. Am. Chem. Soc.* **1995,** *117*, 5166; Handy, C. J.; Lam, Y.-F.; DeShong, P. *J. Org. Chem.* **2000,** *65*, 3542.

[38] Sun, H.; DiMagno, S. G. *J. Am. Chem. Soc.* **2005,** *127*, 2050.

[39] Kuduk, S. D.; DiPardo, R. M.; Bock, M. G. *Org. Lett.* **2005,** *7*, 577.

[40] DelMar, E. G.; Kwiatkowski, C. T. US 4740637. 1988 (to FMC).

[41] Norris, T.; Brown Ripin, D. H.; Ahlijanian, P.; et al. *Org. Process Res. Dev.* **2005,** *9*, 432.

[42] Li, J. J. Name Reactions: A Collection of Detailed Reaction Mechanisms. 3rd ed. Springer, 2006, 567.

[43] Zeller, J. R., *"Atorvastatin: A Case Study in the Development of a Commercial Process,"* invited lecture, 3rd International Conference on Process Development Chemistry, Amelia Island, Florida, March 25-28, 1997.

[44] 实例见：Brands, K. M. J.; Krska, S. W.; Rosner, T.; et al. *Org. Process Res. Dev.* **2006,** *10*, 109.

[45] Giles, M. E.; Thomson, C.; Eyley, S. C.; et al. *Org. Process Res. Dev.* **2004,** *8*, 628.

[46] Anderson, N. G.; Lust, D. A.; Colapret, K. A.; et al. *J. Org. Chem.* **1996,** *61*, 7955.

[47] Hoare, J. H.; Halfon, M. US 5011933. 1991 (to FMC).

[48] Braden, T. M.; Coffey, S. D.; Doecke, C. W.; et al. *Org. Process Res. Dev.* **2007,** *11*, 431.

[49] Inagaki, M.; Matsumoto, S.; Tsuri, T. *J. Org Chem.* **2003,** *68*, 1128.

[50] Theriot, K. J. US 5907063. 1999 (to Albemarle).

[51] Laduron, F.; Tamborowski, V.; Moens, L.; et al. *Org. Process Res. Dev.* **2005,** *9*, 102.

[52] Beaulieu, P. L.; Gillard, J.; Bailey, M. D.; et al. *J. Org. Chem.* **2005,** *70*, 5869.

[53] Chen, C.-Y. //Yasuda, N., Ed. The Art of Process Chemistry. Wiley- VCH, 2010, 117-142.

[54] Barnes, D. M.; Haight, A. R.; Hameury, T.; et al. *Tetrahedron* **2006,** *62*, 11311.

[55] National Research Council of the National Academies. Prudent Practices in the Laboratory. Washington, D.C.: National Academies Press, 2011, 136.

[56] 甲基亚磺酰负碳离子的安全使用：Dahl, A. C.; Mealy, M. J.; Nielsen, M. A.; Lyngsø, L. O.; Suteu, C. *Org. Process Res. Dev.* **2008,** *12*, 429.

[57] Jaques, J.; Collet, A.; Wilen, S. H. Enantiomers, Racemates, and Resolutions. New York: John Wiley & Sons, 1981, 381-395.

[58] Kuo, S. C.; Chen, F.; Hou, D.; et al. *J. Org. Chem.* **2003,** *68*, 4984; Wu, G.; Huang, M. *Chem. Rev.* **2006,** *106*, 2596.

[59] Jackson, D. Y. *Synthesis* **1988,** 337.

[60] Schmid, C. R.; Bryant, J. D.; Dowlatzedah, M.; et al. *J. Org. Chem.* **1991,** *56*, 4056.

[61] Zhao, M.; Li, J.; Song, Z.; Desmond, R.; et al. *Tetrahedron Lett.* **1998,** *39*, 5323.

[62] Humphrey, G. R.; Miller, R. A.; Li, W. US 6187925 B1. 2001 (to Merck).

[63] Barnes, D. M.; Ji, J.; Fickes, M. G.; et al. *J. Am. Chem. Soc.* **2002,** *124*, 13097.

[64] Deshpande, P. P.; Ellsworth, B. A.; Buono, F. G.; et al. *J. Org. Chem.* **2007,** *72*, 9746.

[65] Mueller, W.-D.; Naumann, P. US 6790981. 2004 (to Clariant).

[66] 例如，通过将阴离子的水合数目由 11 (15% NaOH) 降低到 3 (固体)，NaOH 的碱度增加了 50000 倍：Albanese, D.; Landini, D.; Maia, A.; Penso, M. *Ind. Eng. Chem. Res.* **2001,** *40*, 2396.

[67] Grosso, J. A. US 5162543. 1992 (to E. R. Squibb & Sons).

[68] Bravo, F.; Cimarosti, Z.; Tinazzi, F.; et al. *Org. Process Res. Dev.* **2010,** *14*, 1162.

[69] Gross, T. D.; Schaab, K.; Ouellette, M.; et al. *Org. Process Res. Dev.* **2007,** *11*, 365.

[70] Zotova, N.; Franzke, A.; Armstrong, A.; Blackmond, D. G. *J. Am. Chem. Soc.* **2007,** *129*, 15100.

[71] Yang, H.; Carter, R. G. *Org. Lett.* **2008,** *10*, 4649.

第 7 章 过程分析、控制和技术规格

“回忆起当时煮亚麻油的情景，就餐时，我告诉同伴我看到一本大约 1942 年出版的处方书，书中建议在油快要沸腾的时候加两片洋葱进去，然而关于加入洋葱这种奇怪的添加物的作用书中却没有任何评论。在 1949 年，我和我的前辈也是我的老师 Giacomasso Olindo 先生谈起过，那时候他已经 70 多岁了，从事清漆工作长达 50 年，他那白胡子笑起来时显得格外亲切，他向我解释说，实际上他年轻的时候煮过这种油，那时还没有温度计，判断油的温度的方法就是向里面吐口水，或者效果会更好的方法是用竹签叉片洋葱浸入油中，当洋葱开始炸的时候，油也就沸腾了。很明显，随着时间的流逝，曾经粗糙的测量技术已经失去了它的意义而变成了神秘而奇妙的做法。”

——普里莫 · 莱维[1]

7.1 引言

过程控制（in-process controls，简称 IPC），对工艺过程而言是必要是有的，原因包括三个方面：制造高质量产品、高效地操作和促进故障诊断。例如：生产设施的管理人员需要依靠 IPCs 来保证过程有效地、高效率地、稳定一致地进行。需要反复排除故障以及产品总是需要返工的生产过程是低效的。关于产品质量，过程控制是工艺验证的关键，生产人用药物必须经过验证方可出售。过程控制建立的目的是指导原料药和药物产品的操作，以使它们达到 FDA 接受的关键质量属性（critical quality attributes，CQA）[2]。FDA 首要注重的就是药物的质量而不是产率和生产率。然而，变化的收率可能意味着生产过程中的控制性不好，会导致新的有毒杂质的生成。过程控制是 FDA 新药申请（New Drug Applications，NDA）中化学、制造和控制内容的一部分[3]，同时也是生产人用物质[2]必须遵守的现行良好生产规范的一部分[2]。新药临床试验申请不要求包括过程控制，但需要聚焦在“新化学实体”的表征上[4]。在新药申请被批准之后，后面生产环节需遵守过程控制规范，以确实实际生产操作与 FDA 记录的工艺过程一致。

过程控制包括三个方面的作用。首先，按照工艺指南来监测和调整操作，例如，确定反应器中加入的反应物的量，以及控制搅拌速度、温度和 pH 值等参数。这些重要的操作就像例行程序与习惯一样。其次，通过使用定性和定量评估的过

程分析方法，确保过程中的操作按照计划进行。最后，根据过程分析结果必要时调整操作。由于过程控制会从其他生产活动中转移时间和注意力，因此过程科学家们会尽量减少那些不在生产工厂工作的人批准的过程控制的数目。然而，任何一个过程控制如果其是成功操作的关键，那么就不应该被忽视。

> 提示：如果没有过程控制就只能希望工艺流程按计划进行。

过程分析方法要建立在实验室研究的基础之上。过程分析方法能在FDA支持的“质量源于设计”方法里面确定一个可接受的操作空间[5]。过程控制可以帮助保持工艺运行在可接受的范围内。表7.1列出了一些常用的过程分析法，一种分析方法可应用于工艺中的任何操作。

表7.1 一些常见的过程分析测试方法

分析方法	处理的时间点	例子/评论
HPLC	加入关键组分之前	确定HPLC系统的适用性
	加入关键组分过程中和之后	最小化杂质的产生
	反应结束后	优化杂质含量
	萃取后处理过程中	追踪杂质的去除
	浓缩前后	监测杂质的增长
	结晶浆状物老化过程中	决定结晶过程何时结束，减少共结晶杂质
	洗滤饼时	追踪杂质的去除
	干燥后	测量当前杂质量
GC	反应结束后	判断反应是否完成
	溶剂追逐时	确定低含量的残留溶剂
KF滴定法	补充溶剂之前	确定反应器干燥
	溶剂追逐时	确定萃取液已共沸干燥
	结晶前	能结晶成水合物的合适含水量
pH计	反应时	优化反应条件
	萃取时	控制萃取条件
导电计	萃取时	合理地除去萃取物中的盐
	水洗滤饼时	除去产物中的盐
LOD	干燥产物滤饼时	把产品从干燥器中移出

准确性和可重复性对操作进度和分离产物的质量分析来说是至关重要的。准确性就像射向目标的一支箭正好射中靶心，一个好的弓箭手可以重复地射中同一个区域，而不是一次偶然射中。但是如果目标几乎是不可见的，再好的弓箭手也不能射中靶心。这就好比制药和精细化工产业中的分析方法，我们对化学品和分析程序了解得越多，结果就会有更好的准确性和重现性。更优的操作就可以用来指导高质量

产品的日常生产。分析研究与开发部门以及后来的产品质量控制部门会开发分析方法来定量评估反应物流和分离出的化合物的纯度，但最初有机化学家只满足于可重复性。

过程分析生成的数据和过程控制具有极为重要的价值。过程分析可以提供一个理解杂质形成的“窗口”，尤其是结合动力学[6,7]。通过检查过程分析产生的数据，哪种分析方法至关重要以及什么样的参数范围适合过程控制，这些都会变得一目了然。在排除故障（见第 17 章）时，过程分析积累的数据以及过程控制能帮助我们识别引起故障的化学品以及引起故障的工艺环节。

在评估数据时，考虑“纯度”评估的类型比较重要。HPLC 和 GC 积分器惯常产生的峰面积是总峰面积的函数。这些数据表示成曲线以下的面积［AUC，也称之为面积百分数，或者是均匀性指数（homogeneity index，HI)］。这些数据并没有主动考虑各个化合物的不同响应（对于 UV 检测器，即吸收系数)。使用一个高质量的标准，样品的纯度（或效力）可以通过下面的方程式计算：

$$\text{样品的纯度}=\frac{\text{样品的平均面积}/[\text{样品}]}{\text{标准品的平均面积}/[\text{标准品}]}\times 100\% \tag{7.1}$$

这种纯度评估的重要性体现在几个方面。首先，可以对投入的物料质量进行定量的评估；例如：某种中间产物可能含有 NaCl 或者常规分析方法无法检测出来的有害杂质。其次，这种纯度值能够确认产品的质量，或者指明某种杂质的存在，比如无法通过 HPLC 检测到的水。再次，通过纯度值可以精确评估，还能够指出工艺过程需要改进的部分。根据产品效力修正的收率可以用“*X*%（质量分数）”来表示。为了更准确地比较，产品收率也可以根据输入物料的质量来修正。（在计算收率时，很有可能并没有考虑所有的杂质[8]和实验操作的准确性[9]。）由于收率(有时被定义为粗产品收率)的计算不考虑产品的纯度，这种收率应该被定义为“*X*%”。收率偶尔用“*X*%（质量分数）”来表示，相对于投入重量计算。这些收率对操作人员来判断批次是否具有重现性是很有帮助的，同时理解这些收率对记录员也很重要。

> 在过程研发实验室，可以选择高质量的一批作为标准，而不需要大量的文件证明，为了保证一致性，每次都应该称取和标准样等量的试样，然后分别放入同样形状容积的容器中，再稀释到等体积。

20 世纪 80 年代，原料药中同分异构体的比率可以通过相应的红外吸收峰的比率来判断，这种方法基本上限定了测试范围（比如，对映体 A：B 的比值必须在 40：60 至 60：40 之间）。今天，我们可以利用手性 HPLC、手性 GC 或者手性 SFC 技术来评测这四种化合物。HPLC 技术发展的早期是通过尺子来测量、计算色谱峰曲线下的面积（AUC）。今天，我们使用积分器来计算 AUC，积分器能够提供数据采集选项，从而把拖尾的主峰和其他分析物中分离开。具体的分析功能有了极大的改进。

使用原始数据可以快速比较结果，而转化为另一种格式就比较耗时而且缺乏描述性。例如：某产物和杂质的比例为 92.3∶4.1（直接从 HPLC 色谱图上读取的结果），可以计算出其余峰面积占总峰面积的 3.6%，而相应的产物杂质比例 22.5∶1 却不能方便地提供这样的信息。再比如：如果要考虑单溴化产物∶二溴化产物∶起始原料的比例，13.2∶1.0∶0.9 似乎比 10.4∶1.0∶0.9 更好。但是当这些值归一化到 100 时，比值变成了 87∶7∶6 和 86∶8∶7，这个差别在运行两个 ^{1}H NMR 的允许误差范围内。1971 年提出的由旋光测量仪测定消旋化程度来确定对映异构体过量（ee 值）的方法已经过时了[10]。今天，非对映体的比例（dr）可以由核磁共振测量得到，将这些值归一化到 100 似乎也是多余的，如果用核磁共振生成的 dr 数据，应该指出这是由核磁共振生成的数据。使用 ee 值和 de 值能够为我们提供一些装点门面价值，但是 er 值和 dr 值更为直接。

下面各的部分探讨了过程分析的优点，过程控制的案例、技术规格和过程分析技术（process analytical technology，PAT）。

7.2 理解过程分析背后的关键细节

最好的分析方法应当具有最少的前处理步骤，专门针对目标分子或者样本的某种物理特性，且重现性好。作为极端的例子，对几十年前报道过的分析结果进行深入挖掘，也许能够最好地阐明理解分析局限方法的重要性。

1967 年，Lederle 的工作人员写了一篇通过混合酸酐来进行多肽偶联的论文，这一篇具有影响力的论文，已经被引用超过 100 次[11]，叔胺存在下，用氯甲酸酯来激活 *N*-保护的氨基酸，然后加入伯级胺或仲胺，能够快速形成酰胺键。带有一个甲基的叔胺，如 *N*-甲基吗啉，生成活化酯的速率远大于位阻更大的胺，间接表明了叔胺与氯甲酸酯的起始反应。随着叔胺碱度增加，外消旋化作用可能通过噁唑酮而进一步加强。偶联的最佳温度是 15 ℃，使用极性溶剂会增强外消旋作用。如图所示，这项工作可以通过制备 *N*-苄氧羰基酰基-甘氨酰-L-苯丙氨酰-甘氨酸（Z-Gly-L-Phe-Gly-OEt）用外消旋反应来进行分析。外消旋的分析涉及分立出的三肽在 0 ℃下 2%的无水乙醇溶液中进行重结晶。在这种条件下，外消旋的产品会先结晶。[如在第 12 章所讨论的，这是一个典型的外消旋体的例子，外消旋体有更高的熔点（mp 132～133 ℃），先于溶解性更大的单一对映体重结晶出来（mp 116.5～119.5 ℃）。]利用 1952 年发展的方法[12]，收集了几批外消旋结晶，进而结晶得到所需的 L-对映异构体。通过比较外消旋体的总收率和对映异构体的理论收率来计算外消旋作用。作者发现就算没有上百个也有几十个结晶反应来确定该规律趋势。多肽偶联和外消旋作用是非常容易重现的，对于三个相同的偶联试验，分离的 L-对映异构体的收率是 73%+3%，其中有 7.4%+0.8%的外消旋体一起被分离出来[12]。然而外消旋分析的操作是比较单调乏味的，很多时候老化时间或者其他因素的稍微变化，都可能影响试验的结果。今天，我们可以直接通过采用手性柱高效液相色谱（HPLC）来比较 D-异构体和所需的 L-异构体的量，以此确定外消旋化的量。其他的方法包括手性固定相的超临界流体色谱

（SFC）或者手性介质的毛细管电泳。使用手性柱的气相色谱也是可用的，通过将三肽衍生化来增强其挥发性是必要的，这使得样品的制备需要格外小心细致。

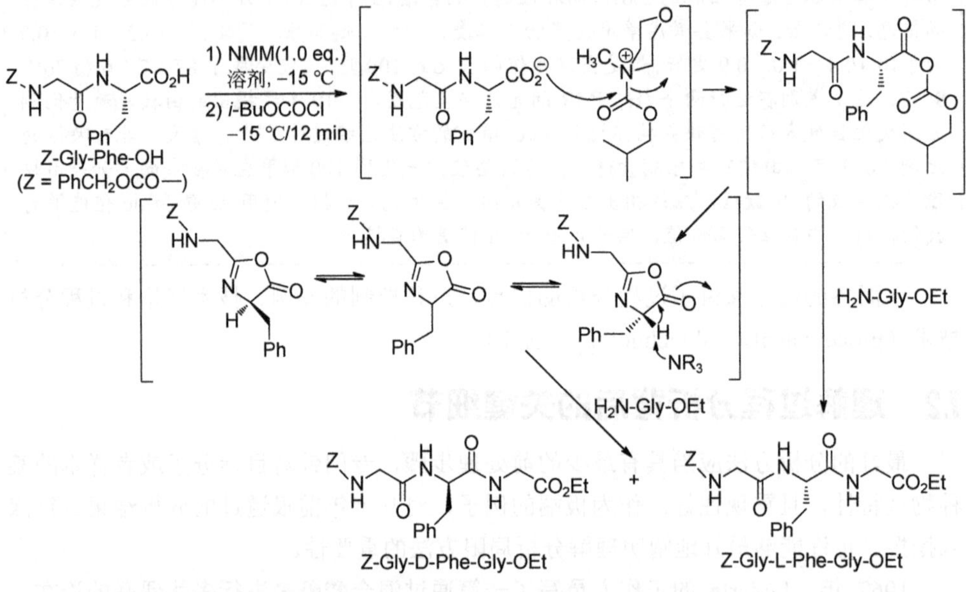

图 7.1　肽偶合机制和使用混合碳酸酐来外消旋的方法

所需化合物的特定分析方法是快速、有效的过程分析的关键。例如，Lederle 的研究人员在上面提及的例子中发现熔点和旋光不足以确定外消旋化的数量，因为样品中的其他杂质可能会改变这些数值[12]。再举一个 20 世纪 80 年代早期的例子，图 7.2 所示为卡托普利（captopril）中残余 NaCl 的过程。当时是通过灼烧残渣（residual on ignition，ROI）分析来测定的，在铂坩埚中准确称量少量的卡托普利，然后在高温下灼烧挥发有机物。

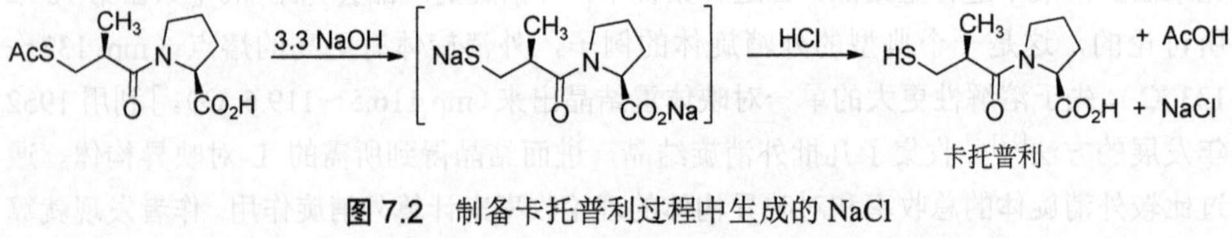

图 7.2　制备卡托普利过程中生成的 NaCl

为了阻止大气水分冷凝到坩埚中，我们将热坩埚放在干燥器中冷却，然后称重。剩余质量的百分比就是灼烧残渣，这种常规的分析方法适用于非可燃性杂质，例如玻璃碎片或者金属碎屑，显然不只是特别针对 NaCl。在卡托普利中 0.2%（质量分数）的 NaCl，该方法的测量精度为 0.1%（质量分数），因此并不能保证很少量 NaCl 残余的精确度。今天，我们可以用离子液相色谱法或者特定的氯电极来分析氯化物。

卡托普利中的硫醇会与关键分析物配位或者在氯化物氧化分析实验中被共氧化进而干扰残余氯化物的分析。因此，根据分析方法的基础，卡托普利中的氯化物分析可能没那么简单。

> 这些数据有什么意义？±0.1%（质量分数）的可重复性是否足够解决将要处理的问题？定量限和检出限是什么？检出限以下的值是怎么确定的？某个值表示极限测试的相关性，例如 NMT 200 × 10^{-6}，在解决问题时其功能可能有限，理解这些数据的实际意义能帮助我们简化工作。

上文讨论的两个案例，外消旋化的结晶分析和灼烧残渣分析，并不能作为过程分析方法，因为这些分析方法都是在已经分离出的产物上进行的。而过程分析是在产品被分离前或者将产品从干燥器中移出前（对于干燥过程中的过程控制而言），确认或者修改具体操作的。如表 7.2 所示，对过程科学家来说，可能的过程分析方法很多。虽然有些方法看起来有点过时，比如碘量滴定法测定氧化剂的存在[13]或者用滴定法测定正丁基锂或格氏试剂[14,15]，但它们可能非常有用。

表 7.2　化学工艺研发中有用的过程分析测试方法

分析方法	定量难易度	大规模生产过程中的适用性	用处/评论
氢谱（^{1}H NMR）	+	+	早期开发
碳谱（^{13}C NMR）			被迫使用
^{31}P NMR 和 ^{19}F NMR	+	+	早期开发
IR（包括在线探针）	+++	++	适用于 PAT 和连续操作
HPLC：UV 探测器（包括二极管阵列）	+++	+++	利用溶剂梯度洗脱所有杂质
氧化还原探测器	++	++	基线噪声有可能限制其使用
热电分析	+	+	替换 RI 或者 ELSD
SCF，HPCL	++	+	手性拆分
GC	+++	+++	溶剂置换
TLC	+	++	便于故障排除，可定量①
MS	++	++	ESI 可快速分析②
AA（ICP-AA）	++	++	除去金属③
KF 滴定法	+++	++	快速，可重复
氯量计	++	+	对 Cl^-、Br^-和 I^-适用
电导率	+	+	便携
滴定	++	++	快速，可靠
试纸	+	++	便携
pH 计	++	++	便携④
专用氯电极	+	++	对树脂也适用⑤
（干燥失重）LOD	++	++	确定干燥终点
XRPD	+	+	多晶型⑥
拉曼（嵌入式）	++	+	多晶转变⑦

续表

分析方法	定量难易度	大规模生产过程中的适用性	用处/评论
近红外线	++	++	确定干燥终点
折射率	+	+	溶剂置换
UV-Vis⑧	+	+	经常没有足够的可选性；杂质，如溶剂可能会改变结果
旋光率	+	+	
熔点	+	+	
DSC	++	+	比熔点更能定量，能作为LOD IPC
湿度计	++	++	便携，露点湿度计可监测干燥过程中的蒸汽⑨
粒子尺寸（FBRM）	++	++	确定最佳过滤时间
毛细电泳	++	++	适用于离子物质⑩
离子色谱	++	+	适用于离子物质

① Johnsson, R.; Träff, G.; Sundén, M.; Ellervik, U. J. *Chromatogr. A.* **2007**, *1164*, 298.

② 在Sharpless实验室，ESI被用于快速筛查能促进烯烃二羟基化的化合物：Dupau, P.; Epple, R.; Thomas, A. A.; Fokin, V. V.; Sharpless, K. B. *Adv. Synth. Catal.* **2002**, *344(3+4)*, 421.

③ 原子吸收（AA）或诱导耦合等离子体原了吸收（ICP-AA）. ICP-AA通常由专人管理，要求高级服务.

④ 有关pH计及操作的详情，见文献McMillan, G.; Baril, R. *Chem. Eng.* **2010**, *117(8)*, 32.

⑤ Raillard, S. P.; Ji, G.; Mann, A. D.; Baer, T. A. *Org. Process Res Dev.* **1999**, *3*, 177.

⑥ 对于块状的利托那韦，XRPD能检测到3%的晶型Ⅱ：Bauer, J.; Spanton, S.; Henry, R.; et al. *Pharm. Res.* **2001**, *18*, 859.

⑦ Hu, Y.; Liang, J, K.; Myerson, A. S.; Taylor, L. S. *Ind. Eng. Chem. Res.* **2005**, *44*, 1233.

⑧ Hunter实验室提供有关颜色的实用评估的设备：http://www.hunterlab.com.

⑨ Cypes, S. H.; Wenslow, R. M.; Thomas, S. M.; et al. *Org. Process Res. Dev.* **2004**, *8*, 576.

⑩ 可用于监测拆分：Schneider, I. Today's Chemist at Work, September 1999, 44; Frost, N. W.; Jing, M. Bowser, M. T. *Anal Chem.* **2010**, *82*, 4682.

7.3 过程分析方法优化工艺的好处

在加料时进行过程检测分析能为我们优化工艺提供关键数据，雅培（Abbott）的研究人员详细研究了酮酯环化成二酮的过程。如图7.3所示，NaO*t*-Bu和THF是最佳的碱和溶剂。更低的温度和过量的碱会降低收率，就像把起始原料加入到碱性溶液中一样。当把起始原料和碱同时加到反应器中时，HPLC中间过程分析显示形成的烯醇化合物含量总是很高[16]。这种平行加料以控制化学计量学的反应可能适合连续化操作。当向小规模反应中快速加入限制性试剂——三氯氧磷时，羟基嘧啶的氯化产率会变得很高。延长加料时间会形成假二聚物，产率下降很多。过程分析显示二聚作用发生在加入$POCl_3$的开始阶段，进而导致如图7.3所示的反应发生。我们希望实现完全磷酸化而不会进一步发生磷酸氯化反应，在40 ℃以下加入$POCl_3$，然后将反应混合物的温度上升到60～70 ℃以完成氯化反应[17]。

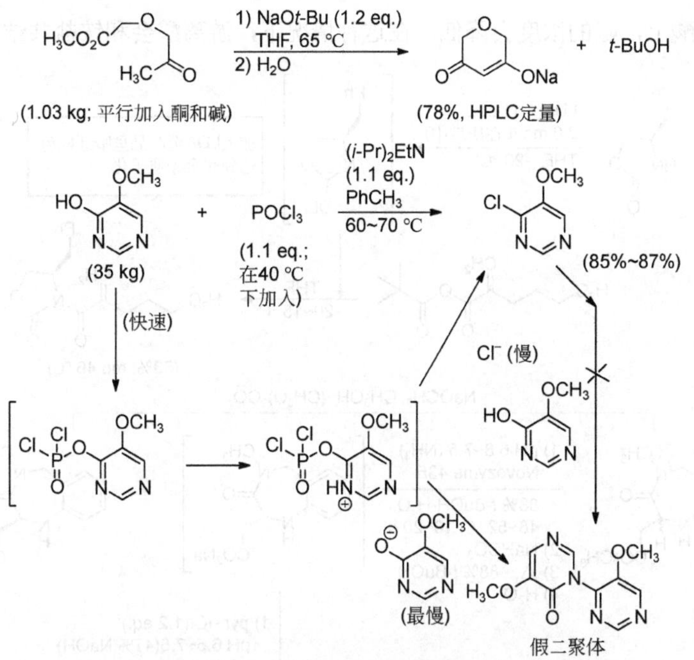

图 7.3　优化处理工艺中的过程分析

需要提到的是，在这个氯化过程中还应当考虑其他三个因素。首先，用 Et_3N 作氯化反应的碱时，反应器壁上会形成黏稠的油。对其进行分析测试显示没有起始物料，这是由于盐类副产物捕捉住了起始物料。用$(i\text{-}Pr)_2EtN$ 代替会产生较好的流体分散，很容易实现放大。其次，反向将起始原料加入到 $POCl_3$ 没有被采用，这是因为羟基嘧啶在甲苯中溶解度很低，而悬浮液的剂量控制添加会造成另外的难题。最后，在 $POCl_3$ 加入的初期，通过加入氯化物（如 Et_4NCl）或者形成氯化物的组分（如 DMF）可以抑制假二聚体的形成。不过这种方法是避免采用的，因为使用其他的试剂就意味着需要再购买、评估、处理和分析另外一种试剂，也许开始的时候向反应混合物中添加 5%的水就可以简单而有效地抑制二聚作用的发生。

7.4　过程控制

过程控制包含遵守简单的物理准则，例如：准确地输送质量和体积；达到某个颜色变化的终点，到达并维持临界温度、加料时间或者 pH 值[18]；调节浓度以达到合适的体积；等等。在噁唑烷酮和混合酸酐发生酰化反应要先向噁唑烷酮里加入 LDA 直到反应液变成暗红棕色，这表示去质子化完成（见图 7.4）[19]，可以看到反应器窥镜上会产生雾气，用光纤探针可以很容易地检测到颜色终点。过程控制对于酶催化的拆分和随后的碘化反应起着至关重要的作用。（过程中一个有趣的边注是羧酸的钠盐会形成，如果 pH 不稳定，12 h 后反应器中会形成钾盐，这是由于铵盐歧化后，氨基会加成到自由的羧酸上，氨的浓度会降低。在这种情况下，游离酸会和铵盐共结晶出来[18]。）

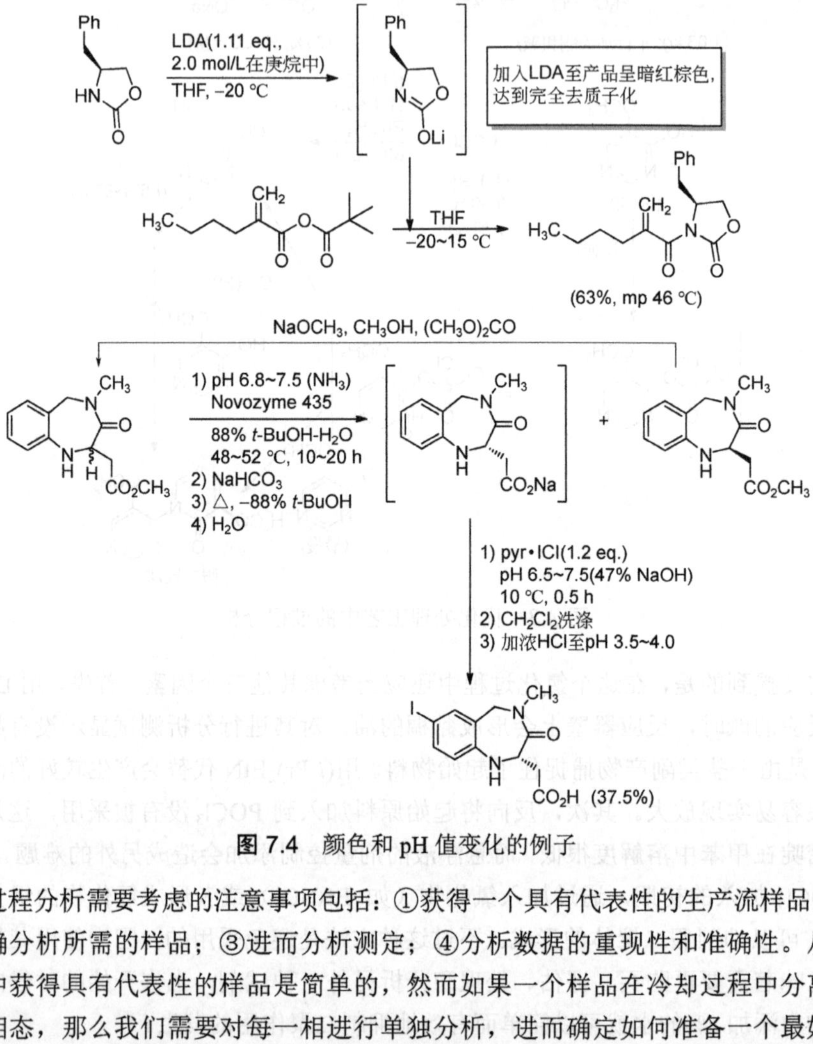

图 7.4 颜色和 pH 值变化的例子

过程分析需要考虑的注意事项包括：①获得一个具有代表性的生产流样品；②制备准确分析所需的样品；③进而分析测定；④分析数据的重现性和准确性。从室温溶液中获得具有代表性的样品是简单的，然而如果一个样品在冷却过程中分离为不同的相态，那么我们需要对每一相进行单独分析，进而确定如何准备一个最好的过程分析方法。对低温反应取样，如果从反应器中取出样品后，随着温度的升高，样品的成分可能会发生变化，则取样时需要特别小心。在取样、样品制备和分析过程中可能会人为引入杂质。例如：软饮料在 100 ℃加热 30 min 后，作为防腐添加剂的苯甲酸钠会转化成苯[20]。

从一个中试或者生产工厂的工艺流程里面取样需要考虑的因素更多。某个位置的标准操作规程（SOP）可能需要热反应液在低于最高温度下进行转移。如果某个工艺物流必须冷却后才能安全抽样，务必要确保样本可以准确地代表反应器内的组成。为了减小暴露在反应流中的工作人员的风险以及污染反应液，我们很少打开一个反应器来进行直接取样，而是通过吸液器把反应液吸到允许的取样设备中。如果一个反应必须在过程分析检测后再升温继续操作，生产效率受冷却时间、过程分析时间、继续升温至反应温度的时间的影响。这些考虑因素使得在线分析具有吸引力。

关于快速研发和常规使用的过程分析方法的一些注意事项：

- 应使过程分析方便、简单、可靠而且易于描述。
- 过程分析应该对操作人员的技术具有宽泛的容忍度。
- 尝试设计能在实验室和工厂规模化生产中应用的过程分析方法。
- 如果可以，需要对关键杂质而非产品进行偏差分析，除非产品分解为没有检测到的杂质。
- 如果样本是非均相的，应该单独分析每一相态来确定哪个相态包含更多信息，如果某阶段不包含分析物，那么就可以用非均相混合物作为制品准备和分析。
- 为便于实验室相分离，需要使用带有一次性滤头的注射器、一次性吸液管、分液漏斗以及迷你离心机。
- 保持样品制备的一致性。迅速稀释，保持加料顺序不变，抑制副反应发生，比如与空气接触发生反应。
- 稀释到相同体积，在样品制备和分析过程中，保持二阶副反应所产生的副产物小峰的识别和定量化稳定。
- 使用玻璃容量瓶、微升注射器和微型吸量器进行精确稀释。
- 注意探测器和积分器的最大容许值，如果当前积分值超出积分器限制，那么小峰面积的百分比会人为抬高。
- 在即时的故障排除过程中，将过程分析分解为单元操作。
- 要知道样品的稳定性，例如：在自动注射队列中重新分析第一个样品。
- 为便于将来发展进一步的分析方法，比如非正式的主体稳定性研究，需要保留分离出的产品。

在线分析无需取样和样品制备，为不透明反应器提供了“可视窗口”。对于在线分析，我们可以将探测器插入实验室的反应器中，或者通过反应器的透明部分收集光谱数据[21]。通过串联一个可以检测溶液而非悬浮液的傅里叶红外变换（FTIR），可能安全地监测无氧工艺过程，例如 CO 羰基化反应、氢化反应，低温或者高温操作。在这种环境下，操作人员不会暴露在有毒反应组分中，比如我们用 FTIR 来监测二苄基氯膦酸酯的形成及其稳定性[22]。探针可以插入到中试、生产反应器或者工艺物流循环线上。通过光纤探头可以在反应器内部放置传感器，即使是浓缩过程中反应物料体积达到最小可搅拌体积[23]。用拉曼光谱来跟踪亚稳态黄体酮多晶型物的结晶和消失，是灵敏度很高的[24]。同时光纤数据采集的速率也很快，能够允许我们在生产过程中进行迅速的过程控制。表 7.3 概述了一些光纤的性能。

表 7.3　光纤的光谱特性与应用①

类型	波　长	激励方式	应　用
UV	<400 nm	电子振动（芳香性和共轭结构）	清洗容器②
可见光	400～800 nm	电子振动（芳香性和共轭结构）	有色物质及过渡金属

续表

类型	波　长	激励方式	应　用
近红外	800～2500 nm	分子振动	固体中的水（类似于 LOD）气相中的水分（涤气）
中红外	2500～25000 nm (400～4000 cm^{-1})	官能团振动及弯曲	反应机理③ 痕量杂质 温度控制（里程碑式的微波反应器）
拉曼	<400～25000 nm	官能团振动	多晶型结晶；与 IR 相比，对水不是很敏感④⑤⑥

① Liauw, M. A.; Oderkerk, B.; Treu, D. *Chem. Eng.* **2006**, *113(7)*, 56.

② http://www.oceanoptics.com.

③ Minnich, C. B.; Buskens, P.; Steffens, H. C.; et al. *Org. Process Res. Dev.* **2007**, *11*, 94.

④ Byrn, S. R.; Liang, J. K.; Bates, S.; Newman, A. W. J. *PAT* **2006**, *3*, 14.

⑤ Wang, F.; Wachter, J. A.; Antosz, F. J.; Berglund, K. A. *Org. Process Res. Dev.* **2000**, *4*, 391.

⑥ 拉曼光谱仪使用激光光源，可调谐监测紫外、可见和红外光谱。美国普林斯顿仪器，拉曼光谱基础，见：http://content.piacton.com/Uploads/Princeton/Documents/Library/UpdatedLibrary/ Raman_Spectroscopy_Basics.pdf.

> 通过关注中间过程数据和过程分析，能够预测将要发生的问题，进而避免故障的发生。在进程过程中生成大量的数据比反复重复试验得到新的数据点来得更好。

试纸作为简单实用的过程分析工具，易于携带，方便用于生产车间的故障诊断。试纸可方便地用于定性测试[25]。德国达姆施塔特市的默克公司提供了可以对食物和环境进行分析的定性试纸，包括 Al、NH_4^+、抗坏血酸、Ca^{2+}、硬性碳酸盐、HCHO、H_2SO_3、葡萄糖、Fe、乳酸、Mg、苹果酸、Mn、Mo、Ni、硝酸盐、亚硝酸盐、过氧乙酸、H_2O_2、磷酸盐、K、As、Cl、CrO_4、Co、CN^-、Cu、R_4N^+、Sn、Zn、淀粉-KI[26]。如果它们灵敏度高，且过程中的样品（有机溶剂、产物、催化剂等）中其他的化学物质不干扰分析的话，那么这些试纸可用于过程分析。除了告知的用途外，我们很容易考虑将这些试纸用于其他的用途。例如，我们知道可以用类似配体来提取铜与钯[27]，那么可以用 Cu 试纸测定 Pd 吗？

7.5 技术规格

技术规格包括从购买起始原料、试剂和溶剂的指导原则，到接受中间体和原料药的要求。有一些技术规格是可商量的或“软性的”。例如，一个医药研发合同外包公司生产了一批产品，用 HPLC 检测含量为 92%（AUC），而没有达到合同要求的 95%（AUC），如果生产这个药物候选分子的截止日期迫在眉睫，那么客户可能就会接受这批产品。这样的话，客户自身负责除去这批产品中相关的杂质，否则就需要医药研发合同外包公司负责。早期工艺研发过程中，必须对试剂和中间体进行使用测试。随着技术的日渐成熟，我们可以对已经确定的关键杂质进行含量分析。如果一种化学物质，比如 MeLi 或者 $LiAlH_4$，活性太强而无法在本单位检测，购买者（或质量评估部门）可接受供应商的规格和分析证明。有时候，建立规格参数是为了收集信息。例如：记录的红外光谱（漫反射模式）或者熔点，可用来对初始的中试产品进行分析测定。“HPLC NLT 95%（AUC）”用于表征工厂生产的产品。“IR 必须符合标准”和“与标准纯度相比 HPLC 纯度在 97.0%～102%之间”是更具体的分析测试，可能会是中试或生产产品的关键质量属性。

技术规格也是受监管的起始原料、已申报的重要中间体和原料药的强制关键技术指标。申请者提出并证明技术规格，而且这些规格必须符合监管机构批准药物候选分子的要求[28]。ICH Q6A 指导文件规定，“技术规格就是一列测试、分析程序的参考文献和合理的验收标准组成的清单，合理的验收标准包括数值极限、范围和其他所描述的测试标准。”普遍适用的标准包括产品描述、鉴定、纯度和杂质。描述一种化合物时应当描述其物理状态（如是固体还是液体）和颜色。任何不满足技术规格参数的批次都必须经过严格的检查。鉴别必须可以充分区别类似化合物，并选择适合此阶段的、准确的分析方法。一种分析方法可能能测定一批产品的“强度”（纯度）和相关杂质。其他杂质，例如水分、残留的溶剂和金属，需要通过不同的具体分析方法来确定。对于新药物，必须测定其理化数据，如熔点、溶液 pH 值、颗粒尺寸以及多晶型。手性药物必须进行手性测试[29]，图 7.5 显示了一些样品规格。

> 有两种以上的方法可以来计算杂质的范围，表中给出的值有时候是针对每天 10 g 剂量的产品。如果剂量少于 10 g/d 的话，在重量-重量基础上可以允许更高的杂质限额，因此减少了对杂质净化的担忧。

在研发一个化合物的过程中，分析方法的适用性会发生改变。例如，用氢谱来测定 NEC 开发前期过程中生成的中间产物，比较方便而且很适合。但是在制造原料药过程中同样的中间体不适合用氢谱作为常规的质量控制分析方法。再比如：葛兰素史克（GSK）的研究人员用衍生化质谱来分析帕唑帕尼（pazopanib）工艺开发过程中未公开的起始原料中的二甲基硫酸盐（图 7.6）。这个方法对很低的浓度仍然敏感，可以帮助除去帕唑帕尼工艺流程中的硫酸二甲酯。在质量控制实验室中，质谱不是优先选择的常规分析方法，衍生化的 HPLC 法常用来分析量化帕唑帕尼起始原料中残余的硫酸二甲酯[30]。

可用数据越多，技术规格设定的可信度越高[29]。对于未来原料药或者中间体的典型技术规格，可用所有常规批次的平均值（±3 倍相对标准偏差）来计算[31]。这种计算方法，可以应用到分析过程中，例如，数值变化范围大的颗粒尺寸分布。对于中间产物而言，最小纯度水平或者最大杂质含量应该基于允许下一步的常规转换顺利进行，而不需要中间体或者产品重新返工。中间体的合理纯度至少是 94%[32]，非对映体的比例要达到 97∶3[33]。对于每批人用的新化学实体或原料药，产品质量不能低于有毒批次的标准，杂质含量不要高于有毒批

> 原料药和关键中间产物都要求有颜色和外观技术规格，但这些参数都是主观的。什么是白色或什么是灰白色？如果颜色是一种关键质量属性，建立一种特定溶剂，在特定浓度和波长下检测溶液的吸光度的分析方法，用研钵和杵来磨削固体会使固体变得更白。

分析证书 第1页/共*n*页

(波谱和色谱图附后)

名字：
批次编号：
生产日期：
发行日期：
分析参考编号：

测试	技术规格 (测试方法编号)	结果/参考
外观	报告结果(TM 1)	灰白色固体
识别： A. 300 MHz 氢谱 (DMSO-d_6/TFA-d_1) B. 红外(ATR)	符合参考图谱(TM 2) 符合参考图谱(TM 3)	和参考图谱一致 和参考图谱一致
纯度：HPLC(峰面积%)	≥98.0%(TM 4)	99.9%(峰面积%)
分析方法：HPLC(质量%)	报告结果(TM 5)	100.0%(峰面积%)
杂质：HPLC(峰面积%) 总杂质 分离杂质	(TM 6) ≤2.0% ≤0.2%	0.06% 杂质 RRT 峰面积% 未知物1 1.08 0.06% 未知物2 1.11 <0.05%
卡尔·费休滴定法	报告结果， 质量/质量%(TM 7)	0.26%
灼烧残渣法	报告结果，质量/质量% (USP<281>)	<0.1%
示差扫描量热法	报告结果(TM 8)	吸热峰：143.2 ℃
热重分析法	报告结果(TM 9)	在229.5 ℃降解开始之前没有质量损失
X射线粉末衍射法	报告结果(和参考标准表格比较, TM 10)	结晶，XRD模式符合标准参考模式
元素分析法	报告结果(组分%)	计算值：C, 54.41; H, 6.09; N, 3.52; S, 0.0; P, 7.79 测量值：C, 54.40; H, 6.43; N, 3.24; S, 0.21; P,7.50
IC分析磷酸盐含量	报告结果	7.8%(CHOP&NS Labs,-Inc.)
残留溶剂 异丙醇 乙酸异丙酯	ICH 选择1(TM 11) $<5000\times10^{-6}$ $<5000\times10^{-6}$	$<5000\times10^{-6}(670\times10^{-6})$① $<5000\times10^{-6}$ (ND, 检测限500×10^{-6})
熔点	报告结果(USP<741>)	202~203 ℃
重金属 Ni Cu Pd As Cd Pb Hg	(USP<232>, USP<233>) $<2.5\times10^{-6}$ $<25\times10^{-6}$ $<1.0\times10^{-6}$ $<0.15\times10^{-6}$ $<0.05\times10^{-6}$ $<0.1\times10^{-6}$ $<0.15\times10^{-6}$	 ND(检测限0.5×10^{-6}) ND(检测限0.5×10^{-6}) ND(检测限0.5×10^{-6}) ND(检测限0.5×10^{-6}) 0.04×10^{-6} 0.05×10^{-6} ND(检测限0.5×10^{-6})
颗粒尺寸分析	报告结果(TM 12)	X_{10}=1.5 μm; X_{50}=6.2 μm; X_{90}=31 μm
溶液澄清度(在1%水中)	报告结果(TM 13)	淡黄色澄清溶液

图 7.5 样品技术规格

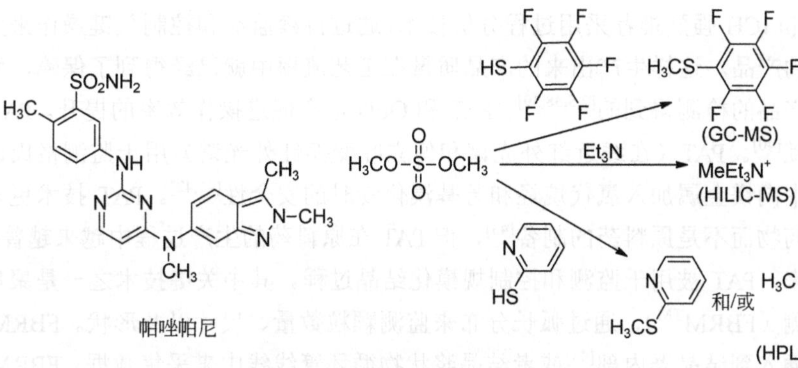

图7.6 定量分析残留的硫酸二甲酯

次的杂质含量，任何新的杂质必须符合 Q3A 规定中的报告、识别、确认阈值（表13.4）[34]。通常来说，原料药的最低纯度是98%，技术规格必须符合监管设定的限值，比如对残留的溶剂和过渡金属含量所要求的那样。

> 规格必须基于数据分析而不是还未达到的目标。只要有限的数据可用，"临时"或者"暂定"的规格可以被接受，以后可以建立更严格的规范。根据 ICH Q6A 准则，随着人们对工业生产中的工艺过程的理解加深，很多规格可变得更严格或放宽。

EMA 最近阐明了对于杂质含量极限值的期望，那就是需要符合 QbD 的规定。基因毒素、重金属和残留溶剂一类的杂质处理方法相似。在化合物合成过程中未被发现的理论上的杂质不需要包含在技术规格中。如果杂质是在最后一步反应之前生成的，那么就不需要包含在原料药的技术规格中，只要 PGI 在中间步骤被控制在合理范围，且研究表明（如工艺偏差研究）这个杂质在原料药中不会超过 30% TTC 或其他合理限值，否则该杂质就必须包括在原料药的技术规格中。

7.6 过程分析技术

过程分析技术（PAT）是通过线内或在线分析操作，不需要取样、进行处理或者稀释。作为连续分析，PAT 技术与连续性操作、QbD 以及原料药和药物的生产能很好结合。表 7.4 给出了一些可能的应用。

表 7.4 PAT 和连续操作

过程开发阶段	批式操作	离线（IPC）	连续操作	在线（IPC）
早期实验室研究	×	×		
大规模实验室研究	×	×	×	×
中试	×	×	×	×
第二、三阶段；工业生产	×	×	×	×（PAT）

FDA 和 ICH 强烈推荐采用过程分析技术，通过持续监测和控制关键操作来生产稳定高质的产品。这样生产出来的产品质量在工艺流程中就已经得到了保障，而不是通过对产品的检测得到的[2,5,38,39]。PAT 和 QbD 也会促进操作效率的提升。PAT 已有综述文献[40]。PAT（在线近红外光谱和傅立叶变换红外光谱）用于监测格氏试剂制备过程中向镁金属加入氯代烷烃和芳基溴化物时的安全性[41,42]。PAT 技术更多的是应用于药物而不是原料药的制备[43]，但 PAT 在原料药的生产过程中越来越普遍。

近年来，PAT 被用于监测和控制规模化结晶过程。其中关键技术之一是聚焦光束反射监测（FBRM™），通过弧长分布来监测颗粒数量、尺寸以及形状。FBRM 通过将探针插入到结晶器内部[44]或者结晶浆状物循环管线线中来采集数据。FBRM 可以用来监测过滤前细颗粒的流失，能够显著缩短过滤所需的时间。其他监测方法包括颗粒视觉监测（PVM），可以用来监测油和结晶之间的转换；全反射紫外-可见衰减光技术（ATR/UV-Vis）可用来检测原料药的浓缩、过饱和和结晶。这些技术已用于可靠地从乙醇/水中结晶出一种原料药，先前的尝试由于混合物倾向于析出油相而受挫[45]。2005 年辉瑞公司研究人员认为用 PAT 来理解工艺过程是不言而喻的，并描述了 PAT 在规模化结晶和氧化还原反应中的应用[23]。

7.7 总结和展望

良好的过程分析和过程控制的益处包括对产物与副产物形成的动力学的深入理解，而且能帮助更好地发展工艺，以避免放大问题。过程分析和 IPCs 为真实的工艺比较提供了基本，是问题诊断的有效工具。作为认识操作过程的“窗口”，过程分析和过程控制对工艺开发和规模化生产大有益处。

参 考 文 献

[1] Levi, P. The Periodic Table. New York: Schocken Books, 1984, 148-149.

[2] ICH Q11, Development and Manufacture of Drug Substances (Chemical Entities and Biotechnological/ Biological Entities), May 2011. http://www.ich.org/fileadmin/Public_Web_Site/ICH_Products/Guidelines/ Quality/ Q11/Step_2/Q11_Step_2.pdf.

[3] http://www.fda.gov/Drugs/DevelopmentApprovalProcess/HowDrugsareDevelopedandApproved/ApprovalApplications/ NewDrugApplicationNDA/default.htm.

[4] Guidance for Industry, Investigators, and Reviewers: Exploratory IND Studies: http://www.fda.gov/downloads/Drugs/GuidanceComplianceRegulatoryInformation/Guidances/UCM078933.pdf.

[5] Guidance for Industry: PAT – A Framework for Innovative Pharmaceutical Development, Manufacturing,and Quality Assurance, http://www.fda.gov/downloads/Drugs/GuidanceComplianceRegulatoryInformation/ Guidances/ ucm070305.pdf.

[6] Mathew, J. S.; Klussmann, M.; Iwamura, H.; et al. *J. Org. Chem.* **2006**, *71*, 4711.

[7] Massari, L.; Panelli, L.; Hughes, M.; et al. *Org. Process Res. Dev.* **2010**, *14*, 1364.

[8] Laird, T. *Org. Process Res. Dev.* **2011**, *15*, 305.

[9] Wernerova, M.; Hudlicky, T. *Synlett* **2010**, *18*, 2701.

[10] Gawley, R. E. *J. Org. Chem.* **2006,** *71*, 2411.

[11] Anderson, G. W.; Zimmerman, J. E.; Callahan, F. M. *J. Am. Chem. Soc.* **1967,** *89*, 5012.

[12] Anderson, G. W.; Callahan, F. M. *J. Am. Chem. Soc.* **1958,** *80*, 2902.

[13] USPeroxide: http://www.h2o2.com/technical-library/analytical-methods/default.aspx?pid¼70&name¼ Iodometric-Titration.

[14] Suffert, J. *J. Org. Chem.* **1989,** *54*, 509.

[15]Furniss, B. S.; Hannaford, A. J.; Smith, P. W. G.; Tatchell, A. R. Vogel's Textbook of Practical Organic Chemistry. 5th ed.; Essex: Longman, 1989, 443-445.

[16] Li, W.; Wayne, G. S.; Lallaman, J. E. *J. Org. Chem.* **2006,** *71*, 1725.

[17] Anderson, N. G.; Ary, T. D.; Berg, J. L.; et al. *Org. Process Res. Dev.* **1997,** *1*, 300.

[18] Atkins, R. J.; Banks, A.; Bellingham, R. K.; et al. *Org. Process Res. Dev.* **2003,** *7*, 663.

[19] Slade, J.; Parker, D.; Girgis, M.; et al. *Org. Process Res. Dev.* **2006,** *10*, 78.

[20] Hileman, B. *Chem. Eng. News* **2006,** *84(17)*, 10.

[21] 更多关于傅里叶转换红外分析和设备，见 Mettler-Toledoweb 主页：http://www.us.mt.com.

[22] Lee, G. M.; Eckert, J.; Gala, D.; et al. Shipkova, P. *Org. Process Res. Dev.* **2001,** *5*, 622.

[23] Sistare, F.; St. Pierre Berry, L.; Mojica, C. A. *Org. Process Res. Dev.* **2005,** *9*, 332.

[24] Wang, F.; Wachter, J. A.; Antosz, F. J.; Berglund, K. A. *Org. Process Res. Dev.* **2000,** *4*, 391.

[25] Feigl, F.; Anger, V. Spot Tests in Organic Analysis. 7th ed. Elsevier, 1989.

[26] http://www.emdchemicals.com.

[27] 这是考察 TMT 树脂除 Pd 的基础：Rosso, V. W.; Lust, D. A.; Bernot, P. J.; et al. *Org. Process Res. Dev.* **1997,** *1*, 311.

[28] Argentine, M. D.; Owens, P. K.; Olsen, B. A. *Adv. Drug Del. Rev.* **2007,** *59*, 12.

[29] ICH Q6A Specifications: Test Procedures and Acceptance Criteria for New Drug Substances and New Drug Products: Chemical Substances (issued May 2000), http://www.ema.europa.eu/docs/en_GB/ document_library/Scientific_guideline/2009/09/WC500002823.pdf.

[30] Sun, M.; Liu, D. Q.; Kord, A. S. *Org. Process Res. Dev.* **2010,** *14*, 977.

[31] This calculation acknowledges the reproducibility of the analytical method in use. For an example on the quality of a mock drug product, see http://www.fda.gov/downloads/Drugs/DevelopmentApprovalProcess/ HowDrugsareDevelopedandApproved/ApprovalApplications/AbbreviatedNewDrugApplicationANDAGenerics/ucm120979.pdf.

[32] Belecki, K.; Berliner, M.; Bibart, R. T.; et al. *Org. Process Res. Dev.* **2007,** *11*, 754.

[33] Federsel, H.-J. *Chirality* **2003,** *15*, S128.

[34] http://www.fda.gov/RegulatoryInformation/Guidances/ucm127942.htm#i

[35] http://www.ema.europa.eu/ema/index.jsp?curl¼pages/regulation/q_and_a/q_and_a_detail_000071.jsp&murl¼menus/regulations/regulations.jsp&mid¼WC0b01ac058002c2af#section9.

[36] Robinson, D. *Org. Process Res. Dev.* **2011,** *15*, 325.

[37] Mullin, R. *Chem. Eng. News* **2011,** *89(30)*, 18.

[38] Robinson, D. *Org. Process Res. Dev.* **2009,** *13*, 391.

[39] Yu, L. X. *Pharm. Res.* **2008,** *25*, 781.

[40] Byrn, S. R.; Liang, J. K.; Bates, S.; Newman, A. W. *J. PAT* **2006,** *3*, 14.

[41] Wiss, J.; La¨nzlinger, M.; Wermuth, M. *Org. Process Res. Dev.* **2005,** *9*, 365.

[42] Pesti, J.; Chen, C.-K.; Spangler, L.; et al. C. *Org. Process Res. Dev.* **2009,** *13*, 716.

[43] Gade, S.; Jain, D. *Chem. Eng.* **2010,** *117(9)*, 47.

[44] Barrett, P.; Smith, B.; Worlitschek, J.; et al. *Org. Process Res. Dev.* **2005,** *9*, 348.

[45] Deneau, E.; Steele, G. *Org. Process Res. Dev.* **2005,** *9*, 943.

第 8 章　放大中要考虑的实际问题

"合成与工艺不同……工艺化学……不仅仅是有机合成化学。"

——Trevor Laird, Organic Process Research & Development 编辑[1]

8.1　引言

不管是在千克级实验室、试点工厂车间还是在生产工厂，获取更多原料的操作前提都是先深入了解工艺中的安全问题（第 2 章）。一旦确定了操作中的危险，放大时需考虑进去。对于平稳的操作过程，我们可以利用反应中的放热来使操作变得更顺利，例如，我们可能都知道，氢化硝基芳烃的副产物水可以加速还原过程，且在设计反应条件时为加速氢化反应会添加水至反应体系中[2]。如果安全问题在反应的放大中是非常重如果通过批量操作来放大反应（如硝化反应）时存在太大的安全问题，那么我们可以选择进行连续操作。

> 对于批量操作，放大 10 倍将需要约两倍的时间。

实验室中的安全注意事项也要延续到试点车间和生产工厂中，鉴于实验室通常使用防护眼镜、手套、实验服及防护鞋，在放大车间中这些安全措施应当增加至防护面罩、防毒面具、带呼吸系统的面罩、结实的手套、重型防护服及其他的个人防护装备。必要的个人防护装备往往很笨重，限制视野范围，减缓或限制诸如物理转移等常规操作。出于安全考虑，需要使用的空间可能会用绳索隔离开以免有其他人进入。尤其当需要使用有毒原料的时候，只有涉及操作的员工才会被允许进入。为了减少处理和储存的问题[3]，可以按照使用整个容器的量来计算 KCN 等危险试剂的操作成本与实验室通风橱内能方便地进行克级反应相比，以上的缺陷减缓了工艺进程[4]。安全规范操作在工艺上的影响已经完全讨论完毕[5]。

> 有机化学家认为不太可能形成足够量其他物质的反应条件，有可能会在放大过程中产生大量的杂质。放大过程提供了通过缓慢平衡形成杂质的时间。溶解度的变化能带动一个副产物的形成。大自然不在意我们的看法。

由于受到从大量反应料中转移热量的能力所影响，分批工艺的放大所需的时间比预计更长。在多用途圆柱形容器中，热量通过在容器外部的夹套中循环传热流体除去。体积的增幅是半径平方的函数（$V=\pi r^2 h$），而表面积的增幅只是半径的函数（$SA=2\pi rh$，其中 r 和 h 分别是反应器的半径和高度）。因此当半径增大时，体积的增幅比表面积大。当体积增加 10 倍时，通过外部夹套除去相同热量所需时间也大致加倍。（当放大 n 倍时，数值变为 $n^{1/3}$，因此放大 10 倍的数值为 2.15。）这条规则对于所有需要热量转移的步骤都是适用的，比如需要控制剂量的加料和通过蒸发的方式除去溶剂[6]。放大时的延长处理也可能会带来一些意外。例如，Merck 的学者们发现在高温下长时间蒸发 *i*-PrOAc 和 AcOH 时，有大约 6%的酯会转变成羧酸（图 8.1）。酯水解成羧酸所需的水可能来源于从水相中提取有机物的过程[7]，也可能来源于乙酸和乙酸酐平衡过程中形成的水[8]。与 AcOH 的酯交换过程也有可能会产生羧酸。（由于酯也是中等极性的化合物，因此通过萃取的方式将羧酸副产物从酯中分离出去可能并不是那么容易。可以采用 Fisher 酯化反应条件来处理羧酸和酯的混合物，再用共沸的方式除水[7]。）不管羧酸是通过水解还是酯交换产生的，放大时的延长操作都促进了产物的降解。

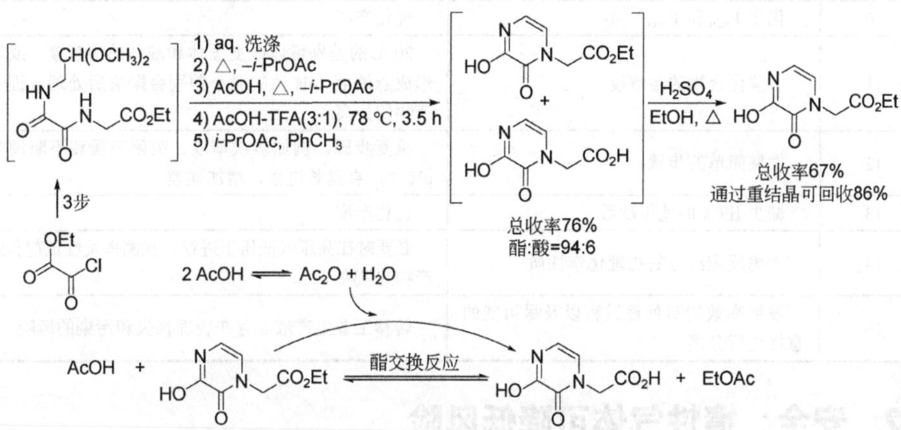

图 8.1　蒸发除去 *i*-PrOAc 和 AcOH 促进了酯的降解

在试点车间和生产车间的实际放大过程中需要考虑的注意事项已在表 8.1 中列出。这些在经验丰富的合成工艺研究员眼中显而易见的注意事项将在以下部分讨论。一个缺乏经验的研究员可能直到进行放大项目前与其他化学工程师交流时才会熟悉这些概念。McConville[9]、Sharratt[10]和 Bonem[11]提供了优秀化学工程师的视角。在这章的末尾讨论了千克级放大操作的注意事项。

表 8.1　有效放大的基本注意事项

序号	注意事项	说　明
1	安全是必需的	失效模式与后果分析（FMEA）需要在试点车间进行放大之前实施。氮气可以降低火灾风险
2	了解如何控制放热反应条件	计量控制的加料方式很有效，除非是自动催化的反应。利用放热滴加将反应体系加热至所需的温度
3	优先考虑−40～120 ℃	低温可以通过 Hastelloy 反应器或连续型反应器达到；高温反应可以通过连续型反应器安全地进行

续表

序号	注意事项	说　明
4	开发允许在放大时有偏差的工艺	建议：溶剂±5%，起始原料及反应试剂±2%，温度范围±2 ℃，或按说明要求
5	开发的工艺条件中，所有反应流都不是固定的(非黏性)	物理帮助如长刮刀，不能用来在进口关闭的固定反应器中移动黏稠反应流
6	减少溶剂的使用	过多使用溶剂会延长反应进程，减少产量和增加原料和废弃物成本
7	尽可能加入液体而非浆状物或固体	浆状物可以通过搅拌使其悬浮以确保能均匀输送至反应器中。如果固体不易悬浮在液体中，那么浆状物的投料将十分困难。目前已有不将反应器中的材料暴露于空气中的固体加料装置
8	了解反应流程的稳定性	放大放过中的延时操作可能会导致热分解
9	加料时间大于 20 min	与实验室中的加料时间保持一致以有利于放大
10	优化 V_{min} 和 V_{max}	优化产率
11	了解化合物的溶解度	20 ℃的差别可以改变固体和液体的溶解度，或者形成悬浊液。pH 值的微小差别会影响后处理过程中产物的分离
12	发展简单的步骤	重复步骤，例如多次萃取、吸附杂质和不断调节 pH 值，会延长进程，增加误差
13	减少 IPCs 的使用次数	优化产率
14	考虑反应组分的物理化学性质	必要时在高压或低压下进行，预测挥发性试剂和副产物的风险
15	发展高效的后处理过程以及尽可能的直接进行分离	转移工业生产液流存在物理损失和污染的风险

8.2 安全：惰性气体可降低风险

> **安全**：当阀门从槽中分离时，氮气钢瓶变成了喷气式推进器，并打破混凝土砌块墙体［Reese, K. M. *Chem. Eng. News* **1984**, *64* (*47*), 84］。出于安全考虑，要保护氮气钢瓶。

安全起见，反应通常在氮气保护下进行，可以排除 O_2 和 H_2O 的进入，还可以降低 O_2 和诸如氢气、丁烷、磷化氢（PH_3）之类的活性气体的浓度。例如，氧化时使用或产生的 O_2 可导致游离在反应体系上方的溶剂蒸气燃烧，而反应器顶部的 N_2 可以将 O_2 的浓度稀释至低于 6%～10%[12,13]。由于 H_2 在空气中的可燃性是 4%～75%[14]，几乎所有 H_2 的释放都具有潜在的点燃危险。在反应表层通入非常缓慢的 N_2 流，或在密封容器中有微小压强的 N_2 被称为“氮气层”。

除去溶解 O_2 的方法有许多种。氢化反应器需要先抽真空再通入 N_2，这个操作需要重复 4～5 次直到剩余的氧气量足够低为止。对于某些操作，尤其是组分易发生热分解的反应，边搅拌边通入 N_2 流（或实验室所用的氩气）是有效而且合适的。如果脱氧操作很重要的话，那么最有效的操作包括加热至回流，然后在 N_2 条件下冷却[15,16]。

高温会降低 O_2 在醇水溶液或其他溶剂中的溶解度[17,18]。在重要的脱氧操作中，水相反应可以使用溶解氧探针进行 O_2 监测[19]，而对于在有机溶液中进行的反应可以测量容器顶部的 O_2 含量[20]。

尾气可以从令人厌烦到剧毒，所以要进行处理。石油工业中的化学工程师经常使用一些方法来吸收气体以回收再利用，比如使用 PEG 二甲醚[21]、乙醇胺或甲基二乙醇胺吸收 CO_2 和 H_2S[22-24]。制药工业中的化学工程师倾向于使用非挥发性化合物中和尾气。例如，HCN 和其他有毒的挥发性酸可以直接通入碱性水溶液中，以非挥发性盐的形式存溶液中。（在 pH 13～14 的条件下使用 NaOCl 来分解氰化物[25]。）挥发性的中性化合物，例如反应中由正丁基锂生成的丁烷，可以通过 N_2 流被移除热氧化器进行处理。表 8.2 列出了一些有效的净化手段。

表 8.2　一些有效的净化手段

序号	需净化的尾气	净化方法	参考文献
1	常见的挥发性碱	H_2SO_4 水溶液	
2	常见的挥发性酸	NaOH 或 Na_2CO_3 水溶液	
3	异丁烯	MsOH 的甲苯溶液	①
4	EtBr	乙醇胺水溶液	②
5	MeBr	Na_2S 与甲基三辛基氯化铵；氨气的甲醇溶液，再用 HCl	③④
6	MeSH	3NaOCl+NaOH	⑤
7	BH_3(乙硼烷)	MeOH	⑥⑦
8	Me_2S	木炭，NaOCl，过酸氢钾	⑦⑧
9	HBr	AcOH	⑨
10	HCN	K_2CO_3 水溶液	⑩
11	H_2S	NaOCl	⑪
12	$C(S)Cl_2$,Cl_3SH	NaOH	⑫
13	O_3	$Na_2S_2O_5$ 水溶液	⑬

① Dias, E. L.; Hettenbach, K. M.; am Ende, D. *J. Org. Process Res. Dev.* **2005**, *9*, 39. 这种方法优于用醇捕获异丁烯.

② Hettenbach, K.; am Ende, D. J.; Leeman, K.; et al. *Org. Process Res. Dev.* **2002**, *6*, 407.

③ Bielski, R.; Joyce, P. J. Org. Process Res. Dev. **2008**, *12*, 781.

④ Giles, M. E.; Thomson, C.; Eyley, S. C.; et al. *Org. Process Res. Dev.* **2004**, *8*, 628.

⑤ Remy, B.; Brueggemeier, S.; Marchut, A.; et al. *Org. Process Res. Dev.* **2008**, *12*, 381.

⑥ 安全提示：用甲醇或其他质子性化合物淬灭会产生氢气。

⑦ Atkins, W. J., Jr.; Burkhardt, E. R.; Matos, K. *Org. Process Res. Dev.* **2006**, *10*, 1292. 作者提供了详细的有关淬灭乙硼烷和烷基硼烷的指导意见。

⑧ Parker, J. S.; Bowden, S. A.; Firkin, C. R.; et al. *Org. Process Res. Dev.* **2003**, *7*, 67.

⑨ Barton, B.; Hlohloza, N. S.; McInnes, S. M.; Zeelie, B. Org. Process Res. Dev. **2003**, *7*, 571. 用空气处理后 Br_2 可再生。

⑩ Patel, I.; Smith, N. A.; Tyler, S. N. G. Org. Process Res. Dev. **2009**, *13*, 49.

⑪ Hull, J. W., Jr.; Romer, D. R.; Adaway, T. J.; Podhorez, D. E. *Org. Process Res. Dev.* **2009**, *13*, 1125.

⑫ Grayson, J. I. *Org. Process Res. Dev.* **1997**, *1*, 240.

⑬ Cabaj, J. E.; Kairys, D.; Benson, T. R. *Org. Process Res. Dev.* **2007**, *11*, 378.

在放大时和氩气（Ar）相比更倾向于使用 N_2，因为 Ar 气更为昂贵。在实验室中更倾向于使用氩气是因为它的密度比空气更大，可以使反应中的空气被除去。（室温时 N_2 和 Ar 的密度分别是空气密度的 0.87 倍和 1.38 倍[26]。）更倾向于使用 Ar 的另一个原因是 N_2 会与设备和化合物进行反应[27]，例如 N_2 可以被钒[28]和钼[29]的配合物固定和裂解。

8.3 温度的控制

> 混合物的回流温度可能会随着反应组分的消耗和产生而改变[30]。反应器中热混合物的温度会随着回流程度而变化，如在冷凝管中迅速冷却并滴回至反应器中。因此“加热至回流”的温度规定并不明确。

反应放热的情况可以从实验室调查和危险评价中得出，所放出的热量也可以用来加热反应达到所需的温度。例如，这样在室温下加料所放出的热量可以将反应器的温度升至所需要的范围，这种方法可行的前提是剂量控制的加料方式可控并且有足够的冷却能力来维持反应所需的温度。在图 12.11 合成卡托普利的例子中，固体硫酯加入到 9.5 mol/L NaOH 中，可以将反应体系的温度升至 40～45 ℃。通常，在多用途反应器中进行放大的优选温度范围是−40～120 ℃。当所需温度更低时要避免使用玻璃衬里的反应器，以防内衬玻璃在低温时破裂。在试点车间和生产车间中，哈氏合金反应器常用于低温反应，有时在反应器外围夹套增加一个额外装置，通过泵来循环干冰/丙酮。可以通过向反应器中加入液氮实现低温。低温和高温反应都可以在可有效控温的连续性反应器中进行。放大时生产过程中所设计的温度范围应该可以通过微小的监控调整来达到。合适的温度范围是±2 ℃。回流的温度操作是很方便的，温度范围因具体操作而各异。例如，5 ℃的温度范围可以用于提纯，但是结晶的最佳温度范围可能只有 2 ℃。

8.4 非均相工艺和搅拌问题

黏性流体或悬浮液会附着起始原料，从而不可避免地导致放大产生困难，毕竟在大型设备里很难使用长刮刀！在固定设备中开发一种能让所有反应物都流动起来的工艺条件是十分重要的。

在非均相和伪均相体系中有效混合是十分重要的。直观地说，良好的搅拌对于可重复、有效的工艺来说是十分必要的，相对于溶液，应该更多考虑的是非均相混合物的搅拌问题。气体应该在搅拌器下方由一个含足够小孔洞的装置通入形成小气泡，这样可以增大表面积使反应充分进行，但是孔洞也必须足够大以保证不会被反应中的任何固体所堵塞。通过鼓泡装置保持正压有助于防止堵塞。搅拌器应该达到良好的抽吸效应，例如，混合物应该垂直于搅拌桨的旋转平面[31]。体密度远大于所用溶剂密度的固体可能很难悬浮于搅拌桨之上，此时最好选择一个低密度的反应物进行替代（表 8.3）。

表 8.3 一些无机试剂的密度

试剂	密度/(g/mL)	试剂	密度/(g/mL)	试剂	密度/(g/mL)
$NaHCO_3$	2.16	$KHCO_3$	2.17	$NaI \cdot 2H_2O$	2.45
Na_2CO_3	2.53	K_2CO_3	2.43	NaI	3.67

图 8.2 中氰化物的 Michael 加成反应，是非均相固液体系工艺上的难题例证，其中氰化物由丙酮氰醇在碱性条件下产生。尽管 Na_2CO_3 参与的反应在实验室中很容易进行，但是放大时 Na_2CO_3 会停留在反应体系的漩涡中心，而整个反应速度也变得非常慢。使用溶解在丙酮中的四甲基羟化铵盐可以使反应速度变快[32]。（富电子烯酮上的 Michael 加成可能不是一个快速反应。在这些相转移条件下氰化物的慢速溶剂化可以加快反应速率。）安全：这些碱性条件不利于 HCN 的形成，但是也要放置一个净化系统以阻止 HCN 从反应器中逸出。

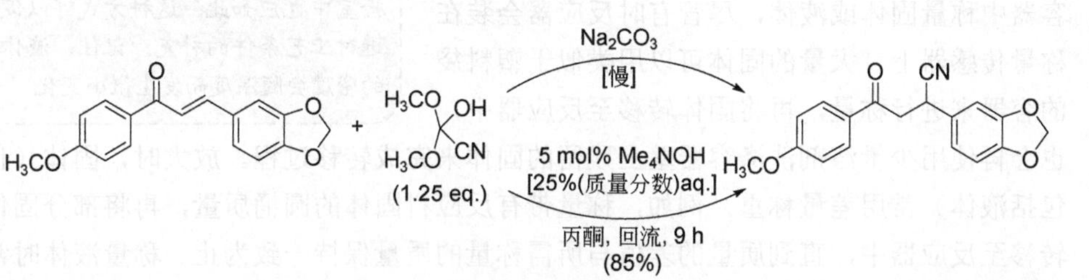

图 8.2 使用均相碱的有效放大

在实验室中开发液液非均相反应的最佳条件会是个挑战。在图 8.3 中，搅拌、加料速度和加热速度在这个由五个一锅反应和一个叠加反应组成的流程中都十分重要。作者指出，最佳条件时加入 1.2 eq.的硫化钠（约 0.5 mol/L），并且在剧烈搅拌下用少于 2 min 的时间将 Na_2S 溶液加入至溶解于−18 ℃ CH_2Cl_2 的活性酯中。再将这个两相体系加热至 25 ℃，并在这个温度下搅拌 2 h 从而有效形成硫代内酯。在洗涤硫代内酯后，用溶于 AcOH 中的间氨基苯甲酸与活性酯反应得到酰胺。二异丙基膦酰基保护基易被 HCl 水溶液水解，以 73%的分离收率得到盐酸盐。这个方法被用于合成厄他培南钠前体的千克级实验中[33]。在实验室中对这种工艺的快速优化可能需要在每次实验中都使用同样的玻璃仪器和搅拌器，重复混合密度差异极大的溶剂（水和二氯甲烷）。使用转速计测量搅拌轴的转速可能会有所帮助。尽管在千克级实验中控制搅拌和温度很简单，但是在放大时 2 min 的加料时间内控制温度的上升依然是个挑战。在放大时，连续处理可以在快速滴加时情况下控制反应温度，并且确保两种非常不同的溶剂的有效混合。

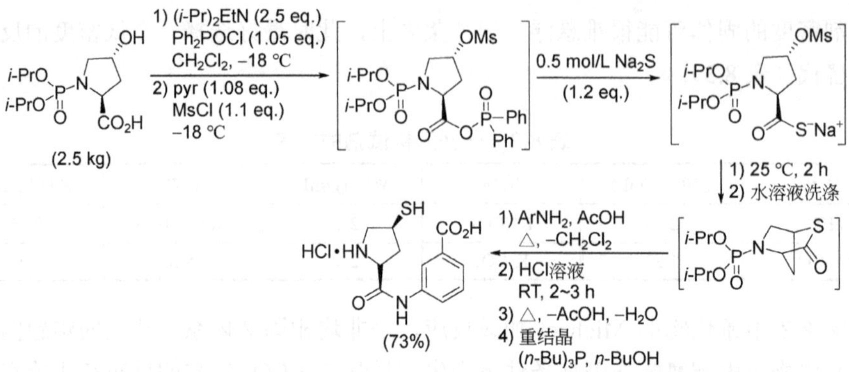

图 8.3 液液反应中需要的有效混合

8.5 加料及混合问题

> 如果在放大生产中需要通过质量（重量）来称量溶剂，那么在实验室中也应如此。这种方式可以促进对工艺条件的补充。记住，液体的密度会随温度而发生微小变化。

放大时固体按质量测量，液体可以按质量或体积来测量。在试点车间和生产车间很少直接在容器中称量固体或液体，尽管有时反应器会装在称量传感器上。大量的固体可以用类似于塑料袋的容器来进行称量，再将固体转移至反应器中，也会再使用少量溶剂洗涤容器壁上残留的固体来完成转移过程。放大时，固体（也包括液体）常用差量称重，例如，称量带有反应料固体的圆桶质量，再将部分固体转移至反应器中，直到质量的差值与所需称量的质量保持一致为止。称量液体时常常再加一个流量计或质量流量计，或用校正过的带刻度的容器称量所需的液体体积。通常，所设计的工艺应能允许一定的测量误差，液体约±5%，固体约±2%。通过使用含更小量程的仪器，可以实现少量原料的更精确称量。

反应组分的缓慢扩散在放大时可能会产生大量的杂质。用于筛选反应条件的小试仪器进行小试，例如含有直径 8 mm×1.5 mm 磁子的反应瓶，常常可以给出可重复性的转化率，使用这些条件的好处可能直到放大时才会发现。举例来说，磁子可以把下面的固体搅碎成小颗粒以增大接触面积来促进反应的进行。高转速旋转的磁子可以通过滚动增加湍流[34]。（后面的文献中详细写出了 Bourne 进行的混合实验，监测由 2,2-二甲氧基丙烷与 NaOH 水溶液和 HCl 产生的 MeOH 量。）磁子中释放出的铁可以催化反应[35]。小试时搅拌的好与坏直到放大时使用机械搅拌才会被发现。

微观混合的问题可以通过快速加料和逆序加料法来预料到。在图 8.4 中，快速加入羧酸到含有 Br_2 的 NaOH 水溶液会产生 22%的二溴代杂质，而需要的单溴代产物分离收率只有 45%。为避免处理 Br_2，可以用 NaBr 和 NaOCl 的混合物来替代 Br_2。在起始原料中加入这些溴化试剂可以减少二溴代杂质的含量，但是当氧化剂混合物在 1 min 之内加入时，二溴代杂质的含量上升。22 L 放大规模的最佳条件是在羧酸盐中以大于 14 min 的加料时间加入 NaBr 和 NaOCl[36]。加料时间的延长避免了因微观混合而产生的副产物。

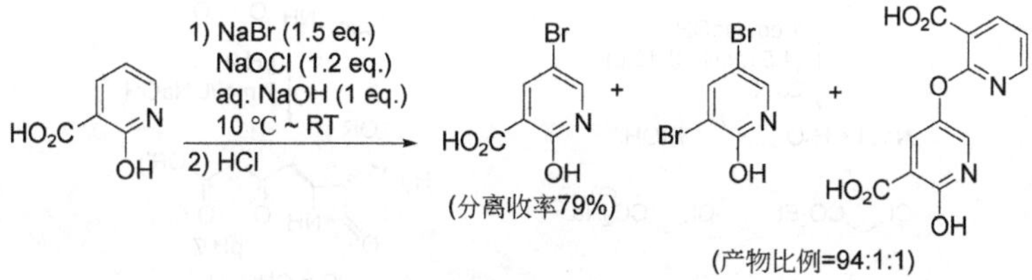

图 8.4　单溴代的最佳条件

短的加料时间应该被试验来确认有关放大和优化的任何可能。更长的加料时间比如 2 h 相对于 20 min，也可以帮助预测放大时可能产生的任何副产物，许多信息可通过检测加料过程中的杂质分布来获得。在实验室中，如果在高速搅拌和低速搅拌下，或在快速加料和“常速”加料下，产率和杂质含量明显不一样，那么可能是微观混合在作祟。如果是这样的话可以尝试一下逆序加料或者换用反应活性较低的原料。使用静态混合器的连续工艺可能是避免由微观混合产生杂质的最佳方式。

尽管有些反应看起来是均相反应，但是从微观角度看并不是均相的。比如，在反应器或反应管外层中发生的层状共混并不能形成湍流。同样地，滴加试剂至反应物的表面会产生局部高浓度，如果快速反应发生的话，这样的微观混合就会导致杂质的产生。快速反应可能会导致瞬时 pH 值与测量 pH 值不一致[37]。表 8.4 中列出了三种不同的混合方式[38]。

表 8.4　微观混合、介观混合和宏观混合的特点

混合类型	时间跨度	说　明
微观混合	毫秒（ms）	独立于设备的大小 取决于最小的漩涡，mm 瞬间局部高浓度可能会产生杂质
介观混合	秒（s）	取决于加料速度和管直径 在快速调节 pH 值过程中可能产生杂质
宏观混合	分（min）	取决于设备大小 整体上与计算浓度类似

在放大时的后处理过程中，调节混合物的 pH 值时，反应物的介观混合一直是个关注的点。氯乙酸乙酯和 HCl 水溶液混合物的快速碱化会导致更多的酯水解（图 8.5）[39]。当用 7 mol/L NaOH 中和 pH 值为 2 的体系时，慢速搅拌伴随着甲酸酯的过度水解。为了减少甲酸酯水解，NaOH 水溶液加入至混合物的两相界面（图 8.6）[40]。加料流的最佳湍流和分布位置通常在反应器的下方和叶轮与器壁之间的位置，而不是在混合物的漩涡中心，这样的“甜蜜点（最佳位置）”在每个反应器中都能找到。（Merck 同时指出用 $NaHCO_3$ 水溶液中和可以减少水解的产生。）

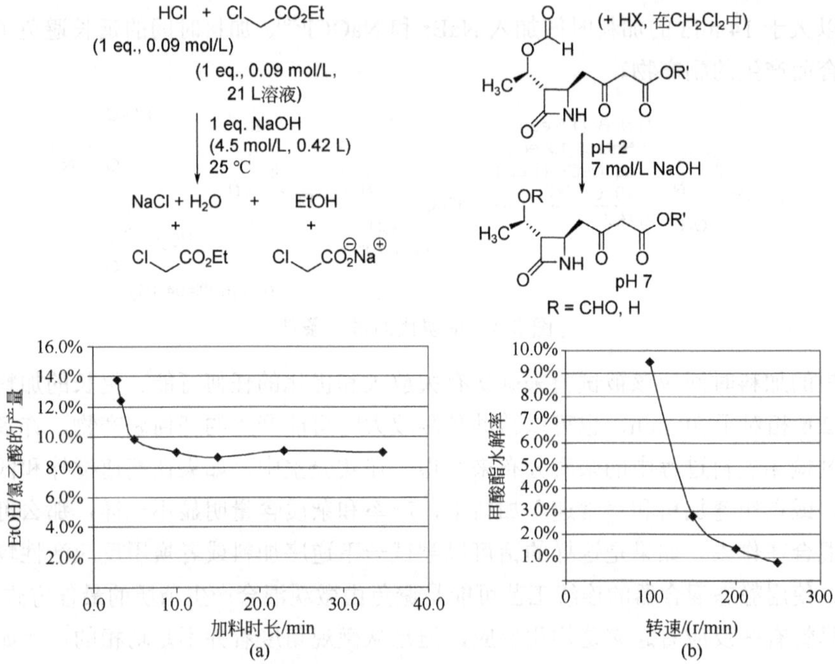

图 8.5　介观混合导致的水解

（a）NaOH 加料时长对氯乙酸乙酯水解的影响；（b）搅拌速率对甲酸酯水解的影响

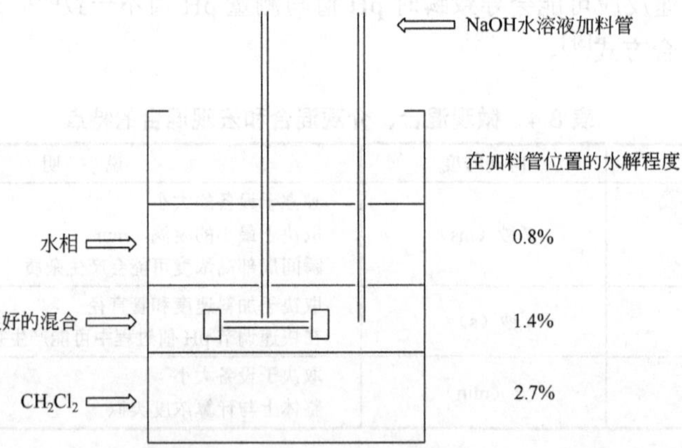

图 8.6　中和酸的最佳加入点

图 8.7 展示了另一个何为介观混合的例子。在试点车间最初进行放大的批次中，当 *n*-BuLi 溶液加入到反应混合物的上方时，产物 38%的收率获得。通过在下面引入 *n*-BuLi 溶液可以获得 70%的收率。收率的提升很可能是因为良好的混合及扩散，从而避免了出现导致副反应发生的“热点”[41]。

快速可靠的反应通常需要湍流混合。在均相体系中，湍流程度通常由雷诺数（*Re*）来衡量。湍流混合发生在 *Re*=1000 的搅拌槽中［公式（8.1）］，或是 *Re*=3500

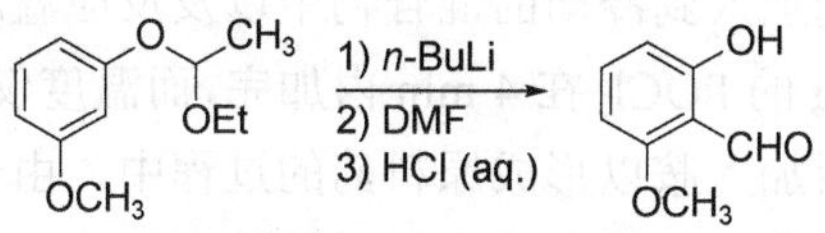

产率	*n*-BuLi加料方式
38%	在液面以上
70%	在液面以下

图 8.7　在液面以下加入 *n*-BuLi 后产率提高

的活塞流反应器中［公式（8.2）］。Atherton 和 Carpenter 写了一本非常棒的有关这些物化概念的书[42]。

$$Re = [(ND)(D)](\rho / \mu) = (ND^2)(\rho / \mu) \tag{8.1}$$

$$Re = (du)(\rho / \mu) \tag{8.2}$$

式中，Re 为雷诺数；N 为搅拌速率（旋转速度）；D 为叶轮直径；d 为管直径；u 为平均速度；ρ为体积密度；μ为动态黏度。

在公式（8.1）和公式（8.2）中，Re 都是与密度成正比，与黏度成反比。在搅拌容器中，Re 值的大小取决于叶尖速度（与 ND 成正比）和叶轮直径，因此与 D^2 成正比；在大型容器中，缓慢的搅拌速度可以产生湍流。在活塞流反应器中，Re 与液体流的平均速度成正比，后者与保留时间（τ）成反比；因此当流速增加时湍流程度也增加，也可以理解成减小的τ。

微观混合的问题应该在实验室阶段进行认识，在初始阶段了解一个反应的特点比提高收率更为重要。在反应体系中应该要试着将反应物快速加入、慢速加入、分批加入或一次性全部加入，以快速或慢速的搅拌速度进行。这些实验可以进行小试，然后在检测后舍弃。

如果发现是由于微观混合的原因导致副反应发生，那么很多可行的方法是存在的，如：①加强搅拌；②延长加料时间；③稀释反应溶液；④通过冷却或控制 pH 值使反应变温和；⑤采用逆向加料法；⑥使用活性更低的试剂，例如使用 Ac_2O 替代 AcCl；⑦使用连续操作法。尽管最初可能需要一些时间来搭建设备及找到最佳浓度、温度和流速，连续操作往往最终被证明是最稳定的一种方法。

> 通过快速加入、慢速加入或分批加入试剂，快速或慢速搅拌的方式在实验室的早期实验中来预测混合问题。收率在前期的研究中并不重要。

> 当遇到混合上的难题时，可以请教工程师来决定什么操作适用于放大。化学工程师都有附加工具来确保形成良好的湍流及混合[43,44]，比如专门的涡轮搅拌器、静态混合器、往复卡尔柱、巴斯氢化器和液-液分离器。时间往往是个问题，改变容器中的搅拌器可能导致错过截止日期。

在批量工艺中，放大时的加料时间范围可以从 20 min 到几个小时，更长的加料时间不会造成任何问题，因为工程师们有很多不同的泵可以选择。由于在大型容器中转移热量的速度很缓慢，所以加料时间需要延长。如果加料时放热不剧烈，那么可以快速加料，尤其在将试剂加入到冷却的混合物中以及反应温度允许升高到期望的范围时。如图 8.8 所示，30 kg 的 $POCl_3$ 在 4 min 内加完，而温度仅仅上升 4 ℃，并且产生了芳香基氯代物。在随后加入胺以形成原料药的过程中，由于放热太剧烈所以不能进行快速加料，当然，在放大时进行快速加料的前提是，必须知道会产生多少热量，以及在这个反应条件下是否可以将温度控制在所需的范围内[45]。

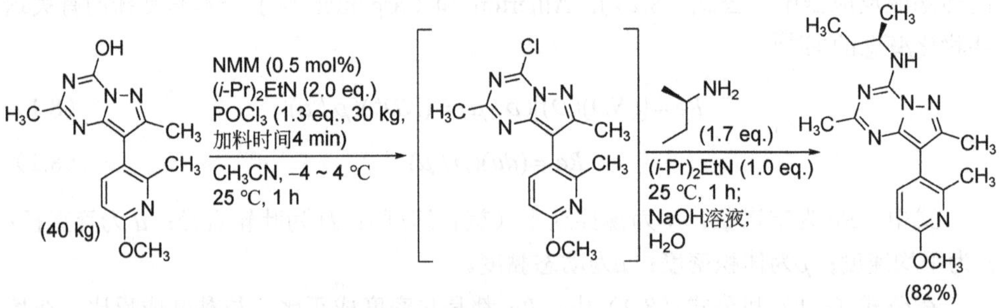

图 8.8 放大时快速加入 $POCl_3$

通常比起装载固体来说，装载液体试剂和溶液更为简单。装载固体涉及的一个问题就是所有的固体也许并不能全部转移至反应器中。装载液体试剂时通常用少量溶剂将残留的液体试剂洗涤至反应器中，比如溶液可以用实验室制备时用的 95%的溶剂量来配制，剩下的 5%用来完成全部液体试剂的转移。

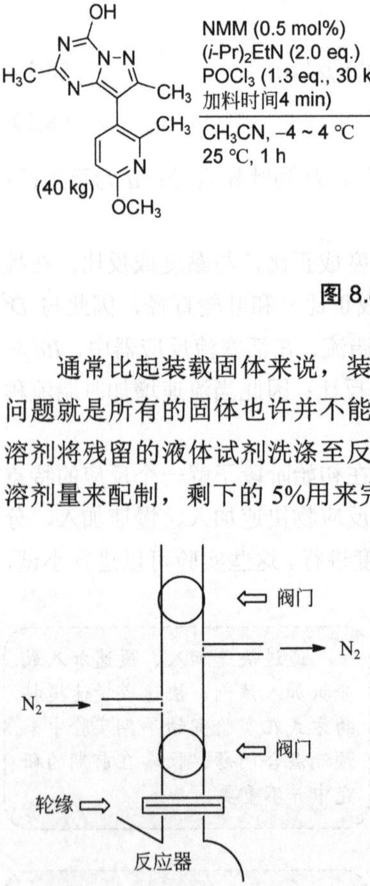

图 8.9 将固体装载进反应器中的原理图

放大时会使用更多的专业设备来装载固体，这种类型的设备所熟知的有 alpha-beta 阀、蝶形阀门、星形阀门或其他。将锂转移至反应器中的设备在图 8.9 中画出[46]。在反应器上方安装加料手套箱可用于对水分敏感或对氧气敏感的试剂加料。

放大时通入气体也需要专业的设备，这是基于减少气体泄漏危险的考虑。为防止危险气体如 H_2 和 F_2 的泄漏从而保护员工和设备，用于通入这些气体的管道可能会装入至密封线或密封管道内[47]。装入 37%的浓盐酸比从气缸中通入 HCl 气体更为方便。

8.6 溶剂的选择

放大过程中要预防静电的积聚和释放。根据 2006 年在欧盟通过的 ATEX 137 规则，静电作用必须被消除[48]。从塑料袋中或通过塑料斜槽加固体都会产生静电，而这种静电作用会点燃反应器中的溶剂蒸气。出于这个考虑，在固体料加入至反应器

中后溶剂通常在 N_2 氛围下加入。无 O_2 的反应器可能会损坏或出现凹痕。有机溶剂尤其是有偶数碳直链分子结构的溶剂，极易产生静电。为了增加溶剂的导电性，可以在有机溶剂中加入抗静电剂如 Statsafe^{TM} 5000，可将溶剂的电导率[49]增加至至少 2000 pS/m[50]。加入少至 1～5 mg/L 的抗静电剂和加入 20%体积的含氧溶剂（如 MEK）一样有效[51]，加入这样的试剂利大于弊。静电放电危害的可能性必须重视起来，没办法在这里全面讨论。

> 在放大之前，为了预料和避免不满意的放大，要进行一次有原料和按计划操作的使用测试。“显而易见”的反应条件可能是毫无根据的假设，例如，确认一下将溶剂加入反应器内的固体上方是否能很容易地形成悬浮状态是很有用的。

在每一个操作中加入的溶剂量都应该尽可能少，因为溶剂的使用会增加原料和处理废弃物的成本、增长生产时间（所以会降低产率）。在初始的实验室研发中反应浓度控制在 0.3～0.4 mol/L 为好，研发结果会告诉我们是否可以有效地提高浓度。为了减少二聚反应和进行相对缓慢的分子间反应如 β-内酰胺环化反应，需要采用更稀的浓度。（关环反应的特点已有综述[52]。）浓度更高的条件对一锅反应比较有利[53]。低黏度混合物是达到良好的质量和热量转移所需的。

如果需要使用多种溶剂，那么尽可能少使用溶剂以简化溶剂回收过程。需要改变溶剂时，用高沸点溶剂带走低沸点溶剂；或在存在共沸物（如 *i*-PrOH/*i*-PrOAc 或 *i*-PrOH/*i*-PrOAc/H_2O）的情况下，溶剂交换速度可加快。如果需要使用两种溶剂，进行挑选以减少可能的杂质。例如，为了减少酯交换反应的副产物，用 EtOAc 萃取再用 EtOH/H_2O 重结晶，或用 *i*-PrOAc 萃取再用 *i*-PrOH/H_2O 重结晶。

在某些情况下我们可以使用最小体积 V_{min} 和最大体积 V_{max} 的概念：容器的最小搅拌体积和容器能承载的最大体积，或者是工艺或反应器中最小或最大溶剂：底物比例（L/kg）。在淬灭后或萃取过程中会经常需要优化溶剂的最大使用量 V_{max}。如果在反应中 V_{max} 远大于 V_{min}，釜的标准会难以制定。为了能在设备线内进行放大，在给定的容器内 $V_{max}:V_{min}$ 的比例应不大于 5∶1。例如，生产线上的 $V_{max}:V_{min}$ 的比例为 5∶1 时可以实现临床供应上的放大。在 R2D2 反应器中，生产过程中的 V_{min} 即容器的最小搅拌体积可以达到 10%的容器体积大小，而后续的操作体积会升至 50%。原则上反应可以最初的两倍规模进行，而且反应器应可以同时适应 V_{max} 和 V_{min}。

> 当评估一条 NCE 路线时，要确保准备材料能够及时准备充分：
>
> ① 关于试剂和起始原料的任何安全问题；
>
> ② 产率最低的步骤和工艺上的问题；
>
> ③ V_{max} 最大和产率最低的步骤。

通常情况下，为了降低 V_{min}，所有的溶剂使用量都应该减少。最小体积应该要考虑的关键问题是保证固体能够完全溶解、良好的热量和质量转移、最少的副反应、准备阶段的拆分、有效的提取和可靠的重结晶。并不是所有这些最小体积都是充足的，比如，如果干扰重结晶的杂质在前面的处理中已除去，产物会更容易结晶。保险起见，加入少量过量的溶剂始终是个好主意。

可以使用软件来预测最佳的溶剂组成以及减少研发工作。BMS 研究人员发现 *i*-BuOH、甲苯和水的混合溶剂可以实现氢解、萃取和重结晶。甲苯是重结晶的理想溶剂，但是起始原料在甲苯中的溶解性很小，且反应速率很慢。氢解反应中产生的 HBr 可以通过加入 Na_2CO_3 水溶液来除去。通过加入极性更大的助溶剂，原料的溶解度增大，但是水相体积和 *i*-BuOH 的比例需要减小，以减少产品在水相中的损失。*i*-BuOH/$PhCH_3$ 的比例需要降低以确保共沸蒸馏时能够在结晶器中主要留下 $PhCH_3$。通过模型确定的这个多组分体系的反应条件和溶剂的使用量与实际的最佳操作条件一致[54]。

8.7 简单的工序

通常工业上更喜欢简单的工序，有着最少的重复步骤和反应过程中的监控（IPCs）。例如，工业上更喜欢用超过 8 h 的时间来缓慢通入 HCl 溶液以在反应中获得更好的结果，而不会选择一道 pH 值需要监控并且每隔 15 min 手动调整 pH 值的工艺。这种平缓的酸化过程对于通过调整 pH 值来使产物结晶的反应来说很有用[55]。后处理时也需要简单的工艺，这是很多没有经验的人会忽略的一个方面，比如，如果使用 TMT 需要一种以上的处理方式才能将 Pd 除至要求的浓度，那么这时应该去尝试另外一种除 Pd 的方式。当然，简单的工序也有风险，就是它们也许会过分简化或过于简单，被证明无法足够稳定地正常操作。

> 时间就是金钱。要知道进行放大的目标是试点车间进行一次大规模实验，还是准备好材料进行配方的研究？在生产中减少转移或批量的次数，可以增大产率。

在研发实用后处理的过程中会研究溶剂和共沸物沸点上的差别。当需要改变溶剂时，比如从萃取的溶剂换成重结晶的溶剂，用高沸点溶剂替换低沸点溶剂比反过来的顺序更为容易。例如，如果产品是在 EtOH（沸点 78 ℃）中重结晶，那么在去除溶剂时用 MTBE（沸点 55 ℃）比用甲苯（沸点 111 ℃）所需时间（或热量）更少，出于这个原因萃取时更倾向于使用低沸点溶剂。通常为了达到良好的萃取效果，先将反应体系浓缩至最小搅拌体积，再加入低沸点溶剂，最后继续浓缩直至目标体积。可能会需要再次浓缩至最小体积，再加入另一批低沸点溶剂。例如，在图 8.10（a）所示的除去溶剂过程中，萃取出的有机相中不仅含有酮产物，还含有 CH_3CN（沸点 81 ℃）和 MTBE（沸点 55 ℃）。富集产物的有机相在 50 ℃下从约 200 L 浓缩至约 25 L，然后再加入 50 L 正庚烷（沸点 98 ℃）。接下来的浓缩过程中可能会先除去 MTBE，再除去 CH_3CN。待浓缩至最小体积后加入正庚烷，重复后面的两个步骤两次再制备 Boc 取代的腙[56]。通过不断蒸馏来除去溶剂的方法需要更少的溶剂，因此也可以潜在地减少溶剂废弃物和回收溶剂所需的工序。在第一次浓缩去除溶剂之后，在蒸馏除去溶剂的同时加入替换的溶剂。通过这种方式，在制造红霉素 A 时 Abbott 研究者们减少了 30%所需的异丙醇体积[57]。如果残留溶剂的量很重要，可以使用 GC 方法进行检测。当高沸点溶剂用低沸点溶剂来带除时，高沸点溶剂或者通过夹带方式除去，或者与低沸点溶剂形成共沸物除去（见第 5 章 5.2 节）。可以使用不止一种共沸物蒸馏的方式。例如，用 EtOH 来去除 AcOH 会需要更多时间，因为 AcOH 和 EtOH 不会形成共沸物。也可以先用甲苯去除 AcOH（共沸物沸点 101 ℃，32% AcOH），再用 EtOH 去除甲苯（共沸物沸点 77 ℃，32%甲苯），但是，如果反应能在 EtOH 中进行，那么会更快。

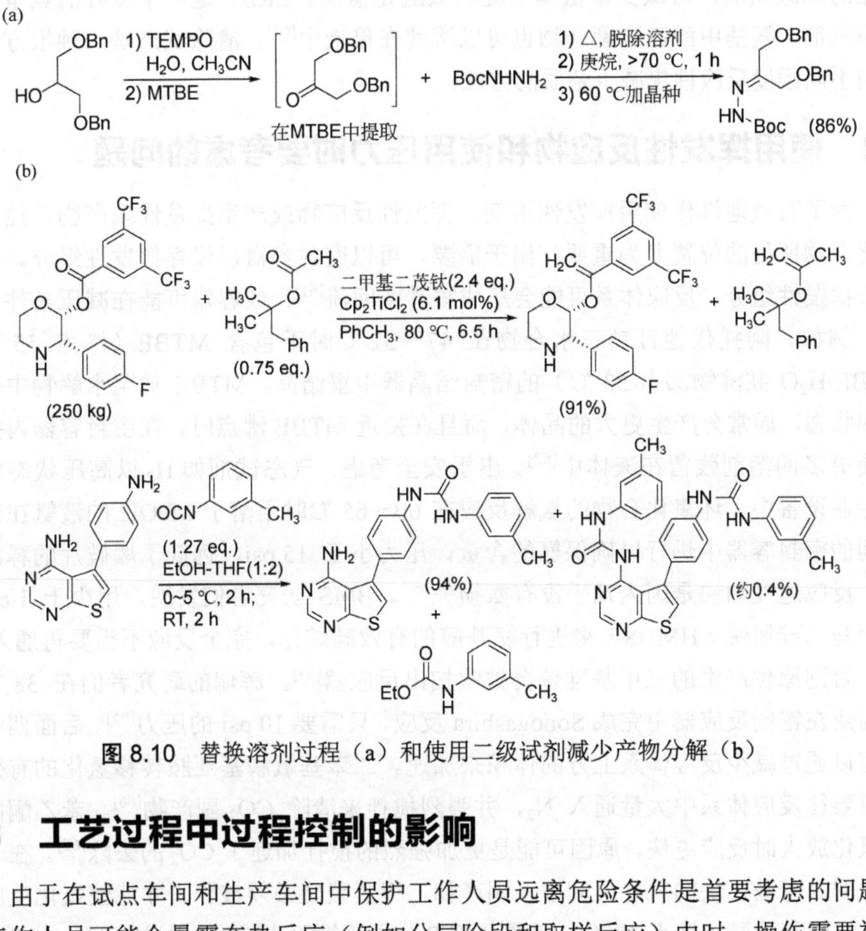

图 8.10 替换溶剂过程（a）和使用二级试剂减少产物分解（b）

8.8 工艺过程中过程控制的影响

由于在试点车间和生产车间中保护工作人员远离危险条件是首要考虑的问题，当工作人员可能会暴露在热反应（例如分层阶段和取样反应）中时，操作需要被密切监控。通常进行这样操作的设备会有温度上限，在 50～70 ℃之间。因此对一个高温反应取样进行监测需要时间冷却至安全温度，如果反应未结束，那么需要额外时间将反应体系升至完成反应所需的温度。在试点车间取样监测需要 2～4 h 的时间，包括取样到实验室中进行分析，准备和排列样品，最后还要和试点车间进行结果讨论。（如果样品在淬灭前不稳定或淬灭时易分解，那么假性结果可能会出现。）

相反地，在线分析可以给出几乎瞬时的结果。过程控制是 QC 成本的一部分，可以是原料药中 CoG 的 30%[58]。由于这些原因过程控制的取样和使用应减少。

离线分析所需的时间会导致工艺设备中产品的分解。在图 8.10（b）的例子中，Merck 知道过量的试剂会和烯醇醚产物反应，为了防止在等待 IPC 试验的过程中产物降解，他们加入了二级试剂来清除过量的反应物[59]。尽管在线、实时监控可以减少确定反应结束所需的时间，但放大时淬灭并不是瞬间完成的，这种使用二级试剂的方法可以在放大时更好地控制反应情况。类似地，Abbott 也研究了清除过量异氰酸酯的二级试剂，可减少苯氨基嘧啶的双酰化情况。EtOH 是一个良好的竞争性的亲核试剂，氨基甲酸乙酯副产物也可以溶解在母液中[60]。清除试剂是一种很方便的利用不同程度反应性来减少杂质的方法。

8.9 使用挥发性反应物和使用压力时要考虑的问题

为了有效地操作使用挥发性溶剂、挥发性反应物或产生挥发性副产物，控制这些化合物所处的位置尤为重要。出于需要，可以密封容器以保存挥发性组分。为了除去挥发性组分，反应体系可能会形成喷雾或回流[61]，或容器可能在减压条件下使用。例如，阿托伐他汀钙三水合物在 47～57 ℃时于包含 MTBE（沸点 55 ℃，MTBE-H_2O 共沸物沸点 53 ℃）的密封结晶器中重结晶。MTBE 加至水解物中确保饱和状态，通常会产生更大的晶体，而且在接近 MTBE 沸点时，在密封容器内操作会使更多的溶剂残留在液体中[62]。出于安全考虑，气态试剂如 H_2 以高压状态保存于专业设备中。环氧化合物的氨解反应在 60～65 ℃时用溶于 MeOH 的液氨在试点车间的密封容器中进行以确保氨的含量，压力小于 15 psi，远低于爆破片的释放压力，反应速度加快是因为几乎没有氨损失[63]。BMS 研究者们发现，用少于 1 eq.的六甲基二硅氮烷（HMDS）来进行氨基醇的有效硅烷化，完全反应不需要再通入 N_2 流，否则原位产生的三甲基硅烷会被吹扫出反应器[64]。辉瑞的研究者们在 38 ℃时用丙炔在密闭反应器中完成 Sonogashira 反应，只需要 10 psi 的压力[65]。后面四种反应可以通过减少反应体系上方的体积来加速。二苯基氧膦基亚胺转移氢化的有效完成需要往反应体系中大量通入 N_2，并强烈搅拌来清除 CO_2 副产物[66]。苯乙酮的转移氢化放大时反应更快，原因可能是更加强烈的搅拌加速了 CO_2 的去除[67]。在 HBr 催化的二芳基乙炔的氧化反应中，副产物二甲基硫醚必须被除去才能使氧化反应结束。二甲基硫醚（沸点 38 ℃）极易与溶剂共同蒸馏除去[68]。（通过蒸馏的方式除去挥发性组分的困难之处由 Raoult 规律总结出，在第 11 章中讨论。）BILN 2061ZW 先导化合物的烯烃复分解关环反应放大时反应速度比在实验室中更慢，尽管以 1000 L/h 的速度通入 N_2 以除去乙烯副产物也未见改善[69]。通常情况下，剧烈搅拌、通入 N_2 和在反应体系上方留出大量的空间可以加速易产生挥发性副产物的反应。在使用易挥发试剂或产生易挥发副产物的反应中，顶部空间的考虑是一种很有效的操作方式。有挥发性反应物或副产物的工艺条件见图 8.11。

> 使用泵吸的方式加入挥发性组分如 HCl 溶液和 $SOCl_2$，会从反应器中带除部分组分。损失的组分可能会对操作产生不利影响并污染设备。在通入设备前应该检查多种组分和混合物的相容性。例如，THF 与 NBR 树脂制备的垫圈不相容。

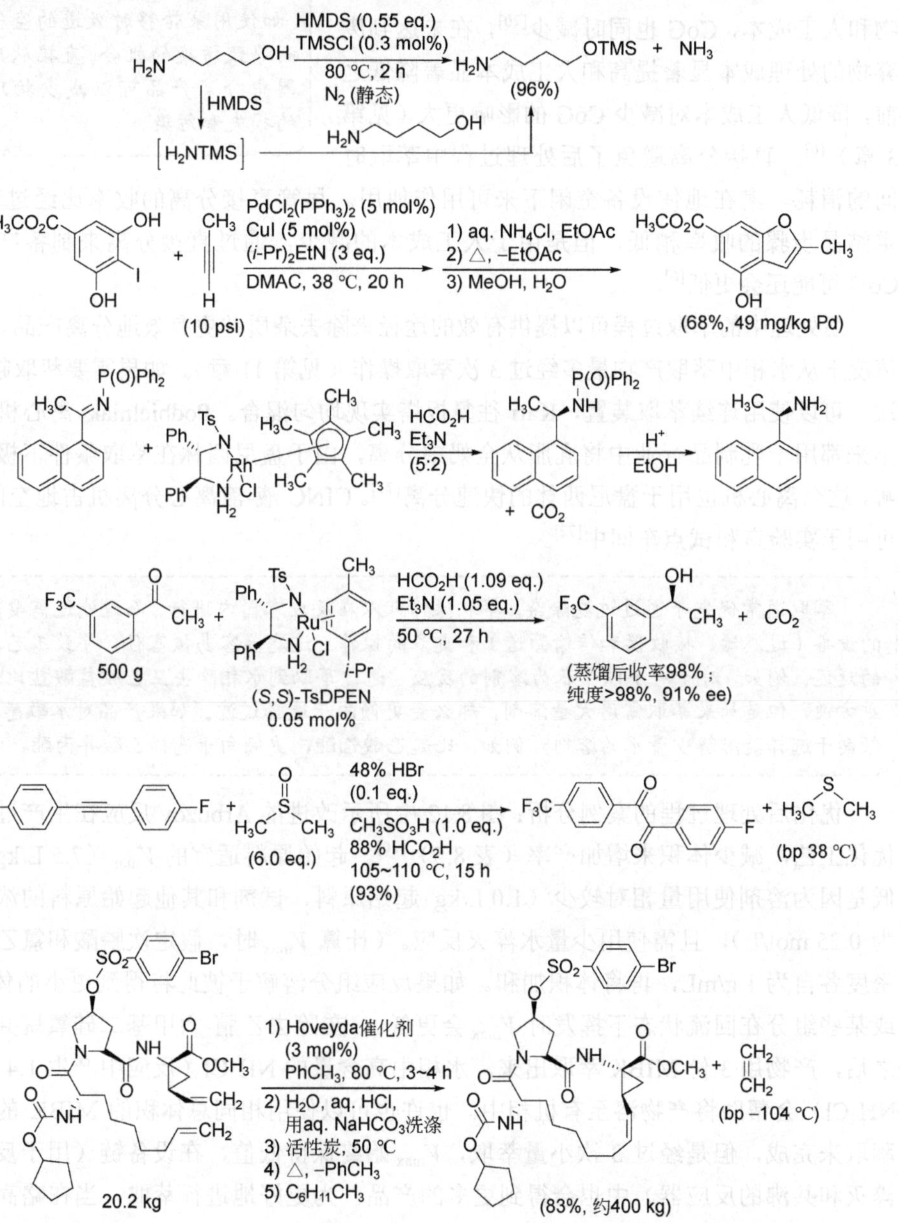

图 8.11 对于有挥发性反应物或副产物的反应需要更多考虑工艺条件

8.10 有效的后处理和分离过程中要考虑的实际问题

> 工艺流的每一次转移都给了泄漏（通过重力或压力下转移）以及通过接触到外来组分（如使用泵转移时吸进的空气）而导致污染的机会。直接从反应器中分离产品可以减少物理上的损失和污染。

简单的后处理和分离过程可以产生适合需求的稳定工艺。直接从反应混合物中以合适的纯度和收率将产物重结晶出来，由于同时减少了废弃物和人工成本，CoG 也同时减少[70]，在未达到废弃物的处理成本显著提高和人工成本显著降低之前，降低人工成本对减少 CoG 的影响更大（见第 3 章）[6]。直接分离避免了后处理过程中萃取时间的消耗，潜在地使设备空闲下来可用作他用。尽管直接分离的收率比经过萃取-重结晶步骤的收率稍低，但是由于人工成本的减少，通过直接分离来制备产品的 CoG 可能还会更低[6]。

后处理中的萃取过程可以提供有效的途径来除去杂质并更有效地分离产品。通常情况下从水相中萃取产物最多经过 3 次萃取操作（见第 11 章）。如果需要萃取超过 3 次，可以使用连续萃取装置，Karr 往复板塔实现均匀混合。Podbielniak 离心机数十年来都用于乳制品行业中将乳脂从全奶中分离，由于盘尼西林在萃取条件下极易分解，这个离心机也用于盘尼西林的快速分离[71]。CINC 液-液离心分离机占地空间小，可用于实验室和试点车间中[72]。

> 萃取通常优先于通过过滤除杂。萃取操作可以在反应容器内进行，而过滤还需要其他的设备（过滤器、接收器和传输管道）和更多的操作。过滤器容易被塞住，导致工艺过程的延迟。例如，对于一个以甲苯为溶剂的反应，通过萃取到水相除去三乙胺盐酸盐比过滤更方便，但是如果萃取需用大量溶剂，那么会更倾向于选择过滤。如果产品对水敏感，更倾向于选择能溶解少量水的溶剂。例如，比起乙酸乙酯，更倾向于选择乙酸异丙酯。

优化后处理过程的案例分析：图 8.12 中所示改进的 Arbuzov 反应在生产过程中优化工艺，减少体积来增加产率（表 8.5）[30]。起始原料适宜的 V_{max}（7.5 L/kg）略低是因为溶剂使用量相对较少（1.0 L/kg 起始原料，试剂和其他起始原料的浓度约为 0.25 mol/L），且需使用少量水淬灭反应。（计算 V_{max} 时，假定次膦酸和氯乙酸的密度各自为 1 g/mL，再将体积加和。如果反应组分溶解于彼此将得到更小的体积，或某些组分在回流状态下挥发时 V_{max} 会更低。）在除去乙腈-六甲基二硅氧烷共沸物之后，产物用 3 份 MIBK 萃取出来。水相中高含量的 NH_4Cl（反应中产生 1.4 eq.的 NH_4Cl）会帮助将产物溶至有机相中。也许也可以使用相同总体积的 MIBK 的两次萃取来完成，但是经过 3 次小量萃取，V_{max} 始终保持低值，在设备链（用于反应、淬灭和共沸的反应器）中也会得到更多的产品。为更好地进行萃取，当在略高于室温的温度下进行萃取时，相对少量的 MIBK 即足够，反应的时空产率在温度更高的萃取中会稍高一些，因为要求冷却至适合萃取的温度的时间更少。当第二次的 MIBK 萃取物与第一次的萃取物混合时，少量的水相会在容器底部沉积，由于这一相几乎不含产物，所以可直接丢弃。在略高于室温的温度下萃取，会有更多的水相进入到有机相中，第一次的萃取液中包含最高浓度的极性产品，溶解的水量也最高。在反应和后处理过程中可以引入各种不同的溶剂来溶解固体。结晶过程在 6 L/kg 的浓度下进行，更多的溶剂会减少时空收率，但是一般情况下重结晶过程中溶剂少会要求过滤时对温度严格控制，这样才能达到可重复的收率。过滤时用大约为两倍湿润滤饼体积大小的溶剂洗涤，这通常是一种有效的手段并使用了最少的溶剂。另一个优化后处理和分离过程的例子已在恩尿嘧啶（eniluracil）中描述[73]，还有放大时的结晶过程也已详述[74]。

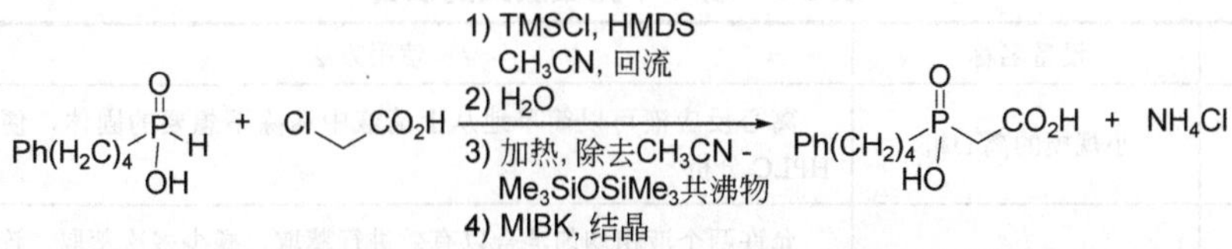

图 8.12　改进后的 Arbuzov 反应的工艺条件

表 8.5　改进后的 Arbuzov 反应的数据

序号	项　目	标准量
1	起始原料（次膦酸）	1.0 kg（约 1 L）
2	氯乙酸、TMSCl 和 HMDS 的大致混合体积	3 L
3	乙腈（反应溶剂）	1.0 L
4	淬灭时的 H_2O 量	2.5 L
5	淬灭时的 V_{max}	约 7.5 L
6	浓缩后的残留水量	约 3.5 L
7	35 ℃时 MIBK 的萃取量	3×4 L
8	萃取时的 V_{max}	约 6 L
9	重结晶时的体积(在浓缩以后)	6.4 L
10	洗涤湿润滤饼时冷 MIBK 量	2×1 L
11	产品	1.06 kg（83%） 99.9%纯度

> 早在工艺开发阶段就需要认识到，后处理过程中有多少当量或过量的试剂需要淬灭以及副产物会如何影响操作。

为便于后处理和分离操作，两相混合物如液-液或固-液通常比三相混合物更易进行。（有时也需要进行三相工艺，如在图 11.10 的 deCODE 例子中，产品重结晶需要使用难溶于水的溶剂和水相的混合物。）通常通过加热或者加入更多溶剂的方式来溶解不想要的固体。加入更多溶剂后 V_{max} 增大，但是便利的工艺条件包括有效的热量和质量转移，都比减小

V_{max}更为重要。

8.11 千克级实验操作中还需考虑的问题

在千克级的放大实验中，任何有用的技术都可以被使用，比如可以通过加料漏斗添加固体试剂。后处理过程与实验室相似，比如使用 Na_2SO_4 或 $MgSO_4$ 来干燥萃取液，旋蒸除去溶剂和研磨油状物及固体。（需要注意的是极性化合物可能会吸附于干燥剂。）在表 8.6 中列出了一些有用的设备名称。正如之前所述，在千克级实验放大的过程中，明智的科学家会观察实验现象并思考如何进行优化才能在以后缩短试验时间。

表 8.6 易于千克级放大的设备

序号	设备名称	使用方法
1	小规模的离心机	离心反应液可以简单地从上清液中清除不想要的固体，便于进行 HPLC 分析
2	离心分离机	允许两个液相均匀混合以有效进行萃取，减少多次萃取，连续操作适合放大（对于 CINC 液-液离心机，见 http://www.coleparmer.com）
3	定制的离心机	可用于模拟放大时的离心（见 http://www.westernstates.com/lab/labcent.htm）
4	组织均质器	提供能量至悬浮液或分散剂中，类似于研磨过程（Polytron 台式均质器见 http://www.brinkmann.com）
5	声波喇叭	提供能量以产生乳化、加速反应、促进搅拌和促进重结晶（见 http://www.heilscher.com）

千克级放大实验中的注意事项：

- 确保所有设备都可在通风橱中操作且尺寸符合通风橱大小（包括搅拌桨的长度）。
- 安置集水池以防容器破裂。
- 在加入（热）溶液前测量玻璃仪器的体积。
- 使用精密过滤方式除去不溶性杂质。
- 意识到操作可能需要更长时间。

8.12 总结与展望

高效工艺条件开发的一个重点是如何预测和避免问题。有些问题可以良好地预测和解决：如果多相反应速度很慢，可以加快搅拌速度。后处理过程中快速加入高浓度 NaOH 溶液中和反应会导致酯水解，所以在放大时需慢速滴加。评估其他问题的影响则需要做一些实验。例如，快速滴加 NaOH 会形成多少羧酸盐，而这些羧酸盐可以存在多少的量才不会影响常规操作？基于实验室的实验从而知道对下游加工过程的影响，可以避免放大时要进行给人带来巨大压力的排查。工艺耐受性的研究可以定义长久实验可接受的范围和所需要或正常操作的范围。

根据需要，应急计划可以重新定向工艺过程。例如，如果一个反应没有到达需要的过程控制终点，也许可以简单地增加搅拌时长；如果需要补加试剂，最佳用量、加料顺序和加料温度都需要重新设定。其他注意事项可以在试点车间或生产车间放大之前进行讨论，比如需要时关键试剂的加料过程能否停止或继续。当批量处理失败时，开发一项工艺能够返工已经分离的产品可以节省时间。

成功的放大过程是因为注意细节。可以收集更多的细节问题，设计成最快最有效的工艺条件，加速原料药的开发。工艺的开发应该与当前目标相符合。很少有工艺能够完全被优化。

关于工艺执行过程更多的细节可以在第 16 章和最新的刊物中找到[75]。

参 考 文 献

[1] Laird, T. *Org. Process Res. Dev.* **2007**, *11*, 783.

[2] Girgis, M. J.; Kiss, K.; Ziltener, C. A.; et al. *Org. Process Res. Dev.* **1997**, *1*, 339.

[3] Wuts, P. G. M.; Ashford, S. W.; Conway, B.; et al. *Org. Process Res. Dev.* **2009**, *13*, 331.

[4] Prudent Practices in the Laboratory. National Research Council of the National Academies. National Academies Press: Washington, DC, 2011.

[5] Rose, V. E.; Cohrsson, B., Eds.; *Patty's Industrial Hygiene*, 6th ed.; Wiley, 2010.

[6] Anderson, N. G. *Org. Process Res. Dev.* **2004**, *8*, 260.

[7] Ashwood, M. S.; Alabaster, R. J.; Cottrell, I. F.; et al. *Org. Process Res. Dev.* **2004**, *8*, 192.

[8] Fischer, R. W.; Misun, M. *Org. Process Res. Dev.* **2001**, *5*, 581.

[9] McConville, F. X. The Pilot Plant Real Book. 2nd ed.; Worcester, Massachusetts: FXM Engineering and Design, 2007.

[10] Sharratt, P. N., Ed.; *Handbook of Batch Process Design*; London: Blackie, 1997.

[11] Bonem, J. M. Process Engineering Problem Solving. New York: Wiley, 2008.

[12] Slade, J.; Parker, D.; Girgis, M.; et al. *Org. Process Res. Dev.* **2006**, *10*, 78.

[13] Caron, S.; Dugger, R. W.; Gut Ruggeri, S.; et al. *Chem. Rev.* **2006**, *106*, 2943.

[14] Hachoose *Chem. Eng.* **2006**, *113(4)*, 54.

[15] Königsberger, K.; Chen, G-P.; Wu, R. R.; et al. *Org. Process Res. Dev.* **2003**, *7*, 733.

[16] Rassias, G.; Hermitage, S. A.; Sanganee, M. J.; et al. *Org. Process Res. Dev.* **2009**, *13*, 774.

[17] Cargill, R. W. *J. Chem. Soc. Faraday Trans. I.* **1976**, *72*, 2296.

[18] Tokunaga, J. *J. Chem. Eng. Data* **1975**, *20*, 41.

[19] 示例见，http://www.hamiltoncompany.com/Sensors/.

[20] 示例见，http://www.oceanopticssensors.com/application/organicsolvent.htm.

[21] Advertisement for Bryan Research & Engineering, Inc. *Chem. Eng.* **2010**, *117(12)*,7. http://www.bre.com.

[22] Huttenhuis, P. J. G.; Agrawal, N. J.; Versteeg, G. F. *Ind. Eng. Chem. Res.* **2009**, *48(8)*, 4051.

[23] http://www.pressreleasepoint.com/black-amp-veatchpatented-technology-featured-asia%E2%-80%99slargest-natural-gas-plant.

[24] Ondrey, G. *Chem. Eng.* **2010**, *117(9)*, 11. Codexis is developing carbonic anhydrase enzymes to better capture

CO_2 by methyl diethanolamine.

[25] Atherton, J. H.; Carpenter, K. J. Process Development: Physicochemical Concepts. Oxford University Press, 1999, 15.

[26] Perry, R. H., Green, D. W.; Maloney, J. O., Eds. Perry's Chemical Engineers' Handbook, 7th ed. New York: McGraw-Hill, 1997, 2-9, 2-15, and 2-20.

[27] Argon has been used to preserve foods: http://encyclopedia.airliquide.com/Encyclopedia.asp?GasID=3

[28] Vidyaratne, I.; Crewdson, P.; Lefebvre, E.; Gambarotta, S. *Inorg. Chem.* **2007**, *46*, 8836.

[29] Schrock, R. R. *Acc. Chem. Res.* **2005**, *38*, 955.

[30] Anderson, N. G.; Ciaramella, B. M.; Feldman, A. F.; et al. *Org. Process Res. Dev.* **1997**, *1*, 211.

[31] Oldshue, J. Y. Fluid Mixing Technology. New York: McGraw-Hill, 1983, 4-6.

[32] Ellis, J. E.; Davis, E. M.; Dozeman, G. J.; et al. *Org. Process Res. Dev.* **2001**, *5*, 226.

[33] Brands, K. M. J.; Jobson, R. B.; Conrad, K. M.; et al. *J. Org. Chem.* **2002**, *67*, 4771.

[34] Dolman, S. J.; Nyrop, J. L.; Kuethe, J. T. *J. Org. Chem.* **2011**, *76*, 993.

[35] Eisch, J. J.; Gitua, H. N. *Organometallics* **2007**, *26*, 778.

[36] Haché, B.; Duceppe, J.-S.; Beaulieu, P. L. *Synthesis* **2002**, 528.

[37] Bourne, J. R. *Org. Process Res. Dev.* **2003**, *7*, 471.

[38] Baldyga, J.; Pohorecki, R. *Chem. Eng. J.* **1995**, *58*, 183.

[39] Baldyga, J.; Bourne, J. R.; Yang, Y. *Chem. Eng. Sci.* **1993**, *48*, 3383.

[40] Paul, E. L.; Mahadevan, H.; Foster, J.; Kennedy, M.; Midler, M. *Chem. Eng. Sci.* **1992**, *47*, 2837; King, M. L.; Forman, A. L.; Orella, C.; Pines, S. H. *Chem. Eng. Progress* **1985**, *81(5)*, 36.

[41] Federsel, H.-J. *Org. Process Res. Dev.* **2000**, *4*, 362.

[42] Atherton, J. H.; Carpenter, K. J. Process Development: Physicochemical Concepts. Oxford, UK: Oxford University Press, 1999, 36-45.

[43] Atherton, J. H.; Carpenter, K. J. Process Development: Physicochemical Concepts. Oxford, UK: Oxford University Press, 1999.

[44] Carpenter, K. J. Agitation. //Sharratt, P. N. Ed. *Handbook of Batch Process Design*, London: Blackie, 1997, *4*, 107.

[45] Broxer, S.; Fitzgerald, M. A.; Sfouggatakis, C.; et al. *Org. Process Res. Dev.* **2011**, *15*, 343.

[46] Joshi, D. K.; Sutton, J. W.; Carver, S.; Blanchard, J. P. *Org. Process Res. Dev.* **2005**, *9*, 997.

[47] Soundararajan, N. 个人通讯.

[48] http://www.hse.gov.uk/electricity/atex/general.htm.

[49] Innospec Active Chemicals: http://www.innospecinc.com/assets/_files/documents/may_08/cm_1210589634_Statsafe.pdf

[50] Dixon, N. http://www.theengineer.co.uk/channels/process-engineering/electrostatics-danger-in-processliquids/298123.article

[51] Britton, L. G. *Avoiding Static Ignition Hazards in Chemical Operations.* New York: AIChE, 1999; 104-105.

[52] Illuminati, G.; Mandolini, L. Acc. *Chem. Res.* **1981**, *14*, 95.

[53] Tanaka, K.; Katsurada, M.; Ohno, F.; et al. *J. Org. Chem.* **2000**, *65*, 432.

[54] Hsieh, D.; Marchut, A. J.; Wei, C.; et al. *Org. Process Res. Dev.* **2009**, *13*, 690.

[55] McMillan, G.; Baril, R. *Chem. Eng.* **2010**, *117(8)*, 32.

[56] Akao, A.; Hiraga, S.; Iida, T.; et al. *Tetrahedron* **2001**, *57*, 8917.

[57] Li, Y.-E.; Yang, Y.; Kalthod, V.; Tyler, S. M. *Org. Process Res. Dev.* **2009**, *13*, 73.

[58] Mullin, R. *Chem. Eng. News* **2009**, *87(39)*, 38.

[59] Payack, J. F.; Huffman, M. A.; Cai, D.; et al. *Org. Process Res. Dev.* **2004**, *8*, 256.

[60] Barnes, D. M.; Haight, A. R.; Hameury, T.; et al. *Tetrahedron* **2006**, *62*, 11311.

[61] 见第 10 章关于对氧气敏感的有机金属反应混合物的脱气.

[62] Tully, W. U.S. 6600051 B2, 2003 (to Warner-Lambert). 阿托伐他汀钙用 EtOAc-己烷重结晶: Roth, B. D. U.S. 5273995, 1993 (to Warner-Lambert Company).

[63] Haas, O. W.; Nguyen, A.; Polomski, R. E.; Anderson, N. G. Unpublished. Oscar Haas, chemical engineer, raised this suggestion.

[64] Davulcu, A. H.; McLeod, D. D.; Li, J.; Katipally, K.; et al. *J. Org. Chem.* **2009**, *74*, 4068.

[65] Berliner, M. A.; Cordi, E. M. Dunetz, J. R.; Price, K. E. A safe sparging process was also described in detail. *Org. Process Res. Dev.* **2010**, *14*, 180.

[66] Blacker, J.; Martin, J. // Blaser, H. U.; Schimdt, E., Eds. Asymmetric Catalysis on Industrial Scale. Weinheim: Wiley-VCH, 2004, 201-216.

[67] Miyagi, M.; Takehara, J.; Collet, S.; Okano, K. *Org. Process Res. Dev.* **2000**, *4*, 346.

[68] Wan, Z.; Jones, C. D.; Mitchell, D.; Pu, J. Y.; Zhang, T. Y. *J. Org. Chem.* **2006**, *71*, 826.

[69] Nicola, T.; Brenner, M.; Donsbach, K.; Kreye, P. *Org. Process Res. Dev.* **2005**, *9(4)*, 513.

[70] Chen, C.-K.; Singh, A. K. *Org. Process Res. Dev.* **2001**, *5*, 508.

[71] Robbins, L. A. Cusack, R. W. Perry, R. H.; Green, D. W.; Maloney, J. O., Eds. Perry's Chemical Engineers' Handbook. 7th ed. McGraw-Hill, 1997, 15-1.

[72] http://www.coleparmer.com/.

[73] Cooke, J. W. B.; Bright, R.; Coleman, M. J.; Jenkins, K. P. *Org. Process Res. Dev.* **2001**, *5*, 383.

[74] Wieckhusen, D. //Gadamasetti, K.; Braish, T., Eds. Process Chemistry in the Pharmaceutical Industry. 2nd ed.; Boca Raton, Florida: CRC Press, 2008, 295-312.

[75] Anderson, N. G.; Burdick, D. C.; Reeve, M. M. *Org. Process Res. Dev.* **2011**, *15*, 162.

第9章 通过降低杂质含量来优化反应

"听起来像是你发现自己处于一堆非常高的杂草之中。"

——Gary D. Madding，讨论在优化工艺中减少杂质含量的困难

9.1 简介

优化工艺首先要做的是熟悉一个新反应，比如起始原料的安全方面，各组分的物理形态，各组分之间如何混合，是否会放出热量，起始原料和产物的溶解性以及用诸如 NMR 等初步手段判断产品质量。此后优化的顺序通常为提高产率，随后陆续提高产品质量和放大时的产品收率，降低产品成本和减少废弃物排放。这个顺序可依情况改变，比如会产生大量剧毒废弃物时。如果不能简单地通过改善分离条件提高产率，那么就应该把精力花在如何减少杂质含量上。一如既往，目标是减少资源、时间和化学品的消耗。

减少杂质含量是优化工艺条件的重点。例如，未反应的起始原料也会被当作是杂质，而且消耗起始原料可能会增加产率。杂质会降低产率、减慢操作速度、增加额外的纯化步骤和限制工艺条件的选择。高沸点溶剂难以从结晶产品中除去，可以用低沸点溶剂冲洗滤饼带走高沸点溶剂，或者直接将滤饼用于下一步反应中。残留溶剂中杂质的浓度应不超过监管部门的限制值。在药物中一定要将重金属杂质的浓度降至低水平。原料药需要提供一致的杂质分布供后人使用，而且杂质浓度不能超过质检规定的有毒物质浓度水平。（有毒物质的批量研究一般目标是97%～98%的纯度，最好是用将来常规生产采用的技术来纯化。见第 1 章。）本章主要讲述如何减少起始原料和试剂形成的杂质。

为了促进 NCE 的研究，必须考虑工艺条件的变化会如何影响到其他的结果。有一些减少杂质的步骤影响很小。例如，我们可以很容易地控制改变反应物比例所带来的影响。（不同的摩尔比，延长加料，移除重结晶或共沸形成的产物和副产物。）改变反应试剂和催化剂会影响后续工艺，如果这些原料或副产物会进入到下一步的话。改变官能团或路线会显著改变杂质分布，并影响后续的工艺路线。

表 9.1 中列出了优化工艺条件的步骤。

表 9.1　工艺优化的步骤

步　骤	说　明
1. 建立反应的基本条件	如果预计没有安全问题的话，重复所建立的步骤
2. 改变	
2.1 温度	设定温度±20 ℃
2.2 反应物的量	1.05 倍量（摩尔比）比较适合，除非反应试剂廉价易除（比如 MeOH 或甲磺酸）或反应速度很慢时可以加大量
2.3 加料	快速加料、慢速加料和分批加料
2.4 溶剂/助溶剂	需要考虑直接分离过程和后处理过程
2.5 反应浓度	设定浓度的 50%～200%、叠加反应
2.6 改变反应试剂	需要考虑实用性、成本和后处理是否容易
2.7 催化剂；配体	反应速率与催化剂浓度可能是二级关系
2.8 其他工艺参数	pH、压力、保留时间等
2.9 搅拌	在非均相反应中尤为重要
2.10 延长工艺条件	对产物的分解、共析晶、粒度损耗进行监控
3. 挑选能完全反应且杂质最少的工艺条件	—

> 在开发工艺条件的早期阶段，目标并不是分离产品，而应该是找到制备产品的最佳条件。开发工艺过程中要不断改变工艺条件以找到最佳的方向，通过快速且适当的工艺实验来确定。如果后续发展了改进的反应，那么在早期阶段进行后处理和分离过程的优化就显得效率不够高了。

优化工艺条件的一个主要方面就是鉴定工艺过程中的杂质，通过对比或明确的结构分析来确定。手头已有的分析工具通常是最快也是最便捷的。有效的分析手段包括 HPLC、GC、LC-MS、GC-MS、LC-NMR、IR、制备色谱和光谱或质谱的串联使用。样品可以由母液、洗液或萃取液中分离得到。一旦确定了化合物结构就可以给出它的产生机理，通过工艺优化减少它的含量。实验的统计学设计在优化路线并不直观的情况下十分有用。

在早期的工艺开发阶段，要谨慎地开发那些因为不理解或没控制好就产生不利影响的工艺条件。警告标志包括产品收率和质量的变化，主要是由搅拌速度、加料速度（分批或连续加入）、进料流的位置或放大时不同体积的容器造成的。引起这些问题的原因可能是微观混合。如果在长时间的加料过程中杂质含量上升而收率下降的话，可能是由于某些组分在当时的反应条件下不够稳定。改变加料方式也许能解决上述问题。不是所有的反应都可以用批量工艺进行放大，这时需要连续工艺来获得更多原料（见第 14 章 14.3 节）。

9.2 非均相工艺的优点与限制

如果副产物形成时就能沉淀下来方便移除或产物形成时能结晶出来，这时使用非均相工艺是十分有利的。例如，NaCl 沉淀推动了 Finkelstein 反应；一个反应的结晶过程也可以推动反应的完成。当炔丙醇的甲磺酰化通过加入化学计量的 Et_3N 来引导时，会形成 5%～10%的易爆物氯丙炔（图 9.1）。（安全：AstraZeneca 工作人员最近研究发现，炔丙醇的甲磺酸盐、苯磺酸酯和甲苯磺酸盐也是易爆物[1]。）当甲磺酰化反应在 MIBK 中用 5 mol%的 Et_3N 和 1 eq. K_2CO_3 时，甲磺酸盐可以很高的分离收率获得，且氯丙炔显著减少。在这些反应条件下，副产物 KCl 不会参与形成氯丙炔，因为它会从反应体系中沉淀下来。当用 KOH 或 NaOH 代替 K_2CO_3 时，反应收率降低[2]。MTBE 的使用也减少了三乙胺盐酸盐与 MsCl 之间的甲磺酰化反应[3]。另一种方式是用甲磺酸酐代替 MsCl 的使用，以阻止氯丙炔的形成。

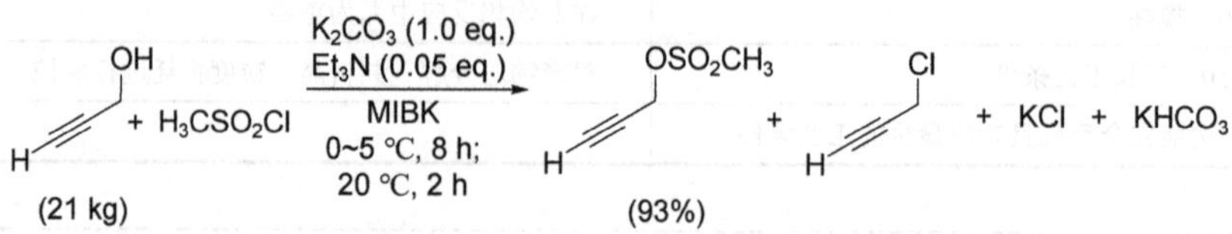

图 9.1 使用非均相条件减少甲磺酰化反应中的副反应

图 9.2 中给出了优化烷基化反应的非均相工艺的例子，由 Lilly 公司的印第安纳波利斯实验室[4]和蒂珀卡努实验室[5]开发完成。当 3-甲代吡啶氯化物中的氯用溴、碘或甲磺酸替代时，会发生哌啶上氮的季铵盐化反应。当使用 Et_3N 或 DBU 时，会发生 3-甲代吡啶氯化物与碱的季铵盐化反应。比起高温条件，室温下会形成更多杂质，对照试验结果表明，50 ℃以下吡啶酮盐酸盐不会有效离解。考虑到 CO_2 的快速形成，在实验开始阶段反应体系加热分阶段进行，放大时逐步加热至 70～72 ℃时效果最好，在高浓度下也适用。

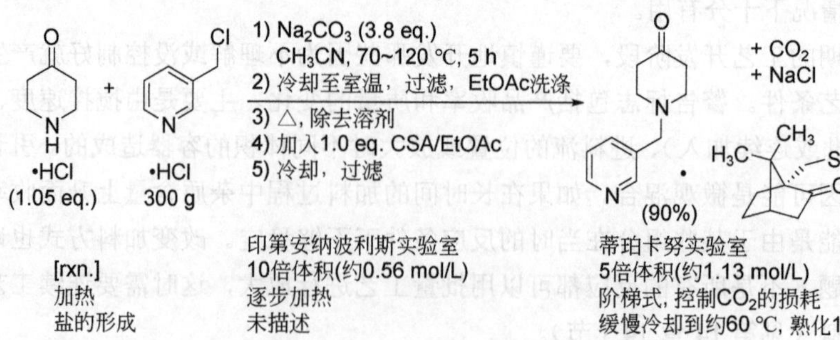

图 9.2 优化非均相烷基化反应条件

在图 9.1 和图 9.2 的非均相反应条件中，小的粒径和反应体系中少量 H_2O 的存在可以帮助获得可重复性的操作。其他由于小粒径的不溶性试剂的存在而加速的反应包括使用 Cs_2CO_3 的 Buchwald-Hartwig 氨基化反应[6]、使用 K_3PO_4 的固-液 PTC 反应[7]和使用 K_2CO_3 的固-液 PTC 反应[8]。如 KF 参与的 Suzuki-Miyaura 偶联反应所指出的[9]，少量水的存在有助于不溶性试剂的溶解和加快反应速率，过量的水会导致无效、黏性悬浮液的出现。

9.3　通过减少起始原料的降解来减少副产物

在设计工艺条件时，考虑到反应试剂和中间体的相对反应性很重要。辉瑞的学者们报道了一些简单而有效的通过筛选溶剂和非挥发性酸来优化制备他汀类药物前体的方法（图 9.3）。苄酯和苄胺在极性溶剂中进行的缩合反应产生了相当多由反 Claisen 裂解反应引起的苄酯。使用诸如正庚烷和甲基环己烷之类的非极性溶剂可以减少杂质的形成，但是起始原料和产物在其中的溶解性太差。加入三乙胺至非极性溶剂中可以提高起始原料的溶解性。（三乙胺是一种非极性溶剂，E_N^T 为 0.043，而 TWA 仅有 1 mg/L。）当反应在正庚烷-Et_3N 中进行时，形成的逆-Claisen 副产物很少，而苯甲酰胺可以简单地通过过滤分离。（也许是 Et_3N 与原料形成了烯醇负离子结构，抑制了酮羰基位的进攻。）咪唑由苯甲酰胺和一个他汀制备中常用的手性伯胺缩合而成。酸的使用减少了氨基酯的二聚，而首选的醋酸会在回流时共沸，所以不能使用。选择使用苯甲酸是因为它能有效减少原料的分解，除去时不会形成共沸物，且能从反应体系中洗去[10]。

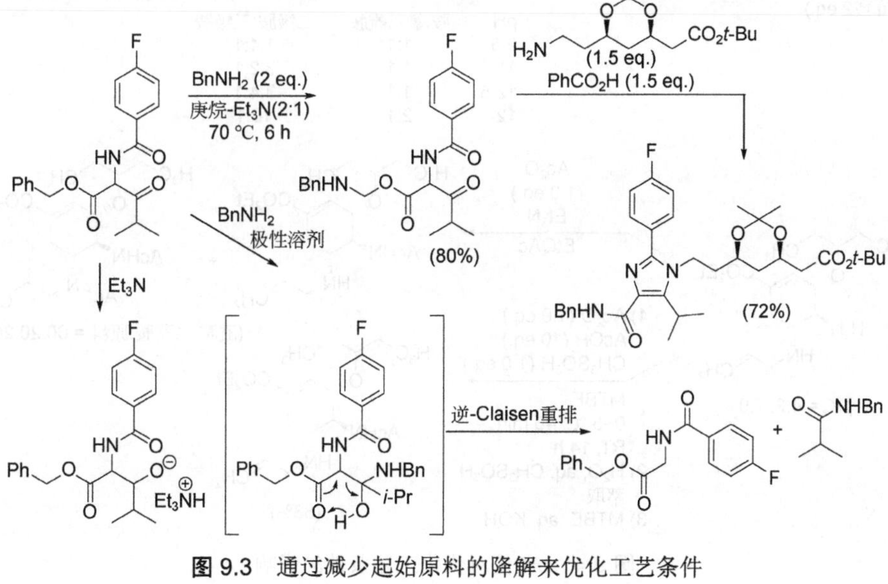

图 9.3　通过减少起始原料的降解来优化工艺条件

9.4 pH 值的控制

控制 pH 值在水相工艺或部分水相工艺的优化中是至关重要的一环。尽管掌握分子的 pK_a 值可以帮助预测最佳 pH 范围，但是实验数据显示操作的最佳 pH 与理论值可能不一致。通过高通量筛选，Sharpless 工作组发现在四氧化锇催化的顺式双羟基化反应中，柠檬酸的加入可以大大提高缺电子烯烃的产率（图 9.4）。例如，马来

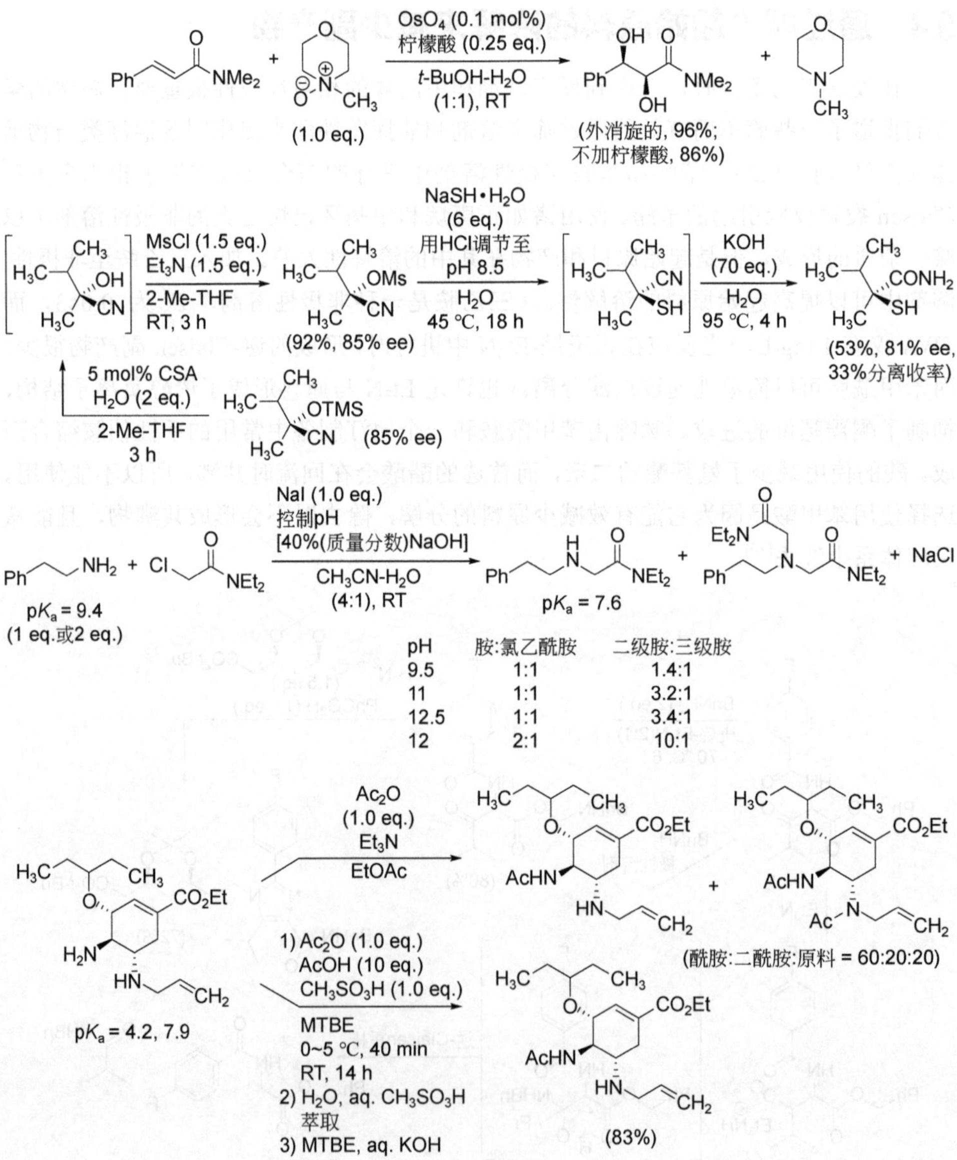

图 9.4 pH 值对优化工艺条件的影响

酸二乙酯的双羟基化在没有柠檬酸的存在下收率只有 10%，体系中有柠檬酸时收率为 76%。柠檬酸存在的情况下反应中的 pH 值从 5.2 升至 7.1。没有柠檬酸存在时转化率降低且产生黑色沉淀，可能是因为在更加碱性的条件下锇催化剂沉淀下来导致反应停止。与未羟基化的酸相比，*α*-羟基酸是效果更好的酸，反应初始阶段的最佳 pH 值为 5[11]。这个反应的实用工艺条件是通过加入酸或缓冲液维持 pH 值在最佳范围内，大概是 5.2～6.8。Amgen 学者们发现，在将三甲基硅烷基氰醇转化为巯基酰胺时，pH 值和溶剂的选择很重要。当 TMS-氰醇用 1 mol/L HCl 的甲醇溶液水解时会发生完全的外消旋化，但是用催化量的樟脑磺酸（CSA）来脱保护时，在 2 eq. 水的存在下可以得到手性氰醇。甲磺酸盐用过量的硫化钠处理得到硫氰，最佳条件是 pH 值为 8.5。高 pH 值时，如果反应是在无缓冲液的情况下发生，ee 值很低，随着反应的进行，pH 值降低后 ee 值会有所上升[12]。在另一个关于 pH 值控制的重要性的例子中，Novartis 研究者们研究了苯乙胺与氯乙酰胺的单烷基化反应。使用 CsOH 的 DMF 溶液后，仲胺与叔胺的比值小于 1.3∶1，使用 K_2CO_3-NaI/DMF 后其比值降至 0.8∶1。在第 2 个体系中加入 5%的 H_2O 可以部分溶解 K_2CO_3，将比值升至 1.6∶1，使用可溶性碱 Et_3N 后比值升至 3∶1。当溶剂体系为乙腈∶水=1∶1 时烷基化反应终止，但是当溶剂体系调整至 20%的水之后，由于 Finkelstein 交换产生的副产物 NaCl 沉淀下来，会促进烷基化反应的发生。烷基化反应的 pH 值通过加入质量分数为 40%的 NaOH 来保持，当 pH 值为 9.5 时选择性很差。保持 pH 值为 12 时，这几乎高出了苯乙胺（$pK_a = 9.4$）3 个 pH 单位，此时仲胺和叔胺的比值升至 3.4∶1。加入 2 eq.苯乙胺后比值达到 10∶1。在更加酸性的环境如 pH 值为 9.5 时，大部分原料都发生了质子化，抑制了单烷基化反应的发生[13]。缺水条件下的质子化也可以导致化合物不同程度的反应活性。Roche 研究者们在制备达菲中间体时发现在二胺的乙酰化反应中，在碱性条件下使用 1 eq.的乙酸酐时会得到所需的酰胺-双酰胺-原料（60∶20∶20）的混合物。酸性条件下的乙酰化反应会以 83%的收率得到想要的酰胺产物。碱性更强的仲胺发生质子化（$pK_a = 7.9$），乙酰化则发生在碱性更弱的胺上（$pK_a = 4.2$），后者位于醚氧和另一个胺的*β*-位[14]。

> 使用水相环境监控反应过程中 pH 值的变化时，控制酸或碱的含量或许是找到有效工艺条件的关键。

控制 pH 值在生物催化的反应中也很重要。例如，二酯的水解在使用从邹褶念珠菌上分离的脂肪酶时，pH 8 比 pH 6 时选择性更好。不幸的是，从仲醇到伯醇的酯重排非常容易发生，即便时在 pH = 7 的条件下。固定的洋葱假单胞菌脂肪酶（Amano PS-C1）被发现是最佳选择，能够在 pH 5.2 时进行反应。使用 Amano PS-C1 进行酯交换反应代替水解时，简化了后处理过程，使用的溶剂体系为 *n*-BuOH-MTBE，还使用了足够的水来和酶形成水合物[15]。

9.5 加料顺序、加料时间和加料的间隔时间

优化加料顺序在成熟的工艺条件中十分重要。Rao 专门写了一章关于加料顺序的内容[16]。缓慢加料和分批加料都是容易进行的操作，并且能提高反应收率。对于 Meldrum 酸与二乙烯基砜的双 Michael 加成反应，批量操作并不适合放大：当所有组分加入并在 30 min 达到回流时收率超过 90%，但是当反应体系使用超过 120 min 才达到回流时收率仅为 57%（图 9.5）。在未达到反应所需的温度时 Meldrum 酸的分解已经发生。当把 Meldrum 酸分批加入至热反应体系中时可以获得高收率[17]（半批量操作）。逆序加料也很有用。图 9.5 在制备甲磺酸盐（甲磺酸奈非那韦前体）的常规条件中，唯一的产物是噁唑啉。为了减少甲磺酸盐与碱接触，先加入甲磺酰氯，再慢速滴加三乙胺，就能以高收率得到需要的甲磺酸盐产物[18]。

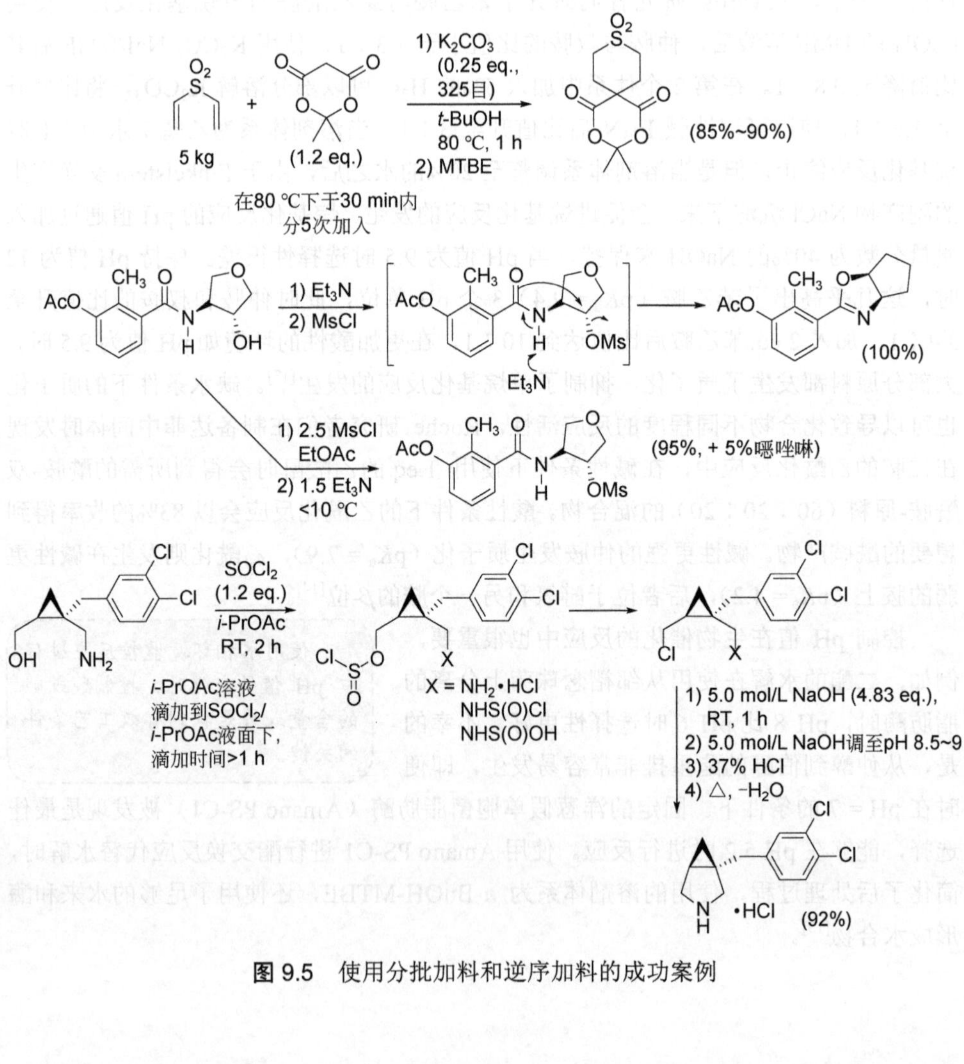

图 9.5 使用分批加料和逆序加料的成功案例

五元环极易形成（Illuminati, G.; Mandolini. L. *Acc. Chem. Res.* **1981**, *14*, 95）。反应中可以预料五元环杂质的形成。

在图 9.5 中把氯化亚砜加入至氨基醇溶液中氯化不完全，是因为原料会以盐酸盐的形式析出。最佳的加料顺序是将氨基醇以超过 1 h 的时间慢速滴加至 $SOCl_2$ 的 *i*-PrOAc 溶液中，再在室温下搅拌 2 h。逆序加料背后的原因是在任何时候只存在少量的氨基醇，所以氨基醇盐酸盐的结晶速度就会减慢，促进氯代亚硫酸酯的形成并最终氯化。不会形成任何黏性固体，并且可能会由于多组分的存在抑制结晶过程（根据 NMR 结果得出）。液态的反应混合物直接用 NaOH 淬灭并在室温下环化成吡咯烷，产物在 pH 8.5～9 时用 *i*-PrOAc 萃取[19]。

把单组分或多组分反应体系逐渐加入至已有催化剂的反应器中可以减少杂质生成并获得良好的收率。AstraZeneca 研究者们指出，将胺加至羧酸和 1-(3-二甲氨基丙基)-3-乙基碳二亚胺（EDCI）盐酸盐的二氯甲烷悬浮液中，产物只有 56%的产率，还有 34%得到了 *O*-酰基至 *N*-酰基易位的副产物（图 9.6）。在随后的反应中加入 1-羟基苯并三唑（HOBt）催化剂来阻断 EDCI 中 *O*-酰基与羧酸的加成，从而减少重排产物。（安全提示：无水 HOBt 是易爆物，HOBt • H_2O 的运输十分严格。HOBt 的替代物及其他肽偶联方案在第 4 章已有讨论。）逐渐加入作为限定性反应物的 EDCI 溶液会减少副产物的形成。在这个阶段仔细观察发现有 10%的酯酰胺出现，限制了产物结晶。将粗产品的 MTBE 溶液用 NaOH 溶液处理可以水解酯酰胺，以 86%的收率得到酰胺产物[20]。Bäckvall 实验室发现，将 Grignard 试剂快速加入至铜催化的反应中会主要得到 S_N2 反应产物，但是延长加料时间会大量增加 S_N2'产物[21]。在钌催化的环丙烷化反应中，重氮乙酸乙酯滴加时间超过 16 h，降低卡宾的浓度并减少富马酸二乙酯的形成。（为进行环丙烷化反应通常加入过量的苯乙烯。）环丙烷化的顺式产物水解速度更慢，从而可以进行纯化。产物与脱氢枞胺（DAA）成盐以高手性纯度分离得到[22]。将原料和反应试剂同时加入至已有催化剂的容器中也可以优化产率。（讨论见图 7.3，使用平行加料法的非催化工艺。）在 *R*-甲基-CBS 催化的还原反应中，将酮和 1 mol/L BF_3 •THF 平行加料至反应体系中，会以对映体比例（er）为 98∶2 的结果得到仲醇，而其他加料方式会使 er 值降低。含有 0.005 mol/L $NaBH_4$ 稳定剂的商业用 1 mol/L BF_3 • THF 经检测后发现其浓度只有 0.94 mol/L，因此还要加入。在溶液中只能检测到 NaB_3H_8，而将 NaB_3H_8 加入至未稳定的 1 mol/L BF_3 • THF 中会使 er 值降低到 85.5∶14.5。使用平行加料方式时 *R*-甲基-CBS 的浓度始终高于其他组分的浓度，催化的对映选择性还原占主导地位。（$NaBH_4$ 相关化合物的存在也可通过加入诸如 BF_3 • Et_2O 的 Lewis 酸所取代[23]）。图 9.6 所示的优化加料方式可以显著提高产率和简化纯化过程，在操作上消耗相对较少的精力。

优化看起来很简单的硫化反应给 GSK 工作者们带来了巨大的挑战，而其中的关键是优化加料顺序（图 9.7）。在第一次放大的开发过程中加入了稍过量的 Cs_2CO_3

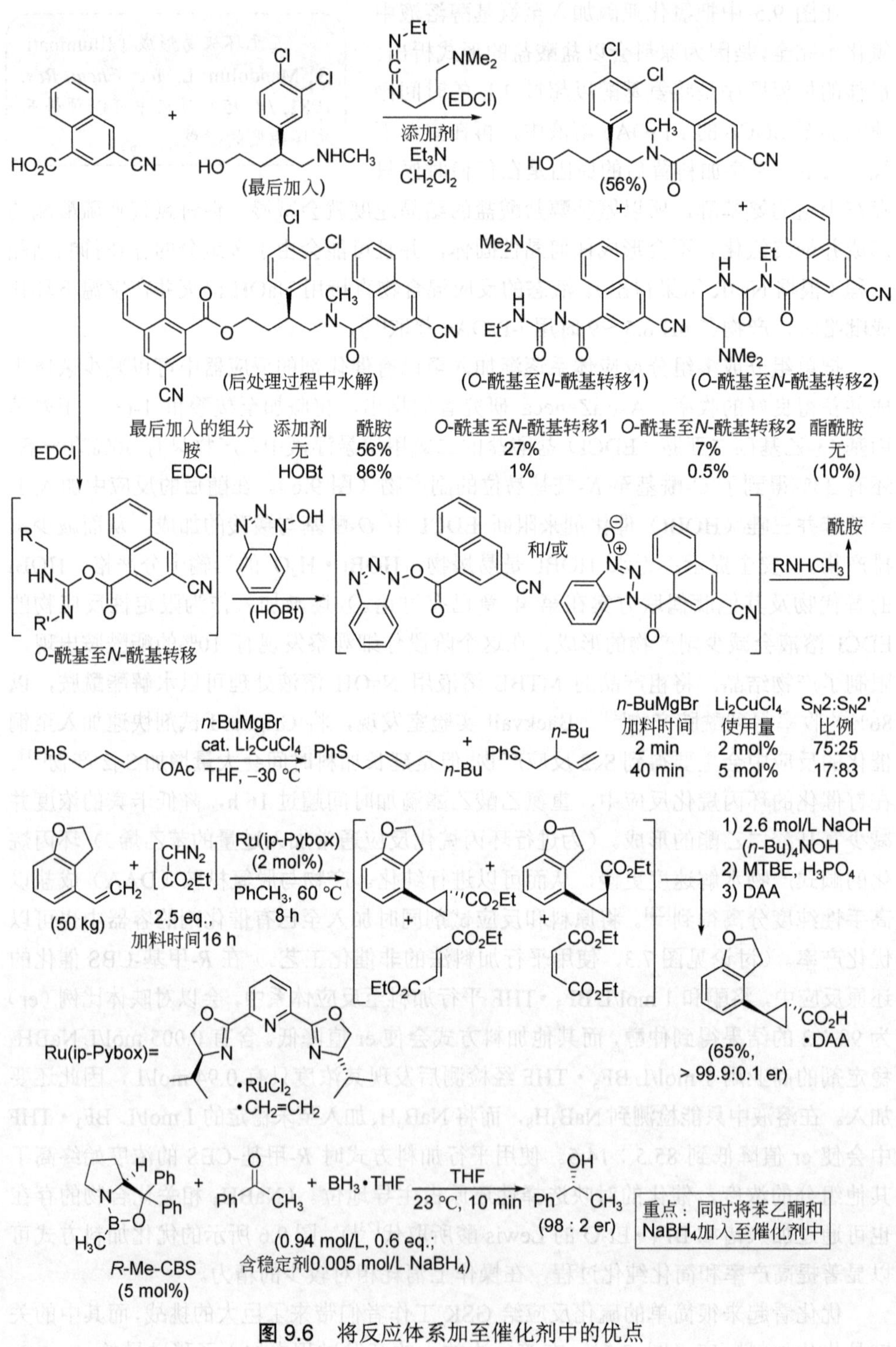

图 9.6 将反应体系加至催化剂中的优点

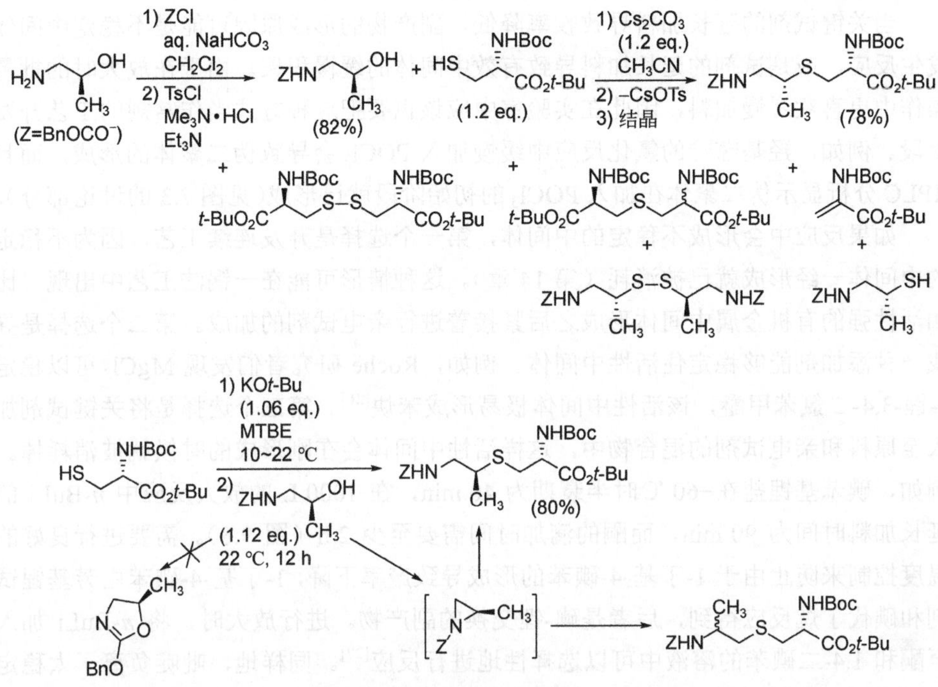

图 9.7　优化不对称硫化物的形成

和甲苯磺酸盐，反应有时会莫名其妙地停止。尽管对易吸潮的 Cs_2CO_3 的粒度、水分含量和其他因素进行了考察，但是并没有找到快速解决的办法。除了由原料硫醇形成的二硫化物之外，还检测到了 4 种杂质：由于 β-消除产生的丙烯酸酯和硫醇，由副产物硫醇氧化而得的二硫化物，和由起始原料半胱氨酸和副产物丙烯酸酯反应得到的硫化物。这些杂质尤其是二硫化物，抑制了产物的结晶。反应中过量的碱会使产物分解，从而导致这些杂质的形成。可将溶剂（乙腈）加热至回流状态[24]或重蒸溶剂除氧，以减少二硫化物的形成。通过监控产物的形成过程和与之竞争的分解过程，在产物浓度最大时停止反应，在千克级放大实验中以 78%的收率得到产品[25]。

在用更多资源进行放大以前要对硫化过程进行深入研究，筛选大量的碱和反应条件，包括 PTC。K_3PO_4 和 Cs_2CO_3 相似，但由于粒度和水分含量的不同导致反应速率不一致。DBU 可快速反应，但是会导致产品酯出现 α-差向异构化。KO*t*-Bu 被选中，它可溶于大部分有机溶剂中。当使用 KO*t*-Bu 的 MTBE 溶液时硫化反应是均相反应，反应在 12 h 内结束而且继续搅拌也不会导致产物分解。进一步研究确认了两个与产物为非对映异构体的杂质，表明氮杂环丙烷是反应的中间体。没有证据显示噁唑啉的形成。为减少氮杂环丙烷的形成，加入稍过量的 KO*t*-Bu 形成硫醇负离子，10 min 后再加入甲苯磺酸盐。（若时间更久之后再加入甲苯磺酸盐，会导致丙烯酸酯和 KHS 的形成。）使用这些优化后的条件进行放大，硫化物以 80%的分离收率被获得[25]。

当关键试剂的延长加料导致收率降低，副产物的形成原因可能是不稳定中间体发生反应，或是试剂的延长加料导致有效中间体的缓慢积聚。由于在放大时的批量操作中更喜欢缓慢加料，因此在实验室中应该也要把这种方式当作常规的工艺开发手段。例如，羟基嘧啶的氯化反应中缓慢加入 $POCl_3$ 会导致伪二聚体的形成，而且HPLC 分析显示伪二聚体在加入 $POCl_3$ 的初始阶段就已形成（见图 7.3 的讨论部分）。

如果反应中会形成不稳定的中间体，第一个选择是开发连续工艺，因为不稳定的中间体一经形成就已被消耗（第 14 章）。这种情形可能在一锅法工艺中出现，比如活性强的有机金属中间体形成之后紧接着进行亲电试剂的加成。第二个选择是寻找一种添加剂能够稳定住活性中间体。例如，Roche 研究者们发现 $MgCl_2$ 可以稳定2-锂-3,4-二氯苯甲醚，该活性中间体极易形成苯炔[26]。第三个选择是将关键试剂加入至原料和亲电试剂的混合物中，这样活性中间体会在刚形成的时候就被消耗掉。例如，碘苯基锂盐在−60 ℃时半衰期为 40 min，在 1000 L 的放大反应中 *n*-BuLi 的延长加料时间为 90 min，而酮的滴加时间需要至少 2 h（图 9.8）。需要进行良好的温度控制来防止由于 1-丁基-4-碘苯的形成导致产率下降，1-丁基-4-碘苯由芳基锂试剂和碘代丁烷反应得到，后者是碘-锂交换的副产物。进行放大时，将 *n*-BuLi 加入至酮和 1,4-二碘苯的溶液中可以选择性地进行反应[27]。同样地，吡啶负离子太稳定了以致不能发生硼化反应，Merck 研究人员发现可以把碱最后加入至 3-溴吡啶和硼酸三丁酯的反应体系中[28]。Merck 研究人员同时也论证了在 B(O-*i*-Pr)$_3$ 的存在下

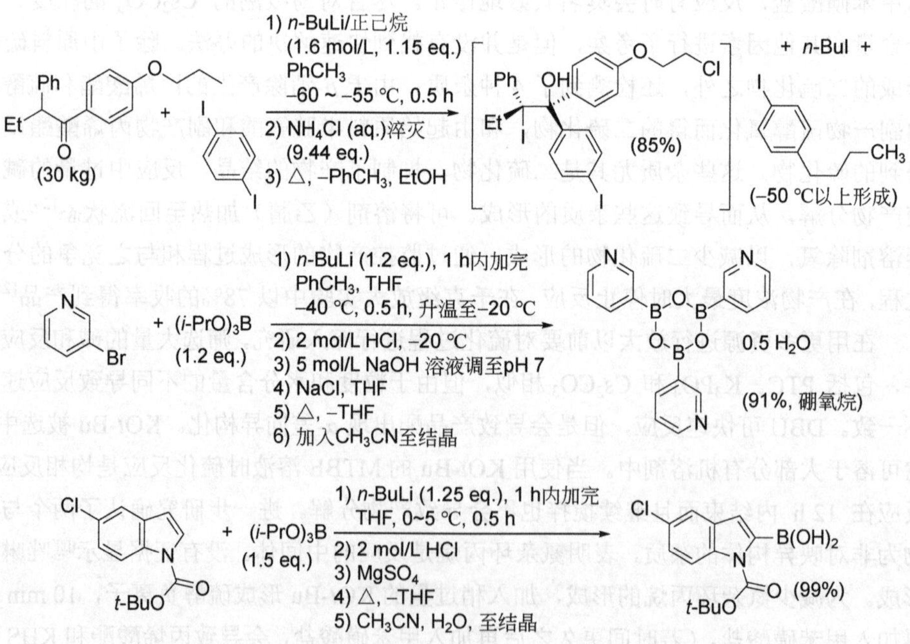

图 9.8 将碱加入至原料和亲电试剂混合物中的优点

n-BuLi 和 *N*-Boc 吲哚会发生吲哚的硼化反应[29]。Snieckus 实验室将这类硼化反应与 Suzuki 反应联合起来[30]。通过改变加料顺序，这些具有高化学选择性的工艺体现了组分不同的反应活性。

控制稀释程度在利用化学选择性和减少杂质形成的过程中十分重要，而缓慢加料可以认为是稀释的一种方式。介观混合和微观混合很重要，尤其是在放大反应中（第 8 章）。图 9.9 中二酯的选择性水解可能要归功于极稀状态（约 0.04 mol/L）、低温和试剂的逐滴滴加，微乳剂的形成在减少过度水解时也起了很大的作用[31]。AstraZeneca 研究人员发现，用乙基置换甲氧基时需要缓慢滴加 EtMgBr[32]。在最初路线中用 Mg 和 I_2 进行甲酯的脱甲基化反应很麻烦，而且会产生碘代甲烷。在完成萘酚到三氟甲烷磺酸酯的转化之后，与三乙基硼烷进行 Pd 催化偶联后的反应体系还需进行柱色谱分离纯化，而且催化剂在长期使用中十分昂贵。研究者们指出，*o*-噁唑啉基团的存在促进了芳香甲氧基团的本位取代，并且也想知道 *o*-酯基团是否也能有同样的催化效果。由于缓慢加料，与乙基格氏试剂的反应十分成功，在上述条件下与氰基和酯基并没有发生明显的反应。最后的工艺条件十分有创新性和实用性，用一步取代了三步，并且是在其他人想象不到的条件下进行的。好的研究者都会进行这些反应，因为产生的数据是肯定或否定这些假设的最佳方式。

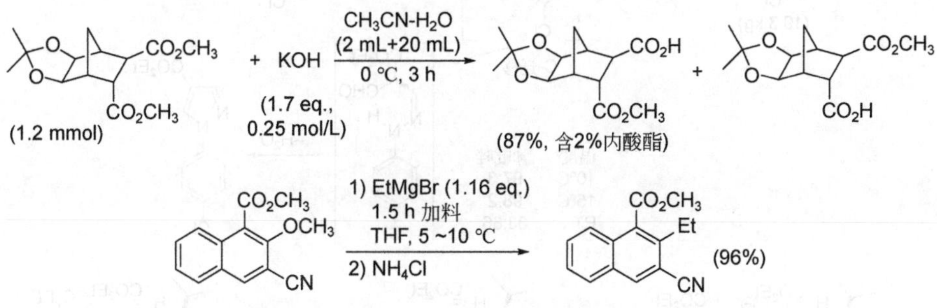

图 9.9　在工艺开发过程中稀释和缓慢加料是很重要的因素

9.6 温度的控制

在高于所需的温度下进行反应可能得不到想要的产物。在某个组分的沸点之上进行反应会导致这个组分损失。例如，在图 12.2 改进后的 Arbuzov 反应的 C 工艺路线中，包含 TMSCl 的反应体系在 60～70 ℃下加入 HMDS，TMSCl（沸点 57 ℃）的逐渐损失会导致这条工艺路线不可靠[33]。在吡啶和苯氧乙醇的甲苯回流液中加入氯化亚砜（沸点 79 ℃）的甲苯溶液在放大过程中很有效，这些反应条件保证了快速且剂量控制的反应和 SO_2 的排出，并且不会积聚压力（图 9.10）。在这个温度下 $SOCl_2$ 会气化。可能是 $SOCl_2$ 的甲苯溶液有足够的热容量，所以 $SOCl_2$ 在抵达反应表面之前不会在反应器上方被气化[34]。其他有用的方式可能是 $SOCl_2$ 在溶液中几乎会瞬间发生反应（因为通过液下加料的方式），或者形成吡啶·$SOCl_2$配合物来帮助$SOCl_2$停留在溶液中。通过副反应速度增大幅度比目标反应大的方式，小的温度变化会强烈影响副产物的形成。在$SnCl_4$催化亚胺与重氮乙酸乙酯的反应中，产物比例在15 ℃到室温之间明显发生变化[35]。过高的温度也会导致研究者们忽略一些有趣的反应产物。在图9.10中，硝酮和乙炔在大约110 ℃的温度下形成吡咯。随后J&J研究者们发现，在更低的温度下反应形成异噁唑啉，该产物在高温下才转化成吡咯[36]。绿色化学中的一个原则是减少能量消耗，而这些结果证实过度加热是有害的。

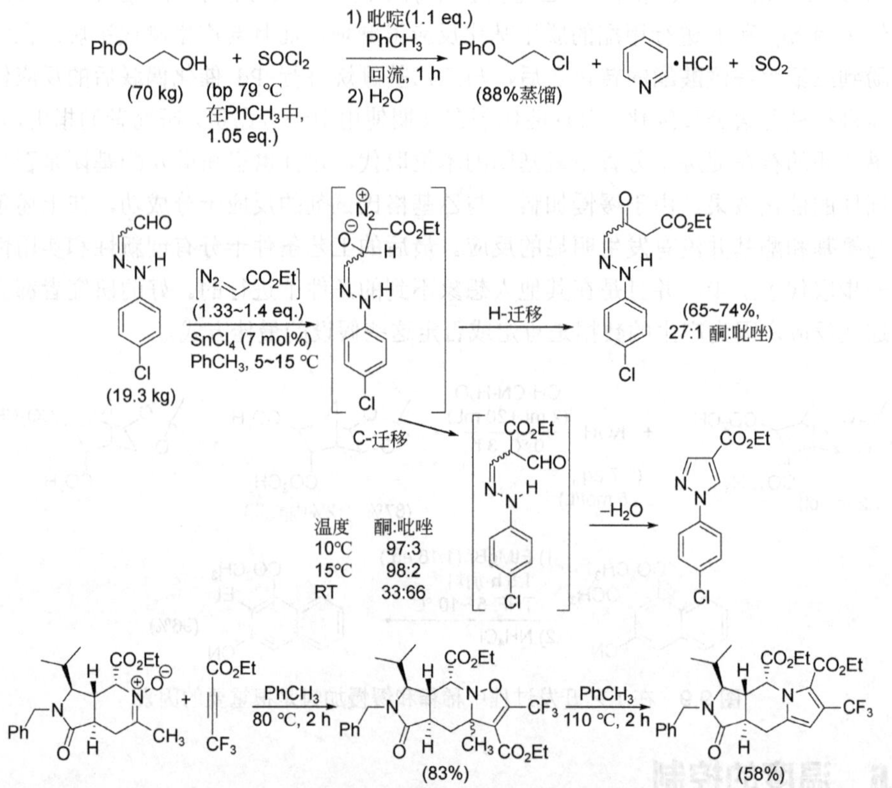

图9.10 优化工艺过程中考察温度的影响

9.7 后处理过程中减少杂质的产生

在反应的最后得到一个稳定的反应混合物是必需的，这样可以防止在随后的工艺中尤其是放大时产生大量的杂质。在紫杉醇（Taxol®）的半合成路线中，最后一步转化成API时检测到大量的杂质（图9.11）。酸介导的脱保护过程先脱除甲氧基丙基（MOP），再脱除三乙基硅基（TES）。和在EtOH或丙酮中相比，反应在AcOH中进行会显著缩短反应时间；和用三氟乙酸、三氯乙酸、HCl相比，使用H_2SO_4会产生更多的 10-去乙酰基紫杉醇（主要杂质）。脱保护使用的试剂选择 TFA，是因为它不会腐蚀生产中使用的不锈钢设备，将水加至反应介质（AcOH∶H_2O = 3∶1）中可以加快反应速度。反应混合物分解成包括缩环杂质在内的共 6 种不同杂质，所以选用 NaOAc 水溶液淬灭反应。（用 $NaHCO_3$ 或 Na_2CO_3 淬灭会通过逆向 aldol-aldol 缩合反应生成 7-位差向异构化的杂质。）产物用 CH_2Cl_2 萃取，浓缩后用 *i*-PrOH 去除 CH_2Cl_2。调节水分含量之后，浓缩物加热成溶液，冷却，于 30～35 ℃搅拌数小时得到需要的多晶[37,38]。淬灭酸介导的反应使紫杉醇的半合成工艺路线得以进行。

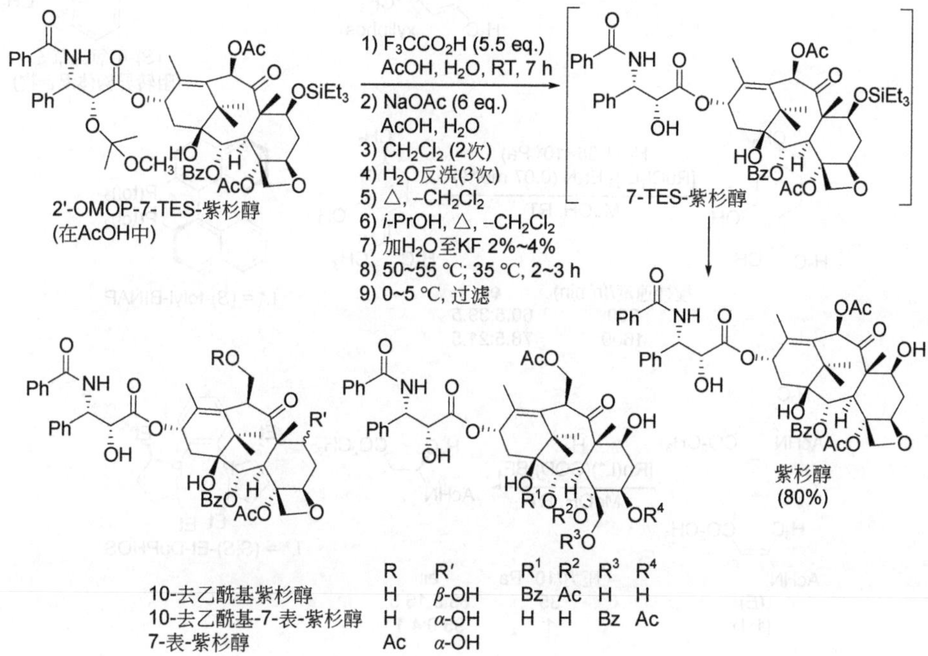

图 9.11　在紫杉醇的半合成生产路线中淬灭 TFA 介导的反应以减少杂质含量

9.8 氢化过程中的影响因素

物理化学因素会影响氢化反应是否成功进行。在异丙甲草胺的亚胺前体的手性氢化反应中（图 9.12），温度主要影响对映选择性，氢气压力主要影响反应速率。催化剂与底物投料量的比例为 1∶2×10^6，要求加入的亚胺为高纯度原料以防止催化剂中毒[39]。在使用 Rh/C 的烷基苯氢化反应中，温度小幅增长比压力小幅增长对反应速率增长的影响更大[40]。Blackmond 和同事们发现搅拌会影响烯丙醇氢化的对映体比例(er)。主要影响因素是液相中溶解的 H_2 含量，而不是气相中 H_2 的压力[41]。使用 (*S*,*S*)-Et-DuPhos 催化剂进行烯胺的催化氢化可有效获得手性的 *β*-氨基酯产物，增加压力会降低 er 值[42]。这些例子印证了氢化反应中筛选压力、温度和搅拌速度的重要性。

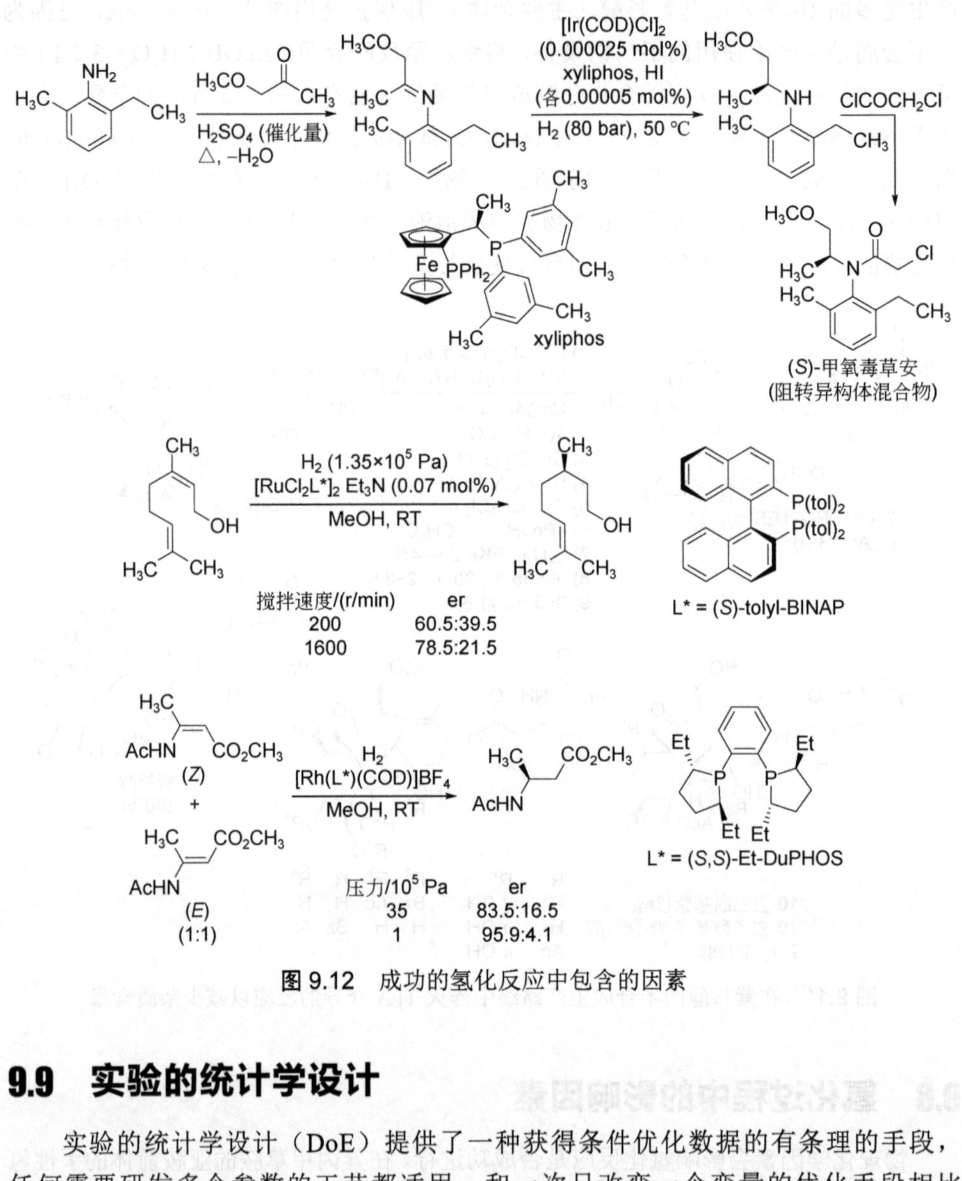

图 9.12 成功的氢化反应中包含的因素

9.9 实验的统计学设计

实验的统计学设计（DoE）提供了一种获得条件优化数据的有条理的手段，任何需要研发多个参数的工艺都适用。和一次只改变一个变量的优化手段相比（OVAT，即一次改变一个因素，或者是 OFAT），DoE 实验一次随机改变多个变量。DoE 通常在三个领域使用：在最佳条件尚不明显的工艺优化早期阶段；平行筛选实验以找到最佳条件，类似 QbD 归档；在常规生产的优化。少量提高产率即能大量节约成本。实施 DoE 研究需要使用几何学如单纯形法和 Nelder-Mead 算法，以找到最佳条件或最少条件[43]。软件包[44]经常用于化学工艺开发中。DoE 的经典文本从 Box 等中得来[45]。DoE 数据的质量主要体现在工艺的可重复性和准确性以及试验的可重复性。

图 9.13 的例子中详细讨论了 DoE 的价值。来自 Bristol 大学和 GSK 的研究者们使用 DoE 方法将 Heck 反应的产率从 57%提高至 89%，钯催化剂的用量也从 3 mol%降至 0.5 mol%[46]。最初考察了 5 种变量的高数值和低数值：催化剂用量，碱用量，时间，浓度和温度。完整的变量研究需要进行 2^5 次实验，选择进行半变量研究，再增加一些“中心点”，总共需要 20 次实验。基于第一个系列的结果，第二个系列需要进行 30 次实验，使用表面响应模型来定义非线性相互作用。反应以平行反应方式进行，快速而且可重复地产生数据。作者讨论了随机选择对于消除偏差是必要的，并且需要详细的方法以减少实验次数。浓度和温度是两个互相依赖的变量。相对稀的浓度被发现是最佳条件，可能是因为减少钯镜的形成从而延长了催化剂寿命[47]，在稀浓度下需要高温才能获得好的转化率。这些高温、相对稀浓度的条件与其他已开发的无配体 Heck 反应条件类似[47,48]。来自 Bristol 大学和 GSK 的研究者们仅在三周的时间内就完成了条件优化[46]。

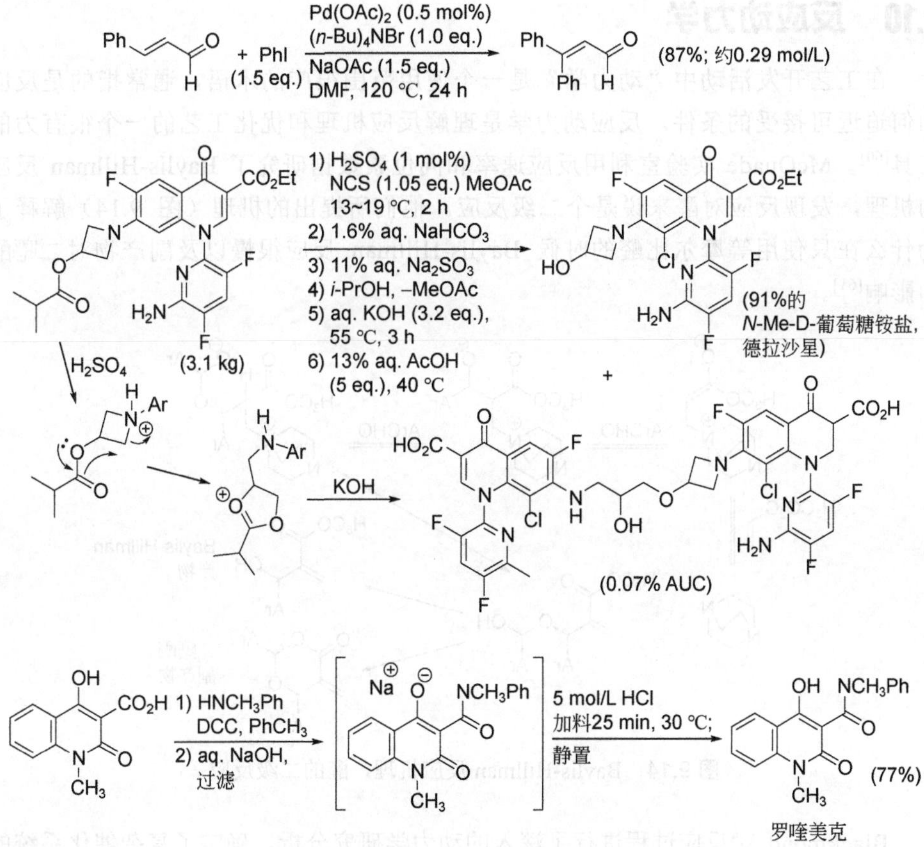

图 9.13　通过 DoE 方法优化的一些反应

DoE 方法已被用于大范围工艺条件的优化。例如，DoE 用于优化关环复分解反应[49]，使用 Na_2WO_4 和 H_2O_2 的氧化反应[50]，和钯催化下溴苯转化成苯乙烯的反应[51]。AstraZeneca 研究者们利用 DoE 方法研究 Swern 氧化和还原胺化反应，在研究时间表内快速制备了千克量级的一种 NCE[20]。在硫酸催化氨基喹诺酮的氯化反应[52]中，DoE 用于优化产率和减少酰氧基氮杂环丁烷的酸介导分解（图 9.13）；DoE 推测使用 1 mol% H_2SO_4 后会产生不到 0.1%的二聚体，并且在千克级放大实验中也证实了这个推测[53]。在相继脱除 THP 和 *t*-Bu 保护基时，使用 DoE 方法将产率从 50%～65%提升至 85%[54]。DoE 被用于提高一个后处理过程中会分解的烷基化产物的分离收率[55]。DoE 被用于优化一种化合物含水条件下的结晶[56]。采用 DoE 策略发展了可靠的罗喹美克结晶条件，具体方法是将盐酸水溶液加入至罗喹美克的钠盐中[57]（图 9.13），并且在 QbD 研究中定义可接受的范围（PARs）[58]。DoE 也被用于制备缩酮时定义操作连续逆流蒸馏塔的最佳条件[59]。在《Organic Process Research & Development》中有许多篇详细描述 DoE 研究的文献。

9.10 反应动力学

在工艺开发活动中"动力学"是一个使用范围很广的术语，通常指的是反应如何追近可接受的条件。反应动力学是理解反应机理和优化工艺的一个很有力的工具[60]。McQuade 实验室利用反应速率和同位素数据研究了 Baylis-Hillman 反应的机理，发现反应对醛来说是个二级反应。他们所提出的机理（图 9.14）解释了为什么在只使用等摩尔比醛的时候 Baylis-Hillman 反应很慢以及副产物对二噁酮的影响[61]。

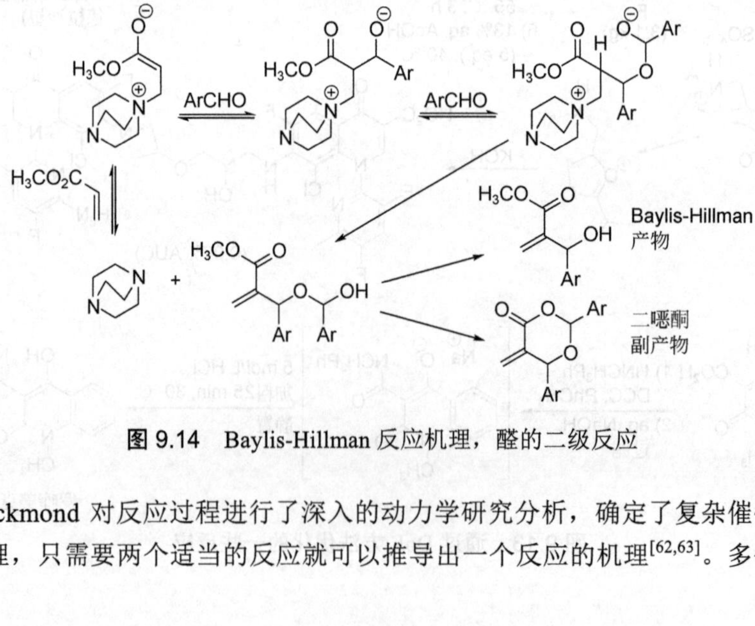

图 9.14 Baylis-Hillman 反应机理，醛的二级反应

Blackmond 对反应过程进行了深入的动力学研究分析，确定了复杂催化系统的反应机理，只需要两个适当的反应就可以推导出一个反应的机理[62,63]。多个正交分

析的数据也给出了进一步可信的解释。例如，Blackmond、Buchwald 和 Hartwig 实验室在 Pd(BINAP)催化的胺与 3-溴苯甲醚的胺化反应中通过波谱和动力学速率研究得到了数据（图 10.1）。这些研究表明，活性催化剂由前催化剂组分形成，并帮助解释了反应中偶尔会见到的诱导期[64]。

9.11 其他加料工艺或连续工艺

由于反应中会形成活性中间体或产物，所以连续工艺在更安全和更高收率地制备产物方面是十分必要的。图 9.15 羟氨基嘧啶的硝化反应放热十分剧烈[65]，在适宜温度下能承受最大规模批量操作的是一个 22 L 的反应器。出于安全原因，开发连续工艺来获得更多产品，5 ℃下连续用 H_2O 淬灭。研究者们优化摩尔配比、温度、流动速率和 HNO_3 浓度。如果原料溶解在热 H_2SO_4 中就会产生二羟基杂质。如果保留时间（τ）小于 2.5 min，大量未反应的原料会残留。当保留时间大于 2.5 min 或使用 98%的 HNO_3 时，会发生二次硝化反应或分解反应。通过用(i-Pr)$_2$NH 对滤饼打浆可以得到稳定的盐[66]。（详细描述这些细节可以论证优化连续工艺和分批工艺的共同之处。）在中间体芳基锂试剂的酰化反应中，产物酮酯比乙二酸二乙酯活性更强，并且由于分批工艺的原因，产率很低。通过将芳基锂试剂与过量的乙二酸二乙酯混合，并将产物酮酯与芳基锂试剂分离的方式可以大大提高产率。研究者们用 1 mL 注射器筒与三通接口相连作为连续反应器，通过吸力作用吸进反应器中并立即在冰中淬灭。使用这个简单的装置可以 83%的分离收率获得酮酯[67]。化学替代方法可以是改变试剂，也许能使用芳基锌试剂或 Weinreb 酰胺，引入添加剂来稳定中间体[26]，或改变路线。

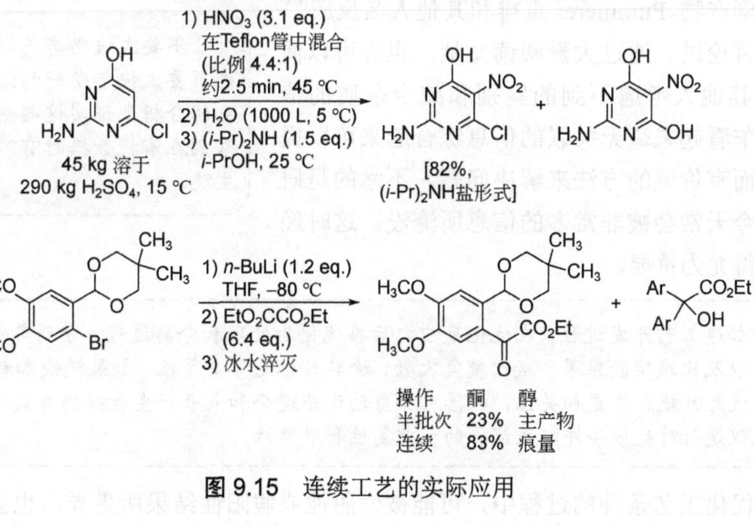

图 9.15　连续工艺的实际应用

表 9.2 中展示了连续工艺和半批次工艺的对比。第 14 章主要介绍连续工艺操作。

表 9.2 分批工艺和连续工艺的参数对比

参数	分批或半批次工艺	连续工艺
终点	反应时间	τ（反应器中的保留时间，插入流反应器中的流速）
反应温度	低温	由于接触时间较短，-20～40 ℃均可
增加湍流程度	增加搅拌速度，使用挡板	增加流速（减少τ）
反应物浓度	常规	组分在各自流中的浓度可能比混合时高
反应中试样分析	通常是在反应容器外进行，但是也可以进行在线分析（PAT）	可适用于PAT

9.12 展望

一些科学家认为连续工艺是解决问题的工程方法。把我们的问题推卸到别人身上是不负责任的。连续工艺可能是生产更多产品的最佳方法，应该被列入考虑范围。

为最大限度降低工艺过程中的杂质含量，预测杂质会如何形成以及如何检测是很有帮助的，除了把在常规分析中已确定的杂质降到最低量外，预测杂质形成在故障排查中很有用（第17章）。不断阅读关于化学和工艺的文献对预测杂质很有帮助。例如，当使用碳化二亚胺时，差向异构化和从*O*-酰基至*N*-酰基迁移的副产物可以通过引入诸如HOBt的添加剂来减少其含量（图9.6）。芳基硼酸交叉偶联反应中减少酸去硼化作用的有效条件，在第10章中讨论。在甲磺酰化反应中减少烷基氯化物副产物，已在图9.1中讨论。Swern氧化的副产物、Pummerer重排和其他人名反应[68]都已经讨论过。通过大量阅读文献，也许可以偶然发现其他人考虑不到的鉴别和减少杂质的信息，将乍看起来毫无关联的信息综合起来可以提供创新而有价值的方法来解决问题。不幸的是研究者们今天常会被非常多的信息所淹没。这时经验就显得尤为重要。

不要太快忽略不好的结果，也不要太快接受好的结果！用独立的分析来证实这些结果。科学家们在审视数据时有时也可能会主观。

为加速工艺开发过程，在优化反应之后再优化后处理和分离过程。分割实验、优化每项工艺以及比较实验结果。减少重复次数，除非目标是可重复性。如果缓慢加料会产生副产物，放大时就需要更加关注。机器人和自动化是现今和未来产生数据的方式，但是这些结果也仅是针对反应条件以及试验的可重复性和准确性。

在优化工艺条件的过程中，可能被假阴性或假阳性结果所愚弄，也会先入为主地去理解所得到的数据。例如，在烯糖碘化之后重复偶联“失败”，没有得到期望的

β-糖苷（图 9.16）。基于 TLC 和 NMR 分析，这些反应的产物是期望的反式碘代磺酰胺类中间体。进一步 NMR 分析（由于原子核 Overhauser 效应，在 H-1 & C-2 位信号有细微的差别）显示产物重排成顺式碘代磺酰胺。TLC 结果显示，更稳定的顺式产物和反式中间体的 R_f 值十分接近。［对这个反应的进一步研究表明，柱色谱以及苯磺酰胺和 3,4,6-(O-三甲基乙酸)-烯糖或 3-TES-4,6-O-丙酮-烯糖之间的反应过程也会发生重排[69]。］波谱数据中这些细微的差别，比如 NMR 或 IR 信号超出通常预期的范围，可能表明苯环的非正常屏蔽效应或分子的非正常张力，会让机敏的研究者重新审视这些数据。

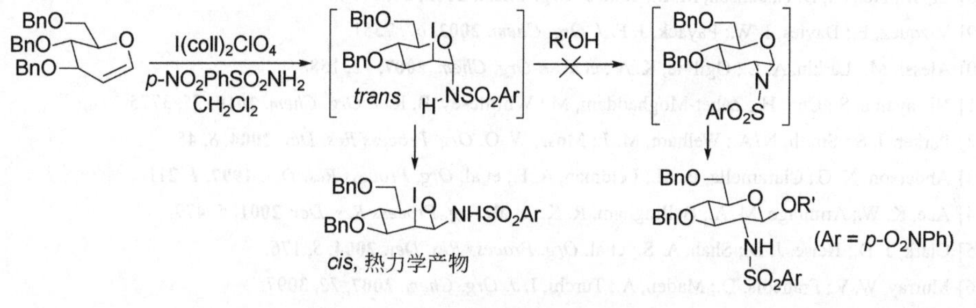

图 9.16　β-糖苷的预期生成

参 考 文 献

[1] Federsel, H.-J.; Sveno, A. // Gadamasetti, K.; Braish, T., Eds. Process Chemistry in the Pharmaceutical Industry. 2nd ed. Boca Raton, Florida: CRC Press, 2008, 111.

[2] Tanabe, Y.; Yamamoto, H.; Yoshida, Y.; et al. *Bull. Chem. Soc. Jpn.* **1995**, *68*, 297.

[3] Wuts, P. G. M.; Ashford, S. W.; Conway, B.; et al. *Org. Process Res. Dev.* **2009**, *13*, 331.

[4] Faul, M. M.; Kobierski, M. E.; Kopach, M. E. *J. Org. Chem.* **2003**, *68*, 5739.

[5] Boini, S.; Moder, K. P.; Vaid, R. K.; et al. *Org. Process Res. Dev.* **2006**, *10*, 1205.

[6] Meyers, C.; Maes, B. U. W.; Loones, K. T. J.; et al. *J. Org. Chem.* **2004**, *69*, 6010.

[7] Qafisheh, N.; Mukhopadhyay, S.; Joshi, A. V.; et al. *Ind. Eng. Chem. Res.* **2007**, *46*, 3016.

[8] Wilk, B. K.; Mwisiya, N.; Helom, J. L. *Org. Process Res. Dev.* **2008**, *12*, 785.

[9] Fray, M. J.; Gillmore, A. T.; Glossop, M. S.; et al. *Org. Process Res. Dev.* **2010**, *14*, 263.

[10] Bowles, D. M.; Bolton, G. L.; Boyles, D. C.; et al. *Org. Process Res. Dev.* **2008**, *12*, 1183.

[11] Dupau, P.; Epple, R.; Thomas, A. A.; et al. *Adv. Synth. Catal.* **2002**, *344(3+4)*, 421.

[12] Caille, S.; Cui, S.; Hwang, T.-L.; et al. *J. Org. Chem.* **2009**, *74*, 3833.

[13] Loeser, E.; Prasad, K.; Repic, O. *Synth. Commun.* **2002**, *32*, 403.

[14] Karpf, M.; Trussardi, R. *J. Org. Chem.* **2001**, *66*, 2044.

[15] Barnwell, N.; Cheema, L.; Cherryman, J.; et al. *Org. Process Res. Dev.* **2006**, *10*, 644.

[16] Rao, C. S. The Chemistry of Process Development in Fine Chemical & Pharmaceutical Industry. 2nd ed. New York: Wiley, 2007.

[17] Bio, M. M.; Hansen, K. B.; Gipson, *J. Org. Process Res. Dev.* **2008**, *12*, 892.

[18] Zook, S. E.; Busse, J. K.; Borer, B. C. *Tetrahedron Lett.* **2000**, *41*, 7017.

[19] Xu, F.; Simmons, B.; Reamer, R. A.; et al. *J. Org. Chem.* **2008**, *73*, 312.

[20] Parker, J. S.; Bowden, S. A.; Firkin, C. R.; et al. O. *Org. Process Res. Dev.* **2003**, *7*, 67.

[21] Bäckvall, J.-E.; Selle´n, M. JCS *Chem. Commun.* **1987**, 827.

[22] Simpson, J. H.; Godfrey, J.; Fox, R.; et al. *Tetrahedron: Asymmetry* **2003**, *14*, 3569.

[23] (a) Nettles, S. M.; Matos, K.; Burkhardt, E. R.; et al. *J. Org. Chem.* **2002**, *67*, 2970. (b) Hilborn, J. W.; et al. *Tetrahedron Lett.* **2001**, *42*, 8919.

[24] Königsberger, K.; Chen, G.-P.; Wu, R. R.; et al. *Org. Process Res. Dev.* **2003**, *7*, 733.

[25] Rassias, G.; Hermitage, S. A.; Sanganee, M. J.; et al. *Org. Process Res. Dev.* **2009**, *13*, 774.

[26] Rawalpally, T.; Ji, Y.; Shankar, A.; et al. *Org. Process Res. Dev.* **2008**, *12*, 1293.

[27] Ennis, D. S.; Lathbury, D. C.; Wanders, A.; Watts, D. *Org. Process Res. Dev.* **1998**, *2*, 287; D. Ennis. 个人通讯.

[28] Li, W.; Nelson, D. P.; Jensen, M. S.; et al. *J. Org. Chem.* **2002**, *67*, 5394.

[29] Vazquez, E.; Davies, I. W.; Payack, J. F. *J. Org. Chem.* **2002**, *67*, 7551.

[30] Alessi, M.; Larkin, A. L.; Ogilvie, K. A.; et al. *J. Org. Chem.* **2007**, *72*, 1588.

[31] Niwayama, S.; Cho, H.; Zabet-Moghaddam, M.; Whittlesey, B. R. *J. Org. Chem.* **2010**, *75*, 3775.

[32] Parker, J. S.; Smith, N. A.; Welham, M. J.; Moss, W. O. *Org. Process Res. Dev.* **2004**, *8*, 45.

[33] Anderson, N. G.; Ciaramella, B. M.; Feldman, A. F.; et al. *Org. Process Res. Dev.* **1997**, *1*, 211.

[34] Ace, K. W.; Armitage, M. A.; Bellingham, R. K.; et al. *Org. Process Res. Dev.* **2001**, *5*, 479.

[35] Clark, J. D.; Heise, J. D.; Shah, A. S.; et al. *Org. Process Res. Dev.* **2004**, *8*, 176.

[36] Murray, W. V.; Francois, D.; Maden, A.; Turchi, I. *J. Org. Chem.* **2007**, *72*, 3097.

[37] Singh,A.K.;Weaver, R. E.; Powers,G. L.; et al. *Org. Process Res. Dev.* **2003**, *7*, 25.

[38] Powers, G. L.; Rosso, V. W.; Singh, A. K.; Weaver, R. E. U S 6184395. 2001 (to Bristol-Myers Squibb).

[39] Blaser, H.-U.; Hanriech, R.; Schneider, H.-D.; Spindler, F.; Steinacher, B. Asymmetric Catalysis on Industrial Scale. Wiley-VCH, 2004, 55.

[40] Anderson, N. G.; Burke, L. Unpublished.

[41] Sun, Y.; Landau, R. N.; Wang, J.; LeBlond, C.; Blackmond, D. G. *J. Am Chem. Soc.* **1996**, *118*, 1348.

[42] (a) Heller, D.; Holz, J.; Drexler, H.-J.; et al. *J. Org. Chem.* **2001**,*66*, 6816. (b)Jin, F.; Wang, D.; Confalone, P. et al. *Tetrahedron Lett.* **2001**, *42*, 4787.

[43] http://www.scholarpedia.org/article/Nelder-Mead_algorithm. Prospectors may have used this approach in mining ores.

[44] http://www.jmp.comfor JMP software, and http://www.statease.com for DesignExpert software

[45] Box, G. E. P.; Hunter, W. G.; Hunter, J. S. *Statistics for Experimenters*; Wiley, 1978.

[46] Aggarwal, V. K.; Staubitz, A. C.; Owen, M. *Org. Process Res. Dev.* **2006**, *10*, 64.

[47] de Vries, A. H. M.; Mulders, J. M. C. A.; et al. *Org. Lett.* **2003**, *5*, 3285.

[48] Arvela, R. K.; Leadbeater, N. E.; Sangi, M. S.; et al. *J. Org. Chem.* **2005**, *70*, 161.

[49] Wang, H.; Goodman, S. N.; Dai, Q.; et al. *Org. Process Res. Dev.* 2008, ***12***, 226.

[50] Hida, T.; Fukui, Y.; Kawata, K.; et al. *Org. Process Res. Dev.* **2010**, *14*, 289.

[51] Denmark, S. E.; Butler, C. R. *J. Am. Chem. Soc.* **2008**, *130*, 3690.

[52] For AcOH catalysis of a chlorination using NCS, see Pesti, J. A.; Hunn, G. F.; Yin, J.; et al. *Org. Chem.* **2000**, *65*, 7718.

[53] Hanselmann, R.; Johnson, G.; Reeve, M. M.; Huang, S.-T. *Org. Process Res. Dev.* **2009**, *13*, 54.

[54] Kuethe, J. T.; Tellers, D. M.; Weissman, S. M.; Yasuda, N. *Org. Process Res. Dev.* **2009**, *13*, 471.

[55] de Koning, P. D.; McManus, D. J.; Bandurek, G. R. *Org. Process Res. Dev.* **2011**, *15*, 1081.

[56] Black, S. N.; Phillips, A.; Scott, C. I. *Org. Process Res. Dev.* **2009**, *13*, 78.

[57] Sjövall, S.; Hansen, L.; Granquist, B. *Org. Process Res. Dev.* **2004**, *8*, 802.

[58] Cimarosti, Z.; Bravo, F.; Castoldi, D.; et al. *Org. Process Res. Dev.* **2010**, *14*, 805.

[59] Clarkson, J. S.; Walker, A. J.; Wood, M. A. *Org. Process Res. Dev.* **2001**, *5*, 630.

[60] Singh, U. K.; Orella, C. J. //am Ende, D. J., Ed. Chemical Engineering in the Pharmaceutical Industry: R&D to Manufacturing. Wiley, 2010, 79.

[61] Price, K. E.; Broadwater, S. J.; Walker, B. J.; McQuade, D. T. *J. Org. Chem.* **2005**, *70*, 3980.

[62] Mathew, J. S.; Klussmann, M.; Iwamura, H.; et al. *J. Org. Chem.* **2006**, *71*, 4711.

[63] Blackmond, D. G. *Angew. Chem. Int. Ed.* **2005**, *44*, 4302.

[64] Shekhar, S.; Ryberg, P.; Hartwig, J. F.; et al. *J. Am. Chem. Soc.* **2006**, *128*, 3584.

[65] 关于放热反应和安全考虑的另一个例子见：Marterer, W.; Prikoszovich, W.; Wiss, J.; Prashad, M. *Org. Process Res. Dev.* **2003**, *7*, 318.

[66] De Jong, R. L.; Davidson, J. G.; Dozeman, G. J.; et al. *Org. Process Res. Dev.* **2001**, *5*, 216.

[67] Hollwedel, F.; Koßmehl, G. A. *Synthesis* **1998**, 1241.

[68] Li, J. J. Name Reactions: A Collection of Detailed Reaction Mechanisms. 3rd ed. Springer, 2006.

[69] Owens, J. M.; Yeung, B. K. S.; Hill, D. C.; Petillo, P. A. *J.Org. Chem.* **2001**, *66*, 1484.

第 10 章　金属有机反应的优化

"副产物的鉴定、区域选择性、反应或不反应的观察结果，这些都应该仅被看作钯参与反应所包含复杂机理的一种征兆……一方面，了解如何减少不必要的反应和副产物是大家倍感兴趣的，但另一方面，人们可以利用观察到的反应途径开发新的合成方法。"

——Gerard P. McGlacken 和 Ian J. S. Fairlamb[1]

10.1　引言

近来有许多关于优化催化金属有机反应的书被出版[2~14]。最近，许多优秀的综述评论了有专利权的交叉偶联反应[15]、大规模制造活性原料药（APIs）的交叉偶联反应[16]以及药学、农药和精细化工业的产品[17]、杂芳烃的交叉偶联反应[18]、鉴定钯催化交叉偶联反应的副产物[1]，其中有一章详细综述了一些适用于进一步放大的交叉偶联反应[19]。这些评论的广度和深度将使得其他工艺的研究发展得以借鉴。其他有关脱水交叉偶联[20]、氧化交叉偶联[21]、钴催化交叉偶联[22]和烷基金属有机化合物的交叉偶联[23]的综述可能会在制药业工艺的研究发展中有更多的应用。金属有机化学的领域正在迅速成长。本章将提到工艺优化的一些方法，尽量不重复这些优秀综述中的信息。

若想将有机催化反应以价格可取的方式放大，需有一些额外的实际考量。首先，昂贵的配体和金属催化剂前体会提高 CoG，尤其是需要高剂量的时候。其次，催化剂前体和催化剂本身对 O_2 和 H_2O 的敏感性会使得大规模处理变得复杂。金属催化的过程往往需要完整的脱气以减少副产品形成。已经有许多技术可有效地减少反应炉里氧气和水的含量，同时监测以维持水平。若需要在控制的条件下添加反应成分，干燥箱甚至可以放置在反应器顶部。最后，与除去金属、配体和副产物的相关困难会延长后处理的时间，可能降低效率和最终的分离收率。使用极少量的催化剂能使在纯化上有较小的负担，但是少量的催化剂也意味着该反应对微量抑制剂的敏感性。回收利用金属和配体可以降低 CoG，但这类方法的开发可能还需要一些努力。

放大反应时，不溶性（非均相）催化剂比均相催化剂更受欢迎，因为不溶性催化剂更容易回收再利用[24]。不溶性载体包括活性炭、氧化铝、二氧化硅、聚合物如

PdEnCat®、和纳米碳管[25]。前人对非均相钯催化碳-碳键形成进行了综述[26]。由于配体很少被加入到非均相催化剂参与的过程中，因此没有必要监测配体的分解或配体及副产物在该产品中的存在，而且有些非均相催化剂的价格比较便宜。在反应结束之后，如果金属能被再次吸附到非均相催化剂的固态载体上，那么将方便对催化剂的回收及把金属从产物中分离。然而，对于一个成功的工艺过程，非均相催化剂也许不能提供必要的反应活性或者选择性，而均相催化剂在当今则被广泛使用。

有机催化反应的机理是很复杂的。Blackmond、Buchwald 和 Hartwig 团队使用了核磁共振光谱、速率数据和动力学速率仔细地研究了钯催化的胺化反应（图 10.1）。

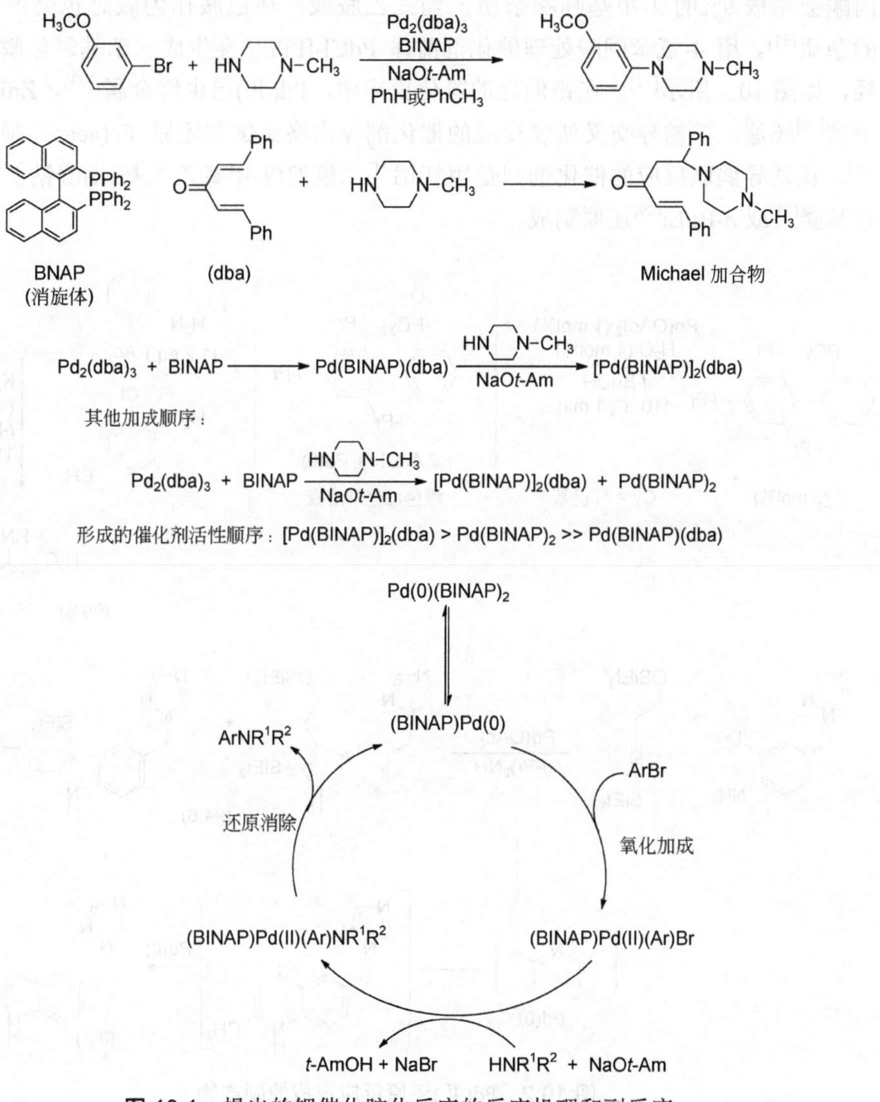

图 10.1　提出的钯催化胺化反应的反应机理和副反应

在碱性条件下胺以 Michael 加成的方式加成二亚苄基丙酮（dba），其他副产物也同时形成。在芳基溴加入之前，最快速的偶联反应已经发生在3-甲氧基苯基溴、$Pd_2(dba)_3$、BINAP、NaO*t*-Am 与胺之间。基于前催化剂 $Pd_2(dba)_3$ 和 BINAP，还有 3 个前催化剂被鉴定出。后三者中$[Pb(BINAP)]_2(dba)$最容易形成具有活性和催化性的物种[27]。图 10.1 的流程图有助于说明金属催化偶联反应的复杂性[28,29]。

若要进入上述的催化循环，Pd(Ⅱ)必须还原到 Pd(0)。膦配体和胺可作为还原剂，如图 10.2 所示[30]。氧化膦副产物可以很容易地用 HPLC 检测。如果这些组分的添加量不是相对较少，副产物将成为明显的杂质。比如二异丙基胺的氧化反应副产物丙酮会生成 9%的 2-甲基吲哚杂质，当三乙胺或二环己胺作为碱时也会产生相似的杂质[31]。用 4-氟苯硼酸处理催化剂前体 $PdCl_2[PPh]_2$ 会生成三苯基氧化膦和联芳烃，如图 10.3 所示[32]。在钯催化的氰化反应中，Pd(Ⅱ)已由锌金属[33]、$ZnEt_2$[34]和电解[35]还原。铁诱导交叉偶联反应的催化剂经由格氏试剂还原 $Fe(acac)_3$ 制备而成[36]。镍诱导偶联反应的催化剂则是用红铝［二氢双(2-甲氧乙氧基)铝酸钠］[37]、三苯基膦[38]或 *n*-BuLi[39]还原制成。

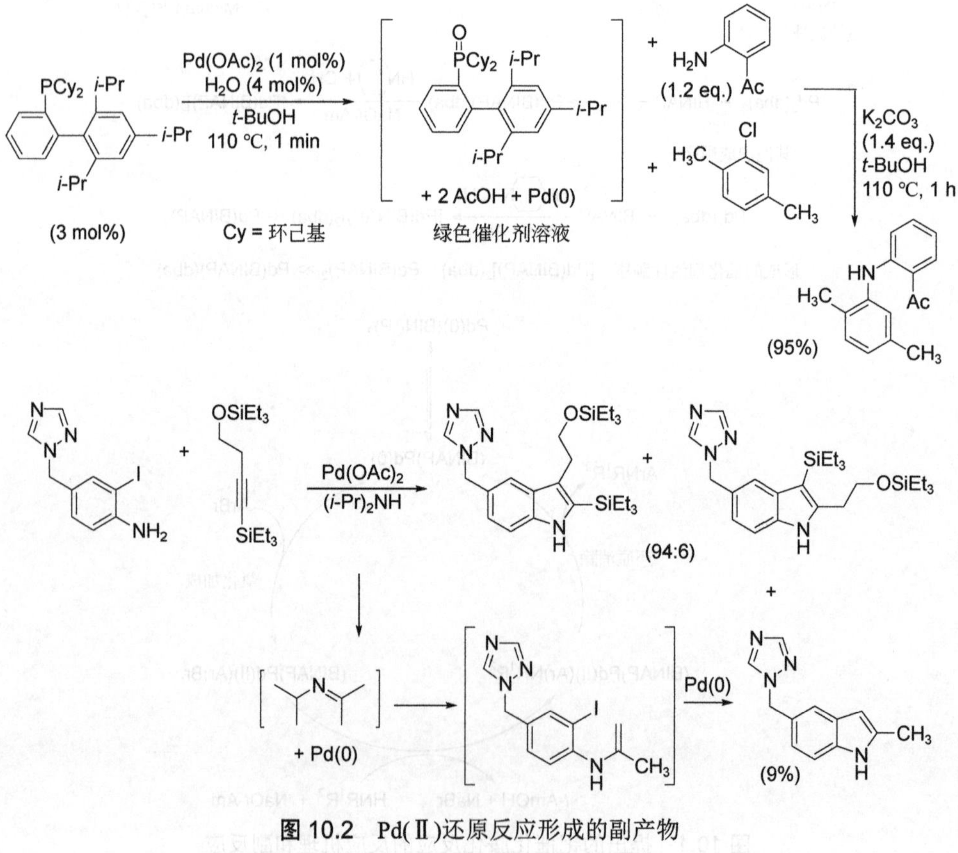

图 10.2 Pd(Ⅱ)还原反应形成的副产物

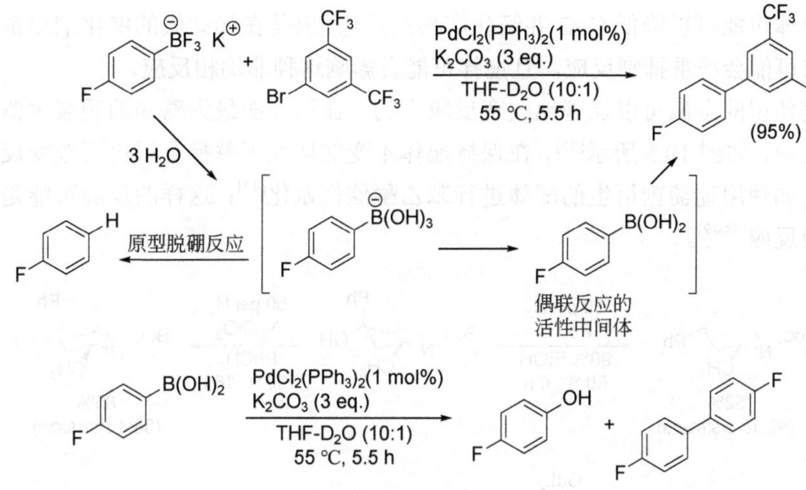

处理	ArOH	形成(4-F-Ph)$_2$ + Pd(0)
脱气	无	无
少量脱气	1	1

图 10.3　三氟硼酸的 Suzuki-Miyaura 交叉偶联反应机理

三氟硼酸盐的 Suzuki-Miyaura 偶联反应[40]的机理已经由核磁共振研究探测（图 10.3）。研究发现，控制水量是取得优异产率的关键。即使没有脱气，基本上氟化硼酸盐与芳基溴的交叉偶联反应中也完全没有苯酚和自身偶联的副产物，相反地，这些杂质却会在不充分脱气的情况下在硼酸参与反应时形成。原型脱硼反应曾出现在不含钯的滴定研究里。三氟硼酸盐有持续缓释硼酸的作用，而硼酸是具有转移金属化活性的物质。缓慢水解能防止硼酸的积累并减少杂质的形成[32]。Burke 研究小组发展了 MIDA 硼酸盐作为另一个帮助缓释 Suzuki-Miyaura 交叉偶联反应的物质（见图 10.11）[41]。

考察配体是催化金属有机化学的核心。Buchwald、Hartwig、Nolan 等团队的研究显示了新的配体可以因合成的需要而被研发。Corbet 和 Mignani 的杰出综述中讨论了上述一些工艺专利的例子[15]。也有些过渡金属催化反应并不需要配体。因为推论配体有助于溶解金属并防止它们形成无活性物质，像是钯镜面，所以一个 Heck 偶联的研究只用了 0.02 mol%的 $Pd(OAc)_2$（图 10.4）。在这种“顺势 Heck”（homeopathic Heck）的条件下，当底物/催化剂很高时，Heck 反应比聚合作用还要快[42-44]。虽然

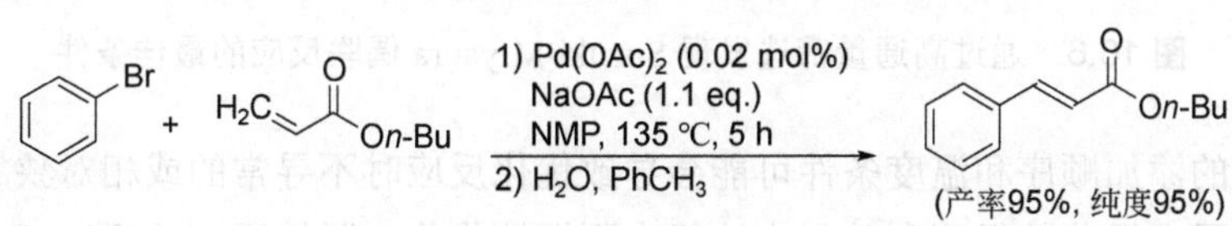

图 10.4　顺势、无配体的 Heck 反应

不使用配体可能可以降低 CoG 并简化产物的纯化，但是在如此低的催化剂用量下微量杂质也可能会严重抑制反应，且搅拌可能会影响这种非均相反应。

改变使用的金属可以显著地改变反应产物。在这方面最为熟知的领域大概是催化加氢反应，如图 10.5 所示[45]。在保持配体不变的情况下替换金属也可改变反应的结果[46]，如使用葡萄糖衍生的配体进行苯乙酮催化氰化[47]；这样的反应可能是催化剂的二级反应[48,49]。

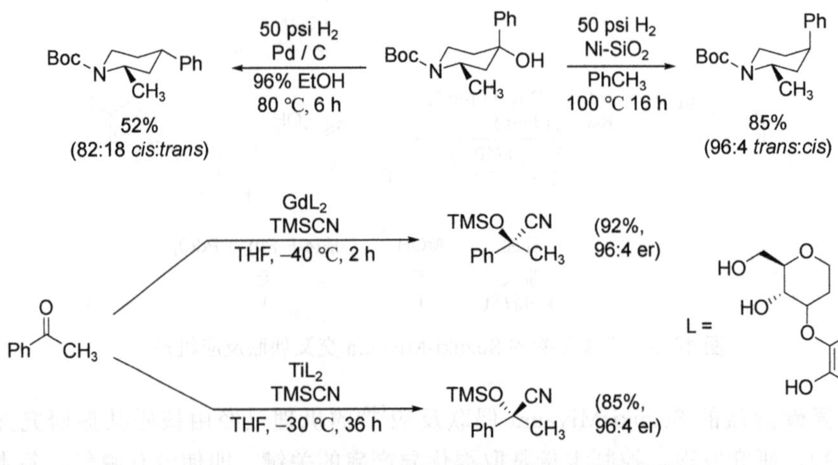

图 10.5 改变金属对还原反应和氰基硅烷化的影响

优化催化反应到最佳反应条件需要大量地筛选才能得到金属、配体和溶剂的最优组合。辉瑞研究人员使用了高通量实验，在 10 mg 的规模下筛选 200 个反应条件，为 3 个芳基硼酸参与的 Suzuki 偶联反应找到合适的条件组合。这种筛选因原料和产物的低溶解度以及 3 个芳基硼酸的电子差异而变得复杂。图 10.6 示出了这些底物转化率超过 98%的反应条件[50]。Merck[51]和 GSK[52]研究人员也讨论了一些深入和成功的筛选实例。

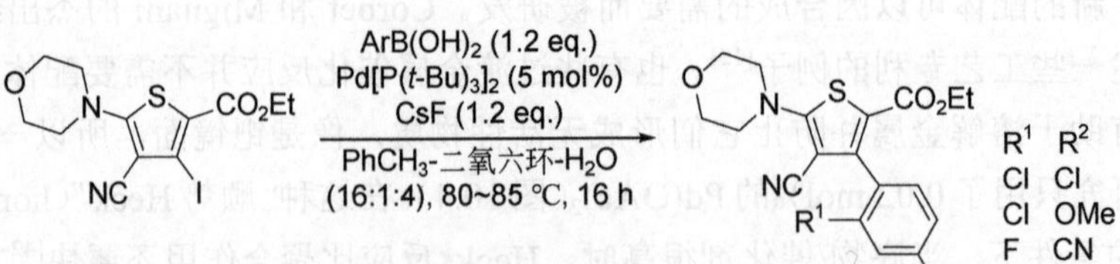

图 10.6 通过高通量筛选发现 Suzuki-Miyaura 偶联反应的最佳条件

最佳的添加顺序和温度条件可能会导致优化反应时不寻常的或相对狭窄的最佳条件。如果有显著的经济利益则应该努力不懈地优化。坚持不懈地研发工艺氧化制备埃索美拉唑在手性转换过程成功地找到了一个可靠的反应条件[53]（图 10.7）。水和碱在钛催化氧化中起着关键作用。广泛的手性二醇结构能有效地提供反应必要的手性，而(*S,S*)-酒石酸二乙酯是最易得的手性二醇。与四异丙醇钛最佳的配合物组合是 Ti∶(*S,S*)-酒石酸二乙酯∶H_2O = 1∶2∶0.5。引入 H_2O 提高了对映体比例（er 值），但过多会产生更多的砜副产物。催化剂配合物与反应试剂在 50 ℃平衡 1 h 是研究结果的最佳条件，接着反应被冷却到 30 ℃并加入二异丙基乙胺。有机碱也能增加 er 值，在所试的 10 个有机碱中，$(i\text{-Pr})_2NEt$ 有着最容易操作的工艺方法，且它与氧化剂一起使用时效果最佳。接着加入 0.97 摩尔倍量的溶于异丙苯的过氧化氢异丙苯，氧化反应便在 30～40 min 完成。广泛的非极性溶剂皆有效果，但为了将形成的硫化物原料叠加到氧化反应，甲苯是首选溶剂。后处理涉及碱性水溶液的萃取，如氨水，以去除钛盐，再将粗品溶解在丙酮并除去沉淀的亚砜消旋体以提高手性。将硫酸镁加入埃索美拉唑（esomeprozole）的碱性溶剂里能得到镁盐。许多人多年的研究成果成就了这个相当复杂的反应，优化了埃索美拉唑的工艺[54]。

过渡金属催化剂、催化剂前体和配体都可能是危险物。无水催化剂容易发生火花，这也是为什么购买到的催化剂如 Pd/C、Rh/C 和 Pt/C 均是含有约 50%水的潮湿固体。把 Pd/C 催化剂过滤掉再对膏状物抽吸空气会引起火灾。配体，如三叔丁基膦，也容易自燃。有些有机金属反应大量放热，如 Suzuki 偶联[55]和 Heck 反应[43,56]均已被证明如此。金属催化的过程在放大之前应做好操作条件的安全评估。

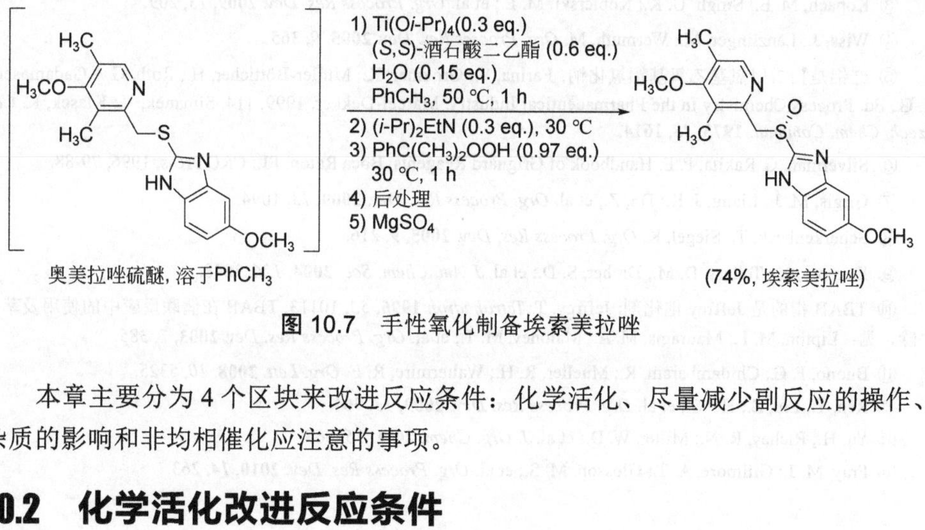

图 10.7 手性氧化制备埃索美拉唑

本章主要分为 4 个区块来改进反应条件：化学活化、尽量减少副反应的操作、杂质的影响和非均相催化应注意的事项。

10.2 化学活化改进反应条件

化学计量的有机金属反应中格氏反应、Barbier 反应、Reformatsky 反应和有机锂的反应是最受欢迎的。优化有机锂反应的方法已经有综述了[57]。镁和锌金属以切片、屑或粉末的形式，需先被激活以确保可控地形成格氏试剂与 Reformatsky 试剂，且无须诱导期。其中一些激活试剂如表 10.1 所列。Rao 的书中有一章讲述了添加剂[58]。

表 10.1 一些化学计量的和催化量的金属有机试剂的活化剂

反应种类	活化剂	试剂的功能	备注
格氏（Mg）	TMSCl DIBAL-H I_2 + DIBAL-H $BrCH_2CH_2Cl$ Vitride (Red-Al) 前一步骤的格氏试剂	除去 H_2O 与金属表面的束缚，“清洁”金属表面	①～⑥
Reformatsky（Zn）	$(i\text{-}Bu)_2AlH$ (DIBAL-H) CuCl，H_2SO_4	在 Barbier 类反应中激活 Zn(0)	⑦⑧
Adams 催化剂（$PtO_2 \cdot H_2O$）	AcOH 洗净	激活加氢反应的催化剂	⑨
Heck 偶联	$(n\text{-}Bu)_4NBr$（TBAB）	催化剂	⑩
Pd 催化氰化	$ZnBr_2$, H_2O *i*-PrOH $Zn(O_2CH)_2 \cdot 2H_2O$	增加溶解度 能还原 Pd(Ⅱ)成 Pd(0) 能还原 Pd(Ⅱ)成 Pd(0)	⑪～⑬
Suzuki 偶联	KF	催化剂	⑭

① Ace, K. W.; Armitage, M. A.; Bellingham, R. K.; et al. *Process Res. Dev.* **2001**, *5*, 479.

② Tilstam, U.; Weinmann, H. *Org. Process Res. Dev.* **2002**, *6*, 906.

③ Kopach, M. E.; Singh, U. K.; Kobierski, M. E.; et al. *Org. Process Res. Dev.* **2009**, *13*, 209.

④ Wiss, J.; Länzlinger, M.; Wermuth, M. *Org. Process Res. Dev.* **2005**, *9*, 365.

⑤ 红铝是指二甲氧基乙氧基铝氢化钠：Farina, V.; Groziner, K.; Müller-Bötticher, H.; Roth, G. // Gadamasetti, K. G., Ed. Process Chemistry in the Pharmaceutical Industry. Marcel-Dekker, 1999, 114. Simanek, V.; Klasek, K. *Coll. Czech. Chem. Commun.* **1973**, *38*, 1614.

⑥ Silverman, G. Rakita, P. E. Handbook of Grignard Reagents. Boca Raton, FL: CRC Press, 1996, 79-88.

⑦ Girgis, M. J.; Liang, J. K.; Du, Z.; et al. *Org. Process Res. Dev.* **2009**, *13*, 1094.

⑧ Scherkenbeck, T.; Siegel, K. *Org. Process Res. Dev.* **2005**, *9*, 216.

⑨ Ikemoto, N.; Tellers, D. M.; Dreher, S. D.; et al. *J. Am. Chem. Soc.* **2004**, *126*, 3048.

⑩ TBAB 指的是 Jeffrey 催化剂: Jeffrey, T. *Tetrahedron* **1996**, *52*, 10113. TBAB 在偶联反应中的使用及萃取去除，见：Lipton, M. F.; Mauragis, M. A.; Maloney, M. T.; et al. *Org. Process Res. Dev.* **2003**, *7*, 385.

⑪ Buono, F. G.; Chidambaram, R.; Mueller, R. H.; Waltermire, R. E. *Org. Lett.* **2008**, *10*, 5325.

⑫ Ren, Y.; Liu, Z.; He, S.; et al. *Org. Process Res. Dev.* **2009**, *13*, 764.

⑬ Yu, H.; Richey, R. N.; Miller, W. D.; et al. *J. Org. Chem.* **2011**, *76*, 665.

⑭ Fray, M. J.; Gillmore, A. T.; Glossop, M. S.; et al. *Org. Process Res. Dev.* **2010**, *14*, 263.

10.3 尽量减少副反应的操作

细节的注重是大多数有机金属反应程序的关键。脱气、溶剂选择、温度、添加物料顺序和延长加料都可能是操作的关键。

虽然脱气是许多钯催化[15,16]和钌催化反应程序中的关键点[59]，但其实脱气的必要性依赖于催化剂和工艺条件[60]。在实验室里使用 Schlenk 管操作可用冻融循环脱气，这可能是学术研究人员选择苯作为反应溶剂的原因。将溶剂加热回流再用氮气冷却能彻底地除去氧气。颜色变化的现象取决于配体的使用；例如，Novartis 公司研究人员指出，Pd(Ⅱ)催化剂是红色的，而 Pd(0)则是黄色[61]。也有人发现蒸馏 1～2 体积的溶剂是有效除去氧气的方法[62]。对高温敏感的反应，反应炉中的氧气可以用 N_2 气鼓泡去除[63]。使用有机溶剂时氧气感应器可安装在容器的顶部[64]，或在水溶液反应时使用溶解氧探针[65]。

无氧环境还可能是使用化学计量学金属反应的关键。Modi 等人发现格氏试剂与 O_2 反应的速度比与 H_2O 反应的快[66]。Johnson & Johnson（J&J）的研究人员研究了用格氏试剂将 Mtr 保护的精氨酸衍生物转化成相应的酮的反应[67]。TFA 等强酸能除去 4-甲氧基-2,3,6-三甲基苯磺酰基（Mtr）保护基团。其他的保护基团已超越了 Mtr 在精氨酸残基上的应用[68]。J&J 的研究人员发现，每当采样时烧瓶被打开，氧气不经意进入会导致苯并[*d*]噻唑三聚体的形成，如图 10.8 所示，在这个例子中一分子的

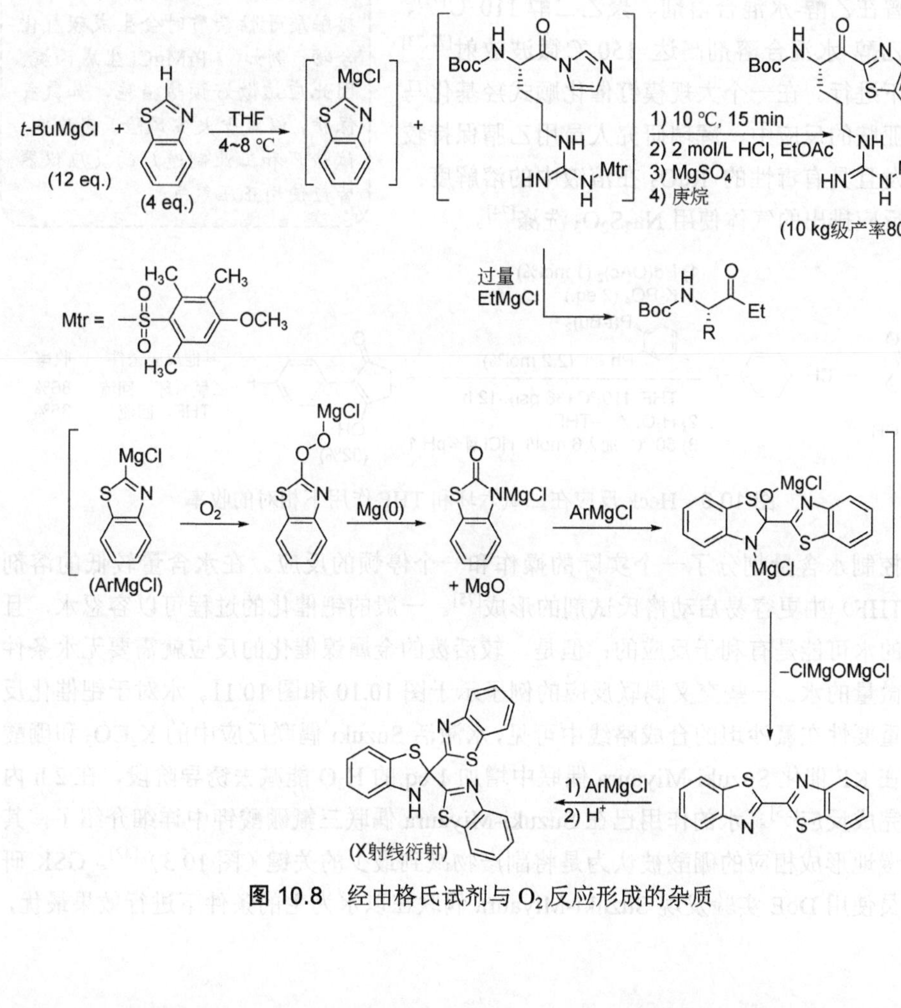

图 10.8　经由格氏试剂与 O_2 反应形成的杂质

O_2 消耗三分子的苯并噻唑氯化镁。研究人员表示，苯并噻唑基格氏试剂与氧产生过氧化氢衍生物，接着被反应混合物中的Mg(0)还原成羟基苯并噻唑。后者的下一步反应与苯并噻唑基格氏试剂生成二聚体，与第三个苯并噻唑基格氏试剂反应生成三聚体。此反应途径在市售的羟基苯并噻唑经过以上反应条件后生成了三聚体就得到证实了。添加羟基苯并噻唑到含过量 *t*-BuMgCl 的溶液里，三聚体的形成减少了。（EtMgCl 会与咪唑盐反应生成乙基酮，但位阻更大的 *t*-BuMgCl 不会与咪唑盐反应。）

在 Magano 和 Dunetz 精彩的综述中多次提到，溶剂的选择是所有的工艺研发里一个重要方面[16]。大部分极性非质子溶剂如 DMAC 较受到青睐。Buchwald 小组已开发了许多在甲苯中有良好效果的催化剂。二氧六环（一个疑似致癌物[69]）被应用于许多过渡金属催化的交叉偶联反应中，不过温度有时比溶剂选择更为重要。例如，Merck 研究人员在 110 ℃ THF 的 Heck 反应中得到了 92%的产率，相当于在二氧六环溶剂中回流的产率（图 10.9）[70]。Suzuki-Miyaura 反应曾在乙醇-水混合溶剂、聚乙二醇 110 ℃[71]、水或乙醇-水混合溶剂高达 150 ℃微波放射[72,73]条件下进行。在一个大规模钌催化顺式羟基化马来酰亚胺的反应中，辉瑞研究人员用乙腈保持较易挥发且具有毒性的 RuO_2 在溶液中的溶解度；从此反应排出的气体使用 $Na_2S_2O_3$ 洗涤[74]。

安全：当格氏试剂作为碱或接触质子性杂质时会生成碳氢化合物。例如，*i*-PrMgCl 生成丙烷。因此应该做好预防措施，如氮气保护，以减少火灾风险。实验室、试验厂和工业制造厂的反应仪器皆应使用正压氮气。

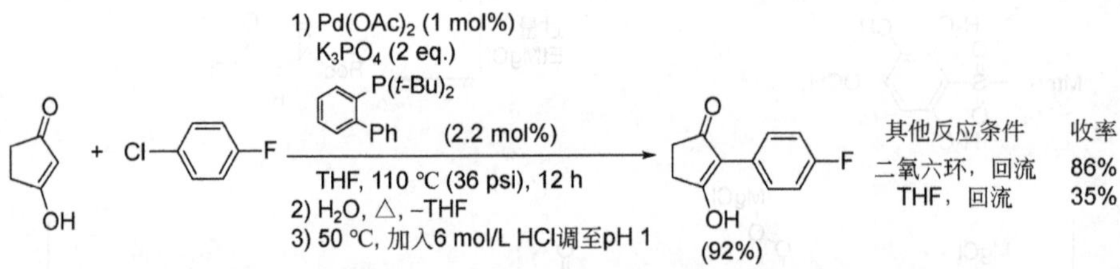

图 10.9 Heck 反应在二氧六环和 THF 作用下相对的收率

控制水含量划分了一个实际的操作和一个停顿的反应。在水含量较低的溶剂（如 THF）中更容易启动格氏试剂的形成[75]。一般的钯催化的过程可以容忍水，且少量的水可能是有利于反应的；但是，较活泼的金属镍催化的反应就需要无水条件或极微量的水。一些交叉偶联反应的例子示于图 10.10 和图 10.11。水对于钯催化反应的重要性在氯沙坦的合成路线中可见，水激活 Suzuki 偶联反应中的 K_2CO_3 和硼酸[76]。在 KF 催化 Suzuki-Miyaura 偶联中增加 1 eq.的 H_2O 能减去诱导阶段，在 2 h 内便能完成反应[55]。水的作用已在 Suzuki-Miyaura 偶联三氟硼酸钾中详细介绍了，其中缓慢地形成相应的硼酸被认为是将副产物减到最少的关键（图 10.3）[32]。GSK 研究人员使用 DoE 实验发现 Suzuki-Miyaura 偶联在以水为主的条件下进行效果最优，

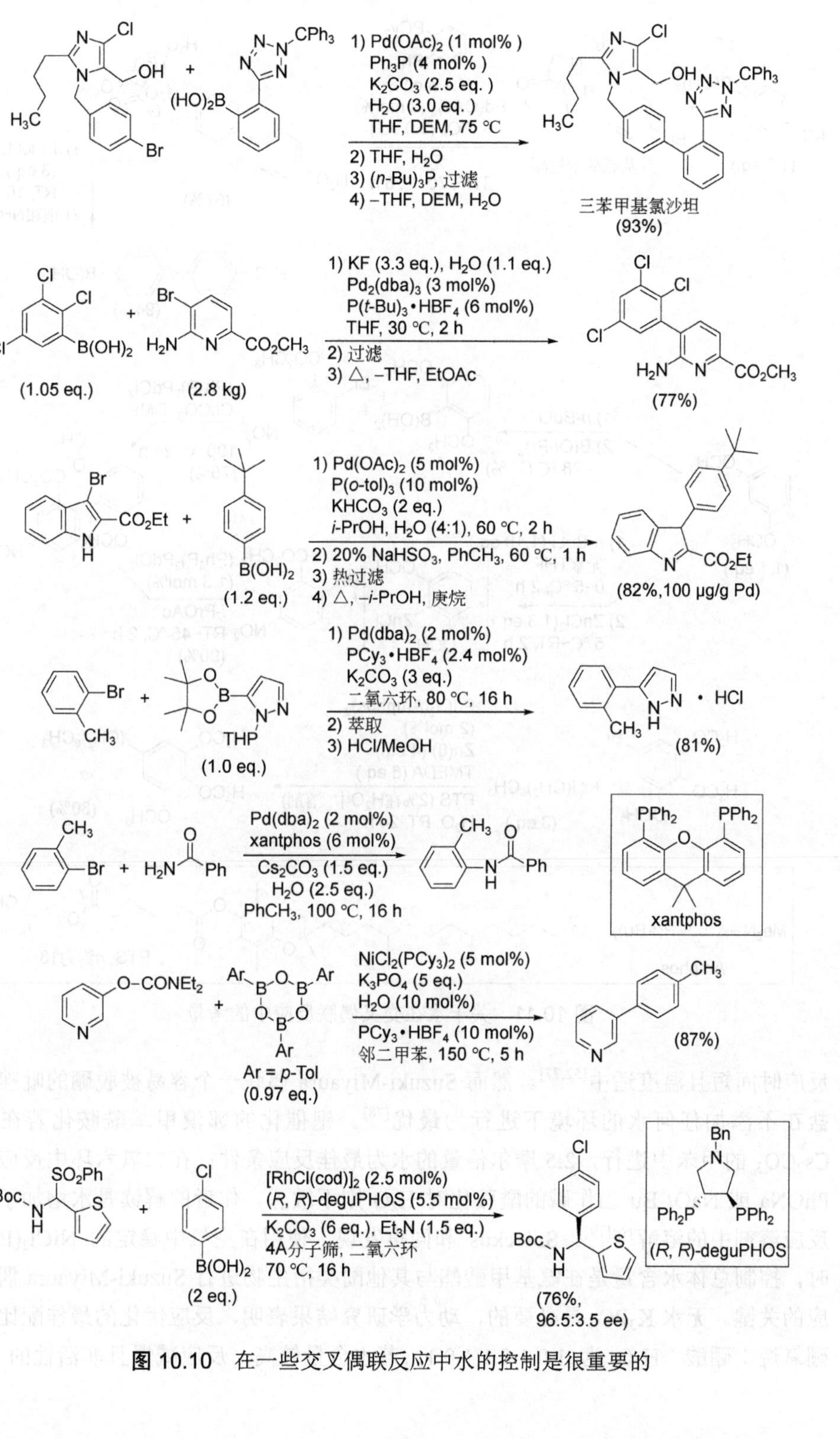

图 10.10　在一些交叉偶联反应中水的控制是很重要的

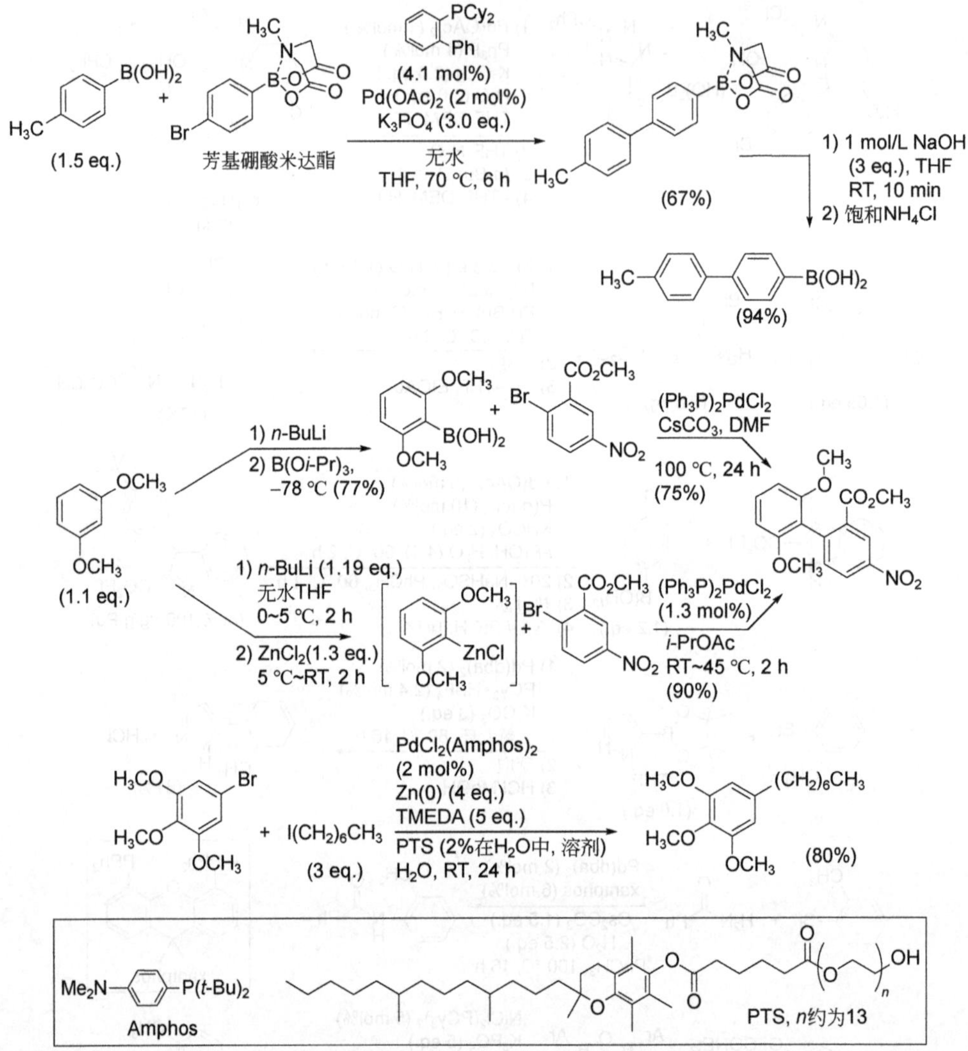

图 10.11 关于水在交叉偶联反应中的考量

反应时间短且温度适中[52,77]。然而 Suzuki-Miyaura 偶联一个容易被脱硼的吡唑硼酸盐在不添加任何水的环境下进行为最优[78]。钯催化的邻溴甲苯酰胺化若在含有 Cs_2CO_3 的甲苯中进行，2.5 摩尔倍量的水为最佳反应条件；在二氧六环中反应或将 PhONa 或 NaO*t*-Bu 当作碱的酰胺化对 H_2O 则不敏感。作者的解读是水增加了碱在反应溶剂中的溶解度[79]。Snieckus 和同事发现，使用在空气中稳定的 $NiCl_2(PCy_3)_2$ 时，控制总体水含量是在氨基甲酸酯与其他酚类衍生物进行 Suzuki-Miyaura 偶联反应的关键。无水 K_3PO_4 是必要的，动力学研究结果表明，反应优化的最佳配比是环硼氧烷：硼酸：H_2O 为 1.0：0.1：0.1；若水含量较高，反应减慢且非活性的 NiO/

$Ni(OH)_2$形成[80]。Ellman 小组也发现铑催化环硼氧烷偶联的进行在环硼氧烷的水含量小于 30%时为最优[81]。在最后的两个例子中作者为了使水的侵入降到最低，用火焰干燥或烘箱干燥玻璃器皿，并严格地干燥环硼氧烷到合适的水平；为方便在一个大规模的作业上操作，水的含量也许可通过在含有干燥环硼氧烷和其他反应物的反应器里添加 H_2O 来做调整。Buchwald 组发现，将水、$Pd(OAc)_2$和一个大位阻膦的混合物加热会形成一种高活性的钯 Pd(0)催化剂，该催化剂容易将芳基氯化物与苯胺和酰胺偶联，或者芳基甲磺酸盐与酰胺偶联；以这样的方式预先形成催化剂是得到良好反应活性的关键（图 10.2）[30]。Burke 组发现在钯催化的交叉偶联反应里，要防止甲基亚氨基二乙酸酯（MIDA）保护的芳基硼酸产生水解，无水条件是很必要的；被 NaOH 水溶液作用的 MIDA 酯易水解从而用于连环式偶联[82,83]。MIDA 硼酸盐能有效地在钯催化下交叉偶联，在此其中硼酸在碱性条件下逐渐生成[41]。Abbott 的研究人员发现锌诱导的钯偶联（Negishi 偶联）不需要低温并能提供比相应的 Suzuki 反应更高的产率和更容易的后处理；在实验操作中使用无水溶剂（THF）也是典型的 Negishi 偶联所要求的[84,85]。相比之下，Lipshutz 组的研究显示，使用他们水微乳液的成果，锌诱导的偶联可以在含表面活性剂 PTS 的水中进行[86]。这样的条件为发展实用的大规模操作提供了很好的前景[87,88]。基于其表面活性剂的工作，Lipshutz 于 2011 年获得了美国总统绿色化学奖[89]。总而言之，考虑水的影响在开发金属有机反应的过程中扮演了重要的角色。

加料顺序和延长加料可能是关键的操作。添加顺序优化的实例可见于 Blackmond、Buchwald 和 Hartwig 氨基化的研究中（图 10.1）以及氧化制造埃索美拉唑的研究中（图 10.7）。在一个以 DMF 为溶剂的钯催化氰化反应中，Ryberg 发现在 50 ℃最后加入 $Zn(CN)_2$ 是生产制造成功的关键；在 50 ℃时催化氰化比氰化物毒化催化剂要快，而反应的推动力是 $Zn(CN)_2$ 的逐渐溶解[90]。延伸添长浆状的 $Zn(CN)_2$ 和反应起始物到含钯催化剂的反应炉对氰化反应有良好效果，这也许是因为减少了氰化物在任何时刻的含量[34]。延长添加也造成了催化剂相对于反应起始物而有较高浓度，而快速反应生成产物可能会减少副产物的形成。延长添加法有助于钌催化环丙烷化（图 9.6）以及 Suzuki 偶联 3-溴吲哚[52]（图 10.10）。在另一个 Suzuki 偶联反应的例子中，延长添加把原型脱硼反应减至最低[91]。

10.4 杂质的影响

催化过程中少量的杂质可能有利或有弊。一个催化剂的关键成分可能是一种杂质，如可能的铁催化反应[92,93]。优化条件以确保氯化铵的浓度与催化剂等物质的量能最佳地用手性加氢制造西他列汀（图 10.16）[94]。氯化物被发现对钯催化 $NaBH_4$ 还原磷酸苄酯是有帮助的；该残余氯的效果是在反叠加过程中被发现的（图 10.12）[95]。大量的分析研究显示，在商业级 Na_2CO_3 中以μg/kg 量级存在的钯杂质成就了 Suzuki

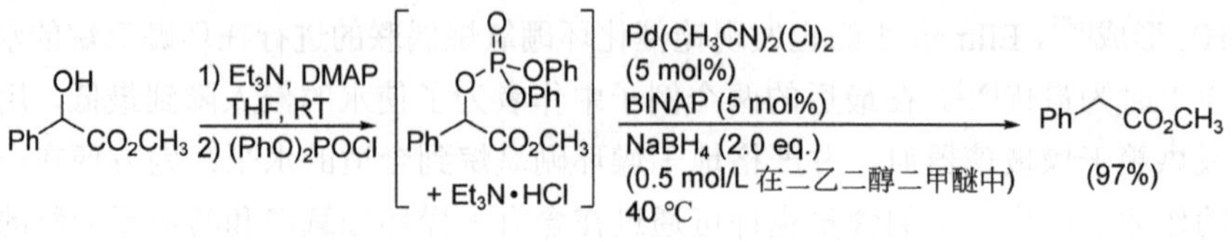

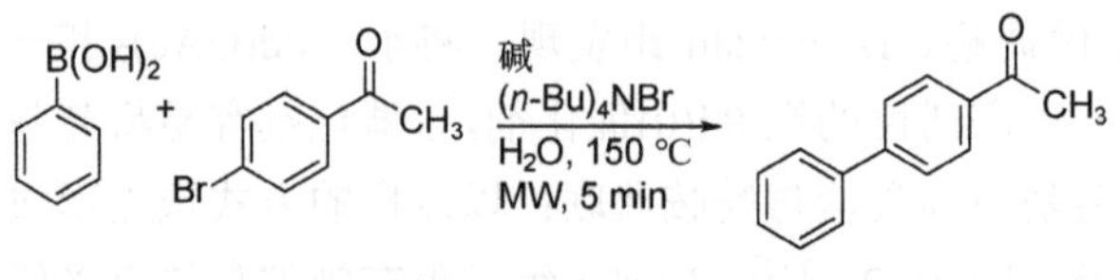

碱	加入碱里的[Pd]	$[Pd(OAc)_2]$	收率
K_2CO_3, "工业纯"	无Pd	100 μg/kg	75%
Na_2CO_3, "工业纯"	10~24 μg/kg	无	95%
Na_2CO_3, "极纯"	0.21 μg/kg	无	未检测到
Na_2CO_3, "极纯"	0.21 μg/kg	100 μg/kg	90%

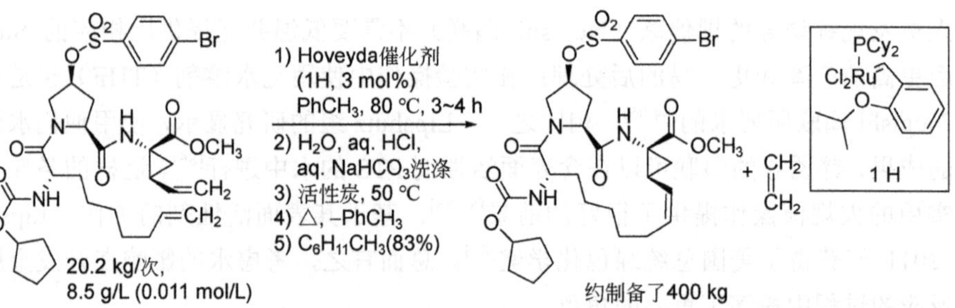

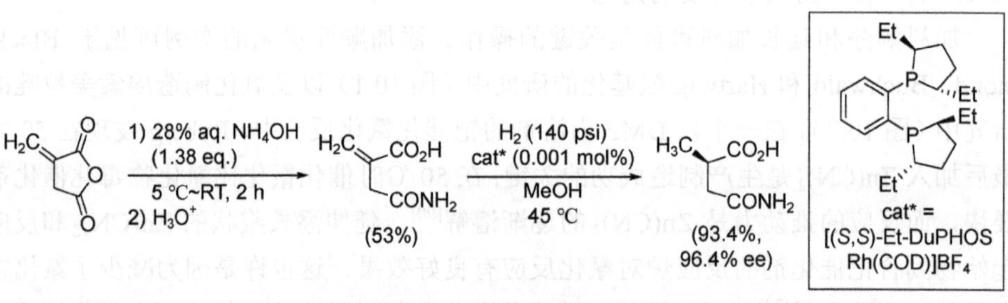

图 10.12　有益的和抑制性杂质

偶联，该偶联反应原先是没有添加外源钯的[96]。（这种情况类似于"顺势 Heck"的反应条件，如图 10.4 所示。）在通过关环复分解反应制备 BILN 2061 ZW（丙型肝炎蛋白酶抑制剂）的过程中，溶剂甲苯中浓度低于 20 mg/L 的吗啉会有抑制作用；在稀浓度的反应中存在了相对于等当量钌催化剂的吗啉[59]。一个用 HCl 酸化分离得到的琥珀酰胺酸中含有 1%的氯，产生了一个缓慢的铑催化加氢反应；用 H_2SO_4 后处理琥珀酰胺酸之后，加氢反应的速度快了 26 倍。值得注意的是，当使用 0.001 mol%的铑时，产品中的残留铑只有 9 mg/kg[97]。反应中积累的可溶性氰化物会使得许多钯催化氰化反应停滞，原因可能是钯沉淀成 $Pd(CN)_2$[34]。这导致氰化反应使用难溶性试剂如 $Zn(CN)_2$[34]、亚铁氰化钾、$K_4Fe(CN)_6$[98]或可能原位产生 Pd(0) 的添加剂，如

i-PrOH[99]或甲酸锌[100]。Merck 研究人员报告说，一个使用 $Zn(CN)_2$ 的 Pd 诱导氰化反应的速度取决于 $Zn(CN)_2$ 的纯度[63]。在不对称加氢制造西他列汀产品时，产品胺被发现会抑制还原反应（图 10.16）[101]；模型烯胺在 Boc_2O 存在下快速反应，因为原位生成的 Boc-胺并未抑制反应[102]。预先用 Chelex®树脂处理反应物料可去除造成麻烦的金属杂质[103]。含有硫的微量杂质也可能造成问题；尽管已经经过冗长的后处理包括活性炭处理、色谱法和结晶，但在用 Me_2S 反应的 Corey-Kim 氧化之后接着进行的氢解反应仍需要使用大量的 Perlman 催化剂[104]。了解杂质的作用是设计可靠的操作必不可少的工作。

过渡金属和配体有时会给产品纯化带来挑战。Lilly 的研究人员描述了一种回收关键配体的方法[105]。移除过渡金属的处理方法将在第 11 章中讨论。Rhodia 研究人员发现，当催化剂用量被限制为 1000 mg/kg 时，回收催化剂不再是经济可行的，而金属则可以用常规的后处理清除[15]。

若芳香环上损失了一个卤离子或磺酸酯，会制造出麻烦的杂质并降低产率。两个实例讲述如何将磺酸酯和一个氟离子的损失减到最小，如图 10.13 所示。在 Hiyama 偶联反应中加入 0.25 eq.的 AcOH 能增加产率，可能是因为中和了亲核的副产物乙

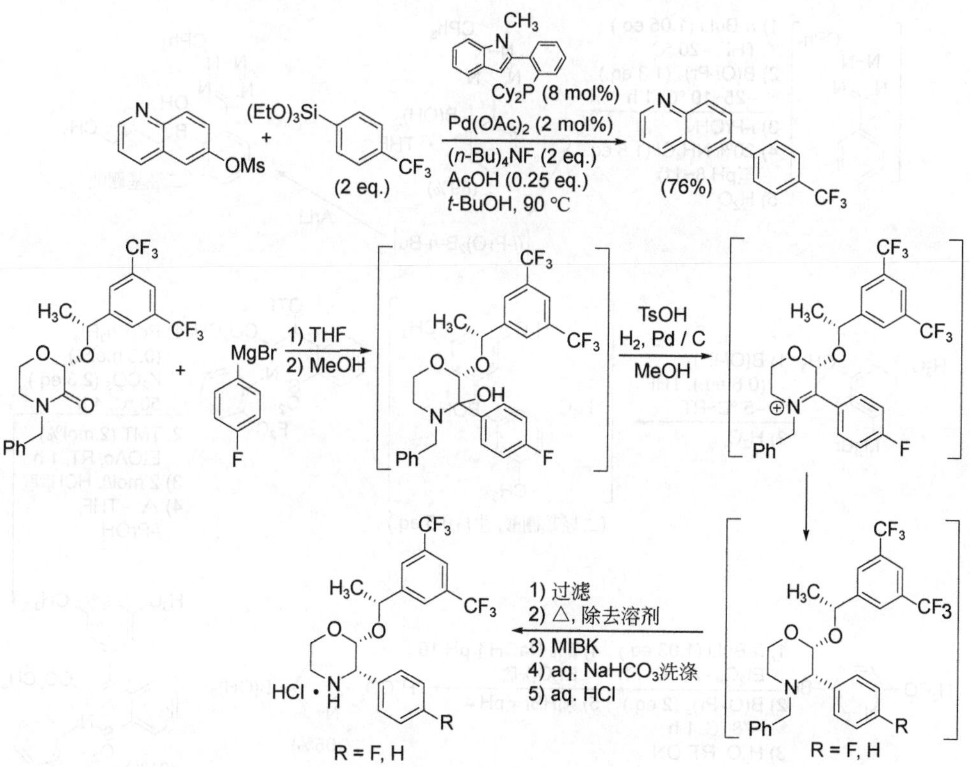

图 10.13　减少磺酸盐和氟化物的损失，进而最大限度地减少副产物

醇盐[106]。在阿瑞匹坦的合成路线研究中，Merck 研究人员发现放大反应导致大量的脱氟中间体生成，且该中间体是不能通过结晶清除的。通过减少 Pd/C 的用量、增加氢气压力并优化搅拌，亚胺还原和氢解的速率皆增加，因此减少了脱氟杂质的形成[107]。

脱硼反应有时候是过渡金属催化反应里一个重要的副反应，因为硼酸是 Suzuki-Miyaura 偶联反应里的一个流行组分[108]。一烃基硼酸和硼酸酯通常比其他的有机硼烷衍生物更稳定，因此是交叉偶联反应的优先选择。Suzuki 指出，脱硼反应在芳基二烷基硼烷中比在相应的芳基硼酸中更为显著[109]；然而稳定性合适的二乙基(3-吡啶基)硼烷存在于目前 Pharmacia 研究人员在 175 千克级的 Suzuki 偶联反应中[110]。脱硼化（deboronation）是一种常见的副反应，且脱硼反应的副产品不仅降低了分离产率，也使产品分离变得复杂。低分子量的一烃基硼酸在脱硼后可能会产生挥发性和可燃性的副产物，如易脱硼的环丙基硼酸形成环丙烷[41]。图 10.14 给出了一些一烃基硼酸和酯的制备例子，以及随之而来的副产物。在制备用于合成氯沙坦的一烃基硼酸时，硼酸三异丙酯较优于硼酸三甲酯，因后者生成更多二烃基硼酸。反应的后处理是用饱和氯化铵水溶液轻易地水解硼酸盐中间体，接着过滤掉结晶的一烃基

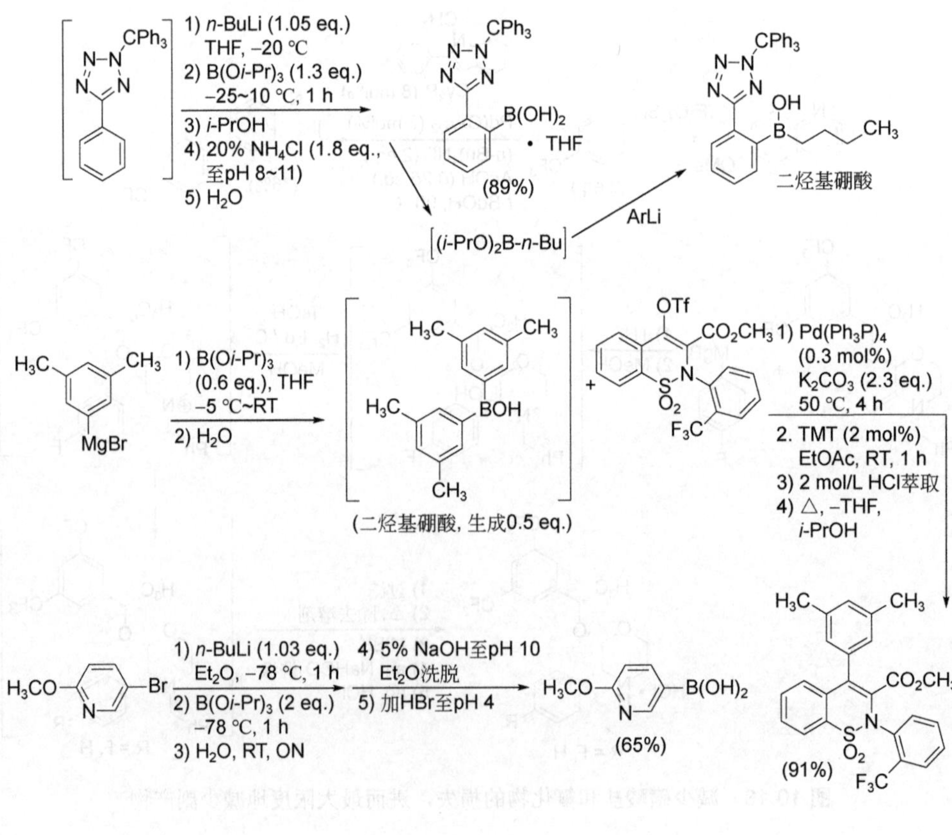

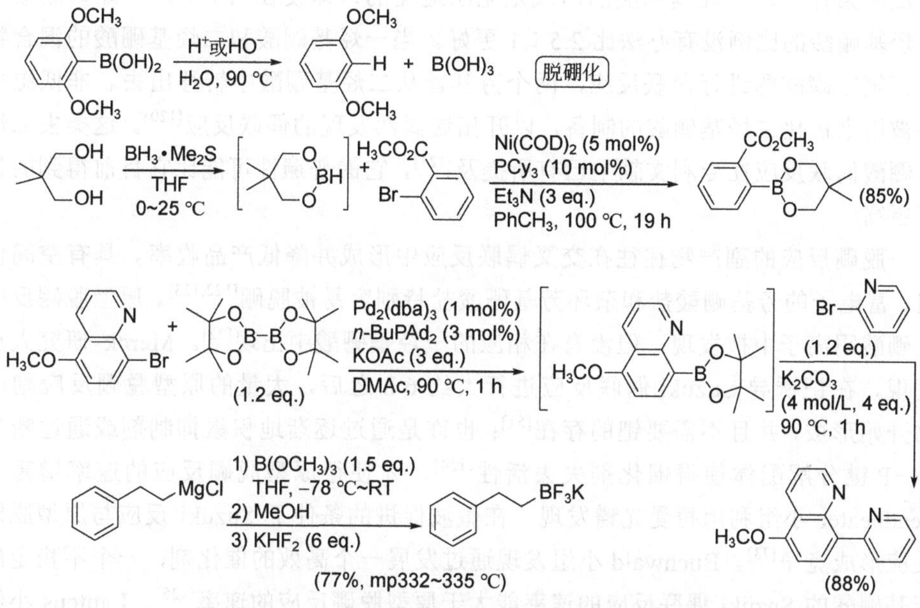

图 10.14　某些硼酸和随之而来的副产品的制备

硼酸。在这些条件下，混合物的 pH 值在 8～11，以尽量将三苯甲基的损失减少到最小。形成的一烃基硼酸副产物可以用三苯甲基四氮唑溶液滴定到红色的终点，然后加入 1.05 eq.以上的 *n*-BuLi 以将副产物减少到最小[111]。Kuivila 和同事发现 2,6-二甲氧基苯硼酸的原型脱硼反应在 pH 5 时最慢，而在较酸性或碱性条件下快速发生[112]。因此，将硼酸盐中间体在 pH 5 室温或低温的条件下转移到淬灭缓冲液能减少敏感的一烃基硼酸及其衍生物脱硼。吡啶硼酸用 HBr 酸化并在 pH 4 时沉淀[113]。在一烃基硼酸中残留的盐酸被发现会抑制大位阻一烃基硼酸的交叉偶联[1]。有时会结晶析出环硼氧烷（见图 9.8），而不是一烃基硼酸[114]；水的存在一般将环硼氧烷转化为有活性的偶联反应物。为了规避这些问题，进行了替代硼酸衍生物的研究。Percec 研究组广泛地研究了镍催化的新戊二醇硼酸盐的形成；他们发现脱硼反应是由镍的物种催化的，特别是邻酯。由于这些反应是在严格的干燥条件下运行，因而不太可能有原型脱硼反应[115]。将 8-溴喹啉与双联频哪醇硼酸酯[116]偶联生成的硼酸频哪醇酯叠加到 Suzuki-Miyaura 交叉偶联能得到高产率[117]。Burke 小组指出，MIDA 硼酸盐（见图 10.11）明显比硼酸类似物更稳定[41]；Ellman 小组发现，MIDA 硼酸盐对于铑催化亚砜亚胺烷基化是非常有利的[118]。Molander 小组已开发了三氟硼酸钾盐[119]作为对空气稳定的交叉偶联试剂[40]。一烃基硼酸和硼酸酯在工业制造规模上的易得性增长，使得一烃基硼酸反应的实用性得以扩展。

二烃基硼酸（图 10.14）有时也是麻烦的杂质。辉瑞的研究人员发现，在他们的反应条件下，二烃基硼酸的形成是无法避免的：即使在−70 ℃，一烃基硼酸∶二烃基硼酸的比例没有办法比 2.5∶1 更好。当一烃基硼酸和二烃基硼酸的混合物与三氟甲磺酸酯进行偶联反应，两个芳基皆从二烃基硼酸中转移出去。非低温条件被用来优化二烃基硼酸的制备，以开拓这偶然发现的偶联反应[120]。这类去二烃基硼酸偶联反应在专利文献中已有所提及[121]，它的普遍性可能比它目前得到的认可更高。

脱硼反应的副产物往往在交叉偶联反应中形成并降低产品收率。具有空间位阻、富电子的芳基硼酸盐和杂环芳基硼酸盐特别容易被脱硼[122,123]。原型脱硼反应在硼酸阴离子中被发现，但没有在相应的一烃基硼酸中出现[32]。Merck 研究人员发现，在钯诱导 Suzuki 偶联反应进行大约 6 h 之后，大量的原型脱硼反应副产物开始形成，并且不需要钯的存在[51]；也许是通过逐渐地积累抑制剂或通过断裂 C—P 键分解配体使得催化剂失去活性[124]，才使得原型脱硼反应的速率增高。Leadbeater 小组利用拉曼光谱发现，在微波促进的条件下 Suzuki 反应与原型脱硼反应形成竞争[73]。Buchwald 小组发现通过发展一个高效的催化剂，一个不稳定的芳基硼酸的 Suzuki 偶联反应的速率能大于原型脱硼反应的速率[125]。Lautens 小组发现十二烷基硫酸钠（SDS）在水性介质里能抑制脱硼反应[126]。氟化物促进的脱硼反应在 O_2 的存在下会产生一个有色的自由基[127]。镍催化的偶联产生显著的脱硼反应，而在钯催化偶联中添加水则会减少脱硼反应，也许是因为 Suzuki 偶联更快了[128]。一烃基硼酸残基附近的空间位阻拥挤构象被发现会加快一些多环芳香烃的硼酸衍生物的原型脱硼反应[129]。Snieckus 小组发现，当频哪醇被添加到 4-吡啶硼酸时会轻易地发生脱硼反应[130]。添加等当量水到一个 KF 催化的 Suzuki 反应中将脱硼反应降至最低，且把反应的时间缩短到只有 2 h。在空气存在下运行反应，催化剂会失活，脱硼反应的副产物量增加到 40%[55]。在无水条件下一个容易被脱硼的吡唑基硼酸酯的 Suzuki-Miyaura 偶联反应能将脱硼反应降至最低[78]。一个具位阻效应的二氟苯硼酸的脱硼反应在钯的存在下加速，而为了减少脱硼，该 Suzuki 反应需要在无水条件下进行[131]。Amgen 研究人员发现，邻位取代芳基硼酸的脱硼反应是一个与 Suzuki 反应竞争的显著副反应，且该反应在没有催化剂的环境下就会发生。脱硼反应在 K_2CO_3 的存在下最为显著，然后在 K_3PO_4、KOAc 和烷基胺的环境下依序渐减，在二环己胺环境下脱硼反应最低，因此当需要快速偶联反应时会使用 4 摩尔倍量该试剂[132]。

总而言之，脱硼反应经常与所需的金属催化偶联竞争。邻位取代芳基硼酸很容易发生脱硼反应，特别是有吸电子取代基存在的时候。在某些情况下脱硼反应是金属催化发生的。像在 1997 年所建议的，最好的解决办法可能是发展有利于偶联的条件从而竞争过脱硼反应[122]。创造均相反应的条件可以显著增加交叉偶联反应的速度。

芳基硼酸的突变性最近受到了关注。芳基硼酸，而非相应脱硼的芳烃，在微生物试验中已被发现具有突变性[133]。二乙醇胺甲基-聚苯乙烯（DEAM-PS）[134,135]和固定化苯邻二酚[136]已被用来清除一烃基硼酸。与二乙醇胺形成的配合物能使残留的一烃基硼酸溶解到母液中。由于芳基硼酸的电离与酚类化合物类似，碱洗 AIP 溶液可以消除其中的芳基硼酸，而选择性结晶也可以除去 AIP 里的芳基硼酸。把 API 里残留的芳基硼酸控制在 mg/kg 级的最佳手段可能是通过脱硼分解，也许延长反应或加热水合氢氧化物即足以分解芳基硼酸。在了解芳基硼酸分解的动力学前提下，也许可以通过 QbD 说明，分析原料药里的残留芳基硼酸是不必要的。

10.5　非均相反应的考察

经典的金属催化反应研究一向偏好非均相催化剂，因为它们提供了贵重材料的更有效回收和再利用，同时缓解过渡金属从产品中移除的难度。成功地回收再利用非均相催化剂的关键是减少颗粒尺寸的磨损：当固体变得非常小时，它们可能会堵塞过滤的孔隙并减缓操作的效率。这方面的顾虑适用于加氢反应、氢解反应和利用非均相催化剂的交叉偶联反应。不幸的是有些非均相的交叉偶联反应异常缓慢，较被广泛使用的依然是均相催化剂[137]。

交叉偶联反应可用 Pd/C 诱导[138-142]和 PdEnCat®催化[143]。催化反应的动力学有时很能说明问题。在图 10.15 所示的 Suzuki 偶联反应中，反应速率被发现取决于其炭载体的种类，该反应器在每一次添料后皆有脱气的步骤。基于 ICP-MS 分析，可溶性钯物种的浓度在 Suzuki 产物全部形成之前达到最高峰，而可溶性钯的浓度约在反应物到产物的转化稳定后 0.5 h 降到最低[144]。同样地，Lipshutz 发现镍诱导的偶联在溶液里也受到影响，且镍物种会被重新吸附到炭载体上[145]。

> 延长 Pd/C 与反应的接触时间可以让炭吸附钯的机会增大，从而减少从 API 中移除钯的负担。

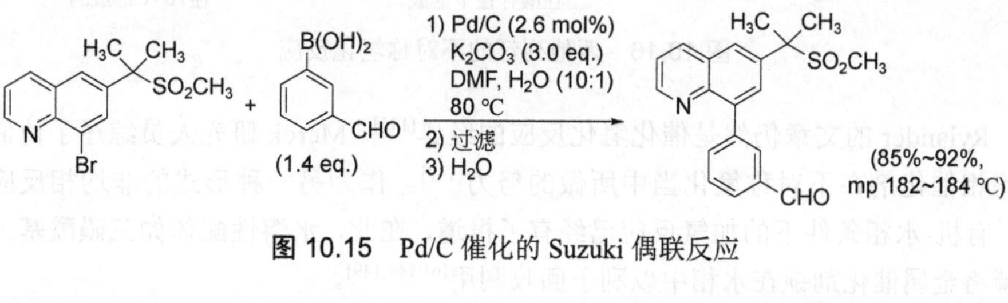

图 10.15　Pd/C 催化的 Suzuki 偶联反应

Merck 的研究人员为了优化西他列汀（sitagliptin）的均相催化手性加氢反应（图 10.16），详细地调查了该反应，其中一些优化的过程可应用到非均相催化反应的工艺。初步筛选显示，铑催化剂能有较好的发展，而铱和钌催化剂的结果较差。二茂铁基配体表现出最好的反应速率、收率和立体选择性。转化速率和对映体比例（er）的可重复性关键在于添加相对于铑金属用量的氯化铵。少量的氯化铵在结晶制备烯胺的过程中生成。该副产物的重要性在 18 批次的大规模加氢反应中被证实[94]。氯化铵以外的酸不但加快了加氢反应的转化速率，也增加了二聚体类副产物的形成。在 70 ℃而不是 50 ℃温度下运行加氢反应降低了 er 值也形成了一些消除反应的副产物。为完成一个有效率的生产流程，加氢反应以浆状的甲醇开始（8 L/kg 的烯胺），然后这个混合物约在反应 7 h 后成为均相。此时，反应约完成了 80%，由于产物对催化剂有微弱的抑制性，所以还需要额外的 10～11 h 来达到完全转化。通过增加氢气压力到 250 psi，催化剂的用量可减少一半，只需 0.15 mol%。铑可以被活性炭产品 Ecosorb C-941 吸附而被有效地回收，该活性炭是在氢气环境中添加的[101]。很大的努力被投入到将这类催化金属有机反应发展成具有经济效益的大规模操作中。

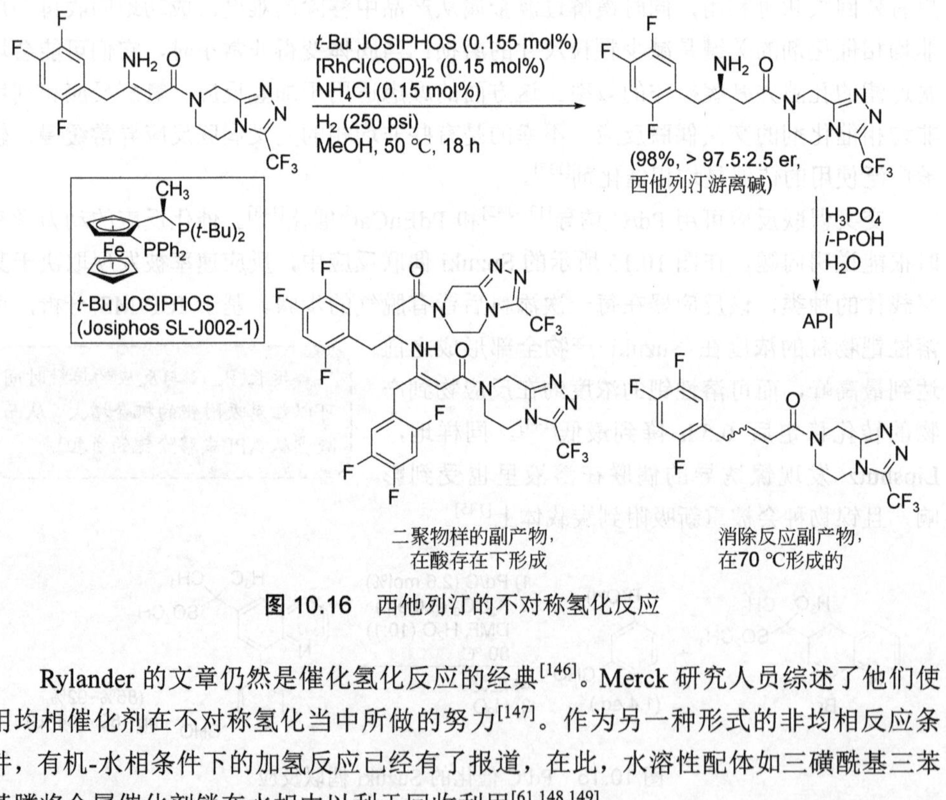

图 10.16 西他列汀的不对称氢化反应

Rylander 的文章仍然是催化氢化反应的经典[146]。Merck 研究人员综述了他们使用均相催化剂在不对称氢化当中所做的努力[147]。作为另一种形式的非均相反应条件，有机-水相条件下的加氢反应已经有了报道，在此，水溶性配体如三磺酰基三苯基膦将金属催化剂锁在水相中以利于回收利用[61,148,149]。

10.6 展望和总结

Suzuki-Miyaura 交叉偶联通常较其他交叉偶联受到青睐。前者有 4 个主要优势：

第一，均相偶联的副产物量少；第二，中间体（一般是一烃基硼酸和硼酸酯）可能足够稳定到可以被分离；第三，大部分不要求无水条件；第四，副产物硼酸和相关的酯类能轻易地从产品中除去[108]。Kosugi-Migita-Stille 偶联的主要缺点是会产生化学计量的有毒的有机锡副产物。Negishi 反应允许温和的反应条件，也对富电子的一烃基硼酸衍生物产生效果，但是会产生大量的锌废料。Sonogashira 反应可包容许多官能团，但炔烃的使用可能会引发安全上的顾虑。Kumada-Corriu-Tamao 反应能在温和的条件下进行，但生成大量的镁废料；除了该反应对水敏感，其他镍催化反应和 Negishi 反应也是。Hiyama 反应有时会因为原料硅烷的可得到程度而受到限制。Mizoroki-Heck 反应是相当有弹性的，但一般限于乙烯基卤化物和磺酸盐。如果交叉偶联反应的中间体是经由格氏试剂制备的，那么这些试剂对分子上其他功能性基团的反应活性需被纳入考量。Corbet 和 Mignani 综述了交叉偶联的优势和局限[15]。与所有试剂的副产物一样，硼酸和硼酸盐被认为是对繁衍有影响的毒物[150]并对植物有害[151]，因此造成了环境问题。

未来可能会看到更多没有过渡金属参与的交叉偶联反应。芳基碘化物和苯的偶联已经使用 KO*t*-Bu 和 1,2-二乙基乙二胺完成，没有任何过渡金属参与[152]。Verkade 小组已经使用了四丁基乙酸铵作为无配体、无铜和无胺参与的 Sonogashira 偶联的碱[153]。无过渡金属的 Suzuki 型偶联反应已在水与聚乙二醇的混合物中进行（170 ℃，微波）[154]。双催化剂也已被发现是有用的[155]。当催化剂系统改变时，有益处的杂质的存在可能是关键，即使在μg/kg 级别[96]，这样的考虑可能会鼓励采购纯度不是特别高的试剂。不幸的是，试剂中的污染物可能会难以从产品中除去，正如 Wennerberg 发现残余的铅是从 Cu_2O 进入工艺流程的[156]。

学术研究者通常为他们所发现的催化剂申请专利权，而这些可能会被化学品供应商积极地在市场上炒作[157]。独家销售化合物的合同可以驱使试剂的价格飙升。购买合成上市药品所需的催化剂时可能会需要许可证，药品的 CoG 因此提高，或者为了免去有专利的催化剂而复杂了合成途径。有一些具有专利的交叉偶联技术已经被综述了[15]。这样的限制促使研究人员在内部开发他们自己的催化剂和配体[158]，就像辉瑞用“trichickenfootphos”配体来避免使用高效的加氢反应配体(*R*,*R*)-Rh-DuPhos 来合成一个普瑞巴林胶囊的中间体[159,160]（图 10.17）。Boehringer-Ingelheim 的研究人员也描述了其内部开发的配体[161]。

价格较低或毒性较低的过渡金属催化剂可能需要更广泛地开发。例如，铜催化反应可能优于钯催化反应，因为规范限制的原料药金属残留量铜比钯还要高，加上铜金属成本较低。富电子芳基卤化物和磺酸盐偶联反应可能常会碰到问题，特别是哌啶和吗啉[162]，促进着其他催化剂的开发。铜催化偶联反应已经有了综

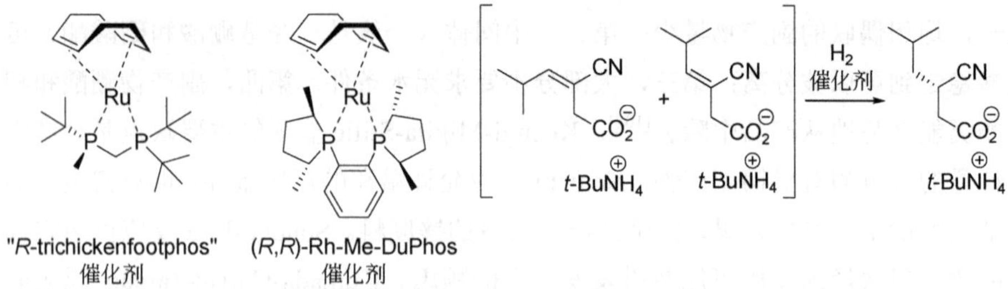

图 10.17 普瑞巴林中间体的加氢催化剂

述[163]。铁催化的反应比钯催化的要便宜得多。Furstner 小组发现比起其他较贵的芳基溴化物和碘化物，芳基对甲苯磺酸酯和氯化物是更好的偶联反应组分[36]（图10.18）。微量的其他过渡金属在铁催化反应中可能是必要的[92,164]。铁催化反应[93]和铁催化 C—H 插入[165]已被综述。铁催化的氮烯插入已应用于合成磺酰胺[166]。镍催化剂可能由于成本原因受到偏爱。一个有催化性的镍/碳系统上可以将吗啉与芳基氯化物以良好的收率偶联[39]。碳-氧键参与的镍催化交叉偶联反应已经有了综述[167]。

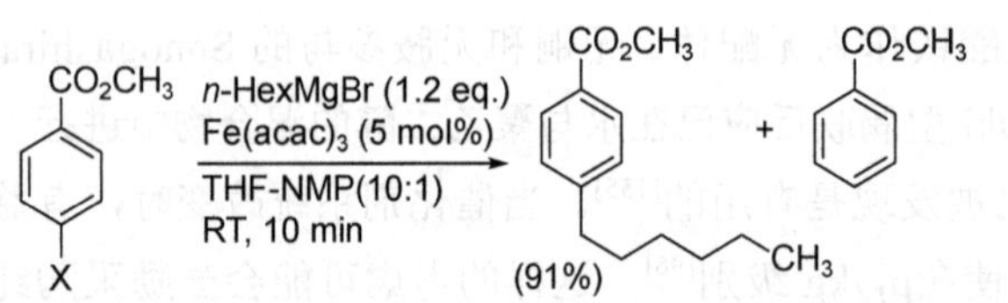

X	Ar-R	Ar-H
I	27%	46%
Br	38%	50%
Cl	>95%	—
OTf	>95%	—
OTs	>95%	—

图 10.18 铁诱导偶联反应

恭喜 Heck、Negishi 和 Suzuki 教授荣获了诺贝尔奖，该奖项肯定了他们在金属催化交叉偶联反应领域的开创性研究贡献。他们具有影响力的工作已经开创了许多API、中间体、候选药物和其他产品的工艺。

参 考 文 献

[1] McGlacken, G. P.; Fairlamb, I. J. S. *Eur. J. Org. Chem.*, **2009**, 4011.

[2] Oestreich, M., The Mizoroki-Heck Reaction; Wiley, 2009.

[3] Li, J. J.; Gribble, G. W. Palladium in Heterocyclic Chemistry. A Guide for the Synthetic Chemist. 2nd ed. Elsevier, 2006.

[4] Miyaura, N., Cross-Coupling Reactions: A Practical Guide. Springer, 2010.

[5] Muller, T. J. J. Metal Catalyzed Cascade Reactions //Topics in Organometallic Chemistry. Springer, 2010.

[6] Rapoport, Z. Z.; Marek, I. The Chemistry of Organozinc Compounds. Wiley, 2007.

[7] Knochel, P.; Jones, P. Organozinc Reagents: A Practical Approach. Oxford, 1999.

[8] Harmsen, A. Fundamentals of Organometallic Catalysis. Wiley-VCH, 2011.

[9] Sheldon, R. A.; Arends, I.; Hanefeld, U. Green Chemistry and Catalysis. Wiley-VCH, 2007.

[10] Crabtree, R. H. The Organometallic Chemistry of the Transition Metals. 5th ed. Wiley, 2009.

[11] Hartwig, J. Organotransition Metal Chemistry: From Bonding to Catalysis. University Science Press, 2009.

[12] Chatani, N., Ed. Directed Metallation //Topics in Organometallic Chemistry. Springer, 2010.

[13] Hegedus, L.; Soderberg, B. Transition Metals in the Synthesis of Complex Organic Molecules. 3rd ed. University Science Books, 2009.

[14] Hall, D. G. Boronic Acids: Preparation and Applications in Organic Synthesis and Medicine. Wiley, 2006.

[15] Corbet, J.-P.; Mignani, G. *Chem. Rev.* **2006,** *106*, 2651.

[16] Magano, J.; Dunetz, J. R. *Chem. Rev.* **2011,** *111*, 2177.

[17] Torborg, C.; Beller, M. *Adv. Synth. Catal* **2009,** *351*, 3027.

[18] Slagt, V. F.; de Vries, A. H. M.; de Vries, J. G.; Kellogg, R. M. *Org. Process Res. Dev.* **2010,** *14*, 30.

[19] Caron, S.; Ghosh, A.; Gut Ruggeri, S.; Ide, N. D.; Neslon, J. D.; Ragan, J. A. In *Practical Synthetic Organic Chemistry: Reactions, Principles, and Techniques*; Caron, S., Ed.; Wiley, 2011; pp 279-340.

[20] Yeung, C. S.; Dong, V. M. *Chem. Rev.* **2011,** *111*, 1215.

[21] Liu, C.; Zhang, H.; Shi, W.; Lei, A. *Chem. Rev.* **2011,** *111*, 1780.

[22] Cahiez, G.; Moyeux, A. *Chem. Rev.* **2010,** *110*, 1435.

[23] Jana, R.; Pathak, T. P.; Sigman, M. S. *Chem. Rev.* **2011,** *111*, 1417.

[24] Benaglia, M., Recoverable and Recyclable Catalysts. Wiley, 2009.

[25] Chen, Z.; Guan, Z.; Li, M.; et al. *Angew. Chem. Int. Ed.* **2011,** *50*, 4913.

[26] Yin, L.; Liebscher, J. *Chem. Rev.* **2007,** *107*, 133.

[27] Shekhar, S.; Ryberg, P.; Hartwig, J. F.; et al. *J. Am. Chem. Soc.* **2006,** *128*, 3584.

[28] 其他交叉偶联反应见：Corbet, J.-P.; Mignani, G. *Chem. Rev.* **2006,** *109*, 2651.

[29] 科技术语催化剂是指有利于合成转换的物种，它可由金属、配体和溶剂分子组成。催化剂通常与材料、预催化剂相区别，这取决于反应器。催化剂和预催化剂的差别在文献中容易混淆。在这一章中“催化剂”有可能指的就是预催化剂.

[30] Fors, B. P.; Krattiger, P.; Strieter, E.; Buchwald, S. L. *Org. Lett.* **2008,** *10*, 3505; Dooleweert, K.; Fors, B. P.; Buchwald, S. L. *Org. Lett.* **2010,** *12*, 2350.

[31] Chen, C. In The Art of Process Chemistry; Yasuda, N., Ed.; Wiley-VCH, 2011, 117.

[32] Butters, M.; Harvey, J. N.; Jover, J.; et al. *Angew Chem. Int. Ed.* **2010,** *49*, 5156.

[33] Eckert, M. U.S. 6784308 B2, 2004 (to Bayer).

[34] Marcantonio, K. M.; Frey, L. F.; Liu, Y.; et al. *Org. Lett.* **2004,** *6*, 3723.

[35] Davidson, J. B.; Jasinski, R. J.; Peerce-Landers, P. J. U.S. 4499025, 1985 (to Occidental Chemical).

[36] Furstner, A.; Leitner, A. *Angew. Chem. Int. Ed.* **2002,** *41*, 609; Furstner, A.; Leitner, A.; Mendez, M.; Krause, H. *J. Am. Chem. Soc.* **2002,** *124*, 13856.

[37] Miller, J. A.; Farrell, R. P. *Tetrahedron Lett.* **1998,** *39*, 6441.

[38] Tasler, S.; Lipshutz, B. H. *J. Org. Chem.* **2003,** *68*, 1190.

[39] Lipshutz, B. H.; Ueda, H. *Angew. Chem. Int. Ed.* **2000,** *39*, 4492.

[40] Molander, G. A.; Canturk, B. *Angew. Chem. Int. Ed. Engl.* **2009,** *48*, 9240; Molander, G. A.; Ellis, N. *Acc. Chem. Res.* **2007,** *40*, 275; Molander, G. A.; Biolatto, B. *J. Org. Chem.* **2003,** *68*, 4302.

[41] Knapp, D. N.; Gillis, E. P.; Burke, M. D. *J. Am. Chem. Soc.* **2009,** *131*, 6961.

[42] deVries, A. H. M.; Mulders, J. M. C. A.; Mommers, J. H. M.; et al. *Org. Lett.* **2003,** *5*, 3285.

[43] Camp, D.; Matthews, C. F.; Neville, S. T.; et al. *Org. Process Res. Dev.* **2006,** *10*, 814; 辉瑞研究者描述了 Heck 反应的放大试验安全规范，详见图 2.12.

[44] 对无配体的 Heck 反应，见：Schils, D.; Stappers, F.; Solberghe, G.; et al. *Org. Process Res. Dev.* **2008,** *12*, 530.

[45] Merschaert, A.; Delhaye, L.; Kestemont, J.-P.; et al. *Tetrahedron Lett.* **2003,** *44*, 4531.

[46] Bartok, M. *Chem. Rev.* **2010,** *110*, 1663.

[47] Yabu, K.; Masumoto, S.; Yamasaki, S.; et al. *J. Am. Chem. Soc.* **2001,** *123*, 9908.

[48] Nugent, W. A. *J. Am. Chem. Soc.* **1998,** *120*, 7139.

[49] Mouri, S.; Chen, Z.; Mitsunuma, H.; et al. *J. Am. Chem. Soc.* **2010,** *132*, 1255.

[50] Huang, Q.; Richardson, P. F.; Sach, N. W.; et al. *Org. Process Res. Dev.* **2011,** *15*, 556.

[51] Cai, C.; Chung, J. Y. L.; McWilliams, J. C.; et al. *Org. Process Res. Dev.* **2007,** *11*, 328.

[52] Bullock, K. M.; Mitchell, M. B.; Toczko, J. F. *Org. Process Res. Dev.* **2008,** *12*, 896.

[53] Rouhi, A. M. *Chem. Eng. News* **2003,** *81*(18), 56.

[54] Federsel, H.-J.; Larsson, M., //Blaser, H.-U.; Schmidt, E., *Asymmetric Catalysis on Industrial Scale: Challenges, Approaches and Solutions*. Weinheim: Wiley-VCH, 2004. 413-436; Cotton, H.; Elebring, T.; Larsson, M.; et al. *Tetrahedron: Asymmetry* **2000,** *11*, 3819.

[55] Fray, M. J.; Gillmore, A. T.; Glossop, M. S.; et al. *Org. Process Res. Dev.* **2010,** *14*,263.

[56] Yasuda, N.; Hsiao, Y.; Jensen, M. S.; et al. *J. Org. Chem.* **2004,** *69*,1959.

[57] Rathman, T. L.; Bailey, W. F. *Org. Process Res. Dev.* **2009,** *13*, 144.

[58] Rao, C. S. The Chemistry of Process Development in Fine Chemical & Pharmaceutical Industry. 2nd ed. New York: Wiley, 2007.

[59] Nicola, T.; Brenner, M.; Donsbach, K.; Kreye, P. *Org. Process Res. Dev.* **2005,** *9*, 513.

[60] 在第一次 RCM 放大试验中，使用 Hoveyda 催化剂，鼓泡对移除副产物乙烯是必需的，而在优化后的 RCM，使用 Grela 催化剂，鼓泡不是必需的：Farina, V.; Shu, C.; Zeng, X.; et al. *Org. Process Res. Dev.* **2009,** *13,* 250.

[61] Königsberger, K,; Chen, G.-P.; Wu, R. R.; et al. *J. Org. Process Res. Dev.* **2003,** *7*, 733.

[62] Rassias, G.; Hermitage, S. A.; Sanganee, M. J.; et al. *Org. Process Res. Dev.* **2009,** *13*, 774.

[63] Chem, C.; Frey, L. F.; Shultz, S.; et al. *Org. Process Res. Dev.* **2007,** *11*, 616.

[64] 实例见 http://www.oceanopticessensors.com/application/organicsolvent.htm

[65] 实例见 http://www.hamiltoncompany.com/Sensors/

[66] Modi, S. P.; Gardner, J. O.; Milowsky, A.; et al. *J. Org. Chem.* **1989,** *54*, 2317.

[67] Kenney, B. D.; Breslav, M.; Chang, R.; et al. *J. Org. Chem.* **2007**,*72*,9798.

[68] Lloyd-Williams, P.; Albericio, F.; Giralt, E. Chemical Approaches to the Synthesis of Peptides and Proteins. Boca Raton: CRC Press, 1997, 27.

[69] Report on Carcinogens, 11th ed.;http://www.pall.com/pdf/11th_ROC_1_4_Dioxane.pdf

[70] Kuethe, J.T.; Wong, A.; Wu, J.; et al. *J. Org. Chem.* **2002,** *67*, 5993.

[71] Li, J.-H.; Liu, W.-J.; Xie, Y.-X. *J. Org. Chem.* **2005,** *70*, 5409.

[72] Arvela, R.; Leadbeater, N. E. *Org. Lett.* **2005,** *7*, 2101.

[73] Lesdbeater, N. E.; Smith, R. J. *Org. Lett.* **2006,** *8*, 4589.

[74] Couturier, M.; Andresen, B. M.; Jorgensen, J. B.; et al. *Org. Process Res. Dev.* **2002,** *6*, 42.

[75] Ace, K. W.; Armitage, M. A.; Bellingham, R. K.; et al. *Org. Process Res. Dev.* **2001,** *5*, 479.

[76] Smith, G. B.; D ezeny, G. C.; Hughes, D. L.; et al. *J. Org. Chem.* **1994,** *59*, 8151; 在这个过程中，有两个杂质被鉴定出来，分别是起始原料的邻溴代异构体和脱硼副产物。

[77] Bullock, K. M.; Burton, D.; Corona, J.; et al. *Org. Process Res. Dev.* **2009,** *13*, 303.

[78] McLaughlin, M.; Marcantonio, K.; Chen, C.; Davies, I. W. *J. Org. Chem.* **2008,** *73*, 4309.

[79] Dallas, A. S.; Gothelf, K. V. *J. Org. Chem.* **2005,** *70*, 3321.

[80] Antoft-Finch,A.; Blackburn, T.; Snieckus, V. *J. Am. Chem. Soc.* **2009,** *131*, 17750.

[81] Storgaard, M.; Ellman, J. A. *Org. Synth.* **2009,** *86*, 360; 第 21 条叙述了用水重结晶一烃基硼酸及之后的干燥.

[82] Ballmer, S. G.; Gillis, E. P.; Burke, M. D. *Org. Synth.* **2009,** *86*, 344.

[83] Burke 描述了 PIDA 硼酸酯作为手性试剂用于迭代偶合：Li, J.; Burke, M. D. *J. Am. Chem. Soc.* **2011,** *133*, 13774.

[84] Kin, Y.-Y.; Grieme, T.; Raje, P.; et al. *J. Org. Chem.* **2003,** *68*, 3238.

[85] Miller 描述了镍催化的交叉偶联反应形成邻甲苯基苯甲腈(OTBN), OTBN 乙作为中间体用于沙坦类药物的制备: Miller, J. A.; Farrell, R. P.*Tetrahedron Lett* **1998,** *39*, 6441.

[86] Krasovskiy, A.; Duplais, C.; Lipshutz, B. H. *J. Am. Chem. Soc.* **2009,** *131*, 15592.

[87] Nishikata, T.; Lipshutz, B. H. *Org. Lett.* **2010,** *12*, 1972.

[88] Lipshutz, B. H.; Ghorai, S.; Abela, A. R.; et al. *J. Org. Chem.* **2011,** *76*, 4379.

[89] Ritter, S. K. *Chem. Eng. News* **2011,** *89*(26), 11. http://pubs.acs.org/cen/news/89/i26/8926notw1b.html

[90] Ryberg, P. *Org. Process Res. Dev.* **2008,** *12*, 540.

[91] Payack, J. F.; Vazquez, E.; Matty, L.; et al. *J. Org. Chem.* **2005,** *70*, 175.

[92] Laird, T. *Org. Process Res. Dev.* **2009,** *13*, 823.

[93] Bolm, C.; Legros, J.; Le Paih, J.; Zani, L. *Chem. Rev.* **2004,** *104*, 6217.

[94] Clausen, A. M.; Dziadul, B.; Cappuccio, K. L.; et al. *Org. Process Res. Dev.* **2006,** *10*, 723.

[95] Milne, J. E.; Murrry, J. A.; King, A.; Larsen, R. D. *J. Org. Chem.* **2009,** *74*, 445.

[96] Arvela, R. K.; Leadbeater, N. E.; Sangi, M. S.; et al. *J. Org. Chem.* **2005,** *70*, 161; 在 AuI 催化的 Sonogashira 偶联反应中，痕量 Pd 被发现是必需的; Lauterbach, T.; Livendahl, M.; Rosellón, A.; Espinet, P.; Echavarren, A. E. *Org. Lett.* **2010,** *12*, 3006.

[97] Cobley, C. J.; Lennon, I. C.; Praquin, C.; et al. *Org. Process Res. Dev.* **2003,** *7*, 405.

[98] Weissman, S. A.; Zewge, D.; Chen, C. *J. Org. Chem.* **2005,** *70*, 1508.

[99] Ren, Y.; Liu, Z.; He, S.; et al. *Org. Process Res. Dev.* **2009,** *13*, 764.

[100] Yu, H.; Richey, R. N.; Miller, W. D.; et al. *J. Org. Chem.* **2011,** *76*, 665.

[101] Hansen, K. B.; Hsiao, Y.; Xu, F.; et al. *J. Am. Chem. Soc.* **2009,** *131*, 8798.

[102] Hanson, K. B.; Rosner, T.; Kubryk, M.; et al. *Org. Lett.* **2005,** *7*, 4935.

[103] V_2O_5 催化氧化羟基酸得到酮酸是因为痕量金属的存在: Branchaud, B. P.; Meier, M. S. *J. Org. Chem.* **1989,** *54*, 1320.

[104] Li, B.; Berliner, M.; Buzon, R.; et al. *J. Org. Chem.* **2006,** *71*, 9045.

[105] Magnus, N. A.; Anzeveno, P. B.; Coffey, D. S.; et al. *Org. Process Res. Dev.* **2007,** *11*, 560.

[106] So, C. M.; Lee, H. W.; Lau, C. P.; Kwong, F. Y. *Org. Lett.* **2009,** *11*, 317.

[107] Brands, K. M. J.; Krska, S. W.; Rosner, T.; et al. *Org. Process Res. Dev.* **2006,** *10*, 109.

[108] Pe′rez-Balado, C.; Willemsens, A.; Ormerod, D.; et al. *Org. Process Res. Dev.* **2007,** *11*, 237.

[109] Miyaura, N.; Suzuki, A. *Chem. Rev.* **1995,** *95*, 2457.

[110] Lipton, M. F.; Mauragis, M. A.; Maloney, M. T.; et al. *Org. Process Res. Dev.* **2003,** *7*, 385.

[111] Larsen, R. D.; King, A. O.; Chen, C. Y.; et al. *J. Org. Chem.* **1994,** *59*, 6391. 也见文献[85].

[112] Kuivila, H. G.; Reuwer, J. F., Jr.; Mangranite, J. A. *Can. J. Chem.* **1963,** *41*, 3081.

[113] Parry, P. R.; Wang, C.; Batsanoy, A. S.; et al. *J. Org. Chem.* **2002,** *67*, 7541.

[114] Li, W.; Nelson, D. P.; Jensen, M. S.; et al. *J. Org. Chem.* **2002,** *67*, 5394.

[115] Moldoveanu, C.;Wilson, D. A.; Wilson, C. J.; et al. *J. Org. Chem.* **2010,** *75*, 5438.

[116] Available in bulk from AllyChem Co. Limited.

[117] Zhang, Y.; Gao, J.; Li, W.; et al. *J. Org. Chem.* **2011,** *76*, 639.

[118] Brak, K.; Ellman, J. A. *J. Org. Chem.* **2010,** *75*, 3147.

[119] Molander, G. A.; Petrillo, D. E. //Miller, M. J., Ed. Organic Syntheses. Vol. 84. Organic Syntheses, Inc., 2007, 317.

[120] Winkle, D. D.; Schaab, K. M. *Org. Process Res. Dev.* **2001,** *5*, 450.

[121] Chekroun, I.; Ruiz-Montes, J.; Bedoya-Zurita, M.; Rossey, G. U.S. 5,278,312, 1994 (to Synthelabo).

[122] Goodson, F. E.; Wallow, T. I.; Novak, B. M. //Smith, A. B., III, Ed. Organic Syntheses. Vol. 74. Organic Syntheses, Inc., 1997, 64.

[123] Baudoin, O.; Cesario, M.; Gue′nard, D.; Guéritte, F. *J. Org. Chem.* **2002,** *67*, 1199.

[124] Alcazar-Roman, L. M.; Hartwig, J. F.; Rheingold, A. L.; et al. *J. Am. Chem. Soc.* **2000,** *122*, 4618.

[125] Kinzel, T.; Zhang, Y.; Buchwald, S. L. *J. Am. Chem. Soc.* **2010,** *132*, 14073.

[126] Lautens, M.; Roy, A.; Fukuoka, K.; et al. *J. Am. Chem. Soc.* **2001,** *123*, 5358.

[127] Galbraith, E.; Fyles, T. M.; Marken, F.; et al. *Inorganic Chem.* **2008,** *47*, 6236.

[128] Gøgsig, T. M.; Søbjerg, L. S.; Lindhardt (neéHansen), A. T.; et al. *J. Org. Chem.* **2008,** *73*, 3404.

[129] Dai, Q.; Xu, D.; Lim, K.; Harvey, R. G. *J. Org. Chem.* **2007,** *72*, 4856.

[130] Alessi, M.; Larkin, A. L.; Ogilvie, K. A.; et al. *J. Org. Chem.* **2007,** *72*, 1588.

[131] Cammidge, A. N.; Cre′py, K. V. L. *J. Org. Chem.* **2003,** *68*, 6832.

[132] Achmatowicz, M.; Thiel, O. R.; Wheeler, P.; et al. *J. Org. Chem.* **2009,** *74*, 795.

[133] O'Donovan, M. R.; Mee, C. D.; Fenner, S.; et al. *Mutat. Res.: Genet. Toxicol. Environ. Mutagen* **2011,** *724* (1-2), 1.

[134] Antonow, D.; Cooper, N.; Howard, P. W.; Thurston, D. E. *J. Comb. Chem.* **2007,** *9*, 437.

[135] Hall, D. G.; Tailor, J.; Gravel, M. *Angew. Chem. Int. Ed.* **1999,** *38*, 3064.

[136] Yang, W.; Gao, X.; Springsteen, G.; Wang, B. *Tetrahedron Lett.* **2002,** *43*, 6339.

[137] Chen, C.; Dagneau, P.; Grabowski, E. J. J.; et al. *J. Org. Chem.* **2003,** *68*, 2633.

[138] Jiang, Z.; She, J.; Lin, X. *Adv. Synth. Catal.* **2009,** *351*, 2558.

[139] Tagata, T.; Nishida, M. *J. Org. Chem.* **2003,** *68*, 9412.

[140] Nova´k, Z.; Szabo´, A.; Répási, J.; Kotschy, A. *J. Org. Chem.* **2003,** *68*, 3327.

[141] Sakurai, H.; Tsukuda, T.; Hirao, T. *J. Org. Chem.* **2001,** *67*, 2721.

[142] 对于 $Pd(OH)_2/C$ 催化的硫醚和有机锌化合物的 Fukuyama 偶联，见：Mori, Y.; Seki, M. *J. Org. Chem.* **2003,** *68*, 1571.

[143] Broadwater, S. J.; McQuade, D. T. *J. Org. Chem.* **2006,** *71*, 2131.

[144] Conlon, D. A.; Pipik, B.; Ferdinand, S.; et al. *Adv. Synth. Catal.* **2003,** *345*, 931.

[145] Lipshutz, B. H.; Tasler, S.; Chrisman, W.; et al. *J. Org. Chem.* **2003,** *68*, 1177.

[146] Rylander, P. Catalytic Hydrogenation in Organic Syntheses. Academic, 1979.

[147] Shultz, C. S.; Krska, S. W. *Acc. Chem. Res.* **2007,** *40*, 1320.

[148] Joo´, F. *Acc. Chem. Res.* **2002,** *35*, 738.

[149] 对 TPPTS 同系物的 Rh 化学（其中一个芳基被 2-吡啶基取代），见：Lautens, M.; Yoshida, M. *J. Org. Chem.* **2003,** *68*, 762.

[150] Questions and Answers on 30th Adaptation to Technical Progress (ATP) of Council Directive 67/548/ EEC on the classification, labelling of dangerous substances. http://ec.europa.eu/environment/chemicals/ dansub/pdfs/ qa_30_atp.pdf

[151] http://www.boraxfree.com/borax.html

[152] Liu, W.; Cao, H.; Zhang, H.; et al. *J. Am. Chem. Soc.* **2011,** *132*, 16737.

[153] Urgaonkar, S.; Verkade, J. A. *J. Org. Chem.* **2004,** *69*, 5752.

[154] Leadbeater, N. E.; Marco, M. *J. Org. Chem.* **2003,** *68*, 5660.

[155] Trost, B. M.; Luan, X. *J. Am. Chem. Soc.* **2011,** *133*, 1706.

[156] Malmgren, H.; Ba¨ckstro¨m, B.; Sølver, E.; Wennerberg, J. *Org. Process Res. Dev.* **2008,** *12*, 1195.

[157] 例如: Sigma-Aldrieh 收录了 *Chemical & Engineerrring News* 上关于 Buchwald 研究组制备的 12 个配体 (May 30, 2011)和 Burke 实验室的 14 个 MIDA 硼酸酯(June 13, 2011).

[158] Hawkins, J. M.; Watson, T. J. N. *Angew. Chem. Int. Ed.* **2004,** *43*, 3224.

[159] Hoge, G.; Wu, H.-P.; Kissel, W. S.; et al. *J. Am. Chem. Soc.* **2004,** *126*, 5966.

[160] 对于烯烃前体的制备和使用(*R,R*)-Rh-Me-DuPhos 配体的不对称氢化的细节，详见：Jennings, R.; Kissel, W. S.; Le, T. V.; Lenoir, E.; Mulhern, T.; Wade, R. In Fundamentals of Early Clinical Drug Development; Abdel-Magid, A. F., Caron, S., Eds. NJ: Hoboken, Wiley, 2006.

[161] Lorenz, J. Z.; Busacca, C. A.; Feng, X.; et al. *J. Org. Chem.* **2010,** *75*, 1155.

[162] 对于 Ullmann 反应条件下的偶联，见：Jiao, J.; Zhang, X.-R.; Chang, N.-H.; et al. *J. Org. Chem.* **2011,** *76*, 1180.

[163] Rao, H.; Fu, H. *Synlett.* **2011,** 745.

[164] Buchwald, S. L.; Bolm, C. *Angew. Chem. Int. Ed.* **2009,** *48*, 5586.

[165] Sun, C.-L.; Li, B.-J.; Shi, Z.-J. *Chem. Rev.* **2011,** *111*, 1293.

[166] Chen, G.-Q.; Xu, Z.-J.; Liu, Y.; et al. *Synlett.* **2011,** 1174.

[167] Rosen, B. M.; Quasdorf, K. W.; Wilson, D. A.; et al. *Chem. Rev.* **2011,** *111*, 1346.

第 11 章 后处理

“典型的化学操作中，资本支出和操作成本的 60%～80%都用于分离。”

——Charles A Eckert，美国乔治亚理工学院，化学工程教授[1]

11.1 引言

固体、液体和气体的分离可以说是反应后处理以及产品纯化最重要的操作。许多出版的化学反应流程只叙述了反应的试剂和溶剂，而后处理往往是简单带过。然而对于工业生产，若要能稳定、有效果并有效率地放大反应，其后处理极其重要。正因为后处理会严重地影响操作成本、资本支出、生产率产品花费，一个低效率的后处理常会导致一条反应路线或一步反应在放大反应时被淘汰[2]。有效率的后处理可以降低操作成本，其特点包括：使用最少的人力成本以及经此分离得到的产品不需要额外的加工来提升质量；多用途器材可以降低资本支出，此类器材可同时处理一个以上的产品或中间体。如此可知，分离的优化是成就一个低成本产品的关键[3]。

后处理就是反应完成后到产品被分离出来之前所进行操作的总称。后处理包括淬灭反应去除杂质和进行产物分离，目的是提供一个即使在产品分离之后仍然安全的操作流程环境。一些典型的后处理操作如表 11.1 所示。

表 11.1 典型的后处理操作

淬灭活性物质	蒸馏去除溶剂
pH 调节	膜分离技术去除溶剂
过滤（回收试剂并去除反应杂质）	去离子化作用
副产物的沉淀及过滤	活性炭或其他吸附体处理
萃取	色谱分离
共沸去除易挥发的组分，包括溶剂	精密过滤器

最好的后处理选择取决于反应产物的用途。其中一种方法是将其中一步反应叠加到下一步反应，也就是将萃取或浓缩的产物转移到下一步反应，而不分离反应产物。叠加（telescope），也可称作串接（concatenation）或直通流程（through-processing），是一个值得关注的中间体方法，只要生成的副产物不困扰其下一步反应的纯化，且操作方法在研究领域监管单位的规定内。叠加减少了反应步骤，使得物理的流失和

污染物减少。在许多实例里也减少了器材的使用量，进而减少机会成本。如果改变溶剂是必要的，将一个低沸点溶剂换成高沸点溶剂能节省时间和精力[看图 8.10（a）的讨论]。叠加同时也减少了操作者面对烈性和有毒物质的机会[4]。可利用共沸方法除去 H_2O 来预备无水条件的仪器；如果由于温度的限制使得共沸除 H_2O 无法执行，操作流程应用 Na_2SO_4、$MgSO_4$ 或分子筛（见第 5 章）。易挥发副产物和溶剂不需要用萃取来移除，例如图 11.1 中一个不对称脲的生成[5]。（以上的操作可加速一系列化合物的制备。）如果产物或副产物需以固体相态被移除，则需要发展能控制其物理和化学性质的重结晶方法，因为有些沉淀物过滤速度过于缓慢。沉淀法已经在大规模的氨基酸提纯上被优化了[6]。直接提纯比萃取式后处理之后再提纯还要有效率（见图 3.21 以及讨论）[7]。反应混合物的重结晶可以直接提纯产物，常见的方法是添加抗溶剂[8]。萃取式后处理多用于移除较麻烦的杂质，或移除妨碍重结晶的杂质以提高反应收率。制备色谱法可以在研究初期阶段使用来供给原料，但是应用于常规工业生产有时却非常昂贵。值得一提的是色谱法已经常规应用于大规模的多肽纯化了[6]。

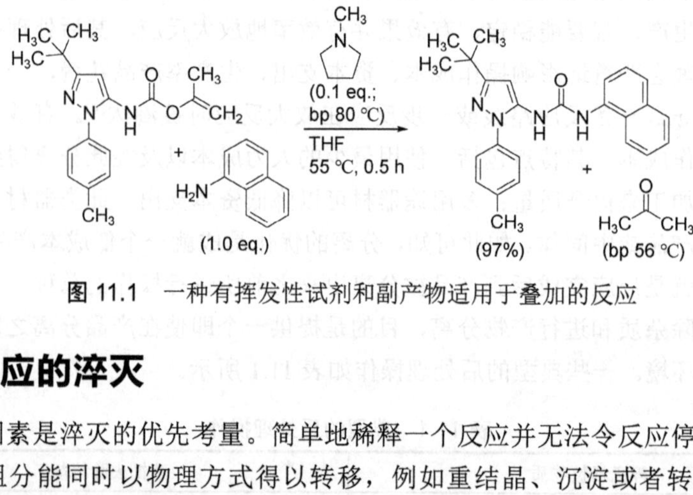

图 11.1 一种有挥发性试剂和副产物适用于叠加的反应

11.2 反应的淬灭

安全因素是淬灭的优先考量。简单地稀释一个反应并无法令反应停止，除非产物或活性组分能同时以物理方式得以转移，例如重结晶、沉淀或者转移至另一液相中。常常是淬灭过量试剂，为下一步骤提供安全的反应环境并降低产物的分解，其安全的定义涉及化学品的危害性和毒害性。举例来说，在工业生产中，用固体的草酸对有致敏性且极度刺激性的二环己基碳二亚胺（DCC）残留进行淬灭（图 11.2）[9,10]，将其副产物二环己基脲（DCU）移除后，产物可经由重结晶获得。

碳化二亚胺类试剂具有活性，因此需要淬灭。常见的碳化二亚胺包括 DCC、二异丙基碳二亚胺和 1-(3-二甲氨基丙基)-3-乙基碳二亚胺（EDC 或 EDCI）。碳化二亚胺会与草酸、乙酸和磷酸等酸反应形成亚氨基酯，接着水解形成相应的脲。经羧酸形成的中间体亚胺基酯重排形成 *N*-酰基脲（图 9.6）。*N*,*N*-二甲基甲酰胺（DMF）被选为 DCC 参与反应理想的溶剂是因为 DCU 难溶于该溶剂，没有完全淬灭反应中可溶性 DCC 是难以从反应混合物中移除 DCU 的可能原因。

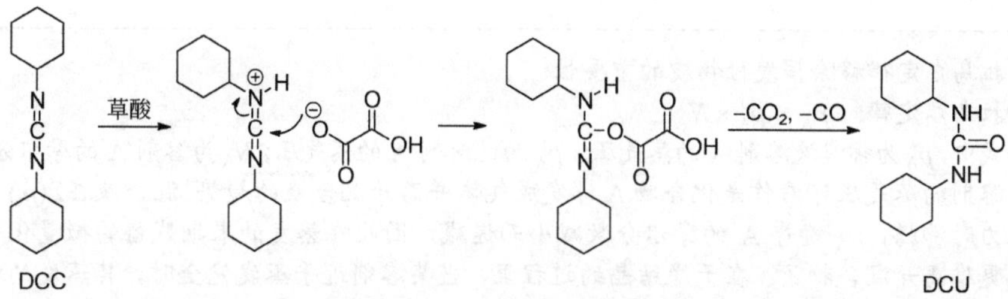

图 11.2　草酸淬灭 DCC 反应

残余的溶剂若没有处理干净，会对实验室造成爆炸的危险性。如图 11.3 所示，叠氮化合物粗品的后处理若在旋蒸仪里浓缩，爆炸物后来被确定是二叠氮基甲烷 $CH_2(N_3)_2$。该后处理先将大量二氯甲烷（bp 42 ℃）从甲磺酰化反应中旋蒸移除，再加入 DMF（bp 152 ℃），接着蒸发移除溶剂［约 20 Torr（1 Torr = 133.322 Pa），反应炉温度 35 ℃］，直到没有冷凝物析出，此时推断瓶子里没有 CH_2Cl_2 残留；接着将蒸馏停止，并加入更多的 DMF 和 NaN_3，反应温度提高到 70 ℃并反应 16 h，冷却，然后用 Et_2O 和 H_2O 液液萃取。萃取出的有机相在旋蒸仪上浓缩，并将接液瓶清空，隔天早上旋蒸仪爆炸了。进一步分析发现，叠氮化合物的粗品有 8%～10%的二叠氮基甲烷，因此将其粗品还原以消除二叠氮基甲烷[11]。

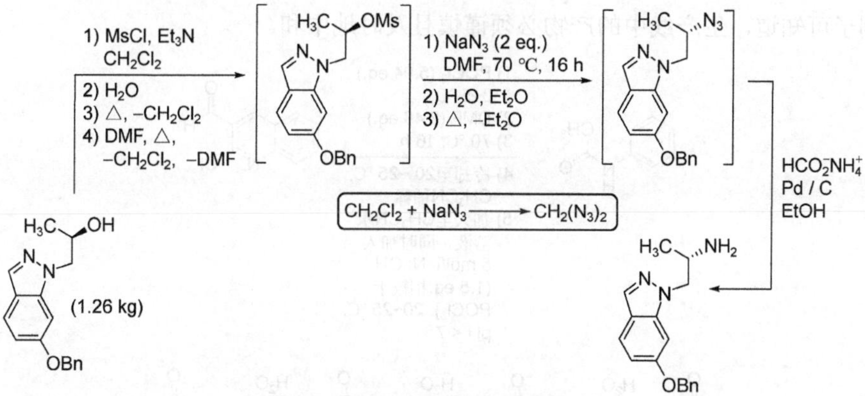

图 11.3　重氮甲烷的形成

图 11.3 的例子中，当最后不再有冷凝物析出时似乎可以合理地判断已将 CH_2Cl_2 移除了，然而最终分析发现，尽管沸点有 110 ℃之差，CH_2Cl_2 并没有最终被移除。GC 分析或 NMR 分析证实，混合物中可能有大量的 CH_2Cl_2 残留[12]。拉乌尔定律解释了为何最终微量的挥发性物质会如此地难以移除[13]，因此需延长操作。另一种为安全考虑而改良的操作方法是消耗活性物质，以上例子来说，可投入少于甲磺酸酯量的 NaN_3。安全的大型操作中，在废弃的水相萃取液中销毁过量的 NaN_3 是必要的。

拉乌尔定律移除挥发性物质的重要性

拉乌尔定律：$p_A = p_A^0 \times N_A$

式中，p_A为稀溶液溶剂A的蒸气压；p_A^0为纯溶剂A的蒸气压；N_A为溶剂A的摩尔分数。

溶剂的蒸气压可看作是化合物A挥发成气体并离开混合液的趋势。混合液在$\Sigma(p_i)$＝大气压力时沸腾，p_A随着A的摩尔分数减小而递减，因此在蒸发的末期残留的微量化合物A就更难离开混合物了。在干燥结晶的过程里，当某溶剂近乎蒸发完全时，其蒸发的难度倍增。有些沸点低的组分比预期的难以移除，如CO_2、Me_2S、Me_2NH；有时多清除系统是必要的（见第8章）。

另一个例子，两个镀锌钢桶装载了$SOCl_2$和EtOAc的冷凝物在45 min后爆炸了。进一步的研究利用加速量热仪（ARC）发现，虽然$SOCl_2$和EtOAc的混合物并不产生放热，但是$SOCl_2$、EtOAc和锌混合物会发生连环反应，产生放热并释放出SO_2、EtCl、乙酰氯和固体硫黄。所以镀锌的碳钢桶会与$SOCl_2$和EtOAc产生放热[14]。事后有文献报道$SOCl_2$也会与THF和DMF产生类似反应，同时提醒注意含有以下活性物质的混合物：$SOCl_2$、对甲苯磺酰氯、三氯氧磷。氯化亚砜也表现出对MTBE产生活性[15]。美国安进公司的员工对Meth-Cohn合成喹啉方法中淬灭$POCl_3$这一步骤提出疑虑（图11.4）：过滤出产物后他们发现，水相滤液的温度缓慢地上升到50 ℃。调查后发现$POCl_3$的第二步水解发生得比第一步慢很多，造成潜在放热[16]。从以上的例子可知道，生产线中的产物必须谨慎且及时地中和。

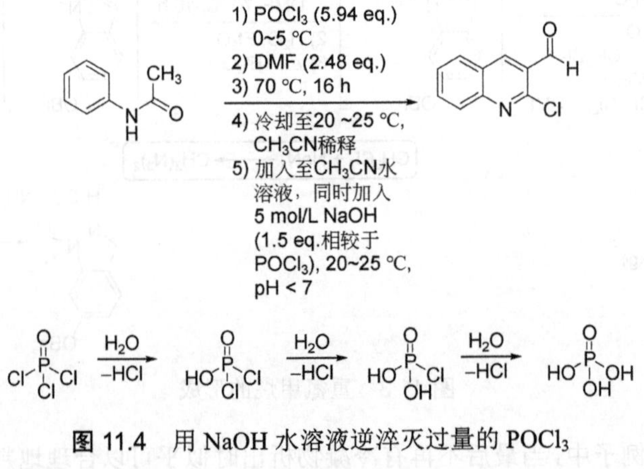

图 11.4 用NaOH水溶液逆淬灭过量的$POCl_3$

简单地将一个反应浓缩并不是有效率的后处理。先前在一个有关阿瑞匹坦前体的制备研究中，Merck的科学家把一个乳醇活化成三氯乙酰亚胺酯腈（图11.5）。在放大中，当要移除过量的CH_2Cl_2和三氯乙腈时，蒸馏的过程比预期还要耗时许多，另外也因为当过量的三氯乙腈被移除时，反应平衡偏向了反应起始物。因为三氯乙腈使用上的困难，Merck的科学家改将乳醇活化成三氟乙酸酯[17]。

有机化学家应用了多种平衡反应，依赖两大要素驱使反应完毕。第一是增加反应

> “富有（rich）”和“花费（spent）”阶段分别指看起来几乎没有产物和基本上没有产物的阶段。为了安全操作，“花费”阶段中和形成的任何活性成分应很快将它们中和。

物用量，例如在通过 Fischer 酯化反应制备甲酯的时候使用过量的甲醇。第二是将产物（或副产物）从反应里移除，例如使用 Dean-Stark 装置分离 H_2O，重结晶 CIAT 或 CIDR 流程的产物（第 12 章），或在 Boc-胺脱保护的过程中挥发 CO_2 和异丁烯。平衡反应，包括烯烃复分解反应和许多酶催化反应，需要在后处理前积极地淬灭以达到理想的收率。在实验室里，将反应倒入硅胶柱里似乎是一个很有效的淬灭方法，催化剂会被吸出反应。但是若规模放大，“过柱”将会消耗相当长的时间，甚至是几小时，期间产物会被平衡反应降解。举例来说，图 11.6 中叙述了钌催化的关环复分解反应（RCM）[18]；由于活性复合物没有被淬灭，第一批的收率远低于预期。其反应混合物需用 2-巯基烟酸和/或咪唑积极地淬灭[19,20]，且 Array 的工人发现二乙二醇单乙烯基醚能非常有效地淬灭复分解反应里用的钌试剂[21]。

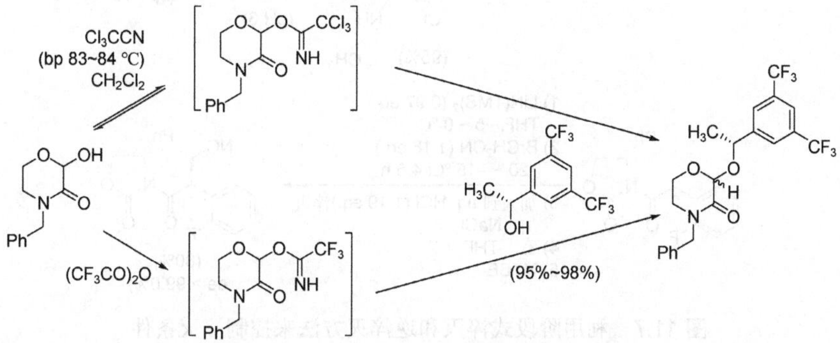

图 11.5　通过改变试剂来避免平衡反应后处理

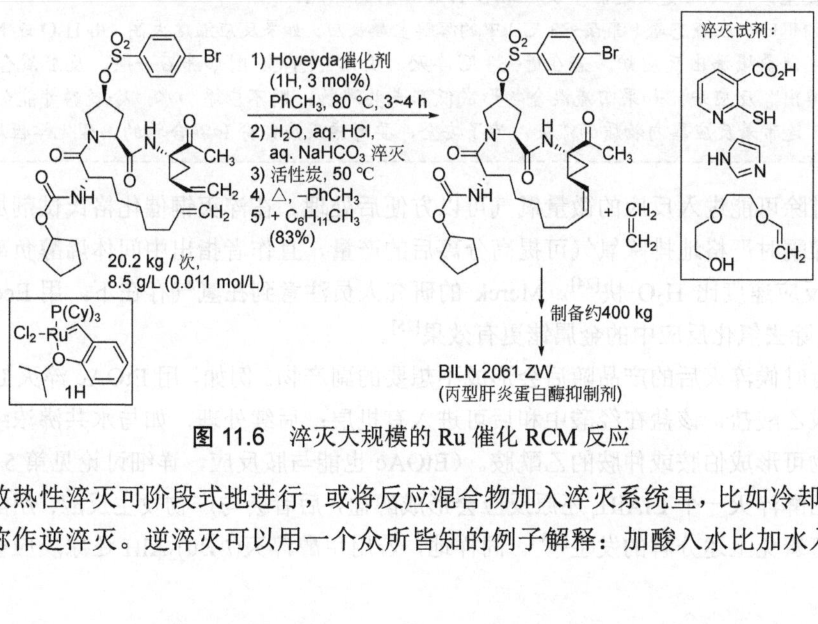

图 11.6　淬灭大规模的 Ru 催化 RCM 反应

放热性淬灭可阶段式地进行，或将反应混合物加入淬灭系统里，比如冷却系统，这也称作逆淬灭。逆淬灭可以用一个众所皆知的例子解释：加酸入水比加水入酸还要安全。图 11.7 中描述了这些特点。缓慢地将甲醇加入二异丁基铝氢化物能控制氢气的产生，接着将淬灭过的混合液引入 40 ℃的 HCl 水溶液使其快速反应水解，同时掌控异丁烷的产生。在这些酸性条件下铝盐溶于 pH 3 的淬灭溶液，而非碱性产物（吡啶带吸电子取代基）则被反应溶剂萃取[22]。图 11.7 中的第二个例子是利用盐酸水溶液逆淬灭，因为如果将盐酸水溶液加入到反应里会出现羰基 α-位差向异构化[23]。逆淬灭能减少差向异构化是因为在淬灭操作过程里反应混合物始终维持酸性。

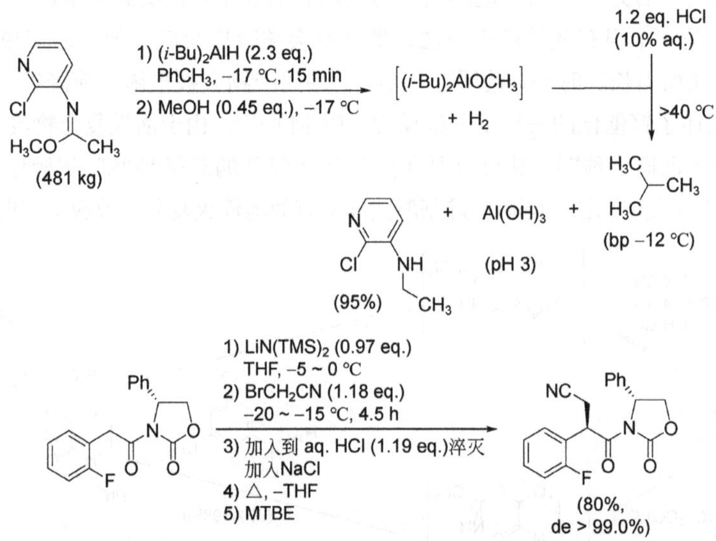

图 11.7 利用阶段式淬灭和逆淬灭方法来控制淬灭条件

> **安全：** 淬灭温度应远低于反应混合物或溶剂的沸点。
>
> 细想一个在液态氨（沸点−33 ℃）中的溶解金属反应：如果反应温度太高，用 H_2O 或 NH_4Cl 淬灭可使氨爆沸出反应炉。若在近−33 ℃淬灭，固体 NH_4Cl 则如沸石一般，反应混合物一起“弹出”反应炉。如果回流混合物形成低沸点共沸物，则不应添加水：冷凝器可能会严重漏水，连带着反应器内物质的流失。为了安全，要考虑反应组分和混合物的物理化学性质。

排除可能进入反应的微量氧气可以方便后处理。在淬灭铜催化格氏试剂加成甾体二烯酮时严格地排除氧气可提高分离后的产量，且作者指出中间体烯醇负离子与 O_2 的反应速度比 H_2O 快[24]。Merck 的研究人员注意到在氢气存在下，用 Ecosorb® C-941 除去氢化反应中的金属铑更有效果[25]。

有时候淬灭后的产品随后会形成不想要的副产物。例如，用 EtOAc 淬灭 $LiAlH_4$ 会形成乙酸盐，该盐在经酸中和后可进入有机层；后续处理，如与水共沸浓缩有机萃取物可形成伯胺或仲胺的乙酰胺。（EtOAc 也能与胺反应，详细讨论见第 5 章。）若用乙醇淬灭一个 $LiAlH_4$ 还原反应会形成醇盐，后者会与产物发生反应；用醋酸淬灭则可避免上述分解的发生[26]。同样地，若用甲醇淬灭(i-Bu)$_2$AlH 还原反应会形成甲醇盐，该盐将会促进酰基迁移（图 11.8）；用醋酸淬灭则产生碱性较低的 LiOAc 且不产生吡喃糖。（在这种情况下，$LiAlH_4$ /吡啶酮是优选的试剂，在 THF 溶剂−30 ℃以 93%的产率还原生成所需的乳醇[27]）。

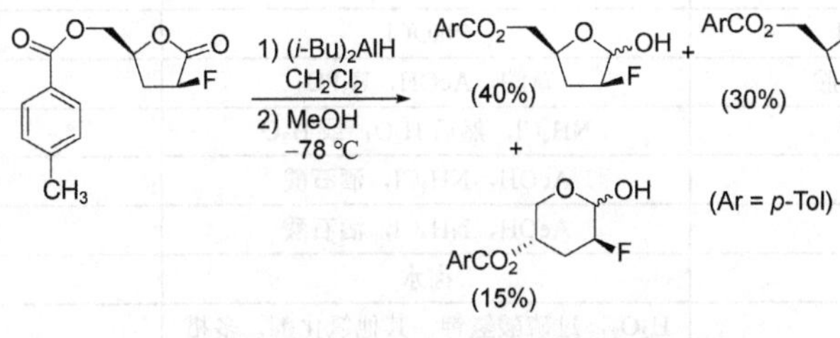

图 11.8 用甲醇淬灭一个 DIBAH 反应

表 11.2 列出了一些已被用于淬灭并中和反应里活性物质的试剂。这个列表并不彻底，详细淬灭的方法请参考有机合成试剂百科全书（e-EROS），里面有更充分的描述[28]，或参考更近期的一本有关放大程序的书[29]。用于除去反应中金属的试剂，如第 6 节所讨论的，也可作为有用的淬灭参考。

表 11.2 用于淬灭的试剂（此列表是一个通用指南，所有的淬灭操作应谨慎进行，满足安全流程。进行放大前应有适当的风险评估）

反应物	中和试剂	备注
HO^-，RO^-，有机碱	有机或无机酸	
H^+	有机或无机碱	
RCOCl，$SOCl_2$	H_2O，然后碱	
$POCl_3$	aq. NaOH	①
H_2O_2，NaOCl，Cl_2，Br_2，I_2，NCS，NBS，其他氧化剂	活性炭（Darco G-60）	淬灭过甲酸，②
	抗坏血酸	③
	H_3PO_2（次磷酸）	④
	$NaHSO_3$，$Na_2S_2O_3$，$Na_2S_2O_5$	
	MnO_2	分解 H_2O_2，⑤
Os(Ⅵ)，Os(Ⅷ)	Na_2SO_3	⑥
O_3，臭氧化物	H_3SCH_3，Ph_3P，$NaBH_4$	⑦⑧
H_2NNH_2，CN^-，NaN_3	NaOCl	
BH_4	丙酮	
$LiAlH_4$	丙酮，EtOAc，罗谢尔盐	⑨
	$Na_2SO_4·10H_2O$	⑩
	H_2O，NaOH，H_2O	⑪
	AcOH，EtOH	⑫
$(i\text{-Bu})_2AlH$	MeOH，然后 aq. HCl	⑬
	AcOH	⑭
	EtOAc，然后 aq. $NaHCO_3$	⑮
	草酸	

续表

反应物	中和试剂	备注
CH_3I，$H_3COSO_2OCH_3$	NH_3	⑯
CH_3OTs	DABCO	⑰
H_3SCH_3，RSH	NaOCl	
DCC，碳化二亚胺	草酸，AcOH，H_3PO_4	⑱
Na(0)，Li(0)等	NH_4Cl，然后 H_2O；或 H_2O	⑲
RLi，R_2NLi	AcOH，NH_4Cl，酒石酸	⑳
RMgX	AcOH，NH_4Cl，酒石酸	㉑㉒
RZnX	卤水	㉓
BR_3	H_2O_2，过硫酸氢钾，其他氧化剂，多搭配 HCl 或 AcOH	㉔㉕
Ru (复分解反应)	咪唑	㉖
	2-巯基烟酸	㉗
	二乙二醇单乙烯基醚	㉘

① Achmatowicz, M. M.; Thiel, O. R.; Colyer, J. T.; et al. *Org. Process Res. Dev.* **2010**, *14*, 1490.

② Ripin, D. H. B.; Weisenburger, G. A.; am Ende, D. J.; et al. *Org. Process Res. Dev.* **2007**, *11*, 762.

③ Xiang, Y.; Caron, P.-Y.; Lillie, B. M.; Vaidyanathan, R. *Org. Process Res. Dev.* **2008**, *12*, 116. 用 $Na_2S_2O_3$ 淬灭碘化反应，将残留的硫富集在浓缩物中，抑制了后续的 Pd 催化偶联.

④ Chen, C.-K.; Singh, A. K. *Org. Process Res. Dev.* **2001**, *5*, 508.

⑤ Vaino, A. R. *J. Org. Chem.* **2000**, *65*, 4210.

⑥ Prasad, J. S.; Vu, T.; Totleben, M. J.; et al. *Org. Process Res. Dev.* **2003**, *7*, 821.

⑦ Van Ornum, S. G.; Champeau, R. M.; RPariza, R. *Chem. Rev.* **2006**, *106*, 2990.

⑧ Allian, A. D.; Richter, S. M.; Kallemeyn, J. M.; et al. *Org. Process Res. Dev.* **2011**, *15*, 91.

⑨ Hirokawa, Y.; Hirokawa, T.; Noguchi, H.; et al. *Org. Process Res. Dev.* **2002**, *6*, 28.

⑩ Brückner, C.; Xie, L. Y.; Dolphin, D. *Tetrahedron* **1998**, *54*, 2021.

⑪ 通过逐次加入 *n* mL 水、*n* mL 15% NaOH 和 3*n* mL of H_2O，可获得粒状的氢氧化物沉淀，见：Fieser, L. F.; Fieser, M. Reagents for Organic Synthesis. Vol. 1. New York: Wiley, 1967, 584.

⑫ Benoit, G.-E.; Carey, J. S.; Chapman, A. M.; et al. *Org. Process Res. Dev.* **2008**, *12*, 88.

⑬ Perrault, W. R.; Shephard, K. P.; LaPean, L. A.; et al. *Org. Process Res. Dev.* **1997**, *1*, 106.

⑭ Jin, F.; Wang, D.; Confalone, P. N.; et al. *Tetrahedron Lett*, **2001**, *42*, 4787; Stork, G.; Boeckrnann, R. K., Jr.; Taber, D. F.; et al. *J. Am. Chem. Soc.* **1979**, *101*, 7107; Selliah, R. D.; Hellberg, M. R.; Sharif, N. A.; et al. Bioorg. Med. *Chem. Lett*, **2002**, *14*, 4525; Delgado, P.; Conrow, R. E.; Dean, W. D.; Gaines, M. S. U S 6828444, 2004 (to Alcon).

⑮ Shieh, W.-C.; Chen, G.-P.; Xue, S.; et al. *Org. Process Res. Dev.* **2007**, *11*, 711.

⑯ Prashad, M.; Har, D.; Hu, B.; et al. *Org. Lett.* **2003**, *5*, 128; Prashad, M.; Har, D.; Hu, B.; et al. *Org. Process Res. Dev.* **2004**, *8*, 331.

⑰ Camp, D.; Matthews, C. F.; Neville, S. T.; et al. *Org. Process Res. Dev.* **2006**, *10*, 814.

⑱ Fieser, L. F.; Fieser, M. Reagents for Organic Synthesis. New York: Wiley, 1967, 231.

⑲ Joshi, D. K.; Sutton, J. W.; Carver, S.; Blanchard, J. P. *Org. Process Res. Dev.* **2005**, *9*, 997. 安全提示：反应应该在大约−40 ℃淬灭，低于 NH_3 的沸点（−33 ℃）。固体氯化铵表现得如同沸石一般，造成液氨溢出反应器.

⑳ 应使用过量的 AcOH 淬灭过量的烷基锂试剂，2 倍量的烷基锂与羧酸反应生成叔甲醇.

㉑ 在冷的 AcOH 水溶液中淬灭格氏反应，可以达到良好的试验工厂操作控制：Kopach, M. E.; Singh, U. K.; Kobierski, M. E.; et al. *Org. Process Res. Dev.* **2009**, *13*, 209.

㉒ $Mg(OAc)_2$ 的溶解性远优于$(NH_4)MgCl_3$，这一特性被用于 Weinreb 酰胺的制备：Davies, I. W.; Marcoux, J.-F.; Corley, E. G.; et al. *J. Org. Chem.* **2000**, *65*, 6415.

㉓ Girgis, M. J.; Liang, J. K.; Du, Z.; et al. *Org. Process Res. Dev.* **2009**, *13*, 1094.

㉔ Atkins, W. J., Jr.; Burkhardt, E. R.; Matos, K. *Org. Process Res. Dev.* **2006**, *10*, 1292. 烷基硼烷可能是高度易燃的。作者提供了淬灭乙硼烷和烷基硼烷的详细指南.

㉕ Astbury, G. W. *Org. Process Res. Dev.* **2002**, *6*, 893.

㉖ Brenner, M.; Meineck, S.; Wirth, T. US Patent 7183374 B2, 2007 (to Boehringer Ingelheim).

㉗ Yee, N. K.; Farina, V.; Houpis, I. N.; et al. *J. Org. Chem.* **2006**, *71*, 7133.

㉘ Liu, W.; Nichols, P. J.; Smith, N. *Tetrahedron Lett.* **2009**, *50*, 6103.

安全：还未评估反应的潜在放热前不该将反应放大，产物也可能在失控的淬灭过程中被破坏。

若在一淬灭条件下，某反应生成了无法被搅拌的物质，则该反应在放大时会有**安全**问题。例如，加入一个水溶液淬灭低温反应可能会在反应器内生成冰壳；这会减慢外层护套内流体的传热。如果过多的热量累积在反应器上，冰壳可能会突然地在反应器壁上破裂，使得反应物瞬间接触过高的温度。如果用一种试剂淬灭会产生固体，则应考虑替代品。例如丙酸（mp −24 ℃）可以用来代替 AcOH（mp 17 ℃）。将淬灭试剂溶解在有机溶剂中也能降低凝固点。

工艺师或工程师可从表 11.2 中探索试剂的其他用途。举例来说，二氮杂二环辛烷（DABCO）是用来分解对甲苯磺酸酯的，因此肯定会很容易地与碘甲烷或硫酸二甲酯反应。因为 DABCO 的氨基可发生亲核反应，有人也许会尝试添加 DABCO 来分解其他烷基化试剂，如氯乙酸乙酯或溴苄。这种季铵盐应该是水溶性的，能用水相萃取，特别是在温和的酸性条件下使得 DABCO 的其他氨基有质子化倾向。

$LiAlH_4$ 还原反应的隐患不仅是这个对湿度敏感、可燃性的试剂的反应活性，更多的是淬灭时的放热和后处理时反应乳化[30]。该反应的淬灭方法是加入 *n* mL 的 H_2O、*n* mL 的 15% NaOH、然后再 3*n* mL 的水生成铝盐，该盐可以过滤除去[31]。在低于 15 ℃下加入饱和 $NaHCO_3$ 水溶液从而沉淀铝盐[32]。柠檬酸可以在碱性条件下溶解盐[33]（图 11.9）。罗谢尔盐产生的固体被过滤掉[34]或溶于水中[26]；酒石酸水溶液在搅拌时可能产生一种双相的有机-水相混合物[35]。还有其他试剂能作为有效的还原剂并附带更轻松的后处理，如 $LiBH_4$[34]、$NaBH_4/ZnCl_2$[36]或 $BH_3 \cdot THF$[37]。

安全：$LiAlH_4$ 对水非常活泼。操作、装料及淬灭该试剂应该小心谨慎。淬灭含有过量氢化物的反应时加入水会剧烈放热，因而在放大反应时要求非常缓慢地加入水。转移反应混合物到淬灭剂中也许能更好地控制温度，前提是这样的反应混合物具有转移所需的足够流动性。然而，反过来淬灭会带来引入污染和产物损耗的风险，将淬灭混合物加入到一个容器中可以减少工作人员暴露于 $LiAlH_4$ 的风险。

在除去无机盐时，利用不同试剂的溶解度差异从而方便后处理。将副产物重结晶（或沉淀）能把杂质从水溶性佳的产物中分离，该产物或许难以用有机溶剂萃取；如果该副产物形成快速且过滤效率高，此过滤分离方法则可以应用在大规模的操作上。例如，用氯化铵淬灭格氏反应会形成难溶性物质并产生坚硬的乳状物；用 AcOH、柠檬酸或酒石酸淬灭则可减少乳化[38,39]。

表 11.3 列出了一些在工艺化学中可能会遇到的盐。一般金属盐在碱性条件下不易溶解。含草酸、硫酸和磷酸根离子的盐可能会沉淀或结晶。由洗涤剂工业发展的磷酸盐产品可有效且廉价去除金属污染物[40]。柠檬酸和酒石酸盐通常溶解度高。这样的性质特色在设计开发其他金属盐后处理时可善加利用，例如铝盐。

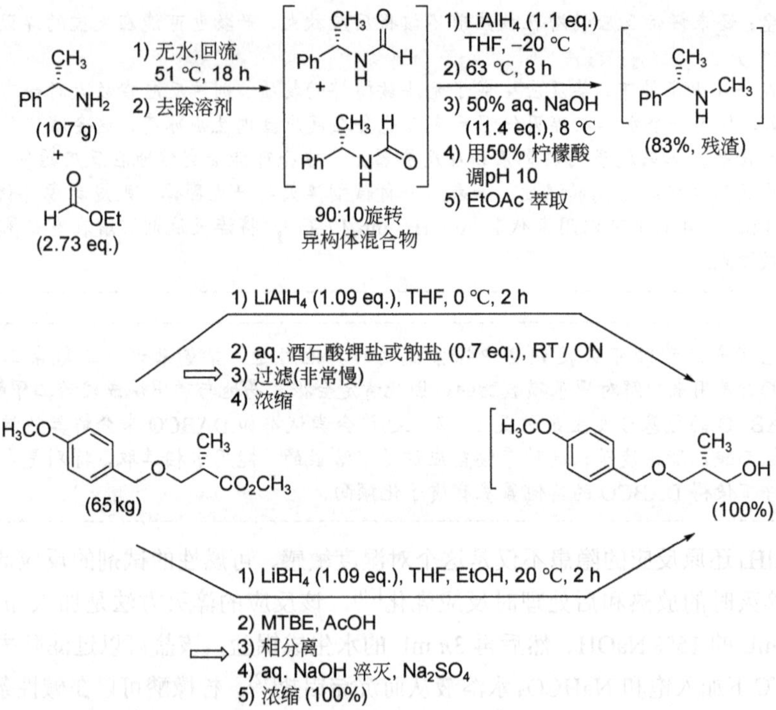

图 11.9 $LiAlH_4$反应的后处理

表 11.3 部分无机盐在 H_2O 里的溶解度①

类别	在 100 g H_2O 里的溶解度/g				
氟离子	LiF 0.13	NaF 4.31	KF 101.65	MgF_2 0.01	CaF_2 0.002
氯离子	LiCl 84.54	NaCl 35.96	KCl 34.54	$MgCl_2$ 56.01	$CaCl_2$ 81.26
溴离子	LiBr 180.90	NaBr 94.55	KBr 67.79	$MgBr_2$ 102.43	$CaBr_2$ 156.41
碘离子	LiI 165.25	NaI 184.09	KI 148.14	MgI_2 146.31	CaI_2 215.46
碳酸氢盐	$LiHCO_3$ 5.74（15 ℃）	$NaHCO_3$ 9.32	$KHCO_3$ 36.24	—	$Ca(HCO_3)_2$ 16.6（15 ℃）
碳酸盐	Li_2CO_3 1.30	Na_2CO_3 30.72	Ka_2CO_3 111.42	$MgCO_3$ 0.039	$CaCO_3$ 0.0007
醋酸盐	LiOAc 44.97	NaOAc 50.38	KOAc 269.28	$Mg(OAc)_2$ 65.59	$Ca(OAc)_2 \cdot 2H_2O$ 34.7
草酸盐	$Li_2C_2O_4$ 6.24	$Na_2C_2O_4$ 3.61	$K_2C_2O_4 \cdot H_2O$ 33	MgC_2O_4 0.004	CaC_2O_4 0.0007
柠檬酸盐	$Li_3C_6H_5O_7 \cdot 4H_2O$ 74.5	$Na_3C_6H_5O_7 \cdot 2H_2O$ 92.6	$K_3C_6H_5O_7 \cdot H_2O$ 167（15 ℃）	—	—

续表

类别	在 100 g H_2O 里的溶解度/g				
硫酸盐	$LiHSO_4 \cdot H_2O$ 34.41 Li_2SO_4 334.41	$NaHSO_4$ 28.53 Na_2SO_4 28.11	$KHSO_4$ 50.60 K_2SO_4 11.98	$MgSO_4$ 35.69	$CaSO_4$ 0.21
磷酸盐	LiH_2PO_4 126.24 Li_3PO_4 0.03	NaH_2PO_4 94.86 $Na_2HPO_4 \cdot 12H_2O$ 4.15 Na_3PO_4 14.42	KH_2PO_4 24.95 K_2HPO_4 168.10 K_3PO_4 105.76	$Mg_3(PO_4)_2$ 0.0003（15 ℃）	$Ca(H_2PO_4)_2$ 1.8（15 ℃） $CaHPO_4$ 0.004（15 ℃） $Ca_3(PO_4)_2$ 0.002（15 ℃）
氢氧化物	LiOH 12.49	NaOH 100	KOH 120.75	$Mg(OH)_2$ 0.0009（15 ℃）	$Ca(OH)_2$ 0.173（15 ℃）

① 除特别标记外，表中溶解度默认为是在 25 ℃测定的（Lide D R, Ed. CRC Handbook of Chemistry and Physics. 88th ed. CRC Press: Boca Raton, 2008, 8-116~8-121）。其他数据摘自 http://en.wikipedia.org/wiki/Solubility_table. 当可能存在多种形式（水合物）时，给出的是最低溶解度的形式。实际的溶解度随 pH、温度及溶液中的杂质发生变化。

11.3 萃取

后处理萃取可以用来停止反应并去除反应杂质，使得产物可以有效地结晶。萃取甚至可以用来回收微量但附加值高的产物。在工业生产上通常避免额外的萃取以节省时间和提高分离的生产效率。

难溶且高度结晶的固体之间亲和力强，可利用其特点开发有效的后处理。例如，肾结石里的矿物磷酸铵[$(NH_4)MgPO_4 \cdot 6H_2O$]在碱性水中溶解性差；鸟粪石被用于回收废水中的磷酸盐[41]。研究人员注意到经 KH_2PO_4 水溶液淬灭的格氏试剂会产生沉淀[42]或胶状物[43]；也许用磷酸铵盐淬灭格氏反应再调节 pH 值会使得副产品镁结晶并能移除。第二个例子使用了已工业化生产的 $NiCl_2 \cdot$ 乙二醇二甲醚（mp > 300 ℃）；或许镍盐可以用乙二醇二甲醚或其他乙二醇衍生物生成沉淀，或生成与镍产生高亲和性的配合物，将该盐从反应产物中除去。

产物在两种非混相液体中结晶可有效去除杂质。

后处理萃取通常用于从水相分离出中性化合物，移除水溶性化合物，包括小分子化合物、盐和电离性副产品，如图 11.10 所示。酮和羟胺在 *i*-PrOH 中反应生成红霉素 A，该反应可用 *i*-PrOAc 萃取含有肟基团的红霉素 A 并停止反应[44]。改良的 Mitsunobu 反应（翻转的磺化反应）节省了三步工业生产反应，不用色谱法就获得高收率、高品质的顺式甲磺酸羧酸（＜0.1%反式异构体杂质）。羧酸盐在 pH 6～7 的环境下从含有中性副产物三苯基氧膦的甲苯相中萃取分离[45]。在这一步操作中，三苯基氧膦与来自双相母液的酰肼结晶成配合物，当大多数副产物已从甲苯移除时便能促进结晶形成[46]。在第三个例子中过量的 2,4-二氯苯甲基氯（潜在基因毒性杂质，或PGI）被分离至有机相，而产物羧酸盐则被萃取到水相[47]；在少量有机溶剂中重结晶产品更进一步清除PGI。

> 从产品中去除三苯基氧化膦（TPPO）最好的办法可能是生成可以由水相萃取的电离性中间体，如图11.10所示。Boc-胺的脱保护能生成一个可以提取到水相或悬浮在极性溶剂中的盐，便于分离三苯基氧膦[48]。若将产物在MeOH或MeOH-H_2O结晶可能会使TPPO残留在母液里[45]。TPPO能和$MgCl_2$形成配合物并被过滤分离[49]。以正己烷为有机相TPPO也能被萃取到AcOH中[50]。用烃类溶剂如庚烷研碎这类的产物来去除TPPO一般不是一个有效的方法。

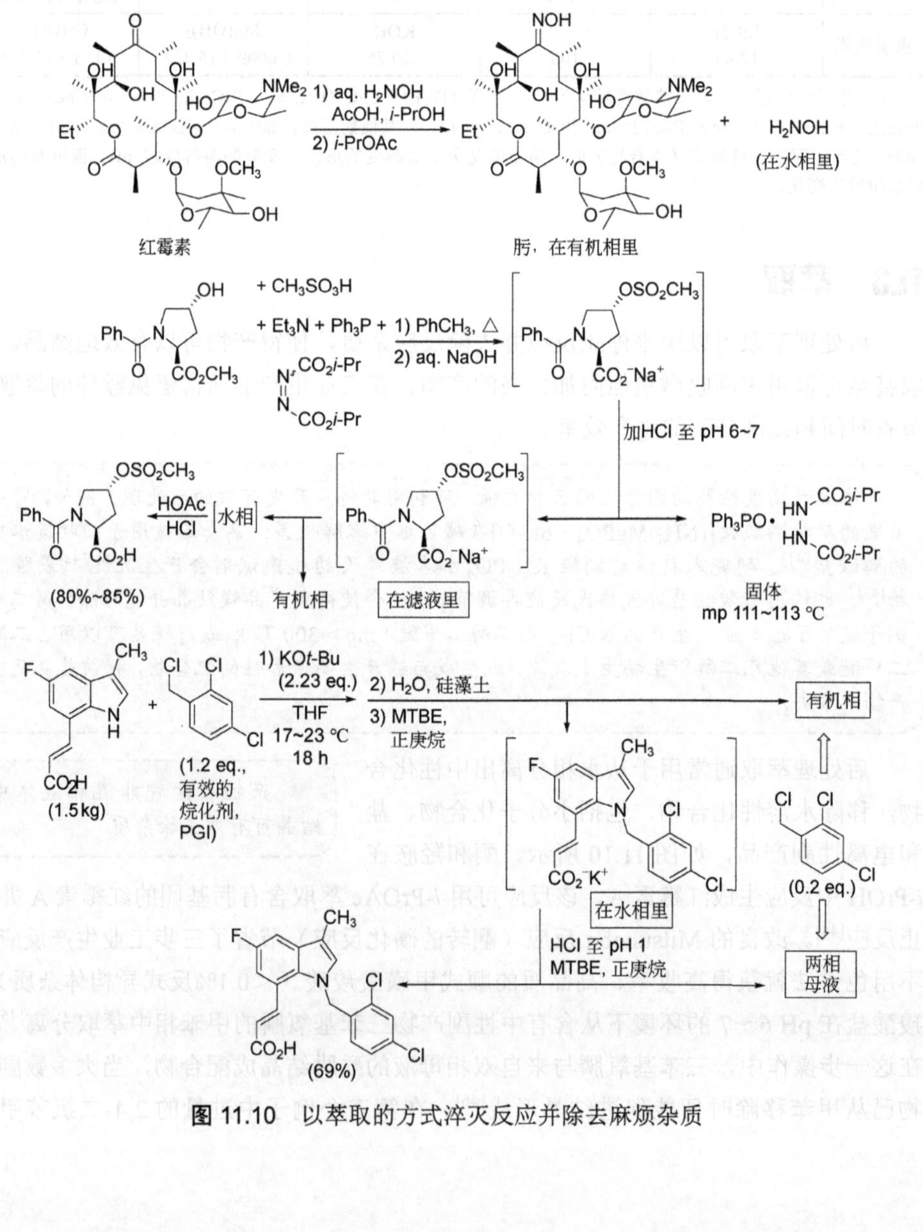

图11.10 以萃取的方式淬灭反应并除去麻烦杂质

控制 pH 值是发展一个可靠的后处理萃取中必要的条件。在图 11.11 中通过碱化至 pH 5±0.2，膦酸产品可由水相萃取，而同样是酸性但更亲脂的膦酸副产物则留在有机相[51]。向后者有机相加入水并在 pH 5.6±0.15 萃取，能回收少量的膦酸产物。萃取的 pH 值范围通过高效液相色谱法测定产物和副产物在有机相和水相的分布确定。同理，副产物二羧酸在 pH 5.5 萃取时会留在水相里[52]。

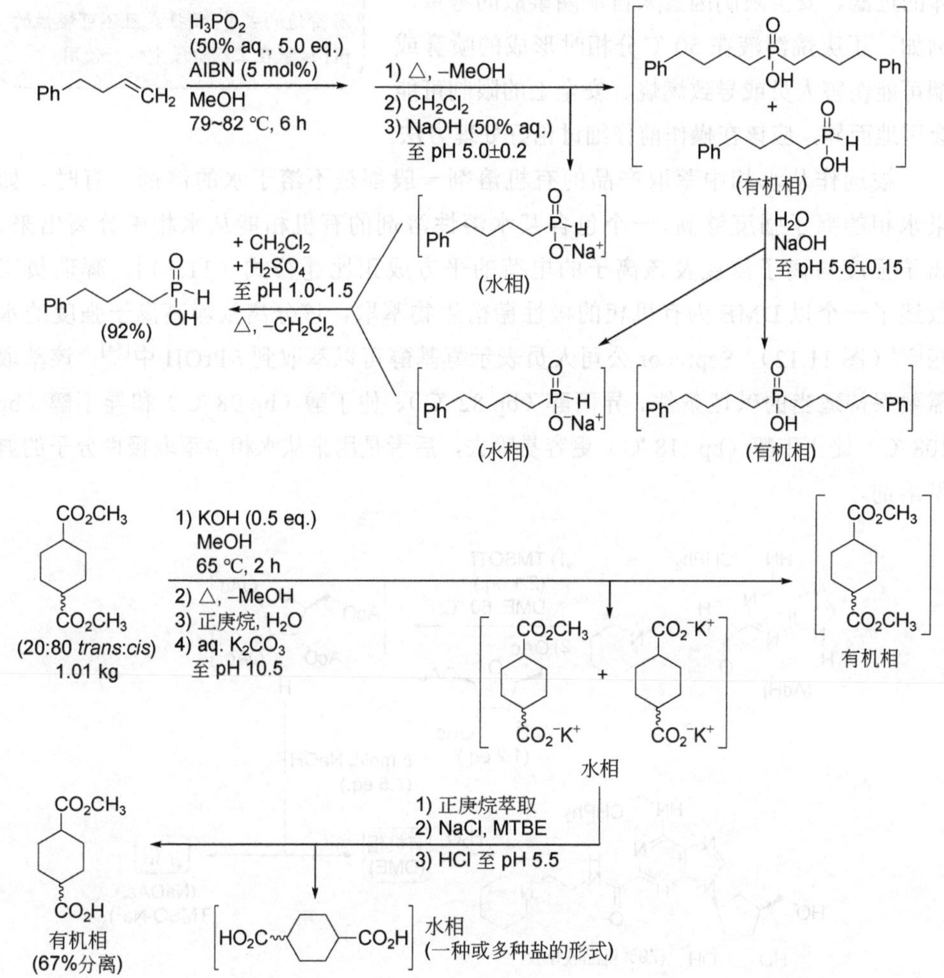

图 11.11　用酸碱调节和萃取的方法去除酸性产品中的酸性副产物的实例

同理来说，在相对窄的 pH 值范围里两性离子可以从水相中萃取到有机相。胺可以在酸性比氨基的 pK_a 小的环境里萃取到有机相。如图 9.5 所示，仲胺（pK_a 10.5～11）能在 pH 8.5～9 的条件下被 *i*-PrOAc 萃取；若在更碱的条件下萃取则会水解更多的 *i*-PrOAc。萃取环境的因素如 pH 值、离子强度、有机溶剂选择、浓度和温度都必须进行优化。

为了方便实验室的开发，一般萃取是在常温下进行的。但在物理性质和设备安全性的限制内，更高的温度可被采用。物理限制因素包括混合物的沸点和溶液的溶解度，图 11.15 是孟鲁司特前体的过滤。安全限制因素来自泄漏事故的考量，例如，正庚烷溶液在 50 ℃分相时形成的喷雾或烟可能伤害人员或导致燃烧。安全上的限制可能会因地而异，应该在操作前仔细讨论好处理方法。

> 发展稳定工艺要监测和控制萃取中水相的 pH 值；其数据可以帮助排解故障。pH 计显然比 pH 试纸还要准确，因此在一个化学工艺实验室仪器之中 pH 计是个廉价且有价值的成员。便携式且不可燃性的 pH 试纸在工厂阶段则较好使用。

被选作从水相中萃取产品的有机溶剂一般都是不溶于水的溶剂。有时，如果水相的离子强度够高，一个包含某水溶性溶剂的有机相能从水相中分离出来。离子强度与离子浓度及该离子的电荷的平方成正比［公式（11.1）］。辉瑞员工叙述了一个以 DME 为有机相的极性糖衍生物萃取，该分离依赖高离子强度的水相[53]（图 11.12）。Sepracor 公司人员表示氨基醇可以萃取到 *i*-PrOH 中[54]；该萃取需要保持适当的碱性条件。异丙醇（bp 82 ℃）、仲丁醇（bp 98 ℃）和异丁醇（bp 108 ℃）比正丁醇（bp 118 ℃）更容易除去，后者是用来从水相中萃取极性分子的典型溶剂。

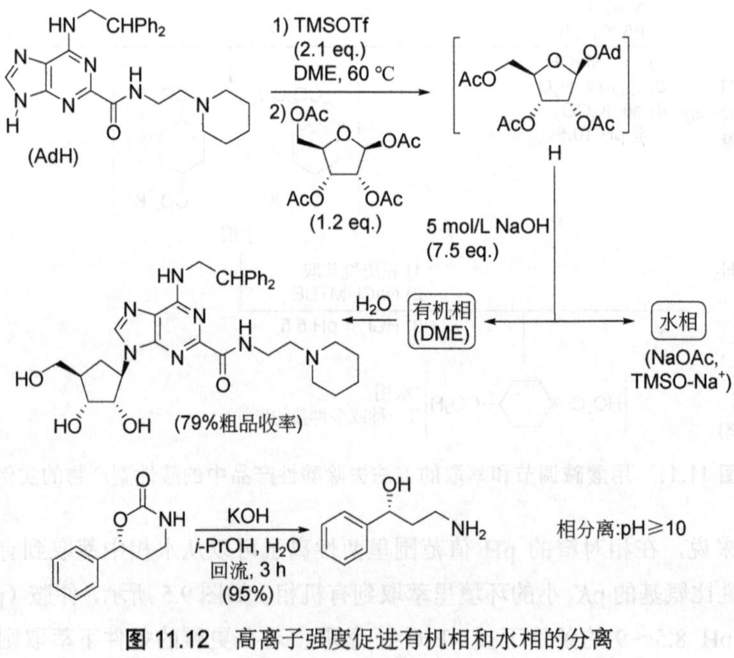

图 11.12 高离子强度促进有机相和水相的分离

$$I = \frac{1}{2}\sum_{i=1}^{n} c_i (z_i)^2 \quad (11.1)$$

式中，I 为离子强度；c 为离子浓度，mol/L；而 z 为离子带电量。

可以用硫酸或磷酸代替盐酸来酸化碱溶液。因为硫酸和磷酸比盐酸的腐蚀性小，它们可用于非玻璃的容器，更受大型设备企业的喜爱。用 1.0 mol/L 浓盐酸或 0.5 mol/L 浓硫酸（pK_a 约−3 和 1.92）酸化 0.3 mol/L 的离子化羧酸（pK_a 约 4.75）产生大约 0.3 mol/L 相同离子强度的溶液；用 0.25 mol/L 的浓硫酸酸化生成的溶液离子强度 I 大约为 0.375 mol/L。后者增加的离子强度有利于将羧酸萃取到有机相。为达到相同的 pH 终点，使用磷酸（pK_a 2.12，7.21 和 12.67）需要的物质的量浓度（$\frac{1}{3}H_3PO_4$ 的浓度）更大，因此增加了离子强度和废物处理，因为磷酸的酸性相对较弱，在酸化条件下就可能会降低其他反应成分的分解[55]。

先旋转蒸发除去溶剂，然后再用水相和不溶于水的有机相分离产品，这种方法是学术界的一个典型的在后处理水溶性有机溶剂中开展反应的方法[56]；上述例子表明去除水溶性溶剂的额外步骤并非必需的。溶剂去除也需要额外的处理时间和设备。简化后处理的关键在于了解产品和杂质在两相的分布以优化萃取方法；想要有效率地生产可以考虑减少水溶性溶剂的电荷。可以加速萃取的方法已总结在表 11.4。

表 11.4　在水溶性溶剂里反应的后处理

分离方法	MeOH	EtOH	*i*-PrOH	CH_3CN	THF 或 2-Me-THF
浓缩掉溶剂，然后加水，再用不溶于水的溶剂液相分离	×	×	×	×	×
加水和不溶于水的溶剂液相分离	×	×	×	×	×
加水（或卤水）液相分离			×	×	×
直接分离（如冷却、浓缩、或加抗溶剂）	×	×	×	×	×

当反应在极性溶剂中进行然后产品被萃取到另一个有机溶剂时，去除极性溶剂的步骤是很烦琐的。在萃取时绝大部分进入了水相中的水溶性溶剂列在表 11.5[57]。没有任何溶剂能特别厉害地将醚类溶剂如 THF、二氧六环和二甘醇二甲醚分离到水相里；在这些情况下加水作为抗溶剂并在水相将产品结晶分离是最好用的方法。溶质的存在可能会改变水溶性溶剂分离到水相的效率。

表 11.5　难以从水相萃取极性非质子性溶剂，且在萃取后处理中很有用的溶剂①

溶剂	EtOAc	*i*-PrOH	$PhCH_3$	庚烷
DMSO	×	×	×	×
DMF		×	×	×
NMP			×	×
二甲基乙酰胺（DMAc）		×	×	×
四甲脲（TMU）				×
二甲基咪唑啉酮（DMI）		×	×	×
THF				
二氧六环				
二甘醇二甲醚				
乙腈				×

① 摘自 Delhaye, L.; Ceccato, A.; Jacobs, P.; et al. *Org. Process Res. Dev.* **2007**, *11*, 160.

将产品萃取进有机相的过程中，往往其他的反应成分也将一起进入有机相，这会直接影响实验操作。如图 11.13 所示，羧酸被萃取到 EtOAc 里，随后通过浓缩，产品才能结晶。深入研究该有机萃取物的成分以了解是什么因素阻止了提前结晶。EtOAc 层的 ^{1}H NMR 谱图显示存在 5%的 H_2O 和 2%的 EtOH，长时间放置浓度达 100 mg/mL 的该萃取液仍不能给出结晶，产品在萃取液中的溶解度为无水 EtOAc 的 10 倍。后续在大气压力下浓缩除去共沸的 EtOAc、H_2O 和 EtOH（bp 70 ℃：9%水，8%乙醇），提供了产品结晶的条件[58]。

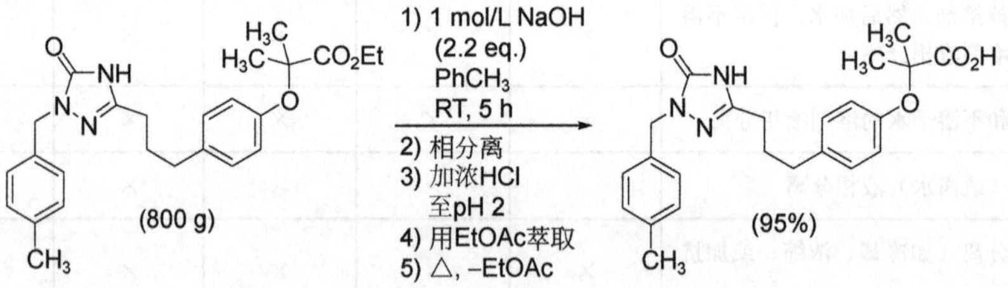

图 11.13　从乙酸乙酯萃取和结晶出产品

萃取时筛查各种碱有时是必要的。为防止酸催化分解氯醛加成物，必须去除三氯乙酸（水合氯醛试剂中的一个杂质，很可能有助于这个缩合反应）（图 11.14）。要避免强碱条件，因为这些条件会导致环氧化物中间体过早形成，后者被二亚硫酸钠还原成所需的乙酸[59]。对各种碱进行了筛查，如固体和水溶液的 $NaHCO_3$ 和 $KHCO_3$；稀氨水（约 0.5%）被发现是去除残余三氯乙酸的最佳选择[46]。

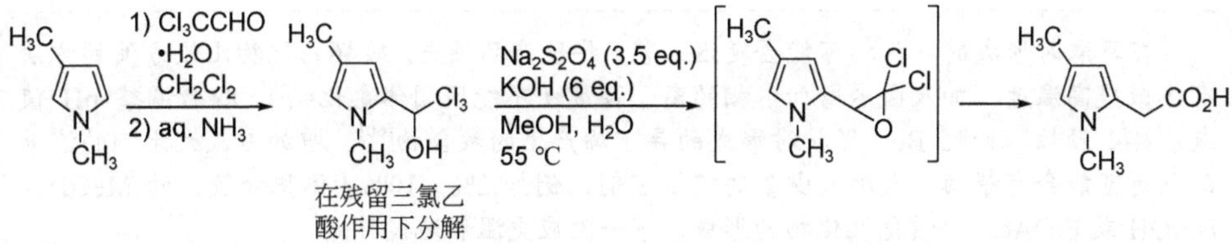

图 11.14 使用稀释的 NH_3 来萃取移除三氯乙酸

通常试剂的稀水溶液（3%～10%）被用来做萃取后处理。一些用于萃取的方便水溶液如表 11.6 所示。这些溶液是不饱和的有以下几个原因。首先，高浓度的试剂通常是不必要的，并给购买、运用、废物处理都带来额外的负担。其次，反应器底部大量不溶的固体会妨碍搅拌器搅拌。最后，大规模制备饱和溶液时会出现一个逻辑上的问题：容器底部的固体需要通过虹吸或过滤移除，也就是需要额外的操作步骤和设备。

表 11.6 方便做萃取的水溶液

溶　液	0.1 mol/L 溶液①的 pH 值	在有机溶液里的相对溶解度	补　充
HCl	1.1	高	腐蚀性、易挥发
H_2SO_4	1.2	低	
H_3PO_4	1.5	低	弱酸、难过酸化
柠檬酸	2.0	中	用作分离 DCHA 盐
AcOH	2.9	高	弱酸、难过酸化
NaH_2PO_4	约 5	低	弱酸、难过酸化
Na_2HPO_4	约 8.5	低	
$NaHCO_3$	8.4	低	弱碱、难过碱化
NH_3	11.1	中	易挥发、适合萃取 RCO_2H
Na_2CO_3	11.6	低	
Na_3PO_4	12.0	低	

① 此处指的是相对于 H^+ 的浓度。原著为 0.1 N，当量浓度已废除。

注：Camp, D.; Matthews, C. F.; Neville, S. T.; et al. *Org. Process Res. Dev.* **2006**, *10*, 814.

为了保证完全回收产品，放大时对于一个水相的萃取不止一次。如果第一次萃取从水相移除了 90%的产品，为减少溶剂的使用，第二次萃取可仅用第一次萃取 25%的体积。有时第三次小量萃取可保障一个完整的萃取。图 8.12 描述了一个优化萃取的研究案例。

> 卤水提取可能是不必要的，甚至会在效率上产生反作用。在用卤水洗涤前后检查有机萃取物的水分含量是否有减少。卤水萃取会将一些 NaCl 分进水溶性的有机相溶剂，如 2-Me-THF；在后续使用 H_2SO_4 处理时，除了生成想要的硫酸盐外，还生成盐酸盐。

在萃取时形成的乳化物可能会延迟工艺，导致产品损失。破坏乳化物比较方便的方法有略微提高温度、加入卤水增加水相的离子强度（不能用固体氯化钠）、稍微调整 pH 值或滤掉小颗粒，如脱 Boc 保护时形成的异丁烯产生的聚合物[60]。增加占最大比例的溶剂的电荷可能会有帮助，或加入少量的极性溶剂，例如 2%～10%（体积分数）的 MeOH、*i*-PrOH 或 EtOAc。为避免乳化物的形成，下一次应更温和地搅拌。

11.4 活性炭及其他吸附剂

微量杂质会妨碍结晶的形成，因此通常用吸附剂除去这些杂质使得产品较易结晶。吸附剂将杂质从产品的溶液中去除（吸收）；这些杂质和吸附剂结合（吸附），因此也可称为吸附剂。吸附剂的形式包括活性炭（通常被称为木炭），其他固体材料还包括黏土、固体色谱相如 SiO_2 和 Al_2O_3、弗罗里硅土、硅藻土以及离子交换树脂和其他衍生的聚合物[61]。

市面上有许多类型的活性炭，包括粉末和颗粒两种形式[62]。市售的活性炭通常是针对工业用途，例如去除蔗糖的颜色，或将燃煤厂的气体燃料脱汞[63]。制备木炭的工程是一种“黑色”艺术，其程序是有专利的。几个世纪以前，木炭制造商用泥土焖住树枝和原木的火堆。如今木炭原料在基本上没有氧气的情况下在 400～600 ℃热解，生成 H_2O、CO 及低分子烯烃（合成气）和烷烃[64]。当以上这些物质经过固体出口并成形后，剩余的固体会变得更脆。一般用热解的副产物蒸气活化固体，但也可以使用添加剂如 H_3PO_4 或 $ZnCl_2$[65]。厂房的地点和碳原料（主要是木、坚果壳或煤炭）的产地总有所不同，导致了一些产品的易变性和其他产品的不可获得性。（从 Sugar Knowledge International Limited 财团可知，骨炭曾广泛使用于蔗糖脱色，但已基本上被颗粒活性炭取代了[66]。）在医药和精细化学品工业上，对活性炭的效用测试比对其他组分更为重要。

活性炭孔隙借范德华力吸附杂质，因此孔隙的大小是活性炭的一个关键特性。其他重要的特性包括表面积和水溶液悬浮物的 pH 值[67]。活性炭通常分为大孔［1000～100000 Å（$1\ Å = 10^{-10}\ m$）］、介孔（100～1000 Å）和微孔（< 100 Å）[68]。由于含有活性炭涂层的固定设备难以清洗，活性炭通常设在局部过滤盒里，如由 Cuno 出产的滤芯。具有较小表面积的颗粒可能可以吸附更多的杂质，但是也会堵塞过滤物并产生高回压和低流速。Ecosorb®的产品结合高表面积的碳到长丝，达到高

优化活性炭的处理过程。极性溶剂往往能更有效地去除杂质[70]，并且应测试含水和不含水的溶剂[71]。在碱性条件下能更有效率地除去 Pd，例如，杂质的去除可能用羧酸盐比羧酸更有效[72]，也许是因为碱性条件会造成难溶性金属氧化物的形成。用吸附剂处理反应程序比需要先交换溶剂的处理方法更有效[71]。将杂质吸附到固体上是一个平衡的过程，因此可以将液体流过活性炭的流速减慢以增加接触时间。

杂质吸收率及增加流速[69]。后者的产品也被用来去除活性药物成分（API）中的贵金属（见 11.6 节）。

Merck 的科学家的研究认为吸附剂是个方便快速除去杂质的处理方法[73]。吸附剂可以添加到反应炉里，与溶液接触适当的时间后再用过滤的方式除去，或可将一个反应通过含有吸附剂的过滤器。像后者一样用一段吸附剂将溶液快速洗脱的处理方法可称为间歇色谱法（batch chromatography）、塞色谱法（plug chromatography）或塞流处理（plug-flow treatment）。通过搅拌内含分析物溶液和吸附剂的微型离心管并离心分离，Merck 研究人员快速准备好上清液，用于 HPLC 分析有机物质含量，以及 ICP-MS 分析金属含量。这篇文献列出了 30 种他们认为能广泛使用并在工业上易取得的吸附剂[71]。有色杂质有时难以捉摸，微量即可把整批的产品染色。Welch 和同事描述了高通量微孔板为基础的筛选方法来确定使用何种吸附剂从 API 样品中去除有色杂质，该方法筛选了 31 种市售吸附剂[74]。吸附剂、溶剂、也许还有 pH 的理想组合，会产生一种混合物，其中上清液中不含任何杂质而吸附剂中不含任何产品。杂质去除的选择性可用选择性因子α计算［方程式（11.2）］，较高的α值代表更好的选择性[75]，这样的吸附剂可快速去除难以处理干净的杂质，从而及时提供最初阶段的关键原料，方便发展决策。吸附剂也被应用在工业制造过程中控制有毒物质，维持低浓度，例如，将重金属限制在 20 mg/kg 以下。随着需求量的增加，这种吸附剂的价格也会下降。

$$\alpha = \frac{(1-X_{imp})/X_{imp}}{(1-X_{prod})/X_{prod}} = \frac{1-X_{imp}}{1-X_{prod}} \times \frac{X_{prod}}{X_{imp}} \tag{11.2}$$

式中，X_{imp}为上清液中残留的杂质分数（$0<X_{imp}\leqslant 1.0$）；X_{prod}为上清液中残余的产品分数（$0\leqslant X_{prod}\leqslant 1.0$）。

11.5　过滤去除杂质

纤细的颗粒有时会堵塞过滤介质，使得过滤和生产减缓或停止，并会产生高回压导致泄漏。纤细颗粒的来源可能包括成批的活性炭、由快速沉淀或结晶产生的固体、灰尘、污垢以及其他杂质。为了优化过滤，可加入助滤剂（通常是硅藻土如 Celite®、Hyflo®、Kieselguhr®或 Sulkafloc®）；这些助滤剂能有效增加过滤单元面积。大部分的助滤剂是浆状物，在悬浮液之前添加到过滤器上，而有时是直接添加到含有浆状物的容器中。

“精密过滤”是一种去除微量不溶性杂质的操作，在其他操作（如结晶）之前进行。这些不相关的杂质可能会毁坏成批的 cGMP。放大时，精密过滤通常是将反应体流过一个含内衬过滤器，如先用一个 10 μm 过滤器再用一个 1 μm 的过滤器以帮助过滤。除去微量杂质的其他好处还有避免乳化、通过晶种控制一个理想多晶的结晶以及提高结晶产品的质量。简单来说精密过滤是个“好管家”。

> 过滤时通常会冷却反应液、堵塞输送线以及造成产物在滤液接收器里过早结晶，因此热（温）精密过滤常被采用，而在不同地点会设置不同的操作温度上限。传输线中过滤之前或之后过早结晶一直是一个问题；在大规模生产时，这些线路可能在过滤初阶段通过迅速传输升温到合适的温度。其他的替代的方法有循环导热流体环，或用电加热带包裹传输线。比起实验工厂或工业生产厂，一般热精密过滤在千克级实验室里较难执行。为避免过早结晶，精密过滤应至少维持在结晶形成温度的 10 ℃以上。并非所有的过滤介质和垫圈都可以与反应物质兼容，例如，含 HNO_3 的反应混合液会溶解滤纸，而 THF 可能使垫圈脆化。如果不清楚一个大规模过滤应如何操作，取一小块过滤介质并在实验室里操作及检查过滤过程。

> 分离 API 之前应该优先进行精密过滤，因为其潜在的好处超过了架设过滤器、滤液接收容器和传输线所需的工作量。

其他的过滤主要在工业规模上使用。澄清啤酒涉及许多过滤[76]。利用超过滤膜吸收蛋白质和其他大分子物质；利用陶瓷或聚合物微过滤器去除水溶性蛋白质和细菌，常温杀菌。这样的处理方法对于注射用药物是至关重要的。利用膜过滤处理 APIs 的方法不断增加，因为这些“绿色”技术能节约能源并缩短加工时间[77]。

11.6 去除金属盐类和金属

传统的 API 规格使用添加 Na_2S 后测量形成的沉淀物量，也就是“重金属”测试。该测定方法不精确的，无法区分不同的元素，因此大部分已由 ICP-MS 或原子吸收光谱法取代[78]。如表 13.6 所示，取决于金属的种类和用药的剂量，API“重金属”的限度可低至 3 mg/kg。因酶本身含有微量的第一行过渡金属，低剂量生物酶催化可以用来替代过渡金属催化的反应，以消除控制微量过渡金属的负担。Codexis 和 Merck 开发的西他列汀合成路线使用生物酶催化，为他们赢得了 2010 年的美国总统绿色化学奖[79]，因为该催化剂消除了原先手性加氢的催化剂导致内含 Rh 和 Fe 金属的负担[80]。

在当今最令人担忧的金属中过渡金属占很大的一部分，另外还有污染 APIs 的残留碱金属盐如 NaCl。钛、铁、钴、镍、铜、锌、锆、钌、铑、钯、钨、锇、铱、铂、金都可能是有机合成中会遇到的过渡金属；一般情况下这些金属化合物都以催化剂量参与反应。金属化合物的价格促使开发替代性试剂的研究，包括金属和配体[81]。几十年前大量作为氧化剂的铬和锰氧化物大部分已被具有催化性且更环保的氧化剂取代了。含稀土元素（其中有一些并不稀有[82]）的化合物，已经被大量应用在材料科学，很可能会成为战略性议题[83]。

> 减轻 API 里重金属负担的策略是将金属催化步骤设计在路线的前几步，并使用少量的金属。后者的可行性在 Heck 反应中被证实了。作者推论可能是配体带电增加了金属的溶解度，如钯，并减少钯沉淀成“镜子”的倾向；仅使用 0.02 mol%的钯，反应就成功[87]。一个使用少量钯的无配体氰化反应也被报道过[88]。

一般去除金属盐的方法列在表 11.7，其中很多处理方法就像是“一般常识”，可应用到其他反应上。例如，碱性条件促进不溶性金属氧化物的形成，如铁氧化物（锈，“红泥”的主要成分，pH 13 的制铝废弃物，曾外漏并污染匈牙利水库[84]）。许多碳酸盐难溶于水。这些处理方法是指导方针，而且结晶后需要一个以上的操作或处理后才能清除金属污染物到可接受的水平。许多文献综述了如何去除金属[85,86]。

> 庚烷-乙腈或庚烷-无水甲醇是不相溶的混合物。如果产品很容易地溶于极性溶剂，则庚烷可萃取除去非极性杂质如 $(n\text{-Bu})_3SnCl$ 或矿物油。

表 11.7　从物料中移除金属的方法

金属离子	处　理	操　作	补充与参考
M(Ⅱ), M(Ⅲ), M(Ⅳ), …	碱化	结晶	
	酸化	萃取到酸性水溶液	
	活性炭	吸附	
	离子交换色谱法	吸附	①
	（包括螯合树脂）	吸附	
	聚苯乙烯固载的配体		表 11.9
Cu(Ⅰ)和 Cu(Ⅱ)	草酸、TMT 或 KH_2PO_4	结晶	②～④
	稀释吡啶、NH_3 或 $(NH_4)_2SO_4$ 水溶液	萃取到酸性水溶液	洗涤直到水相中的蓝色消失，⑤
Al(Ⅲ)	罗谢尔盐、苹果酸	萃取到水相	⑥⑦
Cu(Ⅱ), Pd(Ⅱ), Mn(Ⅱ), Zn(Ⅱ), …	螯合作用，例如 EDTA	萃取	⑧～⑫；可能对酸碱度敏感
	2,4,6-*S*-三聚硫氰酸（TMT）	沉淀	
Fe	Ecosorb® C-941	吸附	⑬
	乳酸	萃取	⑭
Mg(Ⅱ)	$(NH_4)_2SO_4$	萃取	⑮
	柠檬酸	萃取	⑯
Ti(Ⅳ)	柠檬酸	沉淀	⑰
$(n\text{-Bu})_3SnBr$, $(n\text{-Bu})_3SnCl$	庚烷	CH_3CN 萃取	⑱
	KF 水溶液	沉淀	⑲
Zn(Ⅱ)	乙二胺	萃取	⑳㉑
	EDTA	萃取	㉒
	H_2SO_4; NH_3 水溶液	沉淀；溶解	㉓
$B(OH)_3$	MeOH，酸	$B(OMe)_3$ 共沸	㉔
	IRA743（甲基葡萄胺树脂）	吸附	㉕
Ni	Versene™ 配体	萃取	㉖
	Chelex™、LewatitTM TP 207 树脂	吸附	㉗㉘

续表

金属离子	处　理	操　作	补充与参考
Rh	Ecosorb® C-941	吸附	⑫在 H_2 环境下效果较好
Ru	咪唑	络合；萃取	㉙
	柠檬酸	萃取	㉚
	Nuchar RGC	吸附	㉛，MeOH 优于 $MeOH\text{-}H_2O$（1∶1）
	活性炭	吸附	㉜
	Ecosorb® C-908	吸附	㉝
	胺功能团硅	吸附	㉞
	超临界 CO_2	吸附	㉟
	二乙二醇单乙烯基醚 + 色谱	Fischer 卡宾形成+吸附	㊱
	2-巯基烟酸	配位；萃取	㊲
	半胱氨酸	配位；萃取	㊳
	H_2O_2	氧化成 RuO_2，过滤	㊴
Pd	多样		见表 11.8

① Branchaud, B. P.; Meier, M. S. *J. Org. Chem.* **1989**, *54*, 1320.

② Sedergran, T. C.; Anderson, C. F. US 4675398. **1987** (to E. R. Squibb & Sons).

③ Malmgren, H.; Ba¨ckstro¨m, B.; Sølver, E.; Wennerberg, J. *Org. Process Res. Dev.* **2008**, *12*, 1195.

④ Ashwood, M. S.; Alabaster, R. J.; Cottrell, I. F.; et al. *Org. Process Res. Dev.* **2004**, *8*, 192.

⑤ Schwartz, A.; Madan, P.; Whitesell, J. K.; Lawrence, R. M. *Org. Synth.* **1990**, *69*, 1.

⑥ Fieser, L. F.; Fieser, M. Reagents for Organic Synthesis. Vol. 1. New York: Wiley, 1967, 963.

⑦ Wu, G.; Wong, Y.; Steinman, M.; et al. *Org. Process Res. Dev.* **1997**, *1*, 359.

⑧ Butters, M.; Ebbs, J.; Green, S. P.; et al. *Org. Process Res. Dev.* **2001**, *5*, 28.

⑨ Conway, M. *Chem. Eng.* **1999**, *106(3)*, 86.

⑩ Rosso, V. W.; Lust, D. A.; Bernot, P. J.; et al. *Org. Process Res. Dev.* **1997**, *1*, 311.

⑪ 在pH=10时用EDTA萃取移除Fe(Ⅱ)盐：McCamley, K.; Ripper, J. A.; Singer, R. D.; Scammells, P. J. *J. Org. Chem.* **2003**, *68*, 9847.

⑫ 发现 TMT 除去 Cu(Ⅱ) 比 Cu(Ⅰ)更有效，在 TMT 处理期间在溶液中通入空气鼓泡来除铜：Malmgren, H.; Bäckström, B.; Sølver, E.; Wennerberg, J. *Org. Process Res. Dev.* **2008**, *12*, 1195.

⑬ Hansen, K. B.; Hsiao, Y.; Xu, F.; et al. *J. Am. Chem. Soc.* **2009**, *131*, 8798.

⑭ Chen, C.; Dagneau, P.; Grabowski, E. J. J.; et al. *Org. Chem.* **2003**, *68*, 2633.

⑮ Karpf, M.; Trussardi, R. *J. Org. Chem.* **2001**, *66*, 2044.

⑯ Harrington, P. J.; Brown, J. D.; Foderaro, T.; Hughes, R. C. *Org. Process Res. Dev.* **2004**, *8*, 86.

⑰ Gao, Y.; Hanson, R. M.; Klunder, J. M.; et al. *J. Am. Chem. Soc.* **1987**, *109*, 5765.

⑱ Ragan, J. A. // Abdel-Magid, A.; Caron, S., Eds. Fundamentals of Early Clinical Development: From Synthesis Design to Formulation. Wiley, 2006, 33-34.

⑲ $(n\text{-}Bu)_3SnCl$ 的回收见：Wang, G.; Sun, B.; Peng, C. *Org. Process Res. Dev.* **2011**, *15*, 986.

⑳ Denni-Dischert, D.; Marterer, W.; Bänziger, M.; et al. *Org. Process Res. Dev.* **2006**, *10*, 70.

㉑ $ZnCl_2$ 水溶液也被用来沉淀乙二胺类杂质：Ace, K. W.; Armitage, M. A.; Bellingham, R. K.; et al. *Org. Process Res. Dev.* **2001**, *5*, 479.

㉒ EDTA 三钠盐被发现是除去 Zn 的最佳选择：Pérez-Balado, C.; Willemsens, A.; Ormerod, D.; et al. *Org. Process Res. Dev.* **2007**, *11*, 237.

㉓ Scherkenbeck, T.; Siegel, K. *Org. Process Res. Dev.* **2005**, *9*, 216.

㉔ Repic, O. Principles of Process Research and Chemical Development in the Pharmaceutical Industry. New York: Wiley, **1998**, 90-92.

㉕ *Chem. Eng.* **2006**, *113* (*3*), 13.

㉖ Dow's Versene 配体是 EDTA 的钠盐——有液态（四钠盐）和干态（二钠盐和钙盐）两种形式：http://www.dow.com/versene.

㉗ http://www.bio-rad.com/webmaster/pdfs/9184_Chelex.PDF.

㉘ Lewatit TP 207 是一个弱酸性的具有亚氨基二乙酸盐的大孔阳离子交换树脂，被用于除去市政水中的 Cu(Ⅱ) 和 Ni(Ⅱ)：http://www.bakercorp.com/pdfs/TP_207.pdf; http:// lanxess.com/en/industries-products-india/industries-india/water-treatment-india/lewatitR-tp-207-india/, T. US 7183374 B2. **2007** (to Boehringer Ingelheim).

㉙ Brenner, M.; Meineck, S.; Wirth, T. US 7183374 B2. 2007 (to Boehringer Ingelheim).

㉚ 柠檬酸盐洗液已被用于从反应器中除去 Ru：Couturier, M.; Andresen, B. M.; Jorgensen, J. B.; et al. *Org. Process Res. Dev.* **2002**, *6*, 42；文献 7.

㉛ Welch, C. J.; Albanese-Walker, J.; Leonard, W. R.; et al. *Org. Process Res. Dev.* **2005**, *9*, 198.

㉜ Fleitz, F. J.; Lyle, T. J.; Zheng, N.; et al. *Synth. Commun.* **2000**, *30*, 3171.

㉝ Welch, C. J.; Leonard, W. R.; Henderson, D. W.; et al. *Org. Process Res. Dev.* **2008**, *12*, 81.

㉞ McEleney, K.; Allen, D. A.; Alison E.; et al. *Org. Lett.* **2006**, *8*, 2663.

㉟ Gallou, F.; Saim, S.; Koenig, K. J.; et al. *Org. Process Res. Dev.* **2006**, *10*, 937. Ru 残余物被吸附到压力反应器器壁.

㊱ Liu, W.; Nichols, P. J.; Smith, N. *Tetrahedron Lett.* **2009**, *50*, 6103.

㊲ Yee, N. K.; Farina, V.; Houpis, I. N.; et al. *J. Org. Chem.* **2006**, *71*, 7133.

㊳ Wang, H.; Matsuhashi, H.; Doan, B. D.; et al. *Tetrahedron* **2009**, *65*, 6291.

㊴ Knight, D. W.; Morgan, I. R.; Proctor, A. J. *Tetrahedron* **2010**, *51*, 638.

没有任何一种处理方法能适用于所有的应用，因此科学家已经开发了许多从物料里移除钯的方法[85,89,90]。胶体钯可以通过离心除去，特别是小规模反应，或用硅藻土过滤[91]。不幸的是，过滤法除去胶体钯不是所有时候都有效的，可能是因为 Pd(0)很容易氧化成 Pd(Ⅱ)。Merck 研究人员发现 Pd/C 诱导反应的产品能帮助从炭载体上萃取出 Pd(Ⅱ)，若在添加底物前将 Pd/C 催化剂预还原，产物钯的含量大幅减少[92]。原料药中的杂原子可能会与钯配位而提高钯在产物里的含量；将物料酸化的过程可以把胺质子化使其不能作为 Pd 的配体，借此较容易从物料中去除 Pd[92]。从碱性物料中去除 Pd 一直都是比较容易的，例如，用木炭处理一个羧酸盐物料比处理一个羧酸的溶液还要容易[93]。在一个 Pd/C 诱导的 Suzuki- Miyaura 偶联反应中，当产物转化率为 90%时，Pd 的溶解度达到最大，随后下降[94]；在反应完成后延长氢解作用 30～60 min，再进行后处理，则能较轻易地从物料中除去钯[95]。（同样地，H_2 的存在可促进 Ecosorb® C-941 活性炭对 Rh 的吸附[25]。）有时一个产品不需除 Pd 就能结晶[96]。从原料药中去除金属杂质的一般方法包括沉淀、萃取金属到原料药不溶解的溶液里、将原料药打浆使金属留在清液里以及重结晶原料药，例如成盐。最后一个方法可能是最实际的，因为它不需要购买、测纯度、处理，或分析原料药里的另一种物质。处理方法的选择取决于该原料药和盐的溶解度；打浆去除原料药的金属可能会促使其他多晶形的形成[97]。表 11.8 中的试剂皆被用于除去原料药中的 Pd。Merck 的研究人员表示多种处理方法混合使用比单一处理方法的使用更有效[98]。

表 11.8 从物料中除去 Pd 的方法

方 法	操 作	补充与参考
使用少量 Pd		①
产物结晶	在母液里溶解	乙腈效果很好
活性炭 Darco KBB, Darco G-60 Ecosorb® C-941	吸附	②～⑤；控制 pH 值能提高移除效率 ③，⑥～⑧
$NaHSO_3$ + 硅藻土	生成 Pb(0)，接着被吸附	⑨
$(n\text{-}Bu)_3P$	络合和溶解在母液里	⑩，⑪；已经工业应用
Et_3N	络合和溶解在母液里	⑫
乳酸	萃取	⑪
2,4,6-三聚硫氰酸（TMT）	沉淀	⑬
N-乙酰-L-半胱氨酸 + DPPE	溶解在水相萃取液或作为产品结晶的添加物	⑭
1,2-二氨基丙烷	溶解在母液	⑮
$BH_3 \cdot Me_3N$	Pd(0)沉淀，过滤	⑯
固体试剂	吸附	⑰
Harbolite clay（辅助过滤）		⑱
巯丙基硅胶		⑲～㉑
三胺固载在硅胶上		⑨；www.silicycle.com
二乙醇氨基甲基聚苯乙烯（PS-DEAM）		㉒
大孔 TMT（MP-TMT）		㉓
聚合物固载的乙二胺		㉔
Smopex® 110 fiber		㉕
QuadraPure™ 树脂		㉖；表 11.9
S(Ⅱ)衍生化的 SiO_2		㉗
Deloxan® THP（硫脲）		㉘
通透膜	纳米级过滤	㉙

① deVries, A. H. M.; Mulders, J. M. C. A.; Mommers, J. H. M.; et al. *Org. Lett.* **2003**, *5*, 3285.

② Ripin, D. H. B.; Bourassa, D. E.; Brandt, T.; et al. *Org. Process Res. Dev.* **2005**, *9*, 440.

③ Stewart, G. W.; Brands, K. J. M.; Brewer, S. E.; et al. *Org. Process Res. Dev.* 2010, *14*, 849. 对于从磺酰胺中除去 Pd 碱性条件是更有效的.

④ Federsel, H.-J. *Org. Process Res. Dev.* **2000**, *4*, 352. 弱酸性水溶液条件对于从胺中移除 Pd 更有效.

⑤ Hobson, L. A.; Nugent, W. A.; Anderson, S. R.; et al. *Org. Process Res. Dev.* **2007**, *11*, 985.

⑥ Williams, J. M.; Brands, K. M. J.; Skerlj, R. T.; et al. *J. Org. Chem.* **2005**, *70*, 7479.

⑦ Graver Technologies, http://www.gravertech.com

⑧ Welch, C. J.; Albaneze-Walker, J.; Leonard, W. R.; et al. *Org. Process Res. Dev.* **2005**, *9*, 198.

⑨ Bullock, K. M.; Mitchell, M. B.; Toczko, J. F. *Org. Process Res. Dev.* **2008**, *12*, 896.

⑩ Smith, G. B.; Dezeny, G. C.; Hughes, D. L.; et al. *J. Org. Chem.* **1994**, *59*, 8151.

⑪ Chen, C.; Dagneau, P.; Grabowski, E. J. J.; et al. *J. Org. Chem.* **2003**, *68*, 2633.

⑫ Li, B.; Buzon, R. A.; Zhang, Z. *Org. Process Res. Dev.* **2007**, *11*, 951.

⑬ Rosso, V. W.; Lust, D. A.; Bernot, P. J.; et al. *Org. Process Res. Dev.* **1997**, *1*, 311.

⑭ Königsberger, K.; Chen, G.-P.; Wu, R. R.; et al. *Org. Process Res. Dev.* **2003**, *7*, 733.

⑮ Flahive, E. J.; Ewanicki, B. L.; Sach, N. W.; et al. *Org. Process Res. Dev.* **2008**, *12*, 637.

⑯ Jensen, M. R.; Hoerrner, R. S.; Li, W.; et al. *J. Org. Chem.* **2005**, *70*, 6034.

⑰ Barbaras, D.; Brozio, J.; Johannsen, I.; Allmendinger, T. *Org. Process Res. Dev.* **2009**, *13*, 1068.

⑱ Rassias, G.; Hermitage, S. A.; Sanganee, M. J.; et al. *Org. Process Res. Dev.* **2009**, *13*, 774.

⑲ Crudden, C. M.; Sateesh, M.; Lewis, R. *J. Am. Chem. Soc.* **2005**, *127*, 10045. 该试剂用于催化 Mizoroki-Heck 反应。

⑳ Ryberg, P. *Org. Process Res. Dev.* **2008**, *12*, 540. http://www.silicycle.com

㉑ Houpis, I. N.; Shilds, D.; Nettekoven, U.; et al. *Org. Process Res. Dev.* **2009**, *13*, 598.

㉒ Tsukamoto, H.; Suzuki, T.; Sato, M.; Kondo, Y. *Tetrahedron Lett.* **2007**, *48*, 8438. http://www.biotage.com

㉓ Huang, J.-P.; Chen, X.-X.; Gu, S.-X.; et al. *Org. Process Res. Dev.* **2010**, *14*, 939. http://www.biotage.com

㉔ Urawa, Y.; Miyazawa, M.; Ozeki, N.; Ogura, K. *Org. Process Res. Dev.* **2003**, *7*, 191.

㉕ Jiang, X.; Lee, G. T.; Villhauer, E. B.; et al. *Org. Process Res. Dev.* **2010**, *14*, 883. http://www.chemicals.matthey.com/products

㉖ Girgis, M. J.; Kuczynski, L. E.; Berberena, S. M.; et al. *Org. Process Res. Dev.* **2008**, *12*, 1209.

㉗ Galaffu, N.; Man, S. P.; Wilkes, R. D.; Wilson, J. R. H. *Org. Process Res. Dev.* **2007**, *11*, 406.

㉘ Dorow, R. L.; Herrinton, P. M.; Hohler, R. A.; et al. *Org. Process Res. Dev.* **2006**, *10*, 493.

㉙ Pink, C. J.; Wong, H.; Ferreira, F. C.; Livingston, A. G. *Org. Process Res. Dev.* **2008**, *12*, 589.

表 11.9 QuadraPure®树脂（功能团化的大孔聚乙烯）去除金属盐①

反 应	金属试剂	流体处理溶剂	初始[金属]	最终的[金属]	用于清理的树脂
Suzuki	$Pd(OAc)_2$	CH_2Cl_2	60 mg/L	< 1 mg/L	A
Sonogashira	$Pd(Ph_3P)_2Cl_2$, CuI	THF	NA	< 1 mg/L Pd	A
Rosenmundevon Braun	CuCN	吡啶-CH_2Cl_2	345 mg/L	< 1 mg/L	B
Michael	$FeCl_3$	THF	61 mg/L	< 0.2 mg/L	C
氢化和 Wilkinson 催化剂	$RhCl(Ph_3P)_3$	$PhCH_3$	309 mg/L	4 mg/L	C

① Hinchcliffe, A.; Hughes, C.; Pears, D. A.; Pitts, M. R. *Org. Process Res. Dev.* **2007**, *11*, 477.

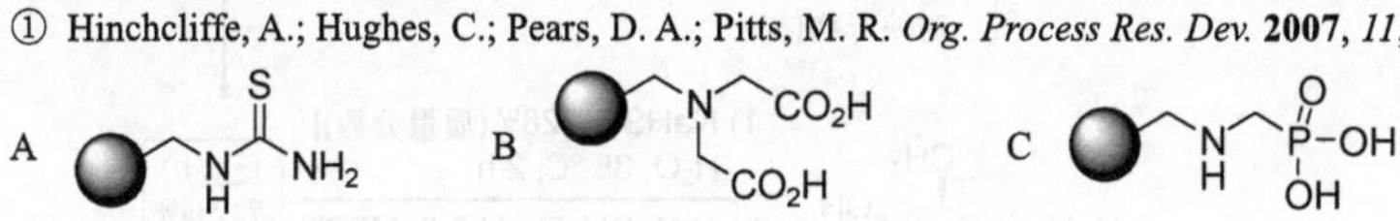

11.7 生物催化反应的淬灭和后处理

由于许多生物催化反应是平衡反应，淬灭能确保分产品以预期收率分离得到，是极为重要的操作步骤。淬灭的方法应根据所使用的生物酶的特性和产品的性质选择，在某些情况下，简单地将产品萃取到有机溶剂中就足够了。通常蛋白质经调节 pH 值或加盐或加有机溶剂就会变质，接着再过滤除去该蛋白质。搅拌并加热悬浮的蛋白质可以使蛋白质变性和凝聚（酿造啤酒的术语“hot break”是指麦汁在煮沸时凝聚分离出蛋白质的热凝固物，但若混合物太过酸可能就不会发生凝聚[98]）。图 11.15 中 KRED 催化还原难溶性的酮，手性纯的产物单水合物的结晶是这个浆-浆反应转化的驱动力；加入 EtOAc 和卤水后，酶在 60～70 ℃经压力过滤除去。需用相对较高的温度可能是为了将本品溶于混合溶剂中；往后的后处理很简单明了，一个孟鲁司特药的前体醇以高收率分离得到[99]。在另一个 KRED 工艺中，外消旋醛还原转化率为 45%，使用 EDTA 隔离酶反应所需的镁离子达到淬灭反应的效果。醛和产物的沸点相似，所以需要化学转化残留的醛。NaOH 水溶液处理能将醛转化为像 Knoevenagel 的二聚体副产品；不幸的是，分离出的醇产物手性纯度较低，并且这种处理方式对回收和再利用醛造成困难。实验室研究发现，醛可以与 *i*-PrOH 共沸在常压下蒸馏移除。大规模生产上大部分的醛用共沸物移除，剩余未反应的醛经添加亚硫酸氢钠转换成水溶性物质。反应的产品用 MTBE 萃取，简单地后处理即可（图 11.15）[100]。在另一个 KRED-诱导反应里的酮也是经由焦亚硫酸钠淬灭来执行后处理[101]。

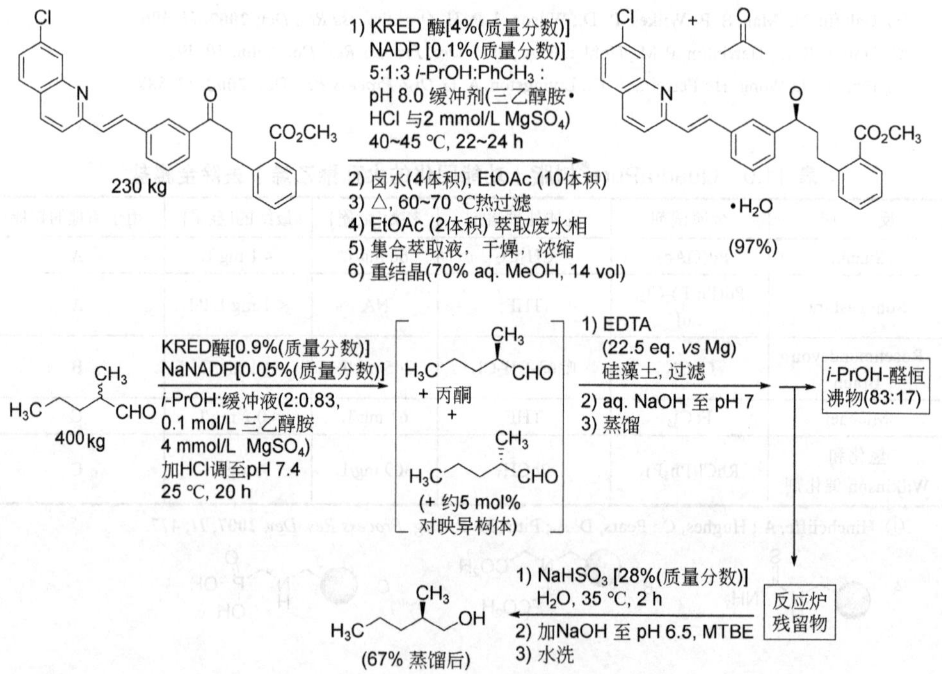

图 11.15 淬灭和后处理生物催化反应

11.8 色谱法

在某些工业里色谱分离纯化已经使用了几十余年，甚至是对一些低附加值的产品。一种保健品，表没食子儿茶素没食子酸酯（EGCG）就是经色谱分离纯化[102]。

紫杉醇（Taxol®）是从植物组织萃取，色谱分离纯化，再结晶；这种生产方法的 CoG 占了半合成紫杉醇总 CoG 的 80%[103]。每年超过 100 Mt 的头孢菌素类是用离子交换树脂和水溶液淋洗剂得到的[104]。模拟移动床色谱（SMB）每年已用于制造 500000 t 对二甲苯[105]，而果糖和蔗糖早在 20 世纪 60 年代就已使用 SMB 分离[106]。NovaSep 与 Rohm 和 Haas 合作开发了一个从生物柴油生产中提取甘油的 SMB 工艺[107]。SMB 也体现出了它在拆分高附加值化合物方面的实用性[108]，如 Lundbeck 公司的艾司西酞普兰[105]、Cephalon 公司的 *R*-莫达非尼[109]和辉瑞公司的舍曲林[110]。SMB 需要一庞大的资本投资，若杂质的组分改变则常规处理将成为问题。核苷酸能通过离子交换色谱[111]或通透膜[112]纯化。制备规模的天然产物可用高速逆流色谱法分离[113]。大部分制备色谱都专用在生产工厂，或从天然产物中分离生产高附加值的 API 的公司，或在 CRO 制备大量新药候选物供研发筛选。供应商不断改进这些色谱技术，以提供更具成本效益的 API 制备方法。

制备色谱法已应用在高附加值的化合物上。这可能是千克级制备一个治疗罕见疾病的孤儿药最好的方法[114]。在药物工艺发展的早期阶段，千克量即能满足各种研究所需，这时候选药物可通过多个阶段的色谱纯化[115]。Welch 曾写道，通过清除麻烦的杂质可以使药物开发的初阶段快速进展[116]。超临界流体色谱（SFC）已用于快速分离对映体[117]并为羟基酸提供了一个高效的分离[118]。许多供应商都有提供制备色谱提纯的设备。

色谱可作为极性材料纯化的实用方法。例如，Amberlite XAD-4 树脂被用于从极性较大的无机杂质中分离出一个两性离子（图 11.16）。水会淋洗下无机杂质，也可说是把产品除盐，接着用乙醇洗脱两性离子产物。Amberlite XAD-4 树脂在 pH 值 1～14 皆稳定，被选用于上述操作的部分原因是它比反相 C-8 硅胶便宜[119]。

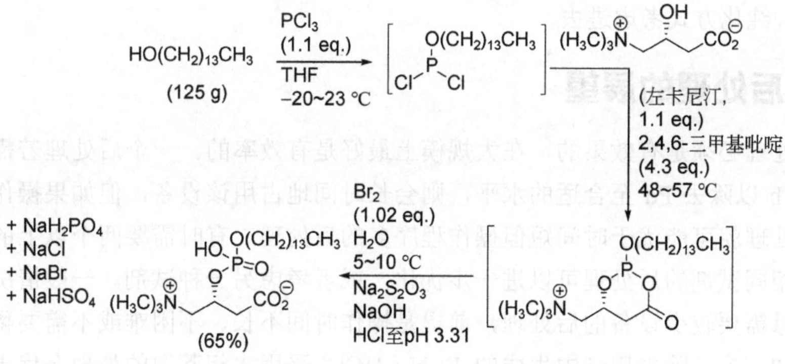

图 11.16 用 Amberlite XAD-4 除盐

杂质有可能从用于净化的聚合物中渗出然后污染产品。Dowex 1×2 树脂，一种季铵树脂，由苯乙烯与对二乙烯基苯共聚制备，接着用氯甲基甲基醚和三甲胺处理，然后用清水冲洗制成。Monsanto 公司研究人员用二氯甲烷萃取 Dowex 1×2 树脂，并确认其主要杂质为图 11.17 中的苄醇。聚合物中没有被除去的单体苯乙烯经后续处理后很可能生成了这种杂质。这样的杂质如果存在于聚合物树脂中，可先通过洗涤树脂除去再用于目标产物的纯化，或通过有机溶剂萃取被洗脱下来的产品来除去[120]。

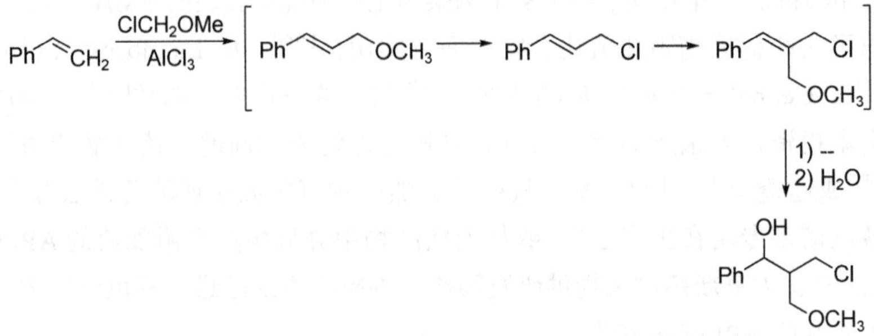

图 11.17　由苯乙烯基树脂中萃取出的杂质

常规生产用的制备色谱成本估计为 1200～5000 美元/千克（一步，50 千克/批次，20 批次/年）[121]。这个报价是考虑到可装进固定相的粗品量［3.5%或 7%（质量分数）］、溶剂的成本，并假定 90%的溶剂可经刮膜蒸发回收再利用。其他需要考虑的还有劳动力和废物处理的费用、色谱固定相目录价的成本和摊销、色谱设备以及除去溶剂的设备。如果在洗脱剂中没有使用无机缓冲剂，则材料和废弃物处理的成本能大幅度地减少。如果几乎所有的溶剂都可以回收重复使用，溶剂的成本则几乎为零。如果固定相可以被预过滤器保护，那么固定相便可以延续使用，降低成本。一旦该设备已被摊销，则相关费用将来自维护和劳力成本。拥有制备色谱专业能力，尤其是 SMB 的 CMOs 能经济地生产多种药物，因此在当今生产路线的探索中，值得把这种纯化方式考虑进去。

11.9　后处理的展望

后处理必须是有效果的，在大规模上最好是有效率的。一个后处理若需与试剂搅拌 12 h 以除去 Pd 至合适的水平，则会长时间地占用该设备，但如果操作简单，这个后处理就可能优于时间短但操作程序多的后处理。有时需要两个以上的程序，但使用相同试剂的后处理可以进一步优化，或者考虑另一种试剂。一般情况下，会优先考量需要较少设备的后处理，前提是操作时间不长、不困难或不需要稀释的条件。例如，为了除去甲苯中生成的 $Et_3N \cdot HCl$，采用水相萃取的处理会优于过滤的方式因为除去高水溶性的 $Et_3N \cdot HCl$ 需要的水的体积应该很小。另一方面，若想除去溶解度差的杂质 MgO，则可考虑过滤，或以另一种试剂替代。

本章所讨论的技术和试剂可通过反向思考应用到其他问题上。例如，乙二胺能去除物料中的 Zn（表 11.7）。GSK 公司的研究人员发现一个合成格氏试剂的反应非常缓慢，原因是受乙二胺杂质污染的影响（图 11.18）。氯代芳烃溶液用 $ZnCl_2$ 水溶液处理后沉淀出了麻烦的乙二胺杂质，格氏试剂也顺利地形成[122]。

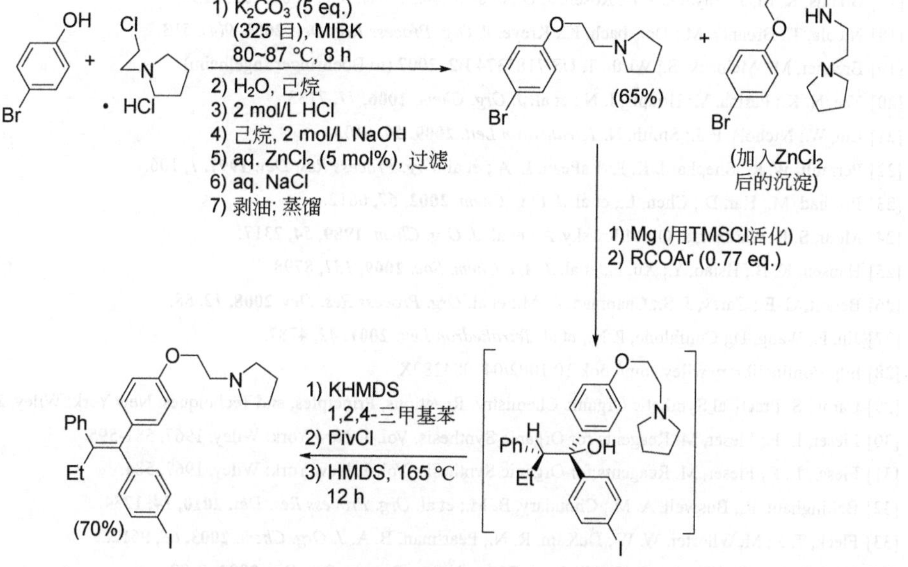

图 11.18 氯化锌后处理去除乙二胺杂质

参 考 文 献

[1] Zurer, P. *Chem. Eng. News* **2000,** *78(1)*, 26.

[2] Laird, T. *Chem. Britain* **1996** (August), 43.

[3] Matlack, A. S. Introduction to Green Chemistry. 2nd ed. Boca Raton: CRC Press, 2010, 187-214.

[4] Kennedy, J. H.; Biggs, W. S. *Org. Process Res. Dev.* **1997,** *1*, 68; Misner, J. W.; Kennedy, J. H.; Biggs, W. S. *Org. Process Res. Dev.* **1997,** *1*, 77.

[5] Gallou, F.; Eriksson, M.; Zeng, X.; et al. *J. Org. Chem.* **2005,** *70*, 6960. 产物是莫德（doramapimod, BIRD-0796）的同系物. 作者指出（由烷基氯甲醛和形成的脲产生的）醇的存在导致了不对称脲的产生，使分离复杂化.

[6] Thayer, A. M. *Chem. Eng. News* **2011,** *89*(22), 21.

[7] Anderson, N. G. *Org. Process Res. Dev.* **2004,** *8*, 260.

[8] Chen, C.-K.; Singh, A. *Org. Process Res. Dev.* **2001,** *5*, 509.

[9] http://www.jtbaker.com/msds/englishhtml/d2868.htm

[10] Anderson, N. G. 未发表；乙酸也被用于淬灭 DCC：Anderson, G. W.; Callahan, F. M. *J. Am. Chem. Soc.* **1958,** *80*, 2902.

[11] Conrow, R. E.; Dean, W. D. *Org. Process Res. Dev.* **2008,** *12*, 1285.

[12] 反应器上空产生的叠氮酸通过 FTIR 监测：Chen, C.; Frey, L. F.; Shultz, S.; et al. *Org. Process Res. Dev.* **2007,** *11*, 616.

[13] Cason, J.; Rapoport, H. Basic Experimental Organic Chemistry. Englewood Cliffs: New Jersey, Prentice-Hall,

1962, 33-38.

[14] Spagnuolo, C.; Wang, S. S. Y. *Chem. Eng. News* **1992,** *70(22)*, 2; Wang, S. S. Y.; Kiang, S.; Merkl, W. *Process Safety Prog.* **1994**, *13(3)*, 153.

[15] Grimm, J. S.; Maryanoff, C. A.; Patel, M.; et al. *Org. Process Res. Dev.* **2002,** *6*, 938.

[16] Achmatowicz, M. M.; Thiel, O. R.; Colyer, J. T.; et al. *Org. Process Res. Dev.* **2010,** *14*, 1490.

[17] Brands, K. M. J.; Payack, J. F.; Rosen, J. D.; et al. *J. Am. Chem. Soc.* **2003,** *125*, 2129.

[18] Nicola, T.; Brenner, M.; Donsbach, K.; Kreye, P. *Org. Process Res. Dev.* **2005,** *9(4)*, 513.

[19] Brenner, M.; Meineck, S.; Wirth, T. US 7183374 B2. 2007 (to Boehringer Ingelheim).

[20] Yee, N. K.; Farina, V.; Houpis, I. N.; et al. *J. Org. Chem.* **2006,** *71*, 7133.

[21] Liu, W.; Nichols, P. J.; Smith, N. *Tetrahedron Lett.* **2009,** *50*, 6103.

[22] Perrault, W. R.; Shephard, K. P.; LaPean, L. A.; et al. *Org. Process Res. Dev.* **1997,** *1*, 106.

[23] Prashad, M.; Har, D.; Chen, L.; et al. *J. Org. Chem.* **2002,** *67*, 6612.

[24] Modi, S. P.; Gardner, J. O.; Milowsky, A.; et al. *J. Org. Chem.* **1989,** *54*, 2317.

[25] Hansen, K. B.; Hsiao, Y.; Xu, F.; et al. *J. Am. Chem. Soc.* **2009,** *131*, 8798.

[26] Benoit, G.-E.; Carey, J. S.; Chapman, A. M.; et al. *Org. Process Res. Dev.* **2008,** *12*, 88.

[27] Jin, F.; Wang, D.; Confalone, P. N.; et al. *Tetrahedron Lett.* **2001,** *42*, 4787.

[28] http://onlinelibrary.wiley.com/book/10.1002/047084289X

[29] Caron, S. Practical Synthetic Organic Chemistry: Reactions, Principles, and Techniques. New York: Wiley, 2011.

[30] Fieser, L. F.; Fieser, M. Reagents for Organic Synthesis. Vol. 1. New York: Wiley, 1967, 581-595.

[31] Fieser, L. F.; Fieser, M. Reagents for Organic Synthesis. Vol. 1. New York: Wiley, 1967, 584.

[32] Bellingham, R.; Buswell, A. M.; Choudary, B. M.; et al. *Org. Process Res. Dev.* **2010,** *14*, 1254.

[33] Fleck, T. J.; McWhorter, W. W.; DeKam, R. N.; Pearlman, B. A. *J. Org. Chem.* **2003,** *68*, 9612.

[34] Mickel, S. J.; Sedelmeier, G. H.; Niederer, D.; et al. *Org. Process Res. Dev.* **2004,** *8*, 92.

[35] htpp://curlyarrow.blogspot.com/2009_07_01_archive.html

[36] Fujino, K.; Takami, H.; Atsumi, T.; et al. *Org. Process Res. Dev.* **2001,** *5*, 426.

[37] 酰亚胺还原为胺: Couturier, M.; Andresen, B. M.; Jorgensen, J. B.; et al. *Org. Process Res. Dev.* **2002,** *6*, 42.

[38] Kopach, M. E.; Singh, U. K.; Kobierski, M. E.; et al. *Org. Process Res. Dev.* **2009,** *13*, 209.

[39] Davies, I. W.; Marcoux, J.-F.; Corley, E. G.; et al. *J. Org. Chem.* **2000,** *65*, 6415.

[40] McCoy, M. *Chem. Eng. News* **2011,** *89(4)*, 12.

[41] http://en.wikipedia.org/wiki/Struvite (accessed 11/24/10).

[42] Journet, M.; Cai, D.; Hughes, D. L.; et al. *Org. Process Res. Dev.* **2005,** *9*, 490.

[43] Conrow, R. A. 个人通讯.

[44] Li, Y.-E.; Yang, Y.; Kalthod, V.; Tyler, S. M. *Org. Process Res. Dev.* **2009,** *13*, 73.

[45] Anderson, N. G.; Lust, D. A.; Colapret, K. A.; et al. *J. Org. Chem.* **1996,** *61*, 7955.

[46] Anderson, N. G. Unpublished.

[47] Zegar, S.; Tokar, C.; Enache, L. A.; et al. *Org. Process Res. Dev.* **2007,** *11*, 747.

[48] Yee, N. K.; Farina, V.; Houpis, I. N.; et al. *J. Org. Chem.* **2006,** *71*, 7133.

[49] Isola, A. M.; Holman, N. J.; Tometzki, G. B.; et al. US 6101181. 1997 (to BASF).

[50] Fukumoto, T.; Yamamoto, A. US 5292973. 1994 (to Shin-Etsu Chemical Co., Ltd.).

[51] Anderson, N. G.; Coradetti, M. L.; Cronin, J. A.; et al. *Org. Process Res. Dev.* **1997,** *1*, 315.

[52] Jiang, X.; Lee, G. T.; Villhauer, E. B.; et al. *Org. Process Res. Dev.* **2010,** *14*, 883.

[53] Challenger, S.; Dessi, Y.; Fox, D. E.; et al. *Org. Process Res. Dev.* **2008,** *12*, 575.

[54] Hilborn, J. W.; Lu, Z.-H.; Jurgens, A. R.; et al. *Tetrahedron Lett.* **2001,** *42*, 8919.

[55] 见酸介导的氨基喹唑啉的水解：Ripin, D. H. B.; Bourassa, D. E.; Brandt, T.; et al. *Org. Process Res. Dev.* **2005,**

9, 440.

[56] Lowenthal, H. J. E.; Zass, E. A Guide for the Perplexed Organic Experimentalist. 2nd ed. Wiley, 1992, 124.

[57] Delhaye, L.; Ceccato, A.; Jacobs, P.; et al. *Org. Process Res. Dev.* **2007,** *11*, 160.

[58] Braden, T. M.; Coffey, S. D.; Doecke, C. W.; et al. *Org. Process Res. Dev.* **2007,** *11*, 431.

[59] Anderson, N. G.; Carson, J. R. U.S. 4,284,562, 1981 (to McNeilab, Inc.).

[60] Dias, E. L.; Hettenbach, K. W.; Am Ende, D. J. *Org. Process Res. Dev.* **2005,** *9*, 39.

[61] Yang, R. T. Adsorbents: Fundamentals and Applications; Wiley: Hoboken, NJ, 2003.

[62] Silverberg, P. *Chem. Eng.* **1999,** *106*(3), 33.

[63] Hogue, C. *Chem. Eng. News* **2009,** *87*(42), 27.

[64] Marsh, H.; Rodrıguez-Reinoso, F. *Activated Carbon*; Elsevier Science: London, 2006.

[65] http://www.donau-carbon.com

[66] http://www.sucrose.com/bonechar.html

[67] Herr, R. J.; Meckler, H.; Scuderi, F., Jr. *Org. Process Res. Dev.* **2000,** *4*, 43.

[68] Roy, G. M. Activated Carbon Application in the Food and Pharmaceutical Industries. Lancaster, PA: Technomic Publishing Co., 1995.

[69] http://www.gravertech.com

[70] Furniss, B. S., Hannaford, A. J., Smith, P. W. G.; Tatchell, A. R. Vogel's Handbook of Practical Organic Chemistry. Harlow, England: Addison Wesley Longman Ltd. 1985, 140.

[71] Welch, C. J.; Albanese-Walker, J.; Leonard, W. R.; et al. *Org. Process Res. Dev.* **2005,** *9*, 198.当样品溶解到 MeOH，用各种吸附剂处理时，Ru 的去除得到高的选择性；而使用 1:1 的 MeOH-H_2O 则选择性大幅降低.

[72] Stewart, G. W.; Brands, K. J. M.; Brewer, S. E.; et al. *Org. Process Res. Dev.* **2010,** *14*, 849.

[73] Welch, C. J.; Shalmi, M.; Biba, M.; et al. *J. Sep. Sci.* **2002,** *25*, 847.

[74] Welch, C. J.; Leonard, W. R.; Henderson, D. W.; et al. *Org. Process Res. Dev.* **2008,** *12*, 81.

[75] Welch, C. J.; Pollard, S. D.; Mathre, D. J.; Reider, P. J. *Org. Lett.* **2001,** *3*, 95.

[76] Hough, J. S.; Briggs, D. E.; Stevens, R.; Young, T. W. Malting and Brewing Science. Vol. 2. Chapman and Hall, 1990.

[77] Matlack, A. S. Introduction to Green Chemistry. 2nd ed. Boca Raton: CRC Press, 2010, 197-205.

[78] Kemsley, J. *Chem. Eng. News* **2008,** *86(49)*, 32.

[79] http://www.epa.gov/greenchemistry/pubs/pgcc/winners/grca10.html

[80] Savile, C. K.; Janey, J. M.; Mundroff, E. C.; et al. *Science* **2010,** *329*, 305.

[81] Jenkins, S. *Chem. Eng.* **2010,** *117(10)*, 17.

[82] Gray, T. The Elements. New York: Black Dog & Leventhal, 2009.

[83] Hanson, D. J. *Chem. Eng. News* **2011,** *89(20)*, 28.

[84] Everts, S. *Chem. Eng. News* **2010,** *88(41)*, 11.

[85] Bien, J. T.; Lane, G. C.; Oberholzer, M. R. *Topics Organomet. Chem.* **2004**, *6*, 263.

[86] Thayer, A. *Chem. Eng. News* **2005,** *83(36)*, 55.

[87] deVries, A. H. M.; Mulders, J. M. C. A.; Mommers, J. H. M.; et al. *Org. Lett.* **2003,** *5*, 3285.

[88] Weissman, S. A.; Zewge, D.; Chen, C. *J. Org. Chem.* **2005,** *70*, 1508.

[89] Rosso, V. W.; Lust, D. A.; Bernot, P. J.; et al. *Org. Process Res. Dev.* **1997,** *1*, 311.

[90] Garrett, C.; Prasad, K. *Adv. Synth. Catal.* **2004,** *346*, 889.

[91] Menzel, K.; Machrouhi, F.; Bodenstein, M.; et al. *Org. Process Res. Dev.* **2009,** *13*, 519.

[92] Williams, J. M.; Brands, K. M. J.; Skerlj, R. T.; et al. *J. Org. Chem.* **2005,** *70*, 7479.

[93] Tehim, A. 个人通讯.

[94] Conlon, D.; Pipik, B.; Ferdinand, S.; et al. *Adv. Synth. Catal.* **2003,** *345*, 931.

[95] Kaitaisto, E.; Polomski, R. E. *Personal communication.*

[96] Huang, Q.; Richardson, P. F.; Sach, N. W.; et al. *Org. Process Res. Dev.* **2011,** *15*, 556.

[97] Flahive, E. J.; Brigitte, L.; Ewanicki, B. L.; et al. *Org. Process Res. Dev.* **2008,** *12*, 637.

[98] Wang, L.; Green, L.; Li, Z.; et al. *Org. Process Res. Dev.* **2011,** *15*, 1371.

[99] Miller, D. Dave Miller's Homebrewing Guide, Storey Communications. Inc.: Pownal, Vermont, 1995, 132.

[100] Liang, J.; Lalonde, J.; Borup, B.; et al. *Org. Process Res. Dev.* **2010,** *14*, 193.

[101] Gooding, O. W.; Voladri, R.; Bautista, A.; et al. *Org. Process Res. Dev.* **2010,** *14*, 119.

[102] Liang, J.; Mundorff, E.; Volari, R.; et al. *Org. Process Res. Dev.* **2010,** *14*, 188.

[103] Burdick, D. C.; Egger, H.; Gum, A. G.; Koschinski, I.; Muelchi, E.; Prevolt-Halter, I. US Patent 7312199 B2. 2007, (to DSM).

[104] Mountford, P. G. // Dunn, P., Wells, A.; Williams, M. T. Green Chemistry in the Pharmaceutical Industry. Wiley-VCH, 2010, 145.

[105] Bernasconi, B.; Lee, J.; Roletto, J.; et al. *Org. Process Res. Dev.* **2002,** *6*, 152.

[106] McCoy, M. *Chem. Eng. News* **2000,** *78*(*25*), 17.

[107] Strube, J.; Haumreisser, S.; Schmidt-Traub, H.; et al. *Org. Process Res. Dev.* **1998,** *2*, 305.

[108] http://www.amberlyst.com/glycerol.htm

[109] Mulllin, R. *Chem. Eng. News* **2007,** *85*(*39*), 49.

[110] McCoy, M. *Chem. Eng. News* **2004,** *82*(*41*), 20.

[111] Hawkins, J. M.; Watson, T. J. N. *Angew. Chem. Int. Ed. Eng.* **2004,** *43*, 3224.

[112] Deshmukh, R. R.; Miller, J. E.; De Leon, P.; et al. *Org. Process Res. Dev.* **2000,** *4*, 205.

[113] Lajmi, A. R.; Schwartz, L.; Sanghvi, Y. S. *Org. Process Res. Dev.* **2004,** *8*, 651.

[114] Fisher, D.; Garrard, I. J.; san den Heuvel, R.; et al. *J. Liq. Chromatogr.* **2005,** *28*, 1913.

[115] Moriarty, R. M.; Rani, N.; Enache, L. A.; et al. *J. Org. Chem.* **2004,** *69*(*6*), 1890.

[116] Mickel, S. J.; Niederer, D.; Daeffler, R.; et al. *Org. Process Res. Dev.* **2004,** *8*, 122.

[117] Welch, C. J.; Fleitz, F.; Antia, F.; et al. *Org. Process Res. Dev.* **2004,** *8*, 186.

[118] Thayer, A. *Chem. Eng. News* **2005,** *83*(*36*), 49.

[119] Welch, C. J.; Henderson, D. W.; Tschaen, D. W.; Miller, R. A. *Org. Process Res. Dev.* **2009,** *13*, 621.

[120] Prashad, M.; Amedio, J. C.; Ciszewski, L.; et al. *Org. Process Res. Dev.* **2002,** *6*, 773.

[121] Tou, J. S.; Kostelc, J. G.; Schlittler, M. R.; Violand, B. N. *Org. Process Res. Dev.* **2003,** *7*, 750.

[122] Anderson, N. G // Johnson, D. S.; Li, J. J. The Art of Drug Synthesis. Chapter 2. New York: Wiley, 2007, 11-28.

第 12 章　结晶与纯化

“我们发现在将产品进行工业化的过程中最多的问题发生在结晶的过程。”

——Mary Shire, Solid State Pharmaceutical Cluster，爱尔兰[1]

12.1　引言

产物结晶常常促进反应完成，以手性二醇、乙二醛和 4-氟苯硼酸三组分缩合反应制备阿瑞匹坦（aprepitant）中间体为例，合成路径如图 12.1 所示，反应结束后反应液中有 5 个非对映体内酯产物，其比例为 50(*trans*)∶10∶<2(*cis*)∶10∶20，这些异构体可能通过最初形成的羟基醛中间体达成平衡。阿瑞匹坦中间体作为顺式构

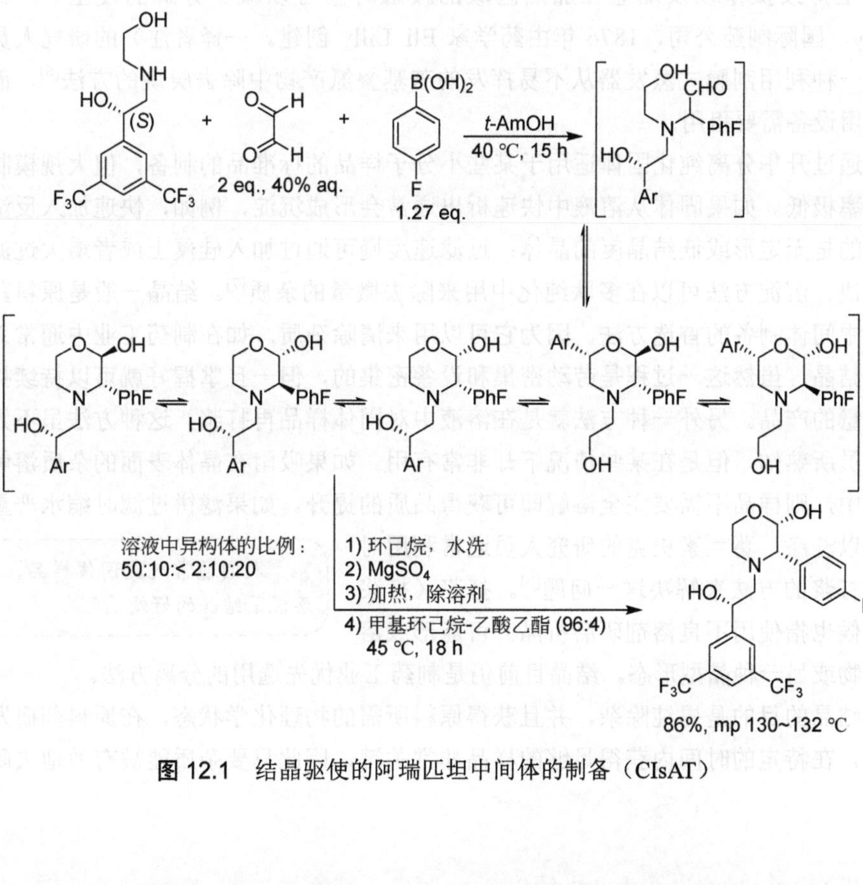

图 12.1　结晶驱使的阿瑞匹坦中间体的制备（CIsAT）

型产物，在反应液中比例非常低[3]。反应液经萃取操作后[2]用甲基环己烷-乙酸乙酯重结晶，顺式构型产物阿瑞匹坦中间体的收率可达 86%。在这一富有成效的转化过程中，仲醇的手性控制了两个立体中心的形成。这是一个典型结晶诱导的不对称转化（crystallization-induced asymmetric transformation，CIAT），在 12.6 节中我们会把这一过程与结晶诱导的动力学拆分（crystallization-induced dynamic resolution，CIDR）做对比讨论。结晶的注意力一般都集中在原料药或者关键中间体的分离，研究是否有多种晶型产生，并选择其中的最佳晶型。不同的晶型可能来自于不同的反应，通过利用不同晶型的特性可以达成改进工艺过程的效果。

> 溶解性会大大影响处理过程并决定操作过程，例如，在加入 2 倍量盐酸前，二羧酸的单钠盐可以从 2 倍量二钠盐溶液中结晶析出；或者采用逆向添加的方法来避免单钠盐的污染。最开始的结晶产物可能是动力学产物，而不是热力学稳定的晶型；延长搅拌悬浮液可致使更稳定多晶型的形成。

原料药和中间体的分离纯化有多种方法可以选择。在新药研究发的前期阶段，可以使用色谱进行分离，这样做是非常高效的，因为研究如何分离杂质是非常耗时耗力的[4]。蒸馏也会浪费大量的时间和精力，并且长时间的加热会导致大多数的原料药和中间体的分解。刮膜式蒸发器（wiped film evaporator，WFE）可以用来大规模蒸馏对热敏感的物质。因为真空持续操作以及缩短在加热区域的接触时间可以减少分解的发生[5]。礼来（Lilly，国际制药公司，1876 年由药学家 Eli Lilly 创建。—译者注）的研究人员描述了一种利用刮膜式蒸发器从不易挥发的苄基叠氮产物中除去庚烷的方法[6]，而这种专用设备需要租用。

通过升华分离纯化固体适用于某些小分子样品的标准品的制备，但大规模制备时效率极低。如果固体从溶液中快速析出通常会形成沉淀，例如，快速加入反溶剂获得的是无定形或低结晶度的晶体；过滤速度慢可通过加入硅藻土或者增大过滤面积解决。沉淀方法可以在多肽纯化中用来除去微量的杂质[7]。结晶一般是原料药和关键中间体制备的首选方法，因为它可以用来清除杂质。如在制药工业中通常采用分批结晶，虽然这一过程是劳动密集和设备密集的，但一旦掌握好就可以持续提供高质量的产品。另外一种方法就是在溶液中对固体样品再打浆，这种方法虽不为研发人员所熟知，但是在某些情况下却非常有用。如果吸附在晶体表面的杂质溶解在溶剂中，则样品不需要完全溶解即可获得品质的提升。如果滤饼过滤时缩水严重非常难以洗涤，葛兰素史克的研究人员通常利用对滤饼打浆的方法来解决这一问题[8]。打浆（打浆有时候也指使用不良溶剂研磨析晶）可能形成溶剂化物或另一种晶型形态。结晶目前仍是制药工业优先选用的分离方法。

> 人们通常沉淀固体样品，而忽视了结晶的好处。

结晶的目的是提纯除杂，并且获得原料所需的物理化学状态。在原料药研发的初期，在特定的时间内获得足够的样品非常关键，因此只要杂质能被有效地去除并且能把产物从结晶器里刮出来，任何结晶手段都可以使用。而工艺专家更想要开发实用的结晶方法，例如，在特定的浓度条件下使用安全的溶剂并且可以安全地操作，简便且工艺放大时重现性好。实用的结晶方法需要时间短，设备使用效率高。这种结晶方法与制备 X 射线单晶衍射分析使用的晶体样品[9]或学术研究的化学工作者的结晶手段是不同的。浆液必须方便从结晶器转移到过滤器，固体必须能够容易进入干燥器且方便去除，吸湿性的固体在转移、储存、分析或制剂过程中都会带来挑战（第 13 章）。日常的结晶和分离操作必须可靠地生产出符合特定化学或物理化学性质的高质量的产品。产物的化学质量包括化合物的效力以及合理的杂质含量，如水、残留溶剂或重金属。物理化学质量包括所需的晶型、粒径分布以及晶体自身的特性。工艺专家在设计结晶过程时不仅仅是为了提升产品的纯度，而是为了达到更高的含量。

制药工业中工业规模的结晶技术在专著[10]、书籍[11]和其他资料[12-15]均有详尽的讨论。

实用的结晶技术——想象一下使用二异丙醚在−20 ℃保持 72 h 进行结晶，这可能是最糟糕的结晶技术。虽然二异丙醚对某些物质的结晶效果非常好，但二异丙醚会形成固体的过氧化物并黏结在容器的瓶口导致安全隐患。长达 72 h 的陈化时间会导致规模生产时设备使用效率低下。−20 ℃需要使用冷冻机来维持，如果需要将悬浮液在冰箱中保存一个周末，则无法进行搅拌。固体将会在瓶壁析晶，在千克级的实验室可以使用刮铲将产物刮出，但在大规模制备时反应釜内壁的操作无论从安全还是 cGMP 认证的角度都是不可取的。悬浮液还因为其他的一些实际情况需要进行搅拌，比如水中的盐层高度太高覆盖了反应釜中静止的搅拌器，在搅拌器下次开机时，厚厚的盐层可能会阻止搅拌器正常工作！缓慢搅拌悬浮液可以形成晶种并使其分散，可以增加晶核形成的机会并提高结晶的速度。缓慢搅拌可以提供可预见的结晶过程，但是长时间或快速的搅拌会将固体打碎成微粒导致堵塞过滤设备。大块的结晶可以敲碎以方便将其转移至过滤器。缓慢搅拌还有助于将悬浮物移出结晶器而不致其堆积在容器壁上。在大规模生产时，母液常常用来冲洗结晶器使晶体转移至过滤器。但是如果母液通过无法清洁的管路返回到结晶设备的话，则这种循环使用母液的方法是不符合 cGMP 认证要求的。上述以及其他的种种情况都是一个实用结晶过程需要考虑的因素。

结晶应该是一个由溶液直接转变成晶体悬浮液的过程，并且避免油状分散物的产生。油状物会附着在容器或干燥器的壁上，并影响晶体的传输或过滤过程。晶体悬浮液中即使含有非常少量的油状物也会夹带大量的杂质。经过油状分散物的结晶过程是非常不可靠的，即使这个过程可能被多批次地的重复。我们用图 12.2 的例子来说明其中所涉及的问题。最开始的生产工艺中，以改进的 Arbuzov 反应制备次磷酸产物时，反应中的乙腈和六甲基二硅氧烷采用共沸蒸馏除去，浓缩液冷却析出结晶。尽管在实验室阶段通过显微镜观察到了油滴，但结晶产物具有 85%的收率和 97%～98%的纯度，而且操作简便。（也许在结晶温度以上加入少量的共溶剂溶解产物可以避免油状物的形成。例如，极性溶剂乙腈或大位阻的醇如异丙醇。六甲基二硅氧烷的极性与庚烷相当，在不除去乙腈和六甲基二硅氧烷的情况下直接对水解物进行结晶也会形成油状分散物。）这一工艺在中试阶段 8 次运行和生产阶段 5 次运行均告成功。不幸的是在后续生产步骤中出现了问题：在将次磷酸转化为福辛普利钠中间体时反应过程缓慢且仅获得 82%的收率，对于简单的酯化反应而言，这一过程是非常令人失望的。推测次磷酸结晶过程中油滴中所包含的杂质可能不利于后续的酸催化步骤。

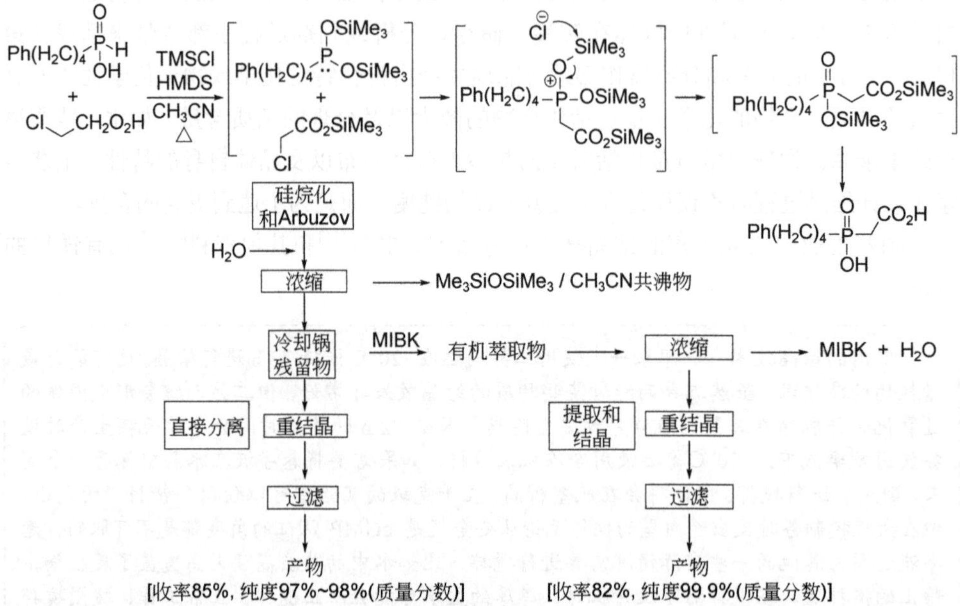

图 12.2　改进的 Arbuzov 反应制备次磷酸的直接分离法或萃取结晶法

从之前批次的次磷酸中每三批中取出一批用 MIBK 重结晶，则后续的苄酯产物可以达到 92%的收率。鉴于原工艺次磷酸产物每批都需要精制，对该 Arbuzov 工艺又进行了重新设计，即产物用 MIBK 溶剂提取后脱溶剂冷却析晶。这一纯化方法可以在生产中可靠地获得高质量的次磷酸盐，其收率 82%、纯度 99.9%，并且在后续的酯化步骤中反应速率大幅提升[16]。起初的方法从水相分离产物时，因为快速地施加了结晶驱动力导致产生油状物，结晶工艺不理想。而改进后的工艺从溶液直接转变为晶体悬浮液而不经过油状分散物的阶段，被证明是非常可靠的方法。由于没有控制好该中间体的结晶过程，因此整个工艺研发时间被延长。

> 通过光学显微镜检查悬浮液样品可以方便地检测油状物是否存在。

> 通常中间体 97%以上纯度即可，甚至 94%纯度就够了[17]。可接受的纯度取决于工艺过程的需要。如果一个中间体在下一步反应的结果不理想，必须决定是对中间体进行精制，还是重新开发新的制备工艺，或是对后续反应重新研究。有时候策略会影响最终的决定。

Chen 和 Singh 简述了直接从反应液中将产物析晶的溶剂筛选方法[18]，Amgen 的员工报道了结晶或研磨析晶的高通量筛选方法[19]。

结晶过程还可以被设计用于溶解副产物，例如中等极性的有机物可以使用极性溶剂或脂溶性溶剂进行结晶，这样强极性或非极性的杂质就可以保留在母液之中。如图 12.3[20]所示，如果杂质具有可离子化的官能团，还可以采用调节 pH 值的办法进行分离。使用处于极性两端的溶剂如水或庚烷，通常能获得高的回收率，但杂质分离效果不佳。极性及强亲脂性产物通常可以使用极性溶剂结晶，如甲醇、乙醇和乙腈，添加少量的质子溶剂还可以改变产物的晶型和粒度。添加少量的高脂溶性溶剂如庚烷和异辛烷作为共溶剂也是非常有效的手段。

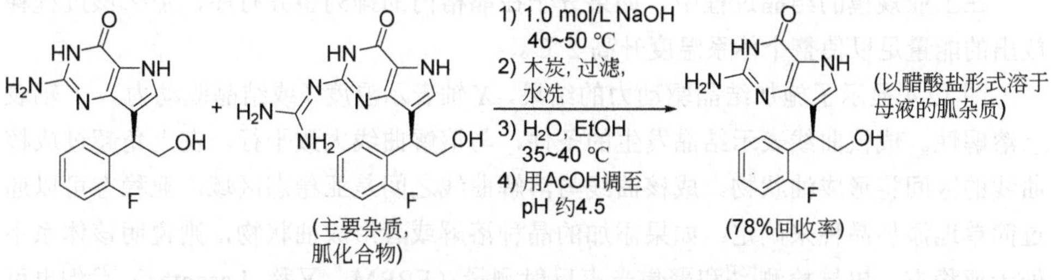

图 12.3 在醋酸存在下重结晶分离胍类杂质

结晶的过程有多种观测手段。结晶开始时可以观察到溶液变得不透明。拉曼光谱可以跟踪结晶的过程，甚至是晶型的互变[21]。红外光谱和 HPLC 可以检测溶液中剩余的产物。例如，如果陈化 30 min 后溶液中的产物浓度没有变化，那么更长的陈化一般不会有什么效果，而应进行过滤操作了。

不溶性的杂质应该在结晶操作前通过精密过滤除去，以避免产物过早地析晶或形成不需要的晶型。精密过滤是简单而有效的纯化手段。

> 原料药在最终分离步骤前应该通过精密过滤使之澄清。其中精密热过滤是最常用的。有效的工业放大要求热溶液必须在 1 h 内足够稳定，不能有显著的分解或提前结晶，因为精密过滤操作可能消耗一些时间。在工业规模生产时，让原料药的热溶液快速通过管路，可以充分加热管路避免产物在管路内提前析晶。因此在千克规模的实验室进行精密过滤反而比工业规模更为困难。为了避免产物提前析晶，精密热过滤的操作温度应该比产物开始结晶的温度高 10 ℃以上。

洗涤滤饼可以置换滤饼吸附的母液。黏度高的溶剂如异丙醇或叔丁醇会使过滤速度变慢。与母液不混溶的溶剂也可以用来洗涤滤饼。（当然也不能溶解产物。）例如，可以用正庚烷来置换滤饼中的水，因为庚烷在干燥时可以方便地去除。

实验室通常将滤饼置于结晶皿中用烘箱干燥。在中试规模仍然可以使用托盘干燥，但会耗费大量人力。而在大规模制备时可以使用搅拌干燥机缩短干燥时间，但是在滤饼开始搅拌时应十分注意，否则产物会黏结成糖浆状物质[22]。

结晶的方法通常包括冷却、浓缩、添加反溶剂和反应结晶[10]。添加反溶剂和反应结晶更容易形成亚稳态的晶型[23]。反应结晶包括成盐、通过调节 pH 值使物质中和或离子化，或者其他结晶驱动的转化。在工艺研究的前期应该缓慢地施加结晶驱动力以避免产生问题。本章的后续小节将讨论这些结晶方法，另外还包括经典的结晶拆分和晶型的问题。结晶溶剂用量的问题可以参考图 8.12 及其相关讨论部分。对于原料药的注意事项例如成盐选择等问题参见第 13 章。

12.2 缓慢施加结晶驱动力——晶种

在工业规模的结晶过程中，如果分子在晶格内的排列整齐有序，那么该过程释放出的能量足以使整个体系温度升高 2 ℃。

图 12.4 显示了施加结晶驱动力的结果，*X* 轴表示温度（或结晶驱动力），*Y* 轴表示溶解性。成核曲线表示结晶发生的条件，与溶解曲线大致平行。左上角超过成核曲线的区间将形成油状物。成核曲线与溶解曲线之间是亚稳态区域。亚稳态可以通过简单地添加晶种来确定：如果添加的晶种溶解或者形成油状物，则说明该体系不处于亚稳态。电导检测[24]和聚焦光束反射测量（FBRM，又称 Lasentec）[25,26]也可以用来检测亚稳态区域。快速降温（路径 A）时可能产生油状物，或发生多核结晶使产物的粒径分布非常宽。缓慢降温时则发生单核结晶，所获得的晶体粒径分布窄（路径 B）。（这种情况经常发生在一个连续批次运转的专用设备上，因为每批生产之间附着在结晶器各部件上的晶体通常不会被完全地清理干净。）缓慢降温并添加晶种（路径 C）将获得大颗粒的晶体。（这里仅讨论了降温这一种结晶驱动力，其他的结晶驱动力还包括蒸发溶剂、添加反溶剂调节 pH 值或者添加其他成分的反应结晶等。）

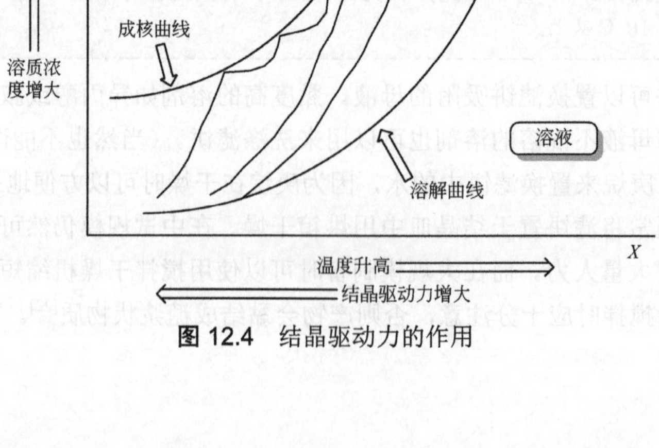

图 12.4　结晶驱动力的作用

0.5%（质量分数）的晶种就能有效地析晶了，或者用以制备 cGMP 级别的晶种。(为了制备高质量的晶体，应先进行精密过滤，再加入高质量且为所需晶型的晶种。低质量的晶种会降低结晶速率，且容易形成亚稳态晶型[27]。）使用 3%~10%（质量分数）的大量晶种时会形成较小的晶体[11]，尤其是对于针状和片状晶型的物质。公式（12.1）归纳了使用晶种控制晶体大小的规律[28]。但该模型通常不适用于大规模制备，因为搅拌会粉碎样品以及施加强结晶驱动力会导致二次成核。

$$晶种质量=晶体质量\times\left(\frac{晶种尺寸}{晶体尺寸}\right)^i \tag{12.1}$$

当 $i=1$ 时为针状，$i=2$ 时为盘状，$i=3$ 时为立方体或者球状。

根据 Ostwald 规则，自发结晶通常产生亚稳态晶型而非稳定的晶型[27]（见第 12.8 节）。晶种不但能引发所需晶型的结晶，而且可以控制反应釜内结晶的形成方式。

图 12.5 中所示的磷酸盐在结晶条件下溶解性差，容易在反应器的内壁结晶。(因为热交换区域的表面温度梯度较大，所以经常发生这种结垢现象[29]。结垢抑制了热交换器的传热[30]。）扁桃酸盐并非优选的药用盐形式，但可以用于结晶提纯该原料药。将扁桃酸盐游离后，加入磷酸盐的晶种，并添加稀释的磷酸溶液以缓慢施加结晶驱动力。使用该法获得磷酸盐晶体可以方便地转移到过滤设备，同时 *O*-乙酰化副产物可以控制在 0.03%[31]。

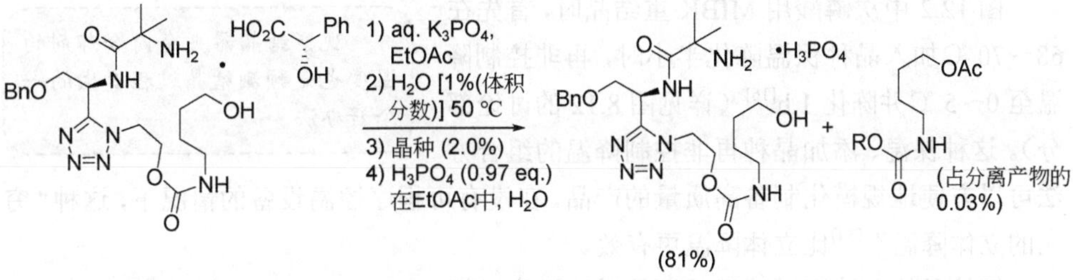

图 12.5　可控的磷酸盐结晶

12.3　冷却结晶

将溶液冷却可能是最常用的施加结晶驱动力获得结晶的方法。图 12.6 总结了冷却结晶的概况[32]。由于程序控温以及粒径检测设备的出现，无论在实验室还是工业规模都可以方便地控制结晶过程。非控制（自然）降温通常发生于让冷却剂迅速通过结晶器的夹套，采用这种方式在初级阶段降温最快，即冷却剂与釜内温度温差越大降温越快。线性降温是可编程的，现在越来越流行。立体降温开始时降温较慢，随后降温加快，这种降温方式会减少晶核形成但可以促进晶体生长，与线性或非控制降温比较，粒径分布窄且细粒结晶少[33]。Mettler-Toledo 公司的研究人员发现通过聚焦光束反射检测可以确定合适的降温方式：结晶开始时应缓慢降温，因为此时晶体的浓度和晶体的表面积都比较较小。而当晶体浓度及晶体大小的增速降低时，则应加快降温使溶液过饱和促进进一步析晶[25]。立体降温可以用来控制粒径分布或者避免终产物的制粉。没有程序降温的情况时可以通过以下方法获得高效的结晶，在略高于浑浊点的温度加入晶种并保温半小时以获得晶体层。由于分子结晶时放热，这一阶段可以观察到 2 ℃的升温。在这一保温过程后，结晶悬浮液再以最快的速度降温（非控制降温）。

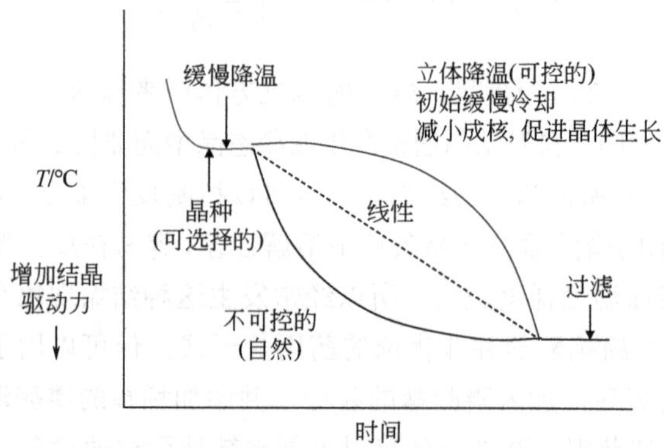

图 12.6　冷确结晶原理图

> 观察结晶器夹套内冷却剂的温度也是预测结晶过程发生的一个好办法。

图 12.2 中次磷酸用 MIBK 重结晶时，首先在 68～70 ℃加入晶种保温陈化半小时，再非控制降温至 0～5 ℃并陈化 1 h[16]（详见图 8.12 的讨论部分）。这种保温、添加晶种再非控制降温的组合方法可以方便地规模化制备高质量的产品。在没有可程序控温设备的情况下，这种“穷人的立体降温”[34]比立体降温更有效。

> 如果选用混合溶剂控温结晶，最好选择沸点相近的溶剂以便于工业放大。否则可能溶剂发生共沸而无法达到所需的温度。

细粒晶体会堵塞过滤器的孔使过滤操作时间延长。细粒晶体可以通过 Ostwald 熟化方法转化为大粒晶体，即将结晶浆液过滤前适度地加热后再降温。例如，35 ℃的结晶浆液可以先升至 40 ℃，保温 30 min 后再降至 35 ℃并保温 30 min。在升温阶段，细粒结晶被溶解，而降温阶段，原有的晶体长大。辉瑞公司的员工采用 Ostwald 熟化法重复 5 次操作获得了 100～200 μm 的晶体，而通常情况只能获得 10～15 μm 的晶体[35]。季戊四醇的细粒晶体也可以通过加热和熔析等化学工程手段获得大晶体[36]。通过温度循环可以制备 RDX 大晶体而细粒晶体含量很少[37]。为了控制细粒结晶，分批结晶的方法比连续结晶更好，因为连续结晶过程中结晶浆液被不断地移出[38]。理论上控制细粒结晶最好的方法是控制晶体生长的速度大于晶核形成的速度[29]。

12.4 浓缩结晶

在制药和精细化工行业常常将萃取液浓缩后控温结晶。在前面的小节中已经讨论过这种例子。即快速地蒸发溶剂会导致晶体在液面以上析出，为了有效地控制结晶过程，需要在进行结晶操作之前把这些晶体重新溶解。不过理想状态下，溶剂的蒸气在反应釜壁冷却后可以溶解这些晶体并将它们带回溶液之中。

如图 12.7 所示的 CIAT 的例子[39]，用氮气吹扫是一种缓慢但有效的脱溶剂的方法。但总体而言通过蒸馏脱溶剂是最快捷的方法。通过蒸发脱溶剂还可以用来制备 X 射线单晶衍射实验的单晶样品[9]。

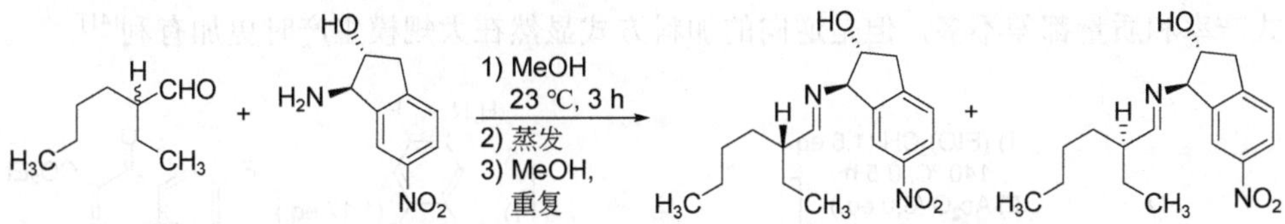

蒸发次数	非对映异构体比例
1	75 : 25
2	96 : 4
4	99 : 1

图 12.7　通过氮气吹扫脱溶剂的 CIAT 结晶过程

12.5 添加反溶剂结晶

添加反溶剂结晶有时被称为加试剂析出过程（drowning-out process），快速添加反溶剂通常形成的都是亚稳态的晶型[23]。反溶剂最常见的例子是向 DMF 这种极性非质子溶剂中加入水（见图 12.8[40]）。该反应中偶联剂二环己基碳酰二亚胺（DCC）形成的副产物二环己基脲（DCU）通过过滤除去后，滤液用甲醇和水稀释，产物即可结晶析出。为了避免形成油状物通常需要缓慢添加反溶剂，仔细地观察可以发现反溶剂进入结晶器的地方会有乳化现象。由于反溶剂可以从储罐直接输送出来，所以采用向浓溶液中加入反溶剂的结晶方法只需要一个反应釜即可。

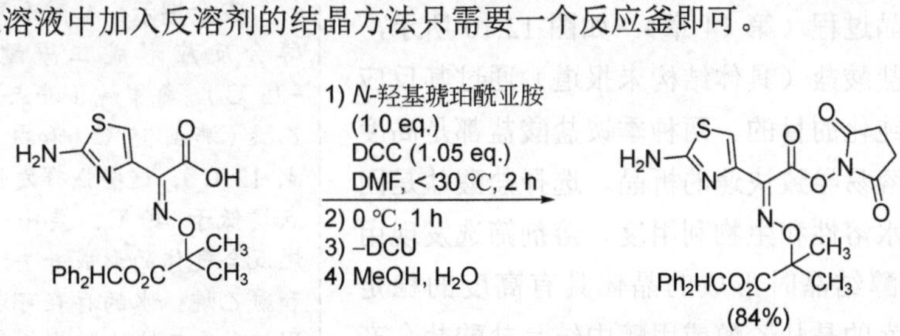

图 12.8　加入甲醇和水作为反溶剂的结晶过程

作为最后的手段，时常将浓溶液加入反溶剂之中来促使析晶，这种方法有时会非常有效。因为这种加料方式开始时的结晶驱动力是最高的，这种“冲击”的结晶方式形成大量的晶核而晶体生长极慢，所以这种方式通常获得的是小晶体或不稳定的晶型。同时这种方式还面临着形成油状物或沉淀物的风险。将浓溶液加入反溶剂的操作需要两个反应釜，这在反应放大时对于设备和空间的需求也是一个问题。且一旦反溶剂与产物溶液混合，产物可能无法通过加热溶解。Abbott 的研究人员报道了一个采用该方法成功的例子（图 12.9）。烯胺产物的 *N*-甲基吡咯烷酮（NMP）浓溶液用水稀释析晶，在放大至 10 kg 规模时过滤十分缓慢，且产物干燥后仍含有 5%的 *N*-甲基吡咯烷酮。而如果采取将产物的 *N*-甲基吡咯烷酮浓溶液加至水中的加料方式，在 125 kg 规模时，产品形成块状物，过滤和干燥均十分方便。虽然两种加料方式产率和质量都差不多，但是逆向的加料方式显然在大规模生产时更加有利[41]。

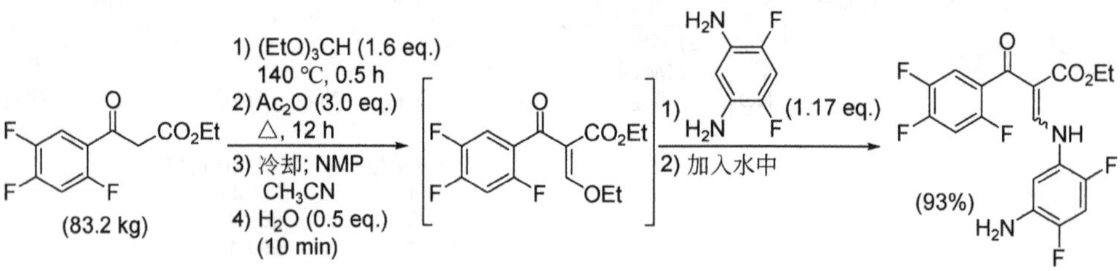

图 12.9　向产物溶液中加入反溶剂的结晶过程

12.6　反应结晶

反应结晶即产物一边形成一边结晶。反应结晶的转化过程包括共价键的形成或断裂、调节 pH 来中和或者离子化原料以及结晶促进的其他转化。有一些反应结晶非常迅速，而其他更多是刻意为之。虽然快速的结晶存在形成微粒或不确定的沉淀[42]，但也可能非常有效。而缓慢的结晶过程必须避免形成油状物，或者提供足够长的平衡时间。

采用冲击射流技术的成盐过程是经常被提到的反应结晶过程（第 14 章）。如图 12.10 所示，两种季铵盐酸盐（具体结构未报道）通过其反应结晶达到纯化的目的。两种季铵盐酸盐都是高度结晶的，容易导致快速的析晶。选择盐酸盐是因其高度的水溶性和生物利用度。溶剂筛选发现用乙醇或甲醇结晶时形成的晶体具有高度的稳定性。但不幸的是从乙醇或甲醇中结晶盐酸盐会产生具有基因毒性的氯乙烷和氯甲烷。所以在对这

> **安全提示**：盐酸和甲醇及乙醇会反应形成二甲醚（沸点 −25 ℃）、氯甲烷（沸点 −24 ℃）、乙醚（沸点 35 ℃）和氯乙烷（沸点 12 ℃）。这些强挥发性物质闪点均低于 −40 ℃。要小心避免可燃混合气体的形成并去除氯甲烷和氯乙烷。水的存在可以减少氯甲烷和氯乙烷的形成。

两种盐结晶时需要跟踪氯乙烷和氯甲烷这两种杂质的浓度[43]（基因毒性的讨论详见第 13 章）。

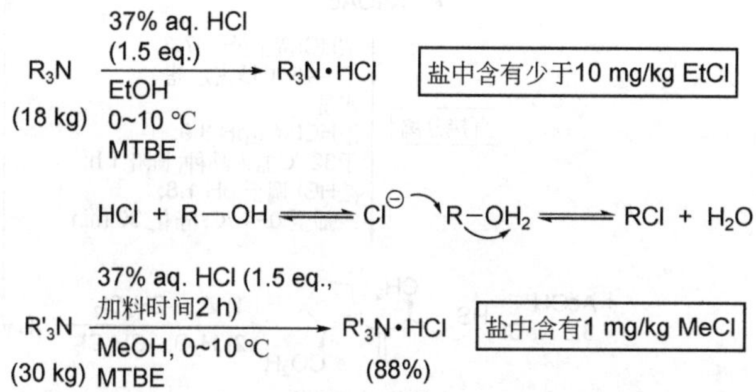

图 12.10　从醇的水溶液中结晶季铵盐酸盐

第一种盐是用乙醇结晶的。浓盐酸是易得的 HCl 的来源，并加入 MTBE 作为反溶剂（图 12.10）。浓盐酸中的水可以使反应平衡向氯乙烷水解的方向移动而达到减少产物中氯乙烷含量的目的（图 12.10）。采用该法以乙醇结晶成功实现了该季铵盐酸 18 kg 规模的制备，用顶空气相色谱法检测氯乙烷含量小于 10 mg/kg（达到研发阶段合适的杂质限量的要求）[43]。

第二种盐是用甲醇代替乙醇来结晶。同样使用浓盐酸（12 mol/L HCl）。其关键在于有水存在，在低温加入盐酸，以及加入盐酸后的结晶过程。如果使用无水氯化氢，所得的盐酸盐氯甲烷含量高达 88 mg/kg。即使在 85 ℃下干燥甚至造粒都无法有效地去除氯甲烷残留，但是氯甲烷可以通过重结晶去除。当使用 6 mol/L 盐酸时，反应结晶的重要性才真正体现出来：在反溶剂 MTBE 添加之前产物溶解在溶液中并不析出，且两批使用 6 mol/L 盐酸获得的氯乙烷含量很高（17 mg/kg 和 44 mg/kg）。而采用浓盐酸在 30 kg 规模制备时氯甲烷含量小于 1 mg/kg[43]。这种意料之外的快速反应结晶已经被用于这两种候选药物的制备中。

另一个例子是通过人为控制的缓慢过程进行反应结晶。如图 12.11 所示，世界上第一个特效药卡托普利的工艺改进的例子。在 20 世纪 80 年代开发的卡托普利工艺中，硫酯用 4 mol/L 氢氧化钠水溶液水解，盐酸酸化，再用锌于二氯甲烷中还原反应中形成的二硫化物（硫醇暴露在碱性环境容易产生二硫化物）。三相混合物过滤后，有机相浓缩，用水赶走二氯甲烷，再在水相通过冷却结晶获得卡托普利。

显然如果可以减少或控制二硫化物的形成，那么就有可能直接从水解液中分离获得卡托普利，可以减少操作步骤并且提高生产力。许多化学家进行过这样的尝试，但都只得到了油状物。这一结果导致业界一度认为直接分离是不可行的。

开发直接分离卡托普利的方法第一步是将水解步骤的 4 mol/L 氢氧化钠水溶液替换为更高浓度的氢氧化钠水溶液以减少高水溶性产物在母液中的损失。在室温下

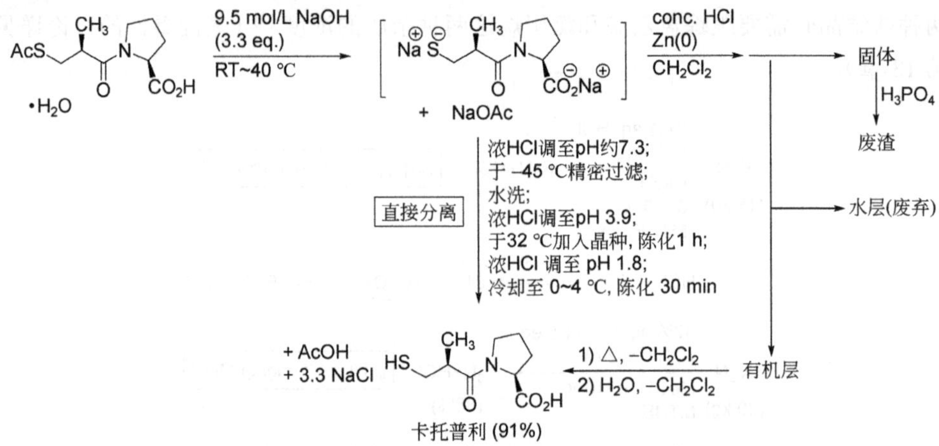

图 12.11 从硫酯水解物中分离卡托普利

将固体硫酯加入到 9.5 mol/L 的氢氧化钠溶液中，反应液温度升高至 40 ℃（考虑到放大时也会这样，所以没有使用外部降温），与预期的结果一致，在这种浓溶液（每千克原料 1.3 L 9.5 mol/L 氢氧化钠溶液）条件下水解反应十分迅速，然后将溶液调节至 pH 7 以便安全地进行精密过滤。缓慢地酸化滤液使之达到浑浊点，此时可以加入少量氢氧化钠溶液使浑浊变清，但温和的加热无效。形成的乳油可以加入少量氢氧化钠溶液溶解，当溶液 pH 3.9 时加入卡托普利晶种并稍微降温，当保持温度 32 ℃ 15 min 后开始析晶，此时 pH 升至 4.0 左右。加入少量盐酸使 pH 降低 0.1～0.2 以防止出现油状物并陈化 15 min。这种酸化和陈化的操作在数小时内循环操作若干次，直至 pH 达到 1.8 并形成无油的浆液（并不进一步酸化的原因是防止盐酸腐蚀金属容器），水洗并干燥获得最终产品[44]。

> 太大的结晶驱动力会导致形成过饱和并产生油状物（浑浊点）。控制条件在浑浊点附近结晶。

后续的实验室操作发现浑浊点的范围在 pH 3.5～4 之间，这对于工业放大而言范围太宽。通过严格控制这一过程的唯一变量，即精密过滤时清洗过滤器的水的用量，浑浊点即可表现出良好的重现性，可以在浑浊点之上可靠地引发结晶。母液包含 0.5 mol/L 的醋酸并被主要副产物氯化钠所饱和。浓盐酸在 1 h 内匀速加入，操作简便。这一直接分离方法在 1 t 硫酯的规模被证实是非常可靠的。

卡托普利直接分离工艺的成功基于控制二硫化物副产物的形成，通常该工艺产品中仅含 0.3%的二硫化物副产物。一开始认为的需要防止氧化形成二硫化物（在氮气环境操作并用氮气处理溶液）后被证实是没有必要的。二硫代物主要形成于水洗滤饼时。高浓度的氢氧化钠和盐酸使母液中形成的氯化钠浓度大于 5 mol/L。高离子强度的反应试剂和介质可以有效地除去氧气，从而避免了二硫化物的形成。由图 12.12 可知，在高浓度的氯化钠溶液中，即使在低温，氧气的溶解度也非常低[45]。

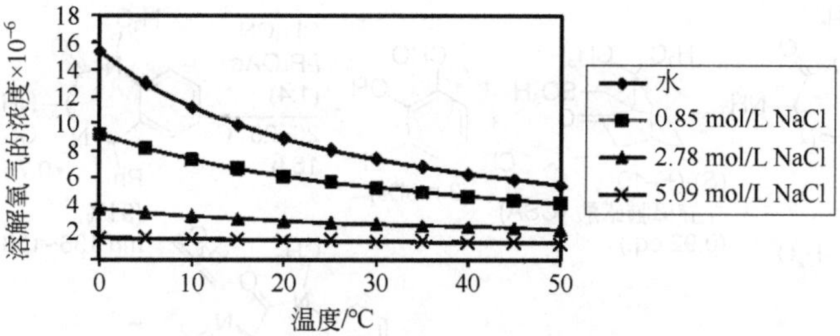

图 12.12 在氯化钠溶液中氧气的溶解度

摘自 Cramer, S. D. *Ind. Eng. Chem. Process Des. Dev.* **1984**, *23*, 618.

另一个缓慢地反应结晶的例子是控制滴加时间（6～8 h），将硫酸加入胺溶液中形成硫酸氢铵盐（具体结构未给出）。采用开始缓慢加入后期快速加入的方式，晶体倾向于通过晶核生长并获得较大的结晶。本质上这也是一种“立体加料”。所得的滤饼压缩率小，洗涤方便，且产品具有流动性好、取用方便等特性[33]。

其他类型的缓慢反应结晶包括结晶诱导的不对称转化（CIAT）（图 12.1）和结晶诱导的动力学拆分（CIDR）[46,47]。后者是一种整个过程都在溶液中进行的动力学拆分，图 12.13 展示了一个基本的动力学拆分过程。虽然 CIDR 仅与对应的手性化合物形成一个对映体盐，而 CIAT 一般指形成一对非对映异构体，例如含有两个以上手性中心的化合物或两个烯烃异构体之一。CIDR 实际上是一种比较不常见的 CIAT。CIAT 和 CIDR 的优势是非常经济高效，例如，通过 CIDR 拆分其理论收率可达 100%，而非传统拆分手段只有 50%。

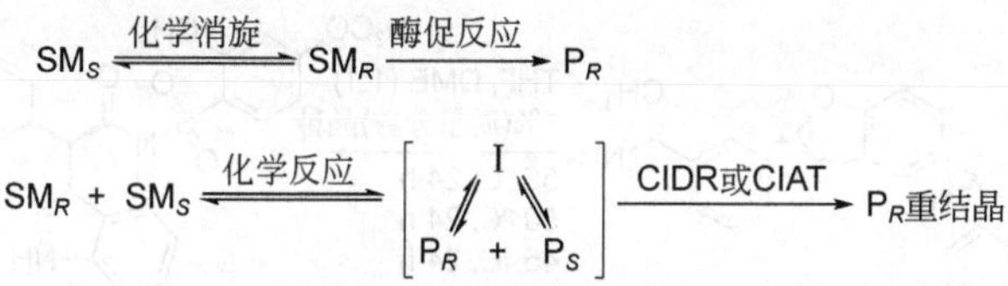

图 12.13 动态过程

SM_R、SM_S、P_R、P_S分别代表 *R*-和 *S*-异构体的起始原料和产物，I 表示中间体。CIAT 过程会产生非对映异构体。因为 CIDR 的目的是分离获得纯对映异构体产物，所以此处讨论忽略 CIDR 非对映异构体的问题

最有名的 CIDR 的例子是在二氯水杨醛存在下氨基苯二氮䓬的拆分[48]（图 12.14）。在稍过量胺的作用下二氯水杨醛缩合形成的亚胺中间体发生消旋化，而所需构型的产物通过结晶析出驱使反应继续进行。图 12.14 中另一个 CIDR 的例子包含一个 Strecker 反应[49]，氰根离子对亚胺加成形成质子化的消旋氨基腈，其中 *S*-对映体的氨基腈与 L-酒石酸成盐结晶析出，驱使反应进行。（该 CIDR 工艺最重要的中控指标是必须控制水含量小于 400 g/mL，当水含量大于 1000 g/mL 时形成的酒石酸盐包含结晶水[50]。）

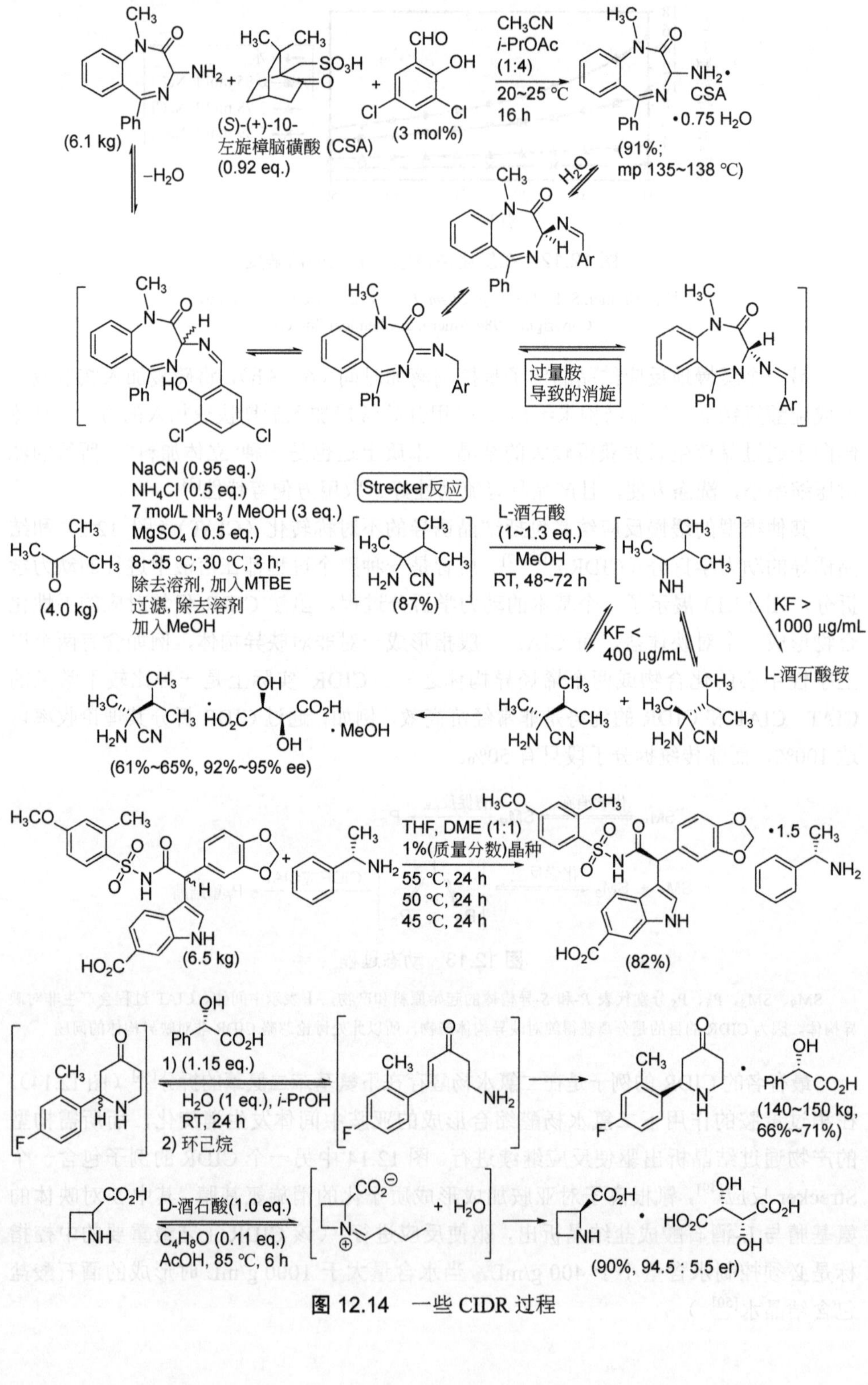

图 12.14 一些 CIDR 过程

在未优化的工艺中用 *S*-苯乙胺对 *N*-磺酰胺进行拆分[51]，而文献[8]详细介绍了通过逆-Michael-Michael 反应的 CIDR 工艺。氮杂环丁基羧酸消旋体于乙酸中通过丁醛和 D-酒石酸处理获得 L-氮杂环丁基羧酸[52]。图 12.14 中的反应代表了不同的官能团参与的 CIDR 工艺。

图 12.15 是一些 CIAT 工艺。D-色氨酸甲酯盐酸盐与胡椒醛（美国禁毒署一类管制品[53]）发生 Pictet-Spengler 反应获得高收率的 *cis*-构型产物[54]。反应中所得构

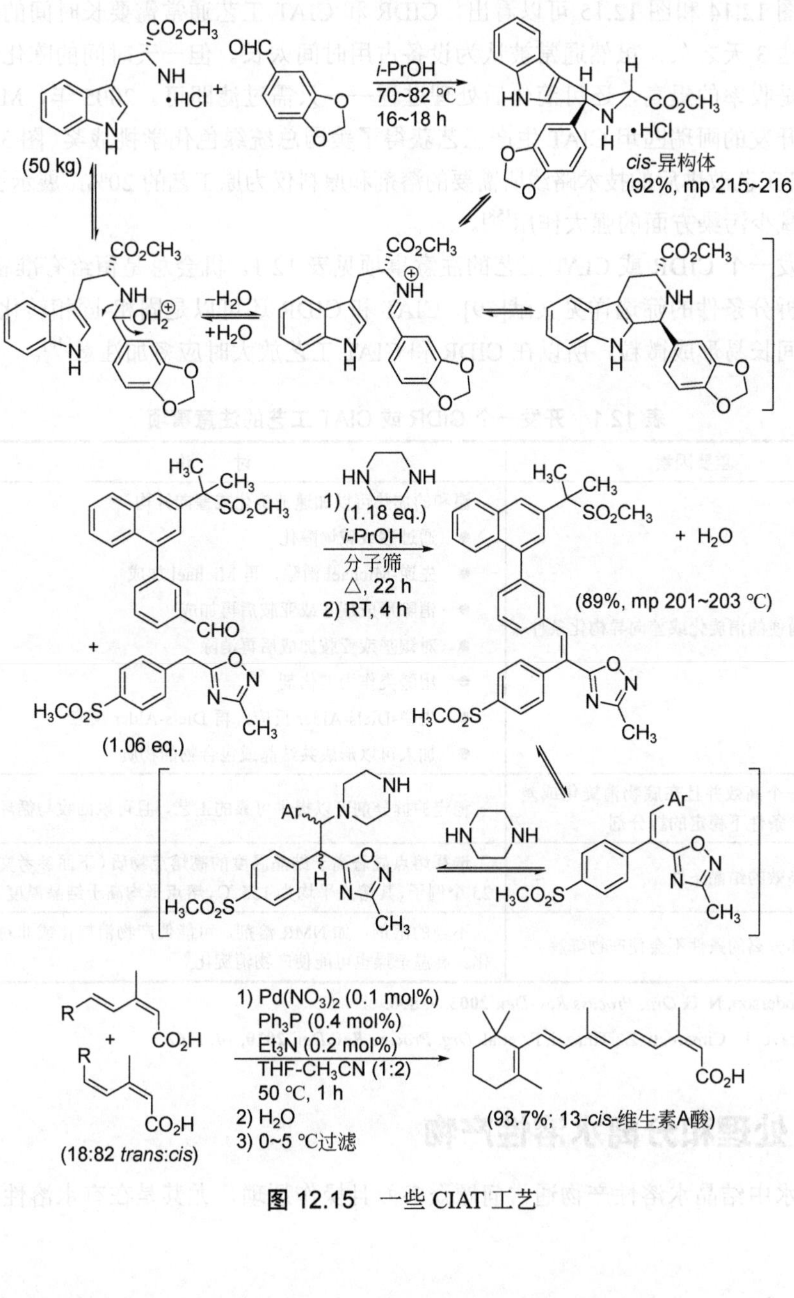

图 12.15　一些 CIAT 工艺

型的非对映异构体盐酸盐是他达拉非倒数第二步的中间体，其溶解度小于另一个未产生的构型的非对映异构体盐酸盐。CIAT 也可以用来形成所需构型的烯，将芳香醛与二芳基甲烷反应可以通过 Knoevenagel 反应高收率地获得反式的烯烃[55]。

哌啶可以可逆地加成到新形成的双键分子上，生成难溶的反式构型产物，进而在反应进程中累积。这是一个发生在固相-固相的转化。Hoffmann-LaRoche 公司在钯催化异构化的专利中报道了一项由 CIAT 工艺实现烯烃化合物结晶的例子[56]。

从图 12.14 和图 12.15 可以看出，CIDR 和 CIAT 工艺通常需要长时间的陈化，可能长达 3 天之久，虽然通常被认为设备占用时间太长。但一天时间的陈化带来的不仅仅是收率的提高，还可简化后处理过程——只需过滤即可。2005 年，Merck 公司因其开发的阿瑞匹坦 CIAT 生产工艺获得了美国总统绿色化学挑战奖（图 3.2）[57]。经 CIAT 工艺改进后的技术路线所需要的溶剂和原料仅为原工艺的 20%，展示了 CIAT 工艺在减少污染方面的强大作用[58]。

开发一个 CIDR 或 CIAT 工艺的注意事项见表 12.1。机会总是留给有准备的人。动力学拆分条件的筛选详见文献[59]。CIAT 和 CIDR 还可以是固相-固相转化，因为陈化时间长易形成微粒，所以在 CIDR 和 CIAT 工艺放大时应多加注意[46]。

表 12.1 开发一个 CIDR 或 CIAT 工艺的注意事项①

重要因素	讨 论
找到简便的消旋化或差向异构化条件	温和的加热可以加速消旋化或差向异构 ● 通过酸或碱烯醇化 ● 先逆-Michael 消除，再 Michael 加成 ● 消除形成羰基或亚胺后再加成 ● 对羰基或亚胺加成后再消除 ● 用醛类作为催化剂 ● 先逆-Diels-Alder 反应，再 Diels-Alder 反应 ● 加入可以形成共结晶或包合物的物质
找到一个高效并且在底物消旋化或差向异构化条件下稳定的拆分剂	稳定的拆分剂可以提供可靠的工艺，且可以回收与循环利用
开发高效的结晶条件	选择熔点显著高于结晶温度的高熔点物质（下面参考文献中的 25 个例子，其熔点平均为 155 ℃，熔点平均高于结晶温度 115 ℃）
处理和分离的条件不会使产物降解	不当的溶剂，如 NMR 溶剂，可能使产物消旋化或非对映异构化。高温干燥也可能使产物消旋化②

① Anderson, N. G. *Org. Process Res. Dev.* **2005**, *9*, 800.

② Bravo, F.; Cimarosti, Z.; Tinazzi, F.; et al. *Org. Process Res. Dev.* **2010**, *14*, 1162.

12.7 处理和分离水溶性产物

从水中结晶水溶性产物通常问题众多而且操作烦琐，尤其是在有水溶性副产物存在的情况下。例如，Merck 的员工在处理一个水溶性的两性化合物时，首先用 50%氢氧化钠水解酯基，再加入 1 eq.的盐酸，过滤除去副产物氯化钠，滤液用异丙醇共沸干燥后产物加入正己烷析晶[60]。避免上述烦琐操作的方法之一是使副产物溶于有机溶剂，并在该条件下结晶。如图 12.16 所示，苯甲酸酯水解产生苯甲酸盐或苯甲酸和水溶性的 d4T。如果让苯甲酸酯与正丁胺反应则形成溶于异丙醇的正丁基苯甲酰胺，而 d4T 则从异丙醇中结晶析出[61]。如果该酰胺化反应可以在异丙醇中进行或苯甲酰基可以与异丙醇酯交换脱除，那么还有望开发出一种反应结晶的工艺。

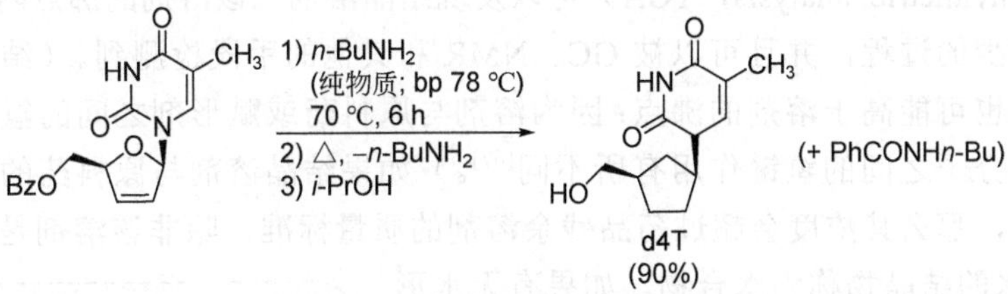

图 12.16 无水条件结晶 d4T

如果要从水中结晶一个亲水性的产物，控制 pH 值和选择反离子通常是成功的关键。未电离的酸或碱可以用水结晶，增加水溶液的离子强度可以使产物盐析。两性化合物在其等电点（pI）时溶解度最低，可以高收率地从水中结晶析出。酸性物质可以用胺如二环己胺（DCHA）、金属离子或季铵离子成盐析晶。筛选不同的反离子可以发现其溶解度和晶体上的巨大差异。氨曲南和卡芦莫南的钠盐前体可以从水[62]或甲醇-水[63]中以良好的收率结晶分离（图 12.17），但氨曲南的钾盐水溶性极好，而其四丁基铵盐可以用二氯甲烷[64]萃取并从有机溶剂中结晶。甲醇、乙醇和异丙醇等醇类溶剂在少量水的存在下，对于结晶水溶性物质非常有效。

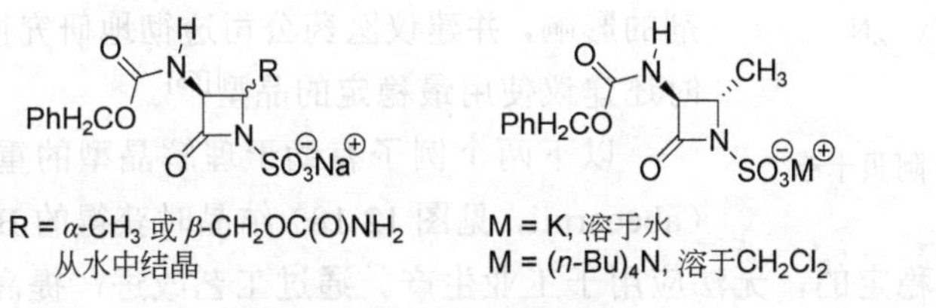

图 12.17 磺酸盐的溶解性

> 就像羧酸的钠盐和钾盐的溶解性差别非常大一样，盐的存在对结晶过程也会有显著的影响。例如，将一个用氢氧化钠水解酯而形成的羧酸钠盐进行酸化会析出胶状物，而酸化钾盐则形成非常容易操作处理的晶体[65]。如果产物溶解性极低则容易形成油状物或沉淀物，由于这些物质难溶的特性，进一步调节 pH 也没有任何作用。

12.8 晶型

晶型是指同一种物质形成的不同结晶形态，其形成原因是分子在晶格单元的排列方式不同。虽然从 HPLC、GC（结晶溶剂）、元素分析、KF 水分测定及其他的一些分析手段来看，不同晶型成分并没有什么不同，但不同的晶型具有不同的物理性质，如溶解性、熔点、熔化热、密度、硬度、形状以及对光和潮湿的稳定性等[66]。虽然溶剂化物有时被作为晶型之一，但事实上应该被称为伪多晶型。通过热重分析（thermogravimetric analysis，TGA）可以发现结晶溶剂在该溶剂的沸点附近会有一个重量减少的过程，并且可以被 GC、NMR 和其他的手段检测到。（结晶溶剂脱溶的温度也可能高于溶剂的沸点：因为溶剂与原料药或赋形剂之间的氢键作用强度与溶剂分子之间的氢键作用有所不同[67]。）如果结晶溶剂与原料药的比例是化学计量的，那么其浓度会超过药品残余溶剂的质量标准，除非该溶剂是水（水合物）。含水的结晶物称为水合物，如果有无水形态，则称为无水物。其他的固体形态还包括去除了溶剂的溶剂化物，即通过干燥将晶格内的溶剂去除后形成的脆性固体，以及不含晶体成分的无定形固体[68-71]。

> FDA 定义的晶型不但包括无水物、水合物和溶剂化物，同时也包括无定形物[72]。

大多数的药物都是结晶物，因为原料药生产过程经常用结晶来提高质量，且晶体的稳定性远远大于无定形固体。药物的稳定性好同时还意味着保质期长（见第 13 章）。对于一个药品，原料药的晶型改变可能导致制剂、溶出度、溶解性和生物利用度以及保质期的改变。药品外观改变，例如，药片长期储存导致的崩解或软胶囊表面形成了结晶，可能影响病人对药品的依从度。1969 年，Haleblian 和 McCrone 研究了不同晶型对不同制剂的影响，并建议医药公司透彻地研究原料药的晶型，同时还建议使用最稳定的晶型[66]。

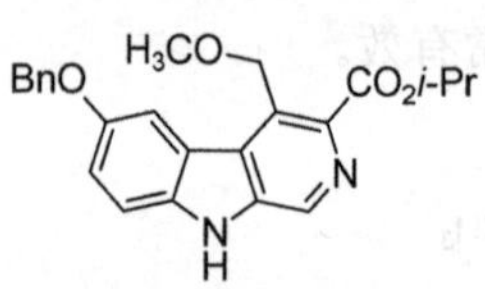

图 12.18　阿贝卡奈

以下两个例子有助于理解晶型的重要性。阿贝卡奈（abecarnil，见图 12.18）结晶时获得的 B 晶型是 3 个已知晶型中最不稳定的，无法应用于工业生产。通过工艺改进，提高了批次生产中原料药的品质并消除了能诱使 B 晶型形成的关键杂质。剩下的问题是如何获得最稳定的 A 晶型产品而不含 C 晶型。使用喷雾干燥进行的一次工艺放大的尝试得到了 B 晶型的产物[73]，这也是 Ostwald 规则的一个例证。后续的实验室研究发现其工艺的关键是使用干净的 A 晶型作为晶种，即在晶种使用前先用溶剂打浆活化，再在合适的温度和浓度的溶液中加入 3%的晶种，以每分钟 0.5～1 ℃的速度降温（快速降温）防止 C 晶型的形成。而最后成功的关键的是，将 1 cm 厚度的滤饼用离心机迅速除去母液，以防止溶剂介导产物快速转化为 C 晶型[74]。开发这一工艺需要创造性和可行性，同时告诉我们选择原料药最稳定的晶型是多么重要。

可能抗艾滋病药物利托那韦的一个意料之外的晶型问题是最有名（痛苦）的案例（图 12.19）。利托那韦 1992 年被发现并迅速被开发，Abbott 公司在 1995 末提交了新药申请并且于 1996 年开始商业生产，1996 年 3 月经 FDA 批准上市。但两年后发现该药品无法通过溶出度测试，因此需要改变剂型。药品的销售被中断，并促使对该原料药结晶的高强度研究。通过偏光显微镜检查发现了一种新的晶型，这一晶型被确定为晶型Ⅱ（表 12.2）。晶型Ⅱ的密度略小于晶型Ⅰ，这对于一个稳定性更高的晶型而言是不常见的。XRPD 和近红外对原料药中晶型Ⅱ的检测限分别 3%或 1%。最后发现某种晶种检测试验可以检测到原料中 1 mg/kg 的晶型Ⅱ。

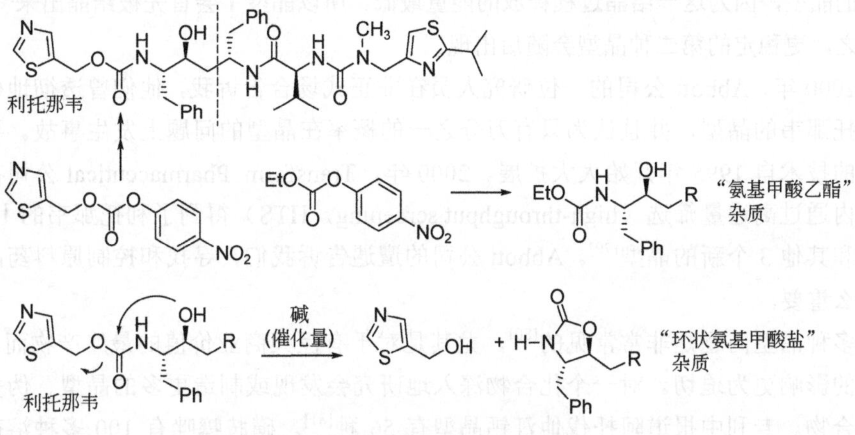

图 12.19　利托那韦中的杂质

表 12.2　利托那韦晶型Ⅰ和晶型Ⅱ的性质

测试	晶型Ⅰ	晶型Ⅱ
显微镜	棒状	针状
熔点/℃	122	12
溶解性（5℃）	标准	非常小
密度/(g/cm^3)	1.28	1.25
XRPD	标准	差异大
近红外	标准	差异大
固体 ^{13}C NMR	标准	差异大

（该测试液的成分是 92%的乙醇和一些含饱和脂肪酸的专利配方。按晶型Ⅱ饱和溶液浓度的 110%将待测利托那韦配制成溶液并作为晶种加入测试液中，这一浓度下晶型Ⅰ并未饱和，所以测试液一旦有结晶析出必定是晶型Ⅱ造成的。）最初的剂型并没有晶型要求，这符合当时 ICH 指导原则。

在实验室中一旦晶型Ⅱ形成则可以停止晶型Ⅰ的结晶操作，但对工业设备的生产不可行（由于生产设备某些难于清洗的角落中残余的晶型Ⅱ导致无法避免在生产晶型Ⅰ时晶型Ⅱ的出现。通常在生产其他的亚稳态晶型原料药时每个批次之间需要小心彻底地清洗设备[76]）。原料药中的杂质氨基甲酸乙酯会诱导晶型Ⅱ的形成（图 12.19）。该杂质是由原料碳酸噻唑甲基对硝基苯基酯中杂质碳酸对硝基苯基乙基酯所形成的[77]。而另一篇文章指出，如果在利托那韦溶液中加入图 12.19 中所示的降解产物环状氨基甲酸酯也会导致晶型Ⅱ的形成。量产的利托那韦中总是会含有这一环状氨基甲酸酯杂质，且该杂质溶解性低于利托那韦。环状氨基甲酸酯的氢键构象（H—N—C—O）与晶型Ⅱ中氨基甲酸酯片段的构象非常相似，从而诱使了晶型Ⅱ的形成[75]。搞笑的是，导致产品中出现晶型Ⅱ的原因是原工艺中增加了碱洗利托那韦晶体的操作[77]。

Ostwald 规则指出，首先从溶液中结晶出来的晶型是与其在溶液状态中构象最为接近的晶型，因为这一结晶过程释放的能量最低。所以晶型Ⅰ会首先被结晶出来[27,78]。换言之，更稳定的第二种晶型会随后出现。

2000 年，Abbott 公司的一位研究人员在非正式场合告诉我，他们曾透彻地研究过利托那韦的晶型，并且认为只有万分之一的概率在晶型的问题上发生事故。寻找晶型的技术自 1995 年开始大大扩展。2000 年，Transform Pharmaceutical 公司在四周之内通过高通量筛选（high-throughput screening，HTS）得到了利托那韦的Ⅰ型、Ⅱ型和其他 3 个新的晶型[79]。Abbott 公司的遭遇告诉我们，寻找和控制原料药晶型是多么重要。

多种晶型问题是非常常见的[80]，尤其是对于有巨大商业价值的最终产物而言，晶型的影响更为迫切。对一个化合物深入地研究会发现或制造更多的晶型、伪多晶和水合物。专利中报道阿托伐他汀钙晶型有 56 种[81]。磺胺噻唑有 100 多种溶剂合物被鉴定[82]。即使是非常简单的化合物也会形成数种晶型，例如，三过氧化三丙酮（TATP）有 6 种晶型[83]。SSCI 的研究数据（表 12.3）指出，超过 80%的固态物质存在多种晶体形态，一半的固态物质会出现多种晶型，而在被研究的盐类样品晶型中一半具有水合物[84]。

表 12.3 不同的固体形态的多样性

项　目	SSCI 检测的所有样品①	盐类样品	非盐类样品
总　数	245②	95	128
具有多种晶体形态的③	82%	81%	82%
具有多种晶型	48%	39%	55%
具有溶剂化物	32%	36%	28%
具有水合物	38%	48%	30%
具有无定形物	48%	54%	43%

① Stahly, G. P. *Cryst. Growth Des.* **2007**, *7*, 1007.

② 有 22 个化合物对 SSCI 是未知的。

③ 包括多种晶型、溶剂化物和水合物。

具有潜在晶型和盐的 HTS 方法详见文献[85-90]。地衣酚（3,5-二羟基甲苯）及其盐的结晶方法和晶体结构分析的 HTS 方法见文献[91]。结晶方法通常包括打浆、冷却、加入反溶剂和脱溶剂。研磨也可以产生新的晶型[92]，尤其是对于那些极度难溶的物质可以有效地形成共晶[93]。许多溶剂都可以用于形成晶型，即使这些溶剂不能用于工业生产，如乙醚、六氟异丙醇或吡啶[94]。晶型的检测包括 X 射线粉末衍射、DSC、熔点、显微镜、红外（主要是漫反射）、拉曼、固体核磁、液体核磁、气相色谱（溶剂化物）和密度（脱溶剂的溶剂化物）。改变溶剂条件（尤其是极性、温度、浓度、pH 值和水含量等）可以产生不溶的晶型。

> 为了开发一种新晶型，可以对这种物质的油状分散物进行超声。或者在溶液中加入其他结构类似物的晶体作为晶种。

晶型的筛选（包括溶剂化物或水合物）一般在成盐的筛选之后。发现多种不同的固体形态之后就要研究哪种形态是最稳定的。辉瑞公司和 Minnesota 大学的研究人员发现，将其筛选的 43 种物质置于微溶性的溶剂（或混合溶剂）中于室温打浆两周，其中 25%的物质由其前期形态转变为更稳定的晶型。使用 5 mg/mL（7 mmol/L）溶解性的溶剂可以将利托那韦晶型Ⅰ较为迅速地转变为晶型Ⅱ，而更低溶解性的溶剂则慢得多。辉瑞在对一个研发中的产品进行筛选时发现，使用溶解性不小于 3.4 mg/mL（8 mmol/L）溶剂进行处理时其晶型转化较快。利用这一发现，该产物在 36 h 内即可高收率地转化为所需的晶型[95]。

> 如果一个预期的转化在某种溶剂中过夜即可完成，那么就可以用这个溶剂进行工业化研究。例如，如果在室温 5 mg 产物能溶于 1 mL 溶剂，那么在加热条件下将 100 mg 物质溶解于 1mL 溶剂中并冷却，（取决于最初的纯度）其收率可达 90%～95%。

结晶所需特定晶型的产物需要非常注意细节，如溶剂组成、溶质的浓度、降温速率和搅拌方式等都非常重要。例如，在对 2,6-二羟基苯甲酸某一晶型结晶时，使用涡轮搅拌结晶慢而磁力搅拌结晶快：磁力搅拌子的研磨作用会二次成核从而加速结晶[96]。如果晶型非常相似，为了获得所需的晶型，需要以非常缓慢方式降温或施加其他结晶驱动力。例如，通过 DSC 和 XRPD 确证将曲前列尼尔二乙醇铵盐（图 12.20）放置一段时间会形成第二种晶型，研究人员发现晶型 A（mp 103 ℃，熔化热 109.0 J/g）和晶型 B（mp 107 ℃，熔化热 109.2 J/g），说明晶型 B 的稳定性比晶型 A 只高了一点点。两者的溶解度也没有差别，为了获得最稳定的晶型，对结晶条件进行了大量拓展研究。例如，用 1∶5、1∶6、1∶8 的乙醇-丙酮均获得两种晶型的混合物，而 1∶7 的乙醇-丙酮作为溶剂并添加晶种则可以获得单一晶型 B。其优化后的工艺为，用 1∶7 的乙醇-丙酮作为溶剂于 40 ℃添加 1%的晶型 B 晶体作为晶种，保温 1 h 形成晶床，再以 1 ℃/h 的速度降至室温。所获得的棒状结晶的晶型 B 不适于制剂，再将其置于正庚烷中打浆形成团状或细粒的晶型 B 以便于制剂[97]。第二个例子是在 SSCI 的帮助下，Sepraor 公司的研究人员确定了从替卡咪唑

(tecastemizole)两种晶型中分离出所需晶型的条件。晶型 A 稳定性较差，但会在晶型 B 之前优先析出。通过在 70 ℃以上缓慢降温并打浆可以将晶型 A 快速地转化为晶型 B，降至 70 ℃以下后再快速降温。这一降温过程类似于立体降温，可以可靠地获得晶型 B 的产品，且不需要添加晶种。正是之前采用线性降温不能制备晶型 B 的产品才促使了这一研究成果的发现[98]。

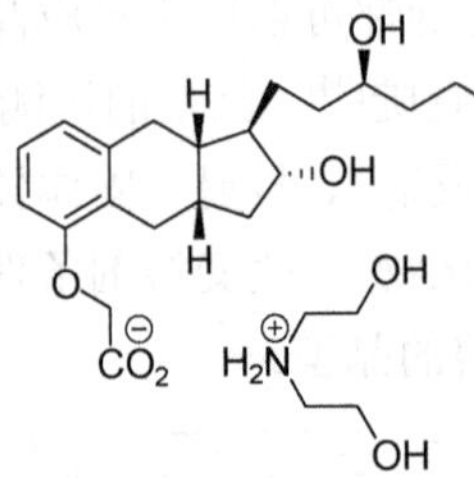

曲前列尼尔二乙醇铵盐

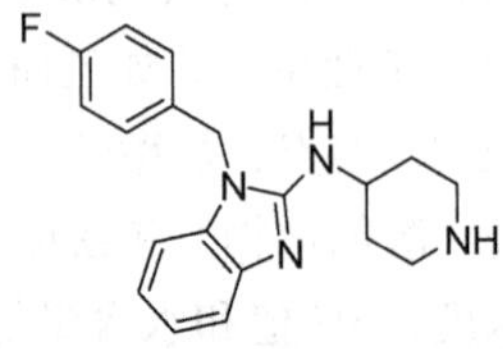

替卡咪唑

图 12.20 通过缓慢降温获得所需晶型的原料药

在高于室温获得的晶型可能不是室温最稳定的晶型。Novartis 在研究一个候选药物[99]以及 Matrix Laboratories 在研究替马西泮（temazapam）[100]时均发现，对于一对单变性的晶型，较为稳定的晶型熔点高、熔化热高（DSC 测定）、溶解性差、密度大，并且在所有的温度下稳定性都更高。而对于一对双变性的晶型，它们的相对稳定性会在转变温度以上发生变化。在转变温度以下厄贝沙坦可以从溶液中制得晶型 Ⅰ，因为此温度下的晶型 Ⅰ 溶解性小于晶型 Ⅱ[101]。一个检测一对晶型是否是双变性的办法是将其中熔点较低的一种晶型悬浮于微溶的溶剂中，再加入少量熔点较高的晶型，该混合液打浆 4～7 天后分离固体并鉴定，如果以熔点低的晶型为主，那么这是一对双变性的晶型[23]（该文献还报道了如何从一对双变性的晶型中获得其中期望的晶型），晶型打浆还可以用来确定转变温度。即转变温度以下获得的晶型应该是室温更稳定的晶型。例如，辉瑞的员工在 45 ℃对一个具有双变性结晶的药物候选物进行结晶，该温度比转变温度低 5 ℃[102]。FBRM 可以被用来观测晶型转变，例如阿维 A[26]和普伐他汀钠[103]。

> 在候选药物研发的前期就应该寻找其最稳定的晶型。检查在制备和制剂原料药时所用过的所有溶剂是否会出现多种晶型，包括有水和无水的条件。原料药中的杂质可能作为模板诱导形成其他的晶型，所以在筛选晶型时应该在允许的条件下使用高纯度的原料。室温最稳定的晶型可以为原料药提供最好的生产稳定性（以及药物产品）。在开发前期确定最佳的晶型可以避免更改制剂方式以及导致新的毒理研究。新晶型是一种知识产权，可以延长药品的专利保护期。

某种晶型消失的现象是最令人惊奇的，例如前面提到的利托韦林的情况导致药品停产。某些杂质可以加速或阻止一种晶型向另一种晶型的转变[104]。通过对香兰素结晶过程的研究发现，杂质或添加物对产品晶型的影响是难以预测的[105]。Novartis

的工作人员在对某个药物候选物研究时发现，当他们在中试时获得该物质的 D 晶型之后，就再也无法纯粹地获得晶型 A 和晶型 C 了，他们推测可能是某种新的杂质的引入或者之前的工艺中某种杂质的消失导致了晶型 D 的产生。他们总结出来的经验是工艺放大获得的产品应该重新做晶型的筛选[99]。

12.9　对映异构体结晶的处理

表 12.4 总结了手性化合物晶体的性质。外消旋体化合物是指在晶格中每个晶胞单元中都含有一对对映异构体的晶体，也是最常见的形式。真正的外消旋体其熔点可能高于、低于或等于单一异构体结晶的熔点。如果每个晶胞中只有一对对映异构体之一的称外消旋聚集体（或称外消旋混合物），其晶体外观可能差异很大。（最经典的例子是 Pasteur 将酒石酸铵钠聚集体中的两种对映异构体晶体人工分离。）外消旋聚集体的熔点低于其单一异构体。这种组合物不超过 10%。假外消旋体中两种构型的对映异构体之间没有特定关联，有时又称为外消旋固溶体。外消旋体化合物、外消旋聚集体和假外消旋体的相图可以在 Testa 的书中找到[106]。

表 12.4　手性化合物结晶的性质

性　质	外消旋聚集体	外消旋体化合物	假外消旋体
晶胞中所含的外消旋混合物	每个晶胞只含一种对映异构体，不同的晶胞含不同的对映异构体	晶胞中两个对映异构体都有	晶胞中两个对映异构体都有
出现概率	≤10%	最常见	非常罕见
消旋体与单一异构体性质的关系	熔点降低，溶解性增加	熔点增加，溶解性降低	熔点相似，溶解性相似
结晶拆分的方法	夹带结晶：加入一种构型的晶种析晶，另一种构型留在溶剂中	通过过滤去除溶解度较低的不需要的异构体，然后结晶产物；或形成非对映异构体盐以及衍生化	NA
消旋体转化的效果	熔点升高，溶解性降低	熔点降低，溶解性增加	基本没变化

注：拆分还可以通过动力学拆分或者二次手性转化。

拆分最常用的溶剂是 95%乙醇[107,108]，其原因是大部分的晶体都是水合物。因此筛选拆分条件时应该考虑使用含水溶剂。当然也有例外，Merck 的研究人员发现，对于某个用异丙醇结晶拆分的盐，水的存在是不利的[60]。

通过控制降温速率来控制结晶速度对拆分效果可能有极大影响。例如，快速降温至分离温度并且立即过滤可以使 er 值提高至 99∶1，缓慢降温时 er 值为 85∶15[109]。Merck 的研究人员详细研究了如何让需要的非对映异构体盐结晶的速度比不需要的构型快[60]。

外消旋聚集体可以通过夹带结晶拆分，而外消旋体化合物必须通过其他手性助剂拆分。夹带结晶是在溶液中加入一种对映异构体的晶种，加入的构型结晶富集而另一种构型在母液中富集。在母液中加入另一种构型的晶种可以获得另一种构型对映异构体的结晶而第一种异构体在母液富集。如此循环操作直至母液中的杂质阻止母液继续结晶。例如谷氨酸钠（MSG）和联萘酚二甲醚就可以通过夹带结晶拆分[110]。L-天冬酰胺一水合物从外消旋天冬酰胺水溶液中夹带结晶时，降温速率对结晶的影响最大，而粒径、搅拌速率、晶种用量等对结晶效果几乎没影响[111]。imeglimin 盐的夹带结晶也被系统地研究过[112]。

手性化合物可以通过结晶提高手性纯度，无论是外消旋体混合物还是聚集体。例如，西他列汀游离碱是一个外消旋聚集体，通过不对称氢化获得的游离碱通过结晶可以去除不需要的对映异构体，因为它可以以聚集体的形式溶解在母液中。而以原料药磷酸盐的形式进行结晶则对手性纯度没有任何提升[113]。（采用生物催化法生产西他列汀是立体专一的，可以在结晶纯化步骤去除游离碱而提高收率[114]。）如果一个不需要的对映异构体以外消旋体化合物结晶析出，那么需要让其比所需要构型的产品先结晶析出。例如，乙酸异丙酯浓缩液中外消旋体羧酸（同样来自于不对称氢化）首先结晶析出，以此除去不需要的异构体后获得高纯度的手性羧酸（DCHA 盐）[115]。

12.10 工业结晶指南

评价一个结晶过程是否适合工业放大的标准见表 12.5。必须彻底地去除母液以防止不需要的晶型或非对映异构体发生共结晶[8]。

表 12.5 评价实验室结晶过程是否适合工业放大

特征	评论
浆料可以方便地通过强搅拌使之悬浮	致密的固体很难从结晶器底部完全去除
浆料中没有油状物（显微镜观测）	过度的结晶驱动力会形成油状物，油状物堵塞过滤器并减慢操作
浆料可以方便地倒入过滤器	可转移性
滤饼不开裂或脱离器壁	滤饼开裂会导致洗涤效果不佳，杂质除不干净，应该考虑打浆①
过滤时固体压缩率不大	压缩率大的固体会形成厚滤饼堵塞过滤器，可使用表面积更大的过滤器
母液或洗液可以使留在结晶器内的固体悬浮	物料留在釜内进行下一步反应
良好的过滤速度：500 mL 浆料通过布氏漏斗过滤除水，5 min 之内完毕，形成 4 cm 厚的滤饼	放大时适合滤布过滤，如果比这个慢，则要使用压滤或离心并且滤饼厚度要薄
洗涤除去母液和杂质	调整溶剂的含量和温度。用溶剂驱赶母液一般是有效的，但可能会使杂质析出，需要逐渐改变洗液溶剂的配比
洗涤不会溶解滤饼	调整溶剂的含量和温度
物料不吸潮	吸潮的物料很难制剂

① Bravo, F.; Cimarosti, Z.; Tinazzi, F.; et al. *Org. Process Res. Dev.* **2010**, *14*, 1162.

对一个 CIDR 工艺（图 12.14），GSK 的员工考虑使用烷烃溶剂来高效地置换母液，并使用与含有异丙醇的母液黏度最为接近的环己烷作为溶剂。为了防止向滤饼直接加入环己烷导致滤饼重新溶解到母液里，他们逐步改变溶剂比例，分 4 次洗涤滤饼：异丙醇；异丙醇/正己烷 = 1∶1；异丙醇/环己烷 = 1∶3；环己烷[8]。长时间的干燥会给操作制造瓶颈，彻底地洗涤滤饼是缩短干燥时间的关键。在这一方面，化学工程师提出的注意事项显得特别有价值。

12.11　展望

开发一个可靠的结晶过程需要考虑很多因素。物理因素通常包括冷却、搅拌、添加晶种等。声化学[116,117]或偏振光[118]也可以用来引发结晶。在制药工业中结晶操作通常采用批次操作工艺，但有时也可以采用连续化操作。需要重点考虑的是杂质的出现或消失，因为可能直到问题出现之前都看不出来，这一问题将在 13 章讨论。

有机化工中最常见的是针状结晶。针状结晶搅拌时容易被打碎造成工艺操作的困难。细小的结晶容易堵塞滤器，针状结晶还容易形成不易穿透的垫状物，给洗涤操作带来困难。“结晶工程”在制备更适合于加工的晶体方面已经取得了一些成功。有时候需要加入一些杂质来避免晶体沿轴向生长形成针状晶体，但这一方法的缺点是必须考虑添加物可能会成为原料药中的潜在杂质[119]。例如，在以异丙醇对叔丁酯曲安奈德（阿托伐他汀前体）结晶时加入 0.5%的十六烷基三甲基溴化铵（CTAB）可以形成易过滤的大晶体（图 12.21）[120,121]。（在原料药或最终中间体工艺阶段加入 CTAB 之类的物质需要对其在原料药中的残留进行研究，虽然 CTAB 可以用作防腐剂，但是它是有系统毒性的[122]。）在结晶头孢菌素时加入 0.2%的 M-型羟丙基纤维素可以形成所需的刀片状晶体[123]。羟丙基纤维素基本认为是安全的（GRAS），并且可以用于原料药的制剂。

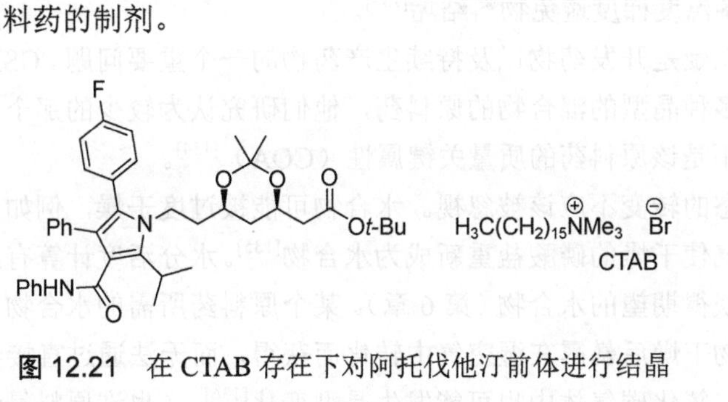

图 12.21　在 CTAB 存在下对阿托伐他汀前体进行结晶

工业上还使用超声将厄贝沙坦的针状结晶转化为更容易过滤和操作的“块状”[116,124]。这一操作最好是将晶体浆液连续地穿过超声源[125]，但不是所有的企业都擅长连续操作（连续操作工艺的好处和应用见第 14 章）。

形成油状物也是一个常见问题，这表明过饱和的范围很窄。调控工艺的物理参数是开发可靠的规模化结晶工艺的首选途径。Merck 工程师曾经为一个易形成油状物或过滤很慢的小晶体原料药开发可靠的结晶工艺。在原料药溶液中添加晶种并缓慢添加反溶剂，再进行陈化，此法获得的晶体粒径分布很宽。而向含有 10%晶种的浆液中同时添加原料药的溶液和反溶剂，如此获得的晶体则容易过滤。此外他们还系统地研究了结晶过程的各种变量，发现获得易过滤的滤饼最主要的因素是降低结晶时搅拌器的功率并且加入研磨过的晶种。更高的溶剂/反溶剂比例，更高的加料温度以及加料时间同样会使所得的晶体更易于过滤，通过以上手段获得的原料药晶体经离心过滤，整个操作时间缩短为原来的 1/4[126]。

如第 13 章所讨论的，控制晶体的大小以及粒径分布对高效生产原料药也是必需的。干磨会形成粉尘并且覆盖在设备上，在早期的开发研究中 5%的物料损失对于 NCE 来说都是严重的问题。采用湿磨减小粒径对于强效药物来讲更加安全并且不会造成物料损失[127]，但是接触到溶剂可能会产生其他晶型、溶剂化物或水合物。对于吸入性的剂型或要求均匀分布的剂型需要将原料药微粉化，例如悬浮物、低溶解性物质以及高活性物质[128]。微粒可以通过高剪切力的湿磨[129]或冲击射流技术[10]获得。连续工艺中使用超声[116,130]、超临界二氧化碳（$scCO_2$）、溶剂强制分散（SEDS）[131]以及喷雾干燥等技术也可以用来控制粒径。通过机械或化学技术对晶体施加作用力可能会产生亚稳态晶型。如果需要获得小的晶体，采用微粉化技术花费的时间比研发结晶工程少得多，所以 NCE 的早期研发阶段最好采用微粉化技术。但微粉化技术要增加单元操作，所以原料药的生产阶段采用结晶工程是首选[128]。一些工艺建模工具可以用于结晶工艺的放大[132]。近期有本书重点研究了如何控制粒径[13]。

工程师比化学家更注重物理参数的细微差别，尤其是在通过条件优化获得成功之后。例如，工程师更关注生产工艺使用离心分离结晶时离心机的输入功率，以及通过消除设备温度梯度避免物料结垢[133]。

多晶型无疑是开发药物以及持续生产药物的一个重要问题。GSK 研究人员最近开发了一个多种晶型的混合物的原料药，他们研究认为较少的那个晶型只要含量不超过 27%就不是该原料药的质量关键属性（CQA）[134]。

固体形态的转变不应该被忽视。水合物可能被过度干燥，例如，在干燥器内通入潮湿的氮气使干燥的磷酸盐重新成为水合物[135]。水分活度计算有助于预测合适的混合溶剂以获得期望的水合物（第 6 章）。某个原料药所需的水合物可以通过原料药的甲醇化合物干燥后暴露在湿空气中转化而获得，而无法通过直接结晶获得[94]。将固体暴露在二氧化碳气体中也可能发生晶型变化[136]。（也许原料最终形态的转化会在使用超临界二氧化碳的咖啡脱咖啡因设备上进行。）

离最终商品越接近的操作步骤越需要注意其细节。对结晶操作的理解和控制异常重要，因为结晶的质量决定了该批产品能否用于生产药物。不良的结晶过程会占用设备导致工艺瓶颈，降低生产力。分析返工的批次会增加质检部门的工作量和成本。因此结晶过程对财务情况有显著影响。

> 在需要之前就研究好返工的工艺。通常低质量的批次可以归咎于原始的结晶条件，也许应该更仔细地去除不溶的杂质或让它自己结晶。

开发一个正常生产的结晶工艺需要考虑很多“如果”的情况。例如，如果产物的溶液需要在精密过滤前在高温延长保温时间［这可能发生在因为设备的问题导致操作被推迟。这种失效模式与影响分析（FMEA）将在 16 章讨论］，产物会不会在溶液中分解？如果挥发的溶剂没有返回到结晶器，产物会不会在溶液还没有被精密过滤之前就析出结晶？如果第一批物料还在进行离心，存放的浆料中副产物会不会共结晶析出？如果产物过早结晶析出能否通过加热使悬浮物重新溶解？以上这些考虑对于避免工艺难题十分有用，同时还可以尽量减少需要返工的批次。

参 考 文 献

[1] Mullin, R. *Chem. Eng. News* **2010,** *88*(29), 20.

[2]Nelson, T. D. The product that crystallized was an intermediate in one route explored to aprepitant. // Harmata, M., Ed. Strategies and Tactics in Organic Synthesis. Vol. 6. Amsterdam: Elsevier, 2005, 321.

[3] Pye, P. J.; Rossen, K.; Weissman, S. A.; et al. *Chem. Eur. J.* **2002,** *8*, 1372.

[4] Welch, C. J.; Henderson, D. W.; Tschaen, D. W.; Miller, R. A. *Org. Process Res. Dev.* **2009,** *13*, 621. And references therein.

[5] http://www.pfaudler.com/wiped_film_evaporators.php?gclid¼CL69yarHqakCFQELbAodyiHUKQ

[6] Kopach, M. E.; Murray, M. M.; Braden, T. M.; et al. *Org. Process Res. Dev.* **2009,** *13*, 152.

[7] Jarvis, L. M. *Chem. Eng. News* **2006,** *84*(29), 23; Thayer, A. M. *Chem. Eng. News* **2011,** *89(22)*, 21.

[8] Bravo, F.; Cimarosti, Z.; Tinazzi, F.; et al. *Org. Process Res. Dev.* **2010,** *14*, 1162. See footnote 15.

[9] Etter, M. C.; Jahn, D. A.; Donahue, B. S.; et al. *J. Cryst. Growth* **1986,** *76*, 64.

[10] Tung, H.-H.; Paul, E. L.; Midler, M.; McCauley, J. A. Crystallization of Organic Compounds, an Industrial Perspective. New York: Wiley, 2009.

[11] Wieckhusen, D. // Gadamasetti; Braish. Process Chemistry in the Pharmaceutical Industry. 2nd ed. Boca Raton, Florida: CRC Press, 2008; pp 295-312.

[12] Davey, R.; Garside, J. From Molecules to Crystallizers; an Introduction to Crystallization. Oxford:Oxford University Press, 2000.

[13] Leubner, I. Precision Crystallization: Theory and Practice of Controlling Particle Size. Boca Raton, Florida: CRC Press, 2009.

[14] Mullin, J. W. Crystallization. 4th ed.; Butterworth-Heinemann, 2001.

[15] Braatz, R. D. *Annu. Rev. Control* **2002,** *26*, 87.

[16] Anderson, N. G; Ciaramella, B. M.; Feldman, A. F.; et al. *Org. Process Res. Dev.* **1997,** *1*, 211.

[17] Belecki, K.; Berliner, M.; Bibart, R. T.; et al. *Org.Process Res. Dev.* **2007,** *11*, 754.

[18] Chen, C.-K.; Singh, A. K. *Org. Process Res. Dev.* **2001,** *5*, 508.

[19] Tan, H.; Reed, M.; Gahm, K. H.; et al. *Org. Process Res. Dev.* **2008,** *12*, 58.

[20] Prashad, M.; Har, D.; Chen, L.; et al. *J. Org. Chem.* **2002,** *67*, 6612.

[21] Hu, Y.; Liang, J. K.; Myerson, A. S.; Taylor, L. S. *Ind. Eng. Chem. Res.* **2005,** *44*, 1233.

[22] Anderson, N. G. 个人经历.

[23] Mu¨ller, M.; Meier, U.; Wieckhusen, D.; et al. *Cryst. Growth Des.* **2006,** *6*, 946.

[24] He, G.; Tjahjono, M.; Chow, P. S.; et al. *Org. Process Res. Dev.* **2010,** *14*, 1469.
[25] Barrett, P.; Smith, B.; Worlitschek, J.; et al. *Org. Process Res. Dev.* **2005,** *9*, 348.
[26] Sathe, D.; Sawant, K.; Mondkar, H.; et al. *Org. Process Res. Dev.* **2010,** *14*, 1373.
[27] Beckmann, W.; Otto, W.; Budde, U. *Org. Process Res. Dev.* **2001,** *5*, 387.
[28] Cook, D. M.; Jones, R. H.; Kabir, H.; et al. *Org. Process Res. Dev.* **1998,** *2*, 157.
[29]Wey, J. S. In *Handbook of Industrial Crystallization*; Myerson, A. S., Ed.; Butterworth-Heinemann:Boston, 1993; p 209.
[30] Kerner, J. *Chem. Eng.***2001**, *118(6)*, 35.
[31] Davulcu, A. H.; McLeod, D. D.; Li, J.; et al. *J. Org. Chem.* **2009,** *74*, 4068.
[32] Davey, R.; Garside, S. From Molecules to Crystallizers. New York: Oxford University Press, 2002, 70.
[33] Kim, S.; Lotz, B.; Lindrud, M.; et al. *Org. Process Res. Dev.* **2005,** *9(6)*, 894.
[34] Myerson, A. 个人通讯.
[35] Ripin, D. H. B.; Bourassa, D. E.; Brandt, T.; et al. *Org. Process Res. Dev.* **2005,** *9*, 440.
[36] Wey, J. S. // Myerson, A. S. Handbook of Industrial Crystallization. oston: Butterworth-Heinemann, 1993, 209; reference to Zipp, G. L.; Randolph, A. D. *Ind. Eng. Chem. Res.* **1989,** *28*, 1446.
[37] Kim, J.-W.; Kim, J.-K.; Kim, H.-S.; Koo, K.-K. *Org. Process Res. Dev.* **2011,** *15*, 602.
[38] 工业规模的连续结晶，见：Genck, W. *Chem. Eng.* **2011,** *118*(*7*), 28.
[39] Kosmrlj, J.; Weigel, L. O.; Evans, D. A.; et al. *J. Am. Chem. Soc.* **2003,** *125*, 3208.
[40] Singh, J.; Denzel, T. W.; Fox, R.; et al. *Org. Process Res. Dev.* **2002,** *6*, 863.
[41] Haight, A. R.; Ariman, S. Z.; Barnes, D. N.; et al. *Org. Process Res. Dev.* **2006,** *10*, 751.
[42] See Reference 10, Chapter 10.
[43] Yang, Q.; Haney, B. P.; Vaux, A.; et al. *Org. Process Res. Dev.* **2009,** *13*, 786.
[44] Anderson, N. G.; Bennett, B. J.; Feldman, A. F.; Lust, D. A.; Polomski, R. E. US 5026873. 1991 (to E. R. Squibb & Sons.)
[45] Cramer, S. D. *Ind. Eng. Chem. Process Des. Dev.* **1984,** *23*, 618.
[46] Anderson, N. G. *Org. Process Res. Dev.* **2005,** *9*, 800.
[47] Brands, K. M. J.; Davies, A. J. *Chem. Rev.* **2006,** *106*, 2711.
[48] Reider, P. J.; Davis, P.; Hughes, D. L.; Grabowski, E. J. J. *J. Org. Chem.* **1987,** *52*, 957.
[49] 有关对映选择性 Strecker 反应的综述，见：Groger, H. *Chem. Rev.* **2003,** *103*, 2795.
[50] Kuethe, J. T.; Gauthier, D. R., Jr.; Beutner, G. L.; Yasuda, N. *J. Org. Chem.* **2007,** *72*, 7469.
[51] Ashcroft, C. P.; Challenger, S.; Clifford, D.; et al. *Org. Process Res. Dev.* **2005,** *9*, 663.
[52] Barth, P.; Pfenninger, A. WIPO Patent WO/1997/041084A1 (to AstraZeneca).
[53] http://www.deadiversion.usdoj.gov/schedules/index.html
[54] Orme, M. W.; Martinelli, M. J.; Doecke, C. W.; Pawlak, J. M.; Chelius, E. C. WO 04/011463. 2004 (to Lilly); also EP 1546149, 2005.
[55] Conlon, D. A.; Drahus-Paone, A.; Ho, G.-J.; et al. *Org. Process Res. Dev.* **2006,** *10*, 30.
[56] Lucci, R. US 4556518. 1985 (to Hoffmann-La Roche).
[57] Nelson, T. D. // Harmata, M. Strategies and Tactics in Organic Synthesis. Vol. 6. Amsterdam: Elsevier, 2005, 321.
[58] http://www.epa.gov/greenchemistry/pubs/docs/award_recipients_1996_2007.pdf
[59] Kiau, S.; Discordia, R. P.; Madding, G.; et al. *J. Org. Chem.* **2004,** *69*, 4256. 见支撑材料.
[60] Chung, J. Y. L.; Hughes, D. L.; Zhao, D.; et al. *J. Org. Chem.* **1996,** *61*, 215.
[61] Chen, B.-C.; Quinlan, S. L.; Stark, D. R.; et al. *Org. Process Res. Dev.* **1998,** *2*, 203.
[62] Denzel, T.; Cimarusti, C. M.; Singh, J.; Mueller, R. H. US 5194604. 1993 (to E. R. Squibb & Sons).

[63] Wei, C. C.; Weigele, M. U.S. 4502994, 1985 (to Hoffmann-LaRoche).
[64] Floyd, D. M.; Fritz, A. W.; Cimarusti, C. M. *J. Org. Chem.* **1982,** *47*, 176.
[65] Bullock, K. M.; Burton, D.; Corona, J.; et al. *Org. Process Res. Dev.* **2009,** *13*, 303.
[66] Haleblian, J.; McCrone, W. *J. Pharm. Sci.* **1969,** *58*, 911.
[67] Thanks to Ann Newman for this point.
[68] Brittain, H. G. Polymorphism in Pharmaceutical Solids. 2nd ed. New York: Informa Healthcare, 2009.
[69] Storey, R., Ed. Solid State Characterization of Pharmaceuticals. Wiley-Blackwell, 2008.
[70] Zakrzewski, M.; Zakrzewski, K. Solid State Characterization of Pharmaceuticals. ASSA International, 2006.
[71] Thompson, M. D.; Authelin, J.-R. Chemical development of the drug substance solid form. // Gadamasetti, K., Ed. Process Chemistry in the Pharmaceutical Industry. New York: Dekker: 1999, 371-388.
[72] ICH Q6A (2000), http://www.ema.europa.eu/docs/en_GB/document_library/Scientific_guideline/2009/09/WC500002823.pdf
[73] Beckmann, W.; Otto, W. H. *Chem. Eng. Res. Dev.* **1996,** *74A*, 750.
[74] Beckmann, W.; Nickisch, K.; Budde, U. *Org. Process Res. Dev.* **1998,** *2*, 298.
[75] Bauer, J.; Spanton, S.; Henry, R.; et al. *Pharm. Res.* **2001,** *18*, 859.
[76] Moniot, J. L. 个人通讯.
[77] Chembukar, S. R.; Bauer, J.; Deming, K.; et al. *Org. Process Res. Dev.* **2000,** *4*, 413.
[78] Ostwalds 法则见：Bauer, J.; Spanton, S.; Henry, R.; et al. *Pharm. Res.* **2001,** *18*, 859.
[79] Morissette, S. L.; Soukasene, S.; Levinson, D.; et al. *Proc. Natl. Acad. Sci.* **2003,** *100*, 2180.
[80] Mangin, D.; Puel, F.; Veesler, S. *Org. Process Res. Dev.* **2009,** *13*, 1241.
[81] An, S.-G.; Sohn, Y.-T. *Arch. Pharm. Res.* **2009,** *32*, 933.
[82] Bingham, A.L.; Hughes, D.S.; Hursthouse, M.B.; et al. *Chem.Commun.* **2001,** 603.
[83] Reany, O.; Kapon, M.; Botoshansky, M.; Keinan, E. *Cryst. Growth Des.* **2009,** *9*, 3661.
[84] Stahly, G. P. *Cryst. Growth Des.* **2007,** *7*, 1007.
[85] Detoisien, T.; Forite, M.; Taulelle, P.; et al. *Org. Process Res. Dev.* **2009,** *13*, 1338.
[86] Rubin, A. E.; Tummala, S.; Both, D. A.; et al. *Chem. Rev.* **2006,** *106*, 2794.
[87] Remenar, J. F.; MacPhee, J. M.; Larson, B. K.; et al. *Org. Process Res. Dev.* **2003,** *7*, 990.
[88] Almarsson, O.; Hickey, M. B.; Peterson, M. L.; et al. *Cryst. Growth Des.* **2003,** *3*, 927.
[89] Peterson, M. L.; Morissette, S. L.; McNulty, C.; et al. *J. Am. Chem. Soc.* **2002,** *124*, 10958.
[90] Morissette, S. L.; Almarsson, O; Peterson, M. L.; et al. *Adv. Drug. Deliv. Rev.* **2004,** *56*, 275.
[91] Mukherjee, A.; Grobelny, P.; Thakur, T. S.; Desiraju, G. R. *Cryst. Growth Des.***2011,***11*, 2637.
[92] Etter, M. C.; Frankenbach, G. M.; Bernstein, J. *Tetrahedron Lett.* **1989,** *30*, 3617.
[93] Andre, V.; Fernandes, A.; Santos, P. P.; Duarte, M. T. *Cryst. Growth Des.* **2011,** *11*, 2325.
[94] Shiraki, M. J. *Pharm. Sci.* **2010,** *99*, 3986.
[95] Miller, J. M.; Collman, B. M.; Greene, L. R.; et al. *Pharm. Dev. Technol.* **2005,** *10*, 291.
[96] Davey, R. J.; Blagden, N.; Righini, S.; et al. *J. Phys. Chem. B* **2002,** *106*, 1954.
[97] Batra, H.; Penmasta, R.; Phares, K.; et al. *Org. Process Res. Dev.* **2009,***13*, 242.
[98] Saranteas, K.; Bakale, R.; Hong, Y.; et al. *Org. Process Res. Dev.* **2005,** *9*, 911.
[99] Prashad, M.; Sutton, P.; Wu, R.; et al. *Org. Process Res. Dev.* **2010,** *14*, 878.
[100] Jetti, R. K. R.; Bhogala, B. R.; Gorantla, A. R.; et al. *Cryst. Growth Des.* **2011,** *11*, 2039.
[101] Veesler, S.; Lafferrere, L.; Garcia, E.; Hoff, C. *Org. Process Res. Dev.* **2003,** *7*, 983.
[102] Dugger, R. contributed talk to Current Process Chemistry Symposium, Philadelphia, June 2-3, 2011.
[103] Jia, C.-Y.; Yin, Q.-X.; Zhang, M.-J.; et al. *Org. Process Res. Dev.* **2008,** *12*, 1223.
[104] Mukuta, T.; Lee, A. Y.; Kawakami, T.; Myerson, A. S. *Cryst. Growth Des.* **2005,** *5*, 1429.

[105] Pino-Garcıa, O.; Rasmuson, A. C. *Cryst. Growth Des.* **2004,** *4*, 1025.

[106] Testa, B. Principles of Organic Stereochemistry. Basel: Marcel Dekker, 1979, 181-184.

[107] Jaques, J.; Collet, A.; Wilen, S. H. Enantiomers, Racemates, and Resolutions. New York: John Wiley & Sons, 1981, 381-395.

[108] Kozma, D., Ed. CRCHandbook of Optical Resolutions via Diastereomeric Salt Formation. CRC Press, 2001.

[109] Federsel, H.-J. *Org. Process Res. Dev.* **2000,** *4*, 352.

[110] Crosby, J. In *Chirality in Industry*; Collins, A. N.; Sheldrake, G. N.; Crosby J., Eds.; Wiley: New York, 1992; pp 24-26.

[111] Petrusevska-Seebach, K.; Seidel-Morgenstern, A.; Elsner, M. P. *Cryst. Growth Des.* **2011,** *11*, 2149.

[112] Wacharine-Antar, S.; Levilain, G.; Dupray, V.; Coquerel, G. *Org. Process Res. Dev.* **2010,** *14*, 1358.

[113] Hansen, K. B.; Hsiao, Y.; Xu, F.; et al. *J. Am.Chem. Soc.* **2009,** *131*, 8798.

[114] Savile, C. K.; Janey, J. M.; Mundorff, E. C.; et al. *Science* **2010,** *329*, 305.

[115] Lorenz, J. Z.; Busacca, C. A.; Feng, X.; et al. *J. Org. Chem.* **2010,** *75*, 1155. 文章的支撑信息描述了DCHA盐的分离.

[116] Kim, S.; Wei, C.; Kiang, S. *Org. Process Res. Dev.* **2003,** *7*, 997.

[117] 控制成核松团作用和晶体尺寸分布的C3 技术：http://www.prosonix.co.uk

[118] Myerson, A. S.; Garetz, B. A. U.S. 6426406, 2002.

[119] Reference 10, p217.

[120] Kljajic, A.; Zupet, R. WO2010069593. 2010 (to Krka, d.d., Slovenia).

[121] Bowles, D. M.; Boyles, D. C.; Choi, C.; et al. *Org. Process Res. Dev.* **2011,** *15*, 148. 见角注 23.

[122] Ash, M.; Ash, I. *Handbook of Preservatives; Synapse Information Resources*, Inc., 2004, 323-324.

[123] Masui, Y.; Kitaura, Y.; Kobayashi, T.; et al. *Org. Process Res. Dev.* **2003,** *7*, 334.

[124] Franc, B.; Hoff, C.; Kiang, S.; Lindrud, M. D.; Monnier, O.; Wei, C. US 7008959. 2006 (to Sanofi-Aventis).

[125] Prosonix 提供年度超声源，该超声源连接在管线外面，供连续流和重复结晶（包括小颗粒吸入物）用. http://www.chemsourcesymposia.org.uk/ abstracts.htm.

[126] Reference 10, pp 188-192.

[127] Dhodapkar, S.; Theuerkauf, J. *Chem. Eng.* **2001,** *118(6)*, 45.

[128] am Ende, D. J.; Rose, P. R. //Abdel-Magid, A.; Caron, S., Eds. Fundamentals of Early Clinical Development: From Synthesis Design to Formulation. Wiley, 2006, 247-267.

[129] Kamahara, T.; Takasuga, M.; Tung, H. H.; et al. *Org. Process Res. Dev.* **2007,** *11*, 699.

[130] Accentus: http://www.accentus.co.uk

[131] http://www.supercriticalfluids.com

[132] Schmidt, B.; Patel, J.; Ricard, F. X.; et al. *Org. Process Res. Dev.* **2004,** *8*, 998.

[133] Jenkis, S. *Chem. Eng.* **2010,** *117(10)*, 31.

[134] Cimarosti, Z.; Castagnoli, C.; Rossetti, M.; et al. *Org. Process Res. Dev.* **2010,** *14*, 1337.

[135] Rassias, G.; Hermitage, S. A.; Sanganee, M. J.; et al. *Org. Process Res. Dev.* **2009,** *13*, 774.

[136] Tian, J.; Dalgarno, S. J.; Atwood, J. L. *J. Am. Chem. Soc.* **2011,** *133*, 1399.

第 13 章　终产物的形式及杂质

“当我们谈论那些变化着的能产生强烈影响的具有生物活性的微量杂质时，98.5%的纯度是远远不够的。”

——P. 拉菲尔[1]

13.1 引言

若要获批可销售的药物的申请，制药和生物科技公司必须遵守当局制定的各项标准。原料药的质量包括药效、同一性、杂质含量和理化性质特征。美国食品药品监督管理局（FDA）负责审批新药（NDA）的申请。FDA 执行美国药典（一个非营利性和非政府组织）所建立的测试方法[2]。监管机构，例如欧盟（欧洲药品管理局，简称 EMA，前称 EMEA）、日本和其他国家同样关心药物的安全性和质量，但对环境影响和其他研究的要求标准则不尽相同。人用药品注册技术要求国际协调会议（ICH）致力于在全世界范围内或至少对于主要经济市场来制订统一的方针。

药物的给药模式主要包括口服给药、注射给药、外部局部黏膜敷用给药以及吸入给药。绝大多数药物可制成片剂、胶囊、亲液胶体、药膏、微悬浮体和缓释形式[3]。片剂是优选的制剂形式，原因是由于其制备迅速简单、成本低廉，具有良好的患者依从性。而且，片剂一般具有较好的稳定性，主要是因为原料药的晶格化合物的外围分子保护了原料药使得其免受降解。另外，很多化合物，如阿司匹林，在溶液中迅速降解[4]。

各监管机构的首要任务是要确保药物有效而无害。当药物的安全要求界限设置过低，如果药品中所含的药物浓度是可变的，则该药物可能是无效的，甚至是有毒的。因此，必须保证所售药物在一片、一瓶、一批和所有批次中含量的一致性。过程化学家们试图将药瓶内的差异降低到最小，所以尽可能在解决方案中进行操作。除了冻干制剂，制药学的科学家们并不总是遇到大量的可以搅拌的溶液，因而将固体和液体转化为均相混合物是非常具有挑战性的。（任何“白手起家”的醋酱酿造者或烤蛋糕的人都知道按照正确的加料顺序和合适的加料速度进行物料混合的重要性。）　在将原料药制作成片剂的过程中，制药学的科学家们要研究将药物和赋形剂混合在一起，后者是一种无治疗活性的成分。具体制作的操作步骤包括筛选、混合、添加或者不添加液体的研磨、干燥、压缩以及薄膜包衣。赋形剂可以包括填充剂、崩解剂、甜味剂、调味剂、着色剂和润滑剂；应该尽量避免选择那些能影响原料药稳定性的辅料。材料科学的各个方面对于制药学科学家们都是重要的[5]。摩擦生电，或从与其他材料的接触过程中获得电荷的能力，可引起颗粒尤其是小颗粒聚集在一起，从而混合不佳[6-8]。通过加热到玻璃化转变温度（T_g）可使化合物熔化为液体；通过快速冷却该液体又可变得无定形化、流动、并且不太稳定[4,9]。任何吸附于冲床上或压片机上的染料的固体将会降低生产效率[10]。原料药与各种辅料之间的相互作用能使原料药降解，并且在混合或者能量密集型的操作（如研磨）过程中所遇到的水合作用能促进水合物或多晶型的形成[11]。制药学科学家们可通过规格和加工流程控制辅料的性质。考虑到药物的可再现性和稳定性，有必要控制原料药的物理性质，如多晶型、吸湿性、粒径大小、粒径分布（PSD）和形状，所有这些性质都可能影响固体的流动特征。质量分析部门（QA）评估辅料和用于制作原料药的化学品的物理化学性质，而质量控制部门（QC）监测药品物质的物理化学性质。（QA 和 QC 可合并成一个部门，称为质检部门。）质量控制部门的工作包括评估针剂、片剂、胶囊和其他剂型形式的均匀一致性，并确定如何从这些批次中获得具有统计意义的样品[12]。制剂的成本是将药用物质变成药物产品的总成本的重要组成部分[13]。如果原料药的物理性质不能受控制或者剂型规格形式的失败会导致巨大的生产成本，因此还会导致临床试验和药物销售的终止。因此，工艺学科学家们在原料药的制备和理化性质一致性上花费了大量的精力。

大多数小分子原料药通常设计成可结晶和重结晶的固体，并由此来控制药用物质和药物产品的质量。总的来讲，结晶的材料要比无定形的固体稳定得多，所以结晶的药用物质更有可能提供可以接受的保质期（较有可能是两年）。某些药用物质制备成无定形固体，例如喹那普利盐酸盐[14]和奈非那韦甲磺酸盐[15]。无定形固体在以下情况是可接受的，如：因为其他形式的结晶为溶剂化物时具有不能接受的高水平的溶剂残留量，或是由于试图规避专利对结晶的最终形式的保护[16]，或者是由于无定形固体在水和生物流体中的溶解度较高。（作为该通则的例外，Amgen 公司的研究人员发现无定形的钙盐在水中的溶解度比其二水合物差，他们将这种无定形物质的较低溶解性归咎于无定形的钙盐的润湿性差所致[17]。）溶解度差的化合物可通过将溶液与聚合物混合后并喷雾干燥而呈现无定形态：添加聚合物或许是由于稀释作用使得原料药在喷雾干燥的分散状态变得稳定化，并由此可显著改善其生物利用度。溶解度差的原料药的可制剂化大大扩宽了药物的潜能范围：70%～90%的正在开发中的候选药物可能具有低的溶解度[18]。制药学科学家们和过程化学家们以及工程师们必须持续不断地协作，以生产出高品质的稳定的药物产品。对于工艺科学家们而言，任何用于使原料药结晶的操作必须是切实可行的，也就是说，能够用于大规模生产操作[19]。

药物化学家可能习惯于从微粉化的药用物质生产药物产品，但是微粉化可能是不必要的。微粉化和研磨过程能将工作人员置于高强有毒的化合物之中，同时这些操作会造成原料药的损失。若怀疑是否需要使用微粉化来提供一种合适的药物产品，则应考察一下在日常生产过程中的原料药形式。

我们有道义的责任去弄明白那些与人类接触的物质中的杂质的性质。不幸的是，我们无法预测所制备的化合物的毒性，而对相关杂质的毒性的了解就更少了。本章开头引用拉菲尔的这句话中指的是每日进补的 L-色氨酸中所含的杂质（图 13.1）导致的痛苦和甚至致命的嗜酸性粒细胞增多性肌痛综合征[1]。导致该综合征的杂质是双色氨酸的衍生物[20,21]。怀孕期间服用沙利度胺的欧洲妇女所产的婴儿先天四肢残缺（海豹肢症），这是由于存在(*S*)-沙利度胺的对映体; 1960 年 FDA 检查员弗朗西斯奥尔德姆凯尔西拒绝批准沙利度胺的使用申请[22]。沙利度胺在体内很容易发生消旋化。在制备度冷丁（meperidine）的电子等排体时意外生成了 1-甲基-4-苯基四氢吡啶（MPTP）；该杂质在大脑中可能转化为 MPP^+阳离子，导致了那个为消遣而制备并摄入度冷丁的电子等排体药物的使用者产生了类似帕金森病的永久性症状[23]。越南战争期间美国在越南农村投下了落叶橙剂。落叶橙剂的组成部分是含有 50∶50 的 2,4-D 和 2,4,5-T 的混合物，可以被迅速代谢；但是不幸的是，橙剂的杂质，特别是 2,3,7,8-四氯二苯并对二噁英（TCDD），即使在极低的浓度下也是致癌和致畸的[24]。具有基因毒性的杂质是那些在极低水平下也具有活性的化合物。对那些与我们所制备的化合物相关的杂质我们必须理解。

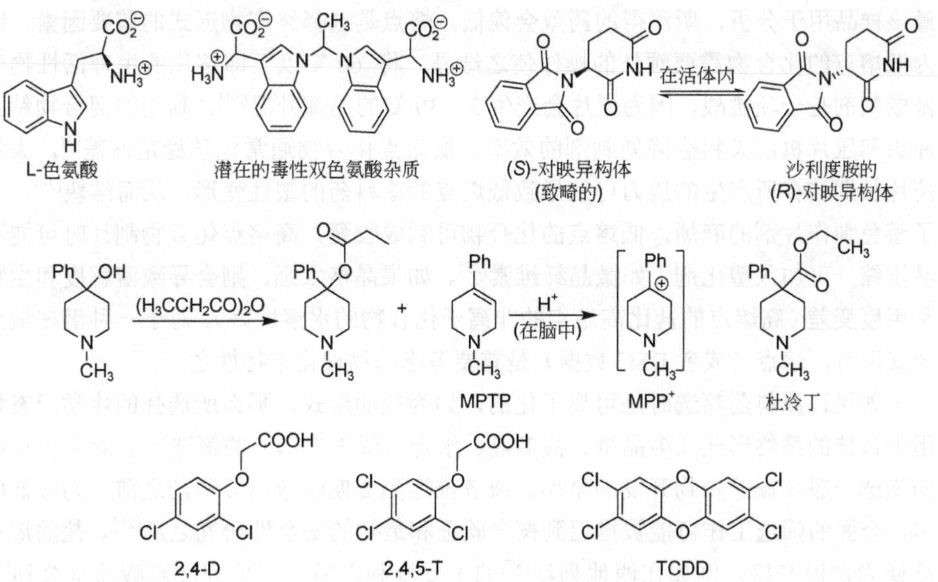

图 13.1　一些化合物中发现的有毒杂质

本章各节讨论终产物形式的选择、原料药的杂质限制、基因毒性杂质的控制以及大量原料药和药物产品储存而形成的杂质。

13.2 原料药中理化性质的注意事项与终产物形式的选择

不同的盐和多晶形式具有不同的稳定性、溶解度和各种物理化学性质，例如熔点、密度、粒形和流动性[25]。对于一个新的化学实体（NCE），科学家无法预测其最佳的盐和多晶形式，所以有必要进行筛选[26-32]。盐和多晶的筛选所获的数据可指导原料药的最终形式的选择。与中性化合物相比，相应的盐通常具有更高的熔点、更好的水溶性和更高的生物利用度。例如，可待因的盐比其游离碱水溶性要好（图 13.2）[33]。

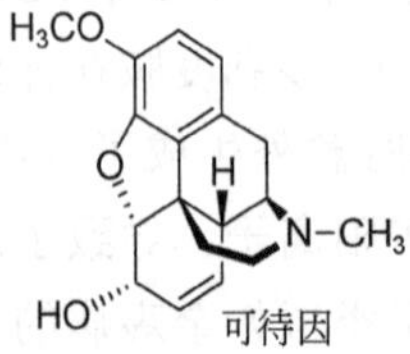

可待因

可待因的固体形式	室温水中溶解度/(mg/mL)
胺•0.5 H_2O	8
•H_2SO_4	33
•HCl	50
•H_3PO_4•1.5 H_2O	435

图 13.2 可待因及其盐在水中的溶解性

除了良好的水溶性，固体原料药的关键物理化学性质包括没有或可忽略的吸湿性、在相对湿度条件下具有良好的稳定性、相对于光和热具有良好的化学稳定性。难以将吸湿性固体从漏斗转移至干燥器和储存容器。在药物产品制剂时，吸湿性固体可能结块儿而无法混匀。如果一种极易吸湿的药物吸附了毫克级的大量潮气，称量该样品用于分析，所测得的药效会偏低。熔点是选择终产物形式的首要因素，因为低熔点的化合物需要额外的操作使之结晶。将 60 ℃以下即熔化的生理活性物质做成制剂是一项挑战，因为压片会产生 3～30 ℃的局部升温[34]。制剂的混合物粘到冲头和压片机的染料会降低制剂的效率。低熔点化合物通常化学稳定性差[4]，大量药片长期储存所产生的压力可能导致低熔点的原料药的塑性变形，从而结块[28]。为了避免制作片剂的麻烦，低熔点的化合物可制成胶囊。高熔点化合物制片时可能不易压缩，可加入塑化剂，如微晶纤维素[35]。如果晶格太强，则会导致溶解度和生物利用度变差（高熔点的盐比高熔点的非离子化合物的水溶性好）。对于一种潜在最终形式而言，熔点（或者 DSC 数据）是首要考虑的物理化学特性之一。

如果说原料药筛选时是可离子化的，如为盐的形式，那么所选择的化学形态将用于最佳的最终形式（多晶型、假多晶、水合物或无定形）的筛选[25]。对于优选盐的筛选一般在候选药物开发的早期，或者推迟到 2 期临床研究制剂之前。为降低成本，全面的筛选工作可能被推迟到概念验证和最初的安全性研究之后[26]。盐的形式被视为知识产权；例如在西他列汀[37]的主要专利之后，西他列汀磷酸盐水合物[36]也被专利保护（在开发期间，Merck 公司可能就已经发现西他列汀磷酸盐水合物是最稳定的形式，也最易工业化生产[38]）。筛选完盐形式之后是确定多晶型的确定，随后确定最稳定的多晶型[39]。对于原料药，不同的制剂形式可能有不同的要求。药物产品终产物形式的选择过程总结于表 13.1。

表 13.1　药物产品终产物形式的选择过程总结

1. 若候选药物具有可离子化的官能团，盐的筛选可确定最佳的成盐形式。 A. 选择一系列化学物质进行成盐筛选。 B. 选择一系列溶剂。ICH 3 类溶剂是结晶原料药的优选溶剂，但为得到固体的形式，会筛选更广泛的溶剂。 C. 开始进行结晶实验。考察冷却的快慢，与溶剂接触时间的长短，混合溶剂和湿度。 D. 鉴定和表征结晶化合物。 E. 通过加速稳定性实验筛选最稳定形式。
2. 多晶型筛选以确定固态形式、盐和非盐。 A. 实施步骤 1 的 B～E 操作。固体样品可通过研磨生成其他固体形式。 B. 若结果不理想，请重复上述步骤中的 A～C 操作以筛选更广泛的溶剂。 C. 开始稳定性实验，以确定最稳定的形式。 D. 通过加速稳定性实验以确定抗解剂。
3. 通过共晶筛选，确定其他固体形式。此筛选可与多晶型筛选同时进行。2003 年前鲜被使用。 A. 晶体研究时选择系列 GRAS 添加剂[40]。 B. 结晶实验如上述第 2 部分所述。

残留的杂质会妨碍盐的筛选，特别是对于那些可包裹杂质的油。除去残余的挥发性杂质是困难的，如三氟乙酸和二氯甲烷（参见拉乌尔定律和图 11.3 的讨论）。三氟乙酸（TFA）和二氯甲烷（CH_2Cl_2）等挥发性杂质可通过冻干除去。在筛选研究中，采用声波降解法则有助于油状物的结晶[41]。

如果分子含碱性官能团，则需要筛选酸类化合物，常规用于筛选的酸包括 HCl、H_2SO_4、H_3PO_4、CH_3SO_3H 和其他酸（表 13.2）。近年来，各种各样的盐获得了批准[42]。当酸具有多个可电离的质子时，通常进行的筛选是生成非化学计量的盐。例如，1 mol H_3PO_4 可与 1 mol 或 2 mol 的胺生成盐。如果分子含有酸性官能团，需筛选碱类化合物。若要形成稳定的盐，Bastin 等人提出了中性化合物和与其形成盐的化合物的 pK_a 值之间至少要相差 3 个 pH 单位[26]。

表 13.2　在市场售药物中成盐所用的酸

酸	2006 年的总占有率①	2002～2006 年所批原料药的占有率①	pK_a（在水中）②~⑤	评论，在售盐的实例
盐酸	53.4%	38.9%	−6.10	存储时盐可能分解并释放 HCl，环丙沙星盐酸盐
硫酸	7.5%	5.6%	−3.00，1.92	阿巴卡韦硫酸盐
氢溴酸	4.6%	8.3%	−9	氢溴酸右美沙芬
甲磺酸	4.2%	8.3%	−1.20	奈非那韦甲磺酸盐

续表

酸	2006年的总占有率①	2002～2006年所批原料药的占有率①	pK_a（在水中）②～⑤	评论，在售盐的实例
马来酸	4.2%	5.6%	1.92	可能形成迈克尔加成⑥杂质，罗格列酮马来酸盐
L-酒石酸	3.8%	8.3%	3.02，4.36	左旋沙丁胺醇酒石酸盐
乙酸	3.3%	2.8%	4.76	醋酸亮丙瑞林
硝酸	1.7%	2.8%	−1.32	硝酸咪康唑
L-苹果酸	2.8%	0.4%	3.46，5.10	舒尼替尼苹果酸盐
磷酸	2.7%	5.6%	1.96，7.12，12.32	常形成二水化物⑦，磷酸西他列汀二水化物
柠檬酸	2.7%	2.8%	3.13，4.76，6.40	酸所占的质量比重高，即有效组分含量少，西地那非柠檬酸盐
富马酸	1.7%	0.0%	3.03，4.38	可能形成迈克尔加成⑥杂质，喹硫平富马酸盐
琥珀酸	1.2%	2.8%	4.21，5.64	美托洛尔琥珀酸盐
对甲基苯磺酸	0.4%	2.8%	−1.34	索拉菲尼对甲基苯磺酸盐
草酸	0.2%	2.8%	1.25，4.14	依他普仑草酸盐
苯磺酸	0.2%	0.0%	0.70	苯磺酸可能含苯⑧，氨氯地平苯磺酸盐
D-葡萄糖醛酸	0.2%	0.0%	3.18	三甲曲沙葡萄糖醛酯
马尿酸	0.2%	0.0%	3.55	马尿酸乌洛托品
苯甲酸	0.2%	0.0%	4.2	利扎曲坦苯甲酸盐
谷氨酸			2.19，4.25	
L-抗坏血酸			4.17，11.57	
戊二酸			4.31，5.41	
己二酸			4.44，5.44	
总药数目	523	36		

① Paulekuhn, G. S.; Dressman, J. B.; Saal, C. J. *Med. Chem.* **2007**, *50*, 6665. 来源：FDA 橙皮书中列举了批准的非专利药.

② http://www.zirchrom.com/organic.htm.

③ Gordon, A. J.; Ford, R. A. The Chemist's Companion. New York: Wiley, 1972, 58-59.

④ Brittain, H. G. *Am. Pharm. Rev.* **2009**, November/December, 62.

⑤ 有关DMSO中酸性，见：Bordwell, F. G. *Acc. Chem. Res.* **1988**, *29*, 456.

⑥ Abramowitz, R.; O'Donoghue, D.; Prabhakaran, P.; et al. poster presented at AAPS Meeting, Boston, 1997; Chatterjee, S.; Pedireddi, V. S.; Rao, C. N. R. *Tetrahedron Lett.* **1998**, *39*, 2843; see also Giron, D.; Grant, D. J. W//Stahl, P. H.; Wermuth, C. G., Eds. Handbook of Pharmaceutical Salts: Properties, Selection and Use. Weinheim: Wiley-VCH, 2002, 41.

⑦ Handbook of Pharmaceutical Salts: Properties, Selection, and Use; Stahl, P. H.; Vermuth, C. G., Eds. Weinheim: Wiley-VCH, 2002, 213, 302.

⑧ Gross, T. D.; Schaab, K.; Ouellette, M.; et al. *Org. Process Res. Dev.* **2007**, *11*, 365.

在与碱性分子成盐的过程中，不是所有的酸类化合物都能产生等价的效果。盐酸盐很常见，因此原料药的制造商和配方设计师熟知 HCl 的性质和处理方面的限制。然而，HCl 腐蚀那些用于结晶、分离和干燥原料药的设备，并可破坏那些价值昂贵的仪器，并造成原料药的重金属污染。那些设备可以耐盐酸的腐蚀，如聚丙烯过滤器和哈氏合金反应器。一些盐酸盐在固态下相对不稳定，这一点可以由有游离的 HCl 从氨基水杨酸和咖啡因的盐中挥发出来的事实可见[43]，如图 13.3 所示。雅培公司的研究人员发现，氮杂环丁烷与 HCl 或 TFA 的盐都是不稳定的，但对甲基苯磺酸盐是稳定的[44]，这可能是由于对甲基苯磺酸不易挥发。H_3PO_4 不挥发，不会由于盐与游离碱以及未电离的酸之间的平衡而流失到空气当中。并且，H_3PO_4 基本上不腐蚀那些用于结晶、分离和干燥原料药的设备，因此常常是优先选择。H_3PO_4 通常形成水

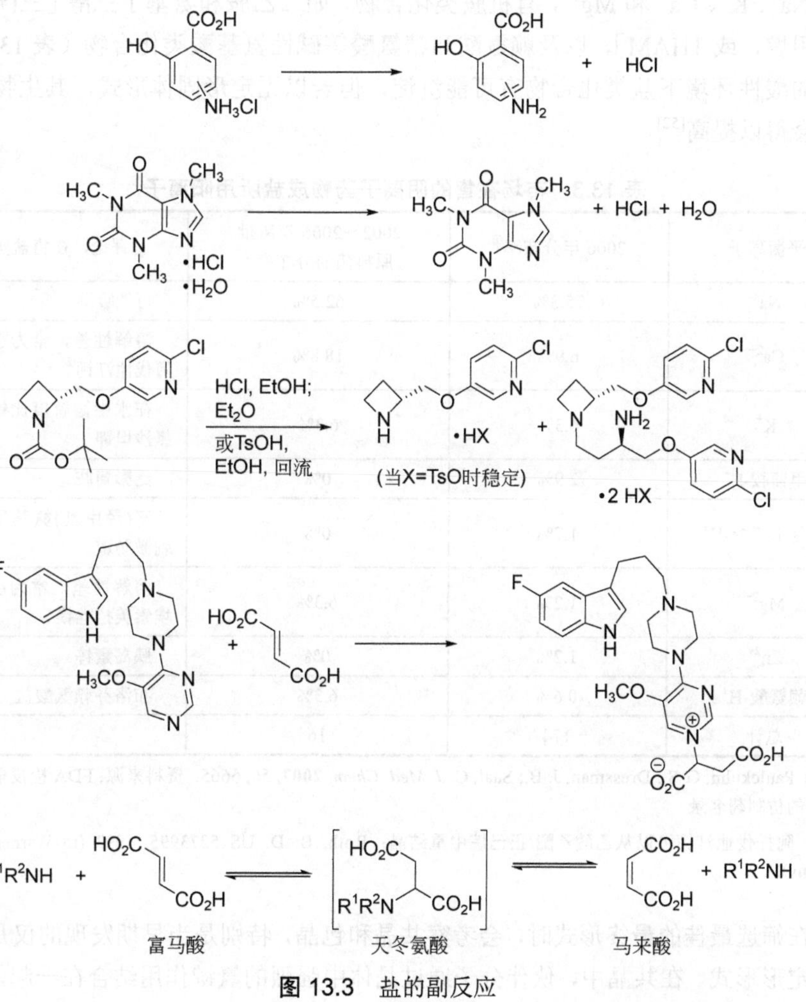

图 13.3　盐的副反应

合物[45]，结晶中的水可能导致原料药的分解。成盐时要避免使用大大过量的 H_3PO_4，以减少对废物流的环境影响。乙酸的酸性不够强，与弱的胺难以形成稳定的盐。柠檬酸（FW 198）对所成盐的质量贡献很大，堪比压舱物，但所得的盐具备最理想的性质。琥珀酸是马来酸和富马酸的良好替代品，这些化合物可以通过胺与不饱和酸类化合物的 Michael 加成反应形成杂质[46,47]。由于马来酸在胺类化合物如 4,4′-联吡啶[48]的存在下加热能异构化，马来酸和富马酸的胺盐在固态下可形成平衡。草酸可制备结晶盐，但由于众所周知的毒性而限制了其使用。伦德贝克公司的艾司西酞普兰草酸盐具有作为药物产品所需的稳定性，而每日摄入艾司西酞普兰的剂量（高达 20 mg）中所含的草酸量远低于产生毒性的水平（对人体为 600 mg/kg）[49,50]。

若产品是酸性的，成盐可能增加水溶性和生物利用度。通常用于筛选的阳离子包括 Na^+、K^+、Ca^{2+}和 Mg^{2+}，有机胺类化合物，如二乙胺和氨基丁三醇［三(羟甲基)-氨基甲烷，或 THAM］，以及赖氨酸和精氨酸等碱性氨基酸类化合物（表 13.3）[51]。在胃的酸性环境下盐类化合物有可能沉淀，但若以无定形固体形式，其生物利用度可能会得以提高[52]。

表 13.3 市场在售的阴离子药物成盐所用阳离子①

平衡离子	2006 年分布率①	2002～2006 年所批原料药的分布率①	评论，在售盐实例
Na^+	75.3%	62.5%	可能吸湿
Ca^{2+}	6.9%	18.8%	溶解性差，常为小颗粒，阿伐他汀钙②
K^+	6.3%	6.3%	在水中溶解度比钠盐高，氯沙坦钾
甲葡胺-H^+	2.9%	0%	泛影葡胺
氨基丁三醇-H^+	1.7%	0%	三(羟甲基)氨基甲烷可能刺激肠道
Mg^{2+}	1.2%	6.3%	溶解性差，常为小颗粒，埃索美拉唑镁
Zn^{2+}	1.2%	0%	胰岛素锌
赖氨酸-H^+	0.6%	6.3%	布洛芬赖氨酸盐
总计	174	16	

① Paulekuhn, G. S.; Dressman, J. B.; Saal, C. *J. Med. Chem.* **2007**, *50*, 6665. 资料来源：FDA 橙皮书中列出了已批准的仿制药名录.

② 阿托伐他汀钙可以从乙酸乙酯/正己烷中重结晶：Roth, B. D. US 5273995. 1993 (to Warnere Lambert Company).

在筛选最佳的最终形式时，会考察共晶和包晶，特别是当早期发现的仅是原料药的无定形形式。在共晶中，伙伴分子通过晶体中强烈的氢键作用结合在一起，可通过多种方式进行表征。共晶具有独特的结构，可通过 XRPD、IR、固体 NMR 和熔点/DSC

等方式进行判断[53]。包晶是一种客体分子被包裹在主体分子形成的空腔内的晶体，其中可能存在或者没有涉及弱的氢键作用。包晶可能是笼形包合物，其空间中有各种通道、隧道或笼状结构化合物，客体分子居于其中[54]。笼状包合物可容纳类似大小的各种分子，例如甲醇、乙醇和正丙醇[55]，或者像环糊精-原料药复合物一样包裹更大的分子[56]。共晶和笼形包合物通过偶然或者筛选而发现。例如，与劳拉卡帕共晶的对羟基苯甲酸乙酯（“尼泊金乙酯”，在化妆品中作防腐剂）就是在制剂研究中发现的（图 13.4）[57]。原则上，有用的共晶和笼形包合物可由任何无毒的化合物形成，例如 GRAS（generally regarded as safe，一般认为是安全的）列表中的化合物[40]。

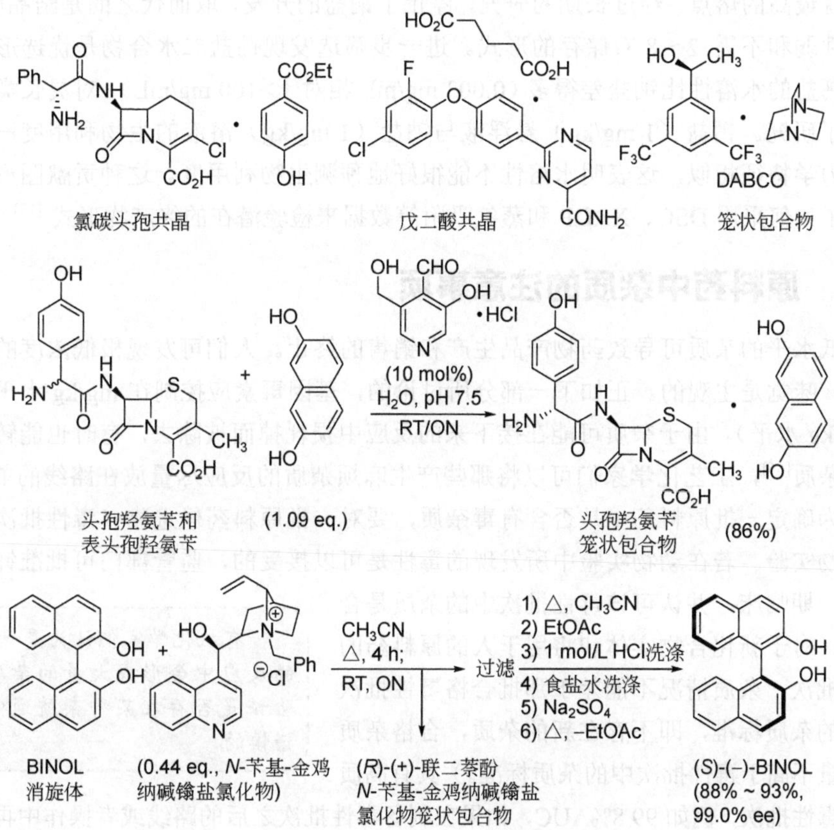

图 13.4　共晶和笼形包合物

共晶和笼状包合物相比于以前存在的材料，可根据不同的用途，提供一系列优势（图 13.4）。共晶可增加中性化合物的溶解度。例如，嘧啶（mp 206 ℃）与戊二酸（mp 97.5 ℃）共晶（mp 142 ℃）的溶解速度是极度弱碱性的纯嘧啶的 18 倍[58]。熔点通常会改变；研究显示 51%的共晶具有介于原料药和共晶子之间的熔点，而 39%的共晶具有更低的熔点[53]。Merck 公司制备了一种手性醇（一个阿瑞匹坦的前体）

作为一个与 DABCO 的包合物；该包合物因熔点较高、处理方便而更具优势[59]。通过 CIAT 工艺高产率制备了头孢羟氨的包合物[60]。BINOL 已通过包合物的形式进行拆分，包合物和自由形式的 BINOL 均可纯化[61]。外消旋的拉米夫定已经通过与 (*S*)-(−)-BINOL 形成共晶而得到拆分[62]。勃林格-殷格翰（Boehringer-Ingelheim）公司报道了使用戊二酸筛选共晶[63]。医药行业和 CMOs 将继续开发和利用共晶和笼形包合物[64,65]。

Amgen 公司的研究人员已详细地按时间顺序描述了筛选羧酸 NCE 最可接受形式的过程。研究发现游离的酸溶解度差，从早期的筛选结果看来，选取钠盐是由于其具有最高的熔点。经过长期的研究，停止了钠盐的开发，取而代之的是结晶度高、吸湿性弱和不需 2～8 ℃储存的形式。进一步筛选发现钙盐二水合物是优选形式。因为钙盐的水溶性比钠盐差得多（0.003 mg/mL 相对于>100 mg/mL），对灵长类动物进行了研究。钙盐（1 mg/kg）悬浮液与钠盐（1 mg/kg）溶液的生物利用度——药代动力学特征相似，这表明水溶性不能很好地预测生物利用度。这种贡献图形化地描述了如何采用 DSC、XRDP 和蒸气吸附等数据来检验潜在的终产物形式 [17]。

13.3 原料药中杂质的注意事项

低水平的杂质可导致药物产品生产和销售的终止。人们可发现极低浓度的恶臭杂质，味觉是主观的。正如下一部分所讨论的，基因毒素应控制在 mg/kg 水平（甚至μg/kg 水平）。由于杂质可能在接下来的反应中损耗掉而被除去，有时也能转化为其他杂质[66]，工艺化学家们可以将那些产生麻烦杂质的反应尽量放在路线的前面。

为确定一批原料药中是否含有毒杂质，要对一批原料药候选物（毒性批次）进行动物实验。若在动物实验中所发现的毒性是可以接受的，监管部门可批准针对人类的一期临床，并认可该毒性批次中的杂质是合格的。（对于新化合物实体和将用于人的原料药的不同批次，杂质情况不能差于那批合格毒性批次样品的杂质标准，即不存在新的杂质，合格杂质的含量不高于毒性批次中的杂质标准。）具有高质量的毒性批次，例如 99.8%AUC，如果在制备毒性批次之后的路线或者操作中再次引入其他杂质的话，将会对生产构成问题。不同的杂质情况可能会引发桥连的毒性研究。

> 有机化学家们认为是“差”的反应中会形成大量的杂质。验证是否存在某种杂质通常是谨慎的。

根据 ICH 标准 Q3A（R2）[67]，申请者们必须总结“*在合成、纯化和储存新药物质时，最有可能生产的实际的和潜在的杂质。此总结应该是基于对合成所涉及的化学反应的合理科学评估、会对新药物质的杂质状况产生影响的与原料有关的杂质以及一些可分解的产物的合理科学评估之上。此讨论仅限于基于化学反应的知识和所涉及的条件可合理预测的那些杂质。*”用斜体强调以表明必须考虑已知的和合理的杂质；例如，杂质的分解物是通常不予考虑基因毒性杂质（PGI）。

基于原料药或候选药物的计量，在 ICH 的指南 Q3A 中描述了杂质的标准限量。表 13.4 显示了报道、鉴定和合格化的杂质限量。应当指出，若杂质是剧毒的则应采用更低的阈值，而较高的报道阈值可以是合理的。

表 13.4　新药物质中 Q3A 杂质限量①

药物底物的最大摄取量	报道的阈值②③	识别阈值②	合规的阈值②
≤2 g/d	0.05%	0.10%或 1.0 mg/d（取低者）	摄入 0.15%或 1.0 mg/d（取低者）
≥2 g/d	0.03%	0.05%	0.05%

① http://www.fda.gov/RegulatoryInformation/Guidances/ucm127942.htm#1

② 更高报道的阈值应该加以科学调整。

③ 如果杂质的毒性非同寻常，则应该采用更低的阈值。

原料药中的常见杂质限量标准，例如溶剂残留，可基于毒理学的数据而设定。表 13.5 中所示的限量是基于选项 1，剂量是 10 g/d。这些限量对于所有的药物、辅料和药物产品是可以接受的，并且当剂量不确定时予以使用。对剂量大于 10 g/d 的药物，产品的限量应用选项 2 进行计算[68]。若日摄取剂量小于 10 g/d，采用选项 2 可允许更高的限量。

表 13.5　原料药中部分溶剂残留的限量①

溶剂	ICH 溶剂类型	限量②/(mg/kg)
1,2-二氯乙烷	1	4
1,2-二甲氧乙烷	2	100
乙醇	3	5000（0.5%）

① ICHQ3C，表格和选项：http://www.fda.gov/RegulatoryInformation/Guidances/ucm128223.htm

② 基于 10 g/d 的摄取量（选项 1）。

每日允许暴露量（PDE）的计算是基于公式（13.1）：

$$\mathrm{PDE} = (\mathrm{NOEL}\times\text{权重调整}) / (F_1\times F_2\times F_3\times F_4\times F_5) \tag{13.1}$$

式中　NOEL——未观察到的影响限量；

F_1——不同物种的外推（对于从老鼠到人，$F_1 = 12$）；

F_2——个体的差异；

F_3——毒性研究的长度；

F_4——严重毒性的因子；

F_5——仅当 LOEL（最低观察到的影响限制）是已知时的参数因子。

最近，由于众多原因，残留金属的含量受到严格审查。测定“重金属”浓度的原始方法是将水中的金属离子以硫化物的形式沉淀，与标准的硫化铅基准物进行颜色对比。此方法具有低估了重金属含量和非特异性等缺点。现行方法主要包括原子吸收和电感耦合等离子体质谱法，对不同的金属品种更准确且更特异性一些（但是，这些设备价格不菲[2]）。“元素金属”的限制如表 13.6 所示。截至 2009 年，USP 咨询小组也正在考虑对锑、硼、三价和六价铬、钴、甲基汞中的一价汞、二价汞、锡和钨的限量标准[69]。预期 ICH 将发布对重金属如 Q3D 的指导[70]。

问：10 mg/kg 是什么概念？10 μg/kg 是什么概念？

答：想象有一百万个或十亿个直径为 0.5 in 的弹珠。将固体圆球随机堆放在一容器里之后，实占该容器 60%的体积，即总体积的 40%是未占据的空间[71]。10 mg/kg 相当于十个直径为 0.5 in 的弹珠分布在略超过 5 鼓（drum）弹珠之中（5.15 鼓 = 1.4018 yd^3 =1.0717 m^3，或 1072 L）。10 μg/kg 相当于 10 个直径为 0.5 in 的弹珠分布在具有 10 yd^3 空间的 234 个自卸卡车里，每部卡车的容积为 10 yd^3。

表 13.6 原料药中金属元素的每日允许暴露量（PDE）①-③

元素④	元素符号	PDE（口服剂量）/(μg/d)	质量分数（口服剂量 1 g/d⑤⑥）/%
砷（无机）	As	15	0.0015
镉	Cd	5	0.0005
铬	Cr	250	0.025
铜	Cu	2500	0.25
铁⑦	Fe	13000	1.30
铅	Pb	10	0.001
锰	Mn	2500	0.25
汞（无机）	Hg	15	0.0015
钼	Mo	250	0.025
镍	Ni	250	0.025
钯	Pd	100	0.01
铂	Pt	100	0.01
钒	V	250	0.025
锌⑦	Zn	13000	1.30
铱	Ir	100（这些金属的总和）	0.01（这些金属的总和）
锇	Os		
铑	Rh		
钌	Ru		

① EMA 有关金属催化剂或金属试剂的残余量限量的指南，2008：http://www.ema.europa.eu/docs/en_GB/document_library/ Scientific guideline/2009/09/WC500003586.pdf.

② Pharmacopeial Forum 2010, 36, 1: http://www.usp.org/pdf/EN/hottopics/232_ ElementalImpuritiesLimits.pdf.

③ http://www.usp.org/pdf/EN/hottopics/2009-04-22MetalImpuritiesToxChart.pdf.

④ 美国专利顾问小组还考虑锑、硼、铬（Ⅲ/Ⅵ）、钴、甲基汞中的一价汞（Ⅰ）、二价汞、锡和钨：http://www.usp.org /pdf/EN/hottopics/2009-04-22 MetalImpuritiesTox Chart.pdf.

⑤ 肠道外或吸入暴露的限制是口服、黏膜吸收和局部表皮服用的限制的十分之一（参见上述注释②）。

⑥ ICH Q3D 指导意见将有可能改变数值。

⑦ 有关金属催化剂或金属试剂的特定限制的 EMA 指导意见，2008. http://www.ema.europa.eu/docs/en_GB/document_library/Scientific_ guideline/2009/09/WC500003586.pdf.

如第 12 章所述，在原料药被分离之前，原料药溶液应该精良过滤。在某些情况下，无法让化合物在溶液中保持足够时间以实施精良过滤，那么就在较早阶段迫使精良过滤，并进行 cGMP 处理以制备最终的形式。例如，β-氨曲南的形式可在温的乙醇中迅速溶解、结晶[72]，随后升温并不能溶解原料药。为了避免这种不便，可将氨曲南溶解在水-乙醇混合溶剂中，精良过滤，结晶为 α 形式，然后在 GMP 条件下转化为更稳定的 β 形式。内毒素也可以通过精良过滤除去，革兰氏阴性菌的细胞膜上的脂多糖配合物可导致热原反应，当注射入血液时甚至会导致死亡。杂质可能来源于未充分纯化的注射用水（WFI）或源于细菌生物催化的反应物流。内毒素难以通过加热或者极端的 pH 环境除去，可利用其疏水性进行萃取或者采用 0.22 mm 的滤膜过滤除去[73]。

> 控制终产物中杂质的最佳策略是首先控制倒数第二个中间体中的杂质。然后，通过耐受度试验，以确定最终的处理过程对这些杂质的清除程度。

13.4　基因毒性杂质

在过去的十一年里，在制药和 CMO 行业有关基因毒性杂质的关注日益增长。基因毒性和致癌的杂质通常总结在 ICH 的 Q3A 中所描述的具有非同寻常毒性的杂质中，故而对于这些杂质则有更严格的限制[67]。测试并控制 mg/kg 甚至 μg/kg 水平的杂质是一项重要的挑战，这能延缓 NCE 的开发[74-77]。最近蒂斯代尔写了一部有关基因毒素的极好的书[78]和一篇发表在 *Chemical & Engineering News* 上的全面综述[79]。

基因毒素或诱变剂可能通过损伤 DNA 而构成人类的潜在致癌物质[80]。（仅有少量的化合物被确定对人类具有基因毒性，由于考虑到对人体进行这种试验的道德问题。）在分子水平上，DNA 可能断裂或被共价修饰，使转录和最终翻译成蛋白的过程出现困难。在文献中，一些不幸常被交叉替换使用的术语有 PGIs（潜在的基因毒性杂质）、GTIs（经毒理试验确定是基因毒性杂质的化合物）和 GIs（基因毒性杂质）。一些致癌物质已进行了动物实验，以测定 TD_{50}，即让一半受试动物癌变的剂量，这些数据可从致癌潜力数据库[81]、国家有关致癌物质的毒理学项目计划报告[82]和其他资源中获得。使用 TD_{50} 数据可计算药物产品的 GTI 限制，该限制可能会比未被测试的杂质的缺省限制要高（采用 1.5 μg/d 的剂量进行 12 个月或更长时间的临床研究，讨论见表 13.7）。例如，已知氯乙烷对小鼠是致癌的，但效率低［TD_{50} = 1810 mg/(kg·d)］。加州 EPA 对氯乙烷所设限制为 150 μg/d[83]。使用某些 FDA 研究人员的方法[84,85]，1.81 mg/d 的限制是允许的[86]。若可能，应采用数据对杂质设定限制，正如氯乙烷被认定为 GTI[83,87]。

如图 13.5 所示，某些官能团（结构预警）被标记为具有赋予分子基因毒性的潜能[88]。通常认为烷基化试剂是基因毒素的第一组[89]。醛可通过与 N1 位和脱氧鸟苷

表 13.7 FDA 推荐的分阶段毒理学关注阈值（TTC）

暴露时间段	<14 d	14 d～1 个月	1～3 个月	3～6 个月	6～12 个月	>12 个月
对基因毒性和致癌杂质的允许摄入量/(mg/d)	120	60	20	10	5	1.5

注：http://www.fda.gov/downloads/Drugs/GuidanceComplianceRegulatoryInformation/Guidances/ucm079235.pdf.

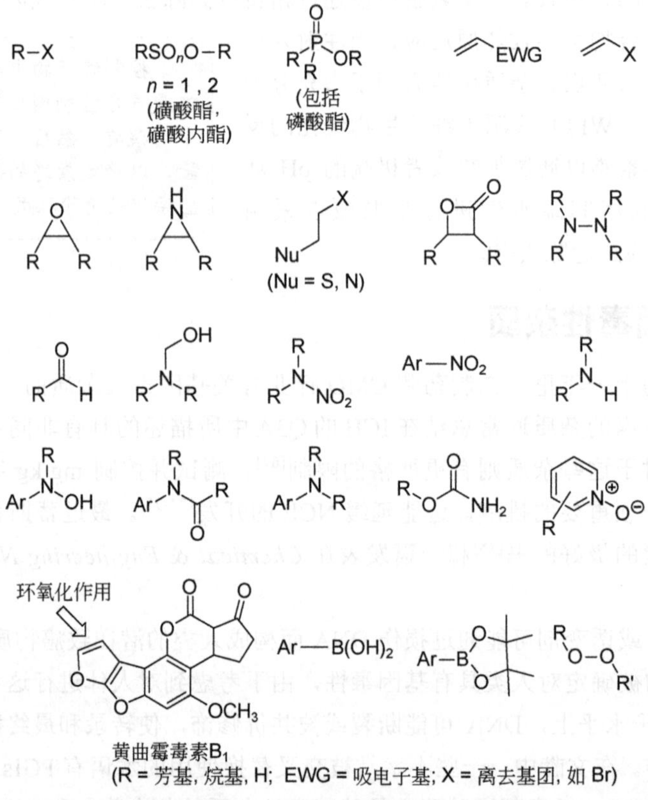

图 13.5 一些结构预警或一些标记为具有潜在基因毒性的官能团

残基的环外胺反应（正如乙醛与人体细胞反应所显示的那样）而发挥基因毒性[90]。多环芳烃，例如非常强效的诱变剂黄曲霉毒素 B_1，在代谢环氧化之后是具有反应活性的[91,92]。芳基硼酸和硼酸酯类化合物在细菌筛选中发现是致突变的；无动物实验数据[93]。图 13.5 中缺失那些反应活性极高的官能团，例如酰氯，可能是由于体外（和体内）的水解。一些程序，例如 Tox Tree，将这些具有反应活性的官能团归为 PGIs[94]。监管部门接受使用一些软件程序来预测化合物的致癌性，其中包括 MultiCASE（MCase）、Oncologic（肿瘤学）、DEREK、TOPKAT、RTECS（化学物质的毒性登记）和 LeadScope。FDA 也有一些关于有毒物质的数据库，这些有毒物质可能是原料药的杂质。软件会可能高估了作为代谢物生成的 PGIs 数量，例如 Pharma D_3 等[95]。

FDA 研究人员最近批评了 MCase 和 Oncologic 程序[96]。EMA 指出“缺乏基于性能良好（软件）评估的结构预警……将足以得出杂质与基因毒性无关的结论[97]”。最近，FDA 进一步提出了准则草案[98]。应当指出的是，在某些国家的监管当局使用的是结构预警而不是软件包[18]。此外，一些软件包是自我学习的工具，因此其预测的准确性取决于输入数据的质量。

处理基因毒性杂质的可接受方法程序有：①桌面筛选（在计算机上）；②微生物筛选，如 Ames 试验；③动物试验，通常是小鼠和大鼠。测试目的是确定阈值剂量，即认为是无致癌风险的最大剂量。此序列的基本原理在前面已进行了详细描述[99]。在药物开发的早期阶段，PGIs 往往不进行动物试验，因为 PGIs（通常是少量的）可能是难以分离、识别和制备的，而因为毒理实验耗时又耗财。

PGIs 是指那些具有潜在基因毒性的杂质，即没有足够的毒理学数据来确立其可以接受的暴露限制量的那些杂质。EMA 指出，若无法避免这些杂质的存在，则必须将其降低到合理可行的水平（ALARP）[99]。默认 PGIs 受临床试验中的“毒理学关注阈值”（TTC）限制的影响（表 13.7）[100]；长于 12 个月临床研究的限制 1.5 mg/d 也适用于长期使用的药物。这些限制是基于一种可以接受风险，即暴露于一个给定剂量的化合物之中则会有十万分之一的致癌风险。短期的临床研究允许更高的限制（见表 13.7 中所示的分阶段毒理学关注阈值），尽管如此，仍然低于医药领域的研究人员提出的限制[101]。若采用该外推法来定义可接受的安全范围，Bruce Ames、Lois Gold [102]、Roche 公司研究人员 [103]和其他人员已应用对线性外推法的有效性提出了质疑。

遭遇外部化学物质时，生物系统具有许多自我修复的机制。例如，化学品可以毫无变化地被排泄掉，或由内源性亲核试剂如谷胱甘肽截获，或以其他方式代谢。酶可修复受损的遗传物质。受损的细胞可程序性死亡（凋亡），或有机个体死亡，可能是由于癌症。如果细胞损伤的范围不大，有机生物体可以存活下来，并将有害基因连续传递几代。在整体动物实验中缺乏致畸性意味着保护机制起作用，使 PGIs 失活。例如，在体外试验中，丙烯酸、丙烯酸酯和甲基丙烯酸酯损伤了小鼠淋巴细胞的 DNA，但在活体动物试验中，并无致突变作用的证据[104]。Snodin 在 2006 年质疑了烷基甲磺酸酯作为基因毒素的真实影响作用[89]。PGIs 的毒理学试验数据比计算机模拟和体外实验更明确一些，如已有证据说明了奈非那韦甲磺酸乙酯被甲磺酸乙酸（EtOMs）污染。

对于基因毒素的关注源于 2007 年，当时 Hoffmann-La Roche 公司撤回了欧洲市场所有批次的甲磺酸奈非那韦（Viracept ™），该药是最近在瑞士生产的。病人投诉了气味，这引起了 Roche 公司的调查，并且 Roche 发现了 2007 年 3～6 月生产的多个批次的药品中含有高浓度的甲磺酸乙酯。当时已知甲磺酸乙酯是致癌的、有基因毒性的、致畸的，并对 DNA 进行烷基化主要发生在鸟嘌呤❶的 N7 位上[105]。使用较晚批次的原料药制作了几批药物产品中含有约 1100 mg/kg 的甲磺酸乙酯。以 2.5 g/d 的剂量计算，病人每天摄取的甲磺酸乙酯多达 2.75 mg[106,107]。

Viracept™是通过将游离碱和甲磺酸在乙醇中混合，然后喷雾干燥制得的（图 13.6）。Roche 认定用于制造奈非那韦甲磺酸盐的甲磺酸储备罐是导致甲磺酸乙酯超标的主要根源。通过乙醇排干和漂洗来清理此存储罐，但是不幸的是，在新鲜的甲磺酸加入前，所用的乙醇并未完全除净。在无水条件下，在数月的存储期间甲磺酸乙酯在甲磺酸中的浓度逐渐升高；因此，当使用甲磺酸与游离碱成盐时，甲磺酸乙酯随之被带入终产物中。在 2006 年 10 月生产的和在 1～2 月的活动中生产的数批原料药中甲磺酸乙酯的含量逐渐升高。欧洲药品管理局（EMA）的检查员和西班牙药物署 Agemed 机构确定了另一根源是工厂的乙醇和氮气管道，它可将干燥过程中挥发的乙醇重新吸回甲磺酸的储存罐中。检查员认定甲磺酸中存在甲磺酸甲酯的另一可能原因是通过酸催化的酯交换反应可形成甲磺酸乙酯。EMA 的总体评价是 Hoffmann-La Roche 公司未能完全理解他们所购买的整个生产流程[107]。

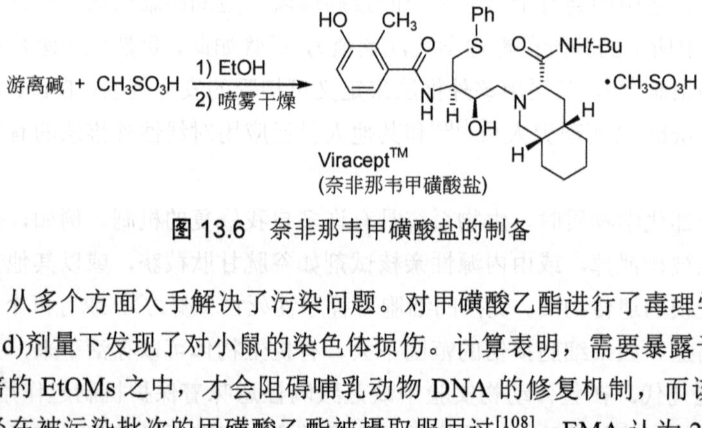

图 13.6　奈非那韦甲磺酸盐的制备

Roche 从多个方面入手解决了污染问题。对甲磺酸乙酯进行了毒理学研究，在 25 mg/(kg·d)剂量下发现了对小鼠的染色体损伤。计算表明，需要暴露于最大水平浓度 370 倍的 EtOMs 之中，才会阻碍哺乳动物 DNA 的修复机制，而该最大水平的浓度曾经在被污染批次的甲磺酸乙酯被摄取服用过[108]。EMA 认为 2 mg/(kg·d) 的甲磺酸乙酯是安全的（50 kg 的人服用 2.5 g 的 Viracept™，相当于甲磺酸乙酯在 Viracept™ 中的质量百分数为 4%）[109]。Roche 规定，甲磺酸中甲磺酸乙酯和甲磺酸甲酯的总含量不得超过 1 mg/kg，以限制通过酯交换形成甲磺酸乙酯，并规定回收乙醇中甲磺酸乙酯和甲磺酸甲酯的 NMT 总含量不超过 0.01 mg/kg。Roche 改善了成盐操作的细节；例如，甲磺酸直接从一次性容器中加入，以消除存储槽。优化了甲磺酸加入到在乙醇中游离碱悬浮溶液的管道，取而代之的是直径更小的管道以减小中间的混合状态。仅加入 0.97～0.995 摩尔倍量的甲磺酸以避免酸催化酯交换

❶ 原著中此处为 Gunidine（胍），但根据上下文推断此处应该为 Guanine（鸟嘌呤）。——译者注

> 比理论更为重要的是 GTI 的致突变性数据和数批原料药中的 PGI/GTI 水平数据。

反应（相关详情见图 13.7）。首先加入所需甲磺酸的 90%，随后向混合物中加入更多的甲磺酸以调节 pH 值在 3.5～3.0，这样体系的酸度范围会比之前允许的低。这些措施使所生产的奈非那韦甲磺酸盐达到甲磺酸乙酯和甲磺酸甲酯的总含量不超过 0.5 mg/kg 的例行标准。2007 年 9 月 EMA 解除了对 Viracept™ 的销售禁令[107,109-111]。

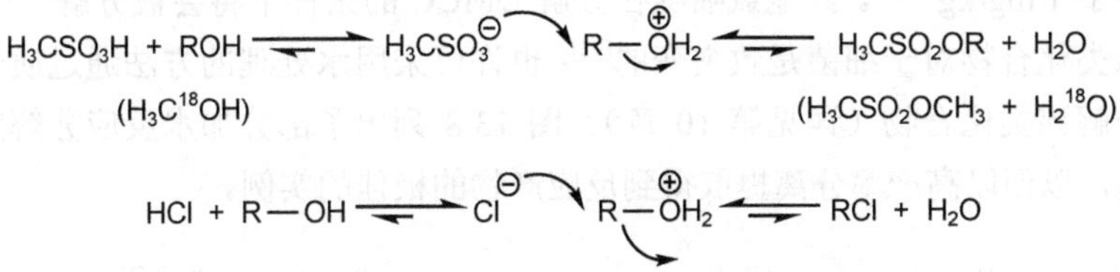

图 13.7 形成烷基甲磺酸酯和烷基氯的平衡

有关 Viracept™ 如前所述，从醇溶剂中析出铵盐结晶时可能也生成含烷基甲磺酸酯和烷基氯等的副产物，控制烷基氯的策略已作了综述总结[112]。此问题的直接解决办法是在原料药成盐时（和倒数第二步）避免使用醇类溶剂，选择那些不能形成可作为烷基化试剂的副产物酯的酸，例如酒石酸和草酸，甚至开发游离碱作为原料药。不幸的是，当使用非预期的酸时，盐的最佳多晶可能会从醇溶液中析出。PQRI 的研究人员通过甲基磺酸和 ^{18}O 标记的甲醇证明：烷基甲磺酸酯是由酸催化而形成的（图 13.7）。PQRI 的研究人员发现此反应速度缓慢［在 0.06%（质量分数）的水存在下，在 50 ℃下反应 50 h，仅形成 0.2%的甲磺酸甲酯］，而加入弱碱 2,6-二甲基吡啶可进一步减慢反应速度。加入水可使得平衡向左移动，远离甲磺酸甲酯的形成。为了进一步减少烷基甲磺酸酯的形成，PQRI 的研究人员建议减少所加甲磺酸的量和缩短甲磺酸与醇的接触时间[113,114]。类似的考虑适用于从醇和氯化氢制备烷基氯的过程。

直接加水以分解杂质是非常有效的方法。Boc-胺在正丙醇中脱保护所得甲苯磺酸盐粗品含 2～60 mg/kg 的异丙基甲苯磺酸酯，其在 72 ℃下维持 1 h 后的重结晶过程中可完全水解（图 13.8）[115,116]。双甲磺酸酯与苯酚之间由相转移催化介导的烷基化反应在弱碱性条件和 102 ℃即可发生。对于烷基化所用的双甲磺酸酯需要过量的，但此中间体是 PGI，所以应控制其在原料药中的含量。甲磺酸烷基酯的水解依赖于水的浓度，而烷基羧酸酯的水解速率取决于氢氧化物的浓度。所开发的条件描述为将保证高度的烷基化水平和过量的甲磺酸烷基酯的分解，但无酯水解[117]。又例如，腺嘌呤衍生物上的 THP 基在异丙醇下经 TFA 处理即可脱除，则需要考虑的是将会产生的三氟异丙酯是一个 PGI。因此，TFA 介导的脱保护反应应该在含水的异丙醇中进行，以减少三氟乙酸异丙酯的形成[118]。甲磺酸烷基酯可由反应性的树脂分解[119]。

二甲基氨基甲酰氯（DMCC）是采用 $SOCl_2$ 和 DMF 制备酰氯时的副产物，已知其在 μg/kg 浓度水平时是一种动物致癌物[120]。（图 13.8 是 DMCC 形成的一种可能机理，对于此反应，吡啶的存在促进了 DMCC 的形成[121]。）酸的酰氯由所示的 Vilsmeier 试剂催化形成。实验表明，DMCC 的水解相当迅速：在 80 ℃和淬灭反应条件下半衰期 $t_{1/2}$ 是 4.13 min。使用优化反应条件，在制备 Vilsmeier 试剂的最初反应中所产生的 DMCC 约为 8 mg/kg，在用水进行淬灭之后，在 70 ℃保温 30 min，剩余的 DMCC 的浓度将计算为小于 1 mg/kg [121]。其他氯嘧啶在分解 DMCC 的条件下将会被分解[122]。芳基硼酸及其酯类化合物对于细菌是致突变的[93]；也许可采用水处理的方法通过质子去硼化反应来分解该类化合物（详见第 10 章）。图 13.8 列出了部分加水反应分解路线中的反应杂质，以便以高产率分离提取得到反应产物的极佳的实例。

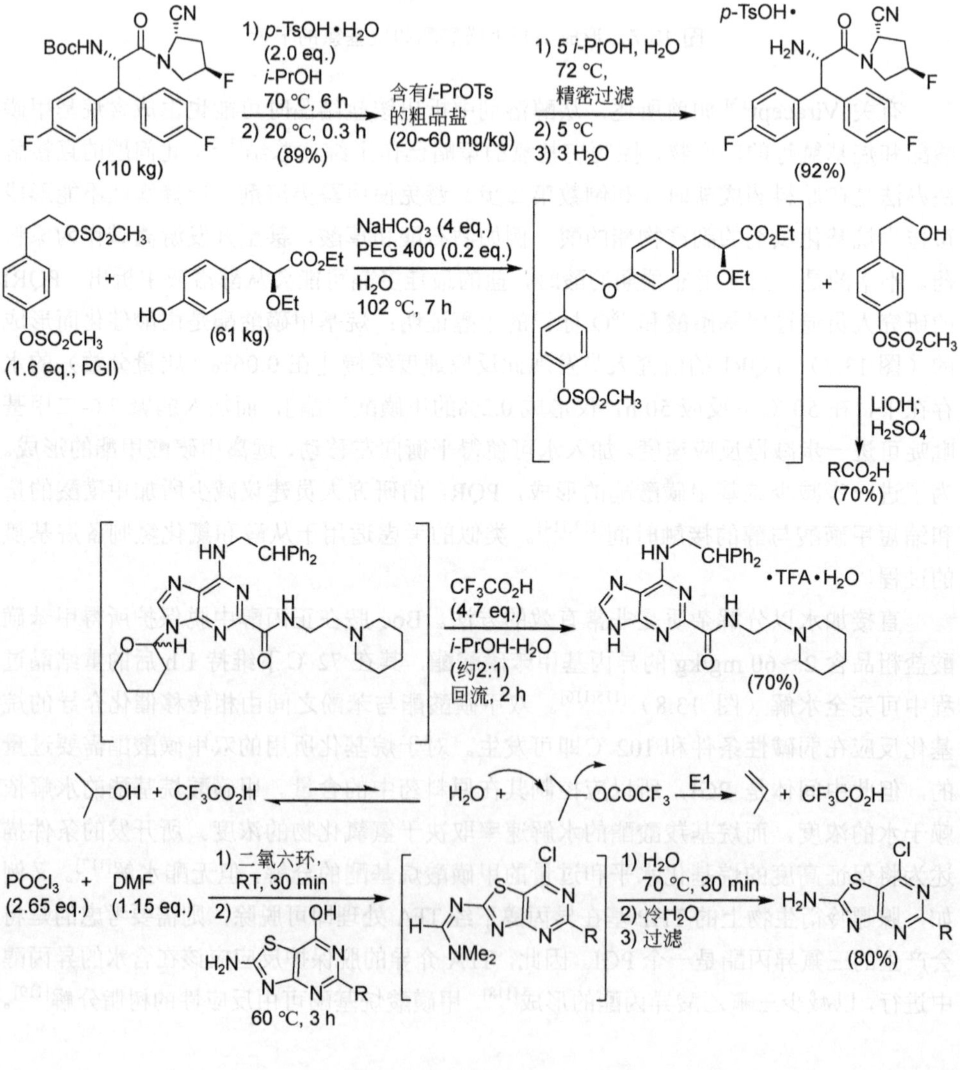

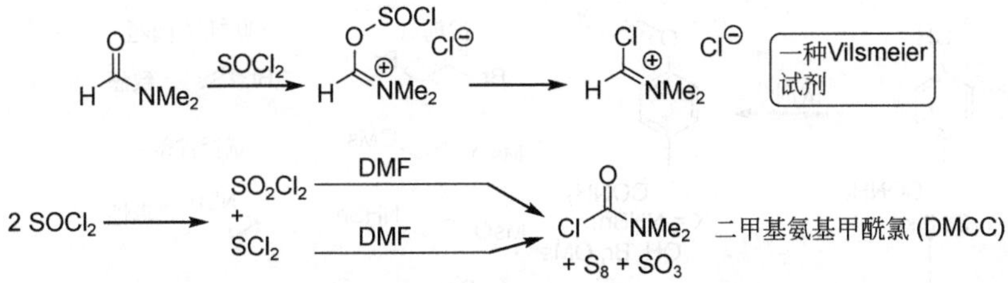

图 13.8 利用水来分解那些产生麻烦的杂质

影响清除杂质能力的因素包括反应性、溶解性、电离度、挥发性和色谱分离法[123]。控制原料药中杂质的方法可总结为缩写的 ACE，分别为避免（A，avoid）、控制（C，control）和排出（E，expel）（表 13.8）。图 13.8 中的例子通过分解杂质来控制杂质含量。在制备氯嘧啶时可避免使用 DMF[122]，但是若没有 DMF，图 13.8 中的氯化反应速度则会太慢。氯化时可用 DBU 代替 DMF[124]，从而避免了 DMF 的使用。从产品中排出杂质的例子可参见后处理和结晶的章节。部分使用图 12.10 所讨论的反应性结晶，原因是干燥无法除净烷基氯[125]。

表 13.8 减少基因毒性杂质等杂质含量的 ACE 方法

技　术	实例/注释
避免使用或形成	避免使用 ICH1 类溶剂 选择不同的起始原料 调整路线中各步骤的顺序
控制形成或分解	化学归趋的机理研究
从产品中排出	将化学归趋的论据应用于 QbD
萃取后处理	利用溶解度的不同
吸附	活性炭，合成树脂
蒸发	除去溶剂，共沸
选择性结晶	逐渐应用结晶的力量 利用溶解度的不同
洗涤产品饼	移除杂质，例如高沸点的溶剂
干燥	除去挥发性的有机化合物(VOCs)，低分子量的化合物

避免使用或形成麻烦材料的实例请参见有关溶剂、试剂和路线选择的那些章节。图 13.9 中的另外两个实例分别是为了避免形成致癌副产物和 PGI 而开发的。在第一个例子中 Zeneca 研究人员想在苯酚中引入氨基乙基，但意识到所显示的两碳单元具有明显缺陷，他们开发了噁噻唑烷-*S*-氧化物的试剂来实现这一转化[126]。在第二个例子中，采用第二条路线经过中间体甲磺酸酯来合成一个原料药；为避免生成含醇生产路线所带入的 PGI，与现场生成的三氟乙酸酯发生偶联反应[127]。

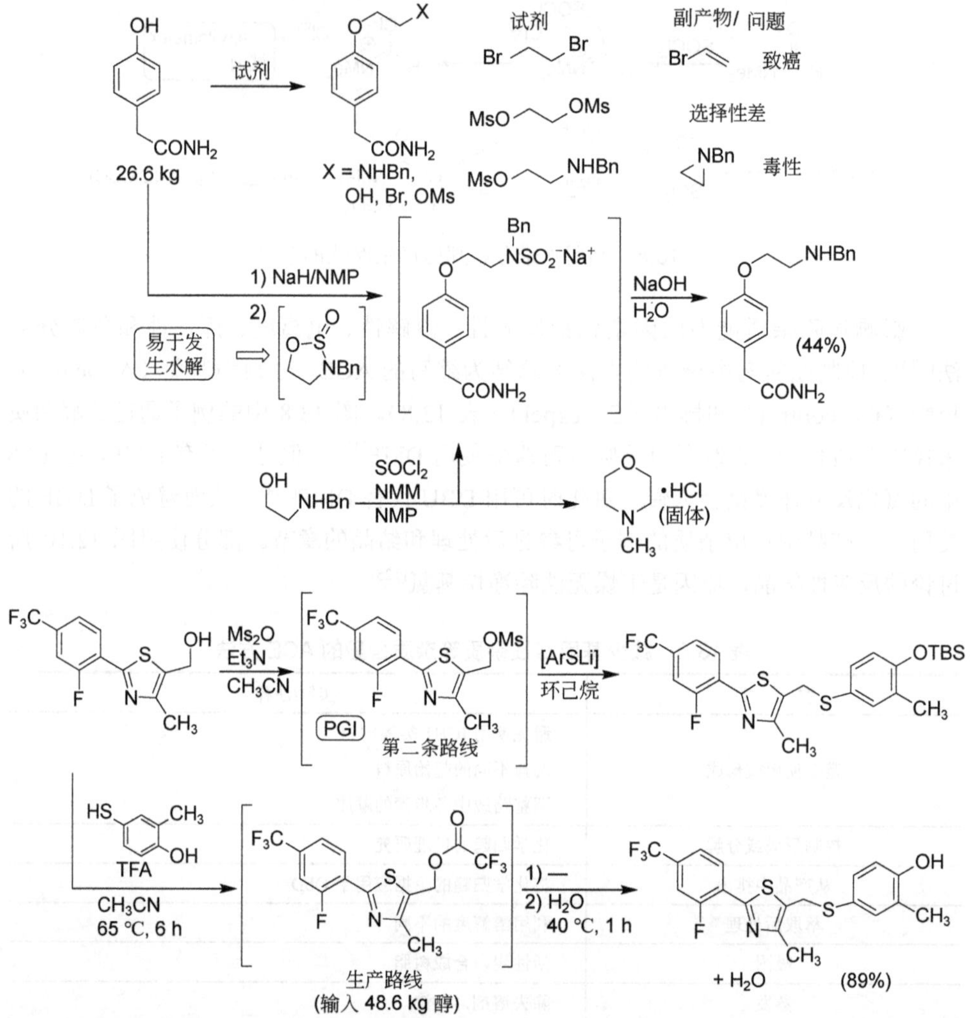

图 13.9 避免麻烦的中间体或副产物

控制基因毒性杂质的另外一种方式，是将 PGIs 放在路线的早期，以便有更多的机会将它们从原料药中除去。Pierson 说礼来公司的战略分三步：①将 PGI 至少放在终产物的四步之前，并在每一步分析除去该杂质的潜力；②强调纯化，分离之前在工艺流程中增加额外的 PGI（工艺过程的耐受性研究）；③在倒数第二步监视 PGI 浓度，并设置限制测试。通过验证结果，QbD 方法则是可能的[128,129]。顶点（Vertex）公司描述了如何对控制基因毒素进入 QbD 进行风险评估[130]。增强试验用于确定乙酰

> 控制 GTIs 的最佳方法是使用数据，而非理论。理解一种 GTI 的致突变性。了解原料药中的 PGI/GTI 水平。开发控制点、化学归趋（chemical fate）的论证和 PARs。最终的彻底理解和 QbD 应该简化操作。

胺是多么容易从过程物流中除去，这是工艺耐受性研究的很好的实例[131]，礼来公司的研究人员详述了中间体甲醛的检测方法和从候选药物中除去甲醛的可接受的耐受性过程[132]。图 11.10 举例说明了如何将 PGI 放在路线的前面对其加以控制，以及如何开发萃取操作以便将其从产物中除去[133]。

13.5　药用物质的稳定性

FDA 对用于新药申请的原料药和药物产品要求大量的稳定性实验。手册要求至少对三批常规制造方法生产的药用物质进行稳定性测试；加速稳定性试验可以对一批药物进行[134]。ICH 的 Q1B 描述了光稳定性测试的标准条件[135]。药物产品在保质期内的规范见 ICH Q6A[136]和 ICH Q6B[137]，而对分解物的规范单独见 ICH Q3B（R2）[138]。药物产品的稳定性是受严密监视的；辅料与药用底物相互作用用而新形成的杂质在药物中是检测不到的[138]。药物产品的各个批次在保质期内均应该遵守原料药的规范，只要该药物产品在规定条件下储存，均应该在整个保质期内一直遵守规范的限制[136,140]。储存条件和稳定性测试的推荐频率在表 13.9 和表 13.10 中显示。

表 13.9　药用物质的稳定性研究①

研　　究	储存条件	递交时数据覆盖最短时间周期
药用物质的一般稳定性研究		
长期型②	25 ℃ ± 2 ℃/60% RH ± 5% RH 或 30 ℃ ± 2 ℃/65% RH ± 5% RH	12 个月
中间型③	30 ℃ ± 2 ℃/65% RH ± 5% RH	6 个月
加速型	40 ℃ ± 2 ℃/75% RH ± 5% RH	6 个月
打算存储在冰箱的药用物质		
长期型	5 ℃ ± 3 ℃	12 个月
加速型	25 ℃ ± 2 ℃/60% RH ± 5% RH	6 个月
打算存储在冷库的药用物质		
长期型	−20 ℃ ± 5 ℃	12 个月

① Q1A（R2） 新药物质和产物的稳定性试验, 2003: http://www.fda.gov/downloads/Drugs/GuidanceCompliance Regulatory I nformation/Guidances/UCM073369.pdf.

② 由申请者决定否是在 25 ℃ ± 2 ℃/60% RH ± 5% RH 或 30 ℃ ± 2 ℃/65% RH ± 5% RH 条件下进行长期稳定性试验。

③ 如果 30 ℃ ± 2 ℃/65% RH ± 5% RH 是长期的条件，则没有中间状态。

注：原著中缺文献[139]的呼应。

表 13.10　长期稳定性测试的推荐测试频率①

研究类型	第一年	第二年	其后贯穿于整个保质期
长期型（保质期至少为 12 个月）	0，3，6，9，12 个月	18，24 个月	每年一次
加速型（保质期 6 个月）	0，3，6 个月		
中间型（保质期 12 个月）②	0，6，9，12 个月（至少四点）		

① Q1A（R2）新药物质和产物的稳定性试验，2003. http://www.fda.gov/downloads/Drugs/GuidanceComplianceRegulatoryInformation/Guidances/UCM073369.pdf.

② 如果加速稳定性研究显示有显著变化时，则需进立刻储存。

固态原料药和药物产品分解的主要途径是氧化和水解[4]。更少的部分降解是通过以下过程而发生的，如脱水、光解反应、重排和失去挥发性组分，例如盐酸盐中 HCl 的挥发（见图 13.3）。大量储存期间，加巴喷丁脱水成内酰胺是能预期的（图 13.10）；也许令人惊讶的是，内酰胺（对于小鼠，LD_{50} = 300 mg/kg）的毒性远

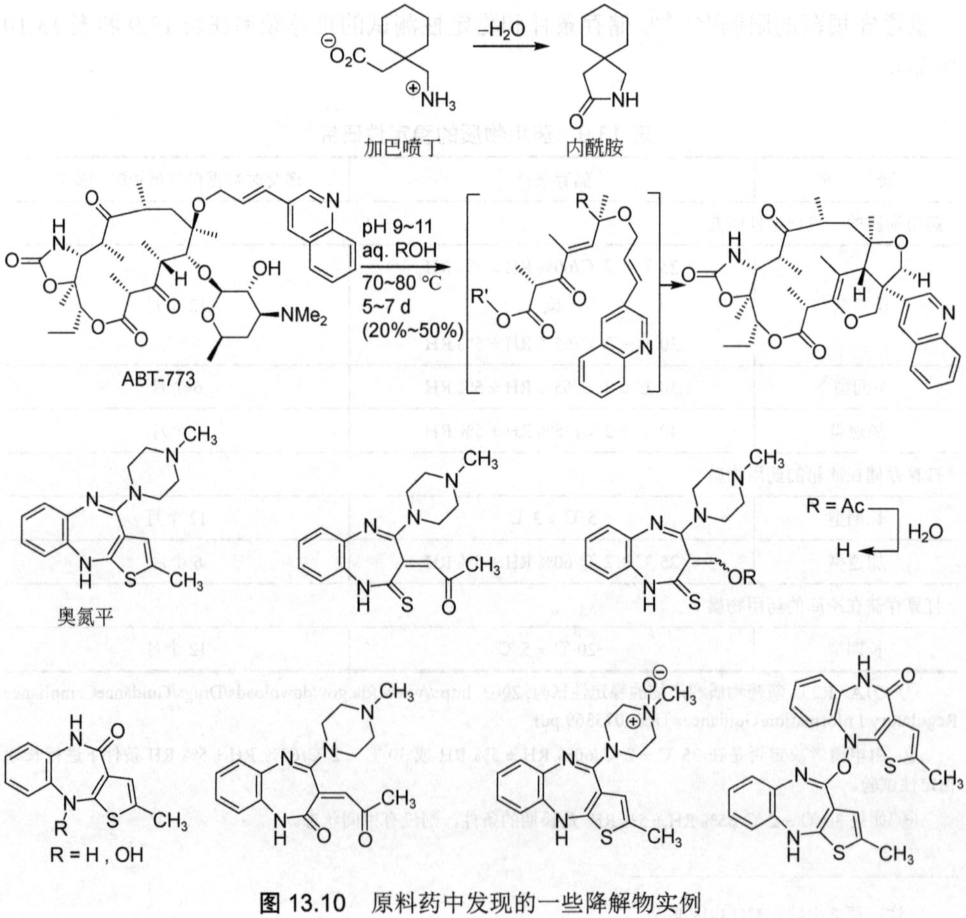

图 13.10　原料药中发现的一些降解物实例

远高于加巴喷丁（对于小鼠，LD_{50} = 8000 mg/kg）。在酸、碱或者干燥条件下发生的环化反应可通过控制酸度低于 20 mg/kg 而被控制在 0.5%以下[141]。大环内酯 ABT-773 的分解是通过糖部分的 β-消除，继而发生一个杂环 Diels-Alder 反应而实现的[142]。图 13.10 也列出了奥氮平中经过鉴定的一些氧化杂质[143]。

预测原料药的降解时，应考虑分子内作为亲核试剂和亲电试剂的官能团。邻位基团的参与，分子间的反应以及可能与 O_2、溶剂和其他试剂的反应均可能会降解原料药。任何形成五元环副产物的环化反应是极有可能发生的（Illuminati G, Mandolini L. *Acc Chem Res*, **1981**, *14*, 95）。过多的副产物需改变原料药的分离方法，甚至促进该原料药的终止。

13.6　总结与展望

一个药物的命运与监管者们和患者们的期望紧密联系。为避免意外，监管部门的指导可以并且应该经常进行协商咨询。消费者可以更加清醒地认识与药物相关的质量问题和花费；例如，2000 年华尔街日报报道说，许多药物在保质期之后的许多年仍是有效的，该文章曾广为流传。美国陆军队对已储存、未开封并保存在理想条件的药物进行了一项研究[144]。诉讼可能加速或者减缓这些改变。

关于基因毒性，更高的透明度已被公布或期待值更高[97,98]。EMA 要求制造商应该考虑磺酸酯会污染他们在售药物的风险[145,146]。准则也有不一致之处；例如，美国 FDA 允许乙酰胺作为食品添加剂[147]，但认为乙酰胺为基因毒素[148-150]（乙酰胺对啮齿类动物的致癌活性可能是由于形成了羟胺[151]）。乙基氯被认为是一种基因毒素，但却作为局部麻醉药上市销售[152]。Jacobson Kram 和 Jacobs 讨论了 FDA 对基因毒素的立场，并指出一般杂质不会产生有益的影响[153]。Snodin[89]、Elder 和 Harvey[154]试图从风险与收益相关的角度正确看待 GTIs。药物开发时，制药工业的贡献将会使控制基因毒素在 mg/kg 水平的成本定量化。不考虑毒理学数据，尽管有些杂质是 PGIs，根据 ALARP 原理，对其进行 GTIs 的限制可能持续地进行。ICH 预计将发布对作为 M7 基因毒性的限制指导[155]。

将数据以表格的形式进行呈现，可能是使一位科学家信服争论的有效性的最好方式。采用适当的行和列组织数据可以很快地获得交叉点。政策制定者做决定不只是立足于艰难的数据，而清晰的呈现形式则可简化讨论。

未能控制原料药的物理形态和杂质的经济损失为监控操作和审查数据提供了很好的理由。此外，从道德的角度来看，我们必须控制原料药中的杂质。

参 考 文 献

[1] Raphals, P. *Science* **1990**, *249*, 619.

[2] Kemsley, J. *Chem. Eng. News* **2008**, *86(49)*, 32.

[3] Kleinman, M. H.; Lee, B//Abdel-Magid, A.; Caron, S., Eds. Fundamentals of Early Clinical Development: From

Synthesis Design to Formulation. Wiley, 2006, 269-294.

[4] Byrn, S. R.; Xu, W.; Newman, A. W. *Adv. Drug. Deliv. Rev.* **2001**, *48*, 115. 原料药可以与辅料反应。该文献描述了盐酸氟西汀与乳糖通过 Maillard 反应生成褐色杂质的反应。

[5] Brittain, H. G.; Boganowich, S. J.; Bugay, D. E.; et al. *Pharm. Res.* **1991**, *8*, 963.

[6] Karner, S.; Urbanetz, N. A. *J. Aerosol Sci.* **2011**, *42*, 428.

[7] Meier, M.; John, E.; Wieckhusen, D.; et al. *Eur. J. Pharm. Sci.* **2008**, *34*, 45.

[8] Watanabe, H.; Ghadiri, M.; Matsuyama, T.; et al. *Int. J. Pharm.* **2007**, *334*, 14.

[9] Jadhav, N. R.; Gaikwad, V. L.; Nair, K. J.; Kadam, H. M. *Asian J. Pharm.* **2009**, *3*, 82.

[10] Zanowiak, P. // Swarbrick, J.; Boylan, J. C., Eds. Encyclopedia of Pharmaceutical Technology. Vol. 4. New York: Marcel Dekker, 1990, 209-229.

[11] Beckmann, W.; Otto, W.; Budde, U. *Org. Process Res. Dev.* **2001**, *5*, 387.

[12] Repic, O. Principles of Process Research and Chemical Development in the Pharmaceutical Industry. New York: Wiley, 1998, 179-194.

[13] Butters, M.; Catterick, D.;Craig, A.; et al. *Chem. Rev.* **2006**, *106*, 3002.

[14] http://www.fingertipformulary.com/?action¼label&drugId¼750

[15] Physician's Desk Reference. 53rd ed.; Montvale, New Jersey: Medical Economics Co., Inc., 1999, 484.

[16] 关于阿托伐他汀钙的无定形形式,见：Harrington, P. J. Pharmaceutical Process Chemistry for Synthesis; Rethinking the Routes to Scale-Up. Wiley-VCH, 2011, 341. 阿托伐他汀钙最优的结晶形式是三水合物：Briggs, C. A.; Jennings, R. A.; Wade, R.; Harasawa, K.; Ichikawa, S.; Minohara, K.; Nakagawa, S. US 5969156. 1999（to Warner Lambert）.

[17] Morrison, H.; Jona, J.; Walker, S. D.; et al. *Org. Process Res. Dev.* **2011**, *15*, 104.

[18] Thayer, A. M. *Chem. Eng. News* **2010**, *88*（*22*）, 13.

[19] Stahl, P. H.; Vermuth, C. G. Eds. Handbook of Pharmaceutical Salts: Properties Selection and Use. Zurich: Wiley-VCH, 2008.

[20] Swinbanks, D.; Anderson, C. *Nature* **1992**, *358*, 96.

[21] Mayeno, A. N.; Lin, F.; Foote, C. S.; et al. *Science* **1990**, *250*, 1707.

[22] http://www.nytimes.com/2010/09/14/health/14kelsey.html

[23] Abell, C. W.; Shen, R. S.; Gessner, W.; Brossi, A. *Science* **1984**, *224*, 405.

[24] Pearn, J. H. *J. Paediatr. Child Health* **1985**, *21*, 237.

[25] Bowker, M. J. // Stahl, P. H.; Wermuth, C. G., Eds. Handbook of Pharmaceutical Salts: Properties, Selection, and Use. Weinheim: Wiley-VCH, 2002, 163-164.

[26] Bastin, R. J.; Bowker, B. J.; Slater, M. J. *Org. Process Res. Dev.* **2000**, *4*, 427.

[27] Brittain, H. G. *Am. Pharm. Rev.* **2009**, *62*（November/December）.

[28] Gould, P. *Int. J. Pharm.* **1986**, *31*, 201.

[29] Morris, K. R.; Fakes, M. G.; Thakur, A. B.; et al. *Int. J. Pharm.* **1994**, *105*, 209.

[30] Antonucci, V.; Yen, D.; Kelly, J.; et al. *J. Pharm. Sci.* **2002**, *91*, 923.

[31] Remenar, J. F.; MacPhee, J. M.; Larson, B. K.; et al. *Org. Process Res. Dev.* **2003**, *7*, 990.

[32] Serajuddin, A. T. M.; Pudipeddi, M. // Stahl, P. H.; Wermuth, C. G., Eds. Handbook of Pharmaceutical Salts: Properties, Selection, and Use. Weinheim: Wiley-VCH, 2002, 149-150.

[33] The Merck Index, 13th ed. Whitehouse Station Merck & Co., Inc.,, NJ: 2001, 431.

[34]Bogda, M. J. Tablet compression: machine theory, design, and process troubleshooting. //Swarbrick, J.; Boylan, J. C., Eds. *Encyclopedia of Pharmaceutical Technology*. Vol. 18. Suppl. 1.; Marcel Dekker: New York, 1999, 252

[35] Morris, K. 个人通讯.

[36] Wenslow, R. M.; Armstrong, J. D., III; Chen, A.; et al. WO 2005/020920 A2; (to Merck & Co., Inc.).

[37] Edmondson, S. D.; Fisher, M. H.; Kim, D.; et al. WO 03/004498, 2003（to Merck & Co., Inc.）.
[38] Hansen, K. B.; Hsiao, Y.; Xu, F.; et al. *J. Am. Chem. Soc.* **2009**, *131*, 8798.
[39] Miller, J. M.; Collman, B. M.; Greene, L. R.; et al. *Pharm. Dev. Technol.* **2005**, *10*, 291.
[40] FDA 制订了一个可接受的添加剂的 EAFUS（Everything Added to Food in the United States）列表。这些通常认为是安全的（GRAS）: http://www.cfsan.fda.gov/~dms/ eafus.html
[41] Newman, A. 个人通讯.
[42] Paulekuhn, G. S.; Dressman, J. B.; Saal, C. *J. Med. Chem.* **2007**, *50*, 6665. 这些数据来源于 FDA 橘皮书，书中列出了批准的非专利药。文献中不常用来形成商品化盐的这些酸不包括在表 13.2 中.
[43] Byrn, S. R. Solid-State Chemistry of Drugs. Academic, 1982, 22.
[44] Lynch, J. K.; Holladay, M. W.; Ryther, K. B.; et al. *Tetrahedron Asymmetry* **1998**, *9*, 2791.
[45] Lee, S.; Hoff, C. I// Stahl, P. H.; Vermuth, C. G., Eds. Handbook of Pharmaceutical Salts: Properties, Selection, and Use. Weinheim: Wiley-VCH, 2002, 213.
[46] Abramowitz, R.; O'Donoghue, D.; Prabhakaran, P.; et al. Poster presented at AAPS Meeting, Boston, 1997.
[47] Giron, D.; Grant, D. J. W. //Stahl, P. H.; Wermuth, C. G., Eds. *Handbook of Pharmaceutical Salts: Properties, Selection and Use*. Weinheim: Wiley-VCH, 2002, 41.
[48] Chatterjee, S.; Pedireddi, V. S.; Rao, C. N. R. *Tetrahedron Lett.* **1998**, *39*, 2843.
[49] http://en.wikipedia.org/wiki/Oxalic_acid
[50] Rhubarb is known for having high levels of oxalic acid in the leaves, and deaths occurred during WorldWar I when rhubarb leaves were eaten as vegetables. For an interesting discussion, see http://www. rhubarbinfo.com/ poison
[51] Paulekuhn, G. S.; Dressman, J. B.; Saal, C. *J. Med. Chem.* **2007**, *50*, 6665. 来源于 FDA 橙皮书，书中列出了批准的仿制药.
[52] 感谢 Elizabeth Vadas 的评论.
[53] Schultheiss, N.; Newman, A. *Cryst. Growth Des.* **2009**, *9*, 2950.
[54] Smith, M. B.; March, J. *March's Advanced Organic Chemistry*, 6th ed. Wiley, 2007, 126-127.
[55] Bingham, A. L.; Hughes, D. S.; Hursthouse, M. B.; et al. *Chem.Commun.* **2001**, 603.
[56] Uekama, K.; Hirayama, F.; Irie, T. *Chem. Rev.* **1998**, *98*, 2045.
[57] Amos, J. G.; Indelicato, J. M.; Pasini, C. E.; Reutzel, S. M. US 6001996. 1999（to Eli Lilly）.
[58] McNamara, D. P.; Childs, S. L.; Giordano, J.; et al. *Pharm. Res.* **2006**, *23*, 1888.
[59] Hansen, K. B.; Chilenski, J. R.; Desmond, R.; et al. *Tetrahedron: Asymmetry* **2003**, *14*, 3581.
[60] Kemperman, G. J.; Zhu, J.; Klunder, A. J. H.; Zwanenburg, B. *Org. Lett.* **2000**, *2*, 2829.
[61] Cai, D.; Hughes, D. L.; Verhoeven, T. R.; Reider, P. J. *Org. Synth. Coll. Vol. 10*, **2004**, 93.
[62] Roy, B. N.; Singh, G. P.; Srivastava, D.; et al. *Org. Process Res. Dev.* **2009**, *13*, 450.
[63] Li, Z.; Yang, B.-S.; Jiang, M.; et al. *Org. Process Res. Dev.* **2009**, *13*, 1307.
[64] Vishweshwar, P.; McMahon, J. A.; Bis, J. A.; Zaworotko, M. J. *J. Pharm. Sci.* **2006**, *95(3)*, 499.
[65] Childs, S. L.; Rodrı´guez-Hornedo, N.; Reddy, L. S.; et al. *Cryst. Eng. Comm.* **2008**, *10*, 856.
[66] Anderson, N. G.; Coradetti, M. L.; Cronin, J. A.; et al. *Org. Process Res. Dev.* **1997**, *1*, 315.
[67] Impurities in new drug substances, Q3A（R2）, Step 4 version（25.10.06）: http://www.fda.gov/ Regulatory Information/Guidances/ucm127942.htm#i
[68] Guidance for Industry Q3C Impurities: Residual Solvents http://www.fda.gov/downloads/Drugs/ Guidance ComplianceRegulatoryInformation/Guidances/ucm073394.pdf
[69] http://www.usp.org/pdf/EN/hottopics/2009-04-22MetalImpuritiesToxChart.pdf
[70] Q3D guidance on elemental metal limits had not been released by the end of 2011.
[71] http://books.google.com/books?id¼GC85CKs7URkC&pg¼PA265&lpg¼PA265&dq¼tapþdensityþ spheres&

source¼web&ots¼MYqy6iVAn0&sig¼8Uwf30msc2R3sJq20_J3VKngInk&hl¼en&sa¼ X&oi¼book_result&resnum¼9&ct¼result#PPA265, M1.

[72] Floyd, D.; Kocy, O.; Monkhouse, D. C.; Pipkin, J. D. US 4946838. 1990（to E. R. Squibb & Sons）.

[73] Robinson, R. *Org. Process Res. Dev.* **2010**, *14*, 323.

[74] Delaney, E. J. *Regul. Toxicol. Pharmacol.* **2007**, *49(2)*, 107.

[75] Humfrey, C. D. N. *Toxicol. Sci.* **2007**, *100(1)*, 24.

[76] Bouder, F. *Expert Rev. Clin. Pharmacol.* **2008**, *1*, 241.

[77] Elder, D. P.; Teasdale, A.; Lipczynski, A. M. *J. Pharm. Biomed. Anal.* **2008**, *46*, 1.

[78] Teasdale, A., Ed. Genotoxic Impurities: Strategies for Identification and Control. Wiley Interscience, 2010.

[79] Thayer, A. *Chem. Eng. News* **2010**, *88(39)*, 16.

[80] Kruhlak, N. L.; Contrera, J. F.; Benz, R. D.; Matthews, E. J. *Adv. Drug Delivery Rev.* **2007**, *59*, 43.

[81] http://potency.berkeley.edu/cpdb.html

[82] http://ntp.niehs.nih.gov/index.cfm?objectid¼72016262-BDB7-CEBA-FA60E922B18C2540

[83] Bercu, J. P.; Callis, C. M. *Org. Process Res. Dev.* **2009**, *13*, 938.

[84] Cheeseman, M. A.; Machuga, E. J.; Bailey, A. B. *Food Chem. Toxicol.* **1999**, *37*, 387.

[85] Kroes, R.; Renwick, A. G.; Cheeseman, M.; et al. *Food Chem. Toxicol.* **2004**, *42*, 65.

[86] 一个可接受的暴露量存在十万分之一（10^{-5}）患癌症的风险. TD_{50} 代表风险为 1/2（50%）。对老鼠来说，要达到十万分之一的风险，TD_{50}（1810 mg/(kg·d)）被 50000 除，得到数值 0.0362 mg/(kg·d)；对体重 50 kg 的人来说，限制剂量为 1.81 mg/d 或 1810 μg/d. 该方法忽略了个体差异.

[87] Haney, B. P.; Mason, P.; Anderson, N. G. *Org. Process Res. Dev.* **2009**, *13*, 939.

[88] Abstracted from Snodin, D. J. *Org. Process Res. Dev.* **2010**, *14*, 960.

[89] Snodin, D. J. *Regul. Toxicol. Pharmacol.* **2006**, *45*, 79.

[90] Garcia, C. C. M.; Angeli, J. P. F.; Freitas, F. P.; et al. *J. Am. Chem. Soc.* **2011**, *133*, 9140.

[91] Baertschi, S. W.; Raney, K. D.; Stone, M. P.; Harris, T. M. *J. Am. Chem. Soc.* **1988**, *110*, 7929.

[92] Dai, Q.; Xu, D.; Lim, K.; Harvey, R. G. *J. Org. Chem.* **2007**, *72*, 4856.

[93] O'Donovan, M. R.; Mee, C. D.; Fenner, S.; et al. *Mutat. Res.* **2011**, *724(1-2)*, 1.

[94] ToxTree software: toxtree.sourceforge.net/

[95] Raillard, S. P.; Bercu, J.; Baertschi, S. W.; Riley, C. M. *Org. Process Res. Dev.* **2010**, *14*, 1015.

[96] Mayer, J.; Cheeseman, M. A.; Twaroski, M. L. *Regul. Toxicol. Pharmacol.* **2008**, *50*, 50.

[97] http://www.ema.europa.eu/docs/en_GB/document_library/Scientific_guideline/2009/09/ WC500002907.pdf

[98] Guidance for Industry: Genotoxic and Carcinogenic Impurities in Drug Substances and Products: Recommended Approaches (December 2008): http://www.fda.gov/downloads/Drugs/Guidance ComplianceRegulatoryInformation/Guidances/ucm079235.pdf

[99] Guidelines for genotoxicity testing and data interpretation have been described in ICH Guidance S2:http://www.ema.europa.eu/docs/en_GB/document_library/Scientific_guideline/2011/12/WC500119604.pdf

[100] *Guideline on the limits of genotoxic impurities*. CPMP/SWP/5199/02European Medicines Evaluation Agency, Committee for Medicinal Products for Human Use (CHMP), http://www.ema. europa.eu/docs/en_GB/document_library/Scientific_guideline/2009/09/WC500002903.pdf; June 28, 2006, London.

[101] Müller, L.; Mauthe, R. J.; Riley, C. M.; et al. *Regul. Toxicol. Pharmacol.* **2006**, *44(3)*, 198.

[102] Ames, B. N.; Gold, L. S. *Mutat. Res.* **2000**, *447*, 3.

[103] Brigo, A.; Muller, L. // Teasdale, A., Ed. Genotoxic Impurities: Strategies for Identification and Control. Wiley Interscience, 2010, 27.

[104] Robinson, D. I. *Org. Process Res. Dev.* **2010**, *14*, 946.

[105] Gocke, E.; Lave, T.; Muller, L.; Pfister, T. http://www.gta-us.org/2008Meeting/2008Presentations/ Gocke.pdf

[106] Müller, L.; Gocke, E.; Larson, P.; Lave, T.; Pfister, T. Poster LBPE1157, XVII International AIDSConference, 3-8 August 2008, Mexico City, Mexico; http://www.aids2008.org/Pag/Abstracts.aspx? AID¼16184
[107] http://www.ema.europa.eu/docs/en_GB/document_library/EPAR_-_Assessment_Report_-_Variation/human/000164/WC500050681.pdf
[108] Müller, L.; Gocke, E.; Lave, T.; Pfiste, T. *Toxicol. Lett.* **2009**, *190*, 31.
[109] http://www.ema.europa.eu/docs/en_GB/document_library/Medicine_QA/2009/11/WC500015048.pdf
[110] Müller, L.; Singer, T. *Toxicol. Lett.* **2009**, *190*, 243.
[111] Müller, L.; Gocke, E. *Toxicol. Lett.* **2009**, *190*, 330.
[112] Elder, D. P.; Lipczynski, A. M.; Teasdale, A. J. *Pharm. Biomed. Anal.* **2008**, *48*, 497.
[113] Teasdale, A.; Eyley, S. C.; Delaney, E.; et al. *Org. Process Res. Dev.* **2009**, *13*, 429.
[114] Teasdale, A.; Delaney, E. J.; Eyley, S. C.; et al. *Org. Process Res. Dev.* **2010**, *14*, 999.
[115] Patterson, D. E.; Powers, J. D.; LeBlanc, M.; Sharkey, T.; Boehler, E.; Irdam, I.; Osterhaut, M. H. *Org. Process Res. Dev.* **2009**, *13*, 900.
[116] Patterson, D. E. 个人通讯.
[117] Chan, L. C.; Cox, B. G.; Sinclair, R. S. *Org. Process Res. Dev.* **2008**, *12*, 213.
[118] Challenger, S.; Dessi, Y.; Fox, D. E.; et al. *Org. Process Res. Dev.* **2008**, *12*, 575.
[119] Lee, C.; Helmy, R.; Strulson, C.; et al. *Org. Process Res. Dev.* **2010**, *14*, 1021.
[120] Levin, D. *Org. Process Res. Dev.* **1997**, *1*, 182.
[121] Stare, M.; Laniewski, K.; Westermark, W.; et al. *Org. Process Res. Dev.* **2009**, *13*, 857.
[122] Anderson, N. G.; Ary, T. D.; Berg, J. L.; et al. *Org. Process Res. Dev.* **1997**, *1*, 300.
[123] Teasdale, A.; Fenner, S.; Ray, A.; et al. *Org. Process Res. Dev.* **2010**, *14*, 943.
[124] Frampton, G. A.; Hannah, D. R.; Henderson, N.; et al. *Org. Process Res. Dev.* **2004**, *8*, 415.
[125] Yang, Q.; Haney, B. P.; Vaux, A.; et al. *Org. Process Res. Dev.* **2009**, *13*, 786.
[126] Barker, A. C.; Boardman, K. A.; Broady, S. D.; et al. *Org. Process Res. Dev.* **1999**, *3*, 253.
[127] Brown, A. D.; Davis, R. D.; Fitzgerald, R. N.; et al. *Org. Process Res. Dev.* **2009**, *13*, 297.
[128] Pierson, D. A.; Olsen, B. A.; Robbins, D. K.; et al. *Org. Process Res. Dev.* **2009**, *13*, 285.
[129] 更多 Pierson 的文章评书见: Snodin, D. A. *Org. Process Res. Dev.* **2009**, *13*, 409; Pierson, D. *Org. Process Res. Dev.* **2009**, *13*, 410.
[130] Looker, A. R.; Ryan, M. P.; Neubert-Langille, B. J.; Naji, R. *Org. Process Res. Dev.* **2010**, *14*, 1032.
[131] Schule, A.; Ates, C.; Palacio, M.; et al. *Org. Process Res. Dev.* **2010**, *14*, 1008.
[132] Argentine, M. D.; Owens, P. K.; Olsen, B. A. *Adv. Drug Delivery Rev.* **2007**, *59*, 12.
[133] Zegar, S.; Tokar, C.; Enache, L. A.; et al. *Org. Process Res. Dev.* **2007**, *11*, 747.
[134] Q1A(R2) Stability Testing of New Drug Substances and Products, 2003, http://www.fda.gov/downloads/Drugs/GuidanceComplianceRegulatoryInformation/Guidances/UCM073369.pdf
[135] http://www.fda.gov/downloads/Drugs/GuidanceComplianceRegulatoryInformation/Guidances/ UCM073373.pdf
[136] ICH Q6A Specifications: Test Procedures and Acceptance Criteria for New Drug Substances and NewDrug Products: Chemical Substances (2000), http://www.ema.europa.eu/docs/en_GB/document_library/Scientific_guideline/2009/09/WC500002823.pdf
[137] http://www.fda.gov/downloads/Drugs/GuidanceComplianceRegulatoryInformation/Guidances/ ucm073488.pdf
[138] http://www.fda.gov/downloads/Drugs/GuidanceComplianceRegulatoryInformation/Guidances/UCM073389.pdf
[139] Jacobsen, T. M.; Wertheimer, A. I. Modern Pharmaceutical Industry: A Primer. Sudbury, Massachusetts, Jones & Bartlett, 2010.
[140] Beaman, J. V. //Huynh-Ba, K., Ed. Pharmaceutical Testing to Support Global Markets. Springer, 2009, 211.

[141] Augart, H.; Gebhardt, W.; Herrmann, W. US 6054482. 2000（to Godecke AG）.

[142] Stoner, E. J.; Allen, M. S.; Christesen, A. C.; et al. *J. Org. Chem.* **2005**, *70*, 3332.

[143] Rao, P. S.; Ray, U. K.; Hiriyanna, S. G.; Rao, S. V.; Sharma, H. K.; Handa, V. K.; Mukkanti, K. *J. Pharm. Biomed. Anal.* **2011**, *56*, 413.

[144] Cohen, L. P. 这篇文章很容易通过网络上的二手资料获得，比如：The Wall Street J., http://articles.mercola.com/sites/articles/archive/2001/02/07/drug-expiration-part-two.aspx; March 2000.

[145] http://www.ema.europa.eu/docs/en_GB/document_library/Other/2009/11/WC500015375.pdf

[146] After reviewing the toxicological data on ethyl mesylate, the EMA concluded that monitoring patientswho had been inadvertently exposed to high levels of EtOMs in these batches of nelfinavir mesylate was not necessary. http://www.emea.europa.eu/humandocs/PDFs/EPAR/Viracept/38225608en.pdf

[147] In the FDA's EAFUS (Everything Added to Food in the U.S.) database (http://www.cfsan.fda.gov/~dms/eafus.html), acetamide "has not yet been assigned for toxicology literature search." The Flavor and Extract Manufacturers Association Expert Panel, an independent organization, included acetamide in the GRAS list, stating an average maximum use level of 5 ppm for baked goods. http://members.ift.org/NR/ rdonlyres/B9066605-9760-4E67-82BA-B2AA8D343020/0/0805gras22_complete.pdf

[148] Acetamide is negative in the Ames assay and thus is not a mutagen or genotoxin. Based on rodenttoxicity data the International Agency for Research on Cancer (IARC) has classified acetamide as possibly carcinogenic to humans (Group 2B) and recommended a limit of NMT 5 mg/day. http://www.inchem.org/documents/iarc/vol71/053-acetamide.html

[149] Personal communications with clients and consultants.

[150] 对于从过程流中清除乙酰胺的尖端研究，见文献 131.

[151] Snodin, D. J. *Org. Process Res. Dev.* **2010**, *14*, 960.

[152] Gebauer's Ethyl Chloride : http://www.gebauerco.com/Products/Gebauer-s-Ethyl-Chloride-%281%29. aspx. Thanks to John Knight for mentioning this point.

[153] Jacobson-Kram, D.; Jacobs, A. *Int. J. Toxicol.* **2005**, *24*, 129. McGovern, T.; Jacobson-Kram, D. *Trends Anal. Chem.* **2006**, *25*, 790.

[154] Elder, D.; Harvey, J. // Teasdale, A., Ed. Genotoxic Impurities: Strategies for Identification and Control. Wiley Interscience, 2010, 193. 见其中的文献.

[155] M7 关于基因毒素的指南在 2011 年底还没有公布.

第 14 章　连续操作

"主要办法是将批次操作转换为连续操作工艺……有时候客户找我们以寻求更廉价的工艺，但大多数情况下是因为他们存在安全或质量的问题。新的系统使混合物料均匀性更好并且反应操控更佳，产生的杂质少，这样你可以专注于目标分子。"

——Laurent Pichon, 欧洲创新工艺研究所（MEPI）[1]

14.1　引言

化学工作者在需要制备 10 kg 产品时经常发现在 200 mL 圆底烧瓶中 10 g 规模的反应进行得很好，但放大到 100 g 时效果就不理想了。除非将该问题外包，化学工作者通常有三种可能的办法：①使用现行化学方法计算放大到 10 kg 以上规模，然后寄希望于最终能获得足够的目标产物；②重新开发一个操作工艺条件，以便确保可以放大到 3～10 kg 进行批量生产；③采用适用于一批成功生产 10 g 的仪器设备将该化学反应操作 1000 次。改变化学方法还是改变操作工艺哪个更好？第三种 10 g 操作 1000 次的方法虽然在时间的利用率上非常不好，但化学工作者可以确信每一次操作的成功而且不需要额外的工艺开发。如果一个反应装置可以重复 10 g 的批次操作，并且反应自动加料，反应完成后可以自动出料，那么使用小的反应器制备大量产品将会是高效而便捷的。这一系列想法突出了连续生产的引人注目的一些特性。

连续操作，或称流动操作，可以使用小型反应器生产出产品并且高效利用能量并减少浪费，这种操作工艺又称为工艺过程强化[2]。一些高产量的物质，例如环丙胺[3]、蔗糖和食盐，几十年前就已经采用连续操作了。而近年来，许多制药企业也开始使用连续操作来生产原料药。

开发连续操作用于工艺生产主要有五个方面。首先，连续反应器混合效果好、温度控制准确，因而可有效减少微混合及温度的偏移所导致的副产物。静态混合器之类的反应器是通过将反应物料泵入并通过管路内部结构单元而产生湍流的（有效的）混合作用。如果不需要通过高度稀释来控制微混合，那么可使溶剂的用量最小化。通过热交换的循环作用，液体通过一个直径很小的管道或通道的表面，温度可以控制在很小的范围内，这是由于其具有高的表面/体积比例。采用更好的温度控制和物料输送的更可靠的工艺可以减少不合格的生产批次[4]。静态混合器这种小型反应器只需占用车间的一个小角落，可集中对这种小体积的反应器进行能量供应[5]。第二，连续操作对某些深冷和高温反应都非常适用。在批次操作中必须深冷进行的某些过程若改用连续操作可在更高温度进行并可缩短反应时间。这样就没有必要非得使用深冷批次操作所需的哈氏合金反应器。在巴氏消毒奶和食品的生产过程已广泛采用了高温-短时（HTST）的规则技术[6]。一个需要在 140～300 ℃高温进行的反应，可以将反应液通过浸泡在高温加热浴液或置于 GC 烘箱内的金属盘管中进行，连接管道的两端使过程物料得以流动。以这种方式进行高温操作可以将反应约束在一个很小的体积内并且更容易控制，从而降低高温液体泄漏的安全风险。第三，那些在反应条件中不稳定的中间体可以快速地从反应器转移到其他容器内进行后续反应或后处理操作，即通过物理方法分离反应中间体和产物，从而将不稳定中间体的分解降低到最少。第四，连续流动操作可以保证反应液与反应器上某些特殊功能区密切接触，例如光源、声波喇叭，固定床催化剂如钯碳，或者含酶的储液器。这些条件所提供的高度局域化的浓度可使反应迅速进行，事实上连续操作可能是进行大规模的光化学反应、声化学反应和微波化学反应唯一实用的方法。最后，但并不是最少，使用连续操作运行可能是因安全原因而设置。像光气或重氮甲烷之类的高活性物质通过连续操作可原位形成并立即使用，而不会大量地积累[7]。控制连续流动工艺的温度可用于安全控制需要高温并会稍许放热超出所需反应温度的那些反应[8,9]。因为在任何时刻都是只加热了一小部分的反应混合物，如果这种问题可能是来源于控制反应温度的话，潜在的危险将会被缩减。因此从安全性角度出发连续操作比批次或半批次运行更好。有关连续操作运行已经有人做了文献综述[10-18]。

一个有机化学工作者如果需要用到连续操作应该首先考虑微反应器[10,19]。通过精密设计加工生产的微反应器可以提供直径为亚毫米级至亚微米级的流体通道[19]。这些微通道可以使物料的质量传输及热量交换更加高效[19]。微反应器可包括静态混合器、含有固定化的试剂区域、分离器及其他更多模块[20]。微反应器已被用于多肽合成[21]、聚合酶链式反应[22]，甚至单体的生产。在过去的 10 年内已经有许多微反应器被商业化，我们将在本章第 14.2 节中讨论各种微反应器的优点和缺点。

除了微反应器，其他类型的连续反应装置还包括简单的管道反应器、连续搅拌釜反应器（CSTR，图 1.7）或称全混流反应器、转盘反应器[23]、旋转管中管式（STT）反应器[24,25]及平推流反应器（PFR）或称活塞流反应器。转盘反应器是通过将反应液滴在转盘的中央再经离心力分散至转盘的边缘，液体与转盘的接触时间大约只有几秒。转盘反应器对于本质为相转移的反应非常有效并用于粒径小且粒径分布（PSD）窄的原料的结晶[26]。静态混合器是一种内部具有可以将液流分裂以及扭转的静态结构单元的平推流反应器，图 14.1 是一种洁净的静态混合器部分内部混合结构的图片。还有一些专用的静态混合器，例如水处理厂用静态臭氧混合器将臭氧微泡化从而对水进行消毒[27,28]。这种节能的液体混合设备具有非常广泛的用途，可以混合的液体包括非黏性的液体、石油提取物及番茄酱[29]。小型的静态混合器便携、价格低廉，在实验室、中试及生产过程中均可应用。第 14.3 节所讨论的工艺操作中大多数均可使用静态混合器[30]。

如前所述，开发连续操作的一大潜在优点是：要生产出大量的产物，没有必要进行进一步工艺开发研究，要制造出大量的原料产品最简单的方法就是延长操作时间，即“横向扩展放大”。或可使用多套连续反应装置同时进行来获得大量的产品，即通过“数量扩充”[19]。但如果连续操作需要换用更大的反应器，那么可能还需要进行一些额外的工艺研发，例如雷诺数（*Re*；一种可用来表征流体流动情况的无量纲量）的计算可有助于 PFRs 的放大过程（见第 14.3 节）。

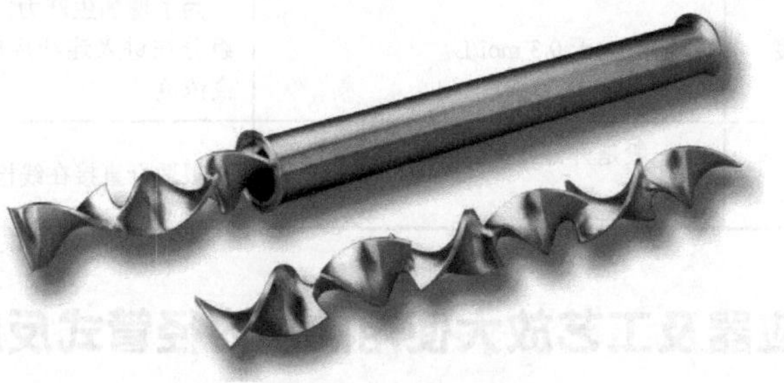

图 14.1　洁净的静态混合器及其可拆卸的内部混合单元
（图片由 Chemineer 公司授权使用）

连续操作的开发与批次或半批次操作的开发相比有稍许不同。连续操作需要更多的设备。除了连续反应器之外，至少需要一个泵来控制进料的流动，一个装起始原料的容器及另一个装产物流体的容器，需要使用安全配件（以防止泄漏）、压力表、泄压阀，以及必要的防止逆流的设备。而且连续操作的条件优化思路和理念也与批次操作工艺略微有所不同，如表 14.1 所示。对于连续操作通常期望物料流经一次反应器就可完成反应，因此反应时间就是在反应器内的平均保留时间（τ），即一个分子从反应器从头到尾流过一遍的平均时间。对于活塞流反应器（PFR）而言，通过体积除以流速即可算出 τ。稳态条件是可靠工艺所必需的，可以定义为达到目标流速、背压、温度或其他标准的条件。连续反应的结束可定义为稳态条件的结束或当所有输入的物流均已流出反应器。使用连续操作工艺制造原料药或药品的优势在于可以方便地使用各种连续的、即时的、随线或在线的监控技术，例如 PAT 技术[31]、条件反馈控制技术及 QbD 技术[32]（第 7 章和第 16 章）。

后续一些小节大致是按连续操作工艺所使用的管道直径划分。第 2 节主要介绍微反应器和小直径的管道反应器，在比微反应器内径大的反应器进行的操作可称为介观流体学操控。第 14.3 节介绍了采用管式反应器或大内径的管道或反应器以及用于制备大量原料的仪器设备进行的连续操作。

表 14.1 批次及半批次工艺与连续操作的比较

参数/考虑因素	批次及半批次运行	连续操作
反应开始	达到预期的温度或压力，或者某个重要原料加料结束	系统达到稳态，或者输入流开始进入或流经反应器
反应时间	通过过程控制检测转化适当完成	τ（保留时间）
反应结束	通过过程控制检测转化适当完成	输入流在稳态条件下完全通过反应器，或者是输入流完全通过反应器
反应温度比较	深冷	比深冷更高的温度（温度更高而τ更短）
增加湍流	增加搅拌速度，使用挡板	降低τ（增加流速）或者增加混合单元
反应物的典型浓度	一般大于 0.3 mol/L	为了增加生产力，各个单独物料物流中组分在进入连续反应器混合前可以使用高浓度
进程内的检测	一般是外部检测，也可以在线检测（PAT）	很适合直接在线检测

14.2 微反应器及工艺放大使用的小内径管式反应器

微反应器的特征是由多层通道构成，通道内径在 1 μm～1 mm。其组成包括混合器、分流器、热交换器和分离器。通常微反应器使用金属或玻璃制造。它可以通过增强混合及热交换和安全性来提高反应选择性[19,33]。

与半批次反应时间比较，微反应产率提高的原因是：反应时间（τ）缩短；通常不需要深冷的温度[15,17]。微反应器符合 cGMP 的要求，价格便宜，每次开发新工艺都可以买一台新的微反应器，并且连续操作工艺符合 FDA 的 PAT 倡议[31]。

介观流体学操控已被证实并预期具有多种用途。微反应器已经被用于按需生产有害的产品原料，如双氧水[34,35]。生物柴油已经采用微反应制备[36,37]。原乙酸三甲酯已经采用直径 1 mm 的管道进行生产[38]。药物发现及分析可以在“芯片实验室”上进行[39]。快速的工艺过程优化已被宣传鼓动起来[40-43]。在 2004 年 Sigma-Aldrich 公司讨论了如何使用微反应器进行反应筛选及生产[44]。Seeburger 教授指出“微反应器将成为 21 世纪的圆底烧瓶”[41]。Corning 公司和 DSM 公司在 cGMP 条件下使用玻璃微反应进行危险性的硝化反应，4 周能生产超过 25 t 的产品[45]。

因经济性而采用连续操作的最引人注目的例子是，DSM 公司使用定制的金属微反应器开发了连续操作过程降低了一种单体的 CoG（图 14.2)。通过连续操作，工艺工作人员可以控制一种含有挥发性和剧毒性的丙烯腈的强烈放热反应。快速操作降低了两种起始原料在反应条件下的分解。并最终得到满意的结果：废弃物减少了 15%，收率提高了 15%，该单体生产的日产量可达 40 t[46,47]。

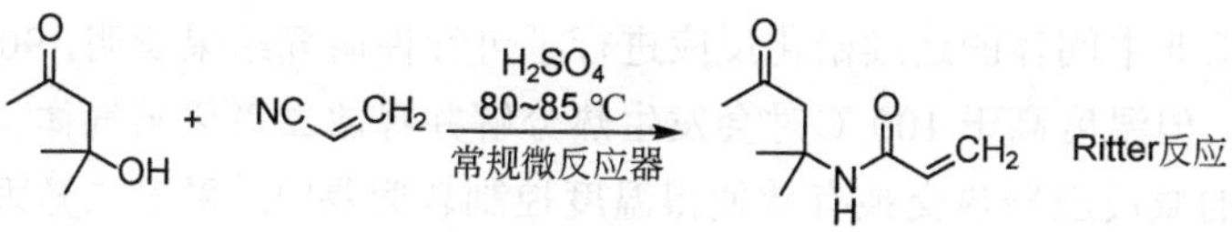

图 14.2　生产某单体的连续 Ritter 反应

近年来许多供应商生产了适合实验室连续操作的小规模仪器。图 14.3 中的噁二唑类化合物就是通过这种装置制备，并用作发现化合物库的一部分[48]。采用 H-Cube® 牌连续流动氢化反应器[49]进行流动氢化反应已用来脱苄[50]。可在 200 bar 和 350 ℃ 下安全使用的连续操作装置也有出售[51]。剧烈放热的 Paal-Knorr 反应通过微反应器可在 20 ℃以几乎定量的收率获得所需的吡咯化合物。如果使用 4 套装置平行运行，每小时可以制备 55.8 g 吡咯产物[52]。

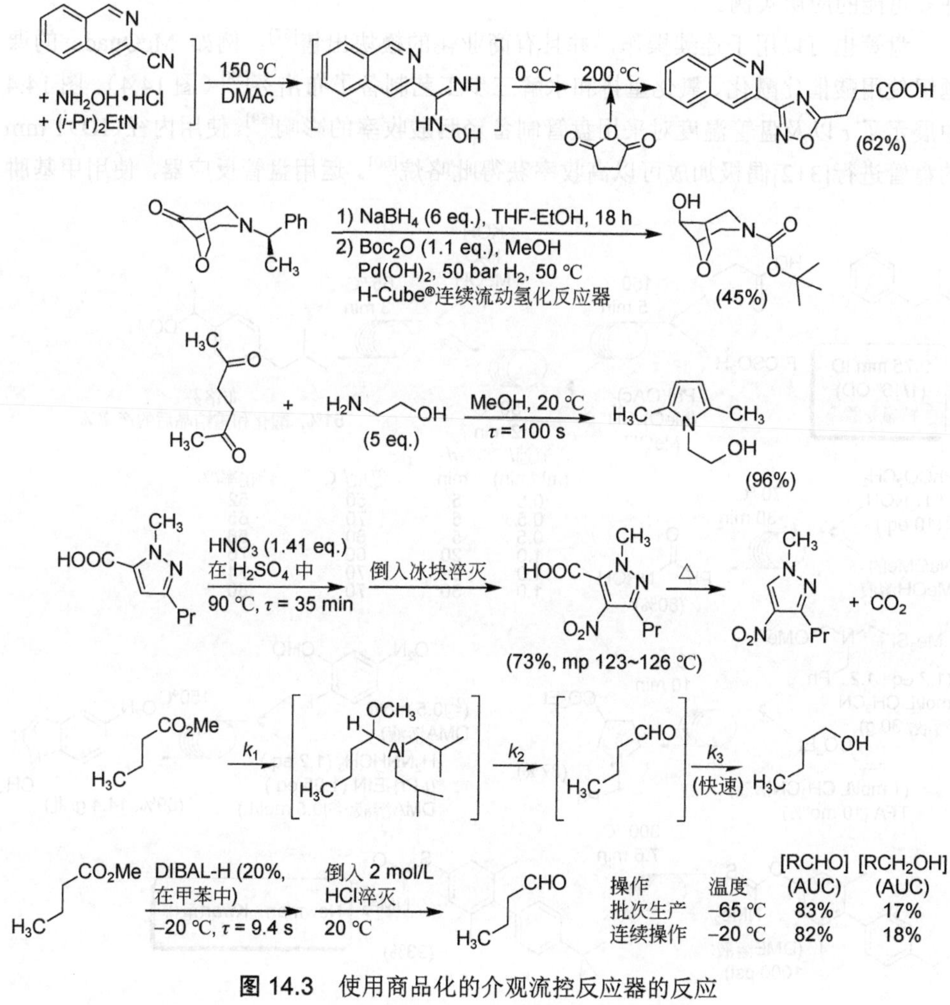

图 14.3　使用商品化的介观流控反应器的反应

对西地那非中间体的连续硝化反应进行了可行性研究结果表明，90 ℃时该反应可迅速进行，但温度高于 100 ℃时会发生热分解并释放二氧化碳气体。使用内径小于 100 μm 的微反应器热交换有效使得温度控制较容易[9]。采用二异丙基氢化铝锂（DIBAL-H）还原酯为醛的反应中，如果第一个中间体发生原位快速分解为醛则容易发生过度还原，批次操作时反应热无法及时地移除会导致操作时间延长及过度还原的副产物增多。例如，该酯的还原反应在实验室−78 ℃条件下得到 95%AUC 收率的醛，但在中试时收率为 80%AUC。而 Lonza 公司的研究者显示如果采用连续操作在非深冷条件下即可以获得相同的结果[53]。Buchwald 和 Jensen 课题组发现通过使用一种填充床反应器可以将酚转化为相应的三氟甲磺酸酯，并进而通过 Suzuki-Miyaura 偶联反应生成二芳基类化合物，这个工艺的关键在于采用介观流控液-液相萃单元以除去水溶性的杂质[54,55]。使用微反应器 Swern 氧化可以在 20 ℃进行[56]。此外还有许多可能的应用实例。

盘管也可以用于连续操作，并且有商业化的模块出售[57]。例如 McQuade 的课题组使用酸催化酰化、氧化重排和水解三步工艺制备了布洛芬[58]（图 14.4）。图 14.4 中展示了 τ 以及盘管温度对采用盘管制备羟肟酸收率的影响[59]。使用内径（ID）1 mm 的盘管进行[3+2]偶极加成可以高收率获得吡咯烷[60]。运用盘管反应器，使用甲基肼

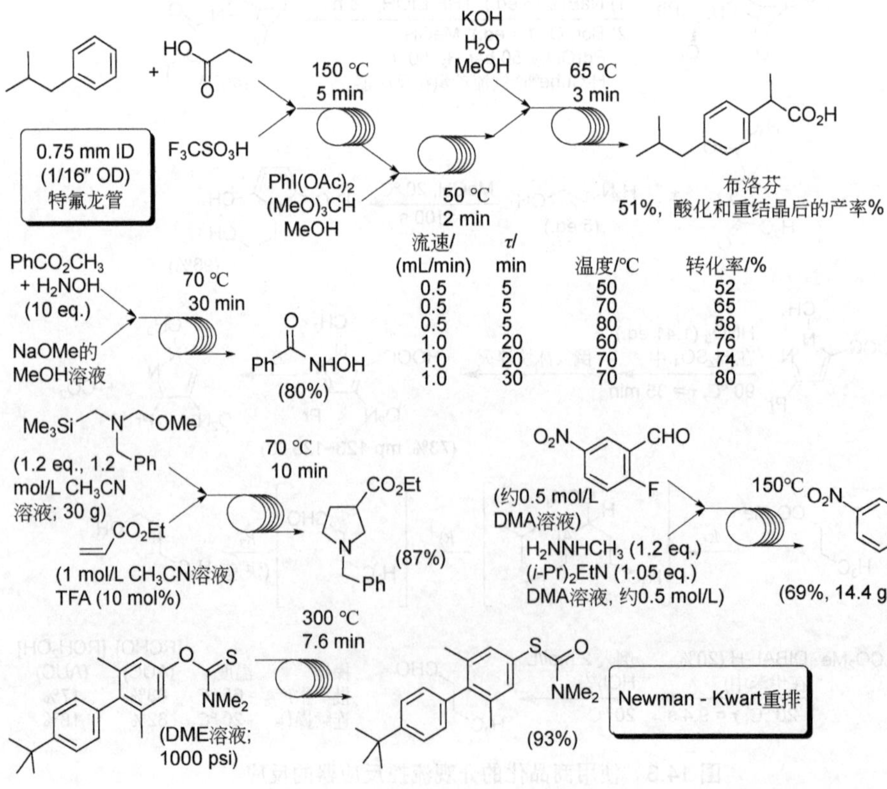

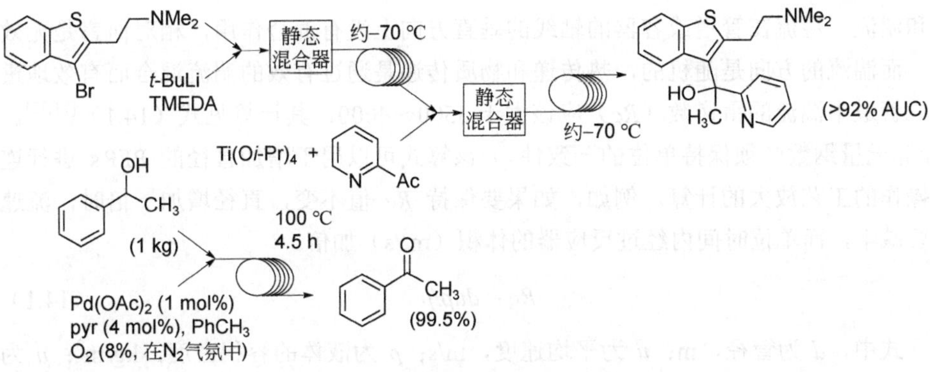

图 14.4　在盘管中进行的反应

或肼在 150～250 ℃快速安全地制备了吲唑化合物库[61]。以 DME 为溶剂在 300 ℃和 1000～1000 psi 压力下进行 Newman-Kwart 重排反应，在此条件下溶剂变成超临界状态并且体积增大一倍，且此温度下起始原料及产物溶解度极高，且反应结束后溶剂非常容易去除，简化了分离操作。该工艺需要使用高压操作的注射泵来注入起始原料的溶液[62]。高度放热的卤素-金属交换（以及锂化噻吩的稳定性）限制了此类反应采用批次运行进行放大的可能性，因而对其采用连续操作进行了研究。使用 0.25 in（0.635 cm）的盘管可获得 92%的转化率，且反应条件的优化研究也是迅速的[63]。Stahl 研究组和 Lilly 公司的工作人员们发现通过可溶性的均相钯催化 1-苯基乙醇进行氧气调节的氧化反应，可以定量收率获得相应的酮。该反应器是由外径（OD）为 0.375 in（0.9525 cm）、体积为 7 L 的不锈钢盘管制成，为安全操作起见氧化剂的浓度控制为含 8%氧气的氮气[64]。使用 Vapourtech R4 单元（内径 1 mm 管道）反应器对 1-癸烯进行臭氧化反应，其生产力等同于对同一烯烃的批次臭氧化反应操作。与批次操作相比，连续操作的反应温度显著升高（连续操作为−10 ℃，批次操作为−78 ℃）且小反应器的空时收率更高些[65-67]。可在加热条件下使用内径为 2.16 mm 的不锈钢管式反应器来制备苄基叠氮[68]。以上过程说明简单的操作设备也有获得成功的可能。

14.3　使用管式反应器或大内径反应器进行的连续操作

本节主要介绍使用比微反应器或小直径盘管更大的仪器设备制备相对大量原料的操作。

PFR（平推流反应器或活塞流反应器）常通过连续操作用于制备大量原料。在这些金属或塑料管中，物料混合通常是径向而非轴向的[69]；可以把它想象成一个薄的圆盘从一个管中穿过去，而薄盘中的成分组成随之发生变化，直到这个薄盘作为一束产物的活塞流从管中穿出[70]。通常 PFR 中主要有两种需要考虑的流动方式：层流和湍流。层流在管道或容器的轴线的垂直方向上没有混合作用，相对而言是无效的。而湍流的方向是随机的，热传递和物质传递是通过有效的湍流混合而有效地进行。管道中湍流的雷诺数（*Re*）应该大于 3500～4000，其计算见式（14.1）[71,72]。（计算无量纲数必须保持单位的一致性。）该算式可以用于增加直径的 PFRs 进行连续操作的工艺放大的计算。例如，如果要保持 *Re* 值不变，直径增加一倍时，流速需要减半，而单位时间内经过反应器的体积（m^3/s）加倍。

$$Re = du\rho/\mu \tag{14.1}$$

式中，d 为管径，m；u 为平均速度，m/s；ρ 为液体的容积密度，kg/m^3；μ 为动力黏度，$N \cdot s/m^2$。连续操作还可以用于反应中间体和产物的分离。如图 14.5 所示，由于批次运行模式在 100 g 的规模时无法获得理想的收率，所以改用连续的氯化操作。通过密切检测发现氯代中间体半衰期只有 20 min（通过在 $CDCl_3$ 的 NMR

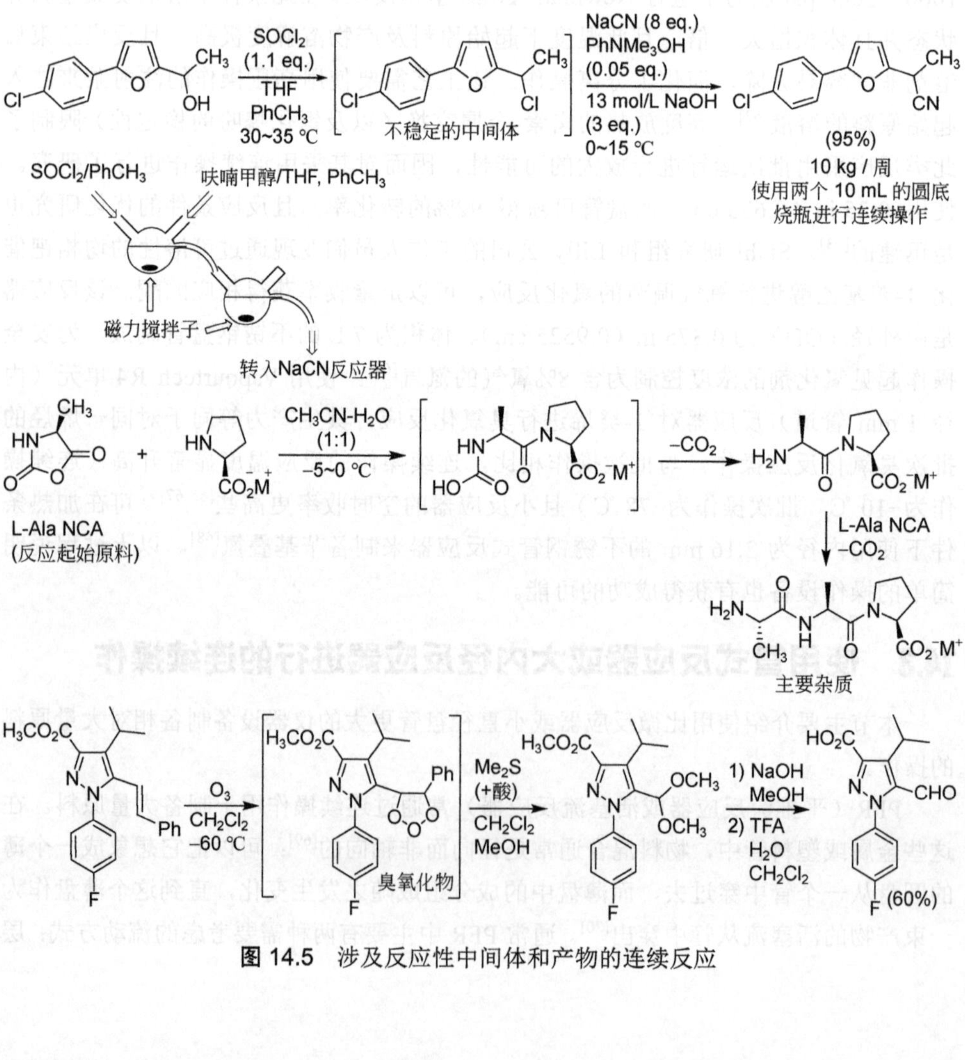

图 14.5 涉及反应性中间体和产物的连续反应

分析）。因此有必要将形成的不稳定氯代物立即转变成氰化物以便有效生成更多氰化物。使用连续搅拌釜反应器或全混流反应器（CSTRs），再用成组的注射泵以 10 mL/min 的流速将物料输出。使用该连续反应条件收率为 90%，而使用两个 10 mL 的圆底烧瓶一个周可以生产 10 kg 该氰化物[73]。该例是一个横向放大同时又是将不稳定的中间体形成后立即转化为预期产物的极好例子。另一个例子是，Merck 公司的研究人员们使用 L-Ala 的 *N*-碳酸酐（NCA）合成了依拉普利的中间体 L-Ala-L-Pro。该方法通过避免 L-Ala 保护及脱保护而节省了两步反应。采用批次运行 NCA 加料时间控制在 5 s 以内，反应收率可达 90%。但不幸的是该反应放大 50 倍之后却导致收率下降。当加料时间延长到仅仅约为 3 min，收率显著下降至约 65%[74,75]。一个工程师在其他出版物中解释该问题的原因是目标产物二肽进一步与 NCA 反应形成了三肽杂质 L-Ala-L-Ala-L-Pro。在该例子中，产物会和起始原料发生反应，而通过连续操作可以使产物和 NCA 物理分离。使用保留时间 1 s 的在线静态混合器大大降低了三肽的形成。该工艺从实验室直径 0.8 cm 的管路放大到生产规模直径 1 in（2.54 cm），其选择性没有任何变化[76]。采用逆流技术对苯乙烯进行臭氧化时用玻璃珠填充的色谱柱以保证充分的气-液接触，所得的臭氧化物溶液一旦从柱中流出立即用二甲硫醚进行淬灭[77,78]。Abbott 公司的研究人员们开发了一种在 CSTR 条件下进行臭氧化反应的方法：将反应混合液通入含有二甲硫醚的淬灭容器内。利用该条件每天可生产 90 g 的臭氧化产物，这是一种原料药的中间体。随后他们改用更大的臭氧发生器生产更多的该原料，再次在 CSTR 条件下将产量提高至每小时 80 g。研究人员们还提到对于该反应所采取的大量的需在通风橱内进行的安全预防措施[79]。在 CSTR 中对臭氧化进行放大实验与其说是数量的扩充，不如说是需要更多的实践，因为这样会增加臭氧发生及臭氧泄漏检测的复杂性[80]。

人们已经成功开发和演示了采用酶或无机催化剂进行的连续操作工艺。Tao 及其合作者们开发了一种用于制备手性醇的连续的酶催化的还原技术，所用大量还原剂是甲酸铵（图 14.6）。通过强化底物与酶的接触可以加速该反应的进行：将起始原料泵入含有 D-乳酸脱氢酶（D-LDH）和甲酸脱氢酶（FDH）的反应池中，其中这两种酶受纳滤膜所限而无法穿过纳滤膜，而手性反应产物则可经纳滤膜排出[81]。该方法类似于将酶固定化在固相床上，并受一个连接其他容器的过滤器所限。Merck 研究人员对奥当卡替（Odanacatib；一种组织蛋白酶 K 抑制剂，由默沙东公司出品，用于绝经后骨质疏松的治疗）的一个手性乙酯前体物的动态动力学拆分方法进行了条件优化。在此碱性条件下两个吖内酯处于平衡状态，在填充床反应器上固定化的南极假丝酵母脂肪酶 B（CAL-B）选择性地将所需吖内酯对映体进行乙醇解反应[82]。将固定化酶填充在柱子上可避免固定化酶因搅拌而被切断分解[83]。应用连续流动固定床反应器和流动条件无论是使用传统溶剂（甲苯-甲醇）还是使用超临界二氧化碳-甲醇均可成功实现 Suzuki-Miyaura 偶联反应。当采用后者溶剂时，只要有

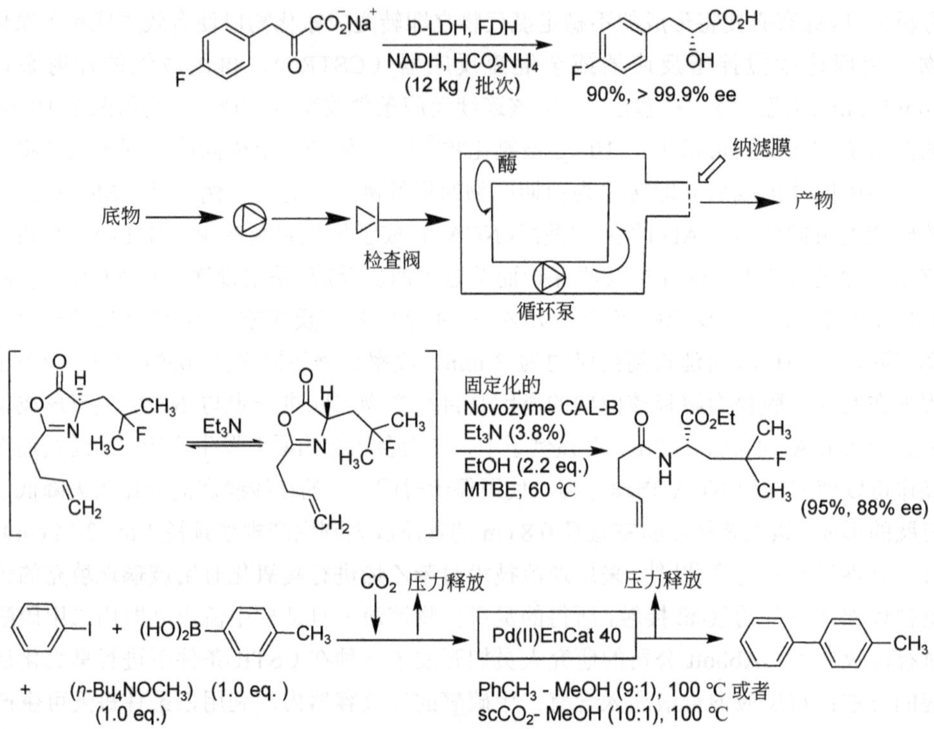

图 14.6 连续催化反应

适量碱$(n\text{-Bu})_4NOMe$ 的存在下，反应液两次通过含有 Pd(Ⅱ)EnCat40 催化剂的柱子即可定量获得联苯产物[84]。另一个例子，将柱子填满生杏仁粉以提供氧腈酶，将氢氰酸和芳香醛类化合物在异丙醚中的溶液通过该柱，可以将近 99% ee 获得对应的羟基腈[85]。后面的一个例子说明连续流反应器可用于粗品催化剂的制备。可通过硅胶支持的 Jones 试剂将苄醇氧化成醛或酸[86]。Poliakoff 研究组使用固定催化剂床进行连续操作，使用超临界二氧化碳进行连续操作研究，以碳酸二甲酯实现了醇、羧酸和胺的甲基化反应[87,88]，并将异佛尔酮氢化为饱和的酮[89]。将反应物流穿过催化剂时反应速率会因为强制接触而得以提高。

连续操作可以利用需要局部化能源的过程处理，如光分解[90,91]、声化学[92-94]、微波化学以及加热过程等，制备大量的原料产物。一个点的能量辐射强度与其到能量源距离的平方成反比[95]，因此，为了高效地运行需将工艺物料流尽量直接靠近能量源。图 14.7 中所示的光解反应是通过在缠绕在光源上的 UV-透明且耐溶剂腐蚀的氟聚合物（FEP）管道中进行物料循环而得以实现的[96]。光解反应也可以在玻璃微反应器中进行[97]，连续光化学反应器是可以商业获得的[98]。通过将结晶浆液在超声源探针的外部循环，超声可以将大晶体击碎使之更容易过滤和处理。然后再通过奥斯特瓦尔德（Ostwald）熟化去除粉末使晶体大小更均匀[99]。厄贝沙坦生产中应用了

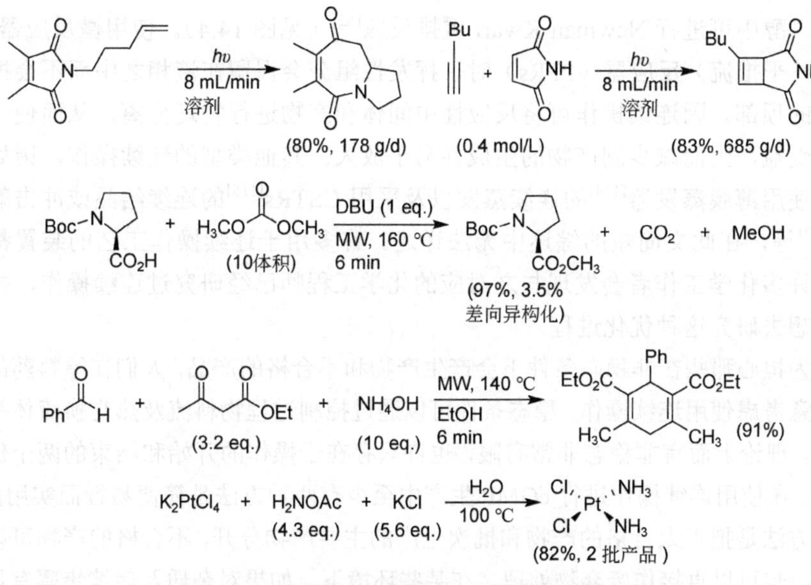

图 14.7　一些受益于近距离接触能量源的反应

超声和温度循环工艺[100]。连接在管外的环状声源可以提供具有重现性的结晶，甚至可以制造吸入剂的微粒[101]。碳酸二甲酯对 Boc-L-脯氨酸的酯化反应运用微波比加热（90 ℃）快 80 倍，而且可以采用连续操作方式[102]。（微波对于使用碳酸二甲酯的酯化反应是非必需的，同样的酯化反应还可以使用 DABCO[103]、K_2CO_3/DMF[104] 以及酸[105]催化进行。）Leadbeater 研究组报道了微波促进反应的放大方法，在流动条件下可以高收率获得 1,4-二氢吡啶[106]，而采用批次反应装置规模要大得多[107]。Kappe 研究组发现高温可能是微波反应的关键因素[108]。微波加热的条件被开发应用于传统方式加热反应混合物；再通过连续流动将从反应器中输出的物料用有机溶剂稀释，由此可避免固体产物导致的堵塞[109]。顺铂即是通过传统加热方式进行连续操作生产的[110]。这些技术可在最初放大和日常生产中快速提供大量的原料。

固体会堵塞微通道反应器、管道和静态混合器，促使研究者以均相溶液开发连续工艺。然而尽管如此仍然会发生结块堵塞[47]。消除压力及使用超声可有助于防止堵塞现象[111]。

14.4　总结与展望

对于那些需要快速热交换（对于低温或高温操作）、高效混合及接触局部能量源（光解、声解和热解等）的反应，连续操作工艺常常是进行大规模制备的唯一手段。连续反应器适用于某些反应的安全放大。尽管在高温连续反应中产生的压力可使用背压阀或泄压阀进行安全操控；例如，在 130 ℃下在 DMF 或乙醇中通过连续条件进行 Heck 反应[112]，在 245 ℃下在乙醇中通过微反应器可进行胺解反应[113]，在 300 ℃

下在乙二醇中可进行 Newman-Kwart 重排反应[62]（见图 14.4）。使用微反应器[113]和活塞流（平推流）反应器（PFRs）时，挥发性组分会保留在液相之中而不会挥发到反应器的顶部。因连续操作可将反应性中间体和产物进行物理分离，从而使一些反应得以受益，因而减少副产物的生成并易于放大。其他类型的连续操作，诸如连续分离，使用薄膜蒸发器[114]的连续蒸发以及采用 CSTRs[115]的连续结晶或冲击射流技术[116,117]等，在此文简短的综述中无法详述。许多用于连续操作工艺的装置都简单廉价。许多化学工作者会发现与之对应的化学工程师已经研究过连续操作，并且会热切地想去研究这种优化过程。

因为担心那些在非稳态条件下会产生产物和不合格的产品，人们在原料药的生产中不愿意考虑使用连续操作。稳态条件可以通过控制过程物料流及热交换流体等参数而达到。理论上而言非稳态非常有限，也许只存在于操作的开始和结束的两个保留时间之内。在使用连续操作进行 cGMP 生产中至少有两种方法是简便易行而实用的。最直接的方法是把不太合格的产物和批次生产的主要产物分开，不合格的产物可以进行再加工，也可以直接作废弃物处理。在某些环境下，如果对杂质及后续步骤有足够的了解并验证了整个过程，可以通过添加额外的起始原料和试剂并将这些不合格的产物重新投入连续反应器进行循环使用。采用的另一种办法是合并所有物料流，并收集在一个容器内，再进行后处理以保证高质量和一致性；比如重结晶是明显的选择方案。这种方式的操作统称为半连续或半批次。将不合格的产品和合格产品勾兑在一起使之达标这种手段是不可接受的[118]。成功的操作工艺验证部分取决于对该工艺过程对日常产生的杂质水平的耐受能力的理解，这是生产为人体使用的 cGMP 产品所必需的[119]。

不是所有操作和反应都适合连续操作。对于那些日常操作表现良好的批次运行，如原料药的结晶，没有太大必要引入连续操作。反应时间长达数小时的反应可能要用到特别巨大的反应器，会抵消连续操作带来的优点。这包括一些发酵、多组分反应以及 CIAT/CIDA 操作工艺。然而，另一些在毫秒内发生的反应以及微混合存在问题的反应（表 8.3）则可能适合采用连续操作。如本章讨论的，而某些特殊的反应在大量制备材料时只适合采用连续操作，则应该考虑将连续操作作为一个可能的方法。

要加速工艺开发的持续压力使某些科学家不愿意在连续操作工艺等新方向上投入时间和金钱，但现在有各种 CROs 可以提供相关的服务[120]。仅 2011 一年，全世界就有 20～30 家企业使用微反应器进行工业生产[47]。工业界和各种学术团体都在研发实用的连续操作工艺的方法。为了经济高效的生产操作，工艺过程的强化会被持续不断地推动进行下去。

参 考 文 献

[1] Mullin, R. *Chem. Eng. News* **2011,** *89(30)*, 18.

[2] Lapkin, A. A.; Plucinski, P. K. RSC Green Chemistry No. 5//Luis, S. V.; Garcia-Verdugo, Eds. *Chemical*

Reactions and Processes under Flow Conditions. The Royal Society of Chemistry, **2010**, 18-24.

[3] Diehl, H.; Blank, H. U.; Ritzer, E. US 5032687. 1991 (to Kernforschunganlage Julich Gesellschaft); Kleemiss, W.; Kalz, T. US 5728873. 1998 (to Huels Aktiengesellschaft). 见图 1.6 中的讨论.

[4] 领会质量转移和热传递是绿色化学的主要原则之一：Winterton, N. *Green Chem*. December 2001, G73.

[5]操作的时-空效率最大化是绿色工程的原则之一： Anastas, P. T.; Zimmerman, J. B. *Environ. Sci. Technol.* **2003,** *37(5)*, 95.

[6] 参见图 1.6 所示的连续 Swern 氧化反应中的讨论。

[7] Proctor, L. D.; Warr, A. J. *Org. Process Res. Dev.* **2002,** *6*, 884; Struempel, M.; Ondruschka, B.; Daute, R.; Stark, A. *Green Chem.* **2008,** *10*, 41. 偶氮甲烷是通过上述步骤由 Diazald®, KOH 和 Carbitol®（二乙二醇单乙醚）而产生的。

[8] Bogaert-Alvarez, R. J.; Demena, P.; Kodersha, G.; et al. *Org. Process Res. Dev.* **2001,** *5*, 636.

[9] Panke, G.; Schwalbe, T.; Stirner, W.; et al. *Synthesis* **2003,** *18*, 2827.

[10] Wiles, C.; Watts, P. Micro Reaction Technology in Organic Synthesis. Boca Raton, FL: CRC Press, 2011.

[11] RSC Green Chemistry No. 5; Luis, S. V.; Garcia-Verdugo, Eds. Chemical Reactions and Processes under Flow Conditions. The Royal Society of Chemistry, 2010.

[12] Roberge, D. M.; Zimmermann, B.; Rainone, F.; et al. *Org. Process Res. Dev.* **2008,** *12*, 905.

[13] Ley, S. V.; Baxendale, I. R. *Chimia* **2008,** *62*, 162.

[14] Mason, B. P.; Price, K. E.; Steinbacher, J. L.; et al. *Chem. Rev.* **2007,** *107*, 2300.

[15] Watts, P.; Wiles, C. *Org. Biomol. Chem.* **2007,** *5*, 727.

[16] Roberge, D. M.; Ducry, L.; Bieler, N.; et al. *Chem. Eng. Technol.* **2005,** *28*, 318.

[17] Penneman, H.; Watts, P.; Haswell, S. J.; et al. *Org. Process Res. Dev.* **2004,** *8*, 422.

[18] Anderson, N. G. *Org. Process Res. Dev.* **2001,** *5*, 613.

[19] Ehrfeld, W.; Hessel, V.; Lowe, H. Microreactors: New Technology for Modern Chemistry. Weinheim: Wiley-VCH, 2000.

[20] Ondrey, G. *Chem. Eng.* **2001,** *108(7)*, 27.

[21] Watts, P.; Wiles, C.; Haswell, S. J.; et al. *Chem. Commun.* **2001,** 990.

[22] Kopp, M. U.; de Mello, A. J.; Manz, A. *Science* **1998,** *280*, 1046.

[23] Ramshaw, C. // Moulijn, J. A., Ed. Re-Engineering the Chemical Processing Plant: Process Intensification. Dekker, 2007, 69.

[24] Gonzalez, M. A.; Ciszewski, J. T. *Org. Process Res. Dev.* **2009,** *13*, 64.

[25] Hampton, P. D.; Whealon, M. D.; Roberts, L. M.; et al. *Org. Process Res. Dev.* **2008,** *12*, 946.

[26] Brechtelsbauer, C.; Lewis, N.; Oxley, P.; Ricard, F. *Org. Process Res. Dev.* **2001,** *5*, 65.

[27] http://www.komax.com/Static-Mixer-Ozone.html

[28] 有关在水中进行臭氧分解反应的例子，参见：Fleck, T. J.; McWhorter, W. W.; DeKam, R. N.; Pearlman, B. A. *J. Org. Chem.* **2003,** *68*, 9612.

[29] http://www.komax.com/pdf_files/Tomato_Paste_Juice_Case_Study.pdf

[30] 更多的信息和仪器可以在下列网站上获得： http://www.komax.com, http://www.chemineer.com, http://www.kenics.com, http://www.staticmixer.com, http://www.koflo.com, and others.

[31] Guidance for Industry: PAT-A Framework for Innovative Pharmaceutical Development, Manufacturing, and Quality Assurance; September 2004, http://www.fda.gov/downloads/Drugs/GuidanceComplianceRegulatoryInformation/Guidances/UCM070305.pdf

[32] ICH Q8(R2) Pharmaceutical Development, November 2009, http://www.fda.gov/downloads/Drugs/GuidanceComplianceRegulatoryInformation/Guidances/ucm073507.pdf

[33] Thomas, P. http://www.pharmamanufacturing.com/articles/2004/237.html

[34] Freemantle, M. *Chem. Eng. News* **2004,** *82(41)*, 39.
[35] *Chem. Eng.* **2006,** *114(5)*, 18.
[36] Petkewich, R. *Chem. Eng. News* **2006,** *84(18)*, 48.
[37] *Chim. Oggi* **2006,** *24(3)*, 6.
[38] *Chem. Eng.* **2006,** *113(5)*, 13.
[39] Hrusovsky, K.; Roskey, M. *Mod. Drug Disc.* **2004,** *7(12)*, 24.
[40] Gray, R. *Curr. Drug Disc.* **2004,** 9 [July].
[41] Freemantle, M. *Chem. Eng. News* **2005,** *83(6)*, 11.
[42] Rattner, D. M.; Murphy, E. R.; Jhunjhunwala, M.; et al. *Chem. Commun.* **2005,** 578.
[43] Schwalbe, T.; Simons, K. *Chim. oggi* **2006,** *24(2)*, 56.
[44] Rouhi, A. M. *Chem. Eng. News* **2004,** *82(27)*, 18.
[45] Short, L. *Chem. Eng. News* **2008,** *86(42)*, 37.
[46] Bohn, L.; Braune, S.; Kotthaus, M.; Kraut, M.; Po¨chlauer, P.; Vorbach, M.; Wenka, A.; Schubert, K. poster presented at IMRET-9, 9th International Conference on Microreaction Technology, Potsdam Germany, 6-8 Sept. 2006; Po¨chlauer, P.; Kotthaus, M.; Vorbach, M.; Deak, M.; Zich, T.; Marr, R. US 2008/0306300 A1.
[47] Ondrey, G. *Chem. Eng.* **2011,** *118(4)*, 17.
[48] Grant, D.; Dahl, R.; Cosford, N. D. P. *J. Org. Chem.* **2008,** *73*, 7219.
[49] Thales 纳米科技的 H-Cube®连续流动氢化反应器是通过电解产生 H_2 氢气，并采用一次使用的催化剂包装盒。通过迫使反应物流和催化剂接触而提供快速的还原反应。创新的仪器设备是在药物发现实验室中用于氢化反应和氢解反应的日常设备， http://www.thalesnano.com/products/h-cube
[50] Darout, E.; Basak, A. *Tetrahedron Lett.* **2010,** *51*, 2998.
[51] Thales Nanotechnology's X-Cube Flash™, http://www.thalesnano.com/node/130
[52] Nieuwland, P. J.; Segers, R.; Koch, K.; et al. *Org. Process Res. Dev.* **2011,** *15*, 783.
[53] Ducry, L.; Roberge, D. M. *Org. Process Res. Dev.* **2008,** *12*, 163.
[54] Noel, T.; Kuhn, S.; Mushio, A. J.; et al. *Angew. Chem. Int. Ed.* **2011,** *50*, 5943.
[55] Ritter, S. K. *Chem. Eng. News* **2011,** *89(23)*, 39.
[56] Kawaguchi, T.; Miyata, H.; Ataka, K.; et al. *Angew. Chem. Int. Ed.* **2005,** *44*, 2413.
[57] http://www.vapourtec.co.uk/products/reactors
[58] Bogdan, A. R.; Poe, S. L.; Kubis, D. C.; et al. *Angew. Chem. Int. Ed.* **2009,** *48*, 8547.
[59] Riva, E.; Gagliardi, S.; Mazzoni, C.; et al. *J. Org. Chem.* **2009,** *74*, 3540.
[60] Grafton, M.; Mansfield, A. C.; Fray, M. J. *Tetrahedron Lett.* **2010,** *51*, 1026.
[61] Wheeler, R. C.; Baxter, E.; Campbell, I. B.; Macdonald, S. J. F. *Org. Process Res. Dev.* **2011,** *15*, 565.
[62] Tilstam, U.; Defrance, T.; Giard, T.; Johnson, M. D. *Org. Process Res. Dev.* **2009,** *13*, 321.
[63] Gross, T. D.; Chou, S.; Bonneville, D.; et al. *Org. Process Res. Dev.* **2008,** *12*, 929.
[64] Ye, X.; Johnson, M. D.; Diao, T.; et al. *Green Chem.* **2010,** *12*, 1180.
[65] Roydhouse, M. D.; Ghaini, A.; Constantinou, A.; et al. *Org. Process Res. Dev.* **2011,** *15*, 989.
[66] 使用降膜微反应器进行臭氧分解反应：Steinfeld, N.; Abdallah, R.; Dingerdissen, U.; Ja¨hnisch, K. *Org. Process Res. Dev.* **2007,** *11*, 1025.
[67] 使用结构化的微反应器进行臭氧分解反应：Hubner, S.; Bentrup, U.; Budde, U.; et al. *Org. Process Res. Dev.* **2009,** *13*, 952.
[68] Kopach, M. E.; Murray, M. M.; Braden, T. M.; et al. *Org. Process Res. Dev.* **2009,** *13*, 152.
[69] Michel, B. J. *Chem. Processing* **1989,** July, 24.
[70] Roberts, G. W. Chemical Reactions and Chemical Reactors. Wiley, 2009.
[71] Atherton, J. H.; Carpenter, K. J. Process Development: Physicochemical Concepts. Oxford: Oxford University

Press, 1999, 37-38.

[72] http://www.engineeringtoolbox.com/reynolds-number-d_237.html

[73] Foulkes, J. A.; Hutton, J. *Synth. Commun.* **1979,** *9*, 625.

[74] Blacklock, T. J.; Shuman, R. F.; Butcher, J. W.; et al. *J. Org. Chem.* **1988,** *53*, 836.

[75] 氨基酸的 NCAs 可用于制备多聚氨基酸。*N*-烷基的 NCAs 的反应活性可能非常低。喹那普利的前体物是采用 2 mol%乙酸的量的规模进行制备的。乙酸也许是作为催化剂和 NCA 进行反应。在 5 min 之内将(*S*)-1,2,3,4-四氢-3-异喹啉羧酸叔丁酯（从 30 kg 的对甲苯磺酸盐而得）在甲苯中溶液加入(2*S*,4*S*)-2-(4-甲基-2,5-二氧-噁唑啉-3-基)-4-苯基丁酸乙酯（23.5 kg）和 90 g 乙酸的甲苯溶液。没有提及温度也没有给出产率，过程中的 HPLC 数据显示转化实际上是定量的。Jennings, S. M. US 6858735 B2. 2005（to Warner-Lambert）.

[76] Paul, E. L. *Chem. Eng. Sci.* **1988,** *43*, 1773.

[77] Bowles, D. M.; Boyles, D. C.; Choi, C.; et al. *Org. Process Res. Dev.* **2011,** *15*, 148. 在淬灭过程中一定是存在一些残留的酸，随之形成了二甲基缩醛。通过使用 NaOH 和 TFA 可将缩醛酯转化为所需的醛酯，如图所示。

[78] For a description of a similar column, see Pelletier, M. J.; Barilli, M. L.; Moon, B. *Appl. Spectrosc.* **2007,** *61*, 1107.

[79] Allian, A. D.; Richter, S. M.; Kallemeyn, J. M.; et al. *Org. Process Res. Dev.* **2011,** *15*, 91.

[80] Allian, A. D. Personal communication.

[81] Tao, J.; McGee, K. *Org. Process Res. Dev.* **2002,** *6*, 520; Tao, J.; McGee, K. //Blaser, H. U.; Schmidt, E., Eds. Asymmetric Catalysis on Industrial Scale. Weinheim: Wiley-VCH, 2004, 321-334.

[82] Truppo, M. D.; Hughes, G. *Org. Process Res. Dev.* **2011,** *15*, 1033.

[83] Yu, R. H.; Polniaszek, R. P.; Becker, M.W.; et al. *Org. Process Res. Dev.* **2007,** *11*, 972.

[84] Leeke, G. A.; Santos, R. C. D.; Al-Duri, B.; et al. *Org. Process Res. Dev.* **2007,** *11*, 144. 作者提到了有一些 Pd 在催化剂使用过程中会泄漏出来.

[85] Chen, P.; Han, S.; Lin, G.; Li, Z. *J. Org. Chem.* **2002,** *67*, 8251.

[86] Wiles, C.; Watts, P.; Haswell, S. J. *Tetrahedron Lett.* **2006,** *47*, 5261.

[87] Gooden, P. N.; Bourne, R. A.; Parrott, A. J.; et al. *Org. Process Res. Dev.* **2010,** *14*, 411.

[88] Parrott, A. J.; Bourne, R. A.; Gooden, P. N.; et al. *Org. Process Res. Dev.* **2010,** *14*, 1420.

[89] Stevens, J. G.; Go′mez, P.; Bourne, R. A.; et al. *Green Chem.* **2011,** *13*, 2727.

[90] Hoffmann, N. *Chem. Rev.* **2008,** *108*, 1052.

[91] Van Gerven, T.; Mul, G.; Moulijn, J.; Stankiewicz, A. *Chem. Eng. Process.: Process Intensification* **2007,** *46*, 78.

[92] Nowak, F. M., Ed. Sonochemistry: Theory, Reactions and Syntheses, and Applications. Nova Science, 2010.

[93] Mason, T. J.; Peters, D. Practical Sonochemistry: Power Ultrasound Uses and Applications. 2nd ed. Woodhead Publishing, 2002.

[94] Mason, T. J. *Chem. Soc. Rev.* **1997,** *26*, 443.

[95] The inverse square law: http://en.wikipedia.org/wiki/Inverse-square_law#Light_and_other_electromagnetic_radiation

[96] Hook, B. D. A.; Dohle, W.; Hirst, P. R.; et al. *J. Org. Chem.* **2005,** *70*, 7558.

[97] Wootton, R. C. R.; Fortt, R.; de Mello, A. J. *Org. Process Res. Dev.* **2002,** *6*, 187.

[98] From mikroglas chemtech GmbH: http://www.mikroglas.com

[99] Kim, S.; Wei, C.; Kiang, S. *Org Process Res. Dev.* **2003,** *7*, 997.

[100] Franc, B.; Hoff, C.; Kiang, S.; et al. US 7008959. 2006 (to Sanofi-Aventis).

[101] Prosonix: http://www.chemsourcesymposia.org.uk/abstracts.htm

[102] Shieh, W.-C.; Dell, S.; Repic, O. *Tetrahedron Lett.* **2002,** *43*, 5607.

[103] Shieh, W.-C.; Dell, S.; Bach, A.; et al. *J. Org. Chem.* **2003,** *68*, 1954.

[104] Jiang, X.; Tiwari, A.; Thompson, M.; et al. *Org. Process Res. Dev.* **2001,** *5*, 604.

[105] Rekha, V. V.; Ramani, M. V.; Ratnamala, A.; et al. *Org. Process Res. Dev.* **2009,** *13*, 769.

[106] Bowman, M. D.; Holcomb, J. L.; Kormos, C. M.; et al. *Org. Process Res. Dev.* **2008,** *12*, 41.

[107] Schmink, J. R.; Kormos, C. M.; Devine, W. G.; Leadbeater, N. E. *Org. Process Res. Dev.* **2010,** *14*, 205.

[108] Damm, M.; Glasnov, T. N.; Kappe, C. O. *Org. Process Res. Dev.* **2010,** *14*, 215.

[109] Kelly, C. B.; Lee, C. X.; Leadbeater, N. E. *Tetrahedron Lett.* **2011,** *52*, 263.

[110] Pedrick, E. A.; Leadbeater, N. E. *Inorg. Chem. Commun.* **2011,** *14*, 481.

[111] Hartman, R. L.; Naber, J. R.; Zaborenko, N.; et al. *Org. Process Res. Dev.* **2010,** *14*, 1347.

[112] Nickbin, N.; Ladlow, M.; Ley, S. M. *Org. Process Res. Dev.* **2007,** *11*, 458.

[113] Bedore, M. W.; Zaborenko, N.; Jensen, K. F.; Jaimson, T. F. *Org. Process Res. Dev.* **2010,** *14*, 432.

[114] Kopach, M. E.; Murray, M. M.; Braden, T. M.; et al. *Org. Process Res. Dev.* **2009,** *13*, 152.

[115] Genck, W. *Chem. Eng.* **2011,** *118(7)*, 28.

[116] Tung, H.-H.; Paul, E. L.; Midler, M.; McCauley, J. A. Crystallization of Organic Compounds, an Industrial Perspective. New York: Wiley, 2009.

[117] Lindrud, M. D.; Kim, S.; Wei, C. US 6302958 B1. 2001（to Bristol-Myers Squibb）.

[118] ICH Q7A Good Manufacturing Practice Guidance for Active Pharmaceutical Ingredients, August 2001, http://www.fda.gov/downloads/Drugs/GuidanceComplianceRegulatoryInformation/Guidances/ucm073497.pdf

[119] Anderson, N. G.; Burdick, D. C.; Reeve, M. M. *Org. Process Res. Dev.* **2011,** *15*, 162.

[120] For instance, Thomas Swan offers continuous supercritical fluid processing, http://www.thomas-swan.co.uk/ASP/ProductsAndServices/ProductsAndServices.asp?Type=SupercriticalProcessing. AMPAC, Carbogen Amcis and Lonza also offer continuous reaction services.

第15章 以简单性及耐用性为目标的工艺优化

"……在工业上，尤其是在过程化学上，通常需要准确分析收率和选择性，以及大量的确保数据准确性的过程。工艺化学家们即使是自己进行初始的 HPLC 等分析操作，也需要注意他们采用的这些方法的局限性。"

——特雷弗·莱尔德[1]

15.1 引言

工艺化学家通过观察以及深思熟虑的实验而知道一个工艺的局限性。其回报是预见并避免出现问题，而不需要等到中试和生产时再来解决问题。

通过考察关键工艺参数（CPPs），即考察直接影响中间体和最终产物关键质量属性（CQAs）的各种操作输入因子，在实验室就可以获得对工艺操作过程透彻的理解。CPPs 包括反应温度、pH、H_2 压力，结晶之前的残留水分、结晶过程中对浆液的降温速率等。CPPs 和 CQAs 一般属于工艺验证与实施的一部分（第 16 章），通常很少有时间在中试之前确定完成所有工艺条件优化。表 15.1 列举了一些优化操作并开发可靠工艺的实验室研究实验，而且这些实验中应该考虑尽可能多地在实施放大之前就完成。

工艺化学家对于设计实验室中的实验优化条件很熟悉，但对于表 15.1 中其他 5 类实验不太了解。压力测试是将反应故意在极端条件下运行以确定其潜在的影响。例如，分批加入关键的原料以确定微混合是否会导致杂质含量的升高。图 15.1 是一个压力测试的例子。Merck 研究人员预期使用正丁基锂作为碱只要少量过量就会使其中一个芳环形成金属化物并导致产生二醛副产物。通过加入 2 mol/L 的正丁基锂进行压力测试，果然形成 10%的这种副产物。进一步筛选发现使用 EtMgBr 作为碱即使过量 20%也没有问题，从而避免了使用正丁基锂溶液需要滴定以及控制用量的问题[2]。极限测试是更大强度的压力测试；例如将−40 ℃的反应缓慢升至 0 ℃，并用 HPLC 跟踪监测。量热实验通常是经过培训的专业人员在特殊的设备上进行的，也可以承包出去。耐受性测试可以在操作物料中人为加入杂质，例如在结晶过程，

表 15.1 需要在工艺实施方法之前完成的关键实验室研究①

实 验	类 型	目 的
条件优化	寻找范围	确定正常操作的范围（NOR）②
压力测试/极限测试	寻找范围	确定可接受的范围（PAR）②
延长运行	模拟放大时的运行时间③	确定副反应、分解物，以及放大时可能出现的肢体操作困难
量热	定性 定量	安全（防止反应失控）。在已知放大设备的冷却能力时，预测放热过程的操作时间
耐受性研究	在PAR条件下增加对特定选择的杂质量进行工艺操作	在可接受关键质量特性（CQAs）条件下，确定生产的物料输入和过程物流中的杂质允许的水平
使用测试	将所有输入参数运用于过程操作条件测试	预计放大操作的成功；确定放大后出现的问题与什么输入条件和/或操作有关

① 很少有时间在放大前进行充分的条件优化。所以这些测试更主要的是为了生产工艺的验证及实施。

② NOR 和 PAR 是与设计空间条件有关的验证术语。

③ 对于批次运行而言，放大 10 倍工艺发操作时间预期会延长 2 倍：Anderson N G. *Org Process Res Dev*, **2004**, *8*, 260.

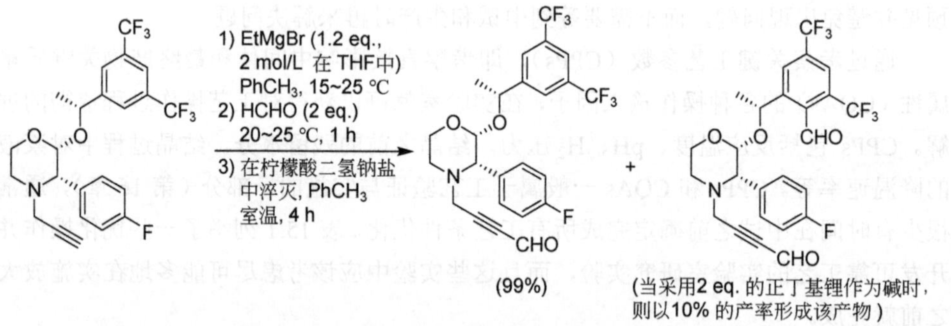

图 15.1 在压力测试之后选择最佳的碱

以确定常规操作能否容易地去除这些杂质。使用检测需要在放大运行前进行，以在进行放大的各种准备工作之前确保工艺可以如预期地运行。

需要在实验室内延长操作以判断大规模生产时的稳定性以及预测物理及化学方面可能存在的问题。例如，如果结晶悬浮液需要在离心机上进行第二次过滤操作，那么只要离心机还在使用中，剩余产物的浆液将有可能持续在结晶容器中被搅拌。而延长的搅拌可能会降低结晶粒径，使不需要的杂质以共结晶析出，或导致形成另一种多晶型，从而影响后续操作或质量。在实验室中，对悬浮液稳定性的考察可以通过将产品一小部分的悬浮液置于冰箱内过夜后再分析其固相和液相进行检测。这种延长的保存期可通过比较物料流的体积与设备的容积量而得以预见。

对中间体化学稳定性的了解对有效的工艺放大十分重要，通过延长稳定性测试揭示潜在的问题可通过改变后处理方法或直接套用来加以解决。例如，对一个乙烯基格氏中间体的羧化时的确碰到了问题（图 15.2）。延长二氧化碳参与的制备反应的时间会导致乙酸盐产物收率的降低。通过 FTIR 检测发现当乙烯基格氏中间体消耗完时溶液中自由的二氧化碳的浓度最开始为 0.25 mol/L，随着反应时间延长而逐渐下降。与反应相关的碳酸盐并不能有效地被乙酰化，而在后处理中形成了不需要的内酯。当其他去除二氧化碳的方法均没有效果时，通过有效添加叔丁醇钾可以有效去除反应混合物中的二氧化碳[3]。另一个例子是图 15.2 中的醛极不稳定而无法分离，在 0 ℃储存 2 天则会完全消旋化，只能将该醛直接套用[4]。图 15.2 中的氯代吡啶酮在后处理的碱性条件中迅速分解：如使用 $KHCO_3$ 水溶液淬灭反应时产品每小时分解 6%，而改用 NaCl 水溶液淬灭反应所得产物的稳定性尚可以接受[5]。一些含有某些官能团的化合物稳定性较差，不适于储存和运输。例如芳香醛类化合物很容易被空气氧化；氰醇和氰胺（Strecker 反应的产物）容易脱去 HCN。相对稳定性的评估可以通过将反应液或分离的产物存放几日后，在通过合适而方便的检测方法如 HPLC 进行检测。

> 不要过早地将失败的反应倒掉，你可能会从中获得一些有用的信息。例如，一个在你吃午饭时不幸升至室温的反应，可以提供和导致问题的副产物的相关信息[6]。

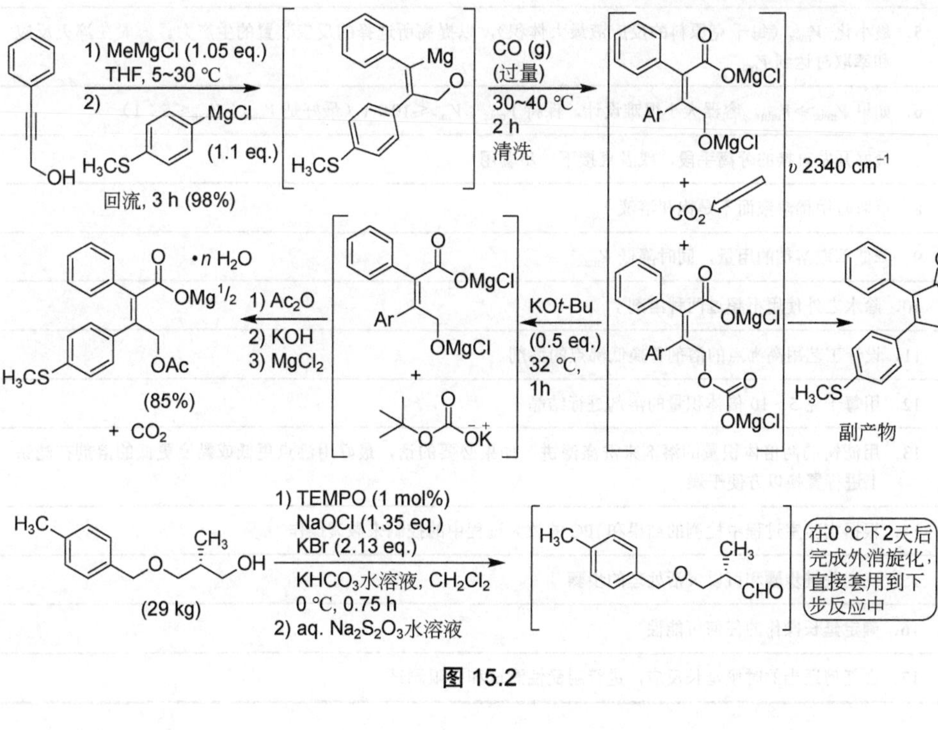

图 15.2

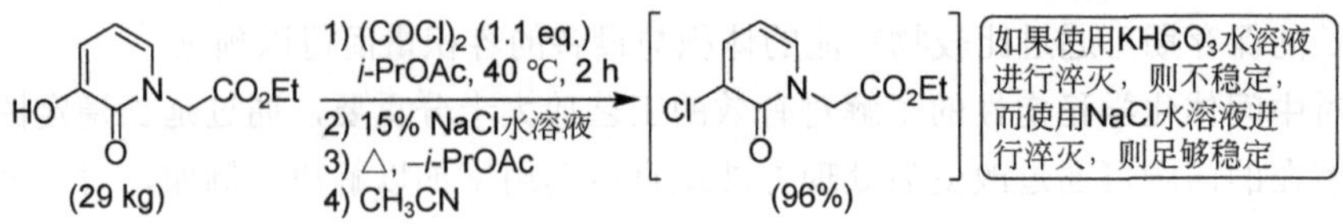

图 15.2 理解并控制反应中间体物料流的稳定性

> 如果可能，选择数据而不是假设。例如，盐水洗涤可能不是必需的。此外，氯化钠进入有机相可导致高的参与点火物（ROI）或形成盐酸盐。要先确定盐水洗涤萃取液的确可以除去水或杂质，否则不要使用盐水洗洗涤。

表 15.2 是进行经济高产率的工艺放大所需要考虑的问题。其中某些要点在第 8 章有所讨论。

表 15.2 经济的高产率工艺放大所需考虑的问题

1．使用尽量少的溶剂有助于平稳控制操作工艺。例如：在实验室尝试在 0.3～0.4 mol/L 的浓度下反应，但如果发现反应还是液态并且没有明显放热现象，则增加反应液浓度
2．开发所有物料是都可流动的工艺条件
3．只要加料速率可控并且冷却速率可以维持反应液处于所需的温度范围内，就采用放热条件来加热混合物以便达到预定温度
4．开发补加试剂的手段以备反应停滞之需
5．最小化 V_{max}（每千克原料的反应液最大体积），以提高所选择的反应装置的生产力。一般在淬灭反应和萃取时达到 V_{max}
6．如果 V_{max}>>V_{min}，容器大小很难设计，保持 $V_{max}:V_{min}\leqslant 10:1$（最好是 $V_{max}:V_{min}\leqslant 5:1$）
7．最好开发直接的分离手段，或者直接下一步套用
8．萃取时用稀溶液而不是饱和溶液
9．降低萃取溶剂的用量，同时降低 V_{max}
10．除水之外使用不超过两种溶剂
11．设计工艺用高沸点的溶剂替换低沸点的溶剂
12．用每千克 5～10 倍体积量的溶剂进行结晶
13．用滤饼的两倍体积量的溶剂来洗涤滤饼，如果必要的话，最好用沸点更低或黏度更低的溶剂在滤饼上进行置换以方便干燥
14．根据实验室过程中检测的结果和 IPC 的放大过程中的控制来微调操作
15．确定关键步骤和可以灵活处理的步骤
16．确定延长操作的任何可能性
17．在任何适当的时候延长反应，进行耐受性测试和极限测试

15.2 物料平衡的重要性

物料平衡接近 100%说明反应的产物和副产物已经定量，并且明确了解了产物和副产物的处置方式。

确定满意的物料平衡取决于打算花多少时间来改进物料平衡。物料平衡很差可能是因为过程物料中的产物和副产物被错误地定量，或者没有确定有些物料损失，或者有一些未经鉴定的副产物。如果物料平衡差不是由定量错误造成的，那么就是因为操作过程没有被充分理解或控制好。如果物料平衡差，那么放大成功很难保证，则需要花费更多的时间来了解操作过程。

当没有被详尽分析过的参考标准时，可以通过 HPLC 确立令人满意的物料平衡。假设一个反应的所有原料都消耗了，如果存在副产物 A，其分子量及吸光度应该与产物差不多，这种半定量的物料平衡的建立方法如表 15.3 中所述。其关键是准确合理地估计在合并的母液和洗液中产物溶解的量。该算法忽略了任何产物或者杂质在萃取时的分配问题。

表 15.3 结晶过程中的半定量物料平衡实例

A	B	C	D	E	F	G
	收率（原产率）	产物的 AUC（HPLC）	产品的 HPLC 纯度（相对于标准）	校正收率（质量分数）	杂质 A 的 AUC（HPLC）	杂质 A 的估算值（质量分数）（$E\times F/C$）
干燥的滤饼（由理论 10 g 得 9.16 g）	91.6%	97%	95.0%	87.0%（B×D）	2%	1.8%
母液+洗液（120 mL）		33%	0.002 g/mL	2.4%（D×120/10.0 g 理论收率）	66%	4.8%
总计				89.4%		6.6%
物料平衡				96.0%		

15.3 技术转移操作的文案工作

文案工作应该包括所有操作过程的细节以便保障其最佳的重现性。在制备一个噻吩化合物的实验部分提到了很多细节问题（图 15.3）[7]，与说明性的记录表或有机合成制备相类似。其中一些例子还包括推动搅拌器的方向（搅拌器开几秒，然后再关上）使粘在分离器壁的水相中的水滴移动并掉落到交界面处，然后将器皿中的东西排放到不同的容器中，再用丙酮和蒸汽清洗容器，去除痕量的有臭味的硫醇。将硫醇储存在一个密封的瓶子里，并用少量的溶剂冲洗瓶子。Pharmacia 的作者还描述了先加入 0.1 eq.的丙烯酸酯以引发反应，然后再控制反应温度为 30 ℃缓慢加入剩下的原料。这种程度的细节描述对放大以及工艺转移都是有帮助的。

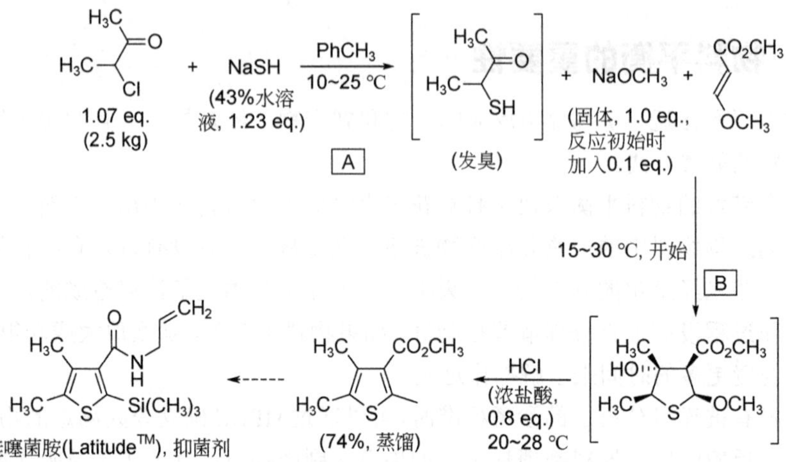

图 15.3　制备一种噻吩的化合物的详细描述

技术转移的文档应该是独立的，尽量不引用其他文档。高效的技术转移的注意事项见表15.4。

> 技术转移后继续跟进了解你的工艺转移后的效果如何，以及什么知识可以用到未来工艺开发中。评价工艺操作效果的最好方法是现场参与技术转移。

表 15.4　技术转移指南

1．包含反应流程、配平的算式以及工艺流程图
2．包含安全评估。提出工艺放大的安全建议
3．描述保证反应重现性需要注意的工艺细节，尤其是观察现象，例如温度升高或者浆液变稠的温度，必须具体
4．突出关键工艺参数，例如，严格无水条件，以及如何达成这些条件，如 76～80 ℃一大气压力下共沸干燥
5．描述过程中检测的细节，包括取样、样品分离、色谱条件以及过程控制指标范围
6．描述副产物和废物的处理方法以及设备的清洗方法
7．包括返工的步骤
8．包括收率、产品质量、杂质以及物料平衡的表格
9．提供工艺研发的历史
10．对工艺优化的评价：解释当前工艺什么是已知的、什么还不知道，什么已经做了、什么还没做，提出进一步优化的范围
11．提出工艺放大需要注意的地方，例如，什么时候需要剧烈搅拌
12．公开和诚实
13．确保管理层审查并批准了你的文档

15.4　工艺优化的案例

构象的改变可以从根本上影响到工艺。采用第一代关环复分解（RCM）工艺制造丙型肝炎候选物 BILN2061 时二烯的浓度优选为 0.011 mol/L（图 15.4）。每批投料 20.2 kg 二烯共生产了约 400 kg 的产品[8]。对仲胺的氮原子衍生化，通过促进有利于成环的构象的形成，使由关环复分解（RCM）反应获得了较高的收率[9]。在第二代工艺中，胺氮原子上连接 Boc 基团。对 RCM 反应，二烯浓度提高到了 0.1 mol/L 并且以极佳的收率获得了烯烃[10]。

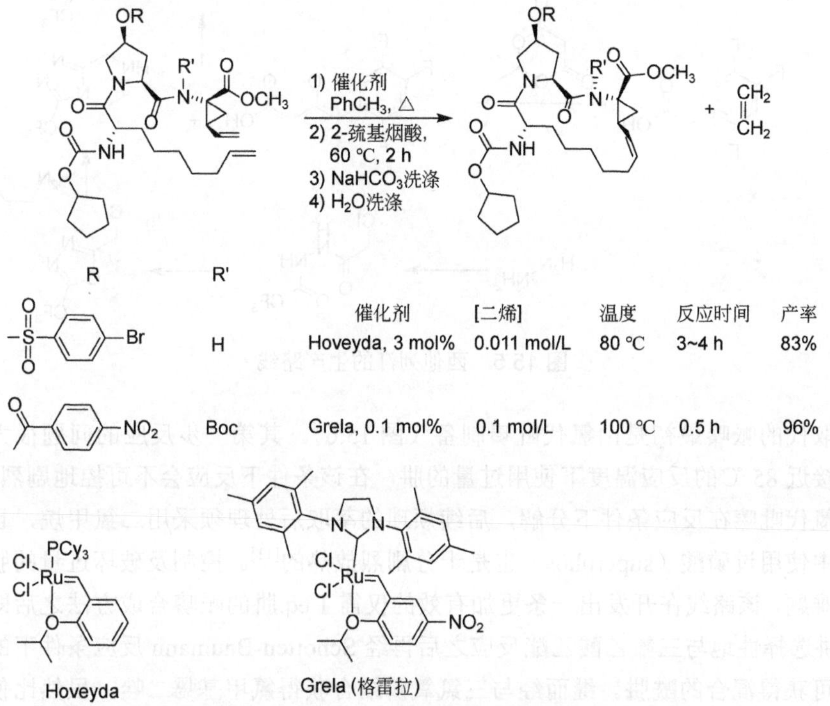

图 15.4　构象变化促成大环内酯的更高浓度的制造工艺

Merck 公司的科学家们对西他列汀的生产进行了大量的工艺优化。该案例综述了工艺研发过程以及这些工艺是如何放大的。西他列汀是一种口服的 DPP-4 抑制剂，治疗 2 型糖尿病的首选药物。Merck 公司因为开发了一种未保护的烯胺不对称氢化技术，避免了西他列汀生产中的保护及脱保护步骤而获得美国总统绿色化学奖（2006）。2009 年 Merck 公司和 Codexis 公司因开发的西他列汀生物催化合成路线而再次获得美国总统绿色化学奖，该路线通过减少一步反应并去除了重结晶操作而减少了废弃物的排放。其生产路线见图 15.5。

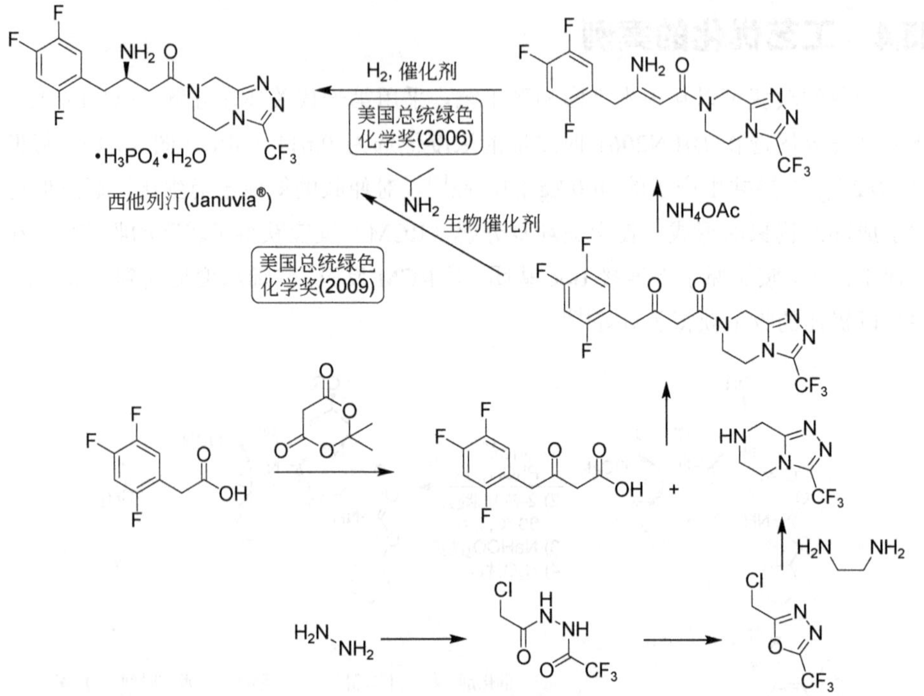

图 15.5 西他列汀的生产路线

取代的哌嗪最初是由氯代吡嗪制备（图 15.6）。其第一步反应的问题很大，需要在接近 85 ℃的反应温度下使用过量的肼，在该条件下反应会不可控地剧烈放热。导致氯代吡嗪在反应条件下分解，后续烦琐的萃取后处理须采用二氯甲烷，且后续反应中使用过磷酸（superphos）也是十分剧烈放热的[11]。控制及破坏过量的肼也是一个难题，该路线在开发出一条更加有效的仅需 1 eq.肼的哌嗪合成方法之后即被废弃。肼选择性地与三氟乙酸乙酯反应之后再经 Schotten-Baumann 反应条件下的酰化反应可获得混合的酰肼。继而经与三氯氧磷缩合获得氯甲基噁二唑，虽然比使用苯基二氯化膦收率略低，但是三氯氧磷反应产生的废弃物流更加环境友好。最后与乙二胺反应获得哌嗪衍生物。如果乙二胺用量小于 2.8 eq.，该中间体则会被形成的乙二胺二盐酸盐结晶所污染。脒中间体经分离（在图中未显示）去除过量的乙二胺，再经浓盐酸处理可方便地制备相应的盐酸盐。优化的路线可以更安全地使用肼，并且 5 步反应只需进行一次中间体的分离纯化。优化之后的路线比之前的问题路线收率提高接近一倍[12]。

第一代工业生产西他列汀的合成路线起始于 β-酮酯的手性氢化反应，再经水解反应继而在 EDC 存在下与苄氧基胺在主要为水相的溶剂中发生偶联反应（图 15.7）。通过 Mitsunobu 反应生成 β-内酰胺，并形成副产物三苯氧膦和由偶氮二甲酸二异丙

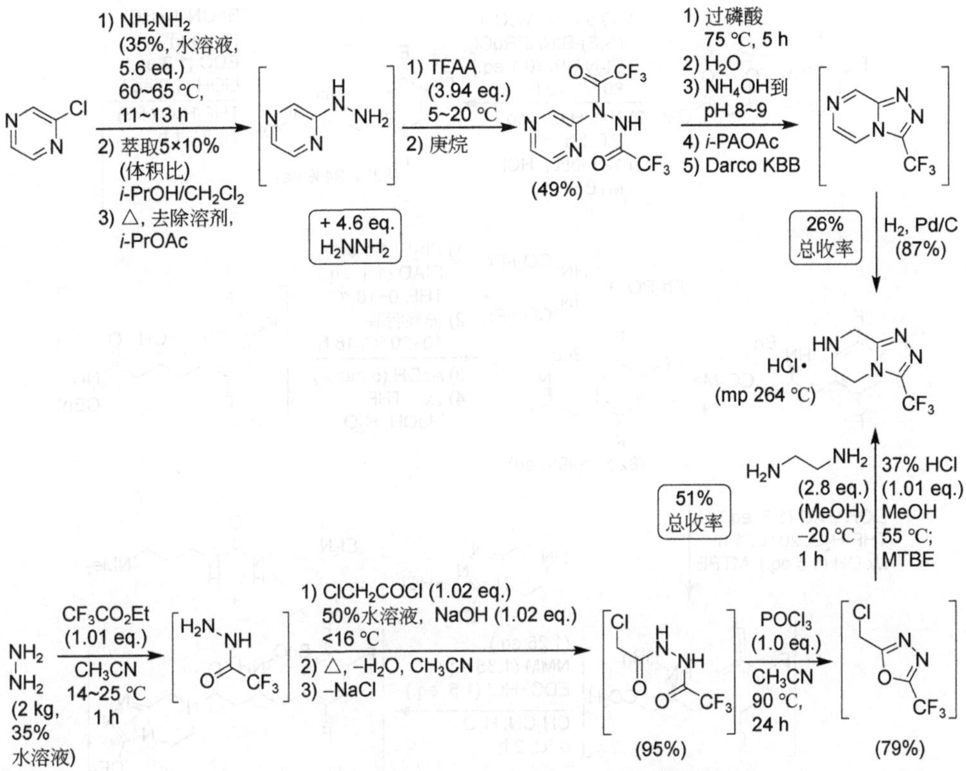

图 15.6　哌嗪盐酸盐（用于生产西他列汀）的制备

酯还原而得的肼。在实验室中通过甲醇/水重结晶将 β-内酰胺的质量提高到>99% ee，但不幸的是在中试时的重结晶中与溶剂发生酯交换仅得到甲酯产物。后发现只需 0.1 mol%的少量 NaOH 即可促使该甲醇解反应的发生，在规模制备时这可能是由清洗反应釜时残留的洗涤剂成分造成的。在后续的中试批量生产中通过加入微量的醋酸后浓缩即可避免该甲醇解副反应。β-内酰胺或甲酯的水解之后会在 EDC 存在下形成酰胺键，再经氢解作用脱去氨基的保护基，并成盐后获得目标物[11]。使用该路线制备了 100 kg 西他列汀用于安全性和早期临床试验的研究[13]。该路线的缺点在于：两次使用 EDC 偶联以及 Mitsunobu 反应，使用了两个保护基而导致原子经济性较差，由于萃取的后处理而使用了大量的溶剂。

> 为了有效地将工艺引进工业生产中，工艺操作应该适用于常规操作和现有的设备。

西他列汀的大规模生产路线使用了酮酰胺另一种制备方法并在路线的最后一步构建了手性中心（图 15.8）。Meldrum 酸和芳基乙酸的缩丙酮产物在酸催化下与取代的哌嗪偶联。该反应可能是通过生成乙烯酮而进行的，该操作工艺在 1.75 mol/L 浓度下非常高产。β-酮酰胺直接套用制备烯胺，并从反应液中结晶获得 Z-烯胺[14]。进

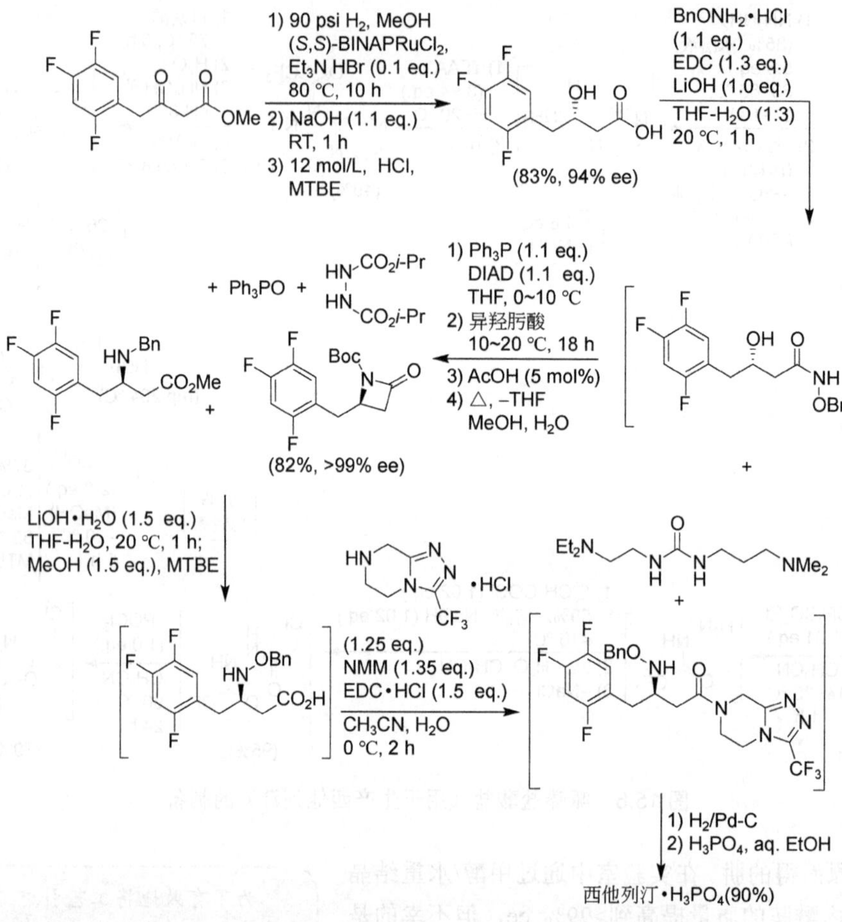

图 15.7 西他列汀的第一代偶联反应生产工艺

行了大量的氢化反应研究工作以寻找合适的试剂和条件将烯胺转化为所需的手性β-氨基酰胺[15,16]。烯胺氢化时还有还原芳环上氟原子的风险。当选择 *t*-Bu JOSIPHOS 催化剂和甲醇作为溶剂之后工艺优化得以进行（见图 10.16 的讨论部分）。控制问题包括有效的脱气、搅拌，以及氢气从气相到液相的传输。需要干燥的条件以防止烯胺的水解反应，因此需要通过过程控制监控湿气。优化的氢化反应条件需要在适合的温度和适合的压力下进行，因此还需要一个相对特制的反应器。在 11%（质量分数）（0.25 mol/L）浓度下反应产率比较合理，因为更高的起始浓度物料浆液传质困难导致氢化反应速率变低。因为产物的抑制作用，该氢化反应需要相当长的时间。由于催化剂用量低所以要严控催化剂的抑制物，昂贵的 Rh 催化剂在氢气氛围下通过加入 Ecosorb® C-941❶加以回收。为了提高手性纯度需对游离碱进行结晶；在对游

❶ Ecosorb® C-941 是一种商业可购买到的除臭剂。——译者注

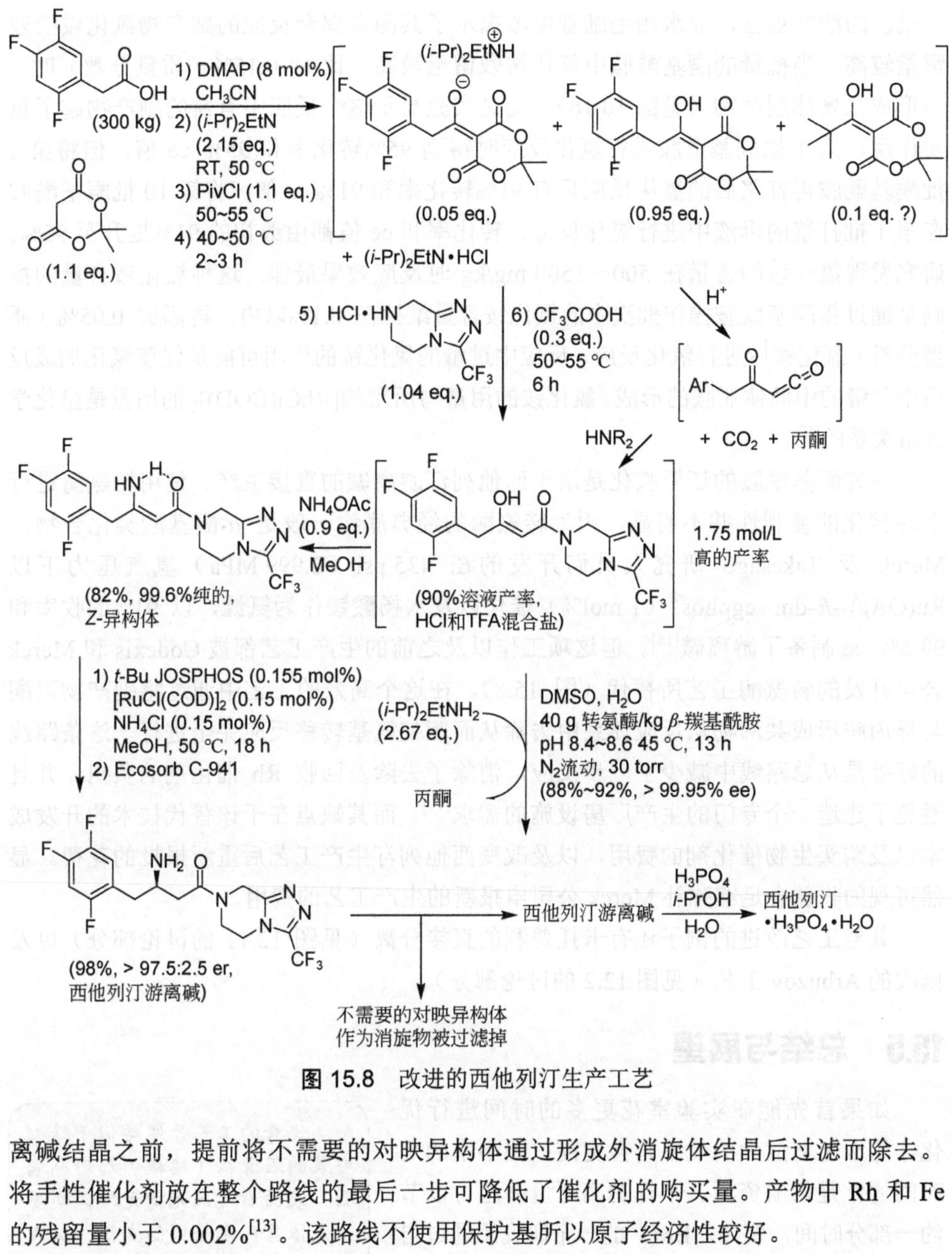

图 15.8　改进的西他列汀生产工艺

离碱结晶之前，提前将不需要的对映异构体通过形成外消旋体结晶后过滤而除去。将手性催化剂放在整个路线的最后一步可降低了催化剂的购买量。产物中 Rh 和 Fe 的残留量小于 0.002%[13]。该路线不使用保护基所以原子经济性较好。

在大规模制备条件优化时发现了手性氢化反应的一些控制问题，如图 15.8 所示。在酮基酰胺 1～9 批生产时得到了很好的转化率和可接受的 ee 值，但 10～18 批产品的转化率不超过 82%，且 ee 值降至 89%。讽刺的是 10～18 批本来是要经过再处理提高纯度的，再处理过程却是要么带入了抑制剂，要么是去除了一个有益的杂质。开始的分析结果显示各批次之间并没有什么差别，但经过深度的分析发现 1～

9 批次的酸性更强，非水相毛细管电泳揭示了其源自偶合反应的副产物氯化铵的残留量较高。当批量的酮基酰胺中氯化铵残留量较高，比如>0.15%（质量分数）时，会形成二聚体副产物（见图 10.16）。交叉实验显示这个反应中有益的副产物起了重要作用。第 1 批酮基酰胺进行氢化反应时得到 95%转化率和 95% ee 值，但将第 1 批酮基酰胺再打浆后的氢化反应只有 91%转化率和 91% ee 值。将第 10 批酮基酰胺在第 1 批打浆的母液中进行氢化反应，转化率和 ee 值都由最初的 91%提升至 95%。研究发现氯化铵的含量在 500～1500 mg/kg 时反应效果最佳。这种氯化铵含量的控制是通过将酮基酰胺操作批次中的氯化铵含量维持在 0.1%以内。再添加 0.05%（质量分类）氯化铵后进行氢化反应。反应中过量的氯化铵的作用可能是促使氢化加成反应中关键的中间体亚胺的形成。氯化铵的用量与所用的$[RhCl(COD)]_2$的用量是呈化学计量关系的[17]。

研究酮基酰胺的还原胺化是用于西他列汀游离碱的直接生产。使用转氨酶进行上述转化的便利性并不明显，因为转氨酶的经典底物一般是 α-酮基酸类化合物。Merck 及 Takasago 研究人员们开发的在 435 psi（2.999 MPa）氢气压力下以 $Ru(OAc)_2$-*R*-dm-segphos®（1 mol%）催化以及水杨酸铵作为氨源，以 91%的收率和 99.5% ee 制备了游离碱[18]。但这项工作以及之前的生产工艺都被 Codexis 和 Merck 公司开发的转氨酶工艺所替代（图 15.8）。在这个高效的工艺中通过将副产物丙酮与异丙胺形成共沸物从反应体系中去除从而驱使氨基转移反应完全进行。这条路线的好处是从总路线中减少了一步反应，消除了去除及回收 Rh 催化剂的负担，并且避免了建造一个专门的生产厂房设施的需求[19]。而其缺点在于该替代技术的开发成本以及购买生物催化剂的费用，以及改变西他列汀生产工艺后重新报批的花费。显然可观的收益会足够弥补 Merck 公司申报新的生产工艺的费用。

其他工艺改进的例子还有卡托普利的直接分离（见图 12.11 的讨论部分）以及修改的 Arbuzov 工艺（见图 12.2 的讨论部分）。

15.5 总结与展望

> 优秀的工艺开发类似于精心安装的石膏板（墙板）和粉刷墙面。表面看起来光滑无缝，实质上是依靠内部坚固的支撑。工人多次对粗糙的边缘进行平滑处理使之显现出简单的外表。而只有在特定角度光照其表面时，才有可能察觉到其中的接缝。

如果首先能在实验室花更多的时间进行优化，那么工艺放大的效率则会更高；但不幸的是时间通常是稀缺资源。平行的高通量筛选可以节约一部分时间，例如，BMS 的一个研究组通过自动化设备在 4 天内进行了 116 个反应，用来筛选一个 *N*-三氟乙酰基氨基酸衍生物的最佳水解条件[20]。Cary 估计“……自动高通量设备可以提高研究速度 5～10 倍……”[21]。透彻的工艺研究的回报是避免放大时遇到问题，到那时压力会很大。工艺也可以在生产时进行优化、简化或进一步改进，在工艺优化中投入的资源会得到显著的经济回报。

参考文献

[1] Laird, T. *Org. Process Res. Dev.* **2011,** *15*, 305.

[2] Journet, M.; Cai, D.; Hughes, D. L.; et al. *Org. Process Res. Dev.* **2005,** *9*, 490.

[3] Engelhardt, F. C.; Shi, Y.-J.; Cowden, C. J.; et al. *Org. Chem.* **2006,** *71*, 480.

[4] Mickel, S. J.; Sedelmeier, G. H.; Niederer, D.; et al. *Org. Process Res. Dev.* **2004,** *8*, 92.

[5] Ashwood, M. S.; Alabaster, R. J.; Cottrell, I. F.; et al. *Org. Process Res. Dev.* **2004,** *8*, 192.

[6] 例如，将反应温度由−40 ℃改为−20 ℃，5-氯噻吩和 *n*-BuLi 反应得到 4-位的去质子化而不是氯-锂交换：Conrow, R. E.; Dean, W. D.; Zinke, P. W.; et al. *Org Process Res. Dev.* **1999,** *3*, 114.

[7] Fevig, T. L.; Phillips, W. G.; Lau, P. H. *J. Org. Chem.* **2001,** *66*, 2493.

[8] Nicola, T.; Brenner, M.; Donsbach, K.; Kreye, P. *Org. Process Res. Dev.* **2005,** *9*, 513.

[9] Shu, C.; Zeng, X.; Hao, M.-H.; et al. *Org. Lett.* **2008,** *10*, 1303.

[10] Farina, V.; Shu, C.; Zeng, X.; et al. *Org. Process Res. Dev.* **2009,** *13*, 250.

[11] Hansen, K. B.; Balsells, J.; Dreher, S.; et al. *Org. Process Res. Dev.* **2005,** *9*, 634.

[12] Balsells, J.; DiMichele, L.; Liu, J.; et al. *Org. Lett.* **2005,** *7*, 1039.

[13] Hansen, K. B.; Hsiao, Y.; Xu, F.; et al. *J. Am. Chem. Soc.* **2009,** *131*, 8798.

[14] Xu, F.; Armstrong, J. D.; Zhou, G. X.; et al. *J. Am. Chem. Soc.* **2004,** *126*, 13002.

[15] Ikemoto, N.; Tellers, D. M.; Dreher, S. D.; et al. *J. Am. Chem. Soc.* **2004,** *126*, 3048.

[16] Hsiao, Y.; Rivera, N. R.; Rosner, T.; et al. *J. Am. Chem. Soc.* **2004,** *126*, 9918.

[17] Clausen, A. M.; Dziadul, B.; Cappuccio, K. L.; et al. *Org. Process Res. Dev.* **2006,** *10*, 723.

[18] Steinhuebel, D.; Sun, Y.; Matsumura, K.; et al. *J. Am. Chem. Soc.* **2009,** *131*, 11316.

[19] Savile, C. K.; Janey, J. M.; Mundorff, E. C.; et al. *Science* **2010,** *329*, 305.

[20] Rosso, V. W.; Pazdan, J. L.; Venit, J. J. *Org. Process Res. Dev.* **2001,** *5*, 294.

[21] Rouhi, A. M., Ed.; *Chem. Eng. News.* **2003,** *81(28)*, 42.

第 16 章　工艺验证与实施

“……然而最终我还是需要到真正的生产车间去检查大自然的规律能否遵从我的模拟所愿。她从来不是完全顺从的。”

——Mike Resetarits，分馏研究公司[1]

“检测任何你合理推论在工业操作时可能产生的延误，并且检测两次。在工厂生产之前，尽可能以一种和计划生产相同的模式检测每一个要素——原料、反应条件、时间表、检测条件/设备，尤其是那些你之前曾经无数次成功并肯定认为完全没有必要检测的要素。”

——Jeffrey L. Havens，普强药厂[2]

16.1　引言

作为用于人类安全使用的上市药物的审批过程的一部分，原料药的生产工艺必须加以验证。一旦一个药物的申请获得审批，原料药和关键中间体必须遵守现行良好的生产规范（cGMP）。原料药和关键中间体的生产必须和验证的工艺流程完全一致以便能符合 cGMP 认证的要求，这些工艺生产的产品也必须符合之前认证过的特性。原料药的工艺验证始于实验室优化，并在应用于工业生产之前[3]。

人用药品注册技术要求国际协调会议（ICH）是由美国 FDA、欧洲及日本等相关管理机构联合主办的，目的是保证上市药品的安全性以及高质量[4]。ICH 发布了许多有助于研发以及批准药物的指南。一些最新的关于工艺验证以及实施的指南见表 16.1。指南分为质量、效率、安全和多学科性[5]。质量管控条例可分为开发、生产以及原料药的管理几部分讨论[6]。

表 16.1　工艺验证以及实施的最新指南

指　南	项　目
Q1A-Q1F	稳定性
Q3A	原料药中的杂质
Q3B	药物产品中的杂质
Q3C	残留溶剂杂质

续表

指　南	项　目
Q3D	残留金属杂质
Q6A	“小分子”原料药和药物产品的技术指标
Q7	良好的生产工艺（GMP）
Q8	药物研发
Q9	质量风险管理
Q10	药物质量体系
Q11	药物的开发与生产
S2 (R1)	遗传毒性的测试

表 16.1 的指南中还强调了产品质量不能靠批次检测：质量是产品的内在特性，它基于对整个工艺的理解而且源于设计（QbD）[7-9]。根据工艺分析技术（PAT）指南，“……一个被充分了解的工艺应该具有以下特点：①所有的变量都被确认并解释；②工艺过程中变量可控；③产品质量属性在为原料使用、工艺参数、生产、环保以及其他条件所建立的设计空间之内是可以精确并可靠地预测的。”[7]

2011 年 1 月 FDA 发布了题名为“工艺验证：基本原理和实践”的指南[8]替换其 1987 版本的指南。该文件指出“质量保证的基本原理是药物应该为其使用目的而生产”。该指南强调了管理产品的生命周期，即具备储存和检索数据的能力是重要的。该文件描述了工艺验证的三个基本阶段：工艺设计、工艺过程质量监控和持续的工艺验证。实验设计（DoEs）和统计过程控制（SPC）是急需的，同时工业流程图（PFD）被优选用于描述操作。该文件还指出通过 PAT 管理的运行系统优于非 PAT 的系统。在过程实施的时候进行验证，指的是工艺性能评定（PPQ），是不推荐的。FDA 极力主张读者们就一些文件和相关指南中没有指出的特殊问题联系他们[8]。

工艺验证的一般程序如表 16.2 所示[3]。

表 16.2 工艺验证一般流程

序号	工　作	地　点	评　论
1	安全分析	书面评审	确定并防止已知的化学或者毒理学风险
2	范围确定实验	实验室研究	准确地在过程中监测可以找到合适的工艺条件加速工艺研发
3	安全分析	实验室测试	测量发热量，确定工艺流程中中间体的毒理学风险
4	风险评估（例如 FMEA）	多学科评审	考虑工艺中的变数对质量的影响。预防和避免在千克级实验室和中试装置放大的风险
5	在固定设备上放大	中试装置	确认操作范围，最好有实验室人员参与
6	分析中试数据	实验室	确认对工艺的理解，确定需要进一步优化的范围

续表

序号	工　作	地　点	评　论
7	风险评估（例如 FMEA）	多学科评审	考虑工艺中的变数对质量的影响。预防和避免再进一步放大的风险（基于之前评估的数据）
8	技术转化	生产设施	全面、准确、诚实
9	按验证的计划试生产	生产设施	最好有中试人员的参与
10	分析初始批次的数据	实验室	确认工艺验证，确定进一步优化的范围
11	维护注册信息，商业生产	质量，法规，R&D	生产的年审以及对变化的评估，如更换原料
12	进一步优化	实验室、中试装置、生产设施	在申报的工艺范围内优化则不需要额外的监管评审或审批

注：摘自 Anderson, N. G; Burdick, D. C.; Reeve, M. M. *Org. Process Res. Dev.* **2011**, *15*, 162. Copyright 2011 American Chemical Society.

本章分为六个主要的小节：工艺过程实施的实验室研究、中试和生产前的工作考虑、工艺实施的工作、放大设备的清洁和除水、工艺实施后的后续工作、外包管理生产。

> 墨菲法则（认为会出错的，终将出错的论断）指出，“如果一件事可能出错，那么就一定会出错。”为了减少工艺放大的意外，按照墨菲法则规划工艺放大操作工作。

16.2 工艺过程实施的实验室研究

为了开发生产供给人类使用的产品的合适的生产工艺，科学家们探讨了将起始原料转化为最终产品过程中工艺参数范围和组合的设计空间[7]。必须合理控制关键工艺参数（critical process parameters，CPP）以确保产品符合所需的关键质量属性（critical quality attributes，CQA）。那些已经验证可以生产出合格产品的条件被称为经证实的可接受的范围（proven acceptable range，PAR），PAR 范围内首选的操作范围称为正常操作的范围（normal operating range，NOR）。而 PAR 范围之外生产的产品可能无法达到 COAs 标准（图 16.1）。

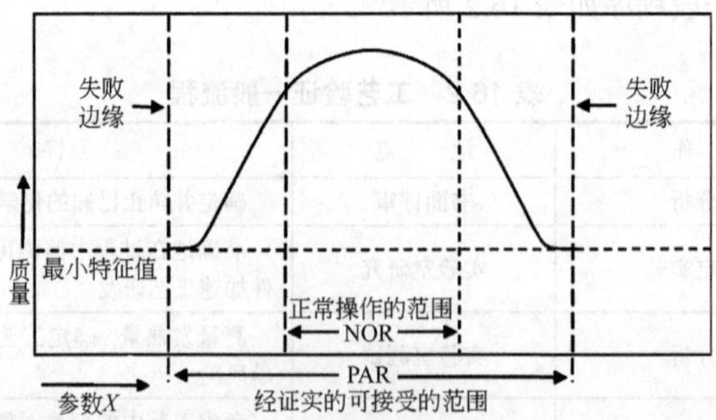

图 16.1　PAR 和 NOR 的关系

摘自 Anderson, N. G; Burdick, D. C.; Reeve, M. M. *Org. Process Res. Dev.* **2011**, *15*, 162.
美国化学学会版权所有 2011.

一些在中试装置和生产设施上的有效和高效的操作见表 16.3。这些指南对于初始的工艺研究很有帮助，但不是所有的场合都适用。

表 16.3 中试及生产操作中理想的操作

操 作	评 论
开发可靠的过程中检测	准备一个备用的 HPLC 柱子
开发可以驱使停滞的反应完成的工艺过程	延长反应时间或增加试剂的用量
简单高效的后处理	取消复杂的后处理工艺
一般采用萃取除去杂质比过滤好	萃取时水相体积不宜太大，过滤时间不宜太长
将萃取次数和萃取液的体积最小化	缩短操作时间，降低物理损失和污染的概率
破除可能存在的乳化	分离时间会随着容器高度的增加而延长，过滤也是破除乳化的一种手段
稳定地放大生产工艺流程	延伸实验室操作以便能预期可能的问题
悬浮物可以方便地从容器转移	工业上不可能用勺子刮
可以方便地在过滤器、干燥器和容器内转移固体	黏性、低熔点或吸潮性的固体会带来麻烦，最好筛选出最稳定的晶型
确定每一个步骤都是必需的，或至少是所期望的	没必要的步骤会降低生产力
研发精制工艺（如重结晶、打浆）	产品可能要用到这些分离条件

16.3 中试和生产前的研究工作

日志表实质上是中试装置和生产设施的同意书，必须建立日志表以指导工业化操作。在准备日志表或批次记录前，需要考虑工艺实施各方面的因素（表 16.4）。例如，如果中试的目的是验证实验放大，那么就没有必要像准备临床试验样品那样把所有的产物分离出来。

表 16.4 工艺实施过程中的注意事项以及记录表的准备

步 骤	评论或例子
确定目标	质量，数量，时间安排；按照客户需求
安全	千克级实验室最好完成危害评估，对于中试和生产是强制性的
了解背景	与之前的工艺负责人讨论
确定关键步骤	加料、反应、后处理、浓缩、结晶、分离、干燥
设备限制	低温、腐蚀性、离心
可靠的过程控制	取样、分离、定量
未完成操作的应急预案	延长操作，添加试剂或者直接进行下一步
反应失控的应急预案	缓冲罐，安全设备
预测延长操作的结果	在实验室检查
预测中断操作的结果	在实验室检查

续表

步　骤	评论或例子
开发鉴定组成的方法	简单的分析方法优先，使用检测
鉴定组成	实验室使用检测
确定工艺容差	溶剂±5%（体积分数），试剂±2%（质量分数）
产品分析到位	分析，在下一步进行使用检测，物料平衡
确定清洗过程	通常基于如何溶解产品
确定废弃物处理过程	通常采用中和
极限测试	实验室使用检测，加料过量或不足，pH 值以及温度漂移

在对中试装置和生产设施准备记录表时，要全面详细地记录所有的操作细节以避免拖延或产生问题。例如，记录表中需要说明萃取时上层或者下层是否形成界面（“乳化层”），或者独立的乳化层。有些操作可以使用标准操作规程（SOP），例如清洗，但是通常而言批次记录需要包括所有的说明和信息。毒理学研究材料的生产批次记录需要遵循良好的实验室规范（GLP），而不需要像制备用于人体的新化学实体或原料药那样的详细记录表[10]。

记录表需要包含恰当的过程控制指标以确认反应完成、萃取液的 pH、溶剂置换的完成、结晶的条件及其他。可接受的范围是最好的。

为了获得安全、高效及有效的放大效果，许多在实验室操作中的次要因素在这里都应该被详细地说明。像那些科学家非常熟悉的从一个试剂瓶中取浓硫酸并转移到加料漏斗的实验室操作通常会被忽略而没有被提起，这些“自动”想法包括：

1. 如何保障浓硫酸瓶子不被倾斜打翻而溢出之后的安全？
2. 把漏斗从反应器上拆下来再向漏斗中加料是否更加方便和安全？
3. 试剂瓶盖怎么放才会使污染降低到最少，朝上还是朝下？或者是放在纸巾上而方便清理？
4. 浓硫酸是按体积还是重量计量？
5. 如果按重量，是按试剂瓶减重计算还是按烧杯或加料漏斗中加入的量计算？是否要用反应溶剂冲洗烧杯使试剂完全被转移？
6. 如果按体积，是不是要用反应溶剂冲洗容器比如移液管？
7. 小心地转移硫酸，注意每一滴。
8. 把所有使用过的移液管泡在装满水的烧杯里。
9. 盖紧试剂瓶盖。
10. 暂时封存称量和加料的所有仪器设备，之后再冲洗。
11. 清理所有的漏液防止事故。
12. 把试剂和用过的设备移出操作区。

以上细节都需要记录在记录表中。

工艺路线放大之前就应该考虑好设备的兼容性以防止产品污染及物料的损失。例如，盐酸会腐蚀钢材，要求工程师在使用高浓度盐酸时选用搪瓷玻璃罐，或在 pH

大于 2 的条件下使用钢罐。在一个铁含量较高的高压釜批次运行中发现了甲磺酸腐蚀 316 不锈钢的性质[11]。另一个例子是暴露在 THF 气流中会使一些法兰和垫片变脆。McConville 制作了一个描述了各种化学品与金属、塑料和橡胶兼容性的详尽的表格[12]。如果任何问题不能通过文献检索得以解决，就要自行建立模型解决方案解决这些潜在的问题。反应器所使用的金属材料(金属片)可以在测试液里浸泡一定的时间，干燥、称重、检查重量损失以及表面的腐蚀。

一般中试装置不进行改装，虽然有时候进行改装效率更高。例如，多功能反应器更换另一种搅拌器不但要花费时间来拆卸安装器，装完之后还要验证反应器不泄漏。

试剂的物理化学性质以及工艺流程可能强烈地影响操作的成功。例如，如果抽取 $SOCl_2$ 之类的挥发性试剂，可能会被真空带走一部分。如果在添加过程中发生微量混合是一个问题，最初的偏好可能是在稀释的物料中和较低的温度下滴加物料，或者通过喷洒到反应器中。黏稠的浆液可能无法使用常规的搅拌桨均匀地悬浮。小颗粒可能会堵塞过滤器。大颗粒从结晶器转移到过滤器不方便，可能需要增强搅拌来打碎大颗粒。无法通过抽滤或压滤有效去除溶剂的滤饼可通过离心方便地去除。需要在实验室研究过滤速度以选择适合工业放大的设备。解决这些问题的最佳途径是与这些设备的销售、维护及使用人员进行讨论[13]。

所有的过程控制条件都应该在实验室进行研究，然后再推广到中试及生产中实施。一些常规的检测手段可能并不奏效。例如工艺流程中使用到的某些物质可能干扰 KF 水分测定。

工艺流程图（PFD）的作用是跟踪操作流程，通常需要在进行中试之前就准备好。工艺流程图对于确定工艺放大时需要哪些设备，确定进行过程控制检测时间，通过设备跟踪工艺流程均非常有帮助。图 16.2 展示了一个酯水解反应的反应流程和后处理过程。其中一个与学术研究中的后处理方法有着显著不同的是水解反应后萃取之前并没有通过浓缩去除水溶性的溶剂甲醇。另一点是通过第一次结晶过滤除去消旋的游离酸使手性盐的质量得到了提高[14]。制备该盐的工艺流程图见图 16.3。还可以在该工艺流程图上用颜色标注各种过程控制指标，或者将此操作过程导入电子表格，就可以通过输入起始原料用量直接自动计算。

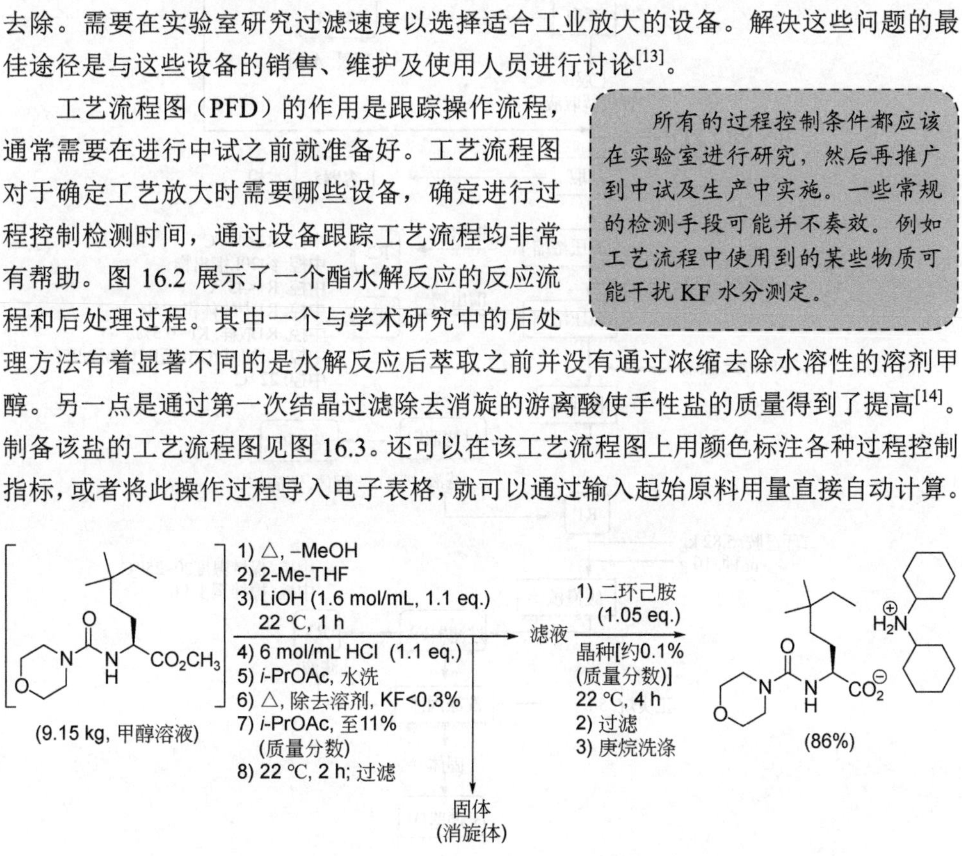

图 16.2　酯水解及形成二环己胺盐

如图 16.3 中所标注的，每一个“耗费”的相都可以储存在容器里。可以在处理之前对各个物料流分析之后进行物料平衡计算并从中回收潜在的产物。

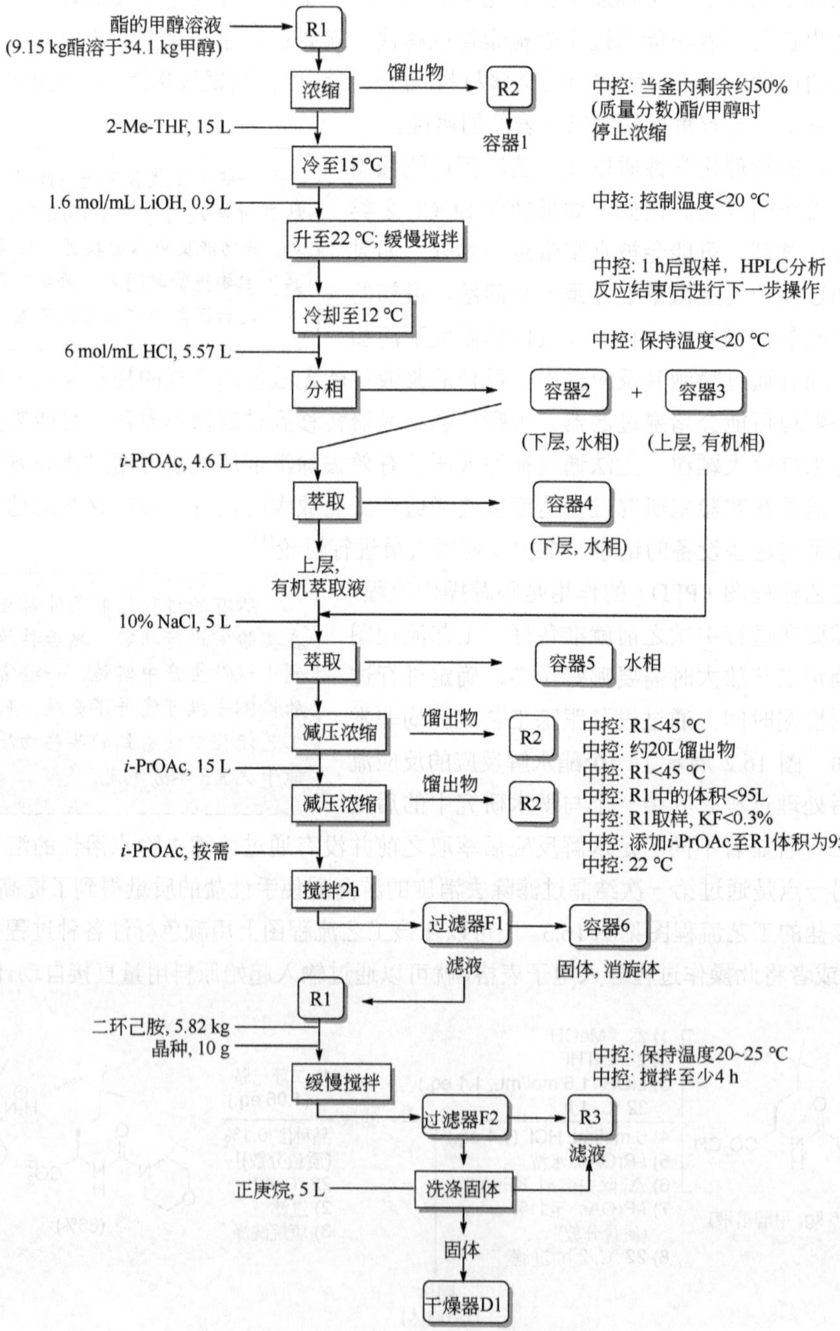

图 16.3　图 16.2 中的二环己胺盐制备工艺流程图

物料平衡需要在引入中试或大生产前在实验室完成。物料平衡不好意味着存在“物料漏洞”。如果不知道物料在哪里损失了，不知道它是什么以及是怎么造成的，那么工业放大可能会造成大量的产品损失。究竟是由什么构成了可接受的物料平衡会随着时间而发生改变。例如，对于一个交货期迫在眉睫的且决定研究继续还是终止的关键材料，低至 75%的物料平衡放大到中试也是值得冒险的。进行物料平衡还可以为排除故障提供数据。

具备了上述思想，准备记录表就变得简单了。虽然记录表应该是非常具体的，但是也允许有一些灵活性，同时还应该留下一些空间用来记录观测结果，虽然这些结果当前可能不紧要但是将来可能用得到。

在准备记录表的同时实验室也应该做一些工作。滴定关键的试剂，索取化学品的 QA 认证。使用的溶剂甚至于放大生产所需的滤材都需要在放大工作开展前进行使用检测以确保成功。必须告知 QC 部门新的操作工艺需要建立新的过程控制（IPC），让 QC 部门加急测试有助于保障第二批以及后续批次的运行。

16.4 工艺实施过程中的工作

中试装置的操作应该基于实验室经验所确定的优化条件。部分物理效应会在放大时加剧。例如大批的物料可能降温得比预期的更快，导致温度较低，物料乳化。另一个例子是，当一个滤饼通过干燥除去了大量残余溶剂时，说明初始的滤饼含有大量的溶剂。机械搅拌常常用来翻动固体并且增加溶剂的挥发速度，如果滤饼开始搅拌太强烈，可能会形成糊状物，会给去除残余溶剂造成困难。谨慎起见应该进行加热或逐渐增强搅拌。通常大规模批次操作时会比预期花费更多的时间。

有效和高效的工艺引进：

- 确认操作完全彻底地进行了。例如，确认所有容器中的化学原料都已经添加了。
- 确认物理的传输过程没有被污染。
- 减少物理损失，例如，用氮气留吹干净所有的传输管线。
- 把漏斗从反应器上拆下来加料是否更加方便和安全？
- 获取关键步骤的样品。例如，大规模实施时第一次运转反应完成时的样品。
- 注意可能被污染的区域。
- 为了高效和安全地完成操作，应该注意次级优化条件。例如，过夜反应液面通入高速率的氮气流可能导致大量的溶剂蒸发。

在刚开始运行时每个人都可以观察泄漏或者不安全操作的问题。当工艺首次在生产设施上运行时，大多数问题都发生在半夜，计划好那时有人在现场。

在工艺实施过程中为了确保放大成功，比如在重点关注批次的时候，通常有一些时间来关注工艺成功放大的细节。例如根据优先级别顺序用来指导行动的工艺问题，它们可能是：

① 什么组分或者工艺流程是最有价值的？

② 什么材料或者操作具有潜在的危害？

③ 材料会在哪里损失？例如泄漏、用软管无法完全转移，或者洗涤器。

④ 污染源是什么？

⑤ 怎么使工艺更简便和迅速？

⑥ 怎样方便地进行清理？

⑦ 下一批投料或者下一步骤需要考虑什么？

当工艺实施出现困难时要进行故障排除。理想状态下，所有的变动都应包含在记录表中描述的操作可能性中，并且没有可能危及到cGMP进行批量生产的重大变化[15]。需要对工艺高效实施的所有细节进行在职培训。

16.5 设备的清洁和除水

小规模的实验室设备可以方便地清洗并用烘箱干燥。可以在高温下快速组装玻璃仪器再通过氮气或氩气冷却以排除装置中的湿气。也可以在手套箱里进行无水无氧操作。但是大规模生产装置不可能进行这些操作。因此，清除设备所有部分，尤其是固定设备及外部采样管线的水是至关重要的。

规模生产时，清洗设备需要时间与智慧。因为内壁不是所有的地方都能用刷子刷到，所以通常用适当的溶剂将残留物溶解。有必要的时候，可以让清洗溶剂在整个系统内回流并收集一些馏出物以确保溶剂流经装置内每一个角落。尤其要注意装置的死角，一些管路会积存一些难以置换出来的液体。（一般死角都处于操作不便的位置，例如设备顶端的管路或者安装不当的倾斜的冷凝器。最好的办法是在这些地方安装排水口，或者根本不要用这些仪器设备。）为了降低清洗设备耗费的时间，可以从热的储罐引入清洗溶剂，之后用氮气流冷却容器。另一种方法是先用水清洗设备，把水排干，再用与水混溶的溶剂清洗设备，再排干溶剂。之后再用少量的反应所用的溶剂清洗设备，最后添加所需的反应溶剂。一些清洗溶剂如果不干扰后续操作，那么管线里残留一些也不要紧。用卡尔·费休滴定法测定反应器内的残留水含量是否足够低到可以接受。还可以建立一套标准的清洗过程。

运行前后检查清洗工作：

- 在为获得同一个化合物的同一个操作步骤不同批次之间通常可以进行简单的清洗。反应器壁上的固体可能吸附那些对结晶或者其他操作有害的杂质。
- 注意甲醇和丙酮之类的常用的清洗溶剂闪点很低。
- 注意残留的溶剂可能和一些反应物料的组合发生放热反应，例如，乙酸乙酯与二氯亚砜和锌粉[16]；或丙酮与三氯氧磷[17]。
- 彻底清洗反应器以除去残余的皂化物。这些皂化物的碱性会导致副反应的发生，如图15.7所示。

16.6 工艺实施后的后续工作

所有相关的数据，例如收率和质量，按批次制成表格并进行比较。各个批次的产品必须达到之前提到的人体使用的 CQAs 认证。第一批产品必须进行额外的检测以确保为 cGMP 订制检测时没有忽略任何细节。例如，含氟的产品可以做 ^{19}F NMR，虽然 QC 不大可能要求做这项检测。如果得到满意的结果，这些验证数据在之后的生产批次就没有必要收集了，也不用报告给监管机构。

> 为了在工艺实施后的成功的工艺开发：
> - 确定最佳的储存条件，默认冷藏。
> - 保存样品作为非正式的产品稳定性测试。
> - 为了完全理解操作，寻求完全的物料平衡。

在技术转化之后用 SPCs 考察日常运行中得到的数据来评估生产工艺的稳健性，或确定进一步优化的范围[18-20]。某些工艺评价或优化会在生产设施上进行，这也是最好的实验场所。如果后续的生产工艺改进处于 PARs 范围内，那么监管机构会很容易批准。

16.7 外包管理

医药工业为了节约成本，外包管理成为一个专门领域[21]。小型的生物以及医药公司可能会把药物研发所有的阶段外包，而有些则倾向于把所有的知识产权保持在企业内部。而较大的公司会将初始的步骤外包而在企业内部完成最后的合成步骤以控制质量及时间线。例如一个高能量的步骤可以包给专门从事这个领域研究的 CRO/CMO。外包需要特别地注意，尤其是对于生产那些高潜力的如抗癌药和抗凝血药的限制性操作行为[22]。还需要特别耐心地处理诸如通信不畅或突发情况、时区差异以及社会和文化差异。维持长距离的关系需要更多的工作。

通过给多个制造商提交报价请求（RFQ）竞标可以降低原料药或者关键中间体的项目成本。必须审查收到的报价，确认价格以及计划书是否满足项目的需求。报价最低的不一定是整体最便宜的[23]。有一些有经验的人会自动剔除最高和最低的报价。

可以在选择 CRO/CMO 时进行尽职调查。尽职调查人员可以在与该组织签订服务协议之前询问 CRO/CMO 的运营和政策[24-28]。在选择制造商前，作为尽职调查的一部分，相关人员通常还会参观 CRO/CMO 的现场。表 16.5 列举了一些选择 CRO/CMO 时需要做的尽职调查的一些选项。可以把尽职调查理解成买家在购买一个化合物或项目之前首先对其进行的调研。

表 16.5　选择 CRO/CMO 时需要做的尽职调查

步　骤	评论或例子
原料药的工艺开发	能够处理有毒化学品 愿意进行使用检测 愿意提出自己的想法，并接受直接的任务

续表

步　骤	评论或例子
原料药的物理化学性质	熟悉多晶型问题 结晶技术熟练，不依赖于沉淀
分析能力	有合适的分析设备进行过程控制 可以在企业内部检测残留金属、溶剂和 PGIs 有鉴定新生成的杂质的设备
环保、健康与安全	废物是装桶还是焚烧？ 废水是否现场经过微生物处理？ 向谁报告泄漏事故？ 有没有在紧急情况下使用的含有空气源的呼吸器和防护服？ 工艺放大前的危险评估方案是什么？
原料药的生产	在适当的地方操作避免交叉污染 放大是否现场进行？ 设备的尺寸满足需求
监　管	QA/QC 与生产分离？ 监管人员是否会协助申报？
费　用	FTE、延迟、cGMP 操作、协助管理的详细费用 鉴定杂质是不是要额外收费？ 确定知识产权的归属

16.8 总结与展望

外包服务的快速发展改变了原料药和药用物质行业的面貌：2011，超过 80 %的原料药与 40 %的药物产品都是外包的，然而 FDA 对外国厂商的检查远远少于对美国本土厂商[29]。即使一个公司通过了 FDA 的检查也不能保证手上的药物是遵循 cGMP 条件生产的。供应链上众多的中间商使劣质药品很难溯源。假药成为一大问题，一个突出的例子是被多硫酸软骨素污染的肝素[30,31]。QA 和 QC 部门的作用被强调[32]。外包服务将冲击从供应商到配方师到监管部门到消费者的所有阶段。

可放大性、重现性和耐用性是技术转化及放大成功的关键。一个可放大的反应在不显著改变工艺条件下进行放大时其收率和质量基本不变。对于重现性应该注意操作工艺所有阶段的细节，例如监控并记录水萃取物及滤饼洗液的体积。耐用的工艺是维持持续的生产力所必需的。耐用的工艺对工艺条件的宽容度很大，甚至于成分纯度的变化也不会导致过程控制检测、循环时间、收率和质量发生改变；没有意想不到的困难，包括操作时间延长。工艺的耐用性只能在多次运行后才能评估。一个耐用工艺的稳定大规模运行是成功的技术转化、工艺实施以及规模生产中不可避免的工艺优化的共同结果。

在过去的 20 年里，工艺验证的面貌也发生了很大的变化。QbD 指南鼓励公司建立 NOR 和 PAR；一个被验证过的工艺在 PAR 范围内变化不需要再次审批，给生产商带来很大的灵活性。一些 QbD 相关的问题已经被综述[33]，例如托塞匹布[34]。Cimarosti 最近详细报道了 GSK 的几个 QbD 案例[35-37]。现在还鼓励当前的工艺研发使用 PAT。PAT 与制剂（研磨、混合、造粒、压片和包衣）的关系比与制备药物原料的关系更紧密。在制备药物原料时 PAT 主要用来监控反应、结晶时晶体的大小和形状、过滤速度以及固体的干燥[38]。对于原料药的生产者而言，PAT 会越来越重要（第 7 章）。彻底的工艺验证可以增加原料药的安全性、原料药生产的可靠性，以及降低 CoG。工艺验证技术会随着科学和经验的发展不断地发展。

成功的工艺验证是工艺科学家勤劳的结果，有些人认为其纸面工作太多，但是不进行工艺验证的后果可能会是非常严重的。通过对人们所理解的工艺进行验证使工艺验证可以证实是十分令人愉悦的。

参 考 文 献

[1] Resetarits, M. *Chem. Eng.* **2010,** *117*(13), 22.

[2] Stinson, S. C. *Chem. Eng. News* **1999,** *77*(44), 35.

[3] Anderson, N. G.; Burdick, D. C.; Reeve, M. M. *Org. Process Res. Dev.* **2011,** *15*, 162.

[4] http://www.ich.org/

[5] 这些指南在 FDA、ICH，及其他的网站上可以找到。

[6] Nusim, S., Ed.; Active Pharmaceutical Ingredients: Development, Manufacturing, and Regulation. 2nd ed. Informa Healthcare, 2009.

[7] Guidance for Industry: PAT-A Framework for Innovative Pharmaceutical Development, Manufacturing, and Quality Assurance: http://www.fda.gov/downloads/Drugs/GuidanceComplianceRegulatoryInformation/Guidances/ucm070305.pdf

[8] Guidance for Industry. Process Validation: General Principles and Practices, issued 1/24/2011: http://www.fda.gov/downloads/Drugs/GuidanceComplianceRegulatoryInformation/Guidances/UCM070336.pdf.

[9] Robinson, D. Regulatory highlights. *Org. Process Res. Dev.* **2009,** *13*, 391.

[10] Guidance for Industry: Good Laboratory Practices, Questions and Answers. http://www.fda.gov/downloads/ICECI/EnforcementActions/BioresearchMonitoring/UCM133748.pdf.

[11] Lipton, M. F.; Mauragis, M. A.; Maloney, M. T.; et al. *Org. Process Res. Dev.* **2003,** *7*, 385.

[12] McConville, F. The Pilot Plant Real Book. 2nd ed. Worcester MA: FXM Engineering & Design, 2007. http://www.pprbook.com.

[13] Chemical Engineering Buyers' Guide annually updates suppliers for equipment.

[14] Lorenz, J. Z.; Busacca, C. A.; Feng, X.; et al. *J. Org.Chem.* **2010,** *75*, 1155. 这篇文章的支撑信息细节描述了 DCHA 盐的制备和分离.

[15] ICH Q7A Good Manufacturing Practices for Active Pharmaceutical Ingredients, 2001. http://www.fda.gov/downloads/Drugs/GuidanceComplianceRegulatoryInformation/Guidances/ucm073497.pdf. 见 12.4 节和 12.5 节.

[16] Spagnuolo, C. J.; Wang, S. S. Y. *Chem. Eng. News*, 2. Wang, S. S. Y.; Kiang, S.; Merkl, W. *Process Safety Progr.* July **1994**, 153.

[17] Brenek, S. J.; am Ende, D. J.; Clifford, P. J. *Org. Process Res. Dev.* **2000,** *4*, 585.

[18] Peterson, J. J.; Snee, R. D.; McAllister, P. R.; et al. http://biometrics.com/wp-content/uploads/2009/06/gsk-bds-tr-2009-2.pdf

[19] Torbeck, L. *Validation by Design: The Statistical Handbook for Pharmaceutical Process Validation*. Bethesda, MD: PDABooks, 2010.

[20] Process Robustness-A PQRI White Paper. *Pharm. Eng.* **2006,** *26*(6), 1. http://www.pqri.org/pdfs/06ND-online_Glodek-PQRI.pdf

[21] Ainsworth, S. *Chem. Eng. News* **2011,** *89(19)*, 48.

[22] Wennerberg, J.; Granquist, B.; Klingberg, D.; et al. *Chim. oggi (Chem. Today)*: **2004,** 18.

[23] Resetarits, M. *Chem. Eng.* **2011,** *118(5)*, 28.

[24] Barnhart, R. W.; Dale, D. J.; Ironside, M. D.; Vogt, P. F. *Org. Process Res. Dev.* **2009,** *13*, 138.

[25] Robinson, D. *Org. Process Res. Dev.* **2007,** *11*, 311.

[26] Lu, J.; Shinkai, I. //Gadamasetti, K.; Braish, T., Eds. Process Clhemistry in the Pharmaceutical Industry, Volume 2. Boca Raton, FL: CRC Press, 2008, 465.

[27] Robins, D.; Hannon, S. //Gadamasetti, K.; Braish, T., Eds. *Process Chemistry in the Pharmaceutical Industry*. Boca Raton, FL: CRC Press, 2008, 471.

[28] Andler-Burzlaff, S.; Bertola, J.; Marti, R. E. //Abdel-Magid, A.; Caron, S., Eds.; *Fundamentals of Early Clinical Drug Development*. Wiley, 2006, 113.

[29] Mullin, R. *Chem. Eng. News* **2011,** *89(20)*, 11.

[30] www.fda.gov/MedicalDevices/DeviceRegulationandGuidance/IVDRegulatoryAssistance/ucm123775.htm.

[31] Kemsley, J. *Chem. Eng. News* **2008,** *89(33)*, 40.

[32] Ainsworth, S. J. *Chem. Eng. News* **2011,** *86(19)*, 38.

[33] Somma, R. J. *Pharm. Innov.* **2007,** *2*, 87.

[34] Am Ende, D.; Bronk, K. S.; Mustakis, J.; et al. *J. Pharm. Innov.* **2007,** *2*, 71.

[35] Cimarosti, Z.; Bravo, F.; Castoldi, D.; et al. *Org. Process Res. Dev.* **2010,** *14*, 805.

[36] Cimarosti, Z.; Bravo, F.; Stonestreet, P.; et al. *Org. Process Res. Dev.* **2010,** *14*, 993.

[37] Cimarosti, Z.; Castagnoli, C.; Rossetti, M.; et al. *Org. Process Res. Dev.* **2010,** *14*, 1337.

[38] Gade, S.; Jain, D. *Chem. Eng.* **2010,** *117*(9), 47.

第 17 章 故障排除

“寻找遗漏的东西。许多顾问都能告诉总统如何改进的建议或可能出现的错误。很少有顾问能看见遗漏的东西。”

——唐纳德拉姆斯菲尔德，《拉姆斯菲尔德规则》[1]

“解决问题是非常好的一个谈论话题!”

——犹太谚语

17.1 引言

在所有科学实验中，每天都上演着故障排除（解决问题）的事情。解决问题和故障排除在大规模反应中的影响远大于在实验室反应中的影响。例如，延长处理时间或者降低质量或收率都会影响生产力，可能会产生新的杂质，或者杂质超标，或者具有强烈气味或味道的杂质都会造成某批次产品被拒收。由于某些产品和重要中间体的优先级和质量指标的改变可能导致反应过程的改变，所以即使是经过彻底验证的常规工艺也可能需要进行故障排除。举个例子，使用新的 HPLC 检测方法就可能检测出丙二醇的存在。进行有效的故障排除的关键在于确定问题的根本原因，在过程控制中选择恰当的方式纠正问题。一些优化的措施可能会增加生产力，获得专利和发表论文，而故障排除则给这些优化提供了机会。不过在解决问题时要注意细节以及成功地运用科学的方法。

在反应过程开发的进程中，最好的方法就是预测和避免可能发生的问题，尤其是可能在大规模生产中发生的问题。以下两个已公开发表的实例详细描述了在故障排除中的一些挑战和成果。

在进行 CDI 介导的偶联反应的中试实验时，辉瑞公司的研究员们发现酰胺的形成需要 50 h，然而在实验室中该反应则只需要 12 h（图 17.1）。在进行故障排除时，研究人员最开始认为 CO_2 未完全除去是造成反应时间延长的原因。但奇怪的是，实验室研究时发现加入胺之前，当被 CO_2 鼓泡时与分离后的咪唑化合物偶合时反而更快：4 h 后，反应就已经完成了 88 %，而没有 CO_2 鼓泡的仅完成了 37%。催化计量的 CO_2 有利于酰胺化作用，而 CO_2 含量在 50 psi 下的反应和没有用 CO_2 处理的反应一样慢。

研究人员还发现，已经停止的酰胺化作用在通入 CO_2 后可以再次启动，这一发现的特征有益于工业化反应。笔者认为反应速度增加可能是因为氨基甲酸盐的形成。在中试试验中，剧烈地搅拌和反应器中较好的氮气流保护造成了 CO_2 含量的减少，因此减弱了偶联反应的进行。因此，在工业化反应时，较好的方法是在反应器中保留 CO_2 的条件下来活化酸进行酰胺的形成，而可能不是通过使反应器通风来使反应加速[2]。

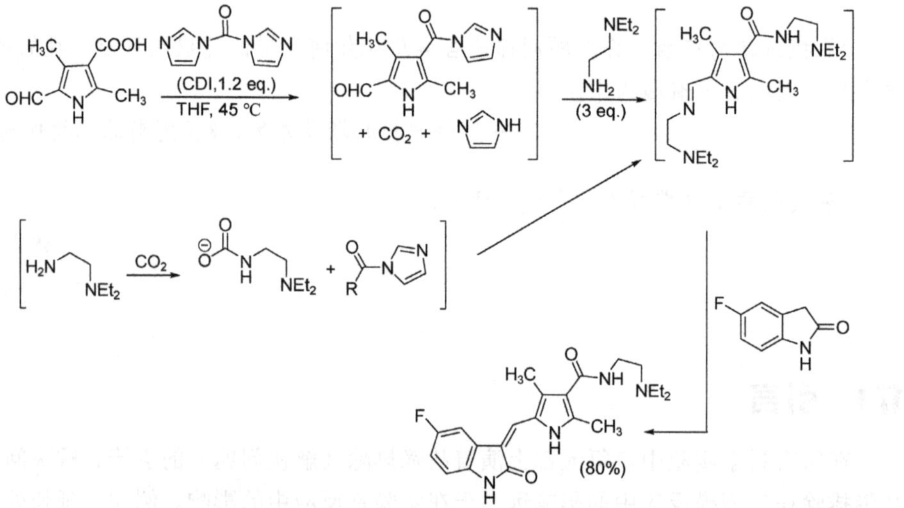

图 17.1　CDI 介导的酰胺键形成反应的故障排除

采用两个 CMOs 对亚胺-Reformatsky 反应（图 17.2）进行放大生产时发现收率比预计的要低。为适应大规模生产，先将 Reformatsky 反应产物以锌复合物的形式冷藏，然后通过叔丁基酯的甲苯磺酸盐溶液进行淬灭和处理。不幸的是，第一次处理后检测到的平均纯度只有 77%，并且第二次处理后产品质量只有 90%。研究人员证实了氨基酸是甲苯磺酸盐中的主要杂质，而不是预计的叔丁基酯（可能是由于一些现场生成的 HBr 或者 $ZnBr_2$ 使一部分叔丁基酯中间体分解了）。分析在反应过程中保留的样品并检查该批次样品的记录表明，氨基酸的含量会随着 Reformatsky 反应中间体在淬灭前的保存时间的延长而增加。因此，通过丙酮打浆可以非常方便地改善产品的质量，这一操作将产品质量从 90%提高到了 95%[3]。

图 17.1 和图 17.2 的两个故障排除的例子中所遇到的困难集中在为何实验室进行的反应和生产过程中的反应的处理方法会有所区别。在第一个例子中，有益的副产物通过放大生产可以被除去，这一点被实验室中使用模拟工业生产的放大操作所证实。（译者注：在放大反应中 CO_2 被移除，但是经过实验室模仿中试试验操作，CO_2 被证明是有益于反应进行的副产物。）在第二个例子中，通过分析反应物料和检查批次产品记录证明：延长反应过程中物料的保存时间导致了严重的分解反应。因此，识别问题产生原因的最好的方法是：①亲自到第一线观察操作过程；②和生产有问题批次产品的

人员交谈，如和操作者交谈，而不是和领班或者化学实验员交谈；③将发生问题的批次的生产记录与其他成功批次的生产记录相对比。在现场做试验对确定问题是否与化学品的变化或者反应过程的变化相关有非常大的帮助。远距离的故障排除则非常困难。

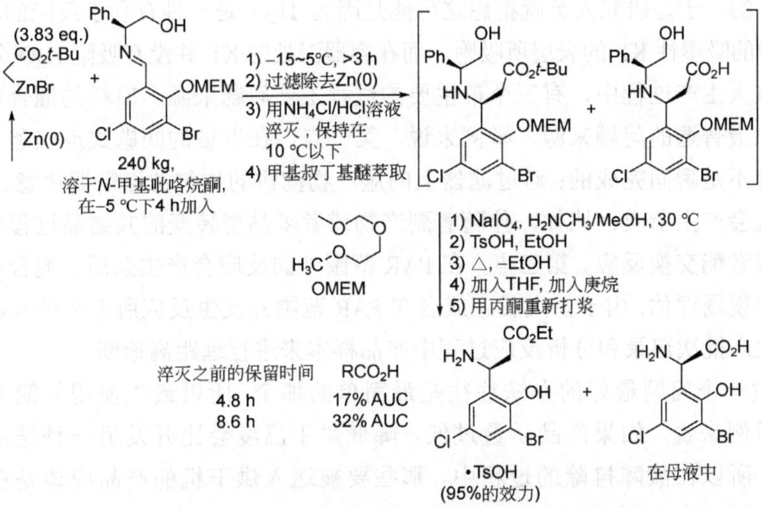

图 17.2　延长保存时间过程中产生的杂质的故障排除

表 17.1 概述了一些故障排除的步骤。

表 17.1　故障排除的步骤

步　骤	备　注
1．确认问题	如果有问题存在，问题是否足够重大到需要在所需的时间内试图解决
2．为预计的行为确立基线	从批次生产中记录中收集可回顾数据是有用的。这将有助于获得多个数据点；暂时忽略那些看起来不相关的数据
3．当反应结果偏离预期性时能识别发生的问题	如果问题的原因未知，为了尽快解决问题，首先考虑最容易改变的操作。从反应的终点开始向起点逆推，询问所有步骤的操作员关于任何观察到的现象，即使看起来并不相关
4．明确指出问题可能的原因	工艺直觉对此非常有帮助
5．设计合适的方法证明假设	实验室测试对确认问题是否和操作或者原材料有关非常有帮助。将生产批次与关键的物理或化学特性相关联
6．制订大规模实验的变化	考虑安全问题，为了谨慎起见，进行额外的危险评估
7．分析操作改变的结果	精确的分析至关重要
8．如果问题没有解决重复步骤 4	
9．制订适当的规模的变化	可能会需要新的程序或者化学品加入。在不降低可靠性的基础上，尽可能地简化操作步骤
10．分析操作改变的结果	如果有需要，实验也要进行微调和简化
11．当工艺改进后，继续监控生产批次	严格按照改进工艺进行操作，并且确认问题的真正原因是否被找到

检查细节对确认产生问题的根本原因很重要。例如，容器顶部与容器底部的固体也可能有所不同。阿斯利康的研究人员发现在大规模生产时使用氟化钾催化的Suzuki-Miyaura反应进行得并不好，即使是最初的实验室使用同一容器中的氟化钾是可以重现的。于是研究人员就猜想这可能是因为 H_2O 是一种有利于反应的添加剂，被容器中的吸湿性KF的表层所吸附，而在容器深处的KF并没有吸附 H_2O 分子[4]。

在放大生产过程中，有三个最主要的过程工艺问题来源。原料的混合可能是工艺放大中最普遍的问题来源。举例来说，第一点，在批量的间歇式反应釜中物料的彻底混合不是瞬间完成的；对过滤器上的湿产物滤饼的均匀洗涤需要注意。第二点，反应放大会产生杂质；比如，伴随着副产物或者多晶型转变的共结晶过程会发生水解作用或者酯交换反应。第三点，在PAR范围外的反应会产生杂质。混合和操作困难最好在现场评估；由于扩大反应或者在PAR范围外发生反应所造成的问题可以通过评估生产批次记录和分析反应过程中产品样本来进行远距离诊断。

补救一个问题最好的办法往往是最简单的那个，所以最先使用最简单的可行操作。举例来说，如果产品质量过低，降低烘干温度会比开发另一种结晶化方法更简单，所以在故障排除的过程中，那些要被送入烘干机的产品应该是在生产过程中首先被分析的样品在生产过程中产生的。

在解决问题的过程中，识别问题的原因往往是最难的一部分。关键问题简单来说有七个"W"问题："谁（Who）？什么（What）？什么时候（When）？在哪里（Where）？为什么（Why）？怎么会（hoW）？多少钱（hoW much）。"并且往往是优先从经济问题（多少钱）的角度来进行考虑，这也是最有意义的。

当只有一个根本原因的时候，判断问题的原因会简单一点。但不幸的是，当把原因减少到一个来源的过程中（还原思考[5]），我们可能会忽略一大堆真正的影响因素。

事实总是胜过直觉和意见，并且能结束争论。检查员的经验可能对故障排除非常有帮助，但是若提出一个可能的解决问题的方案，与他人讨论可能会更加高效一点。经验对故障排除有一定帮助，但是要注意不要太快地从有限的数据中得出结论。在两点之间画一条直线很容易，但是有任何多条曲线也能经过这两个点。

17.2 展望

矛盾的数据、混淆的数据、不完整的数据、意见和时间是辨认问题真正原因的障碍。如果有足够的时间，有时候唯一所能做的就是让产品返工。工程师们也会评估故障排除[6]并提出了10点有价值的故障排除技巧[7]。此外，从一篇有关过程验证和实施的综述中也可以发现其他一些例子[8]。

实验室研究为我们预测和避免放大反应出现问题提供了一些机会。小试、破坏性测试、延长处理过程、制备可能的杂质并检测这些杂质的存在，这些操作对我们都有帮助。但不幸的是，实际生产中并不完全按照我们根据实验室经验所预测和期望的进行。为了在实验室中进行模仿，预测生产过程中的表现是件非常困难的事。举例来说，当滤饼的高度只有 1 cm 时，悬浮的晶体通过抽滤很容易进行固液分离，但是当滤饼有 10 cm 高时，过滤速度就会慢得让我们无法接受。学习他人的经验也能帮助我们预测和避免一些问题。

故障排除是分步骤层次进行的。举例来说，这批次的产品能挽回吗？如何避免在下批次产品以及整个生产线中再发生问题？如何避免相似的问题在其他过程中发生？问题的发生是因为缺少训练，记录表中过于简略的措辞，没预见到的问题，还是因为不专注、过度工作、个人问题或由试剂的滥用所造成的？

故障排除为加深对反应的理解提供了机会。有一个在 Merck 公司内部流传的传奇故事，是关于威廉姆斯描述的在对非那雄胺进行中试生产过程开发中进行的故障排除。用 1,3-环己二酮对 DDQ 介导的氧化反应进行淬灭后，对烯烃产物中起始烷烃的含量进行检测，发现约有 1%，远比预期的 0.1%高得多。清除这个含量的原始材料是非常困难的。工程师们确定这并不是设备问题所造成的，并且认为这可能是化学反应造成的问题。根本原因是在那个批次的起始材料中存在由之前步骤残留的 Pd（10 g/L）。在用 1,3-环己二酮进行淬灭之前，钯作为催化剂催化还原了一些烯烃，使其变回原料。最后，通过使用另外一种溶剂乙酰乙酸甲酯进行淬灭解决了问题[9]。在另一个故障排除的例子中，来自东丽精细化工公司和日本岩木明星大学的研究员们发现分离(*R*)-2-苯乙胺很困难。通过 (*R*)-扁桃酸生产的 (*R*)-2-苯乙胺盐的 ee 值介于 97%～99%，然而根据实验室研究，ee 值预期应该大于 99%。更深层次的研究表明，在离心分离过程时母液中存留着一些低质量的晶体。这些细长的六角形板状晶体与流过离心机滤布孔道的液体相垂直并排列成较长的尺寸，阻碍滤饼的过滤和洗涤。这样一来当新产生的外消旋化的苯乙胺被用于生产时，就形成了细长的晶体。然而，当用外消旋的苯乙胺制备扁桃酸盐时却形成了另外一种不同的晶体，这种晶体使得湿滤饼的洗涤更加有效并且去除了苯乙胺盐中的(*S*)-对映异构体。这种修饰了的晶体构型呈较厚的且几乎等边的六角形板状结构；苯乙胺中的(*S*)-对映异构体的外消旋化过程中生成了一些杂质抑制了晶体向“长”型结构生长。这种无意中的“晶体工程”改善了大生产中产物的质量[10]。

看到“大图形”的全局思维在故障排除中是重要的，后期评估通过故障修复所做的修补也是重要的。对那些在故障排除过程中所发现的错误和知识缺口，我们应该抱着感恩的心情学习并引以为戒。

参 考 文 献

[1] http://www.analects-ink.com/weekend/020308.html. A savvy politician, Donald Rumsfeld assembled a list of guidances for newcomers to the Washington D.C. political scene. This list, dubbed Rumsfeld's Rules, was compiled prior to discussions of Weapons of Mass Destruction that led to the invasion of Iraq in 2003.

[2] Viadyanathan, R.; Kalthod, V. G.; Ngo, D. P.; et al. *J. Org. Chem.* **2004,** *69*, 2565.

[3] Clark, J. D.; Weisenburger, G. A.; Anderson, D. K.; et al. *Org. Process Res. Dev.* **2004,** *8*, 51.

[4] Fray, M. J.; Gillmore, A. T.; Glossop, M. S.; et al. *Org. Process Res. Dev.* **2010,** *14*, 263.

[5]Michael Pollan has discussed the limitations of reductivist thinking regarding food: Pollan, M. In Defense of Food: An Eater's Manifesto. Penguin, 2009.

[6] Bonem, J. M. Process Engineering Problem Solving. New York: Wiley, 2008.

[7] Marshall, R. *Chem. Eng.* **2011,** *118(4)*, 5.

[8] Anderson, N. G.; Burdick, D. C.; Reeve, M. M. *Org. Process Res. Dev.* **2011,** *15*, 162.

[9] Williams, J. M. //Yasuda, N., Ed. The Art of Process Chemistry. Wiley-VCH, 2010, 77.

[10] Sakurai, R.; Sakai, K. //Shiori, T., Izawa, K.; Konoike, T., Eds. Pharmaceutical Process Chemistry. Wiley-VCH, 2010, 381-399.